재생에너지, 분산에너지원, 소비자가 전력산업을 어떻게 바꾸는가?

에너지전환
전력산업의 미래

개정판

대표저자, 편집자　Fereidoon P. Sioshansi〔Menlo Energy Economics〕
대표역자, 감수자　김 선 교〔한국과학기술기획평가원〕
공동역자　　　　 허 준 혁　김 동 원〔한국전력공사〕

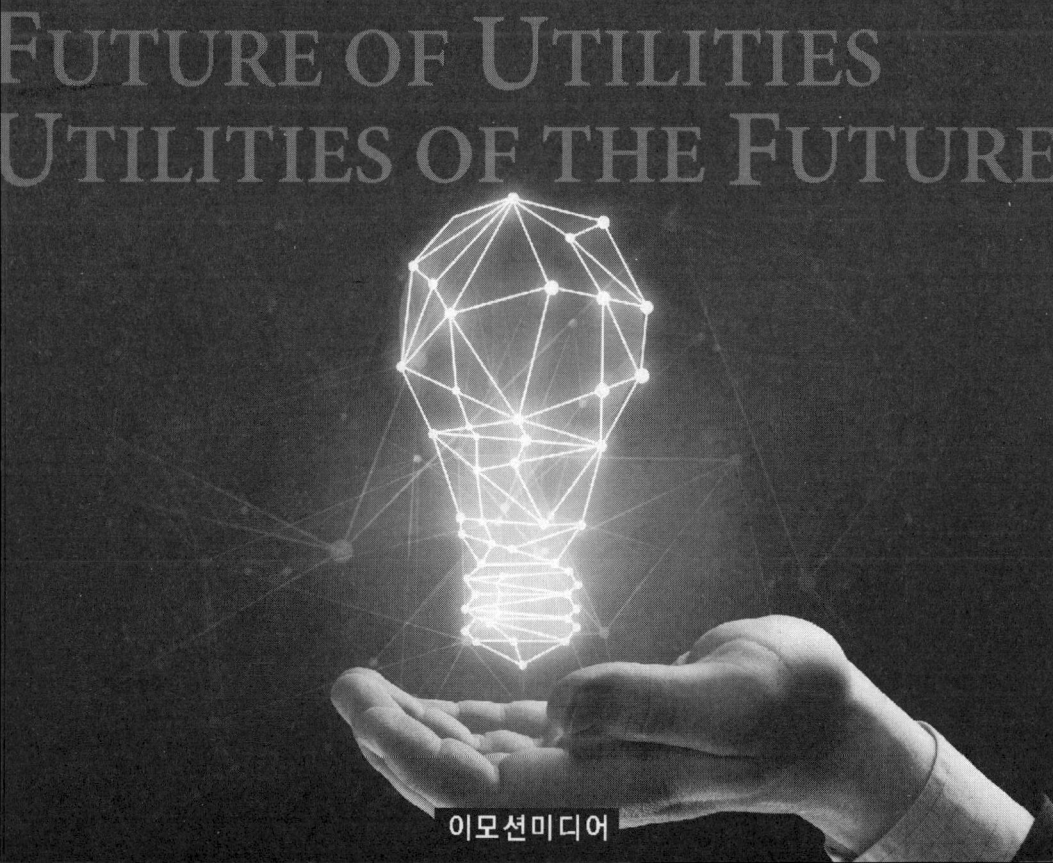

FUTURE OF UTILITIES
UTILITIES OF THE FUTURE

이모션미디어

Copyright©2016 Elsevier Inc. All rights reserved.

이 책의 국내 번역 출판권은 이모션미디어에 있으며, 무단 전재, 복제는 저작권법에 저촉됩니다.

대표저자·편집자 **Fereidoon P. Sioshansi (Menlo Energy Economics)**

대표역자·감수자 김 선 교
- 한양대학교 전자전기컴퓨터공학부 학사
- 서울대학교 전기공학부 박사(석박사통합)
- 한국전력공사 경제경영연구원(2013~2017)
- 한국과학기술기획평가원(2017~현재)
- 지난 10년간 전력산업 미래(스마트 그리드, 재생에너지, 에너지 전환)와 에너지 정책 관련 연구
- 과학기술 R&D 정책, 사업평가 연구

공동역자 허 준 혁
- 서울대학교 영어교육과 학부
- 서울대학교 경영학 석사
- 한국전력공사 경제경영연구원(2013~현재)
- 전력산업 최신 동향, 유틸리티 전략, 프로젝트 리스크 분석 등에 관한 연구

공동역자 김 동 원
- 고려대학교 경영학과 학사
- 서울대학교 행정대학원 석사 수료
- 한국전력공사(2007~현재)
- 경제경영연구원에서 네가와트 시장, 미국 전력요금, 글로벌 유틸리티 전략 등의 연구를 수행

에너지 전환 전력산업의 미래 〈개정판〉

초 판 발 행 2018년 07월 31일
개정판 1쇄 2019년 01월 01일

대표저자, 편집자 Fereidoon P. Sioshansi (Menlo Energy Economics)
대표역자, 감수자 김선교 (한국과학기술기획평가원)
공 동 역 자 허준혁 김동원 (한국전력공사)

펴 낸 곳   이모션미디어
주   소   서울시 중구 퇴계로41길 39, 3층 302호(정암프라자)
등   록   2016년 10월 1일 제571-92-00230호
전   화   010)2204-4518 | 팩스 02)371-0706
이 메 일   emotion-books@naver.com
홈페이지   www.emotionbooks.co.kr

ISBN 979-11-88145-04-1
값 25,000원

이 도서의 국립중앙도서관 출판예정도서목록(CIP)은 서지정보유통지원시스템 홈페이지(http://seoji.nl.go.kr)와 국가자료공동목록시스템(http://www.nl.go.kr/kolisnet)에서 이용하실 수 있습니다. (CIP제어번호 : CIP2018038667)

이 책은 저작권법으로 보호받는 저작물입니다.
이 책의 내용을 전부 또는 일부를 무단으로 전재하거나 복제할 수 없습니다.
파본이나 잘못된 책은 바꿔드립니다.

차례

추천사 Foreword 14
서문 Preface 21
소개 Introduction 25

PART 1 │ 무엇이 변화하는가? 변화는 무엇을 의미하는가?
What is Changing, What are the Implications

제1장 전력산업의 미래는 무엇인가? / 48
1. 소개 · 48
2. 이중고(二重苦) : 수요 감소, 요금 증가 · 53
3. 분산에너지원의 부상 : 새로운 역할, 새로운 규칙 · 63
4. 전력산업의 미래 · 67
5. 결론 · 78

제2장 통합 망의 가치 / 79
1. 소개 · 79
2. 소비자의 전력망 연결 이점 · 80
3. 통합의 또 다른 가치 · 82
   3.1 전력망 지원 · 83
      3.1.1 마이크로그리드 Microgrids · 84
      3.1.2 분산형 전력저장장치 · 86
   3.2 보조서비스 Ancillary Service 의 제공 · 88
   3.3 수요반응을 지원 · 88
   3.4 발전 용량 증가 지연, 시스템 손실 감소 · 91

4. 연결성 제공 · 91
   5. 분산에너지원 확산을 지원 · 93
      5.1 분산에너지원 확산의 이점 : 복원력^{resilience}의 향상 · 96
      5.2 분산에너지원 확산의 이점 : 환경적 이익 · 96
   6. 전력산업의 미래 : 배전(판매) 전력회사 · 97
      6.1 에너지 비전 개혁 시장 프레임워크 · 99
      6.2 분산 시스템 플랫폼(DSP) 형태의 전력회사 · 100
      6.3 통합망 : 전력망의 경계를 확장 · 102
   7. 통합망의 전체적 특성과 가치 · 103
      7.1 회피비용의 예 · 106
      7.2 평균적인 가정용 소비자에 미치는 영향 · 107
      7.3 미국 전력연구소의 통합망 연구 · 110
   8. 결론 · 111

제3장 마이크로그리드 : 마침내 찾은 가치 / 113

   1. 소개 · 113
   2. 마이크로그리드의 진화 · 117
   3. 전력품질 및 신뢰도 · 121
      3.1 복원력과 신뢰도 · 121
      3.2 PQR 피라미드 · 125
      3.3 메가그리드 트레드밀^{Treadmill} · 128
   4. 마이크로그리드는 무엇인가? · 131
   5. 마이크로그리드 사례 · 134
   6. 마이크로그리드의 출현, 규제 및 정책의 변화에 관한 새로운 생각 · 141
   7. 결론 · 146

제4장 고객 중심 관점에서의 전기 서비스 / 149

1. 소개 · 149
2. 전통적 모형 · 151
3. 새로운 세계의 약속 · 156
   3.1 어디서든 저렴한 전기 · 157
   3.2 수급균형^{balancing} 자원으로써의 전력망 · 159
   3.3 신뢰도^{reliability}와 복원력^{resilience} · 162
4. 모든 것을 통합 · 163
   4.1 사라지는 독점구조 · 163
   4.2 자동화의 역할 증가 · 164
   4.3 전력망 서비스에 대한 금융 상품화 방안 · 165
5. 모든 것에 대한 가격 결정 : 이 모든 것이 어떻게 작동하는가? · 167
   5.1 실시간 가격 결정$^{Real-Time\ Pricing}$ · 167
   5.2 요금제도의 재정비 · 169
   5.3 계획된 부하$^{scheduled\ load}$ · 169
6. 결론 · 171

제5장 사물인터넷과 혁신적 플랫폼 / 173

1. 소개 · 173
2. 변화의 가속, 탈중개화, 그리고 붕괴 · 177
3. 혁신 플랫폼 · 181
4. 새로운 비즈니스 모델 : 통신과 전력산업의 전환 · 188
   4.1 통신 혁명 · 190
   4.2 전기 혁명$^{Electricity\ Evolution}$ · 193
   4.3 개인에너지서비스^{PEAAS} 모델의 적용 · 194
   4.4 개인에너지서비스^{PEAAS}로의 도달 : 사물인터넷을 이끄는 플랫폼 · 195
5. 결론 · 200

제6장 전환기에서의 전력회사 역할과 전력가격 결정 / 202

1. 소개 · 202
2. 배경 : 최근 호주 에너지 시장 개발 · 205
   2.1 전력시장의 퍼펙트 스톰$^{perfect\ storm}$ · 205
   2.2 전력회사의 상업적 대응 · 208
      2.2.1 AGL 에너지$^{AGL\ Energy}$ · 210
      2.2.2 에너지 오스트레일리아^{EnergyAustralia} · 211
      2.2.3 오리진 에너지$^{Origin\ Energy}$ · 211
      2.2.4 기타 대응 · 212
3. 완전한 대체보다는 공존 · 212
4. 대안적인 가격결정 모형의 개발 · 219
5. 결론 · 225

제7장 간헐성 : 단기 운영 문제 / 228

1. 소개 · 228
2. 간헐성과 전력회사 · 231
3. 간헐성 분류와 전력시스템에 미치는 영향 · 235
4. 재생에너지 간헐성은 왜 중요한가? · 237
5. 전력망 운영에 부정적 영향을 미치는 태양광 간헐성의 증거 · 242
6. 간헐성과 다양한 이해관계자 · 247
7. 운영에 미치는 영향 · 249
8. 간헐성 대비 대책 · 252
9. 결론 · 254

PART 2 경쟁, 혁신, 규제, 가격
Competition, Innovation, Regulation, and Pricing

제8장 소매 경쟁, AMI 투자, 상품 차별화 : 텍사스 사례 / 258
  1. 소개 · 258
  2. 텍사스 주의 전력 소비자 선택권 제공 배경 · 259
    2.1 시장 구조 설계 · 259
    2.2 소매공급(판매) 회사의 시장 점유율 · 262
    2.3 소매 시장에 영향을 미치는 규제, 시장 요인 · 263
  3. 가격 결정^{Pricing} · 264
  4. 경쟁 전략으로서의 상품 차별화 · 266
  5. ERCOT 경쟁 소매시장에서의 상품, 서비스 차별화 · 268
    5.1 소매공급자가 제공하는 프로그램, 요금제, 기술 · 268
    5.2 소매공급자가 제공하는 부가서비스 · 271
  6. 소매분야 경쟁 압력과 영향 · 276
  7. 결론 · 280

제9장 전력 소매시장의 회복 : 위험과 기회 · 284
  1. 소개 · 284
  2. 전력시장 소매 경쟁의 진실 · 286
    2.1 미국 소매경쟁 역사 · 286
    2.2 캘리포니아 사례 · 289
    2.3 펜실베이니아 사례 · 291
    2.4 일리노이 사례 · 293
    2.5 오하이오 사례 · 295

2.6 텍사스 사례 · 296
   3. 소매 경쟁이 해답인가? · 302
   4. 더 좋은 대안 : 청정에너지 파트너로써 전력회사 · 305
   5. 결론 · 307

제10장 소매 전력요금제 설계와 전력회사 죽음의 나선 : 형평성과 효율성 / 309

   1. 소개 · 309
   2. 고정, 가변 요금제를 통한 비용 회수 · 313
      2.1 전력 요금제의 역사 · 313
      2.2 요금 설계 : 고정 vs 가변 · 314
   3. 승자와 패자 : 뉴저지 사례 · 320
      3.1 분산에너지원 지원 정책과 인센티브 · 320
      3.2 주거용 소비자 대상 요금 변화 · 322
      3.3 뉴저지 주 정부의 세금 효과 · 326
   4. 결론 · 328

제11장 파괴적 기술과 요금 체계가 전력소비에 미치는 영향 모형화 / 331

   1. 도입 · 331
   2. 모형화 접근법 · 334
   3. 요금제 정보, 예상 소비자 반응 · 337
   4. 배터리 충전 규정 · 346
   5. 결과 · 350
   6. 결론 · 354

제12장 탈집중형 신뢰도 옵션 : 시장 기반의 용량 확보 / 356

1. 소개 · 356
2. 배경 · 358
3. 신뢰도 옵션의 탈집중화 : 어떻게 작동되는가? · 362
4. 탈집중형 신뢰도 옵션 : 이점이 무엇인가? · 367
5. 결론 · 377

제13장 프로슈머 대상 전력망 요금결정 : 수요기반 요금제 또는 지역 한계 가격 책정 / 378

1. 소개 · 378
2. 소매 계약 내 효율 · 381
3. 소매경쟁과 소매요금제 · 385
4. 일시적, 지역적 가격 변동 위험을 낮추는 방법 · 387
   4.1 네트워크 가격 책정 위험 헤지 수단 · 390
   4.2 예제 · 393
5. 효율적인 전력망 요금 책정 · 396
6. 호주에서의 전력망 가격 책정 논의 · 397
7. 결론 · 401

제14장 스마트그리드의 진화, 도매(모선)가격 결정의 세분화 / 403

1. 소개 · 403
2. 트랜스액티브 에너지(TE) 프레임워크와 스마트그리드 · 407
3. 전력시스템 구조 변화와 세분된 모선 가격으로의 파급효과 · 410
   3.1 모선 가격 세분화의 기본 원리 · 410

3.2 TE, 변화하는 시장구조 · 412
3.3 분산형 발전과 세분된 모선 가격 결정 · 415
  3.3.1 전력 흐름과 시장 인센티브 · 415
  3.3.2 다른 전력망 수준에서의 일반화된 급전 순위 · 416
  3.3.3 마이크로그리드의 다른 여러 운영 방안 · 417
4. 실시간 모선 가격 결정의 필요성 : 배전망 마이크로그리드 · 418
  4.1 마이크로그리드와 대안적 활용 · 419
  4.2 배전망 도매시장에 대한 일반화된 실시간 급전순위의 관련성 · 420
5. 결론 · 422

PART 3 | 전력회사의 미래, 미래의 전력회사
Utilities of the Future:Future of Utilities

제15장 에너지 전환 과제를 해결하기 위한 전력회사의 새로운비즈니스 모델 / 426

1. 소개 · 426
2. 파괴 영역 · 428
  2.1 고객 행동 · 429
  2.2 경쟁 · 431
  2.3 생산 서비스 모형 Production Service Model · 433
  2.4 유통 채널 · 435
  2.5 정부와 규제 · 437
  2.6 혁신의 필요성 · 438
  2.7 자본 위기의 해소 · 439

3. 전력회사의 미래 비즈니스 모델 · 440
   3.1 전통적인 핵심 사업 · 441
   3.2 발전-판매^{gentailer} 모델 · 443
   3.3 순수 머천트$^{pure\ play\ Merchant}$ 모델 · 445
   3.4 전력망 개발업자$^{grid\ developer}$ 모델 · 446
   3.5 네트워크 관리자$^{network\ manager}$ 모델 · 448
   3.6 제품 혁신가$^{Product\ Innovator}$ 모델 · 448
   3.7 파트너의 파트너$^{Partner\ of\ Partners}$ 모델 · 449
   3.8 부가가치 제공$^{Value-Added\ Enabler}$ 모델 · 450
   3.9 가상^{virtual} 전력회사(VPP) 모델 · 452
4. 결론 · 453

제16장 유럽의 전력회사 : 미래를 위한 전략적 선택과 문화적 선결 조건 / 455

1. 소개 · 455
2. 국제화 전략 · 457
   2.1 국제화 전략 간의 차이점 · 457
   2.2 국제화 전략에 대한 고찰 · 462
3. 전력회사 2.0을 향한 전략 · 466
   3.1 분산형 자산의 관리 · 467
   3.2 정보의 관리 · 469
   3.3 전력회사 2.0 추진 현황 · 472
4. 유럽 전력회사들의 전략 범주화 · 476
5. 기업 문화 측면의 전제 조건 : 신규 사업자로부터의 교훈 · 479
6. 결론 · 484

제17장 파괴적 기술과 생존 : 독일 사례 / 487

1. 소개 · 487
2. 환경 · 489
    2.1 사회적 발전 · 489
    2.2 에너지 정책 · 490
    2.3 규제 수단 · 491
    2.4 기술 · 494
    2.5 고객의 필요 · 496
    2.6 파트너와 경쟁자의 역학 · 499
    2.7 주요 도전 과제 · 499
3. 전략적 선택의 구성 요소 · 500
    3.1 위치 설정^{Positioning} · 501
    3.2 차별화 전략 개발 · 503
    3.3 모범 사례$^{best\ practice}$ 전략 · 507
        3.3.1 효율성과 효과성 · 507
        3.3.2 유연성과 선택권 · 507
        3.3.3 다양화 · 510
        3.3.4 협력 · 511
        3.3.5 지속 가능한 파괴적인 혁신 · 512
4. 전략 개발과 실행의 성공 요소 · 513
5. 결론 · 515

제18장 전력 소비자 미래, 전력회사의 미래소비자 · 517

1. 소개 · 517
2. 전력망의 미래 : 운명과 변화 동인 · 519
    2.1 현상유지 · 520

2.2 분산형 전력망 · 523
   2.3 전력망 이탈 · 524
3. 선호도 – 매슬로의 원리, 상호이익을 위한 협력, 에너지 에코시스템 · 526
4. 그리드 패리티 : 가격, 제품 · 533
5. S-CURVES, S-BENDS 그리고 전기자동차는 전력망을 구원해줄 수 있는가? · 536
6. 결론 · 543

제19장 전력시스템 유연성 관련 비즈니스 모델 : 새로운 참여자, 역할, 규칙 / 546

1. 소개 · 546
2. 전력시스템의 유연성 · 548
   2.1 유연성 공급 자원 · 549
3. 유연성 서비스 거래 · 554
   3.1 유연성 서비스 계약 설계 방안 · 556
   3.2 시스템 유연성과 미래 전력회사 · 558
4. 새로운 비즈니스 모델 · 560
   4.1 새로운 참여자, 새로운 역할, 새로운 비즈니스 모델의 분류 · 561
      4.1.1 수요관리와 모집^{Aggregation} · 562
      4.1.2 온도조절장치 : 수요관리 도구가 되다 · 563
      4.1.3 소프트웨어 개발자 · 564
      4.1.4 전력저장장치 공급자 · 566
      4.1.5 혁신적인 시장 설계 · 567
   4.2 새로운 비즈니스 모델과 전력회사의 미래 · 569
5 / 결론 · 572

제20장 새로운 목적의 배전 전력회사(RDU) : 목표 달성을 위한 로드맵 / 573

1. 도입 · 573
2. 최근 이슈 · 575
3. RDU로의 전환 · 577
4. 설계와 RDU 이행 · 579
   4.1 DER 확대^{expansion} 예측 · 581
   4.2 DER 가치 극대화를 위한 인프라 설계 · 582
   4.3 최신 배전 설계 개발 동향 · 585
5. RDU 이행을 위한 운영방식 개혁 · 587
   5.1 최신 배전 운영 기술 개발 동향 · 589
6. 결론 · 590

제21장 배전 전력회사 : 전력회사, 발전사, 신규 사업자 간의 갈등과 기회 / 591

1. 도입 · 591
2. 뉴욕 REV 개요 · 592
   2.1 분산 시스템 플랫폼과 공급자 · 594
   2.2 분산 시스템 플랫폼^{DSP}의 분산에너지원^{DER} 소유권 · 596
   2.3 REV 정책과 비용-편익 분석 · 597
   2.4 기타 정책 이슈 : AMI, 에너지효율 프로그램, 신재생 에너지, 마이크로 그리드, 실증 프로젝트 · 599
   2.5 에너지 비전 개혁^{REV} 실행 · 600
3. 캘리포니아의 분산 전력회사$^{Distributed\ Utility}$ 개혁 계획 · 601
   3.1 최근 캘리포니아의 DER 개혁 동향 · 602
4. 매사추세츠의 DER 개혁 동향 · 603

4.1 매사추세츠주(州)의 기타 전력 정책 · 605
  5. 하와이의 분산에너지원^{DER} 열풍 · 605
    5.1 하와이의 분산에너지원^{DER} 개혁사 요약 · 607
    5.2 하와이의 재생에너지 통합 · 609
    5.3 하와이의 수요반응$^{Demand\ Response}$과 분산에너지원DER · 609
  6. 결론 · 611

제22장 통합 전력망 : 도소매, 송배전 / 615

  1. 도입 · 615
  2. 통합 전력망 비전 · 620
    2.1 전력산업 비전과 현재 · 621
  3. 배전시스템운영자^{DSO}의 역할 · 623
    3.1 잠재적 DSO 기능 세부사항 · 624
    3.2 독립형 DSO의 이점 · 626
    3.3 DSO의 시장 운영과 신뢰도 개선 사례 · 627
    3.4 신뢰도 서비스 제공 측면에서의 DER과 DSO 역할 · 629
    3.5 단기 예측 정확도 개선을 위한 DSO의 역할 · 630
  4. RTO/TSO에서 DER으로의 가격 정보 교환 · 631
    4.1 배전 시스템 : 사용량 기반 요금 vs 시간/지역 기반 변동 요금 · 633
    4.2 소비자의 DER에 관한 효율적 의사결정을 위한 모선 LMP의 중요성 · 634
    4.3 전력 인프라 고정 비용을 가격에 반영하기 위한 고려사항 · 638
    4.4 가격 신호가 혁신과 DER 기술 도입을 촉진 · 639
  5. 결론 · 640

저자 소개 Author Biographies   641
참고문헌 662

에너지 전환 전력산업의 미래

추천사 Foreword

    100년이 넘는 긴 시간 동안, 전력 사업은 대부분 안정적이고, 예측 가능하고, 큰 변화가 없었다. 당연하게도, 정부 규제를 받는 공익사업 영역은 역시 안정적이고, 예측 가능하고, 대부분 큰 변화가 없었다.

    전력회사 경영진은 회사를 지속적으로 운영할 수 있는지, 투자자들이 합리적인 보상을 받았는지를 확인해야 했다. 규제 당국은 전력회사의 적정 수익성을 확보해주면서, 가격이 공정하고 합리적인지 확인해야 했다.

    전력회사 비즈니스 모델(옛날에는 아무도 이렇게 부르지 않았다)은 예측할 수 있는 매출(판매) 증가와 단위 가격 하락이라는 두 가지 원칙에 근거했다. 규제 기관은 에너지 단위(kWh) 당 가격을 설정하고 주기적으로 조정했다. 이러한 작동 방식은 너무 오랫동안 매력적으로 적용되어 왔다. 이때, 요금납부자는 사용한 에너지양과 일정한 단위 가격을 곱한 요금을 지불하였다. 1kWh 당 변동 없이 일정한 가격, 점차 낮아지는 가격(인플레이션을 고려했을 때)은 판매량의 지속적인 성장과 함께 kWh 당 비용을 더 분산시켰다. 이는 단위 비용의 하락으로 이어졌으며, 더 많은 전력 소비를 조장했다.

    이러한 행복한(핵심적인 내용도 간단한) 상태는 근본적으로 새로운 단계로 접어들었다. 근본적인 것들이 변화하기 시작했기 때문이다. 매출 증가세는 둔화되거나 어떤 경우에는 완전히 멈추었고 소매요금 역시 높아지기 시작했다.

추천사 Foreword

　전력산업 전체 가치사슬, 특히 소비자 영역에서 엄청난 기술적 변화가 눈에 띄기 시작했다. 소비자는 자신의 전력 사용을 보다 잘 관리하고 제어할 수 있게 되었고, 분산형 발전을 통해 자체 소비의 일부분을 스스로 충당하기 시작했다. 길지 않은 시간 동안, 분산에너지원은 중요한 화두가 되었으며, 대규모 전력망에 전적으로 의존하는 수동적인 소비자는 적극적인 프로슈머로 바뀌어가고 있다.

　놀랍게도, 정말 짧은 시간 내에, 전 세계의 소매가격이 높은 지역에서 다수 프로슈머가 전력망에서 전력을 구매하는 것과 비슷하거나 더 싸게 전력을 생산하고 생각하게 될 것이다. 전력저장장치, 마이크로그리드, 다른 주요 기술들의 비용이 점차 하락하는 가운데, 이 책은 현재 전력회사들의 미래를 위한 주요 관심사를 제시하고 있다.

　이러한 변화는 무엇을 예고하며, 업계 종사자와 규제자는 어떻게 대응해야 할까? 전직 규제기관의 대표로서 내 견해는 더 이상 중요하지 않다. 그럼에도 불구하고 나는 내 경험이 전력회사 경영진과 규제자에게 도움이 되길 바란다. 이 책의 편집자(대표 저자)의 요청으로 몇 가지 사안을 말하기로 결심하였다.

- 전직 규제자이자 이 책의 저자 중 하나인 앤드류 리브스[Andrew Reeves]가 관찰한 바와 같이, 규제당국은 기술 혁신을 지시할 수 없지만 기술 혁신이 번창하도록 쾌적한 환경을 조성할 수 있다. 나는 이것이 규제당국이 규제 방법을 결정할 때 지침이 되는 원칙이며, 규제 방법과 똑같이 중요하게 다뤄져야 한다.
- 둘째, 중앙집중형과 분산형 사이에 벌여지는 현재의 논쟁은 그 요점을 놓칠 수 있다. 이 책의 저자 중 하나인 클락 겔링스[Clark Gellings]가 지적한 바와 같이, 미래의 통합망은 적어도 전력저장장치가 충분히 많이 그 비용이 떨어질 때까지 서로 보완하며 공존하는 2개의 패러다임이다. 내 생각으로는 이 지점에서의 변화는 시간이 오

에너지 전환 전력산업의 미래

래 걸릴 것 같다. 일부는 이를 실현하지 못할 수도 있다. 따라서 우리는 두 개로 갈라질 수 있는 미래에 대해 신중하게 생각해야 한다.

- 셋째, 다른 규제기관과 마찬가지로, 전기 사용자(요금납부자)를 위해 선의로 전력 인프라에 투자한 현재 전력회사들은 우리가 그들의 권한과 역할을 대체하기 전에 적절한 대우를 받아야한다고 생각한다. 내가 규제기관에 일하기 전에 전력회사 임원이었기 때문에, 내 시각에 편향성이 있을지도 모른다. 그러나 적어도 현재 전력회사들이 어디로 향해야할지 파악할 수 있도록 규제의 명확성이 제공되어야 한다.
- 끝으로 분산에너지원이 상당히 확산된 호주, 유럽, 일본, 미국의 뉴욕, 하와이, 캘리포니아에서의 규제 절차를 살펴보는 것은 유용한 경로를 제공한다. 전 세계의 규제기관이 직면한 많은 도전 과제는 보편적이다. 이는 우리 모두가 협력과 의견 교류를 통해 많은 것을 배울 수 있음을 시사한다. NIH 증후군$^{\text{Not invented here syndrome}}$ (역자 주: 자신이 개발하지 않은 기술, 연구성과, 상품 등에 대해 배타적인 성향을 보이는 증상)은 반드시 피해야 한다. 가능하다면, 최대한 다양한 관점과 주제의 폭 넓은 지식을 모을 필요가 있다. 이 책은 이러한 부분에 있어 유용하게 활용될 수 있을 것이다.

마이클 피비$^{\text{Michael Peevey}}$
캘리포니아 공공전력 위원회$^{\text{California Public Utilities Commission}}$ 회장(2003~2014)

추천사 Foreword

"미래에 대한 불안만큼 모두에게 공평한 것은 없다. 이 책에서 저자들은 전력산업에 있어서의 기본적인 지식에서부터 최신의 연구동향까지를 쉽게 접근할 수 있은 몇 개의 간단하고 핵심적인 개념들로 제시하여, 이 분야의 전문가이든 아니든 전력산업의 미래에 대한 고민을 해 본 누구나 이 책을 통해 명확한 가이드를 제공받을 수 있을 것이다."

- 서울대학교 윤용태 교수

"이 책은 에너지전환 시대의 미래 전력산업의 변화를 다양한 관점에서 설명하고 있다. 특히, 재생에너지와 분산에너지원의 확산이 전력산업의 미래를 어떻게 변화 시킬지 소비자, 규제기관, 전력회사 등 다양한 이해관계자들의 관점에서 설명하였다. 전력산업 대전환기의 초입에서 우리가 무엇을 어떻게 준비해야 하는가에 대한 중요한 질문들을 이 책 곳곳에서 확인할 수 있다."

- 고려대학교 주성관 교수

"스마트 그리드, 재생 에너지, 프로슈머와 같이 익숙한 듯 익숙치 않은 개념들이 일상화된 사회는 어떤 모습일까? 이런 의문을 가져본 사람이라면 이 책을 꼭 읽어보기를 권한다. 다양한 시각에서 전력산업의 미래를 예측해 볼 수 있는 실마리를 찾게 될 것이다."

- 제주대학교 진영규 교수

"이 책은 에너지 전환을 전력산업의 관점에서 분석하였다. 전력시스템을 구성하는 발전/전송/소비 기술의 발전, 탈탄소 사회 구축을 위한 전세계적 노력은 에너지 전환을 촉발시켰고 세계 주요 국가에서는 성공적인 에너지 전환을 위해 제도적, 사업적 노력을 아끼지 않고 있다. 이 책은 '전력산업의 미래'와 함께 '현재'를 실제 사례를 통해 '어떻게', '무엇을' 고민하고 실행해야 할지를 제시한다."

- 포항공과대학교 김영진 교수

에너지 전환 전력산업의 미래

"이 책은 재생에너지와 분산형에너지를 고려한 전력산업의 미래를 다양한 관점에서 미국 및 유럽의 여러 나라와 회사의 사례를 구체적으로 분석하여 제시하고 있다. 기후변화 대응을 위한 청정하고 효율적인 에너지를 확보하고 고객, 전력사업자, 정부 등이 상생할 수 있도록 기술혁신 뿐만 아니라 환경과 문화를 고려한 정책과 규제 등 종합적인 관점에서 전력산업의 미래를 고민하고 방향을 제시하는 등 모든 이해관계자들에게 매우 유용하다. 특히 에너지 시스템 측면에서는 고립된 섬과 같은 우리나라의 특수한 지정학적 환경과 향후 통일시대를 대비해서 인접 국가들과의 통합전력망이나 에너지 믹스에 대한 준비를 위해 무엇을 어떻게 해야 할지 참고할 만한 구체적인 실증 분석 사례를 책 곳곳에서 얻을 수 있다."

- **한국과학기술기획평가원 변순천 본부장**

"이 책은 4차 산업혁명 시대의 커다란 변화의 흐름에서 전력산업에 대해 다양한 관점으로 분석하였다. 특히 소비자, 규제기관, 전력회사 등의 서로 상충할 수 있는 이해관계자의 관점으로 거스를 수 없는 환경변화에 대한 문제해결 방안을 전략적인 시각으로 제안하고 있다. 이러한 제안이 미국, 독일, 호주 등의 전력산업 전문가들의 경험의 축적에서 나온 의견이라는 점에서 이 분야에 관심을 두고 있는 모든 사람에게 이 책을 추천하는 이유이다."

- **한국과학기술기획평가원 김현민 센터장**

"이 책은 전력산업의 변화를 다양한 관점에서 분석하였다. 특히, 재생에너지와 분산에너지원의 확산이 전력산업의 미래를 어떻게 형성할지를 소비자, 규제기관, 전력회사 등 다양한 이해관계자의 관점에서 설명하였다. 해외 주요 선진국의 다수의 전문가들이 작성한 이 책을 읽고 나면, 에너

추천사 Foreword

지 전환의 미래를 전력산업 중심으로 정리하는데 큰 도움이 될 것이라고 생각한다."

- 한전 남서울지역본부 이병식 본부장

"지난 수 세기 동안 고요하던 글로벌 전력산업에 지각변동이 발생하고 있다. 본 도서는 전 세계의 전력산업 전문가들이 전력산업에서 발생하고 있는 패러다임 전환에 대한 연구결과를 집대성한 바이블과도 같다고 생각한다. 전력산업이 어떠한 배경으로 근본적인 변화를 맞이하게 되었고, 전력산업과 유틸리티가 구체적으로 어떻게 변모하고 있는지, 향후 미래는 어떤 모습일지에 대해 알고자 하는 독자는 이 책을 반드시 탐독하길 권한다."

- 前 한전 전북지역본부 김락현 본부장

"미래 전력 산업의 개념들(마이크로 그리드, 스마트 그리드 등)은 최근에 많이 거론되고 있으나, 실제로 그 개념이 어떤 기술적 특징를 가지고 있고 사업 모델로서 구현 가능한 사례가 무엇들인지 한번에 볼 수 있는 참고 서적이 국내에 부재하였다. 본 서적은 에너지 전환을 다루는 한국의 정책 입안자, 산업 종사자, 연구자, 학생 등이 그동안 목말라 하며 고대했던 것들을 제공해 준다. 번역은 까다로운 전문 영어 문체를 원래의 의미를 잃지 않도록 하면서 의미 전달이 잘되도록 손질되어서 풀었으며 원문의 영어 단어를 함께 병기함으로서 충실성을 기했다. 에너지 신산업에 스타트업으로 뛰어든 분들에게 이 책의 내용은 전력 산업의 진화 과정에서 사업적 영감을 얻는데 도움을 주리라 확신하며 일독을 권한다."

- University of Strathclyde 김재민 박사

에너지 전환 전력산업의 미래

"이 책은 전력 산업의 변화를 다양한 관점에서 분석하였다. 특히, 신재생에너지와 분산에너지원의 확산이 전력 산업의 미래를 어떻게 형성할지를 소비자, 규제기관, 전력회사 등 여러 이해 관계자의 관점에서 설명하고 있다. 해외 주요 선진국의 여러 분야 전문가들이 직접 작성하고 편집한 이 책은 복잡다단한 전력 산업의 미래에 대한 여러 관점에 대한 통찰을 제시한다."

- Lawrence Livermore National Laboratory **주지영 박사**

서문 Preface

1980년대의 컴퓨터 메인프레인^{mainframe} 산업, 1990년대 후반의 전통적인 카메라 산업, 이제는 전력회사가 기술과 사회적 변화의 중심에서 스스로를 재구성하는 전환의 시기가 왔다.

100년이 넘는 역사와 2300만 고객을 보유한 유럽 7위 전력회사 CEO로서 나는 미래를 지향하고, 주요 변화를 포괄하는 이 책의 출판을 크게 환영한다. 전력회사의 모든 리더는 일련의 변화를 인식하고 주요 개념을 식별해야 하는데, 이 책은 이를 구현할 수 있는 개념을 제공해준다. 각 전력회사가 처한 시장 경계 내에서만 그 변화를 감지하는 것으로는 부족하기 때문에, 미래에 대한 유익한 아이디어를 얻기 위한 폭넓은 범위의 지식은 독자에게 특별한 가치를 제공할 것이다.

독점 체계에서 성장해왔던 전력회사를 민첩하고 높은 성과를 창출하는 미래 전력회사로 전환하는 일은 실로 어려운 도전이지만 회사 전체가 이러한 과제를 안고 있다. 과거 기술 변화의 희생양이 되었던 기존 컴퓨터, 카메라 산업과 비교할 때, 전력회사는 더 큰 난관에 부딪쳐 나아가야 한다. 퍼펙트 스톰$^{perfect\ storm}$은 규제(보조금)가 이끄는 용량 확대, 전력 수요의 감소, 글로벌 상품시장의 침체로화력발전 수익 감소 등이 동시다발적으로 발생할 수 있다.

그러나, 수익환경의 악화에 불구하고 전력회사들은 그들만의 관습을 유지하고 있다. 필요는 발명의 어머니이기에, RWE의 경우 임직원의 태도와 접근 방식에 주목할 만한 변화가 관측되고 있다. 전 세계의 비슷한 상황

에너지 전환 전력산업의 미래

에 놓인 전력회사 역시 이러한 현상이 유사하게 진행되고 있을 것이다.

나는 이 책의 여러 장을 살펴보면서, 전력회사가 직면한 과제와 여러 변화를 적절하게 대응하고 있는지를 생각해보았다. 페레이둔 시오산시 Fereidoon Sioshansi가 첫 번째 장에서 다루고 있는 중요한 질문은 미래 시장의 규모와 전력회사의 매출에 관한 것이다. 2008년 글로벌 경기 침체는 예상보다 훨씬 더 깊은 상처를 남겼고, 2013년 유럽의 전력 총 수요는 2008년 최고치보다 4% 낮았으며, 비(非) 전력회사 재생에너지를 고려한 순수요는 상당히 낮았다. 전기는 프리미엄 제품이며, 에너지 경제를 탈탄소화하는데 중요한 역할을 담당할 잠재력을 가지고 있다. 따라서 중요한 생태적 변화 동인이 상품인 전기가 부당한 세금과 기타 할증료를 부과받거나 난방, 교통 부분의 전화(電化)가 지연되서는 안된다. 이러한 부분의 전화는 에너지 효율 개선에 따른 수요 하락과 기존 인프라의 활용도를 유지하는 데 기여한다.

다음으로, 주로 독일, 중앙유럽의 국가의 실질적인 배전망 소유자의 관점에서 클락크 겔링스Clark Gellings가 강조한 통합망의 가치를 눈여겨보았다. RWE 사업 영역 내 재생에너지의 매우 빠른 확산이 누적된 결과, RWE는 단방향 회로를 양방향으로 변환하며 새로운 재생에너지를 통합하는 변환 과정에 앞장서 왔다. 재생에너지가 추가에 따라 공급 용량은 이미 특정 시점의 피크 수요를 완전히 능가하는 것으로 나타났다. 배전망은 궁극적으로 총 전력 생산의 50% 이상을 감당할 주체가 될 것이므로 그 목적에 부합되도록 만들어야 한다. 마찬가지로 전력망의 사회, 경제적 가치를 적절하게 반영하도록 요금제 구조가 개발되어야 하며, 고객이 오프그리드off-grid(탈전력망)을 매력적으로 느끼지 않도록 노력해야 하며, 이 책에서 광범위하게 다루어지는 내용이 매우 중요하다.

소비자가 생산하는 새로운 전력은 전력회사가 직면한 위협이 아닌 기회로 볼 수 있다. 2300만(유럽의 10%) 규모의 고객을 확보하고 있는 우

서문 Preface

리는 변화하는 상황과 이에 대한 통찰력을 가지고 있으며, 이를 적절하게 대응하는 것이 최우선순위 과제 중 하나이다. 에너지(kWh)만 판매하고 청구하는 데 그치는 것이 아니라 고객의 분산형 발전 목표와 각 에너지 단위에서의 가치 최대화를 지원해주는 높은 상호 호혜적 관계로 발전해나가야 한다.

시장 설계와 소비자 요금 구조는 매우 중요한 두 가지 전제 조건이다. 우리 회사는 시장 기반의 용량 확보 메커니즘을 지지하며, 스테판 우드하우스가 이 책에 해당 부분을 기여하게 되어 매우 기쁘게 생각한다. 소매 시장, 요금 설계는 중요하지만 사회적으로 민감한 주제이다. 시장이 효과적으로 작동하기 위해서는 서로 다른 가격 신호가 최종 소비자에게 전달되고 대응하도록 해야 하지만 저소득층이 부담이 과도하게 커져서는 안된다.

마지막으로, 새로운 가치 풀$^{value\ pool}$과 혁신을 다루는 장들을 이야기하고 싶다. 두 개념 모두 '미래 전력회사'로의 전환에 있어 매우 중요하다. 유럽의 화력 발전사업자들이 가장 큰 가치 풀을 상실하는 것을 경험하였기 때문에, 새로운 수익원을 통한 대체가 절대적으로 중요하다. 닐슨^{Nillesen}, 폴리트^{Pollitt}, 쿠퍼^{Cooper}가 사업 전환과 IoT를 다룬 내용은 RWE의 지향점과 일치한다. RWE는 2012년 유럽경영기술학교(ESTM) 혁신 지수에서 1위를 차지한 것을 자랑스럽게 생각한다. 당연하게도, 우리는 16장(유럽 전력회사 : 미래로 위한 전략적 선택과 문화적 준비)과 17장(파괴적 기술과 생존 : 독일 전력회사 사례 연구)의 내용에서 관련된 상황과 제안을 확인하였다.

이 책에서 시도한 것처럼, 이렇게 광범위한 아이디어를 모으는 것이 전력회사가 보호와 독점에서 벗어나 적어도 흥미진진한 새로운 미래 세계를 향한 10년 이상의 험난한 여정을 나서는데 도움이 된다고 생각한다. 적어도 상단 기간 동안 화력 발전기 등의 기존 자산은 여전히 필요하며, 재생에너지를 보조하는 유연한 파트너 역할을 맡을 수 있다. 전력

 에너지 전환 전력산업의 미래

망은 미래에도 현재와 같이 필요해보이지만 새로운 변화에 적응해야할 필요가 있을 것이다. 소비자는 전력을 구매하거나 생산하는 모든 영역에서 최대의 가치를 발현하는 곳에 자리 잡고 있을 것이다. 이러한 모든 요소들을 하나로 모으는 전력회사가 미래의 승자가 될 수 있을 것이다. 물론, RWE는 이를 실현하는 것을 지향한다. 캘리포니아 전력 규제기관 최고 책임자였던 마이크 피비$^{\text{Mike Peevey}}$가 이야기한 바와 같이, 우리는 서로의 경험을 통해 많은 것을 배워나갈 수 있다.

피터 터리움$^{\text{Peter Terium}}$, CEO, RWE AG Essen, **독일**

소개 Introduction

 많은 사람들은 이미 전력산업이 운영, 비즈니스 모델, 문화, 규제 등 관련 영역에서 상당한 변화를 요구하는 진화의 새로운 단계에 진입했다고 생각한다.
 '전력산업의 미래'에 대한 논쟁은 그 결과에 대한 다양한 의견들로 점차 뜨거워지고 있다. 일부는 전력회사가 무시무시할 '죽음의 소용돌이'에 이미 빠져있거나 근처에 있으며, 심지어 이탈할 수 없는 파국으로 향하고 있다고 말한다. 액센츄어^{Accenture}의 연구에 따르면, 미국 전력회사의 연간 매출은 분산형 발전의 급속한 성장과 에너지 효율 향상 등으로 2025년 기준 488억 달러 정도가 떨어질 수 있다(그림 1 A). 또한 전력망 기반 전력의 수요는 '현상유지$^{status\ quo}$' 시나리오에 비해 15% 정도 떨어질 수 있다.
 마찬가지로, 유럽의 전력회사는 비슷한 이유로 상당한 수익 감소를 경험할 수 있다. 이 연구 결과는 비슷한 결과에 도달한 많은 연구 중 하나이다. 기본적으로 경제가 성숙함에 따라 소비자는 전기를 더 적게 소비할 것으로 예측된다. 또한, 가전제품, 전자 기기, 집, 빌딩 역시 보다 에너지 효율이 개선될 것이다. 동시에 더 많은 소비자들이 분산형 자가 발전(특히, 비용이 점차 하락 중인 지붕형 태양광)을 설치하며, 자체 수요 이상의 전력을 공급할 것이다.

에너지 전환 전력산업의 미래

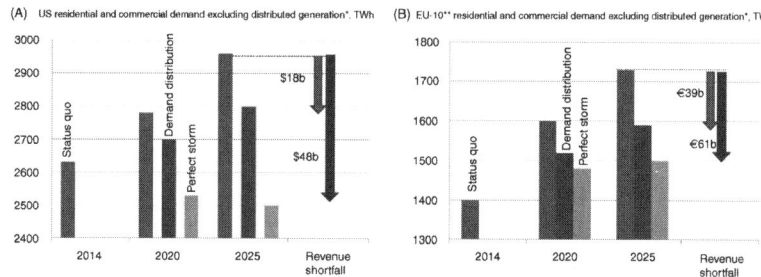

그림 1 전력산업 매출 침식 전망 : 미국(A), 유럽(B). *자가 발전을 제외한 전력 판매량, ** 유럽 10대 국가(경제규모 기준), 2020년까지 235TWh의 잠재적 매출 감소 예상(퍼펙트 스톰Perfect Storm 시나리오),(출처 : How can utilities survive energy demand disruption, Accenture, 2014)

다른 연구 결과들에 따르면, 태양광의 급격한 비용 하락으로 더 많은 소비자가 분산형 자가 발전을 통해 필요한 전력의 일부 또는 전부를 공급받을 수 있을 것으로 기대된다. 2015년 출간된 전력 전환$^{Power\ Shift}$의 저자 로버트 스테이톤$^{Robert\ Stayton}$은 그의 저서에서 태양 에너지가 세계 경제에 동력을 공급할 미래를 예측했는데, 2060년까지 화석연료가 대체될 것으로 전망하였다. 언제, 얼마나 빠르게 변화할 것인지에 대해서는 의견이 분분하지만, 그 예후는 미국, 유럽, 일본, 호주 등 많은 지역에서 관측되고 있다. 미국의 전력 소비는 점차 수요 증가율이 감소되고 있으며, 정점에 이른 것으로 보인다. 한편, 경제 성장은 과거와 다르게 이에 상응하는 전력 소비 증가를 요구하지 않는다. 그리고 경제가 성숙함에 따라 미국과 다른 OECD 국가들도 비슷한 상황에 처해있다.

반대 견해를 가지고 있는 사람들은 이러한 현상은 일시적이며 지나갈 것으로 보고 있다. 또한, 전력회사 붕괴 전망은 지나치게 과장되었다고 말한다. 예를 들어, 신용평가기관인 무디스$^{Moody's}$는 전력회사가 놓인 상황이 과거와 다르며 생존을 위한 여러 조정이 필요하다고 보지만 포기할 시점은 아니라고 말한다.

소개 Introduction

그러나 좀 더 건설적인 토론 주제는 중앙집중형과 분산화 사이에서의 전력회사 패러다임의 진화에 있다. 대다수 사람들은 새롭게 부상하는 분산화 비전이 중앙집중형 발전, 송전, 배전에 도전하고 있다는 사실에 동의한다. 프로슈머^{prosumer}는 지역에 연결된 전력망을 활용하여 다른 프로슈머와 함께 해당 지역에 얼마나 많은 전력을 생산, 소비, 저장, 교환할지를 제어한다.

미래의 프로슈머는 개방형 플랫폼을 활용하여 서로 상호 작용할 수 있으며, 송배전망을 활용하여 거래를 촉진하는 '트랜스액티브 에너지$^{transactive\ energy}$(역자 주: 다른 재화처럼, 거래 가능한 전력을 의미하는 용어)'를 이끌 것이다. 테슬라^{Tesla}는 태양광 고객이 사실상 전력망에서 벗어날 수 있는 전력 저장 배터리 시스템을 발표하기도 하였다.

그러나 미래 전력망이 소비자와 프로슈머를 어떻게 연결할지, 통합된 전력망이 어떤 중요한 가치를 제공할 수 있는지에 관해서는 근본적인 생각의 차이가 상존한다(2장 내용 참조). 일부 소비자 전력망을 이탈해 자체적으로 전력을 생산하고 소비할 수 있겠지만 대부분은 필수 서비스(특히, 신뢰도와 백업$^{back-up}$)를 전력망을 통해 공급받을 가능성이 높다.

전력망 비용 부담 역시 중요한 논의 사항이다. 한쪽에서는 전력망을 사회적 자산으로 이며, 그렇게 비용이 배분되어야 한다고 주장한다. 이러한 사람들은 일부 시민들이 공공 도서관을 절대 사용하지 않더라도 세금으로 운영되는 것과 같다고 말한다. 이에 따라 전력망을 유지, 보수하는 비용은 대부분 고정되어 있으며, 전력망과 연결된 모든 사람들은 전력망 유지, 보수비용을 고정된 월 요금으로 지불해야 한다고 주장한다.

이러한 주장은 전기요금의 일정 부분을 '고정 vs 가변'으로 결정할지에 대한 전형적인 논쟁으로 이어지거나 왜곡된다. 예를 들어, 투자자 소유 전력회사 에디슨 일렉트릭 인스티튜트$^{Edison\ Electric\ Institute(EEI)}$의 전직 부사장 데이브 오웬$^{David\ Owen}$은 월 스트리트 저널$^{Wall\ Street\ Journal}$(2015.2.23)의

한 기사에서 "한 가구당 전력을 공급하기 위해 전력회사가 지출하는 비용은 매월 40달러에서 60달러의 비용에 달한다."라고 지적했다. 또한, 그는 "전력을 적게 구매하는 소비자는 다른 사람에게 비용을 부담시키는 것과 같다"라고 말을 덧붙였다. 추후, 설명하겠지만 소비자가 전력을 '사용'과 '구매' 사이에는 매우 중요한 차이가 있다.

물론, (전력구매) 고객은 에너지 효율과 분산형 자가 발전(일반적으로는 지붕형 태양광)에 투자하여 전력을 적게 '구매'할 수 있다. 이 둘의 결합은 분산에너지원$^{distributed\ energy\ resources(DERs)}$으로 지칭된다.

이 논리에 따르면, 전력망에서 전력을 거의 사용하지 않는 소비자는 악의적이고 반사회적이며 처벌을 받아야 한다. 당연하게도, 많은 전력회사는 고정 요금 또는 월 최소 요금을 선호한다. 특히, 소비가 적고 생산량이 많은 프로슈머 대상으로 이러한 요금을 적용한다.

월 스트리트 저널의 기사는 2014년 위스콘신^{Wisconsin} 규제 당국에 제출된 급진적인 제안을 기술하고 있다. "매디슨 가스&일렉트릭$^{Madison\ Gas\ \&\ Electric\ Co.}$는 주(州)정부 관련 규제기관에 2017년까지 68달러를 고정 요금으로 부과하도록 요청했다. 이는 전력회사의 고정 비용의 77%에 해당되는데, 기존 고정 요금은 12%에 해당하는 10.50달러에 불과했다. 대신, 전력회사는 사용량^{kWh}당 요금을 절반 수준인 7센트로 낮추기로 했다. 전력회사가 이 제안을 철회할 정도로 소란을 불러일으켰다. 결과적으로 고정 비용의 23%에 해당되는 20달러의 고정 요금과 가변 요금을 약간 인하하는 것으로 승인을 받았다."

왜 이러한 소란이 발생했을까? 대체로, 소비자는 높은 고정 요금, 최소 수수료 등을 선호하지 않는다. 많은 사람들은 전기를 식료품과 자동차 연료처럼 생각한다. 많이 구매하지 않으면, 돈을 내지 않는다. 또한, 아무것도 구매하지 않으면 전혀 지불할 필요가 없다. 저소득층, 에너지 고효율 소비자, 태양광 설치 소비자는 고정 요금 또는 최소 수수료를 불공평

소개 Introduction

하다고 여기며 싫어한다. 이러한 반대에 불구하고, 분산에너지원의 증가로 전력회사 매출의 점진적인 감소를 우려하는 목소리가 점차 여러 주(州)에서 커지고 있다. 이에 따라 고정 요금 증가 또는 최저 수수료 부과 등의 조치가 점차 시행되고 있다. 세계의 다른 지역에서는 월별 고정 요금이나 용량 요금이 더 일반적이기 때문에, 얼마나 많은 고정 요금을 부과할 것인가는 큰 이슈가 아니다.

2015년 2월 초, 지역 일간지 휴스턴 크로니클Houston Chronicle은 텍사스 일부 전력회사 고객이 최소 요금 수준인 특정 소비량에 해당되는 전기 사용료를 부과 받았다는 사실에 놀랐다고 보도하기도 했다. 이것은 많은 전력회사가 에너지 효율을 적극적으로 추진하고 있다는 측면에서 더욱 아이러니하다.

휴스턴 크로니클은 휴스턴 지역의 49개 소매 전력회사의 전기 요금제를 조사했으며, 최소 200개 이상의 요금제에 최소 사용료가 포함되어 있음을 확인했다. 어떤 요금제에서는 특정 소비량 이상을 사용하는 소비자에게 할인을 제공하기도 하였다. 전력 소매시장은 텍사스에서 매우 경쟁이 심하다. 즉, 소매 전력회사는 고객을 유인할 수 있다고 보이는 모든 요금제를 제공할 수 있다.

휴스턴 크로니클은 "요금제가 다양했을지라도 평균은 10.67달러였으며, 만약 1,000kWh 이하로 소비했다면, 대다수는 수수료(고정비용)를 더 많이 발생시킨 것이다." 텍사스 지역의 평균 전력 소비량은 1200kWh/1개월이다. 대부분의 소매 전력 판매회사는 고객이 전력을 많이 사용하든 거의 사용하지 않든 상관없이 발생하는 고정 비용을 회수하기 위해 최소 요금이 필요하다고 말하면서 관행을 변호한다.

저렴한 전력을 위한 텍사스 연합Texas Coalition for Affordable Power의 대변인 제이크 다이어Jake Dyer는 전력회사의 주장과 의견이 다르다. 그는 휴스턴 크로니클에서 "식료품 가게에 들어갈 때, 최소 비용을 지불하지 않는다. 어

에너지 전환 전력산업의 미래

떤 제품에 대해서든 최소 사용료를 내서는 안 된다. 대부분의 기업들은 자신의 고정 설비 비용 등을 반영해 제품 가격을 결정한다."

앞의 논의에서 확인할 수 있듯이, '고정 Vs 가변' 요금에 대한 논쟁은 비(非)태양광 고객과 넷미터링$^{net\text{-}metering}$ (역자 주: 소비자가 태양광 등 재생에너지를 통해 생산한 전력을 전력회사에 판매할 수 있게 하는 제도)에 대한 이슈와 마찬가지로 논쟁의 여지가 있다. 만약, 태양광 설치 고객이 전력망에서 전력을 적게 구매하여 벌금 또는 고정 요금을 부과한다면 고효율 전자제품 사용자, 제로넷에너지$^{zero\text{-}net\text{-}energy(ZNE)}$ 주택 거주자, 에어컨, 전기차, 대규모 전자기기가 없는 소비자 역시 벌금을 지불해야 한다.

전력산업계의 일부 임원들의 사고방식은 검소한 프로슈머$^{frugal\ prosumer}$의 정신에 반대하는 것이다.

"우리가 전력 인프라에 엄청난 돈을 투자해서 당신에게 서비스를 제공했는데, 감히 우리가 생산한 전력을 많이 사용하지 않을 것인가?"

한편, 미국의 많은 전력회사는 분명히 전력산업의 변화를 수용하고 더 나아가 이미 빠르게 변화를 내재화하고 있다. 에디슨 인터네셔널$^{Edison\ International}$의 CEO인 테드 크레이버$^{Ted\ Craver}$는 에디슨 일렉트릭 인스티튜트$^{Edison\ Electric\ Institute(EEI)}$ 2015년 연례 컨벤션에서 "전력회사 SCE$^{Southern\ California\ Edison}$는 캘리포니아의 급증하는 태양광 발전 용량을 수용할 수 있는 양방향 전력망을 구축하는 데 주력하고 있다"고 강조했다.

"만약, 한 고객이 지붕에 15,000에서 20,000달러를 투자해 태양광 패널을 설치한다면, 전력회사는 그 고객의 초과 생산된 전력을 수용할 준비가 되어있어야 한다. 만약, SCE가 이를 수용하지 못한다면 그 고객은 에너지 저장 설비에 더 많은 돈을 투자하여 전력망과 연결을 완전히 끊을 것이다. 그렇게 된다면, 우리는 영원히 고객을 잃게 되는 것이다."

전력회사 CEO가 이런 이야기를 한다는 것을 불과 몇 년 전만 해도 상상할 수도 없었던 일이었다. 그러나 독일 대형 전력회사 RWE의 CEO

소개 Introduction

　피터 테리움$^{Peter\ Terium}$이 작성한 이 책의 추천사와 6장, 16장에서 설명된 바와 같이, 호주와 유럽에서는 근본적으로 변화된 전력산업 환경에 전력회사들이 대응하고 있다.

　이 책은 전력산업의 미래에 초점을 맞추고 있다. 전력 수요의 정체 또는 하락과 함께 전력산업의 전통적인 비즈니스 모델은 급속하게 변화하고 있다. 또한, 이 책은 빠르게 진행하고 있는 전력산업의 전환 과정을 설명한다.

　이 책에서 다루어지는 주요 쟁점 중에는 이러한 변화를 다루고 보다 건설적인 길을 찾는 합리적인 방법에 대한 논의가 있다. 기존 전력시스템이 제공하는 서비스와 동일한 수준의 신뢰도를 누리는 비용은 다소 높다. 그렇기 때문에, 전력망을 완전히 벗어나고 싶어 하는 프로슈머는 거의 존재하지 않는다. 만약, 그렇게 이야기하는 사람이 있다면 절대로 믿으면 안 된다.

　미국 최대 민자발전사업자$^{Independent\ Power\ Producer(IPP)}$이자 분산형 발전의 주요 업체인 NRG 에너지의 COO$^{chief\ operating\ officer}$인 모리치오 구티에레즈$^{Mauricio\ Gutierrez}$는 2015년 1월 월간지 파워 엔지니어링$^{Power\ Engineering}$에서 "경쟁적인 에너지 회사와 전력회사가 협력적으로 일을 할 수 있는 공간이 있다고 생각한다"고 말했다. 또한, "나는 그것이 둘 중 하나의 형태라고 생각하지 않는다"라고 덧붙였다. 분산형 발전의 확산을 주도하는 NRG에게 상대적으로 손실이 적은 분산형 발전의 성장은 스스로에게 이익이 될 수 있다. 그러나 미래가 두 가지 요소를 효과적으로 연결하며 시너지를 창출해야 한다는 기본 전제는 전력저장 비용이 전력망의 물리적 연결의 경제성을 논할 수 있는 지점까지 떨어질 때까지는 유효할 것이다.

　이 책은 크게 세 부분으로 구성되어 있으며, 아래 각 장의 주요 사항은 다음과 같다.

 에너지 전환 전력산업의 미래

1단원 : 무엇이 변화하는가? 변화는 무엇을 의미하는가?

　제목에서 알 수 있듯이, 1단원에서는 전력산업과 주변에서 발생하는 중요한 발전(發展)에 관한 논의와 이러한 변화가 전력회사와 비즈니스 모델에 미치는 영향을 다룬다.

1장 : 전력산업의 미래는 무엇인가? 페레이둔 시오산시$^{Fereidoon\ Sioshansi}$는 분산형 발전, 재생에너지, 마이크로그리드^{microgrid}, 전력저장장치, 제로넷에너지 빌딩, 스마트 미터 등의 급속한 변화가 기존 전력산업의 비즈니스 모델에 어떻게 영향을 미치는지를 탐색한다.
1장의 주요한 관심사는 우리가 현재 알고 있는 전력회사의 미래가 실제로 있을지를 묻는 것이다.
　이 장의 주요 결론은 가까운 미래에는 대다수의 고객이 전력망에 연결되어 수많은 서비스의 혜택을 받는 게 더 낫다는 것이다. 미래는 '중압집중형^{centralized} Vs 탈집중화^{decentralized}'는 둘 중 하나를 선택해야만 하는 문제가 아니다. 이는 서로 경쟁하기 보다는 서로 보완할 두 패러다임을 만드는 공정하고 공평한 해결 방안을 찾아야 함을 시사한다.

2장 : 통합망의 가치, 클라크 W. 겔링스$^{Clark\ W.\ Gellings}$는 통합망이 지역에 입지한 분산형 발전, 에너지 저장, 에너지 효율과 전기의 새로운 용도의 최적 조합이 활용하며, 기존 중앙집중형 발전, 대규모 에너지 저장장치는 사회가 신뢰할 수 있고 저렴한 전기를 공급하는 데 기여한다고 강조했다.
　겔링스는 이러한 통합망이 모든 소비자와 관련된 전력시스템의 가치를 높이는 동시에 지역별 맞춤형 DER, 발전, 전력저장, 전력공급, 최종 사용 기술/서비스를 충족하는 연결성, 상호연결 규칙, 혁신적 요금제 등을 제공하는 체계라고 설명한다.

이 장에서는 (기존 선진국에서는 기정사실인) 단순히 전력망에 연결되어 있다고 해서 통합망의 형성하는 것이 아니라 개별 소비자와 사회가 단순한 연결이 주는 현재 서비스를 넘어선 통합의 이점을 누릴 수 있다고 강조한다.

3장 : 마이크로그리드 : 마침내 찾은 가치, 크리스 마네이$^{Chris\ Marnay}$는 2011년 일본지진, 허리케인 샌디^{Sandy}과 기타 최근의 자연 재해에서 마이크로그리드가 탁월한 성과를 보였음에 주목했다.

마이크로그리드의 다른 특장점과 함께, 재해 기간의 경험들은 전력 공급 체인에서 마이크로그리드에 대한 관심을 가속화시켰다. 저자는 중요 부하(負荷)^{load}에 높은 품질의 전력을 공급하고, 일반 부하에는 저품질의 전력을 제공하며 전력 공급의 효율성을 향상시킬 수 있다고 지적했다. 또한, 마이크로그리드는 소규모 재생에너지, 제어 가능한 부하, 기타 소규모 분산에너지원 등을 해당 지역에서 관리할 수 있으며, 도매 전력시장, 보조서비스 시장에 참여하며 메가그리드^{megagrid} 의존도를 낮추게 해준다. 마이크로그리드의 진화는 메가그리드의 특성을 효과적으로 변화시키며, 충족해야 하는 요구사항을 재정의하기 때문에 전력산업에 있어 중요한 의미를 가진다.

이러한 맥락에서 본 장에서는 보편적 서비스의 원칙을 재검토하며, 마이크로그리드의 이점이 가장 큰 이익을 제공할 수 있도록 규제의 변화가 필요하다고 주장한다.

4장 : 고객 중심 관점에서의 전기 서비스, 에릭 기몬$^{Eric\ Gimon}$은 고객 관점에서 고객/전력망 인터페이스를 통해 제공되는 서비스의 특성을 조사했다. 새롭고 많은 분산형 에너지 기술의 등장으로 전력망이 재정의되고 있지만, 전력회사의 요구사항과 전력망과 연결을 고려했을 때 어떻게 전

에너지 전환 전력산업의 미래

력망이 영향을 받게 되는지를 다루고 있다. 저자는 전력망에 연결되어 고객이 전통적으로 얻었던 것이 무엇인지, 그리고 전력망이 제공하는 가치 제안이 어떻게 바뀌었는지를 묻는다. 그는 고객이 만드는 타협안을 재고하고, 권한이 부여된 프로슈머의 요구에 보다 직접적으로 부합하는 새로운 전력망 서비스에 대한 정의를 모색한다.

　이 장의 주요 결론은 고객/전력망 인터페이스에서 발생하는 거래가 상업/금융 세계의 언어를 통해 가장 효과적으로 이해될 수 있다는 것이다. 이것은 통화(通貨)^{currency}와 같은 전기의 특징에 달려 있으며, 미래의 '프랙탈^{fractal} (역자 주: 일부 작은 조각이 전체와 비슷한 기하학적 형태)' 전력망으로 이어진다.

5장 : 사물인터넷과 혁신적 플랫폼, 존 쿠퍼$^{John\ Cooper}$는 저렴하고 안정적인 전력 공급에서의 느린 진화를 넘어서 분산에너지원과 재생에너지의 통합을 지원하는 21세기 전력회사의 새로운 역할을 그린다.

　저자는 전력회사와 관련된 비전과 도전을 제시하며, 현재의 패러다임을 넘어서서 생각하기 위해 통신, IT 산업에서 경험한 서비스 전환과 인프라, 오늘날의 경제에서 플랫폼의 역할, IoT와 새로운 시대의 혁신과 본질에 대해 설명한다. 이 장의 주요 결론은 인프라가 필연적으로 더 높은 수준의 개인화와 그 가치를 지원하는 서비스의 기반으로 성숙하므로 전력회사는 필수 플랫폼의 제공자로서 또 다른 100년의 성공을 위해 스스로를 전환시킬 수 있는 기회를 포착해야 한다는 것이다.

6장 : 전환기에서의 전력회사 역할과 전력가격 결정, 팀 넬슨$^{Tim\ Nelson}$과 주디스 맥네일$^{Judith\ McNeill}$은 새로운 기술이 많은 소비자가 설치한 분산형 발전과 전력저장의 경제적 생존력을 높여주었다고 지적한다. 그러나 완전한 전력망 대체(代替)^{substitution} 보다는 공존(共存)^{coexistence}이 전력회사와 신규 참여자가 직면한 현실이다.

소개 Introduction

 저자들은 '에너지 전환' 과정 속에서, 전력망 기반 서비스와 탈전력망 기반 서비스의 가격 책정이 전력회사의 운명을 좌우할 중요 요소가 될 것이라 주장한다. 분산형 발전이 확산됨에 따라, 호주 전력회사들은 이제 자신의 위치를 재설정하는 과정을 거치고 있다. 그 과정에는 소비자 선호를 반영하는 전력망/비(非)전력망 서비스 가격을 조정하는 것이 포함되어 있다.

 이 장의 주요 결론은 '신뢰할 수 있는 공급'이 소비자에게 중요한 가치가 될 것이라는 것이다. 기존 전력회사는 태양광 임대, 수요 요금제, 전력 저장 등과 같은 다양한 상품을 신뢰할 수 있는 공급에 가치를 둔 소비자 대상에게 '보험료'를 반영한 가격으로 제공하다.

7장 : 간헐성 : 단기 운영 문제, 다니엘 로우[Daniel Rowe], 사드 새이프[Saad Sayeef], 글렌 플랫[Glenn Platt]는 태양광 발전 시스템이 많은 가능성을 지니고 있지만, 간헐성이 태양광의 확산과 이익에 어떻게 영향을 미치는지에 대한 큰 우려가 있음을 지적했다. 이미 오늘날 이러한 우려로 인해 시스템 디자인, 성능이 제한되고 있다.

 이 장에서는 간헐성의 실제 영향이 무엇인지, 중대한 문제를 일으키는 것으로 밝혀진 분야를 조사한다. 그리고 전 세계에서 탐색 중인 이러한 문제에 대한 잠재적 해결책에 관한 중요한 의견 차이를 탐구한다.

 이 장의 주요 결론은 전력망 운영에 간헐성이 미치는 영향에 대한 중요한 관심은 있지만 간헐성을 바라보는 관점, 해결책에 똑같이 중요한 의견 차이가 있다는 것이다. 진정한 간헐성의 의미와 한계를 찾기 위해서는 추가적인 연구가 필요하지만, 미래의 전력회사가 태양 간헐성에 대응할 수 있는 기회를 이해하기 위해서는 전력망과 부하 측면의 간헐성 완화 방안의 효율성과 효과성을 더 잘 이해해야 한다.

에너지 전환 전력산업의 미래

2단원 : 경쟁, 혁신, 규제, 가격

2단원에서는 소비자 영역에서 일어나는 기술 발전의 빠른 속도와 혁신을 억제하지 않고 가속화하는 새로운 정책, 규제, 가격 결정 체계의 필요성을 알아본다.

8장 : 소매 경쟁, AMI 투자, 상품 차별화 : 텍사스 사례, 바룬 라이[Varun Rai], 제이 자르니코우[Jay Zarnikau]는 텍사스에서 스마트그리드 투자와 결합된 소매 경쟁이 어떻게 소비자의 소매 요금 선택 확대로 이어졌는가를 조사하였다.

텍사스의 소매 경쟁이 있는 지역과 없는 지역 사이의 서비스와 요금제 비교를 통해, 경쟁이 심한 소매 시장에서의 작은 차이로 더 큰 이익을 얻기 위한 제품 차별화가 필요하다는 사실을 지적한다.

저자들은 녹색 가격 요금제를 통한 상품 차별화의 첫 번째 물결이 이제 소매시장의 피크 리베이트 요금제[peak rebate program], 무료 야간/주말 요금제, 전력 선불 요금제, 스마트 온도 제어 등 여러 차별된 요금제와 함께 두 번째 물결로 진행되었음을 관찰한다. 미래의 차별화는 에너지 저장과 녹색 버튼 기술[Green Button technologies]를 촉진할 수 있다.

9장 : 전력소매시장의 회복 : 위협과 기회, 랄프 카바나[Ralph Cavanagh]와 아만다 레빈[Amanda Levin]은 소매 시장에서의 소비자의 영향력을 조사했다. 활발한 시장에서 '무료 전기' 제공과 보상이 확산되었다. 동시에 고객들은 분산에너지원에 대한 투자를 늘리고 있다. 저자들은 소매 전력(판매)회사가 어떻게 이러한 기술을 통합하는지와 경쟁이 그 가치를 극대화시킬 수 있을지에 대해 논의한다. 우선 전력 소매시장에서의 분산에너지원의 초기 상황을 다루며, 새로운 서비스를 창출해나가는 분산에너지원에 대한 논의로 확장한다.

소개 Introduction

저자들은 시스템 신뢰도와 함께 분산에너지원 도입을 저해하는 낮은 에너지량(kWh) 비용에 대한 시장의 관심이 있음을 확인하였다. 이 장에서는 이러한 시장을 더 높은 사회적 신뢰와 환경적 목적과 부합되도록 만드는 전략에 대해 자세히 설명한다. 그런 다음 대안을 고려하여 소매 경쟁을 고치는^{fixing} 것이 타당한 일인지에 대해서 논한다.

10장 : 소매 전력요금제 설계와 전력회사 죽음의 나선 : 형평성과 효율성, 라시카 애서웨이$^{Rasika\ Athawale}$과 프랭크 펠더$^{Frank\ Felder}$는 다양한 유형의 일반 소비자에 대한 분산형 발전 보급과 에너지 효율 향상을 촉진하는 미국 주(州)정부 정책과 그 파급 효과를 탐색한다.

저자들은 분산형 에너지원 소유자는 선호하나 비(非)참여자는 불만을 가지는 요금제 설계, 규제 정책의 결과로 발생한 수익 불균형의 결과를 정량화한다. 이 장에서는 뉴저지의 세수 확보에 미치는 영향과 함께, 요금제 조정의 여러 시나리오에서 승자, 패자와 함께 순(純)효과를 알아본다.

11장 : 파괴적 기술과 요금 체계가 전력 소비에 미치는 영향 모형화, 조지 그로제프$^{George\ Grozev}$, 스테판 가너$^{Stephen\ Garner}$, 젠엔 렌$^{Zhengen\ Ren}$, 미셸 테일러$^{Michelle\ Taylor}$, 앤드류 히긴스$^{Andrew\ Higgins}$, 글렌 왈든$^{Glenn\ Walden}$은 새로운 분산에너지원과 전력저장장치의 빠른 확산 시나리오를 조사하고 주거용 '전력망 요금$^{network\ tariffs}$'의 적용이 주거용 에너지 소비 패턴에 대한 에너지량 기반의 요금제의 왜곡 효과를 완화하거나 제거할 것이라는 가설을 모색한다.

저자들은 호주 북부 퀸즐랜드$^{Northern\ Queensland}$의 타운스빌^{Townsville}에 공간적/시간적 해상도높은 통합 모델링 접근법을 적용하였다. 이 방법론은 태양광 발전, 전력 저장을 위한 전력망 기반 요금, 발전차액지원제도$^{Feed-in-Tariff(FiT)}$, 시간변동요금제$^{Time\ of\ Use(TOU)}$ 등 다양한 요금제를 고려하여

37

에너지 전환 전력산업의 미래

특정 주거 유형에 대한 연간 소비 형태를 조사한다.

이 장에서는 새로운 요금제가 적용되었을 때, 전력 수요의 10%가 향후 10년 동안 떨어질 것이라는 분석 결과를 도출했다. 시나리오 결과는 비용 반영 요금제가 전력망의 활용률을 향상시키고 잠재적으로 소매가격 인하 압력을 가할 수도 있음을 보여준다.

12장 : 탈집중형 신뢰도 옵션 : 시장 기반 용량 확보, 스테판 우드하우스$^{Stephen\ Woodhouse}$는 태양광, 풍력이 빠르게 보급되는 유럽에서 전력시장 통합 협약과 개별 국가의 용량 보상제도$^{capacity\ remuneration\ schemes(CRMs)}$는 양립할 수 없다고 지적했다.

저자는 효율적인 현물 가격 형성, 효과적인 시장 동조화^{coupling}와 더 잘 양립할 수 있는 신뢰도보상메커니즘(CRM) 형태로서의 신뢰도 옵션$^{reliability\ options(ROs)}$의 활용에 관해 개략적으로 설명하고 있다. 그러나 기존의 신뢰도 옵션 설계에는 하나의 '현물' 시장이 있는 반면, 유럽의 전력시장은 전일$^{day\text{-}ahead}$, 일간$^{intra\text{-}day}$, 수급균형^{balancing} 시장으로 구성되며, 동조화는 전일 시장부터 적용된다.

저자는 유럽 전력시장에 적용할 수 있는 탈집중형 신뢰도 옵션(ROs)을 설명한다. 이 장에서는 탈집중형 신뢰도 옵션(ROs)가 보다 유럽 시장에 적합한 용량보상메커니즘(CRM)이라고 결론을 내린다. 탈집중형 신뢰도 옵션은 중앙집중형보다 각 시장에서 서로 다른 수준의 유연성^{flexibility}를 제공할 수 있는 용량을 확보하고 규제 위험을 낮출 수 있다.

13장 : 프로슈머를 위한 전력망 요금 : 수요 기반 요금 or 지역 한계 가격, 대릴 비가$^{Darryl\ Biggar}$와 앤드류 리브스$^{Andrew\ Reeves}$는 전력회사의 미래를 위해 필요한 전력 요금 결정과 헤지 방식을 다룬다.

저자들은 모든 소매 고객에게 최선의 계약/가격은 없다고 강조한다. 대신, 소매 고객이 다양한 계약/가격 중에서 선택하고, 기기 제어권한 양도 수준을 결정하여 효율적인 결과를 이끌어 낼 수 있다.

 이 장의 주요 결론은 정책 입안자가 소매 경쟁이 있는 곳에서 소매 판매회사가 직면한 위험을 낮추고 도매가를 적절히 유지할 수 있도록 지원하는 데 집중해야 한다는 것이다. 소매 판매회사가 위험을 헤지할 수 있다면, 가격 신호를 최종 고객에 제공하는 가격과 연동하고, 고객이 원하는 기기 제어를 지원하며 다양한 계약 범위를 제공할 수 있다.

14장 : 스마트그리드의 진화, 모선 가격 세분화, 군터 크닙스[Günter Knieps]는 보완적인 전력망과의 통합과 호환성의 관점에서 스마트그리드의 진화를 평가한다.

 세분화된 모선 가격 결정 방식은 스마트그리드를 전력산업에 통합하는 맥락으로 적용되며, 전력망의 유입, 유출을 위한 전일시장과 일간시장을 고려한다. 스마트그리드 플랫폼을 구축하고 운영하기 위한 결정을 내리고 전력망에 전력을 유입/유출 기준을 결정하기 위해서는 전력망 모선별 유입/유출에 따른 기회비용을 고려해야 한다.

 세분화된 모선 가격 결정 방식의 구현은 부족한 송전망 용량의 최적 할당을 유도한다. 이는 전력망에서뿐만 아니라 스마트그리드를 전력시스템에 통합시키는 인센티브와도 관련이 있다.

3단원 : 전력회사의 미래, 미래의 전력회사

 원저의 책 제목인 이 단원에서는 전력회사의 미래와 역할이 과거와 어떻게 다를 수 있는지를 탐구한다. 사실, '유틸리티(역자 주: 전력회사로 번역했으며, 본래 자연독점이었으며 수익 규제를 받는 전기, 가스, 수도 사업자 등을 총칭)'라는 용어는 미래 전력산업에 적절하지 않을 수 있다.

에너지 전환 전력산업의 미래

15장 : 에너지 전환 과제를 해결하기 위한 전력회사의 새로운 비즈니스 모델, 폴 닐슨[Paul Nillesen]과 마이클 폴리트[Michael Pollitt]는 전통적인 가치사슬이 어떻게 변화해왔으며, 진화할지와 함께 이것이 전통적인 전력회사에게 시사하는 바를 조사한다.

저자들은 가치사슬의 변화를 일으키는 근본적인 요인과 새로운 가치 풀value pools 생성될 가능성이 있는 영역, 그리고 이 가치 풀을 혁신적인 비즈니스 모델을 통해 어떻게 활용할 수 있을지를 설명한다. 이러한 분석은 신규 진입자와 기존 전력회사의 사례와 인접 산업, 다른 사업의 경험을 바탕으로 한다.

이 장에서는 전력회사가 고유 기능을 결정하고, 변화하는 환경에 그 기능을 맞춰야한다고 결론을 내렸다. 역량 기반 전략Capability Driven Strategy라고 알려진 내부-외부 접근 방식은 기존 참여자가 가용할 수 있는 전략적 선택 권한을 확장하기 보다는 제한할 수 있다.

16장 : 유럽 전력회사 - 미래를 위한 전략적 선택과 문화적 준비, 크리스토프 버거[Christoph Burger]와 젠스 웨인만[Jens Weinmann]은 유럽의 에너지(전력) 회사가 비즈니스 모델을 재정의하는 데 있어 다양한 경로를 선택하고 있다고 강조했다. 일부는 재생에너지 또는 기존 화석연료 발전 중심으로 국제화 전략을 선택하는 반면, 다른 일부는 '똑똑한' 에너지 세계에서 복잡한 서비스 솔루션 제공자로서 스스로를 지향한다.

저자들은 기존 경로를 선택한 기업들은 확실한 논거가 있는 반면, 새로운 경로를 모색하는 기업들은 매출 격차를 좁힐 거대 시장의 기회가 열리기 전까지 에너지를 판매하는 부분에서 관리하는 부분까지 '크게 생각'하는 것에서 '작게 생각'하는 것으로 조직을 재정비 해야 하는 과제에 직면해 있다. 소유권과 규제의 정도와 같은 논란이 되는 요인들 역시 전력회사의 전략에 영향을 미친다.

소개 Introduction

 이 장의 결론은 스마트 에너지 세계에서 전력회사의 성공의 열쇠는 '권한을 위임받은 소비자'를 수용하는 데 있다는 것이다.

17장 : 파괴적 기술과 생존 : 독일 전력회사 사례 연구, 사비네 로베 Sabine Löbbe와 게르하르트 요훔 Gerhard Jochum은 독일 전력산업에서 일어나는 파괴적 현상 가운데 대안적인 미래 전략을 조사한다.

 저자들은 현재 전력회사의 전략 개발, 구현은 상향식 형태로 불확실하고 역동적인 규제 환경에 초점을 맞추었다고 지적한다. 독일에서는 적어도 파괴적이고 예측하기 어려운 개발이 에너지 전환 과정의 일부이며, 시간이 경과하면서 다른 전략적 도전과 기회를 제공한다. 이러한 환경에서 전력회사는 미래 시장, 기회, 틈새를 파악해야 하며, 고객의 요구를 예측하고 동시에 (잠재적) 경쟁 업체의 향후 움직임을 고려해야 한다.

 이 장에서는 적절한 전략을 통해 기업들이 분산형 발전, 에너지 효율 등 새로운 영역으로 이동하는 기회를 포착할 수 있다고 설명한다. 이때, 성공 요인은 전략 수립, 이행 시점, 핵심 역량의 개발, 자원과 역량의 획득, 통합 등으로 구성된다.

18장 : 미래의 전력회사 고객 : 전력회사 고객의 미래, 로버트 스미스 Robert Smith와 이아인 맥길 Iain MacGill는 고객이 원하는 전기 서비스와 그들의 선택이 미래의 전력회사를 어떻게 형성할 것인지를 논한다.

 이 장에서는 주거용 전력 고객을 중심으로 전력산업의 진화를 설명한다. 전력산업은 '초기 맞춤형 고객' 지향에서 '보편적 필수 공공재'를 제공하는 독점적 공급자로, 그 다음 경쟁시장에서의 재화, 비즈니스 모델로 주요 특징이 변화해왔다. 그리고 이제는 자가 발전, 에너지 효율, 기반 기술, 지역 에너지 저장, 전기차 등을 포함한 고객 선택권의 확대로 이동하고 있다.

에너지 전환 전력산업의 미래

  이 장에서는 전력회사가 신기술을 바라보는 관점, 새로운 진입자의 비즈니스 모델, 정책입안자의 경제적으로 효율적인 요금제 등 전력산업 미래를 위한 균형 잡힌 시야를 보여준다. 또한, 여기서는 미래 기술과 소비자 상호 작용이 이루어지는 환경 속에서 완전히 비(非)상품 전기 서비스로 대체되지 않고 다시 배치되는 미래 전력회사에 대해 설명한다.

19장 : 전력시스템 유연성 관련 비즈니스 모델 : 새로운 참여자, 새로운 역할, 새로운 규칙, 루이스 보스칸[Luis Boscán], 라마탈라 푸다인[Rahmatallah Poudineh]은 재생에너지의 비율을 상당 수준으로 증가시키면 계획, 운영의 문제가 야기되어 수요 측면에서 추가적인 유연성이 필요하다고 주장한다. 동시에 스마트그리드의 기술적 진보는 새로운 기회를 포착하여 기존의 공급망에 추가적인 고객으로부터의 유연성을 제공한다.

  저자들은 혁신적인 자동화, 제어 솔루션을 제공하는 소프트웨어 개발자, 소규모 공급자와 시장 사이에서 유연성을 중개하는 에그리게이터[aggregators] 등과 같은 새로운 시장 참여자가 진화하는 전력시장에서 적극적이고 유망한 역할을 맡기 시작했다고 설명한다. 이와 유사하게, 기존 참여자들은 새로운 도전에 직면하여 전통적인 역할을 새로운 환경에 적합한 역할로 변화해나가고 있다.

  이 장에서는 미래 전력회사의 비즈니스 모델에 유연성 서비스를 통합할 수 있는 방안을 검토한다.

20장 : 새로운 목적의 배전(판매) 전력회사 : 목표 달성을 위한 로드맵, 필립 Q. 한저[Philip Q.Hanser]와 카이 E. 밴 혼[Kai E. Van Horn]은 새로운 목적의 배전 전력회사(RDU)로의 변환에서 직면할 의사 결정 프로세스에 대해 논의한다. RDU는 배전(판매) 전력회사의 미래라고 알려졌지만 그 변환에 대해서는 알려진 바가 거의 없다.

소개 Introduction

저자들은 전력회사가 분산에너지원을 통합할 때 나올 수 있는 문제와 RDU 전환에 필요한 계획과 운영상의 변화를 탐색한다. 또한, RDU 전환 과정 중, 전력회사가 봉착한 계획, 운영상의 문제와 최근 사례를 제시한다. 이 장의 주요 내용은 RDU 변환과 관련된 복잡한 질문에 대응하는 체계적인 방법을 제공하는 프레임워크를 제안하는 데 있다.

21장 : 분산화된 전력회사 : 전력회사, 발전회사, 신규 사업자 간의 갈등과 기회, 케빈 B. 존스[Kevin B. Jones], 테일러 L. 커티스[Taylor L. Curtis], 마크 데 콘콜리 테지[Marc de Konkoly Thege], 다니엘 사우르[Daniel Sauer], 매튜 로슈[Matthew Roche]는 미국 전역에서 분산형 자원의 확산에 따라 '전환'에 직면한 전력회사를 분석한다. 뉴욕, 캘리포니아, 매사추세츠, 미네소타, 하와이의 주(州)정부위원회는 전력산업을 재구성하기 위한 정책을 새롭게 설계하면서 이러한 진화를 이끌고 있다.

저자들은 뉴욕의 에너지 비전 개혁(REV)이 제시하는 도전 과제를 탐구하면서 다른 지역에서 개발되고 있는 정책과 비교한다. 이 장에서는 기존 참여자와 신규 진입자가 경쟁 우위를 차지하기 위해 대립하는 상황을 설명하고 미래의 전력회사, 공급자, 분산에너지원 부분 등을 평가한다.

깨끗하고 효율적인 분산 발전과 점차 확장하고 있는 수요 자원의 성장에 고무된 '미래 전력회사'는 분산에너지원 참여를 보다 적극적으로 장려할 것이다. 이 장은 국내외 규제 당국에 대한 조언으로 끝을 맺는다.

22장 : 완전한 통합망 : 도소매, 송배전, 수잔 코비노[Susan Covino], 폴 소트키에비치[Paul Sotkiewicz], 앤드류 레빗[Andrew Levitt]은 분산에너지원(DER)이 대규모 발전기부터 가장 작은 부하까지 시장과 운영에 영향을 미친다고 설명한다. 현재, 도매시장과 소매시장의 가격 형성은 관련성이 없으며, 송전 사업자는 DER의 존재를 식별할 가시성을 확보하고 있지 못하고 있다.

에너지 전환 전력산업의 미래

 저자들은 도매와 시장 경계가 모호해지는 미래를 고려한다. 동적^{dynamic} 모선 가격$^{nodal\ prices}$이 가변적인 배전망 공급 상황과 결합되어 고객의 의사결정에 활용된다. 송전시스템운영자(TSOs/ISOs)와 배전시스템운영자(DSOs)는 정보를 공유하고 전력시스템의 신뢰도와 복원력을 향상시키며 긴밀히 협조하며 조정한다.

 이 장에서는 분산에너지원을 비롯하여 모든 전력망과 연결된 자원을 최적화하는 부분에서의 도매시장의 역할을 검토하고 DER 확산이 시장운영, 계획에 미치는 영향을 조사한다.

역자소개

김선교 : 한양대학교 전자전기컴퓨터공학부를 졸업하고, 서울대학교 전기공학부에서 박사학위(석박사통합)를 받았다. 한국전력공사 경제경영연구원을 거쳐, 현재 한국과학기술기획평가원에서 부연구위원으로 재직하고 있다. 지난 10년간 전력산업 미래(스마트그리드, 재생에너지, 에너지 전환)와 에너지 정책 관련 연구를 수행했으며, 현재는 과학기술 R&D 정책, 사업평가 연구를 진행하고 있다.

허준혁 : 서울대학교 영어교육과 학부를 졸업하고 동 대학 경영대학에서 경영학 석사학위를 받았다. 2013년 12월부터 한국전력공사 경제경영연구원에 재직 중이다. 전력산업 최신 동향, 유틸리티 전략, 프로젝트 리스크 분석 등에 관한 연구를 수행하고 있다.

김동원 : 고려대학교 경영학과를 졸업하고, 서울대학교 행정대학원에서 석사를 수료하였다. 2007년 한국전력공사에 입사하여 2015년 3월부터 2018년 1월까지 한국전력공사 경제경영연구원 선임연구원으로 재직하였다. 경제경영연구원에서 네가와트 시장, 미국 전력요금, 글로벌 유틸리티 전략 등의 연구를 수행하고 리포트를 작성하였다. 현재는 인사처 일자리정책실에 파견되어 근무하고 있다.

PART 1

무엇이 변화하는가?
변화는 무엇을 의미하는가?
What is Changing,
What are the Implications

에너지 전환 전력산업의 미래

제1장

전력산업의 미래는 무엇인가?

...

What is the Future of the Electric Power Sector?

Fereidoon P. Sioshansi
Menlo Energy Economics, Walnut Creek, CA, United States of America

1. 소개

2014년, 뉴욕주(州) 공공서비스위원회$^{New\ York\ Public\ Service\ Commission(NYPSC)}$는 야심 찬 규제 개혁 절차로서$^{Regulatory\ Proceeding}$ 에너지 비전 개혁$^{Reforming\ the\ Energy\ Vision(REV)}$을 발표하였다. 에너지 비전 개혁은 뉴욕 주의 미래 전력 사업 모델에 대해 다루고 있으며, 본 책에서는 21장에 그 내용을 상세히 다루었다. 공공서비스위원회 의장 오드리 지벨먼$^{Audrey\ Zibelman}$, 뉴욕 주지사 앤드류 쿠오모$^{Andrew\ Cuomo}$가 주도한 에너지 비전 개혁에는 진화하는 전력회사^{Utility}의 역할, 특히 배전망$^{distribution\ network}$에서 새로운 역할과 기술적 진보, 급변의 시대에 관한 내용이 담겨있다.

물론, 뉴욕 혼자서 전력산업의 미래를 그리고 있는 것은 아니다. 비슷한 개혁 또는 미래 구상들이 캘리포니아, 하와이 등을 비롯한 미국 내

PART 1 무엇이 변화하는가? 변화는 무엇을 의미하는가?

많은 주와 유럽, 호주, 일본 등 많은 여러 국가에서 활발하게 진척 중이다. 그러나 지역에 따라 선호와 긴급함에는 차이가 있다.

이러한 이슈가 낯설고, 복잡한 대다수 사람에게 '전력산업은 여전히 안정적이고 느리고, 무겁고, 느리게 변화했고 앞으로도 영원히 그러할 것'이라 여겨질 수도 있다. 그러나 전력산업의 변화는 궁극적으로 필수불가결한 현실이다. 이미 여기저기서 논의되고 진행 중인 새로운 전력회사들의 비즈니스 모델과 새로운 규제에 대한 모든 사안은 무엇이겠는가?

다른 장에서도 설명되어 있지만, 전력산업 내부 참여자와 규제기관에게는 전력산업 변화의 이유가 좀 더 명확할 것이다. 논의의 개진을 위해, 전력산업이 오랫동안 유지되었던 과거 상황과 다르게, 더 규모가 성장하는 산업이 아니라는 사실을 기술하고자 한다.

표 1.1의 데이터가 보여주듯이, 전력수요 증가는 2차 세계대전 이후 뉴욕을 포함한 여러 선진국에서 하락세를 보인다. 한편, 전기 소매가격은 인플레이션을 고려했을 때, 비슷한 수준에 머물러 있거나 하락해왔는데 저렴한 셰일가스 등 낮은 연료 가격을 고려한 지금 상황에서도 비슷하거나 상승하는 추세로 변화했다.

표 1.1 1966년부터 2024년까지, 뉴욕 전력 수요 연평균 성장률 실적, 전망

기간	연평균 성장률(%)
1966~76	3.8
1976~86	1.5
1986~96	1.4
1996~2006	0.9
2003~13	0.3
2014~24	0.16

주 : 뉴욕을 포함한 다른 곳에서 전력 사업이 성장하지 않는다는 사실에 익숙해져라
출처 : NY Public Service Commission, 2015

전기 소매가격 증가는 미국에 국한되지 않는다. 6장에 설명이 되어있듯이, 호주에서의 가격 상승은 전력망 비용 증가가 주요한 원인이다. 16장을 살펴보면, 독일을 포함한 여러 유럽 국가들에서는 소매가격은 상승하지만, 도매가격은 하락하고 있다.

뉴욕 전력 수요는 2024년까지 매우 낮은 0.16%의 연평균 상승률을 보일 것으로 관측되며, 이로 인해 전력회사 비즈니스 모델이 새롭게 정의되고 있다. 미국의 여러 주(그림 1.1)와 호주를 포함한 다른 선진국에서도 비슷한 수요 상황이 예측된다.

전력 판매 성장은 정체되어 있는 것에 반해, 소매 요금은 배전망의 현대화, 업그레이드에 대한 필요 등으로 상승할 것으로 전망된다. 그림 1.2에서 나타나듯이, 미국 전력 산업 부분은 망 투자에 더 큰 비용을 투자할 것으로 보인다.

Averch and Johnson(1962)에서 기술된 바와 같이 전통적인 수익률 규제 하에서, 동등한 규제를 받는 전력회사들은 과잉 투자에 대한 인센티브가 있었다. 또한 여전히 일부 전력회사들은 이를 기반으로 운영되고 있다는 지적이 있다(EEnergy Informer, 2015b).

뉴욕의 전기 판매량은 1960년에서 2000년 기간 422%나 증가했지만, 인플레이션을 고려해 조정한 소매 요금은 오히려 20.8센트/kWh에서 11.32센트/kWh로 감소하였다.

PART 1 무엇이 변화하는가? 변화는 무엇을 의미하는가?

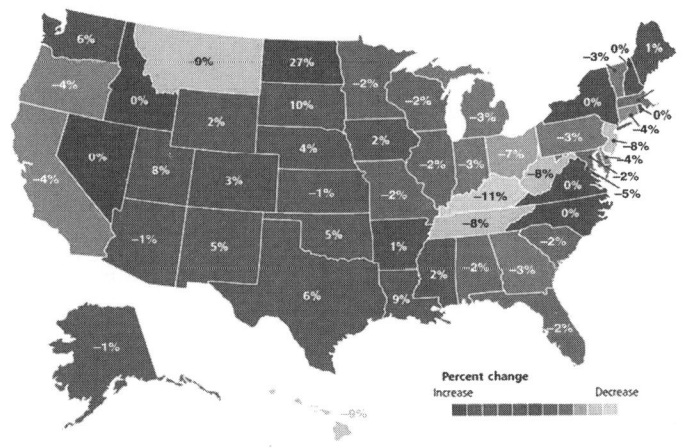

그림 1.1 미국 주(州) 별 전력 수요 증가율
(출처 : Report – Energy Transmission, Storage, and Distribution Infrastructure, 2015)

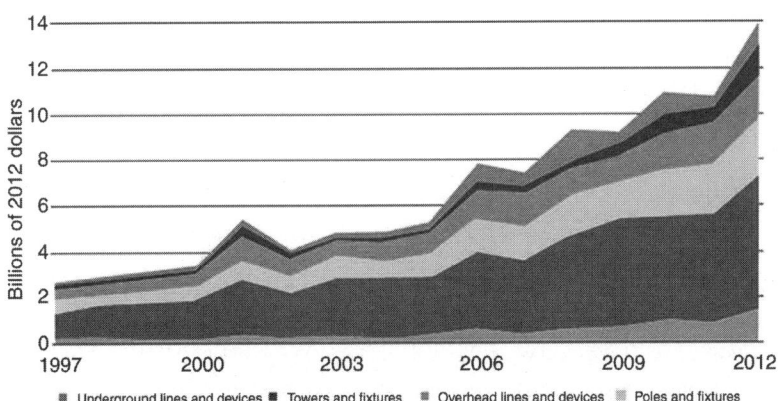

그림 1.2 미국 송배전 투자, 1997년~2012년
(출처 : Quadrennial Energy Review, US Department of Energy, 2015)

에너지 전환 전력산업의 미래

이 시기는 전력 산업의 황금기였다. 전력 수요는 증가하지만 규모의 경제라는 기적을 이루며, 오히려 가격은 하락했다. 투자 증가는 판매량의 증가와 맞물려, 그 비용을 효율적으로 분산시켰다. 즉, 평균 소비자의 단위당 가격이 감소하였기 때문에, 경제적 측면에서 더 많은 전력 소비를 유도하였다는 것을 의미한다.

이제 이러한 전력산업에 대한 기본 가정은 완전히 뒤집혔다. 전력 판매량은 정체되거나 하락하지만, 소매 요금은 상승하며, 에너지 효율과 자가 발전self-generation을 더욱 확산시킬 것으로 예상한다. 전력산업 불황에 더해서, 소비자들의 이탈은 더욱더 증가할 전망이다. 지붕형 태양광 roof top solar PV 설치 로 일부 또는 전체 수요를 충당하고, 남는 전력을 판매하는 소비자가 점차 증가하고 있기 때문이다.

지붕형 태양광을 매력적으로 만드는 것은 관대한 발전차액지원제도 Feed in Tariff(FiT) 또는 미국 많은 주에서 도입한 넷미터링(상계거래제)net-metering(NEM)과 같은 지원정책이다. 세계 여러 곳의 규제 당국이 직면한 어려운 문제 중 하나는 간헐적인 소비자 자가 생산에 대해 지급할 금액을 결정하는 것이다. 왜냐하면, 소비자의 자가 생산은 전력회사의 고정비용을 적절하게 줄이지 않고 수입을 감소시키기 때문이다.

특히, 전력저장, 마이크로그리드(MG), 가정용 에너지 관리 등과 같은 기술적 진보로 더 많은 소비자가 사실상의 전력을 자급자족할 수 있게 되었다. 즉, 이제는 기존 전력회사가 공급하는 전력량(kWh)에 의존하지 않게 되었다. 다만, 신뢰도reliability, 수급 유지를 포함한 다른 서비스는 여전히 기존 망을 통해 공급받는다. 이러한 부분에 관한 내용과 논의는 이 책의 다른 장에서 다루었다.

이 장은 다음과 같이 구성되어 있다. 2절에서는 선진국 시장에서 확연하게 나타나는 수요 감소, 가격 증가로 기존 전력회사의 비즈니스 모

PART1 무엇이 변화하는가? 변화는 무엇을 의미하는가?

델이 어떻게 어려움에 부닥쳤는지를 설명한다. 3절에서는 분산에너지원 Distributed Energy Resource(DER)의 증가가 '전력회사'의 새로운 역할과 규칙을 어떻게 규정하는지에 대해 논한다. 4절에서는 이러한 근본적인 변화가 본 책의 제목이기도 한 전력회사의 미래$^{\text{the future of utilities}}$ 또는 미래의 전력회사$^{\text{the future of utilities}}$에 대해 어떤 것을 의미하는지 다룬다.

2. 이중고(二重苦) : 수요 감소, 요금 증가

전력회사 사업 영역은 결코 화려하거나 많은 사람의 이목을 끄는 유형은 아니었지만, 역사적으로 수직 통합 구조의 전통적인 전력회사는 예측이 가능한 판매량과 함께 수익의 증가를 기대할 수 있었다. 그러나 전자기기의 에너지 효율이 점차 향상되고, 선진국 산업 구조가 에너지 집약 산업에서 점차 벗어남에 따라, 전력 수요 성장률이 감소하거나 일부에서는 전력 수요가 실제로 낮아지고 있다. 이때, 다른 요인들에 변화가 없다면, 전력회사의 수익은 증가하지 않고 정체되거나 하락한다. 이와 같은 상황은 미국에서만 국한되는 게 아니며, 거의 모든 성숙한 경제$^{\text{mature economy}}$ 국면에 있는 OECD 국가들에게도 적용된다.

이 절에서는 많은 국가에서 전력 순부하$^{\text{net load}}$가 왜 정체되거나 하락하는지에 대해 설명한다. 그러나 여기서 더욱 중요한 사실은 판매량이 감소함에 따라 고정비용이 적절하게 분산될 수 없어서, 다른 비용조건에 변화가 없을 때 결과적으로 전기요금이 인상될 수밖에 없다는 점이다(10장 참조).

많은 선진국에서 전력 수요 증가율은 급속히 0에 가까워지고 있으며, 미국과 뉴질랜드의 상황을 그림 1.3에서 확인할 수 있다.

이와 같은 현상의 이유는 국가별로 다르지만, 대체로 선진국들은 점

차 전력 다소비 산업구조에서 벗어나 서비스, 고부가가치 제조 중심으로 탈산업화가 진행하고 있다는 사실이 전력 수요 정체 또는 감소의 주요한 원인으로 들 수 있다. 이러한 경제 구조에서는 상대적으로 적은 에너지가 소모되면서 엄청난 부(富)가 창출될 수 있다.

한편, 빌딩의 조명, 모터, 전기설비 등의 에너지 효율이 빠르게 개선되고 있다. 지붕형 태양광$^{solar\ rooftop\ PV}$ 등 분산형 발전$^{distributed\ generation}$이 전력회사의 요금 상승으로 경제성을 가지게 되어, 결과적으로 전력산업의 매출과 수익이 감소하고 있다.

이러한 현상들은 여기저기서 관측되고 있다. 예를 들어, 독일의 1차 에너지 수요는 2014년에 전년 대비 4.8% 감소했다. 게다가 이러한 에너지 감소는 단순히 일시적 현상에 그치지 않는다. 2006년 이후, 독일 에너지 수요는 지속적으로 감소해왔다. 전력수요의 변화된 경향은 성숙경제$^{mature\ economy}$에 들어선 거의 모든 나라에서 동시적으로 관측된다.

덴마크는 앞서 기술한 전력수요 감소·정체 현상이 극단적으로 나타나는 대표적 사례이다. 덴마크는 2050년까지 화석연료를 완전히 폐쇄하여, 화석연료 발전 의존도에 벗어나겠다는 야심 찬 계획을 가지고 있다.

또 다른 사례로 호주가 있다. 호주 에너지 시장 운영자$^{Australian\ Energy\ Market\ Operator(AEMO)}$는 앞으로 지속적인 전력수요 감소 현상이 나타날 것이라 예상한다(6장, 그림 6.2). 가장 최근의 전망에서는 2024년까지는 전력수요가 정체될 것으로도 관측했다(그림 6.2, 하단의 마지막 선).

소매요금 인상, 산업용 수요 둔화, 에너지 효율 향상, 태양광의 확산 등 여러 요소의 조합은 최근 몇 년간 뚜렷하게 나타나는 전력수요 감소 현상을 초래하고 있다.

PART1 무엇이 변화하는가? 변화는 무엇을 의미하는가?

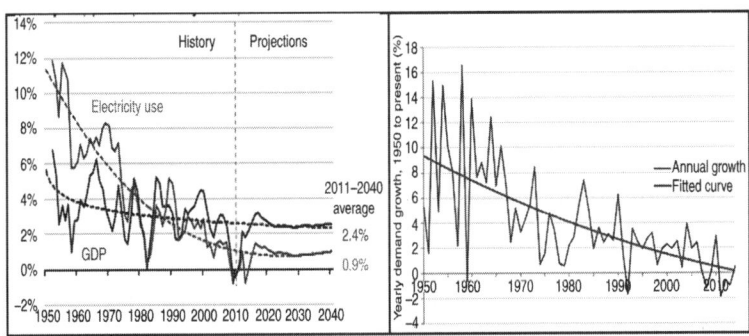

그림 1.3 미국(좌측), 뉴질랜드(우측)의 전력수요, GDP 성장률
(출처 : US Energy Information Administration, Annual Energy Outlook 2013)

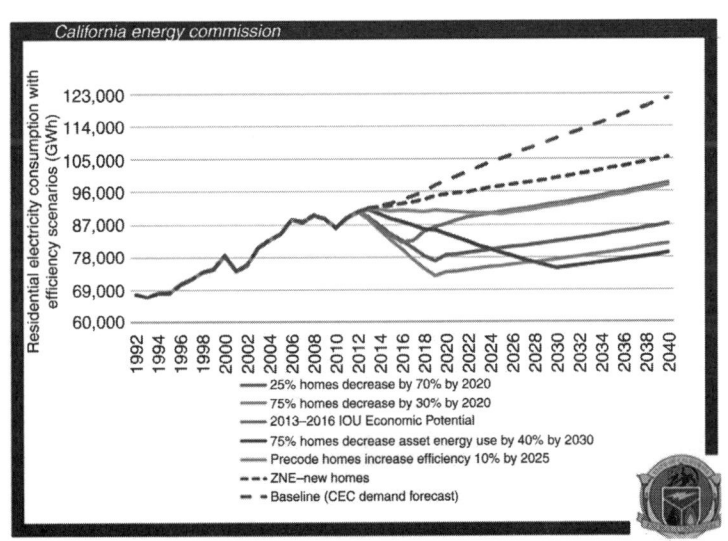

그림 1.4 2040년까지 캘리포니아 전력수요 추세, 전망
(출처 : California Energy Commission)

이러한 현상은 미국에서 가장 인구가 많은 캘리포니아에서 거의 유사하게 관측된다.

캘리포니아 에너지 위원회$^{California\ Energy\ Commission(CEC)}$에 따르면, 2020년까지 신규 주거용 주택, 2030년까지 신규 상업용 건물에 대해 엄격한 건축기준과 제로넷에너지$^{zero\ net\ energy(ZNE)}$ 요구사항(Box 1.1)과 지속적인 에너지 효율 개선 노력이 전력 소비를 평준화시킬 것으로 기대한다(그림 1.4의 기본 케이스$^{base\ case}$와 비교 시 확연한 차이를 확인할 수 있다).

마찬가지로, 2013년 미국 북동부 지역 6개 주 지역 전력시스템운영자$^{ISO\ New\ England(ISONE)}$는 에너지효율 향상으로 인한 감소분을 반영한다면, 적어도 향후 10년간 전력 수요가 실질적으로 평평하게 나타나리라 예측하였다. ISONE는 "소비자들의 자가 생산이 증가 시, 기존 전력망에서의 전력구매는 감소할 것이다"라고 언급했다(EEnergy Informer, 2015a).

영국 역시 미국 뉴잉글랜드와 사정은 비슷하다. 최근 영국 정부 통계에 따르면, 5년 전과 비교할 때 전력소비가 10% 감소한 것으로 나타났다. 이 기간에, 사람들이 가지는 대형 TV, 냉장고, 기타 가전제품의 수가 증가했지만 전력 소비는 하락하였다(그림 1.5).

PART1 무엇이 변화하는가? 변화는 무엇을 의미하는가?

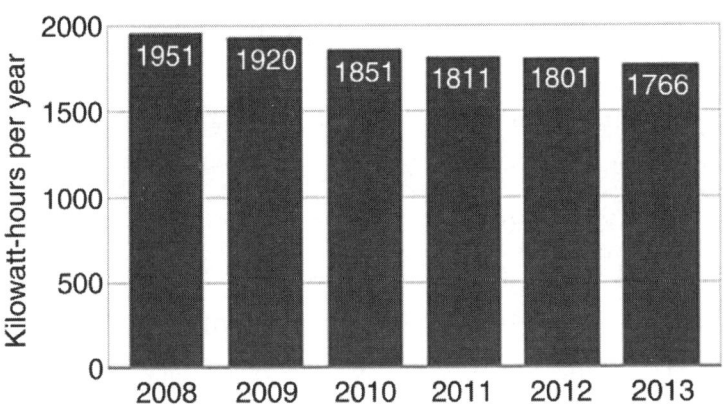

그림 1.5 2008~2013년 영국 1인당 전기 소비량
(출처 : Energy Saving Trust analysis of DECC)

케임브리지^{Cambridge} 대학 마이클 폴리트^{Michael Pollitt} 교수에 따르면, 영국의 전력 수요는 2005년에 정점에 도달했다. 그 후 2013년까지 전력수요는 9% 감소했다. 같은 기간 동안 산업용 수요는 16% 감소했지만, 국내 소비는 약 10% 감소하였다(EEnergy Informer, 2015a).

상기 현상을 설명한다면, 기본적으로 모든 전자 제품들은 지속적으로 에너지 효율이 향상되었으며, 최신 제품이 에너지 효율이 가장 좋다. 예를 들어, 영국에서 판매되는 최신 모델의 냉장고는 20년에 판매된 제품에 비해 73%의 적은 전기를 사용하여 소비자가 연간 100 파운드(약 150 달러)를 절약하게 해준다. 마찬가지로, 오늘날의 효율적인 전구는 2008년의 제품과 비교 시 30%가 적은 전력을 사용한다. 발광 다이오드가 대중화되고 저렴해짐에 따라 조명 부분의 전기 소비는 시간이 지남에 따라 더 감소할 것으로 보인다.

내셔널 그리드^{National Grid}의 영국 전력수요 전망 시나리오(그림 1.6)를 보면, 탈탄소화 경제를 구현하기 위해 난방과 교통이 전기화되는^{electrified}

에너지 전환 전력산업의 미래

시나리오를 제외하고는 전력수요가 평평하거나 거의 증가하지 않는 것을 확인할 수 있다.

지구 반대편에 있는 영국과 뉴질랜드 서로 다른 기후와 고객 기반을 가진다. 그러나 두 국가 모두 전력 수요 감소를 겪고 있다. 뉴질랜드(그림 1.3 오른쪽)는 1950년 이래 지속해서 성장률이 하락한 미국, 성숙한 OECD 경제 상황과 유사하며, 성장률은 점차 0으로 향하고 있다.

유사한 현상을 일본에서도 발견할 수 있다. 2011년 후쿠시마 재해에 따라 모든 55기의 원자로 운영이 정지되었기 때문이다.

그림 1.7에서 일본의 전력 수요는 일본의 장기적인 경제 침체로 정체되어 있다는 것을 확인할 수 있다. 경제 불황, 점진적인 고령화, 인구 감소 등으로 일본의 미래 전력 수요가 증가할 가능성은 매우 낮다.

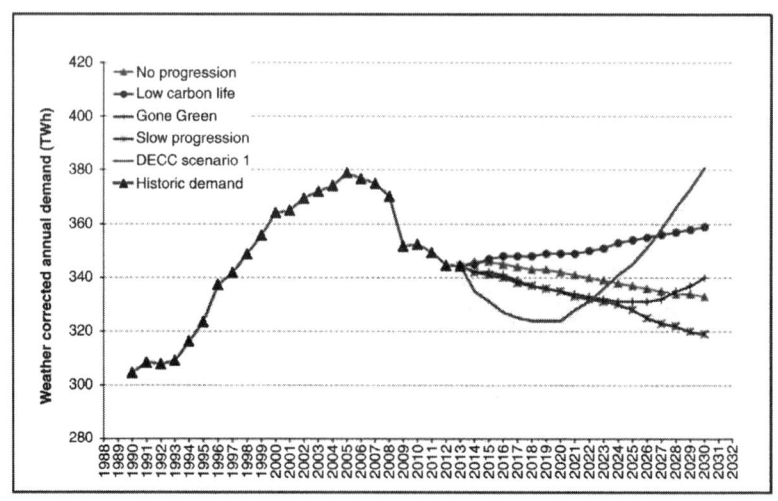

그림 1.6 영국 전력수요 추세, 전망
(출처 : Poyry Management, DECC, National Grid)

PART 1 무엇이 변화하는가? 변화는 무엇을 의미하는가?

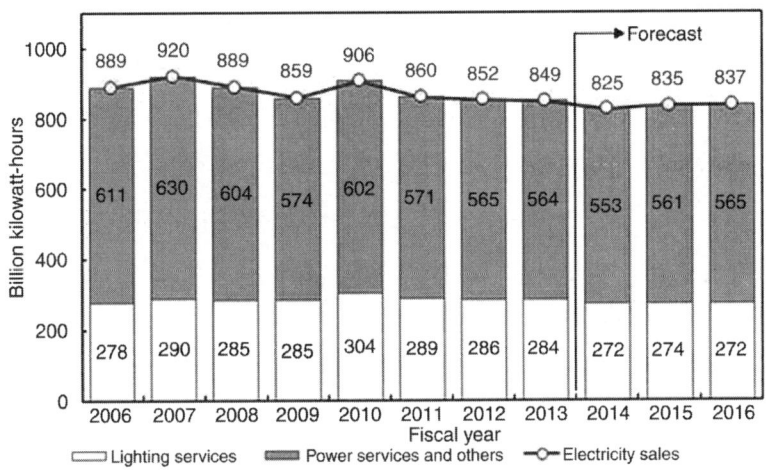

그림 1.7 일본 전력수요 추세, 2006~2013년
(출처 : EEnergy Informer, 2015a)

미국의 경우, 나타나는 전력 수요 전망과 관련된 증거가 엇갈리고 전문가들 역시 장기 전망에 대한 의견이 상이하다. 에너지 정보국$^{Energy\ Information\ Administration(EIA)}$은 공식적으로 2025년까지 전력수요가 0.9% 증가할 것으로 전망한다.

그러나 많은 전문가는 주(州)정부가 전력회사 후원의 에너지 효율 프로그램을 강력히 추진하고, 전자제품과 전기기기에 높은 에너지 효율 기준을 적용하며 엄격한 에너지 효율 관련 건축 법규를 지속한다면, 미래 전력수요는 예상치보다 훨씬 더 낮을 수 있다고 지적한다.

예를 들어, 로렌스 버클리 국립 연구소$^{Lawrence\ Berkeley\ National\ Laboratory(LBNL)}$의 연구에 따르면, 에너지 효율 향상 조치로 IEA의 예상 증가율 0.9%가 크게 감소하며, 수요가 감소하지는 않지만 거의 평평해질 수 있다고 보았다(EEnergy Informer, 2015a).

전기 혁신 연구소$^{Institute\ for\ Electric\ Innovation(IEI)}$의 최근 보고서에 따르면 미

국의 고객 지원 에너지 효율 프로그램은 2010년 대비 30% 증가했으며, 2025년에는 두 배로 증가하여 140억 달러에 달할 것으로 관측하였다. 기존 프로그램은 2012년의 전력소비량에서 126TWh를 추산하였는데, 실제로는 그 이상을 달성할 수 있는 충분한 여건이 있다고 판단하였다.

일부 전문가는 2000년 이후의 실적을 고려한다면, 미국 전력소비가 세계 금융 위기 이전인 2008년 3조7700억kWh라는 최고치에 이미 도달하였으며, 앞으로 그 수준을 초과할 가능성은 없다고 보기도 한다.

북미 신뢰도 위원회North American Electric Reliability Corporation(NERC)의 최근 장기 신뢰도 평가에 따르면, 수요 증가율은 2002년 이후 완만한 감소세를 보인다. NERC는 가장 최근의 성장률이 '최저 기록'이라고 밝혔다(그림 1.8).

이러한 정황과 사례는 확증할 수는 없지만, 적어도 세계의 성숙 경제에서는 전력 수요가 증가하는 날이 얼마 남지 않았다는 사실을 보여준다.

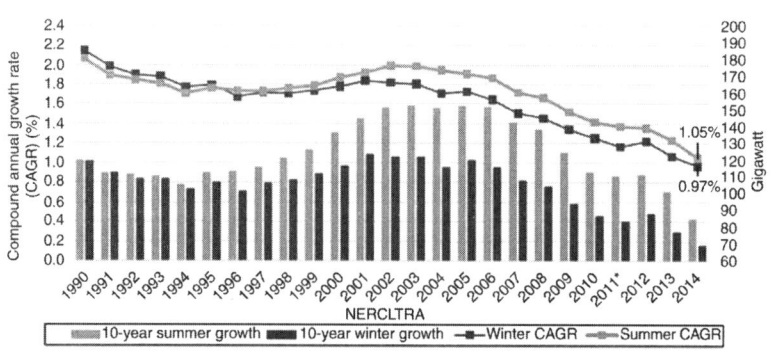

그림 1.8 NERC의 미국 전력수요 성장 평가 : 점차 하락하는 추세
(출처 : NERC, 2014)

PART 1 무엇이 변화하는가? 변화는 무엇을 의미하는가?

국제에너지기구International Energy Agency(IEA)의 가장 최근의 세계에너지 전망World Energy Outlook에도 이러한 현상은 반영되어 있다. 2014년에 세계 에너지(전기가 아님) 수요 전망은 OECD 국가들은 다소 하락하는 추세를 보이고, 중국 역시 수요가 평평해지는 궤적을 보여준다(그림 1.9).

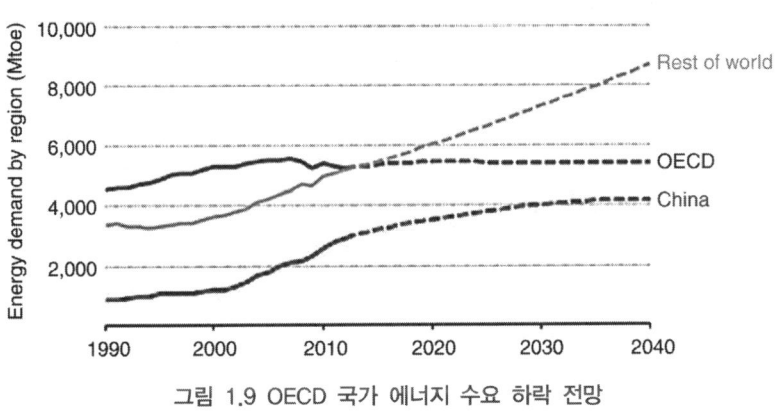

그림 1.9 OECD 국가 에너지 수요 하락 전망
(출처 : WEO, IEA, 2014)

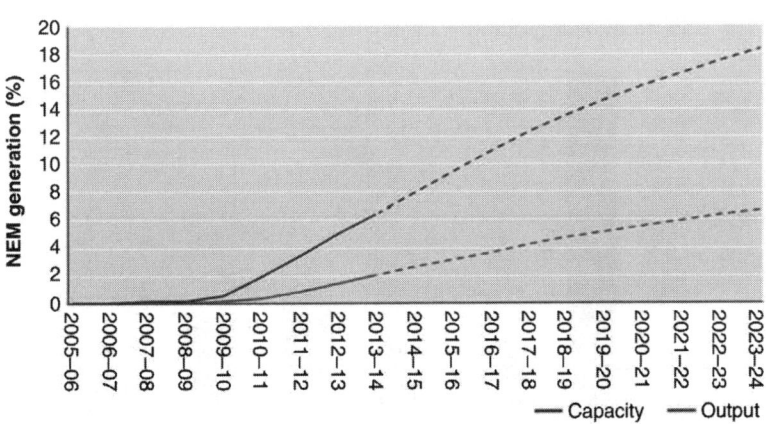

그림 1.10 호주 NEM 태양광 용량, 발전 비중
(출처 : State of the energy market 2014, Australian Energy Regulator)

결론적으로 선진 경제의 OECD 국가들은 더욱 효율적인 에너지 소비 추세를 보이고, 동시에 많은 국가 역시 분산형 자가발전[distributed self-generation]의 빠른 확산을 경험하고 있다. 호주에서는 태양광 발전이 2024년까지 용량 기준 18%, 에너지 기준 6%에 도달해 세계에서 가장 높은 비중을 차지할 것으로 보인다(그림 1.10).

에너지 효율 향상과 분산전원 확산을 동시에 고려하면, 전력수요 증가가 사라지는 현상이 전 세계 여러 국가로 퍼지고 있는지를 쉽게 알 수 있다.

물론 경제가 급속히 성장하는 지역에서는 이러한 현상은 다른 이야기가 될 수 있다. 그러나 결국 고점에 도달하며, 에너지를 적게 사용하는 추세에 동참하게 될 것이다. 예를 들면, 중국은 이미 전력수요 증가율이 많이 감소했다(그림 1.11). 요컨대, 선진국에서 이미 분명히 드러난 수요 정체 현상은 개발도상국으로 확대될 가능성이 있다. 이는 단지 시간 문제일 뿐이다.

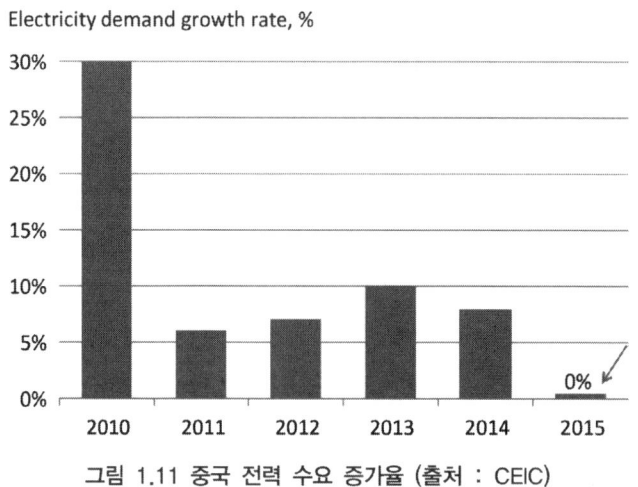

그림 1.11 중국 전력 수요 증가율 (출처 : CEIC)

PART1 무엇이 변화하는가? 변화는 무엇을 의미하는가?

3. 분산에너지원의 부상 : 새로운 역할, 새로운 규칙

전력수요 성장이 정체하고 소매요금이 증가하는 가운데, 에너지 고효율 기기 사용에 적극적이고, 소규모 전원을 통해 전력을 생산하는 소비자인 프로슈머^{prosumer}의 증가 추세는 전력회사를 더욱 큰 어려움에 처하게 한다. 무엇보다도, 전력회사 경영진은 다른 전력회사가 이미 결정한 것처럼, 태양광 증가를 막거나 억제할지 또는 더 많은 소비자가 프로슈머가 되는 것을 지원하며 경쟁에 참여할지를 결정해야만 한다(6장에서 자세히 기술).

규제 기관^{regulator} 역시 매우 큰 문제에 직면해있다. 전력산업은 변화가 없고, 예상 가능하며, 따분한 산업이었다. 그러나 이제 뉴욕의 변화에서 확인할 수 있듯이, 문자 그대로의 르네상스를 겪고 있다. 규제 당국자는 어떻게 규제하는 게 최선일지를 결정해야 한다. 이러한 이슈는 미국뿐만 아니라 다른 여러 지역에서도 매우 중요한 문제로 다루어지고 있다.

그러나 프로슈머에게는 불과 10년 전에는 상상조차 하지 못할 일들이 가능하게 되었다. 미래는 새롭고 흥미진진한 기회들로 가득 차있다. 가장 중요하게는, 프로슈머는 깨끗하고 지속가능한 무공해 태양광을 지붕에 설치하고 전력을 생산할 수 있게 되었다. 또한, 경우에 따라 전력회사가 판매하는 것보다 저렴한 가격으로 전력 생산이 가능하게 되었다. 프로슈머는 소비량을 관리하고 사용량을 조정하는 여러 가지 옵션을 가지게 되었다.

만약 에너지저장 비용이 태양광만큼 빠르게 하락한다면, 기존 전력망과의 연결을 통해 백업^{backup}, 안정성^{reliability}, 부하 조정$^{load\ balancing}$ 등에 유용하게 활용할 수 있다. 기존 전력망에서 독립이 가능해지면, 소비자들은 대규모 발전기로부터 많은 전력을 구매하거나 배전망 사업자에게 망

에너지 전환 전력산업의 미래

사용 비용을 지급할 필요가 없다.

사실, 일부 사람들은 한계비용이 전혀 없는 재생에너지의 급속한 확산으로, 전력생산은 시간이 지남에 따라 더 저렴해지고, 아마도 먼 미래에는 그 비용이 제로가 되리라 예측하기도 한다. 많은 전력시장에서는 도매전력가격이 급락하거나 심지어 전력생산에 돈을 지급하는 부(-) 가격이 발생할 수도 있다. 이와 같은 상황은 발전이 수요에 비교해 지나치게 많을 때 발생할 수 있으며, 이를 과다발전$^{over\text{-}generation}$이라 부른다.

예를 들어, 캘리포니아 전력망 운영자는 재생에너지 40% 비중의 가정을 2024년에 반영할 때 과다발전 현상이 다수 발생하리라 전망한다(그림 1.12). 비슷한 전망이 재생에너지가 풍부한 독일, 덴마크, 텍사스 등 여러 곳에서 보편적으로 있다.

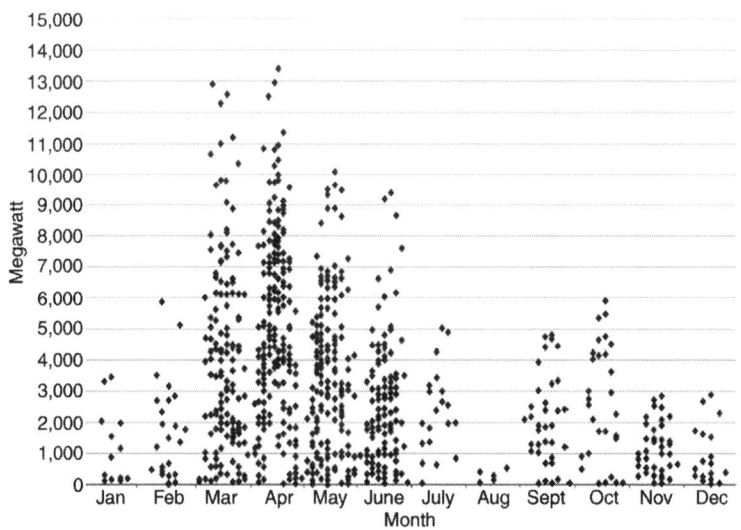

그림 1.12 2024년 40% 재생에너지 비중 가정 시, 캘리포니아 과다발전 전망
(출처 : CAISO)

PART 1 무엇이 변화하는가? 변화는 무엇을 의미하는가?

이 책의 여러 장에서 설명하듯이, 전력회사는 이전과는 완전히 다른 상황에 놓여있다(Box 1.1). 여기서, 기존 이해관계자$^{incumbent\ stakeholder}$들과 규제기관이 이러한 변화에 어떻게 대응할지는 매우 중요하다. 그러나 프로슈머들은 기술적, 경제적으로 구현이 가능할 때, 전력회사의 견제와 규제를 우회하며 더욱더 많아질 것으로 예상한다.

BOX 1.1 ZNE 주택 : 현재와 미래

2008년, 캘리포니아주(州)는 2020년 제로넷에너지$^{zero\ net\ energy(ZNE)}$ 목표를 달성하기 위해 새로운 주거용 건물에 대한 목표를 설정하였으며, 2030년 새로운 상업용 건물까지 확장할 예정이다. 여기서 ZNE는 건물에 적용되는 일반적 용어로서 순 에너지 소비가 0이라는 것을 의미한다. 전력수요 변동에 대처하기 위해, ZNE 빌딩은 잉여가 있을 때에는 전기를 전력망에 보내고 전력이 부족할 때는 자체적으로 전력을 소비한다. 해당 건물 내, 재생에너지가 생산하는 에너지양은 건물에 사용된 에너지양에 일치한다.

이러한 발상이 처음 제안되었을 때, 회의론자들은 ZNE 목표는 2020년까지 결코 달성될 수 없으며, 감당할 수 있는 비용수준으로 현실화되는 것 자체가 불가능하다고 여겼다. 에너지 고효율 자동차 또는 다른 제품들처럼, 구매 시 조금 더 큰 비용을 지불하면, 사용 기간에 걸쳐 에너지 비용이 절감된다(그림 1.13).

지구의 날인, 2015년 4월 22일, 미국 애리조나 스코츠데일^{Scottsdale}에 위치한 주요 주택 사업자 메리타지 홈스$^{Meritage\ Homes}$는 캘리포니아 지역에 20가구로 구성된 작은 ZNE 공동체 시에라 크레스트$^{Sierra\ Crest}$를 개

 에너지 전환 전력산업의 미래

발하고 있다고 말했다.

시에라 크레스트의 주택에는 고효율 태양광 발전[PV], 냉난방공조[HVAC] 시스템, 온수 가열장치, 히트 펌프, 통합된 공기청정 장치가 설치된다. 또한, 각 주택은 스프레이 폼 단열, 절연 창문, 에너지 고효율 조명, 스마트 충전기, 전자기기 등이 구비된다. 이러한 기능들이 구비된 주택은 캘리포니아 최신 기준에 따라 지어진 주택과 비교할 때, 전형적인 가정의 에너지 사용량을 최대 60%까지 감소시킬 수 있을 것으로 예상된다.

이러한 주택은 매우 효율적이기 때문에, ZNE 목표를 위한 태양광 용량 역시 상대적으로 작을 것이다. "기존의 주택에서는 ZNE를 달성시키는데, 태양광 용량이 7~10kW가 필요할 수 있다. 반면, 우리의 주택은 향상된 에너지 효율 설비가 포함되어, 3.5~4.5kW면 목표달성에 충분하다"라고 메리타지 홈스의 환경 담당 부사장인 헤로[Herro]가 말했다.

이러한 전망을 반대하는 회의론자들은 순수한 추측과 과장 같은 말들로 일축한다. 그들은 전력회사가 100년 이상 번성하였으며, 오늘날 직면한 어려움을 극복할 수 있다고 주장한다.

실제로 전력회사 일부는 생존하고, 성장할 수도 있지만, 다수의 전력회사는 오랫동안 경쟁에서 자신을 지켜주었던 규제의 제약을 받거나 변화하기에는 그 속도가 너무 느릴 수도 있다.

우선 첫째로, 변화의 속도와 규모는 전례 없이 빠르고 크다. 이 책의 소개 부분에서 기술한 것처럼, 액센츄어[Accenture]의 최근 보고서는 미국의 전력회사 매출이 에너지 효율 향상, 태양광 자체 발전의 이중 결합으로 2025년까지 약 480억 달러까지 감소할 것으로 예상한다(그림 1. 소개). 미국 전력산업 매출 규모가 약 3,600억 달러라는 사실을 고려한다면,

PART 1 무엇이 변화하는가? 변화는 무엇을 의미하는가?

13%의 매출 감소가 발생할 수 있다는 것을 의미한다. 끔찍한 수준은 아니지만 절대로 즐거운 상황은 아니다. 유럽의 기존 전력회사들 역시 비슷한 매출 감소를 겪을 것으로 예상한다.

그림 1.13 유타주 솔트레이크 시티 근처의 고성능 주택
(출처 : Courtesy of the Department of Energy)

4. 전력산업의 미래

앞선 논의에서 알 수 있듯이, 이러한 추세의 장기적 영향에 대한 많은 추측과 미래의 전력회사$^{\text{the future of utilities}}$ 또는 전력회사의 미래$^{\text{the utilities of the future}}$(책 제목 원문)가 무엇인지에 대한 수많은 전망이 있다.

그러나 지상 낙원$^{\text{Shangri La}}$에 대해 검색하는 것과 같이 미래의 전력회사가 무엇인지를 찾는 것은 어렵다. 그 이유는 무엇이 무엇인지, 또 어디에서 찾을 수 있는지 아무도 모르기 때문이다. 그러나 상황이 얼마나

에너지 전환 전력산업의 미래

중대한지가 인식되어있기 때문에, 매우 많은 사람들이 그 답을 찾기 위해 노력하고 있다.

PwC 글로벌 파워 & 유틸리티$^{Global\ Power\ \&\ Utilities}$의 '미래의 전망 : 에너지 전환으로부터의 얻는 모멘텀$^{The\ Road\ Ahead\ :\ Gaining\ Momentum\ From\ Energy\ Transformation}$'이라는 보고서에서 이러한 노력을 확인할 수 있다. 이 보고서는 전력산업 변환의 주요 동인과 상호 작용 등을 설명한다. 구체적인 내용은 15장에서 확인할 수 있다.

한편, 전력산업 부문의 미래를 바라보는 여러 사람들의 견해는 다양하다. 중요 순서와 무관하게 다음과 같이 정리했다.

- 미래는 탈중앙화^{decentralized}되어있다. 다수 전문가들은 많은 소비자/프로슈머들이 기존 망에서의 의존도를 점차 낮추고, 잠재적으로 중앙 망에서 완전히 이탈하며 점차 탈중앙화, 분산화^{distributed} 될 것으로 생각한다. 개인 또는 집단 단위의 사람들은 ZNE 환경에서 거주하며, 분산전원, 전력저장, 반(半)자치적인 마이크로그리드 등을 활용할 것이다. 캘리포니아 주립대의 마네이^{Marnay}가 기술한 3장에서 관련 내용을 확인할 수 있다.

BOX 1.2 UCSD의 마이크로그리드 : Win, Win, Win

마이크로그리드^{Microgrid}의 인기는 증가하는 추세다. 왜냐하면, 마이크로그리드는 신뢰도 향상에 기여하고, 경제적으로도 유익하기 때문이다. Lucas(2015)에 실례가 있는데, 본 책에서 일부 내용을 발췌하였다.

"군사 기지와 같은 일부 조직은 외부 공급자와 독립적으로 되기를 원

PART1 무엇이 변화하는가? 변화는 무엇을 의미하는가?

하는 특수한 이유가 있을 수도 있지만, 대부분의 목적은 마이크로그리드 추진으로 돈을 절약하는 것이다."

예를 들어, 샌디에이고 캘리포니아 대학$^{University\ of\ California,\ San\ Diego}$ $^{(UCSD)}$는 2001년까지 주로 난방용으로 가동되었던 가스 발전소를 열병합 발전소로 바꾸어서, 450개의 건물의 45,000명에게 냉난방, 온수를 제공하였다. 이 시스템은 캠퍼스 전력수요의 92%를 생산하며, 연간 8백만 달러를 절약한다. 열병합발전소의 30MW 용량의 발전기 외에도, UCSD는 태양광 발전에 3MW, 가스 동력 연료전지 3MW를 추가로 설치하였다. 수요가 적을 때, 여분의 전기는 400만 갤런(1500만 리터)의 물을 냉각시켜 피크 피크부하$^{peak\ load}$ 시 냉각에 활용하거나 난방을 위해 물을 40도로 가열한다. 한편, 대학은 이러한 실험 대상으로 활용하는데 이상적이다. 대학교는 공공기관으로서, 규제기관의 감시와 감독, 복잡한 지역 규정으로부터 면제된다. 그리고 대학교는 새로운 아이디어를 구현하는데 많은 관심을 가진다.

또한, UCSD와 같은 기관은 마이크로그리드로 돈을 절약하는데 그치지 않고, 관련 연구를 진척시킨다. 해당 프로젝트에서 서버는 매초 84,000개의 데이터 경향을 분석한다. ZBB 에너지$^{ZBB\ Energy}$라는 회사는 혁신적인 아연-브로브라이$^{zinc-bromide}$ 배터리를 설치하였다. 그리고 또 다른 회사는 28kW 용량의 다른 화학 배터리보다 훨씬 빠르고 강력한 저장장치로서 슈퍼 캐퍼시터^{supercapacitor}를 시험 중이다. NRG는 전기자동차를 위한 급속 충전기를 설치했으며, 전성기가 지난 기술을 적용해 저렴한 전력저장장치를 구축하였다. 그리고 이 대학은 세계 최대의 배터리 제조업체인 BYD로부터 2.5MW 분량의 재활용 가능한 리튬-이온 철-브로마이드$^{zinc-bromide}$ 배터리 저장장치를 구입하여 수요와 공급의 최고점을 한층 더 평준화하였다.

어떤 의미에서, UCSD는 지역 전력회사인 SDG&E의 좋은 고객이 아

 에너지 전환 전력산업의 미래

니다. 마이크로그리드는 오직 8%의 전력 수요만 해당회사에서 가져온다. 그러나 전력수급에 여유가 없을 때는 SDG&E가 도움이 될 수 있다. 또한, 마이크로그리드를 통해 UCSD는 에어컨을 비롯한 전력소모 장치를 줄이고, 여분의 전기는 전력망에 보냄으로써, 자체 소비량을 감축한다.

UCSD는 더 나은 설계, 데이터 처리 기술, 행동 변화를 통해 더 효율적이고 저렴하게 전기를 사용하는 새로운 방법은 개척한 수많은 마이크로그리드 중 하나이다. IEA는 이러한 접근방법이 선진국의 전력 최고 수요를 20%까지 줄일 수 있다고 생각한다. 이러한 결과는 소비자와 지구 모두에게 유익한 것이다.

3장에서 더 자세히 설명하듯이, 마이크로그리드는 초기에는 전력산업의 변방에 위치하다가 이제는 중심으로 이동하여 많은 주목을 받고 있다. 마이크로그리드는 기존 전력망에 부담을 주지 않으면서, 사실상 전체 시스템의 복원력^{resilience}을 향상시킨다. UCSD의 사례는 고객, 지역 전력회사, 전력망 모두에게 유용하다. 따라서 이것은 바로 진정한 의미의 윈-윈-윈$^{win-win-win}$ 예라고 할 수 있다.

Box 1.2의 UCSD와 UCD$^{University\ of\ California\ Davis}$의 웨스트 빌리지$^{West\ Village}$는 이미 그러한 방식으로 운영된다. 더 많은 사례가 이들을 뒤따를 것으로 관측된다.

분산 형태/자급-자족의 미래가 모든 사람에게 적용될 수 있을까? 아마도 그렇지 않을 것이다. 그러나 대학 캠퍼스, 대형 병원, 백화점, 사무실 단지, 군사 시설, 특히 외진 지역, 중앙 공급망에서 멀리 떨어져 있는 지역의 거주민에게는 이런 전력생산 모형이 비용 효과적이고, 신뢰할 수 있으며, 적합할 수 있다. 여기서, 마이

PART 1 무엇이 변화하는가? 변화는 무엇을 의미하는가?

크로그리드가 기존 중앙공급체계에 얼마나 의존하거나 상호교류할지는 매우 흥미로운 주제이다.

- 전력산업의 미래는 통합한^{Integrated} 형태로 구현된다. 다른 사람들은 전력회사의 미래가 예측할 수 없지만, 통합망$^{Integrated\ grid}$의 미래는 심지어 더 밝다고 믿는다. 분산발전과 간헐적인 재생에너지의 증가는 통합된 망의 가치를 현저하게 증가시킬 것이다. 통합의 의미는 현재 고객이 망과 단순히 연결되어있는 것과는 다르다(2장 참조).
- 미래가 반드시 분산형이 될 필요는 없다. 분산발전이 증가할 수 있지만, 전력산업의 미래가 반드시 분산형^{distributed}이 되어야하거나 심지어 탈중앙집중형^{decentralized}조차 아닐 수도 있다. 이 논점은 분산되고 분권된 전력회사 모형이 많은 단점이 존재한다고 지적한 세브린 보렌스타인$^{Severin\ Borenstein}$의 블로그에 기술되어 있다.

많은 소비자가 프로슈머가 되는 이유는 분산 발전의 고유한 효율성이나 저렴한 비용이 아니라 넷미터링^{NEM}, 비용이 반영되지 않은 요금제와 같은 인센티브 제도 덕분이다. 미국 전체 지붕형 태양광$^{rooftop\ solar\ PV}$의 절반가량이 설치되어 있고, 솔라시티^{SolarCity}와 같은 태양광 대여업체의 본사가 위치한 지역은 바로 캘리포니아다. 여기에는 캘리포니아의 높게 계층화된 요금체계가 이와 같은 현상의 이유를 설명해준다. 이 책의 여러 장에서 설명했듯이, 비용반영이 적절히 될 수 있도록 요금제를 재설계하고, 분산 전력원의 진정한 비용과 이득이 현실화되도록 발전차액지원제도^{FiT}, 넷미터링^{NEM} 제도 등 보조금을 개선하는 작업이 갈 길이 아득하다.

에너지 전환 전력산업의 미래

- 전력산업의 미래는 에너지 저장$^{energy\ storage}$이다. 일부 전문가에 따르면 미래는 에너지 저장 비용과 실현 가능성에 달려 있다. 만약 프로슈머가 다른 시간대에 전력을 사용할 수 있도록 초과 생산량을 저장할 수 있게 된다면, 전력산업 미래는 더 분산화될 것이다. 가령, 테슬라^{Tesla}의 파워월^{Powerwall} 배터리는 미래에 중요한 역할을 할 지도 모른다.

현재 대부분의 프로슈머는 태양광 등 분산에너지원을 설치하지 않는 소비자의 호의에 의존하면서, 전력망을 가상의 제로 비용으로 무한 배터리로서 사용하며 무임승차하고 있다. 배터리 또는 좀 더 포괄적으로는 에너지 저장은 프로슈머가 망-보조$^{grid-assisted}$ 또는 망-평행$^{grid-parallel}$ 모드로 작동하여 무임승차를 감소시킬 수 있다. 에너지 저장은 전력망과 독립적으로 운영하고자 하거나 자체적인 전력공급에 권한을 가지고자 하는 소비자에게는 매력적일 수 있다. 그러나 에너지저장 비용이 충분히 낮아 사소한 경우라 할지라도, 모든 사람에게 해당된 사항은 아니다.

- 미래는 재생에너지이다. 다수 전문가에 따르면, 최근 MIT에서 작성한 태양에너지의 미래$^{future\ of\ solar\ energy}$에 설명된 바와 같이, 간헐적이고, 대체로 태양 에너지인 경향이 있는 재생에너지가 확실히 전력산업의 미래이다.
- 미래는 규제이다. 깨끗한 물과 공기처럼, 전력 서비스는 공공재로 인식되며, 정치적 속성을 지닌다. 다수의 사람은 이러한 특성으로 규제자와 정책이 전력산업의 미래를 결정한다고 생각한다. 세계 각국의 사례를 살펴보면, 정치인들이 전력의 가격뿐만 아니라 그 구성, 조달방법, 전송방법, 보조금의 형태를 결정하는 데까지 영향

PART 1 무엇이 변화하는가? 변화는 무엇을 의미하는가?

을 미친다는 것을 알 수 있다. 기술과 경제가 지속해서 전력산업에서 임무를 수행하겠지만 규제와 정책 역시 마찬가지이다.
- 미래는 두 갈래로 나뉜다. 전력사업의 미래는 가진 자와 못 가진 자 사이에서 점차 두 갈래로 나뉠 것이다. 또한 서비스 필요에 대한 유무와 기존 전력망에 대한 의존성 역시 참여자 별로 점차 상이하게 갈라질 것이다.

현재 태양광 설비 보유 고객과 그렇지 않은 고객 사이의 대부분 논쟁은 형평성과 공정성에 대한 문제 중심인데, 누가 누구에게 보조금을 지급하고 있는가에 그 논점이 맞추어져 있다. 일부 고객은 전력망에 대한 의존성에서 탈피하고 있으므로, 남겨진 고객들, 즉 기존 전력망에 전적으로 의존하는 고객들은 전체 전력망 비용을 부담해야 하는 숫자가 감소함에 따라 더 높은 비용을 전력회사에 지급해야 한다.

관점과 가정에 따라, 하나 또는 여러 특성의 조합으로 전력산업의 미래가 형성될 수 있으므로, 모든 지역에서 똑같은 미래가 구현되지는 않을 것이다. 전력회사의 임직원들은 Box 1.3에서 설명된 것처럼, 스스로가 그리는 미래 방향에 따라 전력회사의 전략을 고안하고 있다.

많은 전문가는 플랫폼과 이의 빠른 확산을 지원하는 기술의 출현이 이러한 변화의 중요한 동인 중 하나라는 사실에 동의한다. 여기에 포함되는 플랫폼과 기술은 스마트미터, 스마트기기, 가정 에너지관리시스템, 무선감지, 자동화, 인공지능 등이 있으며 관련 내용이 5장에 설명된다.

고객은 저렴한 비행기 좌석을 검색하는 것과 마찬가지로 어떤 지역에서 어떤 서비스를 받을 수 있는지 보다 향상된 정보를 얻을 수 있다. 카약^{Kayak}과 같은 전기 서비스가 아직 폭넓게 사용되지는 않더라도 거의 가까이에 와있다.

 에너지 전환 전력산업의 미래

개별 고객의 전력 부하를 모집하는 작업은 전통적으로 어려운 일이었지만, 가격과 인센티브에 응답하는 전력 부하를 모집하는 게 정책적으로 장려되어, 이제는 과거보다 좀 더 쉬운 일이 되었다.

 BOX 1.3 NRG Vs 에온$^{E.ON}$

미래의 전력회사가 무엇인지를 찾고자 하는 사람들에게는 NRG가 좋은 출발점이 될 수 있다. NRG를 흥미로운 회사로 만드는 것은 미국 내 다른 민자발전 사업자^{IPP}와 다른 많은 국가의 전체 용량보다 많은 상업용 발전용량 약 53GW를 보유하고 있다는 사실이다. 지난 몇 년 동안, NRG는 관련 분야의 전략적 자산을 확보하고, 새로운 벤처에 투자하고, 새로운 사업 영역으로 확장하면서 바쁘게 시간을 보내왔다.

이 회사는 프랜차이즈 서비스 영역이거나 독점 기반의 고객을 가지고 있지 않기 때문에, 기존의 전통적인 미국 전력회사 영역에 침투하였을 때 손실은 별로 없지만 얻을 수 있는 이득은 잠재적으로 많았다. NRG는 수익성이 높은 사업영역이라면 어디든지 선택적으로 체리-피킹$^{cherry-pick}$을 할 수 있는 좋은 위치에 서 있었다. 또한 매력적인 가치제안$^{value\ proposition}$이 있다고 판단하는 영역에서 끊임없이 사업을 확장해왔다.

6년 전, 발전 사업 부문은 NRG 매출의 98%를 차지하였다. 반면, 2013년 그 수치는 50%까지 떨어졌다. 어떻게 NRG는 이런 위업을 달성할 수 있었을까? 에온$^{E.ON}$이 독일에서 했던 것처럼, 화석연료발전 자산들을 매각하기 보다는 NRG는 비발전 자산을 공격적으로 인수하며, 여러 소매판매 사업에 투자하고, 대체 에너지 부문을 창출하였다.

에온은 화력발전소를 부실 자산$^{toxic\ asset}$으로 취급하였지만, NRG는 발전 사업에 어떠한 문제도 없다고 판단하였다. 사실, NRG는 회사 스

PART1 무엇이 변화하는가? 변화는 무엇을 의미하는가?

스로를 분산형 태양광, 전력저장, 스마트 에너지 시스템에 중점을 두고 전력을 판매하는 마케팅회사로 바라보고 있다. 이 회사의 홈페이지를 방문한다면, 발전 사업을 제외한 모든 것에 관여하고 있다는 착각에 빠질 수도 있다.

예를 들어, NRG의 가정용 태양광$^{home\ solar}$ 사업부분은 2022년까지 75MW에서 2400MW로 그 용량을 확대하는 것을 목표로 하고 있다. 이러한 목표는 향후 태양광 설치와 관련된 비용이 20%로 추가적으로 더 떨어질 것이라는 전망을 반영하고 있다. NRG의 분산발전$^{distributed\ generation}$은 분산에너지$^{distributed\ energy}$에 포함되어있으며, ESCO 사업은 에너지 서비스를 지향한다.

NRG는 기존 상업, 산업용 사업을 수요관리, 연료전지, 지역발전, 마이크로그리드 등을 활용하여 완전한 서비스, 고수익 에너지 공급자로 전환할 계획이다. NRG의 CEO인 크레인^{Crane}은 2022년까지 이러한 사업의 이익이 4배로 성장하여 거의 5억 달러가 되기를 기대한다. 2022년까지 산업용, 상업용 태양광을 2500MW를 설치하여 전력회사 규모의 재생에너지 사업에 진출할 계획이다.

크레인은 조만간 머지않아 모든 화석발전기들이 규제 하의 제약 또는 소비자의 압력으로(대개는 두 가지의 결합 형태로) 탄소 제약 환경에서 운영될 것이라고 인정하였다. 그는 NRG에 이러한 제약이 가해질 때까지 기다리기보다는 새로운 환경에서 앞서나갈 수 있기를 희망한다.

그는 NRG가 과거 중앙 집중적이고, 화석연료로 오염원을 배출하는 사업에서 벗어나 분산되고, 깨끗하며 복원력이 높은 미래로 진화할 것이라는 점을 투자자들에게 상기시킨다. 마찬가지로, 그는 교통산업 역시 화석연료에서 전기화^{electrified} 된 미래로 옮겨 가야한다고 믿는다.

 에너지 전환 전력산업의 미래

그는 테슬라를 운전한다. NRG 자회사 중 하나인 eVgo는 향후 3년 이내에 초기 EV 충전시장에서 10%에서 50%로 시장 점유율을 높이기 위해 전기 자동차 충전소에 투자하고 있다.

크레인에 따르면, "전력산업은 거대한 변화 속에 놓여있으며, 오늘과 내일에 이기고 싶다면, 적어도 두 갈래의 전략을 가져야한다." 즉, 그 전략은 기존의 전통적인 전력과 대체 에너지 양 갈래 사이에 위치한다.

솔라시티Solarcity는 미국 최대의 주거용 태양광 설치 업체로, 현재 미국 시장의 1/3를 차지하고 있다. 태양광 패널을 즉시 구매하는 방식이 기업에 더 이로운 방식이지만, 대부분의 주택 소유자가 선호하는 선금 설치 방식zero installation plan을 제공한다. NRG는 해당 산업에서 5위를 차지하고 있으며, 2015년까지 2위를 목표로 하고 있다.

크레인은 최근 NRG가 이미 "회사 내부에 결합된 솔라시티"를 가지고 있다고 말하면서, 모든 사람들이 주거용 태양광을 현재 시장 점유율이 약 1%에 이르는 1조 달러규모의 시장으로 믿기 시작했다."라고 덧붙였다. 크레인은 나머지 99%의 큰 점유율을 차지하는데 주력하고 있다. 그는 "우리는 가정용 태양광 고객에게 지붕 위의 태양광 판넬 이상을 제공할 수 있다."라고 말했다.

왜 그가 분산전원, 전기차, 태양 에너지에 흥분하는 것일까? 그는 소비자가 에너지 효율에 투자하면서, 점점 더 분산전원을 통해 스스로 전기 생산에 나서기 때문에, 전통적 발전기는 수요 하락에 직면하게 될 것이라는 사실을 알기 때문이다.

2015년 1월 중순, 투자자와 애널리스트를 위한 연설에서, 크레인은 "미래에서 이기는 것은 우리 동료 그룹과 마찬가지로 과거로 돌진하는 것보다 훨씬 더 복잡하다"라고 말하며, 네안데르탈인(시대에 뒤떨어진) 전력회사를 언급하였다. 또한 그는 "우리는 미래의 충격으로부터 투자

PART1 무엇이 변화하는가? 변화는 무엇을 의미하는가?

자를 보호하려고 노력하고 있다"이라고 설명하였다.

 연설에서, 그는 급격한 변화는 불가피했으며, 인터넷과 통신 업계의 혁신이 막대한 부를 창출하고 적응하지 못했던 회사들이 붕괴했던 것처럼, 동일한 규칙이 전력산업에 적용될 것이라고 말했다.
 그는 통신사업의 역사는 현재 산업 패러다임에서 승리하기 위해 공격적으로 경쟁하는 것을 지속하면서, 미래 기술을 완전히 포용한 기성 기업이 가장 유리한 위치를 차지할 수 있다고 말했다.

 NRG는 기존 레거시 자산$^{legacy\ asset}$, 가스와 석탄화력 발전을 최대한 줄이고자 노력하고 있다. 또한 어떤 것이 좋은 시도로 판명될지를 알 수 없기 때문에, 여러 바구니에 많은 달걀을 넣는 전략을 취하고 있다. 이러한 시도가 최고의 전략이며, 아마도 전력회사의 미래에 대한 청사진$^{blue\ print}$이 될 수 있다.

 집단으로 모집된 고객은 전력 가격에 더 잘 반응하며, 다수가 모여 함께 풀^{pool}로써 도매시장에 입찰할 수 있다. 이러한 방식은 지금은 대규모 산업용 고객만이 접근 가능하지만 미래에는 더욱 더 많은 고객이 이러한 방식으로 도매 시장에 참여할 수 있다.
 이 외에도, 수동적인 소비자가 적극적인 프로슈머로 변화할 수 있으며, 배전과 고압 송전망을 통해 거래가 가능하다(이런 개념은 책 '트랜젝티브 에너지$^{Transactive\ Energy}$'에서 카자레^{Cazalet}와 배라거^{Barrager}가 작성한 장에서 확인할 수 있다).

5. 결론

앞의 논의에서 기술했듯이, 오랜 세월 동안 경쟁에서 보호받았던 전력산업이 최신 통신과 IT 기술 등을 수용하며 급격한 변화를 겪고 있음이 확연히 드러난다.

그러나 기존 전력회사가 '언제, 어떻게, 어떤 결정을 내리고 변화에 반응하며, 사업을 변화시킬지'는 명확하지 않다. 전력회사가 찾고자 하는, '그들이 어느 위치에 있는지', '미래가 무엇인지', '미래가 있을지'에 등의 질문에 대한 짧은 대답은 바로 기존 전력회사가 어떻게 대응하고 얼마나 빨리 반응하는지에 달려있다.

PART1 무엇이 변화하는가? 변화는 무엇을 의미하는가?

제2장

통합 망의 가치

...

Value of an Integrated Grid

Clark W. Gellings
Electric Power Research Institute, Palo Alto, CA, United States of America

1. 소개

통합망$^{integrated\ grid}$은 지역 발전$^{local\ generation}$, 에너지 저장, 에너지 효율과 중앙집중형 발전, 저장장치 등과 통합된 새로운 전기 사용의 최적 조합을 활용하여, 사회에 안정적이고 경제적이며 지속가능한 전력을 제공한다. 통합망을 구축하기 위해서는 연결성, 상호연결 규칙, 모든 고객들에게 전력시스템의 가치를 향상시키는 혁신적인 요금구조 등이 갖춰진 현대화된 전력망이 필요하다. 통합망은 해당 지역 상황에 적합한 가장 가치가 높은 발전기, 전력 저장, 전력 전송, 관련 기술 등을 통합한다.

여기서 중요한 특징은 선진국의 거의 모든 소비자들은 전력망에 연결되어 있다는 것이다. 전력망은 모든 유형의 분산에너지원$^{distributed\ energy\ resource(DER)}$을 포함하여 모든 소비자, 전기설비, 전자기기와 '상호연결

interconnected'된다. 차이점은 전력망에 연결되는 것이 '통합망'의 형성을 구성하지 않는다는 사실이다. 개별 소비자들, 사회 공동체는 통합을 통해 단순한 연결이 주는 것을 뛰어넘는 큰 이익을 얻는다.

본 장에서는 먼저 2절에서 소비자에 대한 전력망 연결의 가치를 강조하고, 3절에서는 전력망 통합으로 발생되는 부가가치에 대해 설명한다. 4절에서는 통합망으로 확장된 연결성을 요약한다. 5절에서는 분산에너지원의 추가적 수용을 가능하게 하는 통합망의 장점을 강조한다. 6절에는 배전(판매) 전력회사가 이러한 변화에 어떻게 대응할지와 함께 전체 결론을 도출한다.

2. 소비자의 전력망 연결 이점

전력망에 연결하는 전력 소비자의 목적은 전기 서비스를 받는 것이다. 간단히 말해, 전력망은 소비자가 사용하는 모든 전자기기에 대한 전기적 지원을 제공한다. 상호연결 또는 전력망 연결로 호칭되는 망과의 연계는 높은 신뢰도^{reliability}와 품질이 높은 전기를 공급한다. 또한 환경 피해를 가급적 최소화시키며 합리적인 비용으로 이러한 서비스를 제공한다. 그림 2.1은 전력망 연결의 주요 이점들을 설명한다.

PART1 무엇이 변화하는가? 변화는 무엇을 의미하는가?

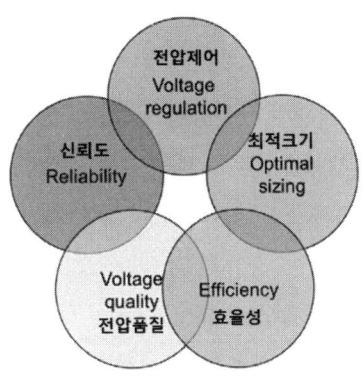

그림 2.1 망 연결성이 소비자에게 주는 주요 이익
(출처 : The Integrated Grid Phase II, 2014).

이러한 사항들은 전력망을 활용하여 안정적 전력공급과 함께, 결과적으로 효율성을 높이며 자가발전을 하는 소비자에게도 추가적인 이득을 준다.

전기의 경우, 지역에서의 연결이든 중앙집중형 구조에서의 연결이든 동일한 전력망을 통해 그 에너지가 흐른다. 만약 전력망이 없다면, 해당 지역에 전력설비가 갖춰져 있더라도 소비자는 연결된 시스템과 동일한 수준의 전기 서비스를 제공받기가 어렵다. 만약 소비자가 전력망과 연결 없이 자체 발전에만 의존한다면, 중앙집중형 전력망이 제공하는 서비스 품질과 동등한 수준을 유지하기 위해서는 상당한 투자가 필요하다. 적절한 투자가 없다면, 전력망과 분리된 지역기반 소비자 전력 시스템의 신뢰도와 성능이 떨어질 수밖에 없다.

3. 통합의 또 다른 가치

통합망은 분산에너지원의 수용률을 높이고, 상호 연결된 전력망이 제공하는 것 이상의 혜택을 널리 고객들에게 준다. 그림 2.2는 통합망의 구성요소인 모든 소비자가 얻을 수 있는 해당 지역 발전$^{local\ generation}$의 잠재적 이점을 보여준다.

통합망은 신뢰도와 경제성을 향상시킨다. 우선 중앙망 또는 지역 전력공급원의 급격한 감소에 따른 불안정성 위험을 줄여주며, 분산형 전원, 지역/분산형 전력저장장치를 통합시킨다. 또한 정전을 최소화하며 예비력(주파수 응답, 비(非)순동$^{non\text{-}spinning}$ 예비력, 수요반응$^{demand\ respond(DR)}$ 등)을 공급한다. 통합망은 지역과 중앙 모두의 에너지원의 최적 조합을 이끌어냄으로써 비용을 절감시키며 지역 자원의 수용 한계를 증가시킬 수 있다. 또한 지역에 위치한 공급자원 등이 중앙 전력망에 필요한 서비스를 제공할 수 있도록 그 해당 자원을 구성할 수 있다. 즉, 통합망은 소비자와 전력망 사이의 진정한 시너지 효과를 제공한다. 전력망이 지역 에너지원을 수용할 수 있도록 현대화되어 있다면, 전력망에 연결된 모든 소비자에게 많은 잠재적 이익이 생성될 수 있다.

PART 1 무엇이 변화하는가? 변화는 무엇을 의미하는가?

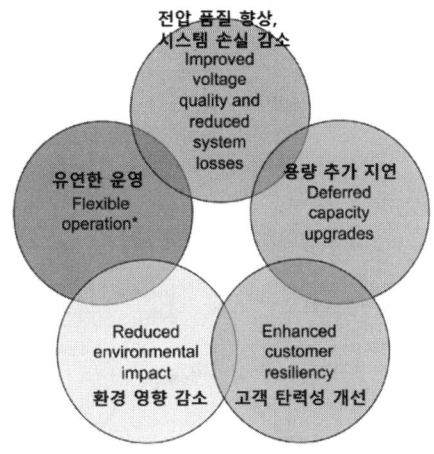

그림 2.2 지역 발전이 모든 소비자에게 주는 주요 이득

* 유연한 운영flexible operation : 신뢰도를 높이며 배전 운영, 분산에너지원 통합하고 보조서비스(주파수 응답, 비순동 예비력, 수요반응 등)을 공급한다.

3.1 전력망 지원

태양광 시스템, 기타 분산형 발전, 전력저장 시스템 등은 배전시스템을 여러 측면에서 자연스럽게 지원한다. 예를 들어, 그림 2.3은 일반적인 배전망에서의 부하구성 형태load profile와 비교할 때 태양광의 출력과 잔여 수요 간의 관계를 보여준다. 이러한 시스템은 전력회사의 필요사항을 지원하며 배전망 시스템 의존도를 낮춰준다. 그러나 이러한 시스템의 적용가능 범위는 해당 지역 환경이 결정한다. 전력시스템의 발전 용량에 대한 전체적인 요구사항은 지역 발전이 충분히 많이 설치되고, 전력망의 현대화가 얼마나 진행되었는지에 따라 다르게 전개될 수 있다. 그러나 지역 발전은 중앙집중형 발전의 필요 용량 감소에 영향을 미치지 못하더라도, 중앙집중형 발전의 의존도를 감소시킬 수 있다.

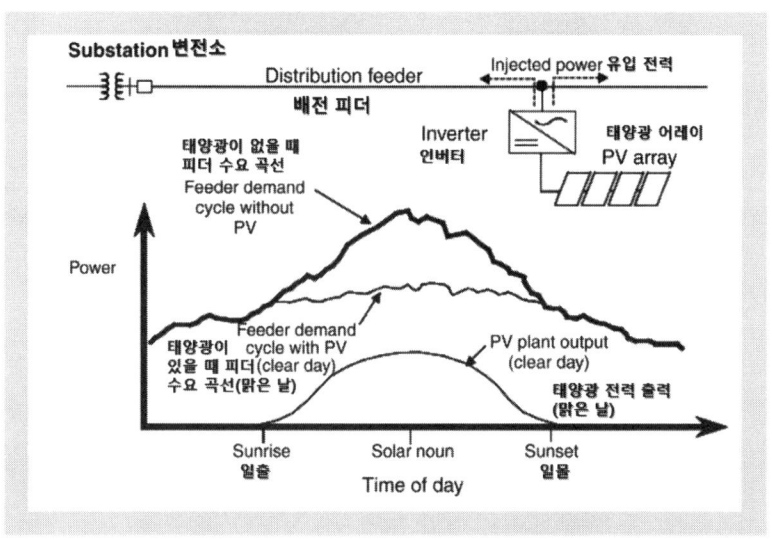

그림 2.3 분산형 태양광 가치 : 전력망 지원
(출처 : Distributed Photovoltaics, 2008)

3.1.1 마이크로그리드 Microgrids

배전망 운영 효율성을 개선하는 통합망 관련 핵심 기술구성 요소 중 하나는 바로 마이크로그리드이다(3장 내용 참고). 전력망의 일부로 마이크로그리드가 제공할 수 있는 가치에 대한 관심이 점차 커지고 있다. 여기서 마이크로그리드와 기존 전력망을 연결하여 그 가치를 구현시키는 전력시스템이 바로 통합망이다. 마이크로그리드는 다음과 같이 정의된다. "전력망과 관련하여 하나의 제어가능한 영역에서 부하와 분산에

PART 1 무엇이 변화하는가? 변화는 무엇을 의미하는가?

너지원으로 구성된 집단, 마이크로그리드는 전력망 연계형, 분리형^{Island}형 모두에서 작동할 수 있도록 전력망과 연결 또는 분리가 될 수 있다(Ton, 2014)." 통합망의 일부로 마이크로그리드는 해당 지역에서 분산된 여러 구성 기기들을 효과적으로 최적화한다. 향상된 감지, 제어, 통신기술을 활용하여, 부하 변동 등 여러 환경에서 필요 요소가 적절하게 작동할 때 비로소 통합망이 구현되었다라고 볼 수 있다(Siemens, 2015).

마이크로그리드의 장점은 표 2.1에 정리하였다. 다음 장에서 좀 더 구체적으로 다루지만 마이크로그리드의 실제 사업구현 사례들이 더욱 더 강력해지며 출현하고 있다.

통합망은 분산전원과 전력저장 등을 적절하게 활용할 수 있는 수단을 제공한다. 요컨대 분산에너지원을 소유 또는 임대하는 소비자가 전력회사에게 분산에너지원을 제어할 수 있도록 할 때, 다음 3가지의 가치를 얻을 수 있다.

1. 전력회사의 발전자원 계획과 운영에 분산에너지원을 통합하면 안정성과 유연성이 향상될 수 있다.
2. 급전 또는 단락할 수 있는 분산에너지원은 전력망 제어, 신뢰도와 복원력을 위해 사용할 수 있으며 소비자에게 부가가치도 제공할 수 있다.
3. 좀 더 정교한 제어는 전력망과 소비자 모두에게 그 이득을 최적화시켜줄 수 있다.

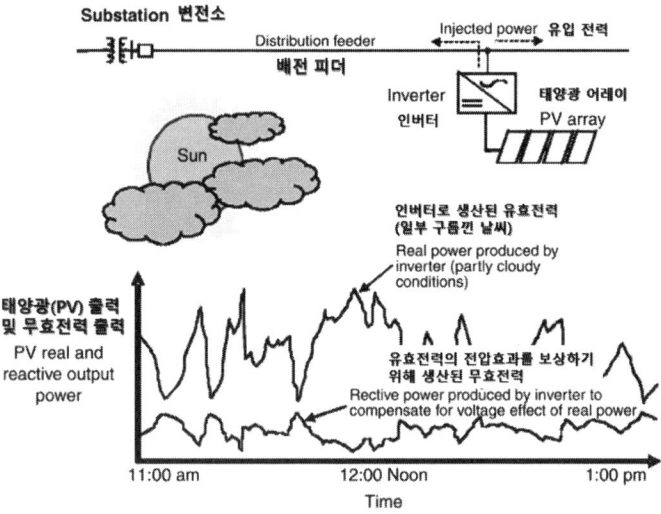

그림 2.4 무효전력 보상을 위한 개선된 인버터
(출처 : Distributed Photovoltaics, 2008)

3.1.2 분산형 전력저장장치

전력시스템 기술의 '성배$^{The\ Holy\ Grail}$'라고 불리는 에너지저장장치는 전력시스템의 운영 성과에 상당한 차이를 가져올 수 있다. 통합망은 분산형 에너지저장장치를 효과적으로 통합할 수 있는 수단을 제공한다. 그림 2.5는 고려해볼 수 있는 통합망 체계^{architecture} 구성안을 보여준다.

전력회사가 통제/제어하는 분산형 에너지저장장치는 여러 가치 흐름$^{value\ stream}$에서부터 상당한 가치 제안$^{value\ proposition}$을 가지게 될 것이다. 분산형 에너지저장장치를 전력회사의 발전자원 운영계획, 운영 방식에 통합하였을 때, 안정성과 유연성이 높아질 수 있다. 급전할 수 있는 분산형 에너지저장장치는 전력망 제어, 신뢰도 및 복원력 제고를 위해 사용되며

PART1 무엇이 변화하는가? 변화는 무엇을 의미하는가?

소비자에게 추가적 이득을 줄 수 있다. 분산형 발전과 다르게, 분산형 에너지 저장장치의 가치는 용량, 전압, 주파수, 위상각 등을 조정하는 데에서 나온다.

표 2.1 마이크로그리드의 이점

에너지비용 절약	복원력, 운영&유지비용 감소	피크 부하 감소
온실가스 배출 감소	환경 규제 충족	백업 전력 공급
경제 발전	기존 배전망 업그레이드 회피, 비용 감소	전력 품질 보장
송배전망 투자, 혼잡 감소	스마트그리드 기술 통합	수요관리, 부하 수준 경감
미래지향적 에너지 인프라 구축	분산에너지원, 열병합발전 통합 촉진	전압 감소, 과부하 보호

출처 : Olearczyk, M.G., 2015. 문헌 연구. Microgrid Implementations in North America,
EPRI, Jan. 2015 (unpublished).

에너지 전환 전력산업의 미래

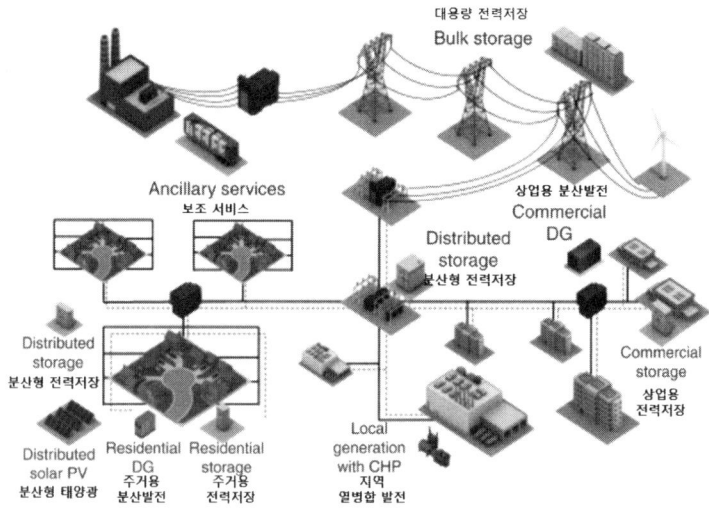

그림 2.5 에너지 효율, 수요 반응,
태양광, 에너지 저장 등을 통합 · 제어하는 체계
(출처 : EPRI, 2015 (unpublished))

3.2 보조서비스Ancillary Service의 제공

그림 2.6은 향상된 인버터inverter가 설치된 태양광 시스템이 어떻게 무효전력 보상을 하는지를 보여준다. 이 기능의 핵심은 인버터의 배치와 통신 시스템과 배전운영시스템distribution management system(DMS)의 가용성에 달려있다. 이 사례에서는 전력회사와 소비자 시스템 간의 시너지 효과는 전체 시스템의 최적화를 가능하게 하는 것을 보여준다.

3.3 수요반응을 지원

통합망은 연결성connectivity과 함께 배전운영시스템 기능을 제공한다. 이

PART1 무엇이 변화하는가? 변화는 무엇을 의미하는가?

를 통해 소비자는 고객확인, 차단 요금, 직접부하제어, 실시간 요금, 최고부하 요금 등 다양한 수요반응 프로그램에 참여할 수 있다.

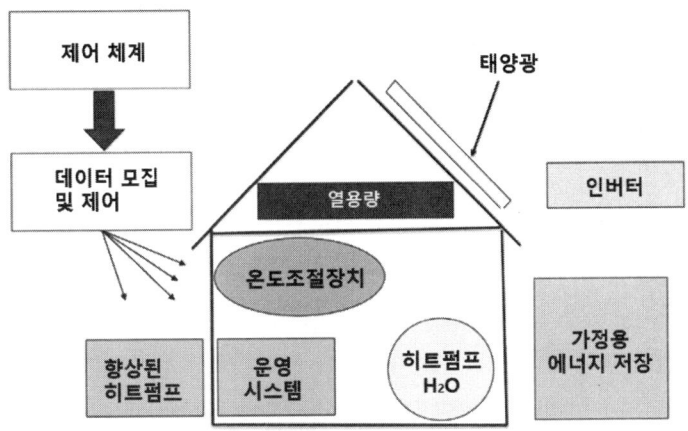

그림 2.6 제어 체계의 통합 (출처 : EPRI, 2015 (unpublished).)

통합망이 수요반응의 가치를 향상시킨다는 것을 보여준 대표적인 예로서 PJM(역자 주: 펜실베니아, 뉴저지, 메릴랜드 등 미 북동부 지역의 전력시스템운영자) 시스템에서의 수요반응 운영을 들 수 있다. 2013년 9월, PJM 관할 지역에 기록적인 전력 수요가 발생했다. 높은 전력 수요로 시스템운영자는 9월 9일, 10일, 11일에 수요반응 프로그램을 가동했다. 그림 2.7은 9월 11일 발생한 부하 차단을 보여준다. 이 사례는 긴급 수요반응 이벤트 기간으로 지칭되며, 이 때 수요반응이 어떻게 전개되었는가를 보여준다. 수요반응은 필수적이었지만 PJM 관할 지역에서 해당 기간 수요반응만으로는 긴급 상황을 해소하기에는 불충분했다. 이 그림은 수요반응 시스템이 활성화되지 않을 때의 수요 상황을 반영하지는 않는다. 그러나 이 상황에서 PJM 시스템 운영자는 10년 만에 처음으로 부하를 차단시킬

수밖에 없었다. 이 사건을 검토하면, 다음 몇 가지 특성이 분명히 나타난다.

전체적으로 수요반응이 해당 기간 잘 수행되었다. 그러나 시행 전, 필요 사항들이 제대로 작동하지 못했다. 2시간 이전 통지와 같은 제한 사항과 더 세밀한 단위로 기준 결정하기 어려운 문제 등으로 수요반응 자원이 효율적으로 활용되지 못했다. 이는 유연성 부족 문제를 가중시켰고, 결과적으로 부하 차단이라는 극단적 상황을 발생시켰다. PJM은 필요한 과정을 통해 발전기와 송전망의 기능 수행 평가 등을 조사하여, 이 문제를 검토할 것이라고 밝혔다. 이 사례는 "시스템운영자가 수요반응을 더 유용하고, 활용할 수 있게 여건을 조성할수록 고객들의 참여가 감소한다"라는 단점을 잘 보여준다.

수요 반응 자원은 설계 특성으로 세분화에 있어 한계를 가진다. 수요반응이 필요할 때, 누가 응답할지를 참여자가 동의하지 못하는 경우가 있다. 어떤 참여자들은 수요 반응 참여성과에 따라 이득을 얻기를 원한다. 그러나 참여를 원하지 않는 소비자들도 부하 차단을 강제로 당하고, 보상을 받기도 한다. 이 기간 지역한계가격(LMP)은 부족량에 따른 가격 산정방법으로 결정되므로 수요 반응은 대규모의 부하 하락을 유인하지 못한다. 결과적으로 수요반응 실행 단위를 낮은 단위로 파편화하는 부분에 대해서는 이해 관계자들의 관심이 크지 않다. 그러나 위에 설명한 사안은 매우 복잡하며 논쟁의 여지가 있다. 수요반응 지지자들은 수요반응이 대체가능한 자원, 즉 발전기에 비해 상대적으로 가치가 떨어지는 에너지원으로 취급받는 것은 막았지만, 보상은 그 정도 수준으로 받는다.

여기서 통합망을 활용한다면, 수요반응과 분산형 발전의 이용가능 범위를 훨씬 더 세분화시킬 수 있고, 고객 참여를 활성화할 수 있는 유연

PART1 무엇이 변화하는가? 변화는 무엇을 의미하는가?

성 높은 프로그램을 제공할 수 있다.

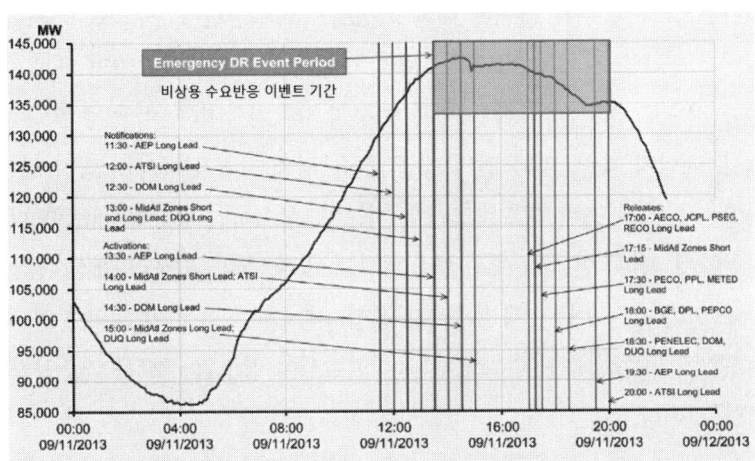

그림 2.7 2013년 9월 11일 PJM 지역 부하 차단 발생
(출처 : www.pjm.com)

3.4 발전 용량 증가 지연, 시스템 손실 감소

많은 전력시스템에서, 지역기반 발전을 설치하면 발전, 송전, 배전 시스템의 확대가 필요하지 않을 수 있다. 점차 분산형 발전이 확대해가는 가운데, 전력 전송 과정으로서 송배전을 거치면서 발생하는 손실 역시 감소될 수 있다.

4. 연결성 제공

통합망은 광범위한 연결을 지원한다. 전력시스템 연결성은 통신 장비

에너지 전환 전력산업의 미래

의 보급이 점차 확산됨에 따라 가치사슬 전체 영역인 발전소에서 최종 소비자, 궁극적으로는 최종 소비자의 여러 기기까지 데이터 스트리밍, 의사결정 지원, 주요 기능에 대한 조정기능을 제공한다. 시스코^{Cisco}는 인터넷에 연결된 장치가 2013년 140억 개에서 2018년까지 210억 개로 증가할 것으로 예상한다. 이는 세계 인구의 3배 가량이다. 이들 중 다수는 센서, 에너지 자원, 기타 전기 공급, 사용 장치이다. 전력 시스템이 전통적인 단방향의 전력 네트워크에서 지능형, 상호적인 양방향 네트워크로 진화함에 따라, 연결은 매우 중요해지고 있다. 노후 인프라 개선, 공급, 수요 변화 특성 대응, 재생에너지 통합, 에너지 효율성 개선 과정인 현대화^{modernization}에 대한 지속적 투자는 연결성이 강조된 새로운 기술을 도입할 것이다.

  연결성의 핵심 동력은 IoT의 빠른 성장, 연결할 수 있는 기기와 서비스에 대한 고객의 관심의 증가이다. 그러나 연결성은 여러 난관을 극복해야한다. 대규모 데이터, 독점적인 레거시^{legacy} 시스템, 강화된 보안의 필요성, 전력회사 자산, 연결 기술의 서로 다른 수명 주기, 연결 기술의 빠른 진화 속도 등 해소해야할 많은 문제들이 산적해있다. 또한 전력시스템에 연결 기술들을 효과적으로 통합하는 것 역시 매우 중요하다. 연결성은 발전에서 송배전과 소비자를 아우르는 모든 영역에서 기회를 제공한다.

  통합망이 연결성을 제공하는 것을 보여준 예는 소비자가 집단 수요응답 프로그램에 참여하도록 망에 연결하는 능력이다. 노스캐롤라이나 주 샬롯^{Charlotte}의 비영리 단체 엔비전 샬롯$^{Envision\ Charlotte}$는 듀크 에너지$^{Duke\ Energy}$와 협업으로 가장 큰 64개 빌딩 중 61개 빌딩에 통합망을 적용하여 조명, 온도 조절을 하여, 전체 에너지 사용량의 6.2%를 감소시켰다 (Transitioning from Smart Buildings, 2015).

PART1 무엇이 변화하는가? 변화는 무엇을 의미하는가?

5. 분산에너지원 확산을 지원

그림 2.8은 추가적인 보강 또는 재배치 없이 배전단에서 태양광과 같은 분산에너지원을 크게 수용할 수 있는 제어체계에 대한 예이다. 이 그림을 살펴보면, 전압-VAR 제어의 유무에 관계없이 전력시스템에 연결된 20% 비중을 차지하는 태양광이 1차 전압$^{Primary\ Voltage}$에 어떻게 영향을 줄 수 있는지를 확인할 수 있다. 더 나은 전압-VAR 제어는 기존의 전기회로에 더 많은 유효전력이 허용하여, 더 많은 태양광이 설치되도록 지원한다. 그림 2.9는 배전 피더^{feeder}가 실질적으로 업그레이드하지 않고 피더 공급 가능용량 또는 분산형 태양광의 발전량을 결정하는 배전 시스템의 분석을 보여준다. 그림에서 확인할 수 있듯이, 향상된 인버터, 제어장치 등을 사용하면 태양광 시스템 수용을 크게 증가시킬 수 있다. 이 경우, 발생할 수 있는 과전압 문제를 완화하여 광범위한 배전망 재구성 필요성이 크게 낮아진다. 이 그림에서 'y'축은 단위당 전압 또는 PU$^{per\ unit}$ 값을 나타낸다. 1.0 PU는 120V 시스템에서는 120V의 서비스 전압으로 변환된다.

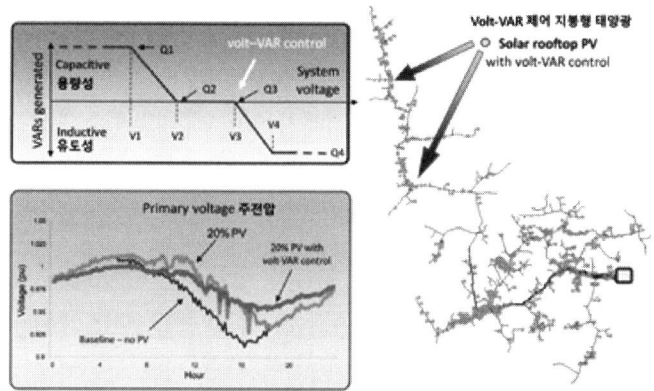

그림 2.8 태양광 비중이 높을 때, 전압-VAR 제어
(출처 : Stochastic Analysis, 2012)

배전회로 용량은 분산에너지원 비중에 있어 중요한 부분이다. 따라서 배전회로 용량의 결정은 통합망의 가치를 이해하는 데 있어 필수적이다. 비용 조정 또는 추가적인 조치 없이 분산에너지원을 수용할 수 있는 회로 성능은 수용 용량$^{hosting\ capacity}$(MW 기준) 또는 피더에 수용되는 전체 부하의 백분율로서 정의된다.

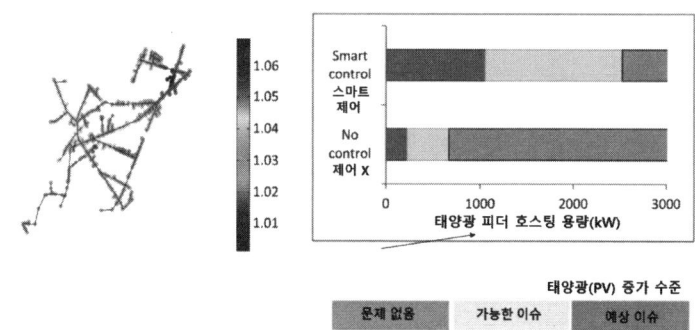

그림 2.9 스마트인버터 : 배전망이 수용하는 태양광 수준을 크게 증가시킨다
(Source: Stochastic Analysis, 2012)

PART1 무엇이 변화하는가? 변화는 무엇을 의미하는가?

그림 2.10에서 배전 용량 사례를 확인할 수 있다. 여기서 다양한 특성을 지닌 배전 피더에서 다양한 규모의 태양광을 수용할 수 있는 정도를 확인할 수 있다(Distributed Photovoltaic Feeder Analysis, 2013). 조사된 피더는 수직 축에 나열되어 있으며, 수평 축에는 수용능력으로서 MW가 표기되어있다. 각 피더의 색상 종류는 피더가 처리할 수 있는 용량을 세 가지 범주로 나타낸다.

일부 피더는 다수의 태양광을 수용할 수 있다(그림의 R1, R2, R3, G1, G2 피더). 기타(G3, D1, D2, D3)는 망(그리드) 업그레이드 없이, 수용할 수 있는 분산에너지원 용량 추가가 제한된다. 수용 능력은 추가적인 시스템 업그레이드 또는 해당 피더에서의 높은 수준의 수요관리 Demand Response(DR) 없이 분산에너지원을 수용할 수 있는 정도를 의미한다.

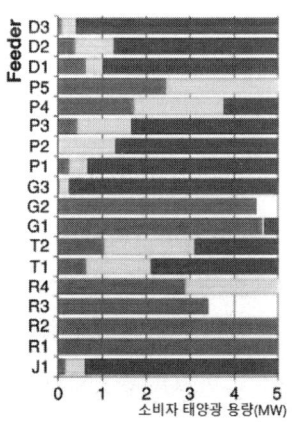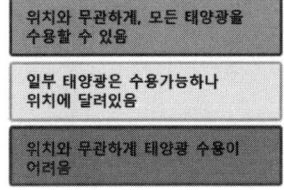

그림 2.10 배전망 수용 능력 예시 (출처 : The Integrated Grid, 2015)

에너지 전환 전력산업의 미래

5.1 분산에너지원 확산의 이점 : 복원력resilience의 향상

　지역 발전local generation은 전체 전력시스템의 복원력을 높일 수 있다. 정전이 발생하면, 분산형 발전은 중앙망에서의 추가적 전력공급 없이 해당 지역에 배전시스템의 필요 전력의 일부를 공급할 수 있다. 복원력, 전력전자, 전력기기 기술의 개선 등에 대한 필요성과 신규 에너지자원에 대한 요구가 높아지면서, 분산형 발전의 활용에 대한 관심이 증가하고 있다. 분산전원이 가져올 수 있는 주요 잠재력은 중앙 집중적 대규모 전력공급 시스템에 문제가 생겨 공급 중단 위기가 발생하였을 때, 비상 전력공급원을 제공하여 전체 신뢰성을 높이는 능력이다. 이러한 이득은 분산형 발전의 단독 운전이 효율적으로 가능할 때 실현될 수 있다. 통합망은 바로 이러한 환경을 만들며 폐열 회수, 송배전 시스템의 부하감소, 전력 품질 개선과 같은 분산형 발전의 다른 모든 장점을 활용할 수 있게 한다.

5.2 분산에너지원 확산의 이점 : 환경적 이익

　환경적 이익은 매우 불확실하고, 쉽게 수익을 창출하지 못하는 경우가 많다. 또한 외부 효과 또는 2차적 효과 중 하나이다. 외부효과의 예는 다음과 같다. 분산형 발전 증가는 중앙집중형 발전을 감소시킨다. 이는 탄소 배출 감소, 지역 일자리 확대, 경제 활성화, 에너지 사용 변화, 국가 에너지 안보 강화 등 환경부터 경제, 안보 영역까지 여러 분야에 걸쳐 영향을 미친다. 이는 긍정적으로 평가되며, 지역 발전(분산 발전)을 장려하는 정책 제정의 동기가 된다.

PART1 무엇이 변화하는가? 변화는 무엇을 의미하는가?

6. 전력산업의 미래 : 배전(판매) 전력회사

전력산업 업계 종사자들 사이에서, 배전망을 담당하는 전력회사가 점차 소비자의 삶에 직접적으로 가까워지고 있다는 시각이 지배적이다. 예를 들어, 2014년 4월 뉴욕 주 공공 서비스국$^{Department\ of\ Public\ Service(DPS)}$의 '에너지 비전 개혁$^{Reforming\ Energy\ Vision(REV)}$'은 소매 전력시장의 실질적인 변화에 대응하여 전력산업, 요금설계 패러다임 등을 기술과 시장 모두를 활용한 소비자 중심 접근 방식으로 바꾸었다. 뉴욕 주 공공 서비스국은 최적 시스템 효율 달성과 보편적이고 저렴한 서비스 보장, 탄력적이고 기후 친화적인 에너지 시스템 개발 등을 위해, 배전시스템 계획과 운영에 분산에너지원을 통합할 계획이 있다.

에너지 비전 개혁의 목표는 산업계, 고객, 비정부 기관, 규제 대상 간의 상호협력 및 노력을 통해 수년간 진행될 것으로 예상된다. 2014년 4월 에너지 비전 개혁(REV) 시행령은 현재 이니셔티브에 대한 6가지 목표를 명시하였다.

1. 총에너지 청구비용의 효과적인 관리를 지원하는 향상된 고객 지식 및 관리 도구
2. 시장 활성화 및 고객 활성화 견인
3. 시스템 전체 효율성
4. 연료 및 자원 다양화
5. 시스템 안정성과 복원력
6. 탄소 배출 감소

해당 위원회 구성원들은 2가지 문서에서 에너지 비전 개혁의 비전을

명확하게 밝혔다. 2014년 4월, 내부 보고서와 제안서는 프로시딩^{proceeding}
(역자 주: 보통 학술분야에서 활용된 연구보고서, 논문 모음집으로 여기서는 관련 이슈를 정리한 자료로 해석된다) 개시의 기초를 형성하였다. 이 프로시딩은 두 개의 트랙^{track}으로 구분된다. 트랙 1은 분산에너지원 시장 개발에 중점을 두었고, 트랙 2는 전력회사의 요금 결정 방안 개혁에 중점을 두었다. 2014년 8월 위원회 구성원은 에너지 비전 개혁에 대한 시안을 발표하였다.

에너지 비전 개혁은 고객, 제 3자가 적극적인 참여자가 되도록 시장을 형성하고 시스템 전체 규모에서 능동적인 부하 관리를 달성하여, 대규모(벌크) 발전자원과 송전시스템 중심의 전력공급의 효율적 활용을 포함하여, 보다 효과적인 안전한 전기 시스템을 구축하고자 한다. 이러한 시장 활성화 조치는 분산에너지원을 전력시스템의 계획, 관리와 운영에 필수적인 자원으로 만들 것이다. 분산에너지원이 중앙집중형 발전 공급원 보다 더 경쟁력이 있는 자원으로 성장하여 시장에서 수익을 창출할 수 있다. 소비자는 개선된 전력가격 구조와 역동적인 시장 환경에서 원하는 전력 서비스를 선택하고 새로운 가치를 만들 수 있다. 동시에 시스템 효율성이 향상되어 보다 비용 효율적이고 안전한 통합망이 구축될 수 있다. 시스템은 더욱 효율적이고 친환경 발전 기술을 최적으로 사용할 수 있도록 설계되고 운영될 것이다. 이러한 시장이 제대로 운영되기 위해서는 관련 인프라 구축과 운영, 특히 통신 및 데이터 관리 기능의 현대화가 필수적이다.

전력 시스템의 개혁은 소비자와 전력회사가 아닌 비(非)전통 전력공급자가 주도하며, 분산 시스템 플랫폼$^{Distributed\ System\ Platform(DSP)}$ 공급자 형태의 전력회사가 활성화한다. 전력회사는 신뢰도를 유지하고, 분산 시장 형성을 위한 필요 기능은 신뢰도를 갖추는데 필요한 요소로 통합되어 있다. 기술혁신을 이끄는 개발자들과 제 3의 수요관리 사업자는 완

PART1 무엇이 변화하는가? 변화는 무엇을 의미하는가?

전한 소비자 참여를 가능하게 하는 혁신적 제품과 서비스를 개발할 것이다. 에너지 비전 개혁과 함께하는 전력회사는 고객, 분산에너지원 공급자에게 균등한 시장 접근을 제공하는 주(州) 전체 플랫폼을 구성한다. 각 전력회사는 고객, 수요관리사업자와 배전시스템 사이에서 인터페이스를 구성하는 플랫폼 역할을 한다. 동시에 전력회사는 형성된 고객집단과 뉴욕 전력시스템운영자^{NYISO} 간의 완벽한 인터페이스 역할을 한다.

위원회가 관행적인 요금 결정 체계를 개혁하겠다고 밝힌 부분은 에너지 비전 개혁의 성공에 있어 매우 결정적인 요소이다. 전력회사의 수익은 고객을 위한 가치창출과 정책 목표 달성을 통해 창출되어야 한다. 단순히 인프라를 구축하는 것보다는 전력회사가 새로운 가치 영역에서 향상된 사업 운영과 여러 거래를 통해 수익과 기회를 얻을 수 있다.

6.1 에너지 비전 개혁 시장 프레임워크

집행위원회는 분산에너지원 공급자가 전통적인 전력(망) 서비스와 경쟁하기 보다는 고객, 파트너가 되는 DSP 공급자 모형을 채택했다. DSP는 정보, 상호연결 또는 급전 서비스 등을 위원회가 허용한 요금제로 공급해야한다. 이 때, 분산에너지원 공급자는 DSP로부터 서비스 제공에 대한 보상을 받는다. 위원회는 관련 이해관계자들은 시장 설계, 플랫폼 구축에 참여시켰으며, DSP와 관련 시장에 대한 비즈니스 아키텍처$^{business\ architecture}$(역자 주: 제품, 서비스를 어떻게 만들 것인가에 관한 기본 개념)를 구성하였다. DSP 활동의 법적 관할권이 중복되는 것을 방지하기 위해, 전력회사는 법으로 요구되는 구매를 제외하고는 연방 전력 법$^{Federal\ Power\ Act}$에 따라 재판매를 위한 판매에 해당하는 전력을 구매하지 않는다.

에너지 전환 전력산업의 미래

6.2 분산 시스템 플랫폼(DSP) 형태의 전력회사

　공공서비스위원회 규제당국, 감독관에게 전력회사가 DSP가 되도록 요구하는 것은 뉴욕 소비자들에게 가장 이익이 되는 일이다. 전력회사가 역할을 확대해 DSP 기능도 수행할 수 있다면, 배전망 통합 운영, DER 투자의 경제적 가치를 실현시킬 수 있는 기회가 커진다(20장 참조). 운영에 직접적인 영향을 미치는 규제체계는 전력회사가 분산에너지원을 다루는 행동방식에 영향을 미친다. 따라서 '에너지비전개혁' 이니셔티브의 핵심 요소는 바로 규제 모형을 개혁하고 전력회사의 행동을 확대하는데 있다. 도매시장과는 달리, DSP가 운영하는 시장은 상품(서비스) 가격을 결정하지 않는다. 뉴욕 전력시스템운영자 NYISO가 용량, 에너지, 예비력 서비스에 대한 가격을 설정한다. 만약 DSP가 에너지비전개혁의 기준에 못 미친다면, 위원회는 DSP 역할을 다른 참여자에게 넘겨주는 방안 역시 고려될 수 있다.

　DSP를 통한 에너지 공급은 에너지 단위 킬로와트시(kWh)로 지불하는 방식의 종말을 고할 수 있을까? 통합망은 전력산업의 통신회사와 같은 전환을 여러 가지의 방법으로 사실상 방지한다.

1. 전력망을 완전히 대체할 수 있는 기술은 존재하지 않는다. 통신 산업에서 전환은 기존 유선망을 대체하는 별개의 무선 통신 네트워크의 구축이 있었기 때문에 가능했다. 분산형 지역 발전시스템이 경제적일 수 있지만, 사회적 관점에서 바라볼 때 통합망이 가장 저렴한 형태의 전력시스템이다.
2. 통신시스템 역시 전기가 필요한 시스템이지만, 송수신에 사용되는 에너지 수준은 전력시스템에서의 대규모 수준과 비교하면 매우

PART1 무엇이 변화하는가? 변화는 무엇을 의미하는가?

미미하다. 통신에서 메시지, 디지털 파일은 패킷 단위로 쪼개질 수 있다. 전기 에너지는 전자의 이동이 아니라 전자기 진동으로 전달된다. 이러한 진동은 경로로 상당한 물량의 배선을 요구한다. 전기 에너지는 패킷으로 쪼개질 수 없으며 기존 선로 외의 다른 경로를 통해 전송될 수 없다. 그러나 통합망을 사용하면, 중앙 /분산자원을 최적으로 전달하고 활용할 수 있다.
3. 전력산업의 탄소 배출을 실질적으로 낮추려면, 인구와 전력 수요가 적은 지역에 설치한 대규모/ 분산형 풍력,태양광으로 전력을 생산해서 수요 필요 지역으로 전달해야한다.
4. 디지털 신호 단위인 패킷을 전송하는데 소요되는 비용, 관련 영향은 크지 않지만, 이에 상응하는 에너지 단위 킬로와트시(kWh)를 전송하는 비용, 환경에 미치는 영향은 매우 크다. 각 킬로와트시(kWh)는 패킷보다 더 큰 가치가 있으며, 생산비용이 공정하게 요금을 분담되도록 계량되어야 한다. 또한 연구결과에 따르면, 아파트, 다세대 주택 등에서 전기가 계량되지 않았을 때 소비자는 다소 전력 소비를 낭비하는 성향이 있다.

분산에너지원 활성화를 위해, 전력망을 유지하고 개선하는 방법을 찾는 것이 대다수 소비자에게 보다 적합할 것이라는 게 필자의 견해이다. 부분적 전환$^{partial\ transformation}$의 성공 사례는 자동금융거래단말기$^{automated\ teller\ machine(ATM)}$을 도입한 금융 산업이다. 오늘날 ATM 기기는 중앙은행과 원활하게 연결되어 안전하고 지능적이며 견고한 인프라로 은행을 분산화하였다. ATM '산업'과 마찬가지로, 견고하고 똑똑한 전력망이 효과적이고 저비용으로 공급자원을 활용할 수 있게 한다.

에너지비전개혁의 목표는 산업, 고객, 정부에 비협조적인 단체, 규제기관 간의 상호 소통과 노력을 통해 수년간 달성될 것으로 기대된다.

 에너지 전환 전력산업의 미래

6.3 통합망 : 전력망의 경계를 확장

전통적으로 전력망은 대규모 발전과 소비자를 연결하는 전력 공급 시스템으로 간주되어왔다. 전력망 경계는 중앙 발전기의 버스 바$^{bus\ bar}$에서부터 송전, 배전 시스템을 거쳐 일반적으로 소비자의 미터까지를 포함한다. 이러한 전력시스템 모델은 지역 발전, 전력저장장치, 전기자동차의 수용이 확산됨에 따라 상호연결의 접근방식으로 확장되고 있다. 그 결과 전력망의 경계는 '미터를 초월$^{Beyond\ the\ meter}$'에 도달한다. 이제 전력망은 중앙 집중형 발전기들의 버스 바에서부터 송전, 배전 시스템을 통해 미터에 도달하며, 통합망의 일부분으로써 미터를 넘어 빌딩 속으로 들어가게 되었다. 이제 대량 전력공급시스템, 지역발전, 전력저장, 소비자 소유의 기기, 장치 간에 상호교류 관계를 설정할 수 있다.

예를 들어 전력망이 확장됨에 따라 인버터가 포함되고 지능형범용변압기(IUT) 등과 같은 기술들을 활용하면서 전력망의 경계는 좀 더 소비자단에 가까워지고 있다고 볼 수 있다. 그림 2.11은 이러한 진화를 보여주며, 특히 소비자가 얻을 수 있는 이득을 강조한다.

PART1 무엇이 변화하는가? 변화는 무엇을 의미하는가?

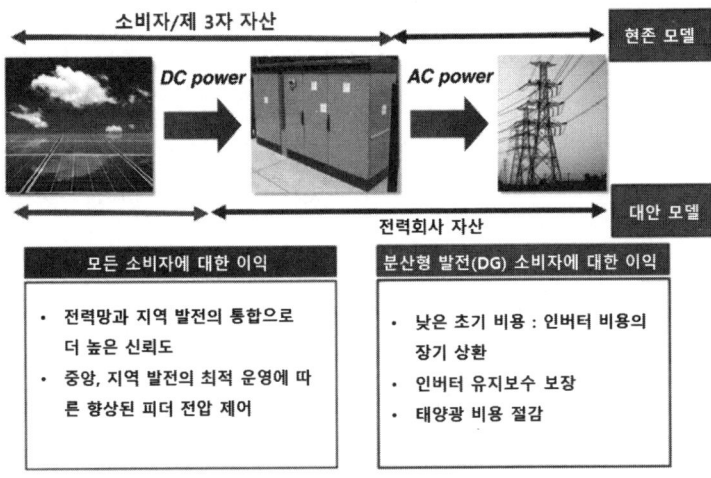

그림 2.11 인버터를 포함한 배전망의 확장

7. 통합망의 전체적 특성과 가치

표 2.2는 통합망의 가치를 요약적으로 보여준다. 표의 왼쪽에는 전력 시스템 관점에서의 통합망의 이점이 나열되어 있다. 오른쪽에는 소비자 관점의 이점이 나열되어있다. 표 2.2는 확인된 주요 속성에 해당되는 다양한 개선 사항들을 보여준다. 가치추정 과정에서의 중요한 부분은 일반적인 전력공급시스템 개선(표2.2의 왼쪽)뿐 아니라 소비자가 직접 개선할 수 있는 사항(표2.2의 오른쪽)을 고려하는 것이다.

이것은 가치평가에 다루는 광범위한 부가가치서비스의 형태로 소비자들에게 새롭고 예측된 이익을 보장하기 위해 수행하였다. '에너지 비용'은 소비자에게 전력이 전달되기까지의 전체 비용을 의미하며, 자본 비용, 운영, 유지보수 비용, 시스템 손실 비용 등이 포함된다. 이러한 속성의 가치는 전기 공급에 있어 직접 비용을 낮추는 시스템 개선에서 나

에너지 전환 전력산업의 미래

온다. 'SQRA'는 전력공급의 안전성^{security}, 품질^{quality}, 신뢰도^{reliability}의 합계이다. 여기서 가용성^{availability}은 전력품질과 신뢰도에 포함되어 있다. 삶의 질은 전기, 인터넷, 전화, 케이블, 천연가스 등 다양한 서비스에 대한 접근성과 밀접한 관련이 있다. 여기서는 전력, 지식 네트워크를 단일 지능형 전력/통신 시스템에 통합하는 작업이 포함된다. 이 시스템은 에너지와 통신을 중심으로 빠르게 성장하고 있는 다양한 서비스와 제품을 위한 장(場)을 마련해준다.

표 2.2 특성과 가치 : 통합망 접근 방식

전력 공급 (개선/이익)	특 성	소비자 (개선/이익)
운영&유지비용, 자산 투자비용 송배전 손실	에너지 비용 (순공급 비용)	백업 전력 공급
급전량 증가, 새로운 인프라 반응성 높은 수요	용량	전력 품질 보장
안전도 개선, 빠른 회복, 자가 복구	안전도	수요관리, 부하 수준 경감
전력품질 개선 운영, 설비 향상	전력품질	전압 감소, 과부하 보호
정전 빈도, 주파수 변동 감소	신뢰도, 가용성	
전자기장 관리, SF6 감소, 정리비용 감소, 유해물질 배출 감소	환경	유미적 가치 향상, 전자기장(EMF) 감소, 산업 생태계 구축
안전한 전력산업 근로환경 구축	안전	전기설비 사용의 안전 향상
전력 관련 부가가치 서비스	삶의 질	편안함, 용이성, 접근성
전력설비의 효율적 운영, 생산성, 실질 GDP 상승	생산성	소비자 생산성 향상, 명목 GDP 상승

출처 : Estimating the Costs (2011).

PART 1 무엇이 변화하는가? 변화는 무엇을 의미하는가?

표 2.3은 통합망이 생성할 수 있는 이득을 정량화하기 위한 사전적 분석들을 나열했다.

태양광 에너지를 생산한 전력요금 납부자들의 이익을 나타내기 위해, 에너지, 용량에 대한 회피비용$^{Avoided\ costs}$을 나타냈다. 회피비용은 태양광이 생산한 전력을 제외하고 동일한 전력량을 발전하였을 때 발생했을 것으로 예상되는 비용을 뜻한다. 회피비용은 기대 이득의 일반적 특성으로 적합하며, 에너지 효율 투자를 평가하는 기준으로 활용된다. 회피비용은 미국 전역의 전력회사들의 다양한 환경을 고려해 2016년 용량, 에너지 비용으로 추정했다.

표 2.3 통합망의 비용과 이익

이익 항목	회피 비용	조건
에너지	$36~44/MWh	
발전용량	$48~133/kW-yr	분산에너지원 가용성 촉진
송배전 용량	?	장소 특수성 충족
보조서비스	?	장소 특수성, 스마트 인버터 가용성
환경/RPS	?	
전력망 복원력	?	표준, 상호운용성

태양광을 포함한 지역 발전이 최대수요를 절감시켜 고객 수요를 감당하기 위한 필요 용량을 줄이는 경우, 이론적으로 한계 용량비용은 감소한다. 경우에 따라 그 보급률에 따라 지역 발전은 보조서비스 비용에도 영향을 줄 수 있다. 지역 발전이 증가함에 따라 보조서비스의 필요성은 더 커질 수 있다. 현재 전력시스템 기반의 에너지 전환은 보조서비스 비용을 감소시키지만 지역 발전은 기존 전원과 다르게 변동성이 크기

때문에 보조서비스에 대한 필요성은 더 커지게 된다. 두 가지 반대 측면을 고려할 때, 전체 보조서비스 공급비용은 증가할 수도 있고 감소할 수도 있다. 이 때 결과는 전원구성이 어떻게 진화하는가에 달려있다. 분산에너지원의 높은 비중을 차지하여 유연성 공급가능 자원이 크게 증가한다면 보조서비스에 대한 공급가격이 감소할 것이다.

통합망에서 기대할 수 있는 가장 큰 이점은 품질 향상, 보안, 전체 필요용량 감소, 신뢰도 향상, 에너지 비용 절감 등 이다. 그러나, 통합망을 구축하려면 전력망 현대화가 필요하다. 특히 지역(분산) 발전 확산을 수용하는 배전망 업그레이드가 필요하다. 이 때 소모되는 전체 비용은 지역 발전의 확산 정도, 전력저장장치 기술 개선 전망 등에 대한 추정에 근거해 단기간에 집행되어야 한다. 반면 예상되는 이익은 기대치보다 훨씬 적을 수 있으며, 통합망 관련 투자가 완료될 때까지 실현되지 않을 수 있다.

7.1 회피비용의 예

2013년 9월 26일 E3라는 회사는 캘리포니아 공공전력위원회^{California} $^{Public\ Utilities\ Commission}$에너지 분과는 캘리포니아의 넷미터링(역자 주: 요금상계제도)$^{net\ energy\ metering}$ 프로그램을 평가 보고서를 작성했다(Technical Potential for Local Distributed Photovoltaics, 2012). 이 보고서에서 E3사는 "2004년 채택된 이후, 캘리포니아 공공전력위원회에서 수많은 절차를 거쳐 개발된 회피비용 프레임워크를 업데이트 하였다"라고 밝혔다. 해당 프레임워크는 표 2.4에 포함되어 있다.

PART1 무엇이 변화하는가? 변화는 무엇을 의미하는가?

표 2.4 캘리포니아 지역 에너지 한계 비용 구성 요소

구성 요소	설명
발전 에너지	도매거래 시점과 실제 전송(인도) 시점 사이의 손실에 대한 시간별 한계 도매 가치 추정
시스템 용량	단기에 자원 적절성을 충족하는 자원 조달을 위한 한계 비용. 장기적으로 시스템 피크 부하를 감당하기 위해, 새로운 발전 용량을 구축하는 데 필요한 추가 비용
보조서비스	신뢰도를 위해, 시스템 운영, 예비력 제공하는 데 필요한 한계 비용
송배전 용량	고객 최대 부하를 감당하기 위해, 송배전 용량을 확장하는데 필요한 비용
탄소 배출	한계 발전자원의 탄소배출 비용
RPS 회피	의무할당제도$^{Renewable\ Portfolio\ Standard(RPS)}$를 충족하면서 재생에너지 더 적게 유지할 때의 비용 감소분

출처 : Technical Potential for Local Distributed Photovoltaics (2012).

7.2 평균적인 가정용 소비자에 미치는 영향

미국 전력연구원$^{Electric\ Power\ Research\ Institute(EPRI)}$은 통합망을 구축하는 전력망 현대화의 거시적 영향을 2011년에 추정하였다(Estimating the Costs, 2011). 표 2.5는 이러한 이득들을 요약하였고 평균 전력 고객에 할당했다. 이러한 연구는 스마트그리드^{smartgrid}의 효과를 추정하기 위해 이루어졌지만 통합망을 통해 달성할 수 있는 대부분의 특성이 여기에 포함되어 있다.

표 2.5 스마트그리드 비용

구분	소비자 대상 스마트그리드 비용 : 연간 소비량(kWh)[a] 기준							
	$/고객 총 비용[b]		$/고객-1년,10년 상환[c]		$/고객-1달,10년 상환[d]		월 청구서 증가 비율, 10년 상환[e]	
	낮음	높음	낮음	높음	낮음	높음	낮음	높음
	$/고객	$/고객	$/고객 /1년	$/고객 /1년	$/고객 /1달	$/고객 /1달		
주거용	1,159	1,679	116	168	10	14	14	14
상업용	8,018	11,617	802	1,162	67	97	15	15
산업용	489,545	175,310	48,955	17,531	4080	1,461	2	2

a) '낮음'은 EPRI 추정치 중 낮은 값을 의미한다. 고객 유형(주거용, 상업용, 산업용) 고객 수는 EIA 2009년 데이터를 활용했다. 스마트그리드 비용을 고객 유형 별 2009년 판매(kWh) 비중(주거용 :38%, 상업용:37%, 산업용:25%)으로 배분했다.
b) 총 스마트그리드 비용을 각 고객 유형별로 나눈 값이다.
c) 총 스마트그리드 비용에 대한 연간 고객 당 연간 비용은 10년(명목가치)에 균등하게 상각된다.
d) 총 스마트그리드 비용에 대한 월간 고객 당 연간 비용은 10년(명목가치)에 균등하게 상각된다.
e) 'd'에 기초한 월별 청구액의 연간 증가분

출처 : Estimating the Costs, 2011

2009년 미국 경제회복, 재투자법American Recovery and Reinvestment Act의 자금 지원을 통해 실시한 스마트그리드 실증 사업 분석의 일환으로 미국 에너지부Department of Energy가 추가 비용, 이득 등을 설명하기 위한 광범위한 연구가 진행되고 있다.

PART 1 무엇이 변화하는가? 변화는 무엇을 의미하는가?

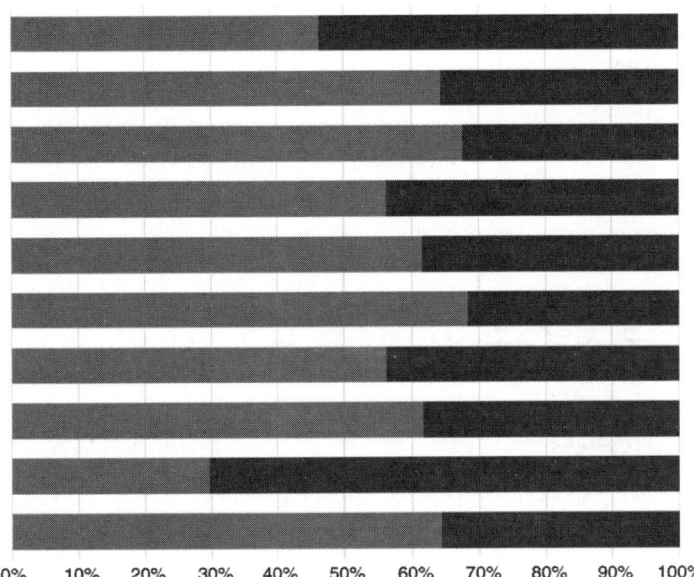

그림 2.12 미국 전력회사 발전, 송배전 비용 구성 비율
(출처 : Estimating the Costs, 2011)

비용과 이득은 전력회사에 따라 크게 다를 것이다. 예를 들어 그림 2.12는 미국 전력회사에 대한 발전, 송배전의 비용 비중에 따라 구분한 것이다. 이렇게 서로 다른 비용 구성은 통합망 구축에 따른 결과가 각 구성 시스템의 개별 특성에 따라 다양할 수 있음을 보여준다. 여기서 전력회사 이름은 의도적으로 생략하였다.

표 2.6은 통합망의 구현으로 평균 주거 소비자가 얻을 수 있는 잠재적 이익을 보여준다. 여기에는 중요한 가치 기준에 따른 이득의 추정치가 담겨있다.

에너지 전환 전력산업의 미래

표 2.6 통합망 방식의 평균 소비자 이득

	순현재 가치(10억$)	거주자 상환/1달($)	
신뢰도	444	11.10	11
안전도	152	3.80	4
품질	86	2.15	2
비용	475	11.88	12
용량	393	9.80	10

출처 : Estimating the Costs, 2011

7.3 미국 전력연구소의 통합망 연구

미국 전력연구소$^{Electric\ Power\ Research\ Institute(EPRI)}$는 통합망의 개념을 정립하고 중요 이슈에 대한 전력시스템 이해관계자 관계 조정을 위한 통합망 이니셔티브를 시작했다. 분산에너지원의 확산과 함께, 전력망의 근본적인 변화는 다양한 기술과 정책 방향에 대한 이익, 비용, 기회를 신중하게 평가할 필요가 있다. 아래 4가지 사항은 국제적인 협업이 필요한 주요 영역이다.

- 상호연결 규칙, 표준
- 전력망 현대화
- 전력망 구성 계획, 운영을 위한 전략과 도구
- 사업 수행을 위한 정책과 규제

통합망 이니셔티브에서의 다음 3단계 추진방안은 이해관계자들에게 앞서 언급한 4가지 영역에 필수적인 정보와 도구들을 제공하기 위해 만들어졌다.

PART1 무엇이 변화하는가? 변화는 무엇을 의미하는가?

- 단계 1 : 개념서 작성과 이를 위한 문서, 관련 전문지식 전달을 위한 노력 등의 이해관계자 조정(The Integrated Grid, 2014)
- 단계 2 : 비용-편익 추정 프레임워크, 전력망 상호연결 관련 기술 가이드라인, 분산에너지원을 위한 전력망 계획과 운영에 대한 권장사항 등을 개발
- 단계 3 : 전 세계 실증과 모델링을 통해 이해관계자들에게 통합망으로 전환에 필요한 포괄적인 데이터의 제공

예비 결과는 분산에너지원과 전력시스템 인프라와 상호작용하는 방식에 핵심이 있다는 것을 보여준다. 이 대답의 공식에는 여러 차원이 있다. 분산에너지원의 포화수준에 따라 유리한/불리한 상황이 다르게 발생할 수 있다. 배전회로 설계와 기기, 부하의 상태, 수요와 공급의 변동, 환경 특성과 기타 지역 특성 등에 따라 시스템에서의 상호작용이 다양하게 특성화된다. 이익과 비용은 전체 전력망과 지역망의 관계, 통합 수준에 따라 결정된다. 이러한 초기연구는 분산에너지원을 좀 더 시스템관점에서 철저하게 다루어야할 필요성을 강화시킨다. 이를 위해서는 끝과 끝에서 상호 연결된 기기들을 확인하고 시스템을 통합적으로 계획하기 위한 프로토콜과 운영절차를 결정해야한다.

8. 결론

소매 전기사업 부분의 변화는 예외적이기 보다는 일반적이다. 구성하는 중요 기술들(지역 발전, 스마트 배전 등)과 다양한 서비스를 가능하게 하는 요금 구조, 상호연결 체계가 조화가 잘된 통합망은 최적으로

에너지 전환 전력산업의 미래

에너지원을 활용할 수 있다. 사회적 관점에서 볼 때, 지역 발전 시스템이 전력망과 분리되어 운영되거나 단순히 연결된 형태로 운영하는 것보다는 전력망과 연계시켜 운영하는 것이 보다 지속가능하고 경제적이다. 또한 지역 발전원과 중앙 발전원을 통합하면 이러한 모든 발전원의 가치를 높이는 더 큰 기회를 가질 수 있다. 통합망은 현재 전원구성에서 환경에 미치는 최소화하며 안전성, 품질, 가용성을 보장한다. 또한 중앙 집중형 발전원과 분산에너지원이 서로 조화를 이루게 한다.

PART1 무엇이 변화하는가? 변화는 무엇을 의미하는가?

제3장

마이크로그리드 : 마침내 찾은 가치

...

Microgrids: Finally Finding their Place

Chris Marnay
* Microgrid Design of Mendocino, Comptche, CA, United States of America

1. 소개

'마이크로그리드^{Microgrid}'는 최근 몇 년 동안 친숙해진 전문용어이다. 2015년 리서치회사 네비건트^{Navigant}는 전 세계적으로 15GW에 달하는 마이크로그리드 프로젝트가 진행 중이라고 밝혔다. 이 수치는 네비건트가 14년에 내놓은 수치의 3배에 이르는 것으로 관련 프로젝트가 급속히 퍼지고 있음을 알 수 있다. 지난 2011년 일본 대지진과 후쿠시마 사태, 2012년 허리케인 샌디^{Sandy} 이후, 미국과 일본에서는 마이크로그리드 프로젝트를 빠르게 확산시켰다. 그 결과 전체 마이크로그리드 프로젝트 중 용량 기준으로 44%가 미국에 계획되어 있으며, 15%는 일본이 차지하고 있다. 대규모 재해는 마이크로그리드가 그 개념을 넘어 내재 가치를 발견하는 전환점이 되었으며, 그 결과 규제와 정책에 반영되었다

(Cuomo, 2015). 이러한 변화는 신규 사업자를 관련 영역으로 끌어들일 것이며 특히 배전망을 운영하는 배전(판매)전력회사$^{\text{Distribution Companies}}$(역자 주: 판매회사의 역할을 겸업하는 게 보다 일반적이다)에 큰 영향을 미친다. 실제로 미국 북동부 지역에서는 배전(판매)전력회사들의 대응방식은 다양하지만 규제로 그 역할이 급격히 변화된 부분에 불만의 목소리가 높다.

배전(판매)전력회사가 직면하게 될 미래에서 마이크로그리드는 가장 중요한 특징 중 하나일 것이다. 마이크로그리드는 배전망회사 이외의 관점에서도 흥미로운 기회를 창출한다. 본 장에서는 배전망회사가 중요한 역할을 담당할 영역과 그렇지 않을 영역을 구분하여 설명하고자 한다. 또한, 정의, 유형에 따라 다양하게 나타나는 마이크로그리드를 분류한 다음 그들의 역할이 구체적으로 어떻게 다른지를 분석하였다. 그런 다음 배전망에 존재하는 여러 참여자의 중요성을 평가하고 산출되는 결과를 측정했다.

더욱 분명한 사실은 미국, 일본이 마이크로그리드 설치, 확산을 주도하고 있다는 것이다. 비록 역동성과 동인들은 다양하지 않지만, 미국, 일본에서 마이크로그리드와 관련된 무언가가 진행되고 있음은 틀림이 없다. 그럼에도 불구하고 예외적인 대표 사례는 중국에서 5년 동안 구축되는 4GW 규모의 마이크로그리드 프로젝트이다. 해당 규모는 전 세계 전체 마이크로그리드 프로젝트의 1/3에 다다른다. 중국은 엄청난 규모의 재생에너지 보급에 성공했지만 분산형 재생에너지 측면에서는 다소 뒤처져있으며, 마이크로그리드가 이에 대한 해결책으로 여겨지고 있다. 유럽 등 다른 지역에서는 마이크로그리드 관련 활동들이 제한적으로 나타난다. 네비건트 리서치에 따르면 유럽의 마이크로그리드 프로젝트는 전체의 5%에 지나지 않는 것으로 파악된다.

본 장에서는 기존의 많은 논의에서 다루었던 조사 또는 토론을 직접

PART1 무엇이 변화하는가? 변화는 무엇을 의미하는가?

적으로 다루지 않는다. 마이크로그리드 비용편익 프레임워크는 C6.22(CIGRE, 2015) 소개 자료에서 확인할 수 있다. 마이크로그리드 도입에 따른 혜택은 다음 영역에서 고려할 수 있다.

- 중앙집중형 거대 전력망에서 전력 구매 감소
- 전력시스템, 관련 인프라 투자 지연
- 탄소 배출 감소
- 보조서비스 공급
- 신뢰도 증가

또한, CIGRE 소개 자료에는 캐나다, 영국, 미국 캘리포니아, 독일에서 각각 1건씩 4가지 사례연구가 포함되어 있다. 그중 영국의 프레스턴^{Preston}에서 진행된 홀름 로드$^{Holme\ Rd.}$ 프로젝트는 매우 흥미롭다. 매년 분산 발전원에 530만 달러에서 700만 달러가량 20년 동안 투자하여 마이크로그리드를 구축하겠다는 구상이다.

그러나 마이크로그리드의 특장점은 앞서 구분한 부분에 국한되지 않는다. 오히려 지역 전력망 운영 그 자체로 매우 중요한 장점이 있다. 공급과 수요 모든 측면에서 공급원, 지역 인프라 또는 공공 인프라 등을 선택하는 에너지 서비스 요구조건들을 선택하면서 타협안을 평가하고 결정할 수 있다. 예를 들어 태양광과 같은 지역 발전원은 해당 지역에서 관리되며, 마이크로그리드는 기존의 메가그리드^{megagrid}의 운영 요구조건을 정교하게 충족시키며 운영될 수 있다. 메가그리드 관점에서 운영자는 작고 가변적인 다량의 발전자원을 관리할 부담에서 자유로워 질 수 있다. 또한 앞서 언급한 항목에서 복원력^{resilience}이 포함되지 않았지만, 이 특성은 마이크로그리드가 제공하는 중요한 특성이다.

본 장에서는 마이크로그리드 출현의 함축적 의미를 정량적으로 평가하며, 특히 실질적인 이익이 될 수 있는 다음 2가지 기술적 능력에 주목한다.

- 전력공급의 복원력과 신뢰성 : 특히 미국 북동부 지역, 일본에서의 마이크로그리드 구축 목적에 해당
- 불균질 전력품질과 신뢰도$^{\text{Heterogeneous power quality and reliability(HePQR)}}$: 기존 보편적 균일 서비스$^{\text{universal homogeneous service(HoPQR)}}$에서 벗어나 개별 요구사항에 따라 차별적 전력품질을 제공할 수 있는 가능성

이 책에서 다루고자 하는 주제는 "전력산업 미래를 이끌 분산에너지원의 경제적, 기술적 동력을 어떻게 얻을 수 있을까?", "배전(판매)전력회사를 비롯한 기존 사업자, 새로운 참여자를 수용할 수 있는 구조는 무엇인가?", "새로운 환경변화에 걸맞은 규제, 정책은 무엇인가?" 등 중요한 질문에 대한 고민과 해답이다. 본 장에서 중요하게 다루려는 주제는 급속하게 진화하는 전력산업 비즈니스 모델의 맥락에서 마이크로그리드의 역할은 무엇인지를 찾아보는 것이다.

2절에서는 패러다임 전환으로써의 마이크로그리드에 대해 소개한다. 3절에서는 마이크로그리드와 직접 관련된 신뢰도와 전력 품질 이슈를 다룬다. 4절은 마이크로그리드를 좀 더 공식적 형태로 정의한다. 5절에서는 주목할 만한 실증 프로젝트를 소개한다. 6절은 마이크로그리드와 관련된 정책과 규제, 관련 영향을 살펴보고 본 장의 결론을 내린다.

PART1 무엇이 변화하는가? 변화는 무엇을 의미하는가?

2. 마이크로그리드의 진화

마이크로그리드는 지난 세기말에 시작되었으며, 역사가 상당히 짧은 편이다. 그러나 이러한 사실이 현대적 개념의 마이크로그리드를 충족하는 형태가 과거 전력시스템에 존재하지 않았다는 것을 의미하지 않는다. 다만, 급부상 중인 기술은 성능을 개선하고 적용 범위를 크게 확장했다. 동시에 분산형 전력시스템이 가지는 이점에 대한 인식과 관심이 폭발적으로 증가했다. 관련 전문가들은 "전력시스템이 수많은 독립적인 소형 전력시스템으로 시작하여, 서로 연결되고 상호의존적인 시스템으로 확장되며 발전되어왔다"라고 평가한다(Smith and MacGill, 2014). 전세계가 모두 연결되어있지는 않지만, 대규모로 연결된 전력망이 많다. 예를 들어, 북미 서부 광역전력시스템은 북미 서부 11개 주(州), 2개의 캐나다 지역, 멕시코 인접 지역이 서로 연결되어있다.

일부 기존 레거시^{legacy} 마이크로그리드는 광역망과 연결되어 있지 않은 먼 위치에서 생존해온 경우가 종종 있었다. 그렇다고 마이크로그리드를 전혀 새롭지 않은 과거의 유물이거나 과거 근간의 르네상스로 취급해서는 안 된다. 기존 레거시 전력시스템 일부로 마이크로그리드를 취급하는 시각은 현대적 개념의 마이크로그리드의 핵심적인 특성을 개념을 간과하는 것이기 때문이다. 다음 절에서는 마이크로그리드를 다음 2가지 특성에 근거하여 다양한 관점으로 정의하고자 한다.

- 첫 번째 특성 : 지역 기반으로 제어되는 전력시스템
- 두 번째 특성 : 중앙 전력망과 연결/분리되어 독립적인 섬 형태로 운영되는 전력시스템

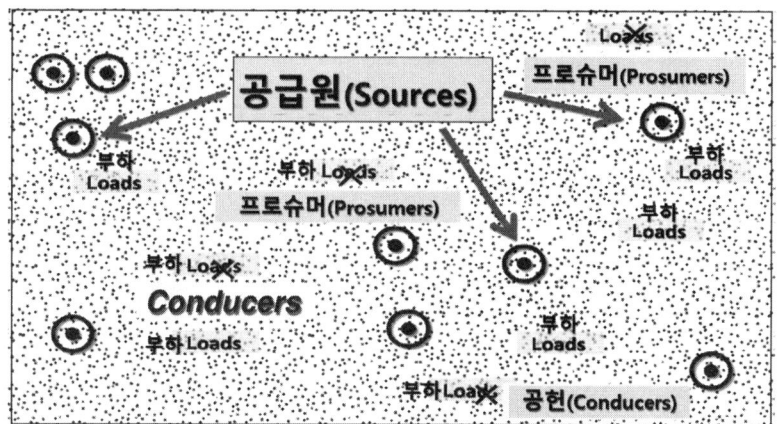

그림 3.1 전통적인 전력공급 패러다임 (출처 : Marnay and Lai (2012))

마이크로그리드의 첫 번째 제어요건은 레거시 '메가그리드^{megagrid}'와 경제적으로 상호운영이 가능한지와 관련이 있다. 예를 들어 마이크로그리드는 전력망 운영과 관련 시장에 포함될 수 있다. 두 번째 요건은 마이크로그리드가 시스템 운영 요구, 경제성, 신뢰성 유지 등의 목적에 따라 적절하게 기존 전력망과 분리되거나 연결될 수 있는 능력이다.

그림 3.1과 그림 3.2는 전력공급 패러다임 변화를 시각적으로 비교하여 나타낸다. 그림 3.1은 모두에게 익숙한 전통적인 패러다임을 보여준다. 소수의 대규모 전력 발전소가 공급원^{source}로 표기되며 수요는 직사각형으로 표현되어 있다. 그림에서 확인할 수 있듯이, 전통적인 모형을 변화시키는 파괴적 혁신의 원동력은 프로슈머^{prosumer}로 진화하는 개별 소비자에서부터 나온다. 즉, 소비자들은 더 이상 전력회사, 전력망에 완전히 의존하지 않고 잠재적으로 에너지 거래에 직접 참여할 수 있다. 이러한 현상은 분명히 일어나고 있으며, 그 의미는 4장과 이 책의 다른 여러 장에서 확인할 수 있다.

PART1 무엇이 변화하는가? 변화는 무엇을 의미하는가?

한편, 14장을 포함한 다른 여러 장에서 마이크로그리드가 전력산업 분야의 새로운 존재로 부상하고 있음을 밝히고 새로운 거래방식 구조에서 그 역할을 자리잡아가고 있는 과정을 설명하였다. 그림 3.2는 전력산업이 어디로 향하고 있는지를 계층적으로 보여준다. 배전망전력회사와 직접 거래하는 프로슈머의 새로운 역할이 기반이 되지만 기존의 배전망 회사 중심의 거래에서 벗어나 다중거래를 활용하는 추가적인 참여자가 등장할 수 있다. 전통적인 중앙집중형 메쉬^{mesh} 형태의 전력망은 메가^{mega}그리드 또는 M그리드로 부르며, 그림 3.2에서 그 계층적 위치를 확인할 수 있다.

마이크로그리드 정의에 부합하는 세 가지 유형의 전력시스템은 다음과 같다.

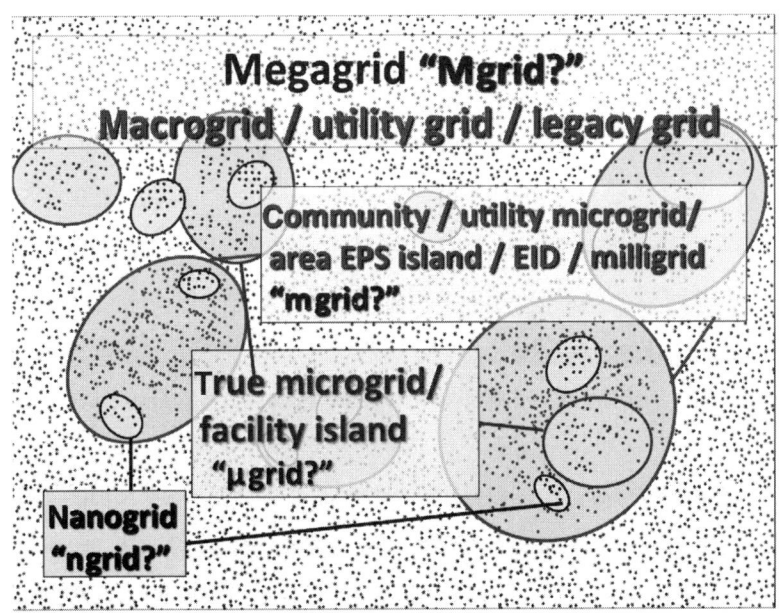

그림 3.2 탈집중형 패러다임 개념도 (출처 : Marnay and Lai (2012))

에너지 전환 전력산업의 미래

- 첫째, 변전소의 하류 부분에 위치한 전통적인 전력망의 일부분은 밀리그리드^{milligrid} 또는 m그리드로 불리며 특정 상황에서는 독립된 섬처럼 작동할 수 있다. 그림 3.2에서 확인할 수 있듯이 이 시스템은 다양한 이름으로 불리지만, 공통적인 특성은 '전력회사 배전망 마이크로그리드'이다(Asmus, 2014). 이 시스템의 대표적 예는 샌디에이고의 전력회사 SDG&E의 보레고 스프링스 프로젝트$^{Borrego\ Springs\ project}$이며 5장에서 해당 내용을 확인할 수 있다.
- 두 번째, 전력시스템 또는 전력 섬으로 운영될 수 있는 지점에 있는 여러 개의 전력시스템으로 진정한 마이크로그리드로 불린다. 이러한 시스템은 현재 가장 친숙한 마이크로그리드이며, 일본의 센다이^{Sendai}를 포함한 세계 여러 곳에서 관련 사례를 확인할 수 있다.
- 세 번째, 기존 빌딩의 내부 회로망을 넘어서는 지역 전력공급원, 수요를 담당하는 작은 지역 시스템이다. 이러한 회로는 저전압 직류 네트워크로 구성될 수 있으며 나노그리드 또는 n그리드로 불린다.

나노그리드는 본 책의 주제와 직접 관련이 없을 수도 있지만, 미래 건물 전력시스템에서 중요한 역할을 할 수 있으므로 주목할 필요가 있다. 수십, 수백 볼트^{volts} 전압으로 작동하는 유선 회로, USB, PoE$^{Power\ over\ Ethernet}$ 또는 다른 표준을 따라 유비쿼터스^{ubiquitous} 데이터 인프라와 통합될 수 있다(Emerge Alliance, 2015). 기술적으로 이러한 시스템은 효율성, 신뢰도, 전력품질, 경제성에 있어 탁월한 이점을 가질 수 있다.

- 효율성 : 상업용 건물의 1/3 가량이 직류 형태의 부하^{load}이며, 그 비중이 점차 증가하는 추세이다. 교류-직류 변환을 피하면 에너지가 절약되는데 연료전지, 태양전지모듈$^{PV\ array}$, 배터리 등이 직류를 활용하면 그 효과가 배가 된다.

PART1 무엇이 변화하는가? 변화는 무엇을 의미하는가?

- 신뢰도와 전력품질 : 저전력 직류 시스템은 단순하고 안정적이기 때문에, 교류에서 겪을 수 있는 전력품질, 안정도 문제에서 자유로울 수 있다.
- 경제성 : 저전압 직류 시스템이 더 많은 전도체^{conductor}를 필요로 하지만 단순한 시스템 구성이기 때문에 설치, 유지보수, 재구성에 소모되는 비용이 많이 절감될 수 있다.

HePQR은 직류 및 교류가 혼용되어 적용된 시설 중 하나이며, 본 장의 다른 절에서 좀 더 자세히 다루도록 하겠다.

3. 전력품질 및 신뢰도

어떤 측면에서 전기는 명확한 특성을 가진 상품이며, 그 특성은 에너지단위인 킬로와트-시^{kWh} 기준으로 상호 교환될 수 있다는 점이다. 실제로는 전기는 물리적 법칙에 따라 공급망을 흐르며, 어떤 개별 전기도 추적될 수 없다. 그럼에도 상호교환이 가능한 특징은 매우 독특하다고 볼 수 있다. 그러나 전기의 특성은 사실 매우 복잡하다. 시공간에 따른 가치의 커다란 차이는 잘 알려져 있지만, 가치에 영향을 미치는 수많은 다른 요소들이 있다. 본 장에서는 전기 서비스의 다른 차원으로써 공급 복원력^{resilience}, 신뢰도^{reliability}, 전력품질$^{power\ quality}$에 대해서 다루고자 한다.

3.1 복원력과 신뢰도

'복원력'은 미국과 일본에서 마이크로그리드를 도입하는 주요 동력으로 부상했다. 두 국가는 심각한 자연 재해를 겪었으며, 기후 변화가 초

래할 극한의 상황에 대한 관심이 크다. 본 장에서는 미국과 일본에 그 초점을 두고 있지만, 이러한 관심은 점차 세계로 확산되어 공유되고 있다. 그러나 복원력에 대한 명확한 의미는 규정되고 있지 않다(The Royal Society Science Policy Center, 2014). 미국 오바마 정부 2기에 발효된 정책지침 21 Presidential Policy Directive 21에서는 복원력의 정의를 다음과 같이 내렸으며, 널리 인정받고 있다.

> "..변화하는 환경에 대비하고 적응하며 붕괴된 상황을 버티고, 그 상황으로부터 신속하게 복구할 수 있는 능력."

마이크로그리드가 주목받는 주요한 이유는 재난상황에 처했을 때 메가그리드보다 전력을 공급할 가능성이 높으며, 붕괴 시 더 빠르게 복구될 수 있다는 특징 때문이다. 그러나 이를 위해서는 반드시 연료원과 적절한 저장장치가 필요하다(Kwasinski et al., 2012). 나중에 설명하겠지만 이것은 매우 중요하다.

극한의 환경에서 전력공급이 필요한 또 다른 분야는 군대이며, 마이크로그리드 구축에 큰 관심이 있는 집단 중 하나이다. 특히 미국은 에너지 신뢰도 및 안전도에 대한 스마트 전력 인프라 실증 Smart Power Infrastructure Demonstration for Energy Reliability and Security(SPIDERS) 프로그램을 통해 전략 기지에 마이크로그리드를 활용해 전력 공급 체계를 강화해가고 있다.

대조적으로 '신뢰도'는 전력공급 가용성의 통계적 기대 값으로 계산되며 극단적인 사고는 종종 계산에서 제외된다. 복원력과 다르게, 신뢰도는 전력시스템이 도입 초기부터 중요하게 고려되었다. 전력저장은 매우 비싸며 제한적으로 적용가능하기 때문에, 경제성이 부족하다. 또한

PART1 무엇이 변화하는가? 변화는 무엇을 의미하는가?

대규모 전력수요는 평준화되기 어렵기 때문에, 전력공급 신뢰도는 매우 중요하다. 급작스러운 공급 전력원 이탈 등 사고에 빠르게 대처하기 위해서는 발전기 여유분 또는 수요차단 등의 방안이 사전에 준비되어야 한다. 또한 교류 전력시스템은 안정성의 문제로 취약하다. 즉 시스템 주파수 이탈로 전력시스템이 안정된 정상상태로 복귀되지 않고 연쇄적 붕괴로 이어질 수 있다.

전력시스템 안정도 측정을 위해 널리 적용되는 여러 가지 신뢰도 측정 방법이 있으나 표 3.1에 표시된 2가지가 대표적 지표로 가장 많이 사용된다. 시스템 평균 정전 지속 시간 지수$^{System\ Average\ Interruption\ Duration\ Index(SAIDI)}$는 해당 연도의 소비자 당 평균 정전 시간(분)을 표시하며, 시스템 평균 정전 빈도 지수$^{System\ Average\ Interruption\ Frequency\ Index(SAIFI)}$는 소비자 당 평균 정전 횟수를 표시한다(IEEE, 2012).

표 3.1에서 볼 수 있듯이, 미국은 일반적으로 다른 선진국 대비 신뢰도가 낮다. 한편, 유럽연합 내에서는 신뢰도 분포가 광범위하게 나타난다. 일본은 2011년 후쿠시마 사태 이전까지는 주요 선진국 중 가장 높은 신뢰도를 기록했다.

2011년 동일본대지진^{GEJE}이 발생하기 전까지 일본은 20년 동안 신뢰도 지표에 있어 일관된 우수한 수치를 보였다. 현재 가장 좋은 성과를 나타내는 국가는 싱가포르이다. 2008년부터 시스템 평균 정전 지속시간 지수는 연 1분 미만이며, 평균 정전 횟수는 가장 높을 때 100년에 1번 경험하는 확률로 나온다. 그럼에도 불구하고, 일부 전문가들은 정전 지속시간이 연간 30밀리초^{millisecond}(역자 주: 천 분의 1초) 수준 이하로 나오는 더 높은 신뢰도를 추구해야한다고 주장한다(Galvin et al., 2009). 여기서 중요한 질문은 "싱가포르의 수준의 공급신뢰도를 제공하는 비용이 경제적으로 합당한가?"이다. 마이크로그리드 관점에서의 답은 "아니다"이다.

에너지 전환 전력산업의 미래

부하의 극히 일부분만이 고품질의 서비스를 요구하며, 이를 충족시키는 백업 전원공급장치, 저장장치 등이 필요하다. 일반적으로는 마이크로그리드는 불균질 전력품질과 신뢰도$^{(HePQR)}$ 기반으로 차별적 서비스를 제공하는 것을 지향한다.

경험, 기술, 가용 자원 등은 신뢰도를 향상시킬 수 있으며, 신뢰도의 수준을 어떻게 할지는 대체적으로 사회적 선택에 달려있다. 싱가포르는 매우 높은 수준의 전력공급 신뢰도를 선호하며 룩셈부르크 등과 같은 소규모 시스템이다. 기후가 온화하고 지진 위험도가 낮으며, 지하철 역시 미적으로 잘 구축되어있다. 싱가포르처럼 높은 전력공급 신뢰도를 갖춘 국가는 일반적으로 전기 공급비용 역시 매우 높다.

표 3.1 주요 국가의 신뢰도 지수(일부 예외적인 상황 제외)

국가	계획되지 않은 SAIDI (연간 정전 시간(분))	계획되지 않은 SAIFI (연간 정전 시간(분))
미국	157 a	1.4 a
폴란드	254	3.4
영국	68	0.7
프랑스	63	0.9
독일	17	0.3
덴마크	15	0.4
룩셈부르크	10	0.2
일본	14 b 514 c 16 d	0.1 b 0.9 c 0.2 d
싱가폴	0.4	0.01

이러한 지표가 추정되는 방식은 여러 가지가 있으며, 데이터가 완전히 비교가능하

PART1 무엇이 변화하는가? 변화는 무엇을 의미하는가?

지는 않다. 예를 들어, 5분 미만의 짧은 정전의 배제는 불일치의 원인이 될 수 있다.
a) 2009. 일본 재정 년도(4월 ~ 5월), b)2009-10, c)2010-11, d)2013-14
출처 : Eto et al. (2012), CEER (2014), FEPC (2014), and Yoon (2015).

    미국, 일본 및 유럽 모두 높은 수준의 신뢰도로 전력을 공급하지만 언제나 전력수요의 요구조건을 충족시킬 수는 없다. 예를 들어, 어떤 한 국가는 자국의 군대가 정전으로 마비될 수 있는 상황을 인지하고 있다. 따라서 군대가 스스로 전력공급을 담당하는 시설을 구축하는데 관심을 가지는 것은 당연한 수순이다. 또한 병원, 은행, 데이터센터, 증권거래소, 전력망운영센터, 통신 인프라 등 일부 중요시설은 백업$^{back-up}$ 발전기와 같은 대체 공급원이 필요하다. 당연히, 마이크로그리드가 주목을 받는 곳은 이러한 시장에서이다.

3.2 PQR 피라미드

    신뢰도는 전압 안정도, 고조파 등처럼 전력품질을 정량화한 대표 지표이지만 고객들이 식별하기는 어렵다. 일반적으로 이러한 특성과 관련한 가용 데이터는 제한적이지만, AMI(역자 주: 향상된 계량 인프라의 의미로, 실시간 전력정보를 확인할 수 있는 스마트미터 시스템을 의미한다)의 빠른 확산으로 이를 수집할 수 있는 여력이 커졌다. 전력품질 및 신뢰도(PQR)의 개념적 개략도 그림 3.3의 y축에서 확인할 수 있다. 군용 통신$^{Military\ communication}$ 등과 같은 고품질 전력을 요구하는 전력수요는 피라미드 상단에 위치한다.

에너지 전환 전력산업의 미래

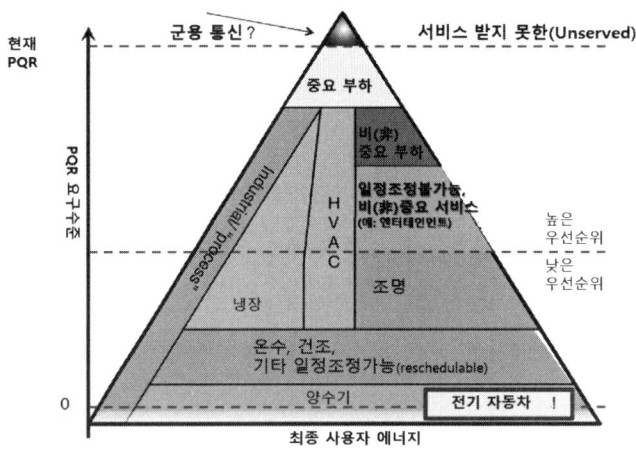

그림 3.3 전력품질 및 신뢰도PQR 피라미드 (출처 : Marnay and Lai (2012).)

    실제로 전력망의 신뢰도는 완벽할 수 없기 때문에, PQR 수준을 효과적으로 결정해야하며 그 이상의 전력품질을 요구하는 소비자는 자체적으로 해결하도록 설정해야한다. 다시 말해 피라미드의 최상층부에서 효과적으로 부하를 차단하는 방안은 선진국에서도 매우 다양하다. 피라미드 최하단에 위치한 펌핑^{pumping} 부하의 경우 요구사항이 낮거나 심지어 부(-)를 요구하기도 한다. 점차 증가하고 있는 전기자동차^{EV} 충전 부하는 잠재적으로 전력망에 도움을 줄 수 있기 때문에, 특히 관심을 가질 필요가 있다. 전기자동차는 응급 상황에서 저장된 에너지 중 일부를 전력망에 방출하여 전력공급과 보조서비스를 제공할 수 있다. 관련된 주제를 7장에서도 확인할 수 있다.

    그림 3.3의 피라미드는 음식 피라미드에서 그 아이디어를 얻었다. 음식 피라미드는 우리가 건강에 해로운 음식을 최상단에 두어 최소한으로 유지하면서, 동시에 하단에 위치한 음식은 자유롭게 섭취하도록 권장한다. 전기 부하를 이러한 방식으로 분류한다면, 피라미드 상단에는 까다

PART 1 무엇이 변화하는가? 변화는 무엇을 의미하는가?

롭고, 값비싼 수요가 위치하며 이 부분을 최대한 최소로 유지해야한다. 한편 상대적으로 낮은 가치를 지니는 전력수요는 하단에 위치하게 된다. 전력수요는 고객, 회로, 기기^{device}, 설비^{equipment} 등 4가지 수준으로 세분화될 수 있다. 최종 단계인 설비가 다소 이상해보일 수 있으나 여러 장치, 모터, 제어기, 온도조절기 등이 설비의 일부로 채택된다. 일반적으로 냉장고의 온도조절 장치와 같은 정말 중요한 부하는 전체 에너지 사용량에서 극히 일부분이며, 피라미드 하단에 위치할 냉장고 내부의 압축기에 포함된다.

이 피라미드의 다음 2가지 측면은 주목할 만하다.

● 첫째, 전력품질이 요구사항을 충족시킬 수 범위에서 비용 효율성이 높아질 수 있다. 즉, 꼭대기에 위치한 미식가의 까다로운 식성을 만족시키기 위해 기본 요구사항을 희생시킬 필요가 없다.
● 둘째, 전기에 대한 이런 관점은 오늘날 우리가 보는 방식과 완전히 다르다. 오히려 현재 전력회사가 전력을 공급하는 방식의 패러다임은 "항상 모든 장소, 모두 전력 부하에 동일한 고품질의 전력을 공급하는 것"이다. 반복해서 언급하지만 모든 부하가 높은 수준의 안정성이 필요하지는 않기 때문에 이런 방식은 경제적으로 매우 비효율적이다.

마이크로그리드는 전력산업의 전통적인 '전천후 방식$^{one\ size\ must\ fit\ all}$'의 딜레마를 해소시키는데 효과적인 해결책을 제공한다. 마이크로그리드는 가치가 높은 부하에는 고품질의 전력을 높은 가격으로 제공하고 낮은 신뢰도 또는 보통 수준의 신뢰도에도 무방한 보통의 부하에는 저렴한 가격으로 저품질의 전력으로 공급할 수 있다.

에너지 전환 전력산업의 미래

3.3 메가그리드 트레드밀^{Treadmill}

실제로 전력품질 및 신뢰도를 좀 더 높은 수준으로 유도하는 것은 그림 3.4에서처럼 메가그리드 트레드밀^{Treadmill} (역자 주: 한국어식 영어로 러닝머신을 의미하며, 끊임없이 달려야하는 상황을 의미한다)일 뿐이다. 그림 3.3의 y축 값이 그림 3.4의 y축 값이 가지는 의미와 동일하다. 다만 그림 3.4는 최고치가 100일 때 90부터 표현했으며, 이 때 요구되는 비용을 y축에 나타냈다. 비(非)신뢰성^{unreliability}의 비용은 높은 값에서 시작하여 신뢰도가 높아질수록 그 값이 점차 감소하며, 완벽한 시스템 하에서 0이 된다. 한편 신뢰도 비용은 메가그리드를 어떤 수준에서 운영하는가에 따라 변화한다. 해당 곡선은 입력 값이 증가함에 따라 그 비용 값도 증가한다. 물론 기술의 발전은 해당 증가율을 낮춰줄 수 있다.

신뢰도 비용은 2가지로 구성되어 있다. 하나는 '물리적/직접적/보이는' 비용이며, 다른 하나는 '시장/간접적/보이지 않는' 비용이다. 물리적 비용 구성요소는 전력선, 전력품질 보강 설비, 발전 다중성^{redundancy} 강화 등이며, 해당 설비 구축 비용은 산출할 수 있다. 그러나 서비스 중단, 즉 정전에 대한 공포는 메가그리드 운영의 보수주의를 강화하며 간접적 비용을 더 크게 만들고 있다. 간접적 비용은 주로 지나치게 엄격한 기준에 따라 배제된 거래 기회로부터 나온다. 오늘날에도 전력망에 부담을 주는 재생에너지의 높은 확산과 이에 상응하는 탄소 비용이 있다. 이러한 2가지 구성요소의 합계는 신뢰도 구축에 필요한 사회적 비용을 형성하며, 신뢰도 최적 수준은 최소 비용에서 결정된다. 그림 3.4에서는 최적 지점을 현재 미국에서 지향하는 신뢰도 수준보다 낮게 표현하여 다소 도발적으로 나타냈다.

PART1 무엇이 변화하는가? 변화는 무엇을 의미하는가?

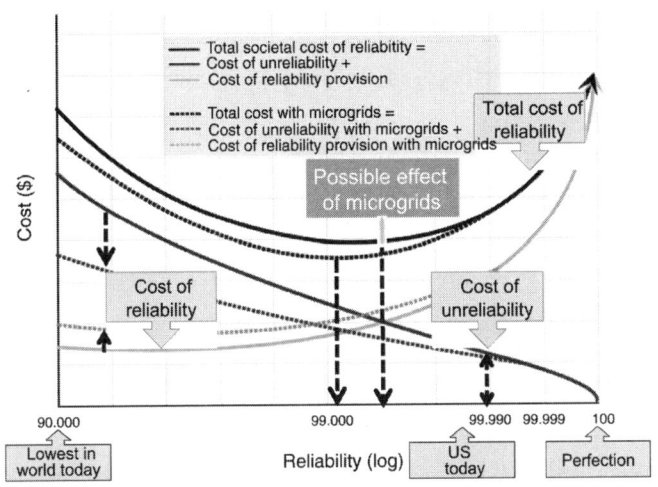

그림 3.4 메가그리드 트레드밀 (출처: Marnay and Lai (2012))

　점선은 마이크로그리드가 지역 수요를 처리할 때 얻을 수 있는 효과로 신뢰도 비용감소가 반영된 곡선이다. 마이크로그리드가 낮은 PQR의 사회적 비용을 효과적으로 낮추고, 신뢰도를 제공하는데 드는 비용은 다소 증가한다고 가정했다. 점선을 살펴보면, 최적 지점은 더 낮은 수준의 PQR에서 결정되며 그 비용 역시 감소한다.

　예제의 결론은 다음과 같다. 마이크로그리드가 배전망의 특정 지역에서 민감한 부하를 자체적으로 제공한다면 메가그리드의 전력품질 유지 부담이 경감된다. 즉, 마이크로그리드는 메가그리드, 고객, 마이크로그리드 구성원 모두에 이득이 된다. 더 나아가, 메가그리드는 마이크로그리드 자체적인 이익보다 더 큰 이익을 얻을 수 있다. 즉, 마이크로그리드는 닫힌 시스템의 형태로 사치스러운 상품에 머무는 것이 아니라 전력산업 전반에 걸쳐 이익을 공유할 수 있다.

　앞선 논의는 전력망 탈탄소화의 가속화로 더욱 강력한 추진력을 가지

에너지 전환 전력산업의 미래

게 되었다. 기존과 다르게 변동성이 높고 급전이 어려운 자원이 지배하는 메가그리드 체계에 대한 회의와 공포가 증가하고 있다. 마찬가지로 변동성 높은 전력시장은 철저하게 통제되고 신뢰성이 높은 전력망에 부합되지 않는다. 높은 사회적 비용, 님비^{nimby} 등으로 전력망 용량 확장은 이전보다 더 많은 제약을 받고 있다. 이러한 제약들은 전력망이 지향했던 높은 수준의 PQR 패러다임을 위협하고 있다. 그러나 마이크로그리드는 지역적으로 PQR를 제공하는 방식으로 이러한 문제를 해소할 수 있다. 더 나아가 탈탄소화와 같은 정책 목표가 마이크로그리드의 추진에 따라 결과적으로 달성할 수 있는 여지가 커진다.

마이크로그리드는 복원력과 PQR을 제공하며, 이는 매우 중요한 역할이다. 지금까지의 논의를 다음과 같이 간단하게 정리하였다.

- 복원력은 마이크로그리드 확산의 주요 동인이다. 즉, 마이크로그리드는 극한 상황에서 전력공급원을 제공하고 다음에 신속하게 복원하는데 활용할 수 있다.
- 다양한 고객, 전력 부하, 장치들에 대한 요구 조건이 크게 달라도, 기존 레거시 메가그리드는 단일 PQR 기준에서 운영된다. 높은 품질의 전력공급이 필요하지 않은 대다수 전력 부하에는 낭비의 요소이며, 가장 까다로운 전력 부하에게는 단일 PQR 기준이 이를 충족시키기 어렵다.
- 마이크로그리드가 위치한 지역에서 민감한 부하에 자체적인 서비스를 제공할 수 있다면, 메가그리드 요구 조건이 낮아지고 비용이 절감될 수 있다.
- 중요하지만 간과될 수 있는 부분은 "PQR 요구조건을 낮추면서, 탈탄소라는 정책적 목표를 지향하는데 마이크로그리드가 기여할

PART 1 무엇이 변화하는가? 변화는 무엇을 의미하는가?

수 있다"라는 사실이다.
- 마이크로그리드에서 새로운 기술들의 차용으로 차별적 전력품질서 비스로써 HePQR을 제공할 수 있다. 이와 관련된 일본 센다이 마이크로그리드의 활용 예가 5절에 있다
- 복원력 이슈는 이제 중요한 연구 주제로 자리매김했으며, 정책적으로도 큰 관심을 얻고 있다. 그러나 차별적 전력품질 HePQR이 제공할 수 있는 잠재적 이익에 관한 연구 및 관심은 여전히 낮다. 단일 전력품질, 즉 HoPQR은 전력시스템 구성, 운영에 깊숙하게 내재하고 있다. PQR을 향상한다는 개념은 모든 고객이 전력품질 상향에 이득이 되는지 아닌지에 상관없이 요구 기준을 높인다는 것을 의미한다. 선택의 중요성에 관한 관심이 다소 부족하다고 볼 수 있다.

4. 마이크로그리드는 무엇인가?

신생 연구 분야에서 흔히 볼 수 있듯이, 마이크로그리드에 대한 보편적 정의는 명확하지 않다. 신뢰할 수 있는 기관 두 곳에서 내놓은 공식적 정의는 다음과 같다.

"마이크로그리드는 전력망에서 단일 제어가능한 집합체로 명확하게 정의된 경계 내의 분산에너지원과 서로 연결된 부하들로 구성되어 있다. 마이크로그리드는 전력망 연계형 또는 단일 아일랜드(island)형 모두에서 작동할 수 있도록 연결/분리될 수 있다."
미국 에너지부 마이크로그리드 익스체인지 그룹 Ton and Smith(2012)

"마이크로그리드는 전기 배전망 시스템으로 수요와 발전기, 전력 저장장치, 제어가능 부하 등의 분산에너지원으로 구성된다. 중앙 전력망과 연결되어 협조 운영될 수도 있으며 분리되어 독립적으로 운영될 수 있다."

CIGRE(2015)

위 2개의 정의는 매우 간단하고 일반적이며, 앞에서 언급한 다음 2가지 특징을 가지고 있다.

- 첫째, 지역적으로 제어되는 전력시스템이다.
- 둘째, 전력망과 연결되거나 독립적인 형태로 분리되어 운영될 수 있다.

'마이크로'라는 수식어와 그림 3.2에서의 강조했더라도 마이크로그리드의 본질은 규모가 아니다. 특히, 전력망 접속이 어려운 변두리에 있는 소규모 에너지 공동체는 여기서 정의하는 마이크로그리드에 전혀 부합되지 않는다. 다만 항구적으로 분리된 에너지 시스템과 마이크로그리드에 적용되는 신기술은 유사하므로, 이를 구분하는 경계는 점점 더 흐릿해져 갈 것으로 보인다.

우리는 "실제로 마이크로그리드가 혁명이다"라는 사실을 놓쳐서는 안 된다. 전기/전력 분야가 아닌 엔지니어들에게는 위 주장은 다소 급진적일 수 있으나 전력시스템의 분산화는 커다란 패러다임 전환을 의미한다. 레거시^{legacy} 전력시스템에서 제어 체계는 중앙집중적이며 부하 역시 대부분 수동적이다. 물론 스마트그리드^{smartgrid}에서 전력을 전송하는 방식은 여러 가지이며, 분산 제어는 이 방식 중 하나라고 볼 수도 있다. 그러나 분산

PART 1 무엇이 변화하는가? 변화는 무엇을 의미하는가?

화는 스마트그리드를 구축하는 3대 축 중 하나이다. 나머지 2가지 축은 고객의 상호작용(AMI 등)과 향상된 고전압관리(동기페이저$^{synchro-phasors}$ 등) 이다. 따라서 위의 정의는 마이크로그리드에 대한 단순한 분류 이상의 전력공급 방식의 진화라는 더 깊은 의미를 담고 있다.

무엇인지를 알려주는 예증 등은 정의에서 종종 생략되는 경우가 있다. 다음은 중요하지만 위의 정의에서 생략된 부분이다.

- 크기에 대해 기준은 없다. 보통 분석가들은 마이크로그리드를 수백 킬로와트(kW)에서 수 메가와트(MW) 규모까지 추정하지만 명확한 기준은 없다. 대학 캠퍼스처럼 분리 가능한 대규모 시스템 역시 정의에 따라 마이크로그리드가 될 수 있다. 크기 범주의 다른 끝에는 섬처럼 분리/연결 가능한 단일 건물도 포함된다.
- 2가지 정의 모두는 전력공급 가능 여부와 관련이 있다. 예를 들어 분리형 보일러, 열 공급망을 마이크로그리드라고 부르지 않는다. 반면에, 다수의 마이크로그리드는 현재 열병합발전 시스템을 중심으로 구축되어 있으며 일부 분산형 재생에너지와 다른 발전원으로 구성되어있다. 프린스턴 대학교 등 대학교 캠퍼스 마이크로그리드가 여기에 해당하는 대표 예이다. 구성된 설비의 경제성과 복원력은 초기 마이크로그리드의 설치 요건을 충족시켜준다. 결론적으로 마이크로그리드는 에너지시스템과 통합될 수 있다. 반드시 그럴 필요는 없지만, 경제성을 고려할 때, 열저장이 전력저장보다는 더 저렴할 수 있다.
- 마이크로그리드 정의에는 기술에 대한 세부요건이나 적용 범위 등이 포함되지 않는다. 마이크로그리드는 지역에서의 제어, 전력망과의 연계, 섬의 형태로의 분리 등의 특징을 가지지만 어떻게 조직되고, 무엇으로 구성되는지, 어떻게 연결되고 분리되는지 규정되어있

지 않다. 세부사항을 결정하는 것은 마이크로그리드의 성능 및 비용 효율성에 큰 영향을 준다. 우리가 지금까지 보아왔던 마이크로그리드는 최신의 고도화된 기술들이 적용되는 경향이 있지만, 낮은 수준의 기술 역시 마이크로그리드에 적용될 수 있다. 예를 들어, 마이크로그리드가 상대적으로 개발이 되지 않은 지역에 위치한 경우, 전력회사에서 고려하지 못할 바이오가스와 같은 저급 공급원을 활용할 수도 있다. 그뿐만 아니라 여러 문헌에서 마이크로그리드와 관련시키는 재생에너지, 전력저장, 부하제어, 스마트미터 등은 정의에 포함되어 있지 않다.

5. 마이크로그리드 사례

본 절에서는 3가지 마이크로그리드 사례를 설명한다. 허리케인 샌디Sandy 이후, 확산된 마이크로그리드의 대표 사례는 프린스턴 대학교 캠퍼스이다. 그리고 이어서 2가지 다른 사례를 소개한다.

프린스턴 대학은 허리케인 샌디가 하루 반 동안 불어 닥친 중앙 뉴저지에 위치한다. 15MW 규모의 복합화력 발전소, 5MW의 태양광이 설치되었으며, 전력망에서 분리되는 동안 우선순위 부하 결정을 위한 포괄적인 전략이 수립되어있다. 2014년 관련 기사에서 명확히 확인할 수 있듯이 샌디는 프린스턴 대학 등이 마이크로그리드의 이점을 새롭게 인식한 전환점이 되었다. 실제로 이러한 기능들은 수 시간 동안 지속하였지만, 관련 사실들이 개방되지 않았고, 마이크로그리드의 장점은 충분히 인정받지 못했다. 열병합발전 시스템이 구축된 대표적인 대학 캠퍼스는 남부 맨해튼Manhattan의 워싱턴 스퀘어Washington Square에 위치한 뉴욕 대학 캠퍼스이다.

PART 1 무엇이 변화하는가? 변화는 무엇을 의미하는가?

그림 3.5 프린스턴 대학의 열병합 발전기 : 샌디 영향 하 36시간 가동
(출처: Chris Marnay.)

3, 4절에서는 마이크로그리드를 분류하는 정의와 용어를 정리하였다. 가장 중요한 2가지 유형의 마이크로그리드를 설명하기 위해 2가지 용어를 사용하였으며, 각각의 예를 설명하였다.

- m그리드(밀리그리드)는 경제성, 신뢰성, 복원력 및 기타 조건이 보증될 수 있을 때, 규제된 레거시 배전망의 일부이다. 이 시스템은 섬의 형태일 수 있으며, 보레고 스프링스가 밀리그리드의 대표 예이다.
- μ그리드는 한 개 또는 몇 개의 미터로 구성된 현재의 전력 고객과 같다. 예를 들어 도호쿠 지방 태평양 해역 지진 진앙지와 가까운 곳에 위치한 센다이 마이크로그리드가 대표 예이며, 본 장의 중요 관심사 중 하나이다. 한편 센다이 마이크로그리드는 차별적 전력품질 HePQR을 제공할 수 있다.

에너지 전환 전력산업의 미래

배전망회사가 보레고 스프링스 마이크로그리드 실증사업을 주도하고 있는데, 이를 주목할 필요가 있다. 이처럼, 마이크로그리드에 기존 전력회사의 자산이 포함되어 있다는 사실은 매우 중요한 의미가 있다. 그림 3.6에서 볼 수 있듯이, 보레고 스프링스는 안자 보레고 사막 주립공원에 둘러싸인 외딴 작은 지역에 있었으며, 전력회사 SDG&E의 북동부 서비스 영역 구석에 위치한다. 이곳은 섭씨 50도를 기록하기도 했으며 7, 8월 장기 평균 온도가 섭씨 40도가 넘는 매우 뜨거운 지역이다.

이 프로젝트의 첫 번째 단계는 미국 에너지부의 재생에너지 및 분산시스템 통합 프로그램$^{\text{Renewable and Distributed Systems Integration(RDSI)}}$의 자금 지원을 받았다(SDG&E, 2014). 이 프로젝트의 목표는 피크 피더 부하$^{\text{peak feeder load}}$를 15%만큼 줄이는 것이다. SDG&E는 보레고 스프링스 지역에서 경험했던 신뢰도 문제 때문에, 마이크로그리드 실증사업 대상 지역으로 이곳을 선택했다. 이 지역에는 계곡 아래 35km 구간에 3500 가구가 있으며, 25MW 규모의 피더가 설치되어 있다. 1.5MWh - 0.5MW 리튬이온 배터리와 1.8MW 이동형 발전기가 그림 3.7과 같이 설치되어 있다.

PART1 무엇이 변화하는가? 변화는 무엇을 의미하는가?

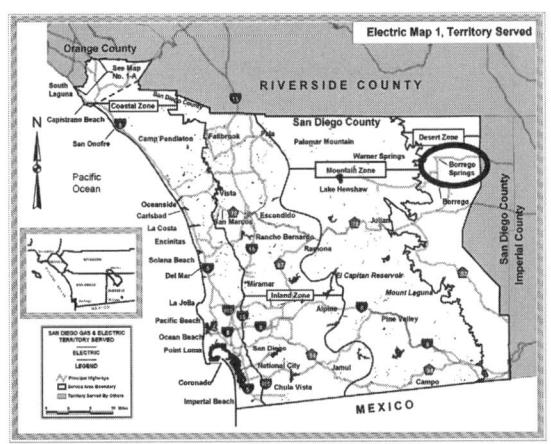

그림 3.6 보레고 스프링스 마이크로그리드는 SDG&E 서비스 영역의 북동쪽에 위치하고 있다
(출처 : 캘리포니아 공공 전력회사 위원회California Public Utilities Commission)

그림 3.7 보레고 스프링스 마이크로그리드에 설치된 2개의 디젤 발전기
(출처 : SDG&E)

그림 3.7에서 비정상적인 유출 방지 조치가 취해졌다는 사실에 주목하자. 이곳은 환경적으로 매우 민감한 지역이며, 추가 요구사항이 적절하게 취해졌다. 재생에너지 및 분산시스템 통합 실증사업 기간 극도의

계획, 미계획 전력망 분리(섬) 상황이 발생하였다. 특히, 2013년 9월 6일 매우 강력한 뇌우가 해당 지역에 발생했다. 64kV 전압의 연계 선로가 14시20분에 손실되었으며, 이 지역에 3시간 동안 정전이 발생했다. 변전소를 수동으로 정상화시킨 후 엔진이 시동 걸리고 일부 전력공급이 회복되었다. 복구 직후에는 1MW 미만이었지만, 24시간 정전기간에서 최종 8시간 동안 2.5MW로 공급력이 상승하였다.

  이 지역에 우수한 태양 자원이 있으며 26MW, 5MW의 2개의 상업용 태양광 발전 설비가 설치되어 있다. 연계 선로는 양방향 전력 융통에 문제가 있음에 유의하자. 이러한 취약점은 수요측면의 문제를 나타내며, 2개의 모든 태양광 설비의 출력 최대량을 수출하는데 제약 조건으로 작용할 수 있다. 이러한 특성은 공급 측면의 혼잡을 발생시킨다. SDG&E는 4년 기간의 프로젝트의 2단계를 개시하였다. 3개의 배터리가 추가되었으며 훨씬 더 정교한 분할된 재연결 지역 배전망 피더가 계획되어 있다. 이 프로젝트의 목표는 정전상황에서 중요 지점에 서비스를 공급하는 것이다.

PART1 무엇이 변화하는가? 변화는 무엇을 의미하는가?

그림 3.8 센다이 마이크로그리드 오리지널 에너지 센터^{Original Energy Center} :
(A) 태양광 판넬, 50kW; (B) 가스 엔지 발전기 세트, 350kW×2; (C) 용융탄산염^{molten carbonate} 연료전지, 250kW; (D) 동적 전압 복구기#1, 600kVA; (E)동적 전압 복구기#2, 200kVA; (F) 빌딩#1, 통합 전력공급; (G) 빌딩#2, 연속적인^{back-to-back} 전압원 컨버터(테스트 장비) (출처: NTT Facilities.)

그림 3.8에 표시된 센다이 마이크로그리드는 신에너지 산업기술종합개발기구(NEDO)에서 2006년에서 2008년 사이에 수행한 4가지 실증사업 중 하나이다. 이 프로젝트에서는 소규모 도호쿠 후쿠시 대학 캠퍼스와 주변 도시 시설, 학교, 수질 정화 시설의 다양한 회로에 여러 가지의 전력품질을 공급하였다. 이 대학 캠퍼스는 특히 노인 간호를 위한 간병인을 양성하며, 고령자 거주지와 병원을 모두 갖추고 있다. 또한, 그림 3.8과 같이 에너지 센터가 건설되었다. 제어센터와 함께 실용적인 이기종(異機種) 전력공급 시스템이 설치되었다. 이 시스템은 NEDO가 실행한 4개 프로젝트 중 2008년 종료 이후에도 유일하게 유지된다. NEDO

에너지 전환 전력산업의 미래

프로그램 설계상 주요 제약 중 하나를 바로잡기 위해 열병합발전이 대학 캠퍼스에 추가되었으며 도시 빌딩은 프로젝트에서 제외되었다. 이러한 변화는 대학이 계속해서 이 시스템을 운영할 수 있는 경제성을 확보하도록 해주었다. 그뿐만 아니라 이 마이크로그리드는 동일본 대지진의 상황에서도 제 기능을 유지했다.

센다이 일부 지역은 동일본대지진의 영향을 크게 받았지만 마이크로그리드 지역의 피해는 미미했다. 또한, 이 도시는 여러 가지 측면에서 지진에 대비할 수 있는 여건을 갖추게 되었다. 특히 니가타현 천연가스를 수입하는 가스공급 인프라가 강화되었다. 훌륭한 설계, 탁월한 기술력, 훌륭한 기술자 등을 갖춘 센다이 마이크로그리드는 대지진과 그 이후에도 그 역할을 훌륭히 수행해왔다. 이 중요한 경험은 다른 문헌에서 더 자세히 설명되어 있으며, 동적 지역 기반 전력시스템으로써 마이크로그리드의 이점을 센다이 마이크로그리드에서 찾을 수 있다(Marnay et al., 2015).

System	Mar. 11	Mar. 12	Mar. 13	Mar. 14
Utility grid	Grid connection (14:47 Voltage collapse → Grid outage)	Outage		Grid recover / Grid connection
Gas engine	Grid connection (Disconnect / Stop)	Around 12:00 Islanding operation	Islanding operation	Grid connection
DC supply	Grid connection	Supply from battery	Supply from gas engine	Grid connection
A quality	Grid connection	Battery / 02:05 Stopped manually / Outage	Supply from gas engine	Grid connection
B1 quality	Grid connection	Battery / Outage	Supply from gas engine	Grid connection
B3 quality	Grid connection	Outage	Around 14:00 Dispatch start (because of customer's wish) / Supply from gas engine	Grid connection
C quality	Grid connection	Outage	Supply from gas engine	Grid connection

그림 3.9 일본 지진, 쓰나미 당시 작동했던 센다이 마이크로그리드

PART 1 무엇이 변화하는가? 변화는 무엇을 의미하는가?

 지진이 발생했을 때, 도호쿠 전력은 캠퍼스 주변 지역에 전력 공급을 중단하여 3일간 정전을 초래했다. 그런데도 마이크로그리드는 캠퍼스 내 중요 부하에 지속해서 전력을 공급할 수 있었으며 거의 2일 동안 열과 전력공급을 완전하게 제공하였다.

 시간별 마이크로그리드 운영은 그림 3.9에 나와 있다. 동일본대지진 이후, 메가그리드는 거의 3일 동안 전력공급을 하지 못했다. 정전기간 동안 다양한 서비스가 차별적으로 제공되었는데, 이는 마이크로그리드의 중요한 장점이다. 직류 회로는 백업 전원으로 배터리를 가지고 있으므로 회로가 손상되지 않는다. A 등급, B1 등급 회로는 배터리가 몇 시간 동안 가동되었지만 결국 정전이 발생했다. 정전 발생 이후, 하루 안에 천연가스 발전기는 다시 가동되었으며 모든 전력 회로가 복구되었다. 놀랍게도, 이 마이크로그리드는 소내(所内) 백업 연료를 유지하지 못하므로 복원력은 외부로부터의 생명선에 달려있다. 마이크로그리드에 천연가스 공급은 중단되지 않았는데, 이는 인근에 손상되지 않은 사이와이초(内幸町駅) 가스저장 시설이 있었기 때문이다. 이 저장시설은 다른 현으로부터의 가스공급이 재개되기 전까지 가스를 공급해주었다.

6. 마이크로그리드의 출현, 규제 및 정책의 변화에 관한 새로운 생각

 마이크로그리드는 분산형 자가발전과 함께 시장규칙, 상호 융통과 전력 수출에 대한 가격 결정 등 많은 규제 및 정책의 변화를 요구한다. 이 부분은 본 장에서는 논의하지는 않지만 고민할 필요가 있는 중요한 문제이다. 한편 마이크로그리드가 운영이 어려운 자원을 관리하는 이점과 기타 여러 이슈 등은 여기서 다루지 않는다.

 에너지 전환 전력산업의 미래

　기존 발전회사와 규제 당국은 효율성, 자가발전, 발전 연료 등에 따른 수익성 문제와 다른 여러 어려움과 맞서야 하는 상황에 부닥쳐있다. 1장에서 소개한 것처럼, 배전망 사업 부분의 기존 비즈니스모델의 끊임없는 쇠퇴와 다른 여러 문제의 결합은 죽음의 나선$^{death\ spiral}$ (역자 주: 분산에너지원의 확산으로 전력회사의 매출과 수익이 순환적으로 감소한다는 개념)을 형성하고 있다. 아직, 서비스 수준이 높지 않지만 섬처럼 분리할 수 있는 마이크로그리드가 출현 중이다. 미국 캘리포니아 대학 샌디에이고 캠퍼스 역시 여기에 해당한다. 마이크로그리드는 전력의 자가 공급을 더욱 매력적으로 만들기 때문에, 기존 전력회사의 전력판매량을 감소시킬 수 있다. 이는 전력회사가 죽음의 나선에 더 가까워지는 결과를 가져올 수도 있다(Bronski et al., 2014).

　전력산업의 규제 기관은 최근 대형 자연재해로 복원력에 대한 투자를 강화하는 추세이기 때문에, 결과적으로 사회 비용과 전력 요금의 증가로 이어질 가능성이 높다. 그러나 전력산업 정책방향이 크게 바뀌지는 않을 것으로 보인다. 바꾸어 말하면 전통적인 규제 방식은 복원력을 크게 향상시키지 못하지만, 마이크로그리드는 이를 분명하게 입증할 수 있다. 중요한 것은 비용 측면에서 볼 때, 복원력과 신뢰도에 대한 투자의 이득은 매우 고르지 않게 나타난다는 점이다. 어떤 서비스들은 일부에게는 중요하지만 다른 일부에게는 중요하지 않을 수 있다. 실제로는 전력 수요자 간에는 다양한 요구사항 스펙트럼이 존재한다.

　그러나 마이크로그리드는 새로운 차원의 의미를 가진다. 예를 들어, 미국 프린스턴 대학과 뉴욕 대학, 일본 센다이와 롯폰기 힐즈와 같은 마이크로그리드는 재난상황에서도 그 역할을 훌륭히 수행했다. 규제 기관은 이러한 경험을 통해 메가그리드의 근본적인 한계점과 취약점에 주목하였다. 기존 메가그리드에서 그 복원력을 개선하기 위해 노력하는

PART 1 무엇이 변화하는가? 변화는 무엇을 의미하는가?

것은 한계가 있다. 통계적으로 희박한 확률의 상황을 완화하기 위해 적절한 투자가 어느 정도까지인지를 평가하기가 어렵다. 이러한 사항들을 고려해 반영하였을 때, 단순히 경제학적으로 평가하는 것은 별로 효과가 없다. 매우 드물게 발생하는 대규모 재해의 피해를 줄이기 위해 소모되는 비용과 편익을 평가할 수 있는 직관적 방법은 없으며, 확률론적 신뢰도 지표 역시 적용하기 어렵다. 복원력과 신뢰도에 대한 강한 집착은 최근에 발생한 대규모 재해 등의 최근 경험에 훨씬 더 큰 영향을 받았다. 즉 동일본지진, 허리케인 샌디 등 대규모 재해는 선진국을 중심으로 마이크로그리드를 다른 관점으로 보는 계기가 된다.

이러한 문제들을 해결하기 위해서는 2단계의 과정이 필요하다.

- 1단계 : 변전소 상류의 메쉬^{mesh} 형태의 고압 송전망 아래 전력망 끝단으로부터 분리한다.
- 2단계 : 배전망을 대대적으로 개혁^{reform}하는 것이다. 현재 뉴욕 에너지 비전 개혁$^{(REV)}$에서 주도하고 있으며 21장에서 그 내용을 상세하게 확인할 수 있다.

완전히 개발된 고압 송전망을 보유한 여러 국가는 기본적으로 이를 포기하거나 운영방식을 근본적으로 바꿀 가능성이 매우 희박하다. 비록 '죽음의 나선'으로 매출이 감소하고 오리 커브$^{duck\ curve}$ (역자주: 재생에너지의 확산으로 발생할 수 있는 공급에서 발생할 수 있는 문제) 등 난제가 남아있을지라도 기존 방식은 크게 변화하지 않고 남아있을 수 있다(CAISO, 2013). 대규모 메가그리드에서 신뢰도 기준 규제는 완벽하지 않다. 경제적인 측면에서 신뢰도는 다른 일반적 재화와 유사한 특징을 가지고 있다. 신뢰도를 강화할수록 그 비용은 증가한다. 경제적 문제는 예산의 제약을 고려해서 우선순위를 결정하는 것이다. 현재 기술 수준에서 실제 최종 사용 요건에 부합하는 다양한 서비스를 제공하고, 범용 서비스의 횡포를 방지할 수 있는 상당한 여유 수준을 유지할 수 있도록 하는 변전소 기준의 최적 신뢰도 수준은 무엇일까?

변전소단 배전망에서부터 변화의 바람이 거세게 불어오고 있다. 단일 배전망 공급회사와 규제기관이 고수해왔던 단일 기준의 신뢰도 역시 흔들리고 있다. HePQR(차별적 전력품질 및 신뢰도)는 민감한 부하에 대한 서비스를 향상하며 경제적으로도 기존 패러다임을 바꾸고 있다. 진정한 마이크로그리드는 HePQR의 기회를 활용할 수 있지만 여전히 많은 장벽들이 그 앞에 놓여있다. 규제, 기술적 표준 등은 관성적으로 보편적 서비스의 형태로 깊숙이 뿌리내려 자리 잡고 있다. 기존의 요금 기반의 자산은 밀리그리드로 변할 수 있지만, 그 경로가 가파르고 험난하게 보인다. 아마도 새로운 참여자가 여기에 나타날 여지가 있을 수 있다. 예를 들어, 지역 공동체 전력공급자가 기존 전력회사의 배전망 자산을 인수하여 HePQR을 제공할 수도 있다.

물론 싱가포르처럼 신뢰도를 매우 높은 수준으로 높일 수 있다. 다만 메가그리드의 신뢰도를 높이기 위해서는 "비용이 얼마나 되는가?", "그 비용을 누가 부담할 것인가?" 등 중요한 질문에 답할 수 있어야한다. 그러나 이러한 질문에 대한 해답을 찾는 연구, 정책들을 찾기가 어려운 실정이다. 전력회사들은 그저 관습대로 트레드밀에서 달리고 있을 뿐이다. 즉 전력품질 및 신뢰도 개선 정도가 고려될 뿐이다. 사실, PQR(전력품질 및 신뢰도)를 낮추는 것의 이점을 평가하기는 매우 어렵다. 전력설비 및 운영의 고려요건이 있으며, PQR 변화의 영향을 측정할 수 있는 확립된 방안이 없기 때문이다.

더구나 여기에는 복잡한 문제 역시 남아있다. 예를 들어, 어떤 업체가

PART 1 무엇이 변화하는가? 변화는 무엇을 의미하는가?

지역 기반 마이크로그리드를 운영하고자 할 때, 페널티를 부가해야 할까? 아니면 보조금을 지급해야 할까? 한편 마이크로그리드가 기존 전력망에 연결되어 자체공급 능력이 이상의 전력 공급 및 백업을 위해 전력망에 의존하고 있는 경우에는 오히려 비용을 부담하는 페널티가 적절하게 보일 수 있다. 이러한 의미에서 마이크로그리드는 프로슈머와 함께 '죽음의 나선'에 이바지한다. 즉, 배전망 전력회사가 제공하는 인프라와 고전압 전력망을 거치는 전력 서비스는 고정비용을 회수하기 위한 적절한 판매가 없다면 지속할 수 없다. 순 판매량이 충분하지 않게 된다면, 기존 전력시스템에 대한 투자는 다른 전력소비자(마이크로그리드와 무관한)에게 부담이 되는 좌초 자산이 된다. 반대로 마이크로그리드가 병원 등의 중요한 부하에 가치 있는 고품질 전력 서비스를 제공하거나 인접 지역의 전력망 혼잡을 해소시켜, 배전망 전력회사의 부담을 경감시키고 순환 정전을 막을 수 있다면 보조금을 지급하는 것이 이치에 맞아 보인다.

배전망 전력회사가 더 높은 고정요금을 통해 비용을 회수하려는 현재의 움직임은 비생산적이고 단절을 초래하며 양 쪽 모두에게 불이익을 가져온다는 점은 명백해 보인다. 마이크로그리드가 기존 망과 연계하지 않고 오프 그리드 형태로만 운영될 가능성은 경제적으로 희박하다. 큰 수의 법칙에 따라 마이크로그리드가 자체적으로 지역에 전력을 공급하는 비용은 메가그리드보다는 비싸기 때문이다. 그러나 6장에서 소개했던 호주의 사례와 같이, 메가그리드가 불필요하게 그 구성 및 운영비용이 비싸진다면 '죽음의 나선'은 가속화될 것이다.

2장에서 이전 장에서 이야기했던 것처럼, 메가그리드는 마이크로그리드에게 도움이 될 수 있는 서비스들을 제공한다. 마이크로그리드는 백업, 탁송^{wheeling} 등의 서비스를 개별적으로 또는 패키지로 받을 수 있다.

이러한 서비스들은 프로슈머 또는 마이크로그리드에게 매력적일 수 있다. 또는 4장에서 설명한 것처럼, 추가적인 신뢰도, 공급 안전성 등 프리미엄 서비스를 소비자에게 제공할 수도 있다. 이것이 뉴욕에서 추진하는 에너지 비전 개혁Reforming the Energy Vision의 핵심 요소가 아닐까?

14장에서는 마이크로그리드가 제공하는 서비스를 거래의 측면에서 평가하고 가격을 결정하는 방안에 대한 아이디어를 제시하며 도매, 소매, 송전, 배전, 발전, 전력저장 등 여러 영역의 교차 지점을 중앙집중형, 분산형 체계 모두에서 바라본다. 9장에서는 전기 서비스를 다른 특성을 배제한 일차원 '상품'이 아니라고 설명한다. 이 책의 다른 장들에서 여러 저자는 마이크로그리드에 대한 다양한 생각을 보여준다.

보레고 스프링스와 같은 밀리그리드를 규제기관은 어떻게 바라봐야 할까? 한편으로는 설치지역 소비자에게 더 높은 수준의 서비스가 공급되고 있으므로 해당 소비자가 비용 증가분을 부담해야한다. 다른 한편으로는 보레고 스프링스의 분산형 전력시스템이 배전망의 취약한 모선을 보강해주며 전력회사 SDG&E의 비상용 설비 및 운영 부담을 낮춰준다. 예를 들어, 2013년 9월 홍수 이후 복원 작업에는 200명의 직원이 투입되었다.

7. 결론

마이크로그리드는 빠르게 확산되며 변화하지만, 관련 규제와 정책은 자리를 잡지 못하고 표류하고 있다. 자연재해를 경험한 지역에서는 마이크로그리드의 탁월한 복원력을 처음으로 입증하고 있다. 마이크로그리드가 제공하는 이점은 비단 구성원과 전력부하에 한정되지 않고 메가그리드까지 포괄한다. 기존 전력 수요의 이탈에서 시작하는 '죽음의 나

PART 1 무엇이 변화하는가? 변화는 무엇을 의미하는가?

선'을 널리 인식되며 관련한 논의가 다수 있었지만 지역 공급원을 활용하는 소규모 밀리그리드가 제공하는 전력품질을 포함한 여러 이익이 과소평가되어 있다.

전력 부하 요구수준에 상응하는 전력품질을 제공하는 것에 대한 논의는 상대적으로 거의 없었지만 잠재적으로 큰 성취를 이루었다. '두루 적용되는' 균일한 전력품질 및 신뢰도 서비스는 분명히 경제적 이점이 있지만 적정 서비스 품질 범위가 매우 넓을 때, 맞춤형 전력 품질이 주는 이익 역시 충분히 클 수 있다. HePQR의 개념은 직접적인 이익을 검토하고 메가그리드의 전력품질 및 신뢰도의 요구조건을 낮추면 얻을 수 있는 비용 절감효과 등을 검토하는 더 많은 정책 연구가 필요하다. 메가그리드가 지속적, 반복적으로 유지하는 PQR 트레드밀에 의해, 야심찬 재생에너지 목표를 달성하고 경쟁 시장을 운영하는데 방해요인이 될 수 있다. 다르게 말하면, 트레드밀에서 내려올 때 얻을 수 있는 이익이 점차 커지고 있다.

더욱이 현재의 HoPQR 패러다임은 사회화된 비용으로 균일 서비스 제공을 지향하지만, 실제로는 해당 규정에서 눈에 띄게 벗어나 있다는 사실을 인지할 필요가 있다. 가령, 증권시장 월스트리트에서의 서비스 품질과 농촌지역의 주거용 소비자가 경험하는 서비스 품질을 크게 다르다. 게다가 불행하게도 적절한 서비스 수준을 결정하고 이에 상응하는 비용이 배분되는 방식은 불완전하고 비합리적이다. 소비자들은 과도하게 높은 PQR과 그 비용이 전체 시스템비용으로 포함되어 부과되는 방식에 불만을 가질 수 있다. 적어도 최고 수준의 PQR이 필요한 수요처에 높은 비용이 부과되는 보다 공평한 시스템을 지향해야 한다. 마이크로그리드는 더 낮은 수준의 서비스도 함께 제공하며 단일 PQR 서비스 비용을 하락시킬 수 있다. 즉, 고객이 보조금 등을 통해 마이크로그리드

를 구축한다면 경제적으로 합당한 기준의 전력 품질 서비스를 선택할 수 있으며, 단일 기준의 전력품질을 받는 다른 소비자 역시 해당 비용이 하락하는 이익을 얻을 수 있다. 한편 더 높은 수준의 전력품질이 필요한 부하는 이를 제공하는 마이크로그리드를 수용하여 차별적 품질 서비스를 받을 수 있다.

PART1 무엇이 변화하는가? 변화는 무엇을 의미하는가?

제4장

고객 중심 관점에서의 전기 서비스

...

Customer-Centric View of Electricity Service

Eric G. Gimon
Energy Innovation LLC, San Francisco, CA, United States of America

1. 소개

이 장에서는 전기 사용자가 미터^{meter} 뒤에서 자가발전, 에너지 저장과 수요관리 등 분산에너지원$^{distributed\ energy\ resource(DER)}$을 통해 보다 적극적으로 변화하는 가운데, 기업의 전략과 공공 정책의 의미에 대해 논하고자 한다. 자가발전과 스마트 시스템의 급속한 비용감소와 분산화를 장려하는 경제적 지원정책으로 전기요금을 줄이고자 하는 소비자의 수가 증가하고 있다. 기업의 전략과 정책적 결정으로 소비자들은 전기사용에 있어 회피가능원가를 낮출 수 있다. 그러나 전력시스템의 역사적 비용(역자 주: 과거부터 시스템을 구축하며 소모된 비용의 총칭)을 누가 지불할 것인지에 대한 이슈가 커지고 있다. 이 책의 다른 장에서 살펴본 것과 같이, 이 이슈는 전력망의 미래에 있어 중요한 질문이다. 그러나 대규모 전력망$^{bulk\ grid}$과 이를 관리하는 참여자에게 미치는 물리적·재정적 영향을 고려해 분산에너지

에너지 전환 전력산업의 미래

원에 비용을 반영할 수도 있다.

본 장에서는 분산에너지원을 운영하는 적극적 소비자를 고객으로 보았을 때, 전력망이 무엇을 제공할 수 있는지를 기존의 전통적인 분석을 완전히 뒤집고자 한다. 새로운 관점으로 조사할 때, 가장 관련이 높은 맥락은 대규모 중앙집중형 전력망으로부터 전력을 공급받는 비용이 매력적이지 않으며, 이는 분산에너지원의 비용이 낮다는 것을 의미한다. 즉, 중앙망의 전력 공급을 함께 활용하거나 완전히 멀어져 분산에너지원 자체적으로 수요를 충당할 수 있을 정도로 비용이 충분히 낮다는 것이다. 현재, 이러한 상황은 호주와 같은 몇몇 소수 지역에서만 국한된 사실이지만, 점차 보편적으로 확대될 것이다. 이러한 맥락에서, 이 장의 구조를 다음의 질문과 관련지어 조직화했다.

분산에너지원이 만드는 신세계에서, 소비자는 중앙망에서 무엇을 얻고자 하는지 그리고 가격이 어떻게 책정되어야 하는가?

이 질문에 대답하기 위해, 2절에서는 고객이 전력망으로부터 얻는 모든 서비스 또는 혜택을 살펴본다. 서비스 및 혜택들은 일반적으로 월별 청구서 또는 망연결비용 청구서에 몇 개 항목으로 묶여 청구된다. 이렇게 통합된 요금을 분리하는 첫 번째 단계는 합산된 요금체계를 분리해, 분산에너지원을 수용한 고객들의 관점에서 재검토하는 것이다. 3절에서는 고객들이 분산에너지원 중심의 새로운 세계에서 필요로 하는 서비스가 무엇인지 찾아 정리한다. 4절에서는 이러한 새로운 서비스 집합들의 의미를 고려하며, 5절에서는 이러한 서비스들을 여러 가지 다른 방법으로 가격책정을 하여 소비자의 다양한 요구를 충족시킬지에 대해 논하고자 한다. 또한, 동시에 이 책의 2장에서 '통합망의 가치'에서 기술한 내용에 동조하며, 모든 참여자에게 사회적 재화가 되는 망^{network}을 최적으로 제공하는 방안에 대해서도 다룬다.

PART1 무엇이 변화하는가? 변화는 무엇을 의미하는가?

 BOX 4.1

고객들은 일상 속에서 아마존^{Amazon}에서 거래하거나 직접 노드스트롬^{Nordstrom}을 가거나 여러 채널을 통해 다양한 재화와 서비스를 경험할 수 있다는 사실을 매우 잘 이해하고 있다.

고객들이 원하는 것은 바로 유연성이다. 그들은 요금제를 선택할 수 있기를 희망한다. 또한, 그들은 새로운 제품과 서비스를 원한다. 지붕형 태양광$^{rooftop\ solar}$을 원할지도 모른다. 또한 자신이 원하는 언어를 사용하여 필요한 대상과 소통하기를 원한다.

—Lynn Good, CEO Duke
CS Week Keynote, May 27th, 2015

2. 전통적 모형

역사적으로, 전기사용자는 원할 때 합리적이고, 예측 가능한 가격으로 언제든지 전기를 공급받을 수 있다고 생각해왔다. 전통적으로, 소비자 또는 전기세 납부자는 시장변동성과는 단절되어 있어 외부효과는 신경 쓰지 않고, 총사용량에만 관심이 있는 수동적 소비자로만 여겨졌다. 소비자가 전력서비스 공급자에게 영향을 미치는 방법은 입법부 또는 규제 영역의 대표자를 투표를 통해 선출하여, 이들을 통해 원하는 바를 전달하는 것이다. 전통적인 전력 공급망 모형의 유일한 대안은 값비싼 디젤 발전기와 납 축전지를 소규모 백업을 위한 용도로 활용하거나, 대형 산업 고객을 위해 소비에서 발생하는 열을 수집해 가동되는 유연하지 못한 발전기뿐이었다. 전력망^{Grid}은 전력비용, 품질, 편의성 등 여러

에너지 전환 전력산업의 미래

측면에서 많은 것들을 제공해왔다. 이런 사항들이 오늘날 어떻게 작용하는지를 이해하기 위해서는, 전통적인 이점들의 큰 집합을 분리해서 생각해볼 필요가 있다. 그림 4.1에서는 이것들을 3가지 주제로 느슨하게 묶어 그룹으로 구분했다.

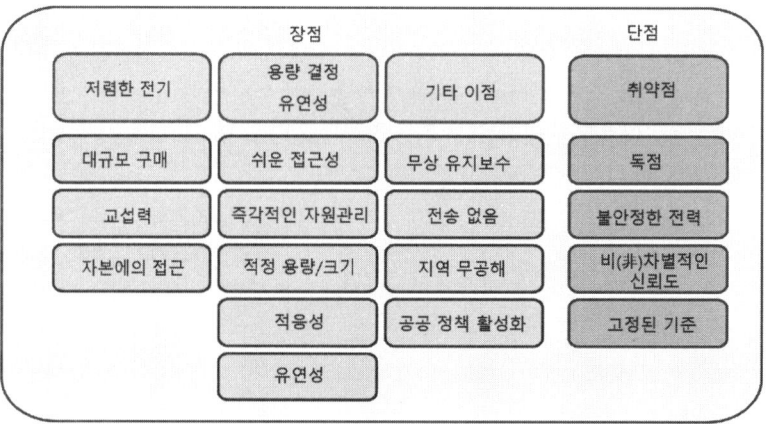

그림 4.1 전통적 전력망의 장단점

- 저렴한 에너지단위 킬로와트-시간$^{kilowatt-hour}$ 단위 비용. 풀^{pool}에 모집되어 구매된 대규모 전력은 대형 발전기, 고용량 송전선과 시장의 규모의 경제를 가능하게 한다. 1990년대 말까지, 발전소의 규모는 꾸준히 증가하였고 전력 사용자의 전기요금은 절감되어 왔다. 전력망은 전력회사와 같은 전력 조달업자가 다량의 전력을 경쟁적인 도매시장에서 직접 참가하여 구매하거나 개별 계약 협상을 통해 저렴하게 살 수 있도록 하였다.
- 규모와 유연성. 전력망은 고객 요구를 수렴함으로써, 고객의 전력 활용에 있어 큰 변화를 수용할 수 있다. 이렇게 하면 손쉬운 접근 ^{access}, 즉각적인 재고^{inventory}, 적절한 필요용량 결정^{sizing}, 융통성^{adaptability},

PART1 무엇이 변화하는가? 변화는 무엇을 의미하는가?

유연성^{flexibility}을 제공할 수 있다. 접근은 매우 드물게 발생하는 경우를 제외하고 고객이 처음 전력망에 접속할 때 원하는 만큼의 전력을 즉시 공급받을 수 있다는 것을 의미한다. 또한, 전력회사의 고객들은 새로운 장치를 설치할 필요가 없으며, 고객들의 사유지에 있는 고객 소유의 전력기기를 부동산을 팔거나 임대가 종료되었을 때 함께 가져갈 수도 있다. 전력망 연결은 적정 용량을 쉽고, 싸게 공급할 수 있다. 최대 전력공급량이 일일 피크부하와 같거나 훨씬 큰 경우에도 전력망 연결을 통해 안정적인 공급이 가능하다. 전력망은 일일, 계절별 또는 연간 소비변화에 맞게 조정된다. 자연스러운 요인(효율성 향상, 아동의 이동, 레스토랑 소비감소, 휴가 등)으로 전력 사용량이 감소하면, 사용량 기반 요금이 내려간다. 마지막으로, 가장 중요한 것은 전력망이 유연하다는 것이다. 전력망은 고객의 수요변화에 따라 1초 단위로 조정된다. 전력망은 수백만 이상의 고객에 대한 수요 변동을 평균화하고, 전원 구성$^{generation\ mix}$에 최대한의 유연성을 확보하여 신뢰성 높은 전력공급을 유지한다.

- 기타 장점들. 전력망은 많은 다른 이점이 있으며, 필요한 서비스들을 감소시켜준다. 전력망과의 연결은 비교적 유지관리가 쉽고 번거롭지 않다. 가령, 소비자는 접속 상자$^{junction\ box}$를 청소할 필요가 없으며, 전력회사는 자사의 미터와 연계된 모든 기기에 대해 필요한 유지보수를 제공한다. 사용자가 전력망을 독점적으로 사용할 때도 연료를 사거나 연료를 준비할 필요가 없다. 전력생산을 위한 발전^{generation}이 오염물질을 배출할 수도 있지만, 대부분 사용자는 발전원으로부터 멀리 떨어져 있다(아마도 인체 건강에 영향을 미치지 않지만). 도난위협이 있는 장비는 거의 없으며 계량기와 차단기는 고객의 사유지에서 최소한의 공간만을 차지한다. 끝으로, 비록 전력망이 의도치 않게 외부효과^{externality}를 일으켜 다른 사용자의 전력사용에

피해를 줄 수 있지만 사회적 연대성 및 기타 공공 정책 목표를 촉진하는 강력한 도구로 볼 수 있다. 가난한 사람들과 어려움에 처한 사람들에게 이익이 되는 것으로 여겨진다(2장 참조).

이러한 상당한 이점들은 비현실적인 오프 그리드$^{off\text{-}grid}$를 제외하고는 현존하는 전력회사 유형의 사업 모형의 지배적 위치를 공고히 해준다. 그러나 전통적 사업 모형 역시 다음과 같은 단점들이 있다.

- 독점^{monopolies}. 대부분 전력망 사용자들은 투자자 소유$^{investor\text{-}owned}$ 전력회사, 공영$^{public\text{-}owned}$ 전력회사 및 지역 협동조합 형태의 독점 기업과 거래해야 한다. 일부 지역에는, 도매시장 또는 소매시장에서 전력을 판매하는 판매사업자^{retailer} 수준에 경쟁이 도입되기도 하였다. 그러나 여전히 고객에게 전기를 공급하는 전주 및 전선(배전망)에는 여전히 고유의 독점적 형태로 존재한다. 규제^{regulation}는 독점 체제의 효과를 완화시키고자하지만, 계량기와 전력망의 연결은 "받아들이거나 떠나라" 식의 이미 특정된 방식에 국한된다. 가령, 전력회사는 부하 유연성에 관심이 많거나 높은 한계비용과 평균비용의 차액을 활용한 거래에 참여하고자하는 고객에게 선택할 수 있는 선택 가능항을 제공해주지 않는다.
- 붕괴되기 쉬운 전력$^{brittle\ power}$. 로빈스^{Lobins}의 저서이자 전력분야 고전인 책 제목이기도한 'Brittle Power'는 전력시스템이 사고, 자연재해, 의도적인 공격으로 일순간에 멈춰서는 것을 의미한다. 몇 시간부터 며칠에 걸쳐서 정전의 불편함을 겪는 것은 어찌되었든 재앙이라고 볼 수 있다. 대다수의 사람들은 중앙집중형 전력망에서의 전력공급에 의존하기 때문에, 이와 같은 상황이 발생 시 천연가스, 목재 또는 디젤과 같은 대체할 수 있는 수단을 활용해서 필요한 전기를 얻기

PART1 무엇이 변화하는가? 변화는 무엇을 의미하는가?

가 어렵다.
- 구분되지 않는 신뢰도^{reliability}. 전력망에 연결된 고객들은 원하는 수준의 신뢰도 높은 전력공급을 차별화되게 받을 수 없다. 또한 비상시에 지속적인 전력공급을 위해 활용할 수 있도록 고객에게 중요한 전기 회로를 별도로 설계할 수 없다. 이것은 광범위한 고객에 유용할 수 있다. 예를 들어, 간혹 걸쳐 발생하는 미세한 전압변동은 전력공급 회사가 미처 파악하지 못하거나 관리가 되지 않을 수 있지만 전자 장비에 큰 피해를 미칠 수 있다. 고객은 자체 배터리 기반의 시스템을 구축하여 전력 공급을 안정적으로 유지하고 백업을 제공할 수 있다. 고객들이 기간이 긴 정전에 대비하여 발전기를 구입할 수도 있지만, 이를 갖추기 위해서는 높은 비용이 필요하다. 부분적으로는, 단방향$^{one-way}$으로 전력을 공급하는 신뢰할 수 있는 전력망에서 이러한 백업시스템은 대부분의 시간에서 사용되지 않는 중복된 자원이기 때문이다. 다른 한편으로는, 전력망은 정전$^{black-out}$ 기간 중에 어떤 종류의 대체적인 기본 서비스를 제공할 수 없다. 심지어 태양광 발전 시스템이 구비된 고객들도 이러한 정전을 완전히 극복할 수 없다. 배터리와 에너지 관리 시스템 없이는 지속해서 전력을 공급할 수 없기 때문이다. 다만, 전력망에 완전히 의존하는 것보다 더 높은 신뢰도를 유지하고자하는 고객들은 분산에너지원을 구비할 수 있다. 낮은 수준의 신뢰도를 수용할 수 있고 낮은 요금을 지불하고자하는 고객 혹은 이미 분산에너지원 구비로 충분한 신뢰도를 공급받기 때문에 전력망 의존에서 벗어나고자 하는 고객은 현재의 전력공급 체계가 만족스럽지 않을 수 있다.
- 다른 단점들. 전력망에서 전력을 공급받고자 한다면, 관련 인프라가 갖춰진 환경에 인접해야한다. 산간 오지 등 원거리 고객들은 전력망에서부터 전력을 공급받기가 어려울 수 있다. 한편, 대규모 전력원

에 의존하는 전력시스템의 다른 단점들도 있다. 예를 들어, 고객들은 직류로 구동되는 전자기기가 있는 경우에도 교류 전압 및 주파수에 영향을 받는 전력시스템에 의존해야한다. 또한 일반적으로 고객들은 직접적으로 거래하는 대행사가 없이, 전력회사가 결정하는 다양한 사안에 따라 영향을 받는다. 만약, 잘못된 결정이 나쁜 결과를 불러올 경우에도, 고객은 그 결정에 따를 수밖에 없다.

전체적으로, 전력망은 유용한 서비스와 장점들을 제공한다. 이러한 이점들은 전통적인 모형의 단점을 상쇄할만하다고 정당화되기도 한다. 그러나 저렴한 분산에너지원의 등장으로, 고객이 원하는 다양한 서비스를 제공하고 이를 어떻게 청구할지 고민할 필요가 있다.

3. 새로운 세계의 약속

태양광, 배터리, 연료전지, 스마트 부하제어, 스마트 충전 전기차 등과 같은 매력적인 분산에너지원이 합리적 가격으로 접근가능해질 때 새로운 고객 유형을 상상해보자. 이러한 새로운 세계는 가정 또는 소규모 사업의 미터 뒤$^{behind\ the\ meter}$에서 창출된다. 분산에너지원들은 개별 고객의 대리인 또는 고객 그룹의 대리인으로써, 모두 인텔리전트 에너지 시스템 관리자에 의해 통합되거나 마이크로그리드^{microgrid}로 구현된다. 2절에 나열된 기존 중앙 전력망 체계의 장단점을 살펴보면, 분산에너지원이 적절한 가격으로 기존 전력망과 경쟁하며, 전력망에 의존했을 때의 단점들을 상쇄시킬 수 있을지 추론할 수 있다.

전력회사가 통합망$^{integrated\ grid}$에서 전력망과의 연결을 통해 제공할 수 있는 잔여 서비스$^{residual\ service}$와 보완 서비스$^{complementary\ service}$를 고려하는

PART1 무엇이 변화하는가? 변화는 무엇을 의미하는가?

것이 중요하다. 잔여 서비스는 전력망 기능 변화가 필요 없는 서비스를 말한다. 즉, 항상 제공되고, 요금이 청구되는 서비스이다. 예를 들자면, 분산에너지원이 불충분한 경우에, 중앙망을 통해 대규모 전력원으로부터 전력을 공급받을 수 있다. 보완 서비스는 새로운 서비스로써, 분산에너지원을 활용하여 기존에 필요했던 투자를 감소시키거나 새로운 가치를 창출할 수 있다. 분산에너지원을 통한 수급균형^{balancing} 서비스는 이러한 유형의 예라고 할 수 있다.

2절에서 논의된 개별적인 기능들을 살펴보면, 다양한 잔여 서비스와 보완 서비스가 전통적 서비스들과 연관되어 출현할 것이다. 사실, 잔여 서비스와 보완 서비스 간의 정확한 차이는 특별히 중요하지 않다. 전력망은 기존의 오래된 서비스를 새로운 방식으로 제공함과 동시에 완전히 새로운 서비스를 제공할 것이라는 아이디어를 포착하는 게 더 중요하고 유용할 수 있다. 이 절에서는 5절에서 다룰 가격책정을 논하기 전에 이러한 서비스들을 기능적인 측면에서 분석하고자 한다.

3.1 어디서든 저렴한 전기

분산에너지원의 부상은 저렴한 새로운 전력 서비스의 원천을 제공한다. 또한 분산에너지원은 전통적 발전소에서의 대규모^{bulk} 전력 서비스와의 경쟁을 촉진할 것이다. 연료전지 및 태양광 패널 등의 필요 기술은 대량생산 및 대규모 보급에 따른 이익을 얻는다. 또한, 제3의 전력사업자 역시 또한 고객에 전력구매 계약 또는 대출 계약 등을 결합해 자본시장에 효율적으로 접근할 수 있다.

기존의 전력망에 의존한 방식이 판매량(kWh) 점유율을 잃어감에 따라, 전통적인 전력공급 체계로부터의 잔여 서비스는 분산에너지를 설치

157

할 여력이 없거나 분산에너지원으로 전기 에너지필요량을 완전히 충족하기 힘든 대상에게 전기를 공급하는 것이다. 분산에너지원에서 충분히 전력을 공급받지 못하는 경우는 추가적인 분산에너지원 구축이 비경제적이거나 물리적으로 분산에너지원을 추가할 수 없는 제약이 있기 때문이다. 따라서 전력망은 분산에너지원이 최적의 전기 서비스를 제공하기 위해 경쟁하는 기준점으로써의 역할을 한다.

보완 서비스가 기존의 전력망에서 어떻게 나타날지는 다음의 2가지의 방향을 고려할 수 있다.

- 첫째, 전력망은 분산에너지원 소유자가 전력을 판매할 수 있는 경로 conduit를 제공하여 경제성을 배가시켜준다.
- 둘째, 전력망은 미터를 통해 전기를 얻는 다양한 채널을 제공할 수 있다. 예를 들어, 고객은 분산에너지원으로부터 지역 배전망을 통해 전기를 구매할 수도 있다. 또한, 전력망은 태양광 정원과 같은 설비를 통해 고객이 전기를 구매할 수 있으며, 동일한 변전소 구역 내에서 전력회사 또는 제3의 공급자가 대량으로 소유한 분산에너지원에서 필요한 전기를 구입할 수 있다. 이러한 방식은 도매 분산전원이라 할 수 있다.

높은 수준의 분산된 미래 전력시스템의 새로운 보완 서비스로써, 전력망은 고객이 가장 저렴한 가용 전력을 원활하게 전달하도록 지원하거나 양자 간 전력구매 계약을 촉진할 수 있다.

PART 1 무엇이 변화하는가? 변화는 무엇을 의미하는가?

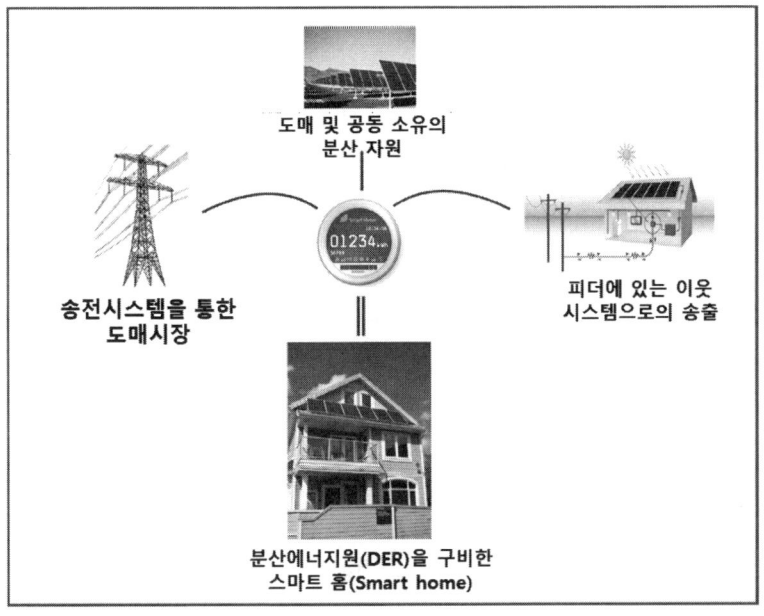

그림 4.2 모든 곳에서의 전기

3.2 수급균형balancing 자원으로써의 전력망

전력망이 적응성, 유연성 서비스를 제공할 수 있다면 이러한 서비스의 공급원인 분산에너지원을 구축한 사용자를 더욱 빛나게 해줄 수 있다. 일반적으로 하나의 전력망은 고객들의 수요보다 더 큰 규모로 연결되기 때문에, 고객이 원하는 에너지를 원하는 시점에 얻을 수 있게 구성된다. 만약 전력저장장치와 부하제어load control를 활용할 수 있다면, 분산발전은 일부 시간대에 과소 또는 과대 생산될 수 있다. 전력망은 서비스 규모를 측면에서 매우 적응력이 뛰어나다. 그리고 전력 출력의 유연성을 많이 제공한다. 다양한 용량의 전력 공급 및 유연성 서비스가 매력적인 가격으로 제공될 수 있다면, 전력망은 항상 연결 상태를 유지하는 것이 바람직할 것이다.

잔여 수급균형 서비스는 설명하기 어렵고 가격 책정이 어렵다. 소비자가 필요한 용량과 유연성 서비스 사용에 대한 부분은 일반적으로 통합된 전기요금 청구서를 통해 지급되기 때문이다. 이러한 서비스들에 대한 낮은 비용은 고정요금, 용량기반 요금, 사용시간 요금 및 사용량 요금 등을 통해 효과적으로 보상된다. 용량기반 요금은 고객의 수급균형 필요에 대해 요금을 부가하는 가장 근접한 대안으로 보일 수 있지만, 특정 고객에 의해 야기되는 배전망 제약에 의한 경우보다 피크부하로 발생하는 경우와 밀접한 경향이 있다. 전력망에 대한 고객 연결의 가변성과 수요를 충족시키기 위한 유연성은 자가 수급균형$^{\text{self-balancing}}$에 대한 다양한 옵션과 비교할 때 더욱 두드러질 수 있는 중요한 잔여 서비스이다.

주요 보완 수급균형 서비스는 가변수요 대응 서비스부터 다수의 개별화된 수급균형 서비스들로 확장된 형태로 출현할 가능성이 크다. 이러한 서비스가 어떻게 실행되는지 확인하려면, 우선 분산에너지원 소유자가 최소량만을 생산했거나 전력저장장치 또는 부하이동$^{\text{load shifting}}$을 통해 생산량 모두를 자체적으로 소비하여 결코 과잉생산^{overproduce}이 발생하지 않는 경우를 생각해보자. 이때, 전력망은 이전과 마찬가지로 잔여 수요를 담당하여 수급균형을 유지한다. 그러나 만약 분산에너지원을 가진 고객이 일단 과잉생산하여 전력망에 전력을 보내게 된다면, 초과공급에 대한 보상이 이상적인 수급균형 서비스에 포함되어야 한다. 고객은 분산에너지원 시스템을 거의 항상 자가소비하기에 충분한 규모로 구축할 수 있다(특히, 전력저장장치가 함께 구축된다면). 이 경우, 고객은 충분한 신뢰도와 복원력에 대한 이점을 얻을 수 있다. 또한 전력가격의 급

PART1 무엇이 변화하는가? 변화는 무엇을 의미하는가?

격한 상승에서부터도 벗어날 수 있다. 전력망이 분산에너지원의 초과생산에 대해 생산원가 대비 더 많이 지급할수록, 초과생산은 가변 수요를 다루는 방법으로써 더욱더 매력적이게 된다. 따라서 수급균형 서비스의 중요한 부분 중 하나는 고객의 초과 생산을 수용하는 것이다.

분산에너지원이 지속해서 확산됨에 따라, 고객이 요구하는 수급균형 서비스가 전체 전력공급 평균량보다 더 중요해지고, 전력망은 변동성이 커지게 되었다. 전력망 인프라 투자 수준은 전체 전력흐름(에너지양)의 감소에 무관하게, 최대 전력 소비가 결정한다. 탭-변압기$^{\text{tap-transformer}}$ 같은 전기기기의 마모는 가변성에 따른 설정 조정 빈도에 따라 결정된다(7장 참조). 만약 분산에너지원 확산이 무질서하게 빠르게 가속화되면, 변동폭과 변동량에 따라 발생하는 비용에 대한 일종의 요금은 좀 더 신중하게 결정되어야 한다. 분산에너지원 소유자는 변동성과 수급균형 비용을 감소시키거나 전력망 가치를 높이기 위해, 부하 이동과 전력저장 장치에 더 많이 투자할 수 있다.

 BOX 4.2

> 배전망 고객에 전력망이 제공할 수 있는 완전히 새로운 종류의 서비스는 전력 생산의 교환 또는 거래를 중재하는 것이다. 예를 들어, 주택거주자와 같은 일반 소비자는 주중 초과 생산자는 식당 등의 상업용 소비자의 주말, 휴일 초과 생산자와 전력 생산분을 교환할 수 있다.

에너지 전환 전력산업의 미래

3.3 신뢰도 reliability와 복원력 resilience

신뢰도는 예기치 못한 정전 outage에 대비하기 위해, 계획, 운영상의 예비력 여유분을 제공하는 일반적인 공급원과 관련이 있다. 즉, 고전압 송전선과 연계된 공급자원 등을 통해 상정고장 contingency 예비력의 용량크기와 유연성과 밀접한 관련이 있다. 전통적인 전력망 공급 프레임워크에서는, 신뢰도 확보를 위한 유연성, 용량 결정에 대한 비용이 청구되지 않는다. 그러나 2장에서 기술한 바와 같이 전통적 모형 아래에서 적정 신뢰도 유지를 위한 체계는 긍정적인 측면만 있는 것이 아니다. 일반적으로 적정 신뢰도가 유지 되지만, 불완전하고 명확히 어느 정도가 적정한지 구분되지 않는다. 새로운 세계에서는 전력망이 제공하는 이점을 유지하면서 단점은 완화하면서 신뢰도 서비스를 제공할 수 있어야 한다.

신뢰도의 가장 흥미로운 특징은 그것을 정의하는 확률의 배가 특성 multiplicative nature이다. 예를 들어, 전력망이 최종 사용자에게 10,000시간 기준으로 최대 1시간의 기동정지만이 발생할 것을 약속했다고 가정하자. 이때 최종 사용자가 자가발전이 가능한 분산에너지원 패키지(소형 배터리 또는 완전한 마이크로 그리드 시스템)를 가지고 있다면, 수백만 시간 기준에 최대 1시간, 대충 10년 기준 3초 정도의 정전만이 발생하는 높은 수준의 신뢰도를 얻을 수 있다. 극도로 까다로운 고객에게도 비용을 고려한다면 이와 같은 신뢰도는 지나칠 수 있다. 사용자는 분산에너지원을 활용한 신뢰도 향상에 대한 지출을 줄임으로써 이러한 비용을 줄일 수 있지만, 특정 기간에는 낮은 신뢰도에 대한 비용을 지급할 수밖에 없을지도 모른다.

차별화된 신뢰도는 전력망과 분산에너지원이 함께 고객의 신뢰도를

PART1 무엇이 변화하는가? 변화는 무엇을 의미하는가?

향상하고, 전체적인 전력망의 안정성을 지원하는 잔여^{residual}, 보완적^{complementary} 신뢰도 서비스 간의 융합^{hybrid}을 가능하게 한다. 전력망은 일상적인 신뢰도를 제공하는 데 있어 분산에너지원을 지원할 수 있다. 그리고 필요에 따라 여분의 전기를 제공하며 기상이변과 분산에너지원의 출력 변화 등을 대비해 신뢰도를 유지해주는 보험을 제공할 수 있다. 예를 들어, 전력망의 피로도가 높을 때 분산에너지원은 전력망에 수요 자원을 활용해 상정사고 예비력을 공급하는 중요한 서비스를 제공할 수 있다. 분산에너지원과 전력망이 함께 신뢰도에 기여한다는 것은 더 넓은 수급균형 지역과 전력망의 예비력 공유를 지원하여, 변동성 높은 발전기를 수용하고 신뢰도를 유지하는 비용을 낮추고자 하는 논리와 일맥상통한다.

4. 모든 것을 통합

3절에서는 전력망이 기존 서비스를 보완하고 분산에너지원을 보유한 고객에 완전히 새로운 서비스를 제공하는 방법을 설명하였다. 이러한 전력망 서비스들을 전력회사가 고객 요구에 가장 잘 부합되는 방식으로 비용을 어떻게 청구할 수 있는지 알아보기 전에, 이번 절에서는 반드시 고려해야 할 몇 가지 중요 요소들을 간략하게 정리하고자 한다. 즉 독점의 역할, 자동화, 컴퓨터화된 에이전트의 중요성, 금융산업과의 유사성 등에 대해 다루고자 한다.

4.1 사라지는 독점구조

20세기 대부분 기간 동안, 전력망은 주로 전력공급의 모든 측면을 통

제하는 수직 통합된 독점체계로 운영되었다. 독립적 전력생산자^{independent} $^{power\ producer}$, 자유화된 도매 시장, 일부지역에 적용된 소매 경쟁 등의 출현으로 전력망 독점의 일부 요소가 침식되었지만, 여전히 '자연 독점$^{natural\ monopoly}$' 상태로 남아있다. 예를 들면, 전력망의 끝단에서 고객에 전력을 공급하는 배전망은 독점적으로 운영되는 경우가 많다. 전력망과 연결하는 것은 여전히 '전체' 또는 '분리'를 제외하면 대부분의 고객이 선택할 수 있는 부분은 없다.

분산에너지원 비용이 감소함에 따라 다양한 서비스가 점차 경쟁력을 가지게 되고 있다. 다시 말해, 소비자들이 다른 시점에 다른 방식으로 여러 서비스를 선택할 수 있게 되고 있다. 본격적인 변화는 전력망을 통해 제공되는 도매 전력량이 분산에너지원과 경쟁하게 될 때 시작된다. 분산에너지원의 가격은 하락하여야 할 것이며, 기존 자원을 대체할 수 있는 지점이 출현할 것이다. 이미 오늘날에도 주요 분산형 태양광 시장에서는 전력판매계약$^{power\ purchase\ agreement(PPA)}$ 가격이 전력회사의 평균 전력가격에 가까워지고 있다. 다만 현시점의 거의 대다수 고객에게 오프 그리드$^{off\text{-}grid}$는 경제적으로 선택 가능한 사항이 아니므로, 전력회사는 신중한 규제와 감시가 필요한 전력산업 대부분의 서비스를 판매하는 데 있어 여전히 경쟁우위를 가지고 있다.

4.2 자동화의 역할 증가

전력망과 고객 간 상호 작용이 자동화된다면, 3절의 논의에서처럼 전력망이 제공할 수 있는 많은 잠재적 서비스가 최상의 효율로 작동할 수 있을 것이다. '자동화' 기반의 미래 전력시스템에서 지능형 에너지 관리자는 에너지 서비스, 수급균형 서비스 등을 위한 여러 전력망 제공 기능

PART 1 무엇이 변화하는가? 변화는 무엇을 의미하는가?

과 수요처 부근의$^{on\text{-}site}$ 분산에너지원의 최적 운영 방식을 결정할 때, 고객의 대리인^{agent} 임무를 수행한다. 전력망-고객 인터페이스가 더 정교해질수록 상호작용 빈도는 올라갈 수 있으며, 온종일 수많은 조정이 필요할 수 있다. 고객들은 사전에 서비스에 대한 우선순위 설정, 중단 기능 등을 원하며 가장 가치가 있는 정보를 담아낸 직관적 인터페이스에 끌릴 것이다. 유비쿼터스 통신 장비들이 시스템 이면에서 끊임없이 정보를 주고받는 것과 같이, 고객이 원하는 사항이 증가할수록 더 많은 상호 작용이 인터페이스 뒤에서 이루어질 것이다.

현재 진행 중인 시범 프로젝트는 자동화가 전력망과 더 잘 통합되고, 동시에 고객에게 비용절감 효과를 가져오는 데 이점이 있다는 것을 이미 입증하였다.

4.3 전력망 서비스에 대한 금융 상품화 방안

분산에너지원 중심의 새로운 세계에서 소비자가 전력망으로부터 사고자 하는 서비스의 특성이 본질에서 예상치 못한 방법으로 변화하기 때문에, 다른 상거래 분야를 살펴보는 것이 유용할 수 있다. 다른 재화, 심지어 통화^{currency}와 전기의 유사점을 고려하여, 재정적인 유사점을 사용하는 것은 혁신에 대한 많은 모형을 제공한다. 예를 들어, 금융시장에서의 창의적 거래방법과 파생계약 등은 에너지 시장에서도 적용 가능할 수 있다.

한 가지 주의할 사항은 규제가 잘 이루어지고 있는 금융시장에서도 지대추구행위$^{rent\text{-}seeking\ behavior}$ (역자 주: 경제주체들이 비생산적인 일에 자원을 낭비하는 현상)를 추구하는 경향이 있다는 사실이다(많은 사람들이 엔론^{Enron} 사태에서 발생한 회계부정 사례를 여전히 기억하고 있다). 한편, 저렴한 전력저장

에너지 전환 전력산업의 미래

설비의 미비로 장기간 대용량으로 전력을 저장하는 것 역시 비실용적이다. 적어도 초기에는 말 그대로의 전기 저장소로써 활용되기보다 불안정성을 완화시켜주는 충격 흡수 장치의 역할 또는 에너지 신시장 형성을 촉진하는 역할을 담당할 가능성이 크다고 할 수 있다.

3절에서 논의된 금융 서비스와의 유사점을 고려한다면, 최소한 다음의 2가지 유형의 서비스를 생각해볼 수 있다.

- 은행 또는 마케팅 서비스. 전력망을 통해 고객이 여분의 전기를 팔거나 수요지역 인근에서 생성된 전기를 외부 소외지역^{offsite}에 저장하는 서비스로써 일^{daily} 또는 계절 단위로 저장된 전력을 다시 가져와 사용할 수 있다.
- 보험, 백업 서비스. 확률론적 특성을 고려한 서비스. 전력 필요량이 변동되거나 분산전원$^{distributed\ generation}$이 장비고장 또는 기상악화 등으로 제대로 작동하지 않을 수 있다. 그러므로 전력망은 갑작스러운 전력이 필요한 고객에게 사용할 수 있는 보험을 제공할 수 있다. 보험 증권은 여러 가지 종류의 조건을 포괄할 수 있으며, 이벤트 기반 지급을 유발할 수 있다. 예를 들어, 몇몇 주요 회로 또는 일정량의 전력량 기준에 따라 다양한 신뢰도 수준으로 작동해야 한다. 금융업과 달리 보험계약은 양면 모두에서 실행될 수 있다. 즉, 분산에너지원의 분산된 풀^{pool}에서 보험제공자^{insurer}로써 전력망 공급을 책임지는 입장과 보험대상자^{insuree}로써 긴급 수요반응과 유사한 방법으로 보험 서비스를 제공할 수 있다.

한편, 금융 서비스와의 유사점을 고려할 때, 대용량 송전망은 글로벌 금융 시스템과 비슷한 선상에서 생각해볼 수 있다. 송전망은 금융시장에서 은행 간 대출, 파생계약과 재보험과 같이 대규모 실패가 발생하지

PART 1 무엇이 변화하는가? 변화는 무엇을 의미하는가?

않는다면 대부분의 소비자가 인지하지 못하는 금융상품과 비슷한 전력 서비스를 제공한다.

5. 모든 것에 대한 가격 결정 : 이 모든 것이 어떻게 작동하는가?

기존 전력망 모형에서 분산에너지원을 효율적으로 통합하는 모형으로 '효율적인 전환'을 자동적으로 이뤄지게 하는 요금제 개편에는 왕도가 없다. 현대 전력망은 모든 시스템 중 가장 거대한 시스템이며 매우 복잡하게 구성되어 있다. 또한, 분산에너지원의 확산은 이러한 전력시스템을 더욱더 복잡하게 만들고 있다. 전력산업을 둘러싼 주변 환경은 빠르게 변화하고 있다. 또한 우리는 기존 서비스들의 분화, 보완적 서비스의 출현과 이에 따른 전력회사들의 경쟁 심화, 증가하는 자동화 거래, 에너지 관리 구조의 진화, 예측하기 어려운 새로운 에너지 상품의 출현 등을 동시다발적으로 경험하게 될 것이다. 이러한 불확실성을 고려할 때, 고객을 위한 서비스를 설득력 높게 가격을 결정하는 방식은 다음 세 가지로 생각해볼 수 있다.

5.1 실시간 가격 결정 Real-Time Pricing

복잡한 새로운 시장을 다루는 가장 확실한 방법은 모선^{nodal}, 양방향, 에너지관리시스템이 받아들일 수 있는 분 단위 또는 그 이하의 매우 세밀한 기준의 실시간으로 변화하는 것이다. 이를 통해, 누군가의 서비스 비용 추정치가 아닌, 개별 고객이 스스로 판단한 서비스의 가치 기준으

로 가격이 결정될 수 있다. 시장 기반 실시간 가격결정은 변화하는 주변 환경에 자동으로 적응하며, 기술적 변화를 따라잡기에 충분하지 않을 정도로 종종 발생할 수 있는 요금 사례에 국한되지도 않는다. 송전과 배전 요금은 자동으로 가격에 추가되어 포함될 수 있으며, 분산에너지원은 전력망의 기존 자원들과 경쟁하며 필요한 실시간 서비스를 제공할 수 있다. 시장의 변동성을 낮추고자하는 참여자는 적정 가치에 왜곡이 없는 방식으로 파생 계약을 통해 리스크를 관리할 수도 있다. 이러한 방식은 유럽 도매 시장에서의 공급 용량을 확보하고 보장하는 방법과 매우 유사하다.

한편 실시간 책정 방법에는 몇 가지 잠재적 단점이 있다. 첫째, 가치 발견이 자동화되어 급전^{dispatch}을 유도하면, 누군가는 간혹 발생할 수 있는 시스템 오류에 대해 책임질 수 있어야 한다. 시스템운영자 혹은 가격을 결정하던 주체들은 점차 의사결정에서 멀어지고 중개자 역할로 변화할 수 있다. 이때 원활한 전력거래와 시스템 운영이 가능하도록 일부 보호 기능이 보강될 필요가 있다. 둘째, 시장이 매우 불투명해지고 적절하게 규제되지 않거나 경쟁이 불충분할 경우 불법적인 조작이 빈번하게 발생할 수 있다. 어쨌든 금융시장에서처럼 지대추구행위가 다수 관측될 위험이 있다. 끝으로, 변동성이 지나치게 커져 시장이 비효율적으로 운영될 수 있다. 따라서 시장 안정성 확보를 위한 보증인이나 시장조성자 등이 필요하다. 이 중 어느 것도 걸림돌이 아닌 것은 없지만, 오늘날의 전통적 모형에서 완전한 실시간 시간으로 변화하는 점진적 경로에는 많은 도전과제가 놓여 있다.

PART1 무엇이 변화하는가? 변화는 무엇을 의미하는가?

5.2 요금제도의 재정비

또 다른 큰 방향성은 분산에너지원을 구축한 소비자 대상의 서비스에 대한 미래 전력망의 요금체계를 점진적으로 진화시켜야 한다는 부분이다. 새로운 요금체계는 고객이 갈망하는 서비스와 밀접하게 연계되도록 설계돼야 한다. 요금제도 재정비 과정에는 잔여 서비스들을 기능 및 기준에 맞게 분리하는 것이 포함되며, 새로운 보완적 서비스와 혼합 후 재결합하는 과정을 거친다. 가정용 요금에 대한 예를 들면, 가장 간단한 첫 단계는 고정요금, 체적사용요금에 수요 부가금을 추가하는 세 가지로 구분된 요금제로 변화하는 것이다. 이러한 요금구성에서는 접속 용량의 크기에 따라 그 가격을 매기고, 전력망으로 내보내는 분산에너지원의 출력 변동성을 함께 고려한다. 향후, 이러한 요금책정 방법은 해당 기관(회사)이 가상은행 virtual bank 으로 진화하여 에너지 거래의 대가로 탁송비용, 중개비용을 산정하고, 보험서비스에 대한 수수료 등을 통해 운영될 수 있다.

5.3 계획된 부하 scheduled load

결국, 가격, 요금 설계는 사람보다는 기계가 더 최적화될 수 있으므로 많은 고객이 자체적인 에너지관리시스템 Energy Management System(EMS) 과 더 많이 상호작용할 수 있으며 궁극적으로 분산에너지원 투자가 기대처럼 이루어지고 있는지 확인하는 핵심적인 부분에 초점을 맞출 수 있다. 이로 인해 완전히 새로운 종류의 가격 책정 모형이 산출된다. 그러한 예는 부하를 공급계획에 포함하는 것이다. 부하는 다음과 같은 원리에 따라

에너지 전환 전력산업의 미래

계획에 포함된다. 우선 세 종류의 전력 블록으로 시작한다.

- 에너지 블록 energy blocks
- 전력공급 블록 power supply blocks
- 예비력 블록 reserve blocks

고객의 에너지관리시스템은 수입 전력imported power(소비) 또는 수출 전력exported power(생산)을 kWh 또는 그 이하의 단위의 에너지 블록으로 하루 전 시장day ahead market에 입찰한다. 또한 에너지관리시스템은 독립적이거나 부수적으로 전력공급 블록에 입찰할 수 있다. 이때, 입찰은 고정된 전력공급 범위(가령, 0~2kW)로 정의된다. 독립적으로 구성된 전력공급 블록은 전력망 수요를 맞추고 각 고객의 필요에 따라 다양하게 변화할 수 있다. 반면 부수적으로 구성된 전력공급 블록은 조정할 수 있는 최소 소비 단위의 수요 조정으로 결정된다.

부수적인 전력공급 블록은 수요에 대한 운영 권한을 중앙의 운영자에게 양도하기 때문에, 이러한 계약에서 전력은 독립적인 공급 블록보다 더 저렴하며, 아마도 보상을 받을 수도 있을 것이다. 부수적 블록에 입찰할 수 있는 시점은 고객의 배터리가 충전 또는 방전 중이거나 여유가 있을 때, 가득 차 있을 때, 충전식 전기자동차와 같이 커다란 제어가 가능한 부하가 있을 때 등이다. 이러한 시점을 제외한 다른 모든 기간에는 독립적인 전력공급 블록을 활용할 수 있다. 한편, 고객은 수출 가능한 전력 또는 취소 가능한 수요 등을 활용해 예비력 블록에 입찰할 수도 있다. 예비력 블록은 불이행 시 발생할 수 있는 대규모 페널티를 반영한 비상상태 대비 프리미엄을 전력망에 제공한다고 볼 수 있다. 가격은 반드시 시장을 통해 이루어질 필요는 없으며 사전 협의가 이뤄진 가격 계

PART1 무엇이 변화하는가? 변화는 무엇을 의미하는가?

획의 형태로 결정될 수 있다.

　이러한 방식에 따라, 전력망 운영자는 운영의 확실성을 향상하고 복잡성을 단순화시킬 수 있다. 여기에는 전력망 관리, 예비력 확보, 실시간 수급일치 등 전력망 운영에 필요한 주요 기능들이 포함된다. 반면, 스마트 기기와의 상호작용을 활용한다는 것은 기존의 관행에서 벗어난 중대한 변화를 의미한다.

　앞서 언급한 모든 가격 체계는 상호배타적이지 않다. 가령, 실시간 가격 결정으로 완벽한 수준으로 관리되는 전력망에서도 제삼자는 실시간 지급과 신용거래를 제안할 수 있다. 이때 해당 가격은 고객의 행위와 관련이 있다. 이것은 전력 소매업자들이 도매전력에서 전력을 사전에 구입하고, 소매 고객에게 전력을 판매하는 과정과 유사하다. 어떤 가격 결정 방법론이 고려되든, 의사결정권자는 게임이론적인 개념과 에이전트 기반 모델링 등을 경험적 고객 반응과 시범 프로젝트와 결합해 최상의 경로를 추구해야 한다.

6. 결론

　에너지 비전 개혁Reforming the Energy Vision(REV)의 뉴욕과 캘리포니아를 포함한 개척에 앞장서온 주(州)들은 배전 자원 계획 프레임워크를 통해, 고객이 더 많이 참여하는 미래를 탐험하는 단계를 밟고 있다. 이때, 고객은 자동화된 장치 또는 제3의 중개자를 통해 직간접적으로 참여하게 된다. 전력산업의 미래를 관측하려는 모든 전력회사는 진화하는 규제 체계를 자세히 살펴볼 것이다. 어느 정도까지, 과거부터 이어온 규제 관행은 혁신을 가로막고 있지만, 여러 측면에서 변화를 갈망하는 압력이 커지고 있다. 기존 참여자를 보호해주는 제방을 무너뜨릴 때, 어떤 일이

일어나게 될지는 정확히 알 수 없다. 다만, 미국 캘리포니아 전력회사 PG&E와 같이 변화의 가장자리에 놓인 전력회사들은 둔감한 조직 내부 문화를 극복하기 위해 노력하고, 수익 잠식을 일으킬 수 있는 요인들을 밝혀내기 위해 고군분투할 것이다. 생존의 핵심은 부가가치서비스를 제공하고 새로운 경쟁기업에 둘러싸인 경영 환경을 받아들여야 한다. 또한, 혁신적인 신생기업과 파트너십을 맺고, 더 나은 서비스를 제공하기 위해 끊임없이 노력하여 새로운 매출 창출에 집중할 필요가 있다.

전력회사는 규제기관의 협조 아래 더 나은 고객 관계를 구축해야 한다. 이것은 전력망이 실제로 제공하는 것을 잘 이해하고, 공정한 방식으로 실질적 가치를 반영한 가격으로 고객에 서비스를 제공한다는 것을 의미한다. 여기에는 대형 발전기부터 고객까지의 하향식 공급경로로서의 역할을 수반할 수 있으나, 훨씬 더 다양한 서비스를 제공하는 중개자로서의 역할이 더 중요하다. 규제 기관과 전력회사는 판도라의 상자가 이미 열렸다는 사실을 받아들여야 한다. 고객이 점점 더 전력 서비스를 관리할 수 있게 되면서, 기존 공급·수송 주체들은 통합망이 모두에게 큰 이득이 될 수 있다는 희망에 집중해야 한다. 일부는 새로운 체제에서 번영하는 방법을 배우게 될 것이며, 다른 일부는 점차 사라지거나 매각될지도 모른다. 따라서 전력산업의 모든 참여자는 변화해야만 한다.

PART1 무엇이 변화하는가? 변화는 무엇을 의미하는가?

제5장

사물인터넷과 혁신적 플랫폼

...

The Innovation Platform Enables the Internet of Things

John Cooper
*Siemens PTI, Business Transformation & Solution Engineering, Austin, TX,
United States of America*

1. 소개

전력산업의 새로운 비전과 미래는 새로운 기술과 비즈니스 모델의 출현과 함께, 경쟁력 있는 대안이 주도한다. 전통적인 전력망 비즈니스 모델에 도전하는 새로운 대안적 비즈니스 모델의 출현은 전력산업 역사상 처음이다. 이에 따라 앞으로 다가올 제 2막이 어떻게 전개될지, 많은 기대와 궁금증이 상존한다.

"전력산업의 다음 단계는 무엇일까?"
"20세기, 최고의 업적 중 하나인 전력시스템을 어떻게 능가할 수 있을까?"

이 책의 다른 장에서 잘 설명했듯이, 전력망은 20세기의 기본 인프라였으며 사회 경제적 진보를 주도하는 다른 모든 인프라를 가능하게 했다. 틀림없이, 그 다음 모든 것은 이러한 유일한 성공을 활용하려고 노력할 것이다. 어쨌든, 우리는 오랫동안 전력망이 필요했고, 여전히, 앞으로도 필요할 것이다. 그리고 21세기에도 전력산업을 지금까지의 근본적인 역할을 이끌 수 있는, 지속가능한 비전을 수립하는 열쇠가 있다.

"새로운 목적을 위해, 전 세계의 전력회사의 핵심 역량인 기본 인프라를 다시 상상해봐라."

인프라 분야의 차세대 기술 중 사물인터넷$^{Internet\ of\ Things(IoT)}$을 뛰어넘는 비전을 찾기란 어렵다. 지난 20년 동안 파괴적인 변화를 불러일으켰던 인터넷은 팽창해왔고, 사물인터넷으로 도달해가고 있다. 사물인터넷은 수십억 개의 지능형 장치에 대한 광범위한 개념으로, 데이터를 백그라운드에서 교환하고 지능적으로 명령을 실행한다. 또한 상상할 수 없는 새로운 수준의 개인화와 가치를 제공하며, 21세기 기술 중심 경제와 사회 변화를 주도한다. 이 장에서는 "사물인터넷의 기초 인프라로써 장기적인 지속가능성을 달성하기 위해, 전력회사가 먼저 전환^{transition}, 혁신, 소매시장 통합, 지속적인 상호교류 등이 가능해지는 지속가능한 플랫폼으로 전환해야 한다."는 것을 강조하였다.

이러한 비전을 실현하는 데 장애물은 바로 변화에 대한 저항이다. 변화는 범위와 속도 모두에서 상대적으로 파괴적인 도약과 한계로 다가온다. 즉, 우리가 어제 '빠르다'라고 불렀던 것이 오늘은 '느리다'라고 여겨질 수 있다. 수십 년 또는 몇 년에 걸쳐 일어났던 변화가 이제는 불과 몇 달만 지나면 끝이 난다. 기존 기업의 경우, 변화를 가속화하려면 상

PART1 무엇이 변화하는가? 변화는 무엇을 의미하는가?

당한 적응과 혁신이 필요하다. 왜냐하면 새로운 가치를 제공하는 새로운 솔루션을 적용해도 이러한 시도가 경쟁력이 떨어지고 혁신과 관련성이 멀어지는 경우가 태반이기 때문이다(Kotter, 2014). 우리에게 필수적인 전력산업에서 역사적인 기업들에, 이러한 극적인 새로운 상황을 인식하고, 새로운 시대로의 진보를 이끌어갈 비전을 수립하기를 간절히 바란다. 이번 장에서 전달하고자 하는 비전은 간단명료하다.

"전력산업이 바로 사물인터넷의 지속가능한 토대가 되는 것이다."

전력회사는 IoT를 포함한 미래의 다양한 가치를 혼합할 수 있는 전력, 통신, 인텔리전스^{intelligence}를 제공하는 핵심적인 플랫폼이 될 수 있는 기회를 가지고 있다. 이 장에서는 변화를 가속하는 것의 의미를 살펴보고, 혁신의 과제를 강조하고, 강력한 비전을 제시하였다. 또한 20세기의 전력망과 21세기의 사물인터넷, 그리고 부상하는 개별 에너지$^{Personal\ Energy}$ 서비스 경제와 이를 뒷받침하는 인프라스트럭처 간의 주요 지점^{dot}을 연결하고자 한다.

이러한 과업들을 해결한다면, 전력회사는 새로운 길을 찾아갈 것이다. 이 과업을 이해하기 위한 첫 번째 단계는 '기본 인프라에서 서비스로의 전환'이다. 더 큰 가치를 제공하기 위해, 혁신적인 새로운 비즈니스 모델을 검토하고 평가해야 한다. 마지막으로, 전력회사는 취약점을 보강하기 위해 제3자와 협업을 하는 개방형 체계를 구축할 필요가 있다. 이러한 개방형 시스템은 새로운 요구와 기대를 가지며 점차 새로운 프로슈머^{prosumer} 역할로 성숙되어가는 소비자를 수용할 수 있다. 요컨대, 오늘날의 상황은 전력회사가 고안할 수 있는 대담한 새로운 비전을 제시한다.

에너지 전환 전력산업의 미래

기본 제안^{Underlying Proposition} : 상품을 전달하기 위한 인프라는 더 큰 개인화^{personalization}와 더 나은 가치를 지원하며 자연스럽게 진화한다. 전력회사가 혁신적인 서비스를 제공할 수 있는 기반이 되고자 노력하면서, 이러한 진화는 궁극적으로 전력회사와 산업 전체의 변환^{transformation}으로 이어진다. 새로운 목적을 위해 변환된 전력회사는 새로운 인프라, 새로운 플랫폼, 그리고 새로운 앱(서비스)을 구현할 수 있다.

간단히 말해서, 과거의 성공을 전력회사에 적용하는 것은 미래에도 여전히 요구될 것이지만, 더 이상 충분하지 않을 것이다. 전력회사는 새로운 역할을 찾으며, 크게 변화해야 할 것이다. 또한 전력회사는 변화와 위기에 대처하는 능력을 갖춰야 한다. 그렇지 않으면, 전력회사는 역사적인 변화의 물결에 휩쓸리게 될 것이다. 다른 측면에서 살펴보면, 이러한 대변화 속에서 전력회사는 또 다른 100년의 성공을 위해, 스스로를 '재정의^{redefine}'할 수 있는 역사적인 기회를 맞이하고 있다. 이러한 '재정의'는 비전에서 시작하여 전환 계획^{transition plan}으로 이어진다. '전환'은 규제 기관과 전력회사가 '지속성^{continuity}', '안정성^{stability}' 등 전력 전송이라는 전통적으로 중요했던 역할에서 벗어나는 것이 포함될 것이다. 오늘날, 전력망을 관리하기 위한 안정적인 전력회사가 지속되어야한다는 사실에는 의심의 여지가 없다. 그러나 저렴하고, 신뢰성 높은 전력공급을 보장하는 것에서부터 분산에너지원^{DER}과 재생에너지원을 통합하는 데까지, 현상을 유지하며 천천히 변화하는 것만으로는 충분하지 않다.

대신, 전력회사는 보다 대담하고 포괄적인 비전을 가질 필요가 있다. 단순히 새로운 기술을 도입하거나 매출을 유지하고 운영요구 상황에 맞게 변화를 늦추기 위해, 방어적으로 대응하기 보다는 더 큰 목적을 염두에 두고 전환을 준비해야 한다. '적응성^{adaptability}'과 '유연성^{flexibility}'에 대한 새로운 시각은 연속성과 안정성에 대한 전통적인 적절하게 조화되

PART1 무엇이 변화하는가? 변화는 무엇을 의미하는가?

어야 한다. 오늘날 전력회사가 각광받는 사물인터넷을 지원하는 새로운 비전으로 성장하려면, 혁신을 위한 플랫폼이 되기 위해 필요한 단계를 거쳐 전환 경로에 도달해야 한다. 이것이 바로 본 장에서 다루고자하는 주요 내용이며, 전력망의 새로운 목적과 새로운 비즈니스 사이의 주요 지점을 연결하고자 한다.

본 장의 구성은 다음과 같다. 2절에서는 변화 속도를 빠르게 하는데 있어서의 장애요인과 결과, 탈중개화(직거래)^{disintermediation}, 붕괴^{disruption} 등을 다룬다. 3절에서는 기술변화와 혁신에 의해 점차 추진되는 21세기 경제에서의 강력한 비즈니스 모델로써의 플랫폼의 부상에 초점을 맞춘다. 4절에서는 사물인터넷, 통신, 정보망, 전력망 등 핵심적인 인프라에 앞 절의 분석결과를 적용하고 본 장의 결론을 제시하고자 한다.

2. 변화의 가속, 탈중개화, 그리고 붕괴

기술이 창출하는 모든 새로운 이점은 동시에 새로운 골칫거리를 안겨준다. 그것은 바로 변화를 가속화하는 것이다. 현대 사회에서 전기화^{electrification}는 수십 년이 걸렸을지 모르지만, 20세기 경제 기적을 이끌어내고 생활수준을 끌어올렸으며, 놀라운 일을 멈추지 않았다. 변화는 20세기에 계속해서 가속화되었으며, 각 세대는 다른 삶의 속도를 경험했다. 1960년대에는 트랜지스터와 집적회로로 대표되는 디지털 기술(전기로만 구동되는)이 등장했으며, 변화의 속도를 가속화하는 동력이 되었다. 첨단 기술은 모든 것의 속도를 높이고, 더욱 강하게 만들었다. 또한 칩^{chip}의 비용은 점점 더 낮아지고, 더 많은 기기에 내장되었다. 그 다음, 네트워킹^{networking}은 모바일 통신과 인터넷으로 변화의 속도를 더 높였다. 그리고 비즈니스 모델 혁신은 기술 혁신을 가속화하여, 새로운 기능

 에너지 전환 전력산업의 미래

을 활용해서 기존 방식에 도전한다. 우편 서비스는 재래식 우편에서, 그 다음에는 이메일$^{e-mail}$ 역시 부모 세대가 소통하는 수단이 되었다. 젊은 세대는 문자 메시지로 그 다음 페이스북^{Facebook}, 핀터레스트^{Pinterest}, 스냅챗^{SnapChat} 등 다양한 소셜 미디어로 옮겨갔고, 연락을 유지하는 더 많은 방법들을 통해 빠르게 변화했다.

이제, IoT는 전통적인 운송 패러다임에 뒤흔드는 우버^{Uber}와 같이 소매 어플리케이션으로 부상하고 있다. 흡사 버섯이 쑥 튀어나오는 것처럼, IoT를 활용한 모바일 앱은 매일 새롭게 등장하면서 우리를 즐겁게 하고, 조금이나마 삶에 기쁨이 된다. 가령, 비비노^{Vivino}는 복잡하고 어려웠던 와인 선택에서부터, 판매 지점에 와인 관리인을 배치하고, 당신의 특별한 취향에 따라 와인을 고를 수 있게 추천한다. 샷 바이 샷$^{Shot\ by\ Shot}$은 일반 골퍼에게 해당 지역의 캐디로부터 경험이 풍부한 조언을 무료로 제공한다.

디지털 기술과 새로운 비즈니스 모델의 발전으로 새롭게 소비자에게 접근하는 방식은 전력, 통신, 정보 네트워크를 활용하여 보다 강력한 개인화와 가치를 제공한다. 명확하지는 않지만, IoT의 산업 비전은 더 큰 파급력이 있을지도 모른다. 또 앞서 언급한 소매 앱과 마찬가지로 전력, 통신, 정보, 물류 네트워크 등에서 과거 수동으로 처리하던 프로세스는 센서와 데이터 수집을 통해 점차 자동화되고 새로운 가치를 창출할 수 있다. 예측 분석$^{Predictive\ analytics}$을 통해 공장을 더 효율적으로 운영할 수 있으며, 기계와 장치의 신뢰성과 성능을 보다 더 향상시킨다. 예를 들어, 자율주행 자동차는 IoT에 의존한다. 그리고 이 모든 새로운 가치의 기저에는 더 안정적이고 자동화된 현대식 전력망이 있을 것이다. 그렇지만 이 흐릿한 미래를 넘어, 다음 2가지 요소가 현재 상태에 도전하고 근본적인 변화를 도입하기 위해 활용될 것이다.

PART 1 무엇이 변화하는가? 변화는 무엇을 의미하는가?

- 첫째, LED 조명, 수요지역 분산형 태양광, 전기자동차, 에너지 저장과 같은 에너지 기술은 총괄적으로 분산에너지원이 되어, 기존 전력망의 강력한 보완재 또는 대체재로 활용할 수 있다.
- 둘째, 기후변화에 대한 인식변화 : 화석연료 발전이 야기하는 공해 문제 해결에 대한 인식변화는 기존 중앙집중형 전력생산과 전송 방식 변화를 요구하고 있다.

파괴적 변화는 플랫폼의 시대와 빠른 기술, 비즈니스 모델의 혁신에서 크게 다르며, 이는 빅뱅 파괴$^{Big\ Bang\ Disruption}$라는 용어로 이어진다(Downes and Nunes, 2013). 기존 회사들은 과거 계획하고 실행했던 마케팅 계획에서 벗어나 계획부터 다르게 시작해야만 한다.

"...빅뱅 파괴는 그 정도^{degree}뿐만 아니라 종류에 있어서도 기존 혁신과는 매우 다르다. 또한 과거 어떠한 제품이나 서비스보다도 더 저렴하고 독창적이며, 다른 제품, 서비스와도 더욱 긴밀하게 통합되어 있다. 그리고 많은 사람들은 증가한 소비자 접근성을 활용하고, 정보 생성에 기여하며 정보를 공유한다(Downes and Nunes, 2013)."

변화의 측면에서, 빅뱅 파괴에서 디지털 기술에 기초한 비즈니스 모델과 플랫폼은 끊임없는 혁신을 거듭하며 기존 기업의 생존을 위협한다. 플랫폼의 수혜를 받기 어려운 기업들은 민첩성과 적응력이 부족하다. 즉, 이러한 기업들은 플랫폼 기반으로 신기술을 활용하는 새로운 기업에 비해 경쟁력이 떨어진다. 기존 전력회사가 나아가야할 길은 핵심역량과 과거 성공들을 활용하여 위협을 해소하는 것이다. 요컨대, 스스로를 리포지셔닝^{repositioning} 할 필요가 있다. 앞서 계속 인용한 저서(Downes and Nunes, 2013)를 살펴보면, 기존 전력회사가 새로운 플랫폼의 출현에 어떻게 대응해야 하는지를 살펴볼 수 있다.

에너지 전환 전력산업의 미래

"기존 기업들이 살아남기 위해서는 급진적 변화를 감지할 수 있는 새로운 도구를 개발할 필요가 있다. 또한 파괴를 늦추는 새로운 전략을 개발해야 하며, 다른 시장에서의 기존 자산을 활용하는 새로운 방안을 마련하고 보다 다양한 방법으로 투자를 시도해야 한다."(Downes & Nunes, 2013)

독일에서는 발전차액지원제도$^{Feed\ In\ Tariffs(FITs)}$ (역자 주: 재생에너지로 공급한 전력에 대해 생산가격과 전력거래가격 간의 차액을 보조금으로 보전해 주는 제도)를 도입해 새로운 에너지 기술인 태양광 활용을 촉진했으며, 이는 전력산업 구도 전체를 뒤집어 놓았다. 미국, 캐나다에서는 발전차액지원제도^{FiT} 보다는 리베이트^{rebate}, 넷미터링$^{net\ metering}$ (역자 주: 재생에너지를 통해 전기를 생산하고, 소비 후 남은 전기를 전력회사에 되팔 수 있게 하는 제도)이 독일보다는 느린 성장을 가져 왔다. 그러나 전력구매계약$^{power\ purchase\ agreement(PPA)}$ 도입은 태양광의 시장 수용을 촉진하고 있다. 하와이, 애리조나, 캘리포니아 등 재생에너지가 공격적으로 확산된 지역의 전력회사는 태양광이 위협이 될지 또는 기회가 될지를 따져봐야 한다. 2014년 실시된 조사에 따르면, 대다수 전력회사 경영진은 태양광이 위협에서 기회로 전환되고 있다고 보고 있다. 애리조나의 전력회사는 주택 지붕 또는 공동체 정원에 태양광 발전시스템을 구축·소유하는 규제 승인을 받았으며, 집단형 태양광$^{community\ solar}$ 비즈니스 모델이 각광을 받고 있다.

그러나 예측이 어려운 미래에, 전력회사 경영진이 불충분한 정보에 의존해 의사결정을 내리기는 어렵다. 전력회사는 더 많은 재생에너지를 계획할 것이며 에너지저장장치를 활용할 것이다. 파괴와 탈중개화는 급격한 변화 또는 장기적 수익 잠식을 초래하여 전통적 요금 기반 수익에 중대한 위협이 될 수 있다. 전력회사는 파괴가 진행하는 환경에 직면하게 될 것이다. 구체적으로는 고객을 더 이해하고, 개인 서비스 혁명을

PART 1 무엇이 변화하는가? 변화는 무엇을 의미하는가?

받아들여야 한다. 즉, 새로운 시장에 부합되고 좀 더 항구적인 솔루션을 찾아야 한다. 즉, 전력회사는 과거 패러다임인 '안정적이고 저렴한 킬로와트시(에너지양) 공급'을 뛰어넘어 '가치를 제공하는 플랫폼'으로 전환할 수 있는 엄청난 기회를 가진다.

3. 혁신 플랫폼

오래 전, 유명한 자연 연구가 찰스 다윈$^{Charles\ Darwin}$은 표준 체계^{framework}가 우아하고 매우 복잡한 결과를 낳을 수 있다는 사실을 인식했다. 창발행동$^{emergent\ behavior}$ (역자 주: 구성 요소에는 없는 특성이나 행동이 전체 구조에서 자발적으로 출현하는 현상)과 몇 가지 간단한 규칙들(시행착오, 적자생존, 폐쇄적 피드백 루프$^{closed\ feedback\ loops}$ 등)을 통해 자연은 어떠한 감독관리 없이 수천 세기에 걸쳐 엄청난 복잡성을 조직했으며, 어떠한 관리·감독 없이 지속해왔다. 다윈의 2세기 전 연구 이후, 더 많은 연구들은 자연이 인사$^{human\ affair}$의 가치 있는 스승이라는 사실을 밝혀냈다. 예를 들어, 자연은 네트워크와 창발 사이의 관계를 이해하는 훌륭한 모델이다. 두 가지 현상은 IoT의 잠재력을 이해하는 데 매우 중요하다.

인기 저자인 스티븐 존슨$^{Steven\ Johnson}$은 창발^{emergence}과 자기 조직화$^{self-organization}$의 개념을 설명하기 위해, 자연에서의 사례를 활용하여 개별 활동이 네트워크 연결을 통해 어떻게 나타나는지 보여줬다(Johnson, 2002). 20세기 인류가 만든 비즈니스 모델은 고도로 설계되고 하향식$^{top-down}$ 제어에 기초한 계층 구조라는 특징이 있는데, 창발과 네트워크는 여기에 강력한 대안을 제공한다. 이미 우리는 가치가 실현되는 혁신을 목격한 바 있다. 인터넷이 성숙되며, 그 접속이 확산되었다. 즉, 우리는 PC와 노트북에 우선 인터넷이 연결되고, 모바일 스마트폰과 태블릿이

에너지 전환 전력산업의 미래

확산되는 과정을 경험했다.

미래학자 제레미 리프킨$^{Jeremy\ Rifkin}$은 그의 저서에서 인프라와 혁신 사이의 점을 연결하며, IoT가 네트워크에 창출하는 세 가지 시너지 효과를 다음과 같이 설명하였다(Rifkin, 2014). 첫째, 유무선 통신 네트워크는 수백만, 수십억 지점에서 데이터를 빠르게 이동시킨다. 둘째, 전통적인 전력망과 새로운 분산에너지원으로 구성된 에너지망은 에너지가 필요한 곳에 가장 최적의 방식을 통해 에너지를 전달한다. 끝으로, 스마트 물류 네트워크는 상품과 사람을 한 지점에서 다른 지점으로 안전하고 효율적으로 이동시킨다.

사물인터넷이 기계간 통신$^{machine-to-machine(M2M)}$과 스마트그리드^{smartgrid}의 진화 경로, 3가지 기본 구조 인프라의 시너지 또는 빅데이터$^{Big\ Data}$, 클라우드^{Cloud}의 보완재 등 무엇으로 여겨지든 간에 기존에 경험하지 못했던 새로운 혁신과 더 큰 가치를 실현할 것임에는 이견이 없다. 이러한 잠재성은 20세기의 놀라운 혁신 쌍둥이로서의 전력과 통신과 지난 20년간의 인터넷 혁명을 능가할 수 있다.

전력회사가 IoT를 제공할 때 가능한 변화를 상상해보자. 자동차의 안전 벨트, 에어컨, 파워 윈도우가 과거 고급차의 옵션에서 오늘날 기본으로 제공되는 것처럼, 신뢰도가 다양한 수준에서의 선택으로 재정의되며, 정전은 기이한 개념이 될지도 모른다. 전기요금제 역시 오늘날 휴대폰 요금제처럼 계량기반$^{metered-based}$에서 정액 또는 주말 무료 요금제 등으로 바뀔 수도 있다. 스마트 미터와 인버터는 에너지 인터넷의 라우터^{router}(역자 주: 서로 다른 네트워크를 중계해주는 장치)처럼 트랜잭티브 에너지 경제$^{transactive\ energy\ economy}$에서 가격 신호에 따라 전력을 주고받을 수 있게 해준다. 포지티브 에너지 빌딩$^{positive\ energy\ building}$(역자 주: 에너지를 소비하는 것보다 더 많이 생산하는 빌딩)은 나노그리드^{nanogrid}(역자 주: 건물규모의 전력 생산-소비 체계) 운영시스템이

PART 1 무엇이 변화하는가? 변화는 무엇을 의미하는가?

확산되며, 분산형 발전소가 된다. 그리고 투자신탁^{REITs}은 전력산업에는 새로운 투자 방법으로 자금을 제공한다. 이러한 아이디어가 현재 전력회사 경영진에게는 너무나 기발한 것처럼 보일 수도 있지만, 많은 사람들은 블로그와 앱이 처음 소개되었을 때, 이와 마찬가지로 특이한 것이라 생각하였다. 블로그와 앱은 점차 우리에게 익숙해졌으며, 이제는 모두가 필요한 것이 되었다. 전력산업이 새로운 잠재력을 실현하기 위해서는, 현재 전력망은 운영 모형을 보다 자동화와 디지털화에 박차를 가해 '현대적'으로 전환해야 한다. 그리고 동시에 장기 지속 가능성을 확보하기 위해서는, 지난 20세기 비즈니스 모델에서 진화해야 한다.

이 장의 핵심 전제는 세 번째 플랫폼으로써, 새로운 IT, 비즈니스 모델이 전력산업 비즈니스와 변환에서 가장 합리적인 전환 경로를 제공한다는 사실이다. 여기서 세 번째 플랫폼은 IT 체계와 비즈니스를 꾸준히 변환하는 기술 발전을 인식한다. IT산업 분석 회사 IDC는 2014년, 2015년 자체 전망에서 새로운 기술의 파괴적 영향력이 여기저기에 미쳐 업계 전반에 파괴가 확산될 것이라고 주장했다. 그렇다면, 전력산업은 어떻게 될 것인가?

플랫폼으로써의 새로운 전력회사를 고려하는 한 가지 방법은 두 개의 상호 연결된 반^{half} 쪽을 생각해보는 것이다. 첫 번째는 '운영 플랫폼'으로 자동화, 최적화, 전력시스템과 스마트그리드 기능을 서로 연결하는데 중점을 두며, 시스템 운영을 변화시킨다. 여기에는 전력 수요가 발생하는 부근에 전력시스템과 필요 기능으로써의 배전자동화, 수요반응 등이 포함된다. 최근, 뉴욕 공공 서비스 위원회$^{New\ York\ Public\ Service\ Commission}$의 에너지 비전 개혁$^{Reforming\ the\ Energy\ Vision(REV)}$에서는 이러한 유형의 플랫폼을 주목했다. 한편, 나머지 또 다른 한 쪽은 '혁신적 변화'로 판명될 수 있다.

에너지 전환 전력산업의 미래

운영 플랫폼과 보완적이고 상호 연결되는 '외부 집중형 시장 플랫폼'은 수천 개에서 수백만 개에 이르는 제3자 에너지 시스템과 수억 명의 소비자/프로슈머 사이에서 매우 복잡한 상업적 거래를 처리하며 접목될 필요가 있을 것이다. 시장 플랫폼은 성숙한 에너지 프로슈머에게 매우 큰 가치와 개인화를 가져올 새로운 에너지 서비스를 활성화할 것이다. 동시에, 이 두 부분은 서로 협력하며 각자의 역할을 수행하며, 지금까지는 불가능했던 에너지 비전을 실현할 수 있다.

플랫폼 비즈니스 모델은 궁극적으로 개인화의 가치와 고객별 맞춤이 가능하게 한다. 플랫폼을 설명하고 새로운 비즈니스 모델의 특성을 전력회사의 전통적 전력망 운영과 비교하기 위해, 먼저 정의를 내리고 필요한 설명을 한 후, 예를 들도록 하겠다. 플랫폼은 '새로운 기능, 사용자, 고객, 공급자, 파트너를 쉽고 빠르게 확장, 변모, 통합하는 매우 가치 있고 강력한 생태계'라고 설명할 수 있다. 표 5.1에 요약된 바와 같이, 플랫폼은 (1)3자와의 협업을 수용하고 (2)공생적이고 상호 이익이 되는 관계를 육성하며 (3)소비자의 전력회사 역할과 의사소통을 촉진하며 (4)빠른 적응이 가능하게 한다.

표 5.1 플랫폼 사업 영역에서의 성공 원칙

성공 규칙	내용
1. 선도자/최초의 대규모 시장 창출	초기 실험 : 빠른, 대규모 수용을 장려하기에 충분한 세부사항과 가치를 확보하는 플랫폼을 형성
2. 고객의 군집화	커뮤니티 형성 : 빈번한 소통을 장려. 커뮤니티/소속감 형성에 있어 마케팅이 핵심적 요인이다
3. 개인화와 가치	더 큰 가치를 촉진 : 고객에 집중, 점차 플랫폼의 가치가 더 커진다
4. 레버리지 혁신	플랫폼은 핵심 역량과 가치가 자리 잡을 때까지, 저위

PART 1 무엇이 변화하는가? 변화는 무엇을 의미하는가?

	험 실험(신기술, 서비스, 비즈니스 모델)을 통해 꾸준한 개선을 가능하게 한다
5. 지연 = 죽음	무의미, 노후화, 죽음을 기다리는 뒤쳐짐 : 역설적으로 위험이 해소되기를 기다리는 것은 가장 위험한 길
6. 개방형, 파트너십, 협력	더 빠른 고객 수용, 더 나은 혁신 : 기업이 아닌 생태계가 혁신을 촉진하는 원동력. 작은 파이 전체보다 큰 파이를 공유하는 것
7. 규모, 투자	선행 투자 활성화 : 신속한 확장을 촉진(예 : 클라우드)

따라서 표에서 묘사된 바와 같이, 플랫폼은 인터넷 이전에 상상할 수 없었던 고유의 21세기 비즈니스 모델을 나타낸다. 기존 회사는 어디서든 발생할 수 있는 경쟁을 인지하고 받아들이므로, 플랫폼은 인터넷과 여러 기술을 활용하여 비용은 낮추고 가치를 높여나갈 것이다. 플랫폼은 여러 서비스의 가격 인하를 촉진하고 지속적으로 브랜드를 구축하여 변화에 단순히 적응하는 것 이상으로 발전하면서 큰 변화의 동인이 될 것이다. 플랫폼을 구현하는 기업은 수성에서 공격까지 전환하며, 그 파괴력을 성공적으로 이용한다.

앞서 소개한 바와 같이, 이러한 비즈니스 개념은 현재 IT 업계에서 첫 번째 플랫폼 시대(메인프레임 컴퓨팅$^{mainframe\ computing}$)(역자 주: 1960년대 출현한 초기 컴퓨터들의 형태로 대형 컴퓨터로도 지칭), 두 번째 플랫폼 시대(PC, 노트북 등 인터넷을 사용하는 클라이언트/서버)를 거쳐 현재 새롭게 부상하는 세 번째 플랫폼의 시대로 수렴된다. 기술 향상을 통해 세 번째 플랫폼의 시대로 도약할 수 있었으며, 다음의 4가지의 성숙된 기술로 특징된다 : (1) 어디서나 어떤 장치에서든 데이터 접속이 가능한 클라우드^{Cloud} (2) 인터넷 접속, 통신의 주요 수단으로 모바일 기기와 앱 (3) 생태계를 구성하는 다양한 이해 관계자들을 묶는 소셜 네트워크$^{social\ network}$ (4) 클라우드, 플랫폼, 앱에서의 엄청난 데이터를 제공, 패턴 감지와 새로운 통

찰력을 부여해주는 빅데이터$^{big\ data}$와 데이터 분석$^{data\ analytics}$. 이러한 새로운 관점에 대한 이해는 전력산업의 변화를 이끄는 원동력을 파악하는 데 있어 매우 중요하다.

클라우드 : 증가하고 있는 다량의 데이터를 관리하면서 인터넷을 구성하는 새로운 서버 시스템을 반영한다. 클라우드는 원격 데이터 접속과 데이터 처리 기능을 갖추고 있으며, 공용^{Public}(아마존^{Amazon} 같은 공급업체의 서비스) 또는 전용망을 통한 사설 형태로 운영될 수 있다. 공용 클라우드는 이제 IT 인프라에 대한 대규모 투자 없이, 중소기업이 엄청난 사업 기회를 가질 수 있도록 해준다.

모바일 기기와 앱 : 새로 부상하는 세 번째 플랫폼에서 가장 눈에 띄는 특징이 있다. 스마트폰과 다양한 앱은 기존 데스크탑과 노트북의 영역을 빠르게 차지하고 있는 강력한 기술이다. 또한 모바일 앱은 클라우드를 활용하여 새로운 가치를 창출하며 많은 주목을 받고 있다.

소셜 네트워크 : 강력한 마케팅 도구로 대두되고 있다. 사람들은 소셜 네트워크에서 삶과 함께 중요한 데이터를 공유한다. 여러 앱들과 연결되면서, 소셜 네트워크는 개인화와 가치를 향상시킨다.

빅데이터와 데이터 분석 : 센서^{sensor}의 사용 급증, 데이터 누적, 의미 있는 패턴들의 발견 등으로 클라우드, 모바일 기기와 앱, 소셜 네트워크에 개인화 활용도가 커지고 새로운 가치가 창출될 수 있으므로, 빅데이터와 데이터 분석에는 엄청난 가능성이 있다.

끝으로, 이러한 모든 기술 진보의 총아인 사물인터넷은 세 번째 플랫폼과 앞서 설명한 4가지 기술의 융합으로 구현된다. 사물인터넷은 이러한 IT 트렌드를 전력, 통신, 물류 인프라의 트렌드와 통합한다. 이러한 융합은 먼 미래의 학문적 영역으로 바라볼 수도 있다. 그러나 2015년

PART 1 무엇이 변화하는가? 변화는 무엇을 의미하는가?

뉴욕의 에너지 비전 개혁 추진은 이미 새로운 시장 잠재력을 열어주고 있다. 또한 이러한 시도들은 전력회사가 나아갈 수 있는 방향성을 제시해주고 있으며, 전력산업 변혁의 징후는 이미 감지되고 있다.

뉴욕주(州) 에너지 연구개발청$^{NYSERDA(New\ York\ State\ Energy\ Research\ and\ Development\ Authority)}$이 NY 프라이즈^{Prize} 마이크로그리드 실증 프로젝트 중 다수는 '전력 분석 에너지넷 플랫폼$^{Power\ Analytics\ EnergyNet\ platform}$'을 사용한다. 여기서는 본 절에서 앞서 설명한 혁신 플랫폼에 가장 근접한 예를 설명하고자 한다. 캘리포니아, 텍사스, 하와이 등 전력산업 변혁을 주도하는 개척자 시장의 플랫폼 접근법도 이 예와 유사할 것이다. 전 세계 전력회사, 중개업자, 정치가 등은 이러한 뉴욕의 에너지 비전 개혁에 큰 관심을 보이고 있으며 독일, 일본, 호주, 뉴질랜드 등 전력산업 혁신을 이끄는 많은 국가는 플랫폼을 적용하며, 전 세계 시장에 확산하고자 한다.

전력회사는 이러한 변화에 직면해 있으며, 최근에 출현한 트렌드를 활용해 내부적으로 준비할 수 있는 기회가 있다. 내부적 준비 단계에서의 개발 목표는 '개인화 가치가 실현된 인프라가 되는 것'이며 관련 내용을 본 장에 정리하였다. 이 목표의 지향점은 '개인 에너지$^{Personal\ Energy}$'를 구현하는 데 있다.

표 5.2 개인 에너지 혁명$^{Personal\ Energy\ Evolution}$에 대한 PEAAS 모델

매트릭스	통신/인터넷	전기
시장 - 경쟁력 있는 서비스로의 진화	자연 독점 서비스 사업 허가, 유선 케이블, 장거리, 무선, 경쟁적 시내교환사업자(CLEC), 인터넷 서비스 제공업자(ISP), 위성사업자, 웹(web), 플랫폼	지역/로컬 독점 허가, 탈규제 소매 서비스, 분산에너지원(DER) 중개

에너지 전환 전력산업의 미래

1. 상품 인프라 POTS/POES	1890-1982 : 독점 허가, 보편적 서비스, 통신망 건설/투자, 지역/장거리	1890-현재 : 독점 허가, 보편적 서비스, 선로 건설/투자, 조명/전력, 신뢰도/비용
2. 향상된 인프라 post POTS/ post POES	1980년대 : 통화 대기/전달, 장거리/국제 전화, 팩스, 무선호출기, 전화 접속	2000년대 : 정전 공지/완화, 유연한 과금, 요금 감소, 피크 회피, 에너지 효율/수요 반응, 에너지 관리 시스템, 넷미터링
3. 기본 서비스 pre PTAAS/pre PEAAS	1990년대 : 휴대전화(모빌리티), 브로드밴드(데이터 접속)	2012년 이후 : 분산에너지원(분산 전원, 전기차), 스마트 온도조절, 지붕형 태양광, LED, 전기차
4. 진보된 플랫폼 서비스 ASS PTAAS/PEAAS	2000년대 : 스마트폰, SNS, 플랫폼, 앱, 클라우드, 빅데이터	신생(신흥) : 에너지 저장, 전기차 충전, 마이크로그리드, 나노그리드, 플랫폼, 앱, 통합 플랫폼

4. 새로운 비즈니스 모델 : 통신과 전력산업의 전환

인프라와 혁신의 관계를 잘 보여주는 사례는 통신 서비스의 역사적 변화이다. 20세기 발신음과 함께 연결되던 유선 전화부터 21세기 유연한 디지털 기술 발전의 산물로 개인화 서비스로의 놀라운 전환이 있었다. 1980년부터, 통신은 오랫동안 머물렀던 구조에서 벗어나, 더 큰 개인화와 가치를 제공하는 기술에 맞게 변화했다. 통신산업의 변화는 현재 전력산업과 가까운 미래의 전력산업이 겪을 수 있는 근본적 변화를 전망하는 데, 유용한 교훈을 가져다줄 수 있다.

표 5.2는 전력회사와 같은 인프라 회사가 제공하는 기본 상품 서비스에서 경쟁구조 하의 민간 회사가 제공하는 심화된 개인화 서비스에 이르기까지 점진적으로 4단계로 발전한 것을 보여준다(①상품 인프라 서비스 ②개선된 상품 서비스 ③새로운 기본 서비스 ④진보된 플랫폼 서

PART1 무엇이 변화하는가? 변화는 무엇을 의미하는가?

비스). 한 단계에서 다음 단계로의 전환은 정부 규제 또는 비즈니스 모델 혁신의 변화로 촉진된 기술 발전에 따라, 새로운 가치가 주도한다. 인프라 단계 수준에서는 완전한 변혁은 어렵다. 왜냐하면, 안정성을 포기하며 새로운 단계로 나아가기 어려운 현실적인 제약이 있기 때문이다. 그러나 인프라 개선을 활용하는 기업은 전환을 촉진하며 가속한다. 만약 인터넷, 광섬유, 셀타워$^{cell\ towel}$ 등이 없었다면, 웹^{web}, 앱^{app} 경제의 혁신은 출현하지 못하였을 것이다. 즉, 안정성 제약과 기술 혁신 간의 역동적 긴장은 이러한 변화를 정의한다.

이러한 신흥 플랫폼 경제는 기존/신규 인프라를 활용하여 소비자에게 새로운 수준의 개인화와 가치를 제공한다. 궁극적으로 플랫폼의 비즈니스 혁신은 인프라, 상거래, 유행 간의 시너지에 달려있다. 플랫폼은 광범위한 혁신 기회를 제공하여 실제/인식된 가치의 엄청난 증가를 촉진하고 궁극적인 개인화를 허용한다. 앱은 이 네 번째 단계에서 가능한 극적인 변화를 보여준다.

다음의 도표는 4가지 단계를 통해 통신 산업의 발전 진행을 나타낸다. 이 도표를 살펴보면, 전력산업의 최근 변화에 관한 의미 있는 결과를 추론할 수 있다. 통신 독점 기업은 기존 전화 서비스$^{Plain\ Old\ Telecom\ Service(POTS)}$로 불리는 음성 전화를 제공하기 위해 고품질의 저렴하고 신뢰할 수 있는 가능한 인프라를 구축했다. 이와 유사하게, 전력 독점 기업은 고품질의 저렴하고, 안정적인 전력 공급을 위해 기본 인프라를 건설하였으며, 이러한 서비스를 기존 전력 서비스$^{Plain\ Old\ Electric\ Service(POES)}$라 부를 수 있다.

다음 단계인 '3단계'에서 제3자와 기존 기업은 독점 인프라 기업이 제공했던 '기존 서비스'를 뛰어넘는 첫 번째 혁신의 물결 속에서 전화/전력 등 기본 상품 서비스를 향상시킨다.

에너지 전환 전력산업의 미래

　새로운 기술과 혁신으로 개인화가 증가하여, 새로운 서비스 패러다임이 생겨났다. 이러한 서비스들은 통신 산업에서는 개인 통신 서비스 Personal Telecommunication as a Service(PTAAS)로 전력 산업에서는 개인 전력 서비스 Personal Energy as a Service(PEAAS)로 명칭을 정하겠다.

　그러나 최종 진화 단계의 직전 단계로 우리는 세 번째 단계의 변화를 경험한다. 이 단계를 통신, 전력산업 각각 Pre-PTAAS, Pre-PEAAS로 부르도록 하자. 이 단계에서는 개인화와 가치가 기존의 핵심 가치에서 벗어나며, 처음에는 보완적인 특성을 가지나 궁극적으로는 상품의 핵심 가치를 대체할 수 있다. PTAAS/PEAAS 단계로 진입하면, 인프라 기반의 경쟁 플랫폼은 혁신과 파괴를 통한 신시장을 창출한다. 여기서는 새로운 기술과 비즈니스 모델과 함께 소비자 선호를 충족하는 궁극적인 개인화와 지속적인 가치 향상이 이루어진다.

4.1 통신 혁명

　통신에서 진화의 네 단계는 ①상품을 제공하기 위한 전주, 통신선, 스위치 등을 건설하는 것에서 시작하는 POTS 단계 ②장거리 음성, 구성 기기 개선으로 특징되는 포스트^{post} POTS 단계 ③이동성^{mobility}과 데이터 접속, 신기술과 혁신적인 새로운 서비스가 주요 키워드인 Pre PTAAS 단계 ④새로운 인터넷 비즈니스 모델, 이동성과 플랫폼 등이 제공하는 진보된 서비스 도입이 주요한 특징인 PTAAS 단계로 정의할 수 있다. 여기서 주목할 점은 기존 사업자가 기준틀이었던 부분을 거꾸로 바라본다는 데 있다. 혁신 기업이 미래를 준비하기 위해 새로운 초점으로 전환함에 따라 기존 인프라 기업들 역시 새로운 시장 현실에 적응해야 한다. 통신 분야에서는 통합, 네트워크 확장, 용도 변경, 기존

PART1 무엇이 변화하는가? 변화는 무엇을 의미하는가?

POTS 매출 감소가 발생하였다. 그림 5.1은 이러한 변화를 네 단계로 보여준다.

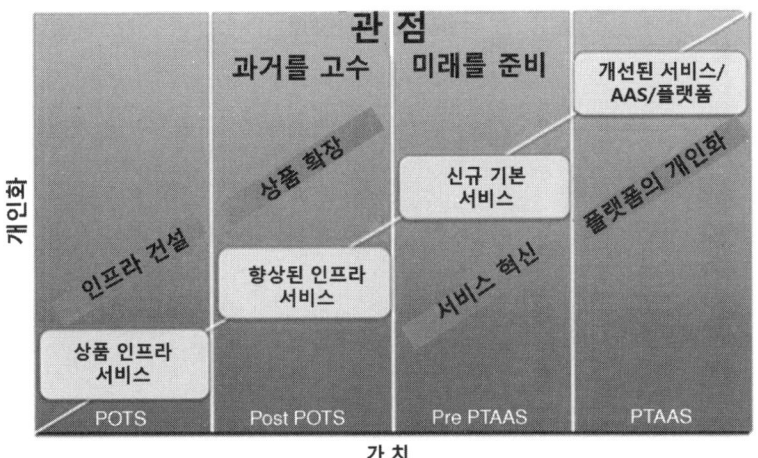

그림 5.1 개인화와 가치 : 통신산업

그림 5.2와 같이, 새로운 기술은 여러 단계로 변화를 이끈다. 예를 들어, 통신 독점 체계의 탈규제화^{deregulation}는 두가지 촉매가 촉발하였다. 첫째는 핸드셋^{handsets}의 발전과 도입으로 가치와 개인화가 향상된 것이다. 두 번째는 장거리 통신을 가능하게 하는 멀티채널 통합$^{Multi\ Channel\ Integration(MCI)}$(역자 주: 단말, 자동화기기, 모바일 등 다양한 채널을 통합하는 시스템)은 비용을 낮추고 가치를 높여주었다. 휴대전화는 벽에 서서, 책상에 앉아서, 전화 부스에서 전화를 거는 것으로부터 자유를 가져다주었다. 호출기, 라우터, 노트북 등 새로운 기기가 고객에 새로운 가치를 제공해줬던 것처럼 휴대전화는 새로운 차원의 가치를 고객에게 열어주었다. 한편, 인터넷이 성숙해짐에 따라 새로운 비즈니스 모델이 이러한 변화들을 더욱 가

에너지 전환 전력산업의 미래

속화하며 세 번째 플랫폼으로 이끈다. 여기에는 모바일 플랫폼, 여러 앱들, 소셜 네트워크와 클라우드를 활용한 데이터 분석 등이 포함된다.

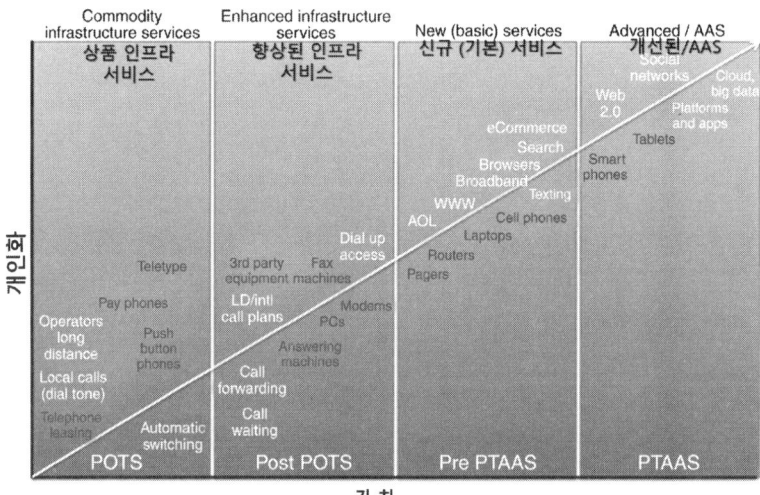

그림 5.2 기술이 이끄는 변화 : 통신산업

이 역사적인 진보는 각 단계의 주요 브랜드의 상승과 하락으로 표시된다. 특히, Post POTS 단계에서는 인프라 회사 브랜드가 우세하다. Pre PTAAS 단계에서는 휴대폰, PC, 인터넷 산업에 개척자가 등장하는 것을 목격할 수 있다. PTASS 단계에서는 구글Google, 아마존Amazon, 페이스북Facebook, 애플Apple 등과 인터넷 대기업이 등장한다. 점점 더 커져가는 개인화와 새로운 가치를 바탕으로 플랫폼을 창출하며, 검색(구글), 전자상거래(아마존), 소셜 네트워크(페이스북), 모바일(애플)에서 완전히 새로운 시장을 창출했다. 다음 절에 설명할 전력산업의 변화는 통신 산업의 변화를 통해 추론할 수 있다.

PART1 무엇이 변화하는가? 변화는 무엇을 의미하는가?

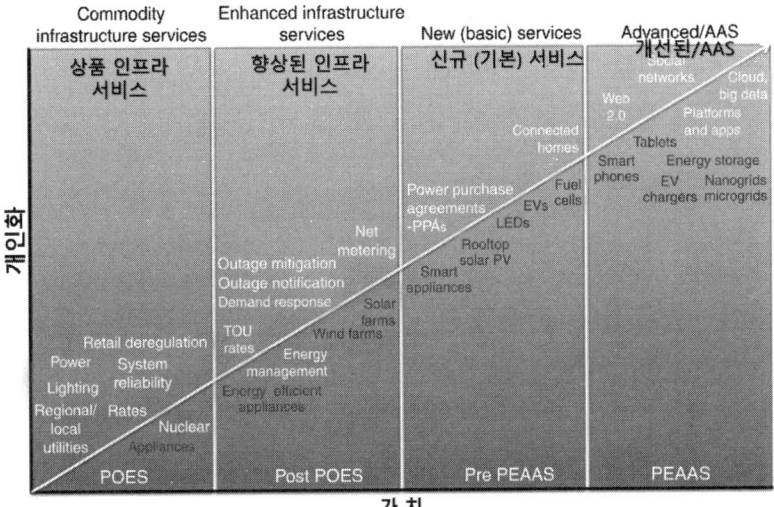

그림 5.3 기술이 이끄는 변화 : 전력산업

4.2 전기 혁명^{Electricity Evolution}

그림 5.3은 그림 5.2의 통신 혁명을 전력산업에 맞게 적용한 것이다. 여기서는 새로운 종류의 에너지를 수용하기 위해 보다 더 자연스럽게 진화하는 전기의 네 가지 진화 단계를 보여준다. 이를 앞서 명명한 바와 같이 개인 전기 서비스라는 의미로 PEAAS라고 할 수 있다. 이러한 변화는 ①기존 전력서비스 POES를 제공할 수 있는 발전소와 전력망의 건설 ②낮은 요금과 신뢰도 향상이 주된 특징인 Post POES 단계 ③분산에너지원과 새로운 비즈니스 모델이 제공하는 혁신적 서비스가 도입되는 Pre-PEAAS 단계 ④새로운 비즈니스 모델과 플랫폼으로 강화되는 향상된 서비스가 도입되는 최종적인 PEAAS 단계로 정리할 수 있다. 통신과 마찬가지로, 초기 시장은 독점적 전력 서비스의 핵심 가치를 강조

하며 낮은 비용과 높은 신뢰도를 유지하는 데 집중했다. 분산에너지원 기술이 발전함에 따라, 개척자들은 전력망을 넘어서 기존 전력회사의 영역에 도전한다. 개인화 에너지 플랫폼을 구현은 오늘날 전력망 운영자의 핵심 과제이다.

새로운 에너지 기술은 기존 단계에서 새로운 단계로 변화를 주도한다. 오늘날 전력산업에서 대부분의 시장 활동은 첫 번째 단계에서 일상적인 전력 공급에 머물러 있다. 다음 단계에서는 새로운 인터넷과 스마트그리드 기술이 에너지효율과 수요반응 혁신을 통해, 저비용, 고신뢰도에 집중했던 기존 POES를 개선한다. 세 번째 단계는 분산에너지원 가격의 지속적인 하락을 특징으로 하며, 새로운 비즈니스 모델을 창출한다. 마지막 단계인 PEAAS는 가치와 개인화를 향상시키는 에너지 플랫폼을 기반으로 하며, 개념 수준에 머물러 있다.

4.3 개인에너지서비스^{PEAAS} 모델의 적용

시스템 신뢰도를 보장하기 위해 전력시스템 운영자는 전통적으로 하향식^{top-down} 제어를 추구했다. 그러나 중앙집중형 전력 공급에 대한 대안의 부상, 제 3의 사업자 출현, 분산화, 고부가가치·개인화 서비스 등은 기존 접근법의 근본적인 변화를 요구한다. 지금까지 대부분의 전력회사는 새로운 아이디어를 추진하는 것보다 변화 속도를 늦추는 데 더 중점을 두었다. 기술을 활용한 전력망 최적화를 중시하지만, 아직 새로운 비즈니스 모델을 도입한 전력회사는 드물다.

통신/IT 서비스가 구글, 아마존, 애플, 페이스북과 같은 최신 플랫폼으로 진화한 것처럼, 분산에너지원 기술이 발전하면서 PEAAS를 촉진할 것으로 기대된다. 현재 전력회사, 소비자, 수동적인 부하^{load}가 구분되

PART1 무엇이 변화하는가? 변화는 무엇을 의미하는가?

지 않는 시장은 광범위한 시장 분화, 에너지 프로슈머, 능동적인 자원과 부하로 대체될 것이다.

기존의 거대한 POES 시장과 달리, 새롭게 등장하는 PEAAS 비즈니스 모델은 지능형 프로슈머에게 다양한 서비스를 제공할 것이다. 가치 지향적인 서비스 회사는 기존 전력회사가 변화했든 새로운 제 3의 회사이든 상관없이, 새로운 에너지 서비스, 고객 수요의 인식, 명시적/암묵적 욕구, 기타 필요사항 등을 충분히 반영하여 고객을 세밀하게 분류한다. 즉, 독창적인 요금제, 분산에너지원 설치 구성, 새로운 서비스와 비즈니스 모델 등으로 경쟁력 있는 서비스 회사는(기존 전력회사의 진화형도 포함) 새로운 개인 에너지 서비스^{PEAAS}를 구체적인 필요에 맞춰 제공할 것이다. 이 방식은 델^{Dell} 컴퓨터가 온라인 판매를 위해 다양한 선택사항을 제공했던 것처럼, 특정 요구 사항을 충족한다.

4.4 개인에너지서비스^{PEAAS}로의 도달 : 사물인터넷을 이끄는 플랫폼

새롭게 부상하는 PEAAS 시장은 전력회사를 IoT의 필수 플랫폼으로 만들 것이다. 에너지 서비스와 사물인터넷은 서로 협력한다. 월드 와이드 웹$^{World\ Wide\ Web(WWW)}$이 에너지 분야에서 새로운 표준으로 인터넷 확장을 추진했던 것처럼, PEAAS는 IoT로의 전환을 가속화할 것이다. 서비스 지향 플랫폼이 되면, 전력회사가 클라우드와 데이터 분석 엔진과 서로 연결되며, 전력망을 업그레이드하여 필요한 수익을 얻을 수 있다.

에너지 전환: 전력산업의 미래

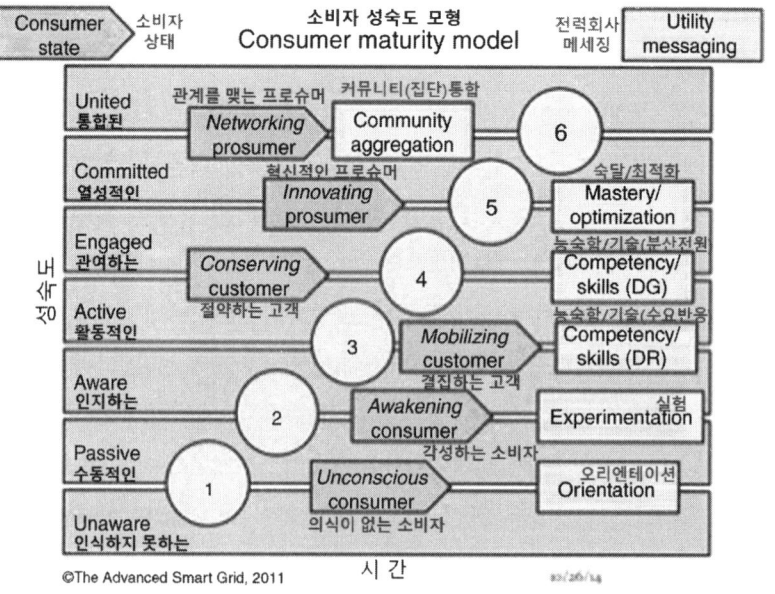

그림 5.4 소비자 성숙도 모형 (출처 : Cooper, A., Carvallo, J., 2015)

그러나 새로운 시대의 에너지 서비스 플랫폼으로 준비가 되어 있고, 의지가 강한 전력회사들 조차도 좀 더 성숙한 에너지 서비스 시장의 출현을 지켜볼 필요가 있다. 소비자 성숙도 모형Consumer Maturity Model(CMM)은 그림 5.4에 기술 발전 기준에 따라 6단계로 나타낼 수 있다. 오늘날 기존 전력서비스, 즉 POES 시대의 대다수 에너지 고객은 여전히 무의식적인 전기요금 납부자이고 수동적이며, 개인화와 새로운 가치의 기회를 인지하지 못하거나 무관심한 사람들이다. 느리게 변화하는 시장에서 낮은 전력 요금에만 관심을 가지고 있는 고객은 전력회사와 서비스 회사가 신기술을 활용해 새로운 가치를 창출하여 수익을 얻는 데 제약요소가 되고 있다.

소비자 성숙 모형에서 설명된 것처럼, 새로운 비즈니스의 가치가 실

PART 1 무엇이 변화하는가? 변화는 무엇을 의미하는가?

현되기 위해서는 고객을 일깨우고 활성화하는 오리엔테이션과 실험결과를 반영하는 마케팅 전략이 필요하다. 고객이 점차 동원되기 시작하면 '똑똑한 소비(예 : 에너지 보존 등)'와 관련된 새로운 기술을 습득하고 프로슈머(생산자와 소비자 모두)로서 보다 혁신적인 역할을 맡을 수 있다. 대담한 미래를 받아들이는 에너지 회사는 고객을 점차 강도가 높고, 성숙된 활동을 조장하는 성숙 경로로 인도하여, 그 과정에서 기존 기업들을 혼란에 빠지게 할 것이다.

프로슈머는 새로운 부가가치를 가져다주는 에너지 서비스를 제공하는 새로운 시장을 대표한다. 오늘날 전력회사는 소비자 에너지 전망에서 성숙을 이끌어내어, 초기 개인 에너지 시장을 육성할 수 있다. 통신산업의 경험에서처럼, 전력회사가 이러한 변화를 달성할 수 있는 최적의 수단은 플랫폼이 되는 것이다.

변화는 대다수 사람들의 예상보다 훨씬 더 빠르게 올 수 있다. 우리가 통신과 IT산업에서 경험했던 유기적 진화와 다르게, 성숙한 세 번째 플랫폼 경제는 시장 변화를 촉진하고 제약 요건을 완화할 것이다. 그러나 전력회사가 이러한 전환 속에서 이익을 얻기 위해서는, 저항이 극심한 소비자부터 수동적인 소비자까지를 포함해 고객 성숙도를 더 높은 수준으로 끌어올려야 한다.

그렇다면 변화는 어떤 모습일까? 높은 수준의 진행과정은 적합한 플랫폼과 함께 시장을 창출한다. 전력회사 전반의 공통된 가상의 공간에서 소비자들은 학습하고, 실험하고, 기술들을 익히며 성숙한 소비자, 프로슈머가 되어가는 과정을 즐긴다. 전력회사와 공급회사들 모두 플랫폼이 제공하는 효율성과 변화를 촉진하는 것으로부터 이득을 취할 수 있을 것이다. 이런 방식으로 개인화에너지서비스^{PEAAS} 플랫폼은 시장창출을 주도하는 촉매 역할을 하며, 가치사슬 전반에서 시장 참여자가 새로

에너지 전환 전력산업의 미래

운 역할을 맡을 수 있게 도와준다.

클라우드 컴퓨팅, 데이터 분석, 소셜 네트워크, 모바일 통신, 앱 등 프로슈머를 수용하기 위해 전력회사가 채택하는 플랫폼 구성요소도 IoT에 필수적이다. 전력망 현대화에 투자하면서, 비즈니스 모델을 전환하는 것은 전력회사와 전력망의 장기 지속 가능성을 위한 핵심 열쇠이다.

새로운 비즈니스 모델로의 전환은 강력한 비전으로 시작하여 계획^{planning}, 혁신^{innovation}, 변환^{transformation} 등을 포함한 몇 가지 논리적 단계를 거친다.

- **예비 계획**$^{Preliminary\ Planning}$
  - 전통적, 새로운 형태의 시스템 계획 (예 : 사건대응계획$^{Incident\ Response\ Plan(IRP)}$, 재해 복구계획$^{DRP(Disaster\ Response\ Plan)}$, 위험 완화$^{Risk\ Mitigation}$)
  - 신규 자원과 요구사항 (예시 : 분산에너지원 기술들)
  - 차이를 확인하기 위한 SWOT 분석
  - 우선순위 맞추어 비전 정렬
  - 혁신 실험$^{Innovation\ Experimentation}$: 실험 관리

- **진일보된 계획**$^{Advanced\ Planning}$
  - 산업부문 성공 사례 조사
  - 시장 수요 분석$^{Market\ Needs\ Assessment}$
  - 비즈니스 모델 평가(플랫폼 포함)
  - 조직 변화 준비 평가
  - 규제 조화$^{Regulatory\ Alignment}$
  - 혁신 실험 : 제로 단계(준비 단계) 프로젝트$^{Phase\ zero\ projects}$

PART1 무엇이 변화하는가? 변화는 무엇을 의미하는가?

- **전환 구현**^{Transition Implementation}
  - 시나리오 개발
  - 제품/서비스 결합, 협력
  - 전환 계획^{Transition Plan}(변환 로드맵^{Transformation Roadmap})
  - 사업관리실^{Program Management Office}, 가치관리실^{Value Management Office}
  - 플랫폼 창조
  - 파트너 조정

이러한 비즈니스 모델의 전환이 잘 진행되고 있는 가운데, 전력회사의 초점은 새로운 비즈니스 모델의 모든 측면에 혁신을 고취할 수 있는가에 있다. 이러한 혁신의 중심에는 조직 내 모든 전력회사 직원의 독창성을 활용하는 것과 더불어 새롭게 출현한 제 3의 회사와 신흥 에너지프로슈머를 결합하는 것이 있다.

혁신이 성숙함에 따라, 가치 기반의 에너지 서비스는 고객, 프로슈머, 제 3의 서비스 공급자, 전환 중인 전력회사가 창출하고 급속히 빠르게 확대하는 개인에너지서비스 시장의 필요를 충족할 것이다. 서비스 회사와 제공하는 서비스 종류가 빠르게 증가하고, 소비자는 성숙하며, 동시에 전력회사는 플랫폼 사업자로 전환할 것이다. 또한, 분산에너지원 역시 빠르게 증가하며 개인에너지 플랫폼의 필요조건들을 충족할 것이다. 우리는 이러한 변환 과정에서 새로운 플랫폼 공급자의 시장 진출을 기대할 수 있다.

혁신 플랫폼, IoT의 성숙, 전력·통신·유통망의 혁신은 상호거래(교류) 가능한 에너지^{transactive energy}가 광범위하게 확산될 수 있는 조건을 형성할 것이다. 또한 인터넷 산업이 성숙하는 과정에서처럼, 전력산업도 판매자와 구매자, 지점과 지점 간의 수많은 에너지 거래가 구현되는 새로운

에너지 전환 전력산업의 미래

패러다임으로 변화할 것이다. 개인 에너지와 상호거래 가능한 에너지는 제 3의 플랫폼의 구현과 새로운 IoT의 자연스러운 결과로 볼 수 있다.

5. 결론

본 장에서는 전력회사의 전력망 운영자로서의 역사적인 역할에 가까운 전력회사 대한 비전을 설명했다. 그러나 좀 더 지속가능한 기반과 최신 트렌드를 고려하여, 전력회사의 역할 변화를 설명하는 데 더 큰 초점을 두었다. 리더의 핵심 과제가 다른 사람이 따를 수 있는 비전을 만들고 설명하는 것이라면, 현재 변화하는 전력산업의 리더들은 전력망 운영자의 필수 기능(규제 준수, 점진적 변화, 효율성 개선 등) 보다 더 큰 비전을 제시해야 한다. 또한 새로운 비전은 1800년대 후반 선조들이 고취시켰던 것과는 달라야 한다. 에디슨^{Edison}(역자 주: 직류 전원장치를 발명)에서 테슬라^{Tesla}(역자 주: 교류 전원장치를 발명), 웨스팅하우스^{Westinghouse}(역자 주: 1895년 나이아가라 수력발전소를 교류발전으로 구현), 인설^{Insull}(역자 주: 1920~30년대 대규모 전력사업을 개시한 사업가)에 이르기까지 전력산업의 개척가의 비전은 오늘날 전력망과 전력산업의 기초를 창의적이고 지속적으로 쌓았고, 전력산업을 20세기 경제기적의 기반으로 만들었다. 오늘날 리더들 역시 새로운 시대에 부합하는 새로운 비전을 제시하며, 전력산업 변환을 이끌어야 한다.

전력망을 이끄는 비전은 사회·경제에 중요한 인프라 공급자로 전통적인 역할에 근간을 두어야하지만, 전통적인 핵심 역량과 새로운 추세 속의 기회 모두를 고려하여 논리적인 미래를 제시하여야 한다. 다음의 세 가지 조건은 미래의 전력회사의 비전에 있어 매우 중요하다.

- IoT와 스마트그리드를 연결해라. 전력망 인프라 현대화는 전력망이

PART 1 무엇이 변화하는가? 변화는 무엇을 의미하는가?

사물인터넷을 지원하는 다른 인프라와 결합하여 유연성과 인텔리전스^{intelligence}를 확보하는 것을 의미한다.
- 개인에너지를 위협이 아닌 기회로 받아들여라. 기존의 요금 기반의 수익이 잠식되는 것을 대체하고 재무 안정성을 유지할 수 있는 새로운 서비스 자원을 개발해라.
- 개인에너지서비스^{PEAAS} 플랫폼을 개발해라. 전력회사를 새롭게 부상하는 플랫폼 기반 경제 패러다임이 가능하게 하는 인프라로 정의해라.

미래에는 엄청난 에너지 가치를 구현할 인프라를 지원하고 연결하는 전력망과 그 모든 것이 필요하지만, 오랫동안 견뎌야 했던 부정적인 요소는 원하지도 필요하지도 않다. 전력산업의 우버^{Uber}, 비비노^{Vivino}는 전력산업의 부정적 요소(정전, 높은 요금, 지속적인 요금 인상과 독점 체계 등)를 제거하며 출현할 것이다. 미국 통신산업에서의 AT&T, 버라이즌^{Verizon}은 전력회사가 모방할 수 있는 전환(인프라→서비스)의 성공 사례이다. 만약, 전력산업을 이끄는 리더가 과거 영광스럽고 자랑스러웠던 전력산업을 능가하고 견고한 미래를 창출할 수 있는 비전을 제시한다면, 진정으로 놀라운 미래가 준비되어 있다. 새로운 에너지의 시대가 손짓하며 우리를 기다리고 있다.

에너지 전환 전력산업의 미래

제6장

전환기에서의 전력회사 역할과 전력가격 결정

...

Role of Utility and Pricing in the Transition

Tim Nelson*, Judith McNeill †
* AGL Energy, North Sydney, NSW, Australia; †Behavioral, Cognitive and Social Sciences, Institute for Rural Futures, Univers of New England, Armidale, NSW, Australia

1. 소개

호주는 많은 측면에서 전 세계 전력산업 '파괴적 혁신' 물결의 선봉에 서있다. 2008년 이후, 호주의 전력망과 결합된 태양광$^{Solar\ PV}$은 전체 태양광에서 약 80%를 차지한다(Simshauser, 2014). 동남부 퀸즐랜드^{Queensland}주(州)는 주거용 주택 5세대 중 1세대가 자체적인 분산형 발전을 운영하고 있다. 또한, 이 지역은 태양광 보급률이 세계에서 가장 높은 지역 중 하나로 자리매김 중이다. 이 책에 다루는 선진국을 포함한 다른 여러 국가처럼, 호주의 전력 수요는 지난 5년간 5%가량 감소했다(Saddler, 2013). 전력회사는 송배전 인프라 업그레이드를 위해 사용한 비용을 메꾸기 위해, 지난 몇 년간 전기 가격을 현저하게 올려왔다. 결과적으로, 전기 가격은 2배가 되었고, 고객 만족도는 낮아졌다(AMR,

PART1 무엇이 변화하는가? 변화는 무엇을 의미하는가?

2015). 호주가 처한 상황은 11장에서 자세히 확인할 수 있다. 그림 6.1을 보면, 호주에서의 전기 가격 인상이 다른 국가에서보다 높았다는 사실을 알 수 있다.

호주 전력회사들의 퍼펙트 스톰$^{perfect\ storm}$ (역자 주: 여러개의 악재가 동시에 발현되어 최악의 위기가 닥치는 상황)에 대한 대응은 느렸으며, 성가신 일이었다. 전력망 대체 공급원의 출현으로 호주 전력시장에서 수요자들이 이탈하고 있으며, 그 결과 중앙집중형 공급망에 의존하는 전력 수요가 감소하고 있다. 그럼에도, 대다수 기업은 새로운 기술을 효과적으로 활용하는 데 실패했다. 정부 정책의 불확실성과 전력 고정가격 매입제도$^{Feed\ in\ Tariff(FIT)}$ (역자 주: 발전차액지원제도는 신·재생에너지원으로 생산한 전력에 대해 시장가격과의 차액을 지원하는 보조금 제도)의 잦은 변화는 새로운 비즈니스 모델이 장기적 관점으로 자리 잡는 데에 장애 요인이 되고 있다. 또한 빠른 변화에 적응하는 문화가 전력산업에 준비되지 않았다고 보는 견해도 타당하다고 볼 수 있다. 결론적으로, 호주의 전력 생산·소비는 수십 년 동안 의미 있는 변화를 겪지 못했다.

2015년 호주의 전력회사는 과거와 매우 다르게 전력산업을 바라보기 시작했다. 최초의 배터리 서비스 시장은 호주의 한 전력회사에 의해 시작되었다. 소비자 영역인 미터 뒤$^{behind\ the\ meter}$ (역자 주: BTM으로 불리며, 소비자·배전망의 중심으로 새로운 시장과 서비스가 창출되는 영역을 총칭)에는 유비쿼터스^{ubiquitous} 서비스가 등장하고 있다. 또한, 많은 공급자들은 전력망 연계형 태양광에 대한 여러 금융 상품이 출시하였다. 동시에 전력회사는 개별 소비자에게 다양한 에너지 가격 결정 방식을 제공하였다.

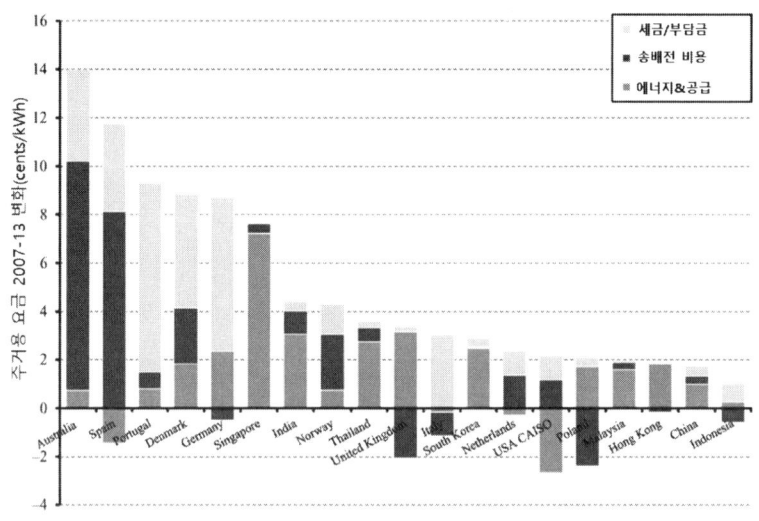

그림 6.1 2007-13년 국가별 전력가격 상승 (출처 : Simshauser, 2014)

이 장에서는 전력회사가 호주 전력시장의 '혼돈^{disruption}'에 어떻게 대응하고 있는지를 살펴보고자 한다. 그리고 '탈집중화^{Decentralized} 에너지' 미래로의 전환에서 가격 책정이 어떻게 진행되고 있는지를 알아본다. 2절은 호주 에너지 시장 개발 관련 배경을 간략하게 설명한다. 3절은 예고된 미래에서 현재 전력회사의 상업적 대응을 알아본다. 4절에서는 다양한 가격 결정 방법과 함께 기존 서비스와 새로운 서비스가 대척 관계가 아닌 공존하는 '공존의 경제학'을 탐색한다. 끝으로 5절은 해당 주제의 전체 결론을 내린다.

PART1 무엇이 변화하는가? 변화는 무엇을 의미하는가?

2. 배경 : 최근 호주 에너지 시장 개발

2.1 전력시장의 퍼펙트 스톰^{perfect storm}

기술 주도의 전력산업의 파괴와 전력회사의 대응을 이해하기 위해서는 호주에서 진행 중인 '퍼펙트 스톰'을 살펴볼 필요가 있다. 전력망 관련 자본 지출은 2005년~2010년 기간 50억 달러에서 2011년~2015년 기간 300억 달러로 증가하였다. 이러한 대규모 지출은 큰 폭의 전력 수요 성장을 전제하였으나 현실은 그렇지 못했다. 피크 수요$^{peak\ demand}$는 증가하거나 소폭 감소한 반면, 기본 수요는 감소했다(표 6.1).

표 6.1 2006년~2014년 연평균 수요, 피크 수요 증가율

	뉴 사우스 웨일스	퀸즐랜드	사우스 오스트레일리아	빅토리아	태즈메이니아
피크수요(%)	-0.6	2.1	1.8	2.2	-0.4
평균수요(%)	-0.8	0.1	-0.4	-0.5	-1.4

호주의 주거용 전기 요금은 크게 고정비용, 평균(가변)비용으로 구성된 2단계 요금제로 볼 수 있다. 여기서 전자의 비중은 낮으며, 후자는 높다. 소비자들이 점차 피크 시간의 전력 소비를 다른 시간대로 옮기며, 전력 소비를 경제적으로 조절함에 따라 전력 설비 이용률$^{Capacity\ Factor}$은 큰 폭으로 하락했다. 전력 수요 감소로 (비용을 보존하기 위해) 더 높은 요금 단가가 적용되었고, 이는 다시 전력 소비를 더 감소시키는 결과로 이어졌다. 어떤 측면에서는 '죽음의 나선$^{Death\ Spiral}$'이 진행되고 있다고 볼 수 있다(10장). 그림 6.2는 기본 전력수요의 '붕괴'를 보여준다. 또

에너지 전환 전력산업의 미래

그림 6.3은 소비자의 전기요금은 점차 증가하지만 시스템 용량 활용도는 점차 떨어지는 상황을 설명해준다.

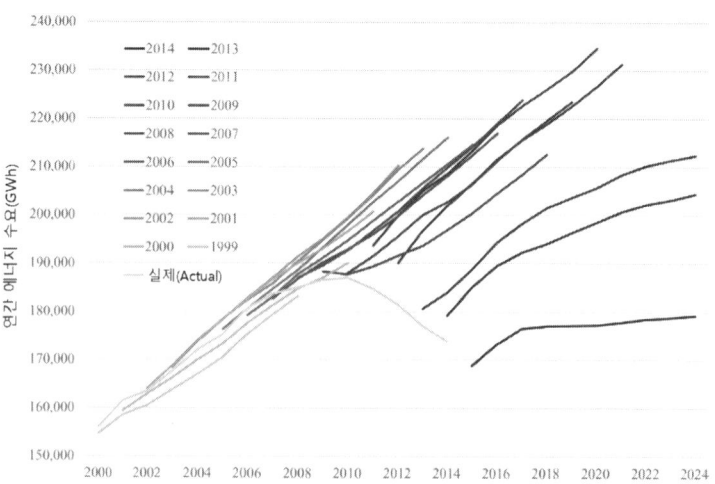

그림 6.2 전력수요 하락 추세와 전망 (출처 : AEMO, 2014)

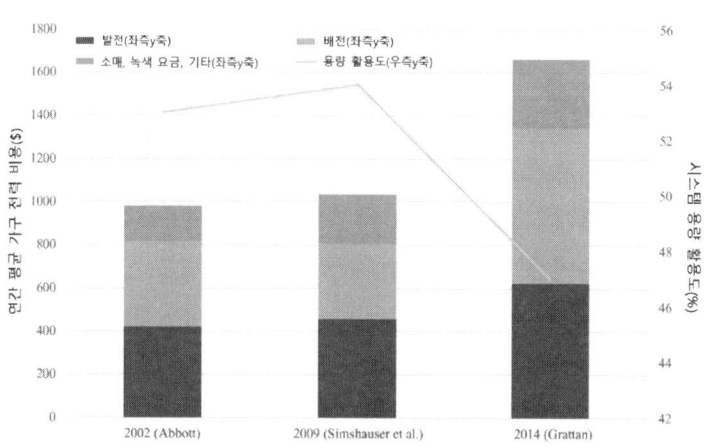

그림 6.3 연간 가정 전기요금, 시스템 용량 활용정도
(출처 : Abbott(2002), Simshauser (2010), and Grattan Institute (2014))

PART1 무엇이 변화하는가? 변화는 무엇을 의미하는가?

호주에서 지난 5년 동안 전력망에서 공급하는 전기요금이 거의 두 배 가까이 오른 것을 감안하면, 호주 가정이 전력 소비의 일부를 대체하기 위해 태양광을 가장 많이 설치한 국가 중 하나라는 사실이 그리 놀라운 일이 아니다. 전력 소비자들은 전력망에서 공급받는 전기요금 상승에 따른 지출을 억제하기 위해, 스스로 태양광 설치에 나섰다. 발전차액지원제도는 2012년 최고치를 기록한 후 하향세로 돌아섰는데, 이는 정부가 경제위기에 대한 우려로 이를 감액했기 때문이다(Nelson et al., 2012). 태양광 설치율이 떨어졌기는 했지만, 2014년 호주 전역에 약 700MW(전체 발전 용량의 1.5% 수준)의 태양광이 설치되었다. 태양광은 여전히 인기 있는 발전원이며, 여기에는 여러 가지 이유가 있다. 태양광의 증가율과 누적 설치용량을 그림 6.4에서 확인할 수 있다.

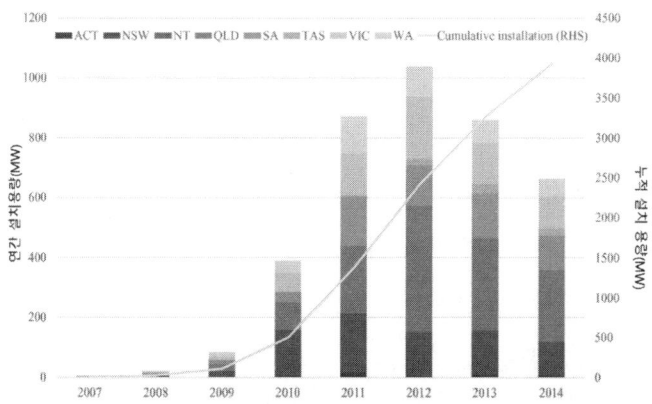

그림 6.4 호주 태양광 설치율 (출처 : Clean Energy Council)

호주 전력회사가 처한 상황은 호주에만 국한된 것은 아니지만, 다른 국가의 경우보다는 그 정도가 심하다고 볼 수 있다. 다른 국가보다 전기요금이 현저히 올랐고, 수요는 감소했지만 자본지출 규모를 줄이는

에너지 전환 전력산업의 미래

데 도움이 되지 않았다. 따라서 기존 전력시스템용량 활용률이 급락하고, '평균비용' 기준에 따른 가격이 지속되면서, 고객이 부담해야 할 전기요금은 상승했다. 결과적으로 이러한 상황은 소비자가 태양광 설치라는 대안을 선택하는 것으로 이어졌다. 이 때, 다수의 소비자로부터 전력회사를 불신하는 풍조가 확산되는 일은 전혀 놀라운 일이 아니다(Wood et al., 2015).

2.2 전력회사의 상업적 대응

호주 전력시장은 망운영자$^{network\ operator}$와 소매업체 간의 명확한 분리로 크게 재구성되었다. 송배전 부분이 여전히 규제 상태라는 사실을 감안할 때, 전력회사의 상업적 대응에 대한 평가는 전기 소매사업 영역에 초점을 맞추어야 한다. 호주에는 AGL 에너지$^{AGL\ Energy}$, 에너지 오스트레일리아$^{Energy\ Australia}$, 오리진 에너지$^{Origin\ Energy}$ 등 3개의 대형 '발전-소매 회사^{gentailer}'가 있다. 또한, 소매시장에서 활동하는 소규모 소매업체와 중개업체가 수십 개에 이른다. 또한 신기술, 에너지 서비스 제공 업체 역시 전력 소비자를 유치하기 위해 적극적으로 경쟁하고 있다. 이러한 경쟁 구도가 호주에만 국한된 것은 아니지만 산업 구조가 기존 전력회사의 대응에 미치는 방식에는 차이가 있다.

최근까지도 기존 전력회사의 신기술에 대한 상업적 대응은 거의 존재하지 않았다고 볼 수도 있다. 그러나 3대 '발전-소매 사업자'는 2015년에 신기술 제공 업체와 경쟁하기 위해 중요한 상품들을 출시했다. 전통적인 전력망 연계 사업 부분의 비중 감소는 불가피하며, 전력산업 성장은 새로운 상품과 서비스 채택에 달려 있다는 게 산업계의 보편적 인식이다.

PART1 무엇이 변화하는가? 변화는 무엇을 의미하는가?

주거(또는 비주거용) 전력 수요의 지속적인 둔화와 태양광의 증가에 대한 공식적인 시장 예측은 그림 6.5에 나와 있다. 평균 가구 전력 소비량은 2010년과 2015년 사이에 비해 감소 속도가 느리지만 감소 추세는 유지할 것으로 예상된다. 이는 전력망을 통한 전기가격이 하락하고, 비자본 집약적 에너지 효율 기회가 고갈되기 때문이다. 그러나 분산자원의 확산으로 기존 망을 통한 전력 소비는 더욱 감소할 것으로 예상된다. 결국, 이를 대체할 수 있는 비즈니스 모델의 개발이 필요하다.

호주 전력회사들은 세계적인 성장 기업들이 새로운 제품과 서비스를 개발하는 것을 인지하고 있다. 애플^{Apple}, 구글^{Google}, 삼성^{samsung} 등 세계적인 기업들은 모두 태양광, 보안, 통신과 에너지에 관심을 표명하고 있다. 이들의 새로운 관심은 가정 에너지 관리 솔루션이라는 우산 아래 '사물 인터넷 생태계'를 발전시키기 위한 파트너십에 있다(5장, Vergetis Lundin(2015)). 한편, 호주에서는 테슬라^{Tesla}의 배터리 제품 출시에 언론의 지대한 관심이 있었다(Francis, 2015).

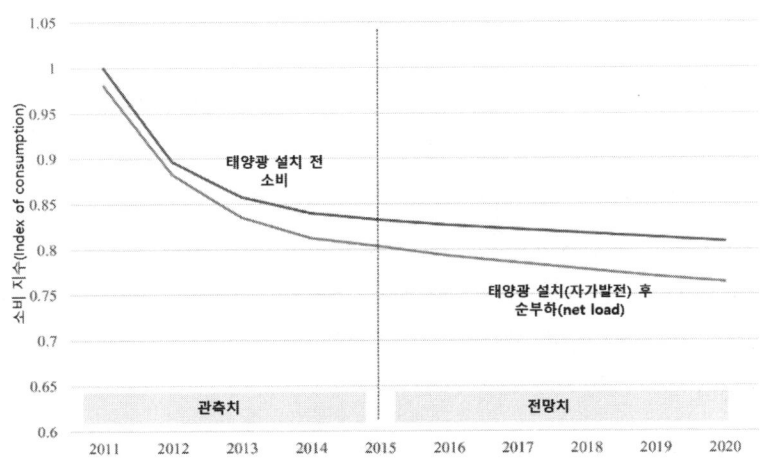

그림 6.5 주거용 전력소비 전망 시나리오 (출처 : AEMO, 2014)

에너지 전환 전력산업의 미래

2.2.1 AGL 에너지^{AGL Energy}

AGL 에너지는 자사의 온실가스 정책을 통해 향후 수십 년 동안 전기 사업 부문이 큰 변화를 겪을 것으로 보인다는 인식 하에 점진적으로 석탄 화력 발전 사업 부분에서 전환할 계획이라고 발표했다(AGL Energy, 2015a). AGL 에너지는 주거용 소비자 대상의 태양광 구매계약^{PPA}, 실시간으로 에너지 소비를 관리하는 스마트 폰 앱과 전력저장 배터리 사업을 개시한 최초의 발전-소매회사이다. 또한, 신에너지 사업부$^{New\ Energy\ division}$를 새롭게 창설했으며 전통적인 전력사업 부문과 직접 경쟁할 수 있는 권한을 주었다. 이 사업 부문의 부서장은 "AGL은 고객 요구를 충족시키고 새로운 기술을 발전시키면서 175년 넘는 시간동안 역사를 재창출해왔다. 우리의 신에너지 전략은 이와 같은 트렌드를 이어간다. 우리의 목표는 100만 주택과 기업에 존재하는 것이다"고 말했다(AGL Energy, 2014).

중요한 점은, AGL 에너지가 2020년대 후반까지 호주 가구의 1/3가량이 부분적으로 또는 오프 그리드$^{off\text{-}grid}$ (역자 주: 완전히 전력망으로부터 분리)된다고 언급했다는 것이다. 이는 전력망에만 의존하지 않고, 새로운 상품과 서비스를 고객에게 제공하는 전력회사의 초점 전환을 의미하기 때문에 중요하다. AGL은 스마트 미터링(계량)이 고착형(분산형)^{Embedded} 발전, 마이크로그리드, 전력저장장치 등 여러 부가가치 서비스를 촉진할 것으로 보고 있다. 이는 AGL이 태양광 용량 3~4kW을 보완하는 6kWh 배터리 제공 서비스를 이미 마케팅하기 시작한 주요 이유이다(AGL Energy, 2015b).

PART1 무엇이 변화하는가? 변화는 무엇을 의미하는가?

2.2.2 에너지 오스트레일리아^{EnergyAustralia}

에너지 오스트레일리아^{EnergyAustralia}는 소비부분 끝과 끝에서^{end-to-end} 난방, 냉방, 온수, 태양광 등의 하류 서비스^{downstream services} 관련 제품군을 증가시켰다. 에너지 오스트레일리아는 기존 판매 시스템에서 제품 수명 주기로^{life-cycle} 초점을 맞추고 있으며, 해당 자산의 수명 주기 동안 유지 보수와 필요 서비스를 제공한다. 흥미로운 사실은, 이 사업이 점차 고객 서비스에 집중하고 있고 약속 시간의 2시간 이내에 원하는 서비스를 제공하는 것을 보장한다는 점이다. 이 중 상당 부분은 소비자와의 신뢰를 재건하는 데 초점을 맞춘 것으로 보인다.

2.2.3 오리진 에너지^{Origin Energy}

오리진 에너지^{Origin Energy}는 현재 '태양광 고객' 시장의 약 30% 가량을 점유하고 있으며, 이 점유율을 늘리고자 한다. 해당 사업부는 '연결 고객^{Connected Customers}'을 위한 그룹 매니저를 임명했으며, 초기 진입한 태양광 사업을 활용해 스마트 미터링 기술, 배터리, 전기차 충전과 태양광을 단일 사업으로 추진하고 있다(Giarious, 2015). 또한, 이 회사는 고객에게 필요 서비스(단순한 에너지 연결)보다는 원하는 서비스(에너지 관리)를 제공하는 것을 지향한다.

오리진 에너지는 아직 530만 개의 호주 가정과 기업이 미개발 태양 에너지원이며, 44억 달러 가치의 전력을 생산할 수 있다고 계산했다(Keane, 2015). 또한, 이 사업은 새로운 기술을 배치하는 것이 고객을 재결합시키고, 더 높은 수준의 소비자 신뢰를 얻는 핵심적인 방법으로 보고 있다. 오리진 에너지는 "고객 충성도와 신뢰 구축은 경쟁이 치열한 시장에서 경쟁을 낮추는 가장 강력한 수단이다"라고 말했다(King, 2015). 해당 사업이 동일한 제품군을 판매하는 동질적인 공급자뿐만 아니라 다른, 이종의 또는 대체 상품을 판매하는 여러 회사와 경쟁하는 '전통적인 소매업체'와 유사하다고 생각되므로 중요한 발전이다.

2.2.4 기타 대응

다른 소매업체는 다양한 전략을 통해 새로운 상품과 서비스를 제공하고 소비자 신뢰를 얻고자 노력하고 있다. 동시에, 전력 공급은 온실가스 유발 에너지원을 낮추자는 이슈에 맞물려 정치적으로 변모했다. 호주의 정치 단체인 겟업!$^{GetUp!}$은 그린피스^{Greenpeace}와 고객들이 더티 쓰리$^{Dirty\ Three}$(역자 주: 3대 전력사업자 오리진 에너지, 에너지오스트레일리아, AGL을 재생에너지의 미래를 방해하는 악의 축으로 규정한 캠페인 이름)에서 벗어나 재생에너지와 에너지 관리에 집중하는 파워숍^{Powershop}으로 전환하자는 캠페인을 시작했다. 그리고 '원 빅 스위치$^{One\ Big\ Switch}$'라는 주거용 소비자의 대규모 구매력을 활용해 전기요금을 낮추자는 캠페인 활동도 있었다. 명백히 이러한 활동은 전 세계 트렌드와 완전히 일치하지 않는다. 본 책의 16장에서는 미래 전력회사 모델인 전력회사 2.0$^{Utility\ 2.0}$의 개발을 위해 연합(동맹)의 중요성을 논의한다.

3. 완전한 대체보다는 공존

이전 절에서 설명했던 것처럼, 호주 전력회사는 전력망 연계 전력소비 감소와 분산형 발전과 관련 서비스 증가를 예측하고 있다. AGL 에

PART1 무엇이 변화하는가? 변화는 무엇을 의미하는가?

너지는 2020년 말에 소비자의 1/3이 부분적으로 또는 완전히 전력망에서 벗어날 것으로 예측한다. 이것은 완전한 대체보다는 공존이 발생할 가능성이 있음을 의미한다.

  가정에서 에너지를 사용하는 방식을 분석하는 것은 고객이 더 많은 분산전원과 전력저장장치를 설치할 때, 전력회사가 직면할 수 있는 어려움과 기회를 이해하는 데 중요하다. 예를 들어, 평균 하루 소비(kW 단위)는 아침과 저녁에 최고 수요를 보여준다. 그림 6.6은 퀸즐랜드Queensland 지역의 1년 평균 동안 주중 가정 전력소비를 최종 소비단의 전기기기에 따라 구분했다. 이 데이터는 연방과학산업연구기구Commonwealth Scientific and Industrial Research(CSIRO)에서 수집했다. 전력망 연결 지점 뒤에서, 가정의 여러 위치에 설치한 실시간 계량기를 통해 필요 데이터를 얻었다. 평균적으로 아침과 저녁에 최고 수요가 발생했고 조명과 전기기기 사용의 증가가 최고 수요에 가장 큰 기여를 한다는 것이 분명한다.

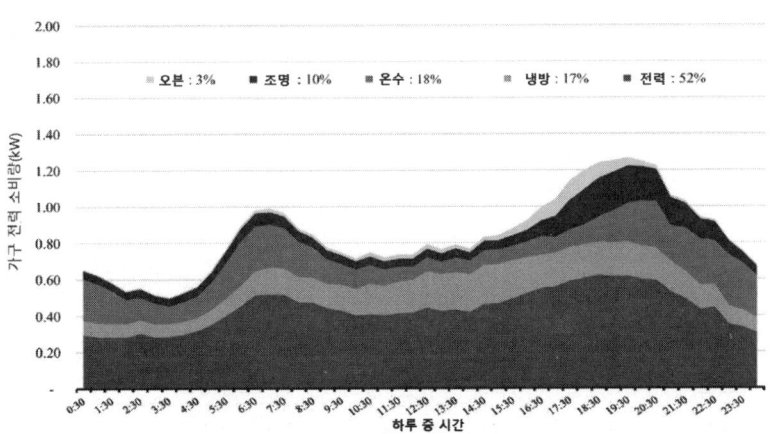

그림 6.6 기기별 주당 가구 평균 전력 소비량
(출처 : Simshauser (2014), CSIRO (2013))

에너지 전환 전력산업의 미래

피크부하 일수는 분명히 다른 패턴을 보여준다. 그림 6.7은 동일 가구에 대한 데이터를 제공하며, 피크부하가 발생 시점에 냉방 부하가 급속히 증가하였다. 또한 그림 6.7은 연방과학사업연구기구^{CSIRO}의 연구에서 측정한 전형적인 태양광 발전시스템의 출력을 보여준다. 그림 6.7의 최대 전력 소비는 그림 6.6의 수치보다 약 2/3정도 더 높지만, 태양광 시스템의 최대 출력 이후 발생했다는 사실에 주목할 필요가 있다.

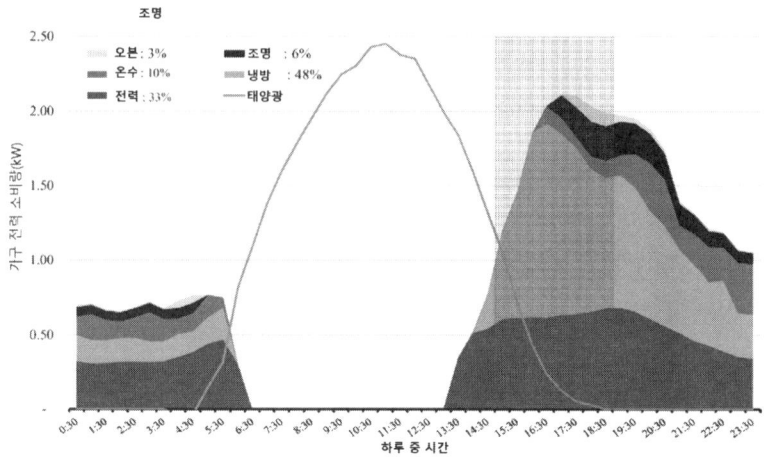

그림 6.7 기기별 피크 소비량, 태양광 발전량
(출처 : Simshauser(2014), CSIRO(2013))

전력회사는 이 시나리오 속에서 흥미로운 딜레마를 가지고 있다. 수요 요금을$^{demand\ tariff}$, 즉 가구의 최고 수요(kW)를 기준으로 하는 요금제 도입은 가구가 최대 수요를 충족시키기 위해 전력망을 구축하는 데 필요한 비용을 부담하는 방법 중 하나이다. 전력망이 거대한 고정 자본 비용이라는 점을 감안할 때, 이러한 가격 책정 방법은 경제적으로 효율적이라고 볼 수 있다. 그러나 수요 요금은 소비자가 태양광 최대 출력

PART1 무엇이 변화하는가? 변화는 무엇을 의미하는가?

시점에 생산된 전력을 저장하여 피크부하 기간에 전력을 사용할 수 있도록, 배터리를 설치·배치하도록 유인할 수 있다. 만약, 분산전원과 전력저장장치 설치로 보다 저렴한 비용으로 전력망 설치를 감축할 수 있다면, 이는 매우 환영할만한 일이다. 또한 자산 감가상각(재평가)가 필요한 기존 인프라의 활용도를 줄일 수도 있다. 이러한 고려 사항은 호주에만 국한되는 것이 아니면, 미국 전력회사 역시 이러한 딜레마에 대해 심사숙고하고 있다(10장 참조).

전력저장장치와 분산전원을 위한 요금제와 상품을 설계할 때, 전력회사는 이러한 신기술이 전력망을 부분적 또는 완전히 대체할 수 있는지 여부를 이해할 필요가 있다. 전력망의 완전한 대체 또는 '오프 그리드로의 전환'은 부분적 전력망 대체와는 필요한 대응 방식이 완전히 다르다. 부분적 전력망 대체는 자가 발전을 통해, 필요량 일부를 생산하거나 낮에 전력을 저장해 저녁 피크부하 기간에 저장된 전력을 사용한다.

적절한 대응 방안을 찾기 위해서는, 분산형 발전의 일반적인 출력과 소비자의 다양한 소비 수준별 고객 비율을 비교해 확인해야 한다. 그림 6.8은 소비량별 고객 비율을 나타낸다. 호주 국가에너지시장$^{National\ Energy\ Market(NEM)}$의 평균(평균과 중간값 모두) 연간 소비량은 지역에 따라 차이를 보이며 5MWh에서 7MWh 사이이며, 빅토리아^{Victoria}처럼 천연가스 보급률이 높을수록 평균 전력 소비가 낮아지는 경향이 있다. 그림 6.9는 시스템 규모와 도시 위치에 따른 태양광의 연간 출력을 보여준다. 지역에 따라 약간의 차이가 있지만, 연간 생산량은 각 도시와 시스템의 규모에 있어 비교적 유사하다.

에너지 전환 전력산업의 미래

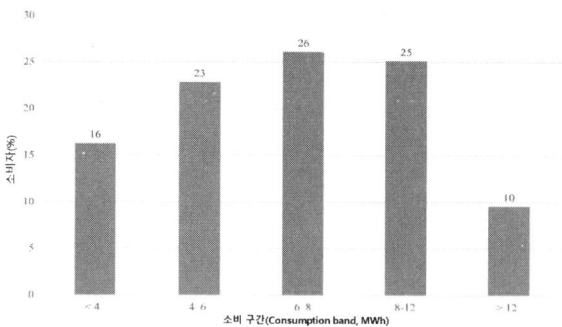

그림 6.8 Energex 소비자 분포 : 전력소비 기준
(출처 : Energex(2010), Nelson et al. (2012))

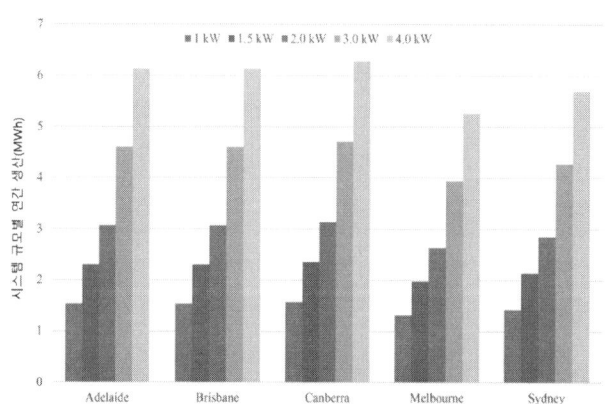

그림 6.9 태양광 연간 출력 : 규모, 도시 위치 기준
(출처 : Clean Energy Council (2014))

그림 6.10은 그림 6.8과 그림 6.9를 사용하여 자신의 전력소비를 충족할 수 있는 에너지를 생성할 수 있는 고객 비율을 확인할 수 있는 스냅샷^{snapshot}을 만들었다. 왼쪽 y축 값으로 확인할 수 있는 값은 시스템 크기 기준 태양광 비(非)가중 평균$^{non\text{-}weighted\ average}$ (역자 주: 가중치가 모두 같은 평균값)

PART1 무엇이 변화하는가? 변화는 무엇을 의미하는가?

출력으로 막대그래프에서 확인할 수 있다. 배터리와 결합해 전력수요를 관리해 자체 충족$^{self\ satisfy}$할 수 있는 누적 고객 비율은 오른쪽 y축 값으로 확인할 수 있으며, 해당 소비자는 전력망에서 완전한 분리가 가능하다. 최대 2kW의 태양광을 설치한 고객 6개 가구 중 1개 가구는 전력망으로부터 '분리^{disconnect}'할 수 있다.

3kW 또는 4kW 용량의 시스템을 소유한 가구의 40% 가량은 전력 필요량(1년 기준)을 충분히 공급할 수 있다. 그러나 이러한 분석은 전력수요의 계절적, 일일 특성을 고려하지 않았다. 날씨가 흐려 태양광 출력이 낮을 때 또는 기온이 낮아 전력수요가 증가할 때는 자체 소비를 감당할 수 있는 충분한 에너지의 생산과 저장이 어려울 수 있다. 따라서 이러한 소비자 상당수는 공급의 안전성을 확보하기 위해 전력망과 연결을 유지하기를 원할 것이다.

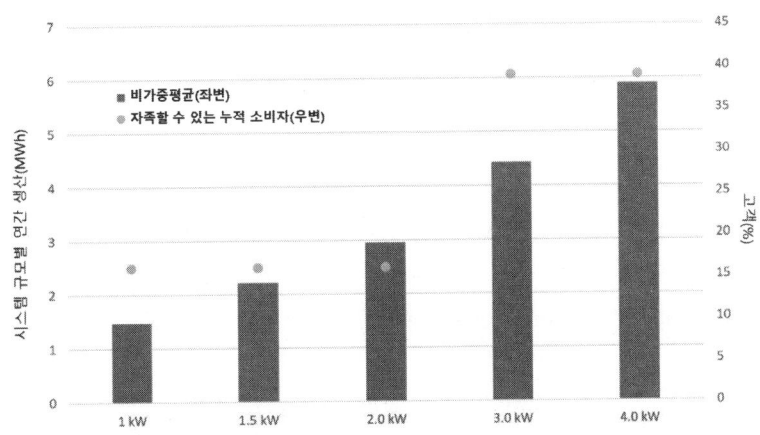

그림 6.10 태양광 출력과 '자가 충족' 하는 고객 비율
(출처 : Nelson et al. (2012), Clean Energy Council (2014).)

또 이 분석은 중요한 제약 조건인 설치 가능한 주택 수와 지붕의 설치가능 공간 등을 고려하지 않았다. 4kW 시스템은 현재 16개의 패널 설치가 필요하며, 대다수 가정에는 50m의 태양광 패널을 부착할 수 있는 옥상이 없다. 게다가 호주 인구의 약 1/4은 독립된 주택에서 거주하지 않는다(ABS, 2013). 또한 전기차를 사용하는 가구가 증가하면 전력 필요량은 증가할 수 있다.

얼마나 많은 소비자가 전력망에서 부분적으로 또는 완전히 벗어날 수 있는지를 파악하기 위해서는 태양광 출력 패턴 분석 외에도 가능한 옵션들의 경제적 타당성을 살펴보는 것도 중요하다. 그림 6.11은 태양광·배터리 통합 시스템을 설치하는 가구의 평균적인 재무 모형의 결과를 보여준다. 현재의 요금 체계에서 이러한 통합시스템을 설치하면, 2035년쯤 투자를 통해 수익이 발생하는 손익 분기점에 도달할 수 있다. 만약, 자본 비용이 25%, 50% 감소된다면 각각 2029년, 2023년에 손익분기점 고지를 넘을 수 있을 것이다.

이러한 분석은 다른 공급·소비의 물리적 제약 조건이 해소되더라도 자본 비용이 충분히 하락해야 '오프-그리드'가 가능하다는 것을 의미한다. 연방과학산업연구기구^{CSIRO}는 제약사항을 고려해, 분리비용을 최소 \$0.23/kWh, 최대 \$0.93/kWh, 중간값 \$0.47/kW으로 추산했다(Graham et al., 2013). 분석 결과는 완전한 대체보다는 기존의 전력회사와의 공존을 강력히 시사하고 있다. 비슷한 결론을 2장에서도 확인할 수 있다.

PART 1 무엇이 변화하는가? 변화는 무엇을 의미하는가?

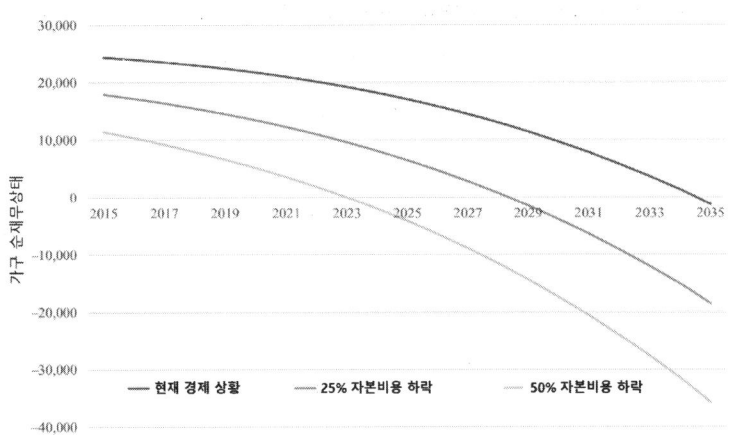

그림 6.11 '망-분리off-grid' 순 재무적 상태
(출처 : http://www.offgridenergy.com.au/ 2015.5.12)

4. 대안적인 가격결정 모형의 개발

전력회사가 전력과 여러 서비스의 가격을 결정하는 방법은 여러 가지가 있다. 본 절에서는 13, 14장에서 다뤘던 수요 요금과demand tariff 지역별 가격의nodal pricing 역할에 대해서 논의했다. 10장에서는 요금 설계의 역할과 '죽음의 나선death spiral'의 개념을 설명하였다. 그러나 이러한 논의의 전제 조건은 3절에서 설명한 것처럼, 태양광 시스템과 배터리가 대규모 '그리드 오프'를 쉽게 만들 수 없다는 사실을 인식하는 것이다. 그럼에도 불구하고, 분산형 에너지 솔루션과 공존을 직면하고 있는 전력회사들은 전력과 여러 서비스의 가격을 다시 산정해야 한다. 호주에서 전력 소매사업자에 대한 신뢰도는 역사적으로 낮은 수준이기 때문에, 이러한 압력은 훨씬 더 심각하다. 또한, 고객 대부분은 '오프 그리드'로 전환할 수 없지만 IT기술을 활용한 새로운 '가상 거래virtual trading'을 활용할 수

에너지 전환 전력산업의 미래

있다. 우버^{Uber} 또는 에어비앤비^{AirBnB} 플랫폼처럼, 에너지 플랫폼이 마이크로그리드^{microgrid}와 가정 간 거래를 촉진할 수 있다. 예를 들어, 낮 동안 에너지를 생산하는 가정이 저녁에 에너지 소모가 많은 가정에 에너지를 판매하기를 원할 수 있다(5장 참조). 따라서 가격 결정 방식은 전력회사가 새로운 고객 요구를 만족시키기 위해 고려해야하는 핵심 요소라고 볼 수 있다. 현재 호주의 주거용 요금제는 2부 요금제$^{two\text{-}part\ tariff}$(역자 주: 요금체계가 2가지 형태로 구성)이다. 가령, 퀸즐랜드 가정용 요금은 사용량 비례로 20.1센트/kWh와 최대 전력수요 필요량과 무관한 고정 비용으로 79센트/일로 구성되어 있다(Simshauser, 2014). 1년 평균 7000kWh를 소비하는 가구의 경우, 총 연간 청구액 1695달러 중 83%는 에너지 사용 비용이며 나머지 17%는 평균 망접속 비용이다.

이러한 접근은 현저히 공평성에 문제가 있다(10장 참조). 호주에서는 태양광을 설치하지 않은 가구가 실제 부담해야할 용량 비용보다 연간 대략 70달러를 더 지불하고 있다(Simshauser, 2014). 마찬가지로 에어컨이 설치된 가구는 최대 연간 200달러까지 평균 비용 요금제 덕분에 유발 비용을 덜 냈다. 이러한 불평등 문제를 해결하고 유발 비용을 반영하기 위해, 호주 전력시장위원회$^{Australian\ Energy\ Market\ Commission(AEMC)}$는 전기 요금을 '비용-반영$^{cost\text{-}reflective}$' 형태로 개혁하는 방안을 고려하고 있으며 다음 사항이 포함된다. '평균 비용' 요금의 '고정' 부분을 크게 증가시키는 것; 최대 수요 또는 kVA(역자 주: 전기용량 단위)를 고려한 요금제의 도입; 사용량이 커질수록 감소하는 블록형 요금제의 재도입; 동적 요금$^{dynamic\ pricing}$이 포함된 계시별 요금제$^{Time\ of\ Use(TOU)}$. 이러한 다양한 요금제에 대한 평가는 참고문헌 Nelson et al.(2014)에서 확인할 수 있다.

여러 측면에서 호주는 전 세계의 '시범 케이스'로 부상하고 있다. 태양광, 배터리, AMI$^{advanced\ metering\ infrastructure}$의 큰 폭의 증가와 함께, 호주

PART 1 무엇이 변화하는가? 변화는 무엇을 의미하는가?

전력회사는 다양한 요금제를 도입하고 있다. 향후 몇 년 동안, 고객 요구에 적합한 가장 효과적인 요금제가 출현할 것이다. 표 6.2는 호주 국가에너지시장^{NEM}에서 운영되는 여러 전력망의 수정된 요금제도안을 요약했다.

표 6.2를 보면 퀸즐랜드, 사우스오스트레일리아, 빅토리아의 전력망이 '평균 비용' 요금제에서 '수요 기반' 요금제로 변화하는 것을 확인할 수 있다. 표면적으로는 수요에 따른 고정비를 kVA에 도입하며 분배 효율성을 확보하는 게 이상적이라고 볼 수 있다. 그러나 여기에서 우리가 주의해야 부분이 있다. 이전에 설명했듯이, 호주 태양광의 전력 생산 형태는 피크 수요 시점과 일치하지 않기 때문에, 피크 수요를 감소하는 데 거의 효과가 없는 것으로 보인다. 수요 요금제를 도입하면, 가정에서는 태양광 발전량과 관계없이 전력망 사용 비용을 반영해 전력망 요금을 지불해야 한다. 여기서 발생하는 한 가지 문제는 현재 이미 지붕 위에 태양광 발전을 장착한 호주 가정이 1백만 가구가 넘는다는 것이다. 이들 각 가정은 태양광에 대한 투자를 '매몰 비용$^{sunk\ cost}$'라고 생각할 것이다.

표 6.2 전력망 요금구조의 변화

구역/전력망	규제 시기	규제상태	전력망 가격 변화	적용시기
퀸즐랜드(Queensland)				
Ergon	2015-16 ~ 2019-20	2015.5.1. 예비 결정	소규모 고객 대상 '계절수요' 가격 도입	2016.7.1
Energex	2015-16 ~ 2019-20	2015.5.1. 예비 결정	주거용 고객 대상 자발적 수요 요금제 도입. 2020년부터 의무화 계획	2016.7.1

뉴사우스웨일스(New South Wales)				
Ausgrid	2014-15 ~ 2018-19	최종 결정		
Essential	2014-15 ~ 2018-19	최종 결정	향후 4년간 체증 요금제를 단일(또는 체감) 요금제로 변경. 수요 기반 요금제 도입 계획 없음	2015.7.1
Endeavour	2014-15 ~ 2018-19	최종 결정		
ActewAGL	2014-15 ~ 2018-19	최종 결정	가변, 계시별 요금제에서 변경 계획은 아직 없음	2015.7.1
빅토리아(Victoria)				
Citipower	2016-20	2015.4.30. 제안	장기한계가격에 기초한 수요 요금제를 탐색 중. 구체적인 변경 계획은 수립 이전. 컨설팅 준비 중	2016.7.1
Powercor	2016-20	2015.4.30. 제안		
United Energy	2016-20	2015.4.30. 제안	주거용 고객 대상 새로운 수요 요금 도입. 평일 15:00 ~ 20:00 최대수요(kW)를 활용(변경할 수 있는 최소 수요 수준 없음)	2016.1.1
Jemena	2016-20	2015.4.30. 제안	모두 주거용 고객 대상 전력망 요금에 수요 구성요소 도입. 매월, 평일 10:00~20:00 최대 수요에 따른 최대 수요 요금을 설정(변경할 수 있는 최소 수요 수준 없음)	2016.1.1
SP Ausnet	2016-20	2015.4.30. 제안	소규모 고객 대상 전력망 요금에 장기 한계 비용에 따른 수요 구성요소 도입 고려 중. 해당 부분은 상시 최대 수요, 피크 최대 수요, 피크 평균 수요를 기초로 설정. 또한, 지역별 차등 부과를 고려하는 중	2017.1.1
사우스오스트레일리아(Southern Australia)				
SAPN	2015-16 ~	2015.5.1. 예비 결정	주거, 소규모 상업 고객 대상 수요/용량 요금제를 도입.	2015.7.1

PART1 무엇이 변화하는가? 변화는 무엇을 의미하는가?

| 2019-20 | 인터벌(interval) 미터 보급 이후, 전체 고객 대상으로 확장할 계획. 현재, 체증 요금제를 변동 없는 단일 요금제로 변경 추진 중 |

출처 : Australian Energy Regulator determinations, company reports.

다시 말해, 소비자가 태양광 발전시스템의 출력을 피크 부하 시간으로 이동할 수 있게 하는 배터리 기술에 대한 모든 투자 사례에서 기존 태양광 시스템 비용을 포함할 가능성은 낮다.

전력망 투자의 분명한 상업적 동인은 유발 비용을 전력 가격에 반영하는 것이다. 이는 수요와 공급 모두를 전력망 혼잡을 낮추는 시간대로 이동하도록 유인하는 인센티브를 고객에게 제공하는 것이다. 이러한 맥락에서 수요 요금제는 미묘하지만 중요한 차이점을 가지고 각기 다른 구조로 되어있다. 일부 전력망은 '상시 최대 수요$^{\text{anytime maximum demand}}$' 요금제를 이동하는 반면, 다른 일부 전력망은 특정기간 내 '최대 수요' 요금제를 채택하고 있다. 이러한 차이점은 개별 고객에게 다양한 인센티브를 제공할 수 있을 것이다. 전력회사가 기존 중앙집중형 전력망, 분산형 발전, 전력저장장치의 공존을 최적화하기 위해 다양한 가격 결정 방안을 도입하기 시작하고 있다는 것은 분명하다.

흥미롭게도 뉴사우스웨일스$^{\text{New South Wales}}$의 전력망은 매우 다른 방법으로 요금 구조 개편을 실시하고 있다. 수요 요금제로 전환하기보다는 '블록 요금 인하'를 재도입하는 것을 고려하고 있다. 이 요금제는 체적 소비 증가에 따라 가격이 하락하며, 고객이 더 많은 에너지를 사용하는 데 인센티브를 제공한다. 이 방식은 에너지 효율이 공공 정책의 중요 목표인 지금 특히 문제가 된다(9장 참조). 이러한 방식을 옹호하는 기업은 수요 감소로 전력망 추가를 위한 투자가 거의 필요하지 않으며, 소비자가 부담해야 하는 단위 비용을 낮추는 것이 전력망의 사용 증가에 달려있다고 주장한다. 여러 가지 측면에서 이러한 방식은 과도한 재고가 있는 사업에서 재고 비용을 감소시키기 위한 전형적인 조치로 볼 수 있다. 이것은 장기적인 기후변화 정책으로 석탄 화력 발전을 감소시켜야하는 환경 정책과 갈등을 일으킬 수도 있다.

요금제 설계와 관계없이 규제기관이 2015년부터 2020년 사이에 매출 상한$^{revenue\ cap}$(고객으로부터 규제된 전력망에서 얻을 수 있는 총 수익)을 현저히 감소시킴에 따라 호주의 전력 요금은 실질적으로 하락할 것으로 보인다. 호주 에너지 규제국$^{Australian\ Energy\ Regulator(AER)}$의 최근 결정으로 수익이 이전보다 최대 30% 가량 감소할 수 있다(Simshauser&Nelson, 2013). 결과적으로, 2020년 전기요금은 2013년 보다 10% 가량 낮을 것으로 추정된다. 따라서 전력망/소매전력 판매회사는 신뢰도 향상에 중점을 두며, 분산형 발전과 전력저장장치의 보완재로 전력망 연계 전력 공급 가격 책정을 보다 효과적으로 결정할 수 있는 기회를 가진다.

그림 6.6, 그림 6.7과 본 장의 분석은 대다수 호주 가정이 전력 공급 신뢰도를 위해 중앙집중형 전력망을 통해 생산된 전력을 계속 사용할 가능성이 있음을 보여줬다. 간단히 말해, 그들의 에너지 소비량은 자가 발전과 에너지 저장장치의 용량을 초과한다. 따라서 호주 에너지 산업의 사업자는 신뢰도 가치를 소비자에게 반영하기 위해, 요금제를 개편할 방안을 찾기 시작할 수 있다.

이 장의 분석은 이전 연구의 결과를 뒷받침한다. 전력회사가 경쟁력 있는 요금을 제시할 경우 대부분의 고객은 전력망이 주는 비용-효율적인 신뢰도를 활용하기 위해 전력망에 연결된 상태를 유지할 것이라는 연구 결과도 있다(McIntosh2014). 그림자 가격$^{shadow\ price}$를 적용하여, 망에서 분리되는 선택보다 저비용으로 전력망과의 연결을 유지할 수 있음을 알려 고객을 잃지 않도록 해야 한다고 주장도 있다(Faruqui, 2015).

PART 1 무엇이 변화하는가? 변화는 무엇을 의미하는가?

전환 과정에서 전력회사가 직면한 주요 과제 중 하나는 요금제 변화 속도이다. Bonbright(1916)의 관세 원칙에는 '안정성^{stability}과 예측가능성^{predictability}' 이 요금제 설계의 가장 중요한 요소라고 나와 있다. 분산 전원의 시장 진입 속도를 감안한다면 전력회사는 비용기반의 요금제를 형성 시 이러한 원칙을 포기해야할지도 모른다. 그러나 전력회사가 급하게 요금 제도를 변경하면 지금도 낮은 신뢰 수준을 더 악화시킬 수 있으며 이로 인해 고객을 전력산업의 미래로 이끄는데 추가적인 장벽을 만들어낼 수 있다.

5. 결론

본 장에서는 분산 전원과 전력저장장치가 널리 확산되는 전환 시기에 전력회사와 전력망 연계 전력의 가격 책정의 역할에 대해 살펴보았다. 또한, 전력망의 완전한 대체보다 공존이 미래 전력회사의 현실이 될 수 있음을 보였다. 많은 사람들은 주택과 지역 사회 공동체의 '오프-그리드'에 관심이 있지만, 대부분 사람들은 여전히 백업을 위해 전력망에 접속할 것으로 예상된다(Newgate Research, 2015).

시장 애널리스트는 호주 전력회사가 채택한 전략이 주주에게 가치를 창출할 것인지 여부를 단정적으로 예측하고 있지 않다. 2015년 중반 한 연구에서는 배터리와 태양광 발전의 지속적 수용은 AGL 에너지와 오리진 에너지(2개의 상장사로 발전-소매판매회사)의 2017년에 3천만 호주달러에서 4천만 호주달러까지 수익을 감소시킬 수 있다고 밝혔으며, 2020년까지 최대 1억 호주달러의 수익 감소가 발생할 수 있을 것으로 전망했다(Stanley(2015)). 그러나 동일 분석에서 이 두 회사가 매년 2억 호주달러를 '회수'할 수도 있으며 '경쟁력 높은 대응으로 더욱 놀라운'

 에너지 전환 전력산업의 미래

실적을 보일 수도 있다고 예측했다.

   요컨대, 이 장에서는 호주 전력회사가 새로운 상품과 서비스를 제공하며 신기술의 출현에 어떻게 대응하고 있는지 설명하였다. 통합형 전력회사인 AGL 에너지, 오리진 에너지, 에너지 오스트레일리아는 전력구매계약^{PPA}과 고지서 상환 금융$^{on\ the\ bill\ finance}$ (역자 주: 전기시설 업그레이드 등을 위해 필요한 자금을 대출해주고 고지서를 통해 월 납입금으로 상환하는 방식) 등의 혁신적 금융 방식을 활용하는 혁신적인 미터링 기기, 분산전원, 전력저장 등으로 구성된 상품을 출시하였다. 동시에, 전기요금은 '평균 비용'에서 원가를 반영하는 '수요 기반 요금제'로 이동하고 있다. 여기서 중요한 점은 다른 관할 지역의 여러 전력회사가 그 사업 전략에 따라 다양한 대안적인 가격 결정 방식을 채택하고 있다는 사실이다. 향후 몇 년 동안, 호주 전력시장은 신기술, 신사업을 성공적으로 수용하고 이익을 창출하는 데 있어 이러한 가격 결정 전략의 성공 또는 실패의 증거를 제공할 것이다.

   호주 정부는 이러한 발전 방향에 대해 지지를 표명했다. 청정에너지 금융공사$^{Clean\ Energy\ Finance\ Corporation}$는 썬 에디슨$^{Sun\ Edison}$, 틴도 솔라$^{Tindo\ Solar}$, 쿠도스 에너지$^{Kudos\ Energy}$를 통해 임대^{Leasing}와 전력구매계약^{PPA} 등의 재원 조달 방안으로 1억2천만 호주달러를 지원했다고 발표했다. 빅토리아^{Victoria} 주 에너지부 장관은 일반 가정이 에너지를 생산하고 소비하는 방식을 바꾸는 전력 저장장치의 잠재력을 공식적으로 밝혔다. 이러한 기술의 발전은 '적절한 청정에너지와 상당한 일자리'를 얻게 될 것이라고 말했다(Arup, 2015).

   파괴적 혁신의 영향을 우려하는 전력회사의 풀리지 않은 문제는 자본을 어떻게 유치할 것인가에 대한 답이다. 매년 다보스^{Davos}에서 열리는 세계경제포럼$^{World\ Economic\ Forum}$ 2014에서 전력회사와 에너지 기술 분야 최고 경영자들은 산업 가치사슬의 일부에서 필요한 투자를 유치하지 못

PART1 무엇이 변화하는가? 변화는 무엇을 의미하는가?

할 위험이 있음을 확인했다(Bain & Company, 2014). 파괴적 혁신이 야기할 위험에 대한 높은 리스크 프리미엄, 적절한 통합 에너지, 기후 정책의 부재, 신기술과 탈탄소화 정책을 고려하지 않는 시장 설계 등이 위험의 원인이 된다(Nelson, 2015). 기술의 발전, 에너지와 기후변화 정책 등이 전력회사의 미래에 큰 영향을 끼치기 때문에, 이러한 분야에 대한 추가적인 연구가 매우 중요하다.

에너지 전환 전력산업의 미래

제7장

간헐성 : 단기 운영 문제

...

Intermittency: It's the Short-Term That Matters

Daniel Rowe, Saad Sayeef, Glenn Platt
CSIRO Energy, Mayfield West, NSW, Australia

1. 소개

태양광 발전$^{Photovoltaic(PV)}$ 에너지 시스템은 전력망 변화의 주요 동인 중 하나이다. 그러나 태양광의 간헐성이 태양광 발전의 확장과 수익 실현에 어떻게 영향을 미치는지에 대한 큰 우려가 있다. 이미 오늘날 태양광 시스템은 간헐성으로 인해 특정 전력시스템에서 설치가 제한되고 있기도 하며, 신뢰할 수 있는 전력공급을 태양광 발전이 뒷받침할 수 있는지에 대한 의구심이 제기되고 있다.

분산발전이 증가함에 따라, 미래 전력회사는 간헐성 증가를 관리하는 데 있어 중요한 역할을 담당할 수 있으며 전력망과 연계된 마이크로그리드를 통해 에너지를 거래할 수 있다. 재생에너지 보급률, 에너지저장 용량, 소비자의 행태 변화, 전기차 등에 따라 변화 간헐성을 대처 방안

PART 1 무엇이 변화하는가? 변화는 무엇을 의미하는가?

은 다양하게 존재하나 이를 적절하게 활용하는 방식이 점차 중요해지고 있다. 이러한 변화는 전력회사의 비용과 이익 모두에 영향을 미칠 수 있으며, 유연성이 증가한 새로운 전력시스템 하에서 어떤 비즈니스 모델이 채택되는지가 이를 결정하는 매우 중요한 요소가 된다.

간헐성과 전력망에 미치는 영향에 대해서는 많은 이야기가 있지만 공유된 정보, 표현된 내용은 종종 일화(逸話)적이고 검증하기 어려우며 특정 기술, 지리적 또는 사회적 특성에 국한된다. 태양 간헐성에 대한 우려는 근거가 뒷받침되지 않는 경우가 많다. 세부사항, 일반화와 함께 완화 방안 등은 함께 제시되지 않는다. 또한, 간헐성의 기준 기간, 실제 파급력, 다른 유형(수요의 간헐성 등)의 간헐성들 간의 비교 역시 간과될 수 있다. 간헐성에 대한 분명한 인식과 대처방안을 찾는 과정은 모두 전력회사가 극복해야할 난관이다. 실제로 간헐성, 특히 태양광의 간헐성이 전력망에 미치는 영향에 대한 실증적 데이터, 자료는 놀라울 만큼 거의 존재하지 않는다. 그러나 태양광 발전의 광범위한 확산에 따라 전력회사의 기존 설비가 새로운 운영환경에 노출되었다. 이러한 새로운 환경변화는 전력산업의 주요 참여자들에게 가장 큰 기술적 난제로 부상하고 있다. 태양광이 빠르게 확산됨에 따라 다른 형태(역조류$^{reserved\ power\ flow}$)의 전력흐름이 발생할 가능성이 커지고 있다. 분산발전, 수요 형태 변화의 복합적 영향으로 공급전력 수준이 급격하게 변화하며 전압 '저하'가 더는 유지되지 않을 수도 있다.

그러나 놀랍게도 실제 간헐성의 실질적인 영향, 기간에서의 관심 기준, 간헐성 완화 조치 등에는 여러 이해관계자 사이에서 상당한 견해 차이가 존재한다. 또한, 발전 측면의 간헐성은 시스템 안정성을 해치는 큰 위협으로 인식되고 있으나 수요의 간헐성은 통제 가능하며 총체적으로 관리될 수 있다고 여겨진다. 이러한 차이는 간헐성을 표현하는 방식

에서도 확인할 수 있다. 발전 간헐성은 (작은) 시스템 단위로 표현되나 수요 간헐성은 전체 부하 곡선에서 다양성, 평균에서의 비중으로 나타난다. 수요와 발전 모두에서 간헐성은 소비자의 편의성, 전력시스템, 관련 기기의 최적 운영과 경제성 등에 영향을 미칠 수 있으며 관리해야 하는 중요한 문제이다. 이러한 변화에 전력망, 발전기 등이 대응하는 능력을 '유연성'이라고 정의할 수 있다.

이 장에서는 태양광의 간헐성 이슈를 다룬다. 이해관계자 간 우려와 함께, 실제 전력망에 미치는 부정적인 영향에 대한 증거(또는 실제로는 존재하지 않는지)를 설명한다. 또한 태양광의 간헐성과 기간의 관계를 상세히 밝힌다. 명확한 데이터 수집의 중요성, 다른 자원의 간헐성과 비교한 태양광 간헐성 평가, 전력망에 미치는 영향과 연관된 증거 간 연결의 중요성 등 역시 함께 논의된다. 또한, 간헐성이 심각한 문제를 일으키는지에 대한 상세한 설명과 함께 이러한 문제 해결을 위해 현재 전 세계에서 논의되고 있는 해결방안도 제시하고자 한다.

본 장은 다음과 같이 구성되어 있다. 2절에서는 오늘날 전력망에 존재하는 간헐성을 유형별로 정리한다. 3절에서는 간헐적 발전을 정의하고 간헐성 발생 기간 기준에 따라 전력망에 미치는 영향이 어떠한지에 대해 알아본다. 4절에서는 간헐성에 대해 우려와 함께, 실제 간헐성이 어떤 영역에서 심각한 문제를 일으키는지에 대해 논의한다. 5절은 전력망 운영에 부정적인 영향을 미치는 태양광의 간헐성 특징과 그 증거를 조사한다. 6절에서는 이해관계자 간의 간헐성에 대한 인식을 다룬다. 7절에서는 간헐성이 운영에 미치는 영향을 살펴보며 8절은 본 장의 결론으로써 간헐성 대응방안을 논의한다.

PART1 무엇이 변화하는가? 변화는 무엇을 의미하는가?

2. 간헐성과 전력회사

간헐성은 대체로 태양 에너지원과 관련이 있다. 그러나 풍력과 수요 역시 전력망에 간헐성의 원인이 될 수도 있다. 간헐성 기간은 초, 주간(낮/밤), 계절 등으로 다양하다. 공급자원(발전기 등), 크기, 빈도와 전력망에 미치는 영향은 전력저장, 부하, 발전 제어 등 대응방안 선택에 있어 중요하다.

전력망에 주요한 영향을 미치고 있지만, 전력회사가 관리하는 간헐성은 바로 전력 부하의 간헐성이다. 그림 7.1은 24시간 기간 동안 1초 단위로 샘플링된 부하 간헐성을 보여주는데, 에너지 소비의 급격한 변화를 명확하게 보여준다. 한편 그림 7.2는 부하 간헐성을 보다 긴 기간에서 보여준다. 다년간 크리스마스, 새해 등 휴일이 포함된 기간에서 일간, 주간 에너지 소비의 변화를 나타낸다.

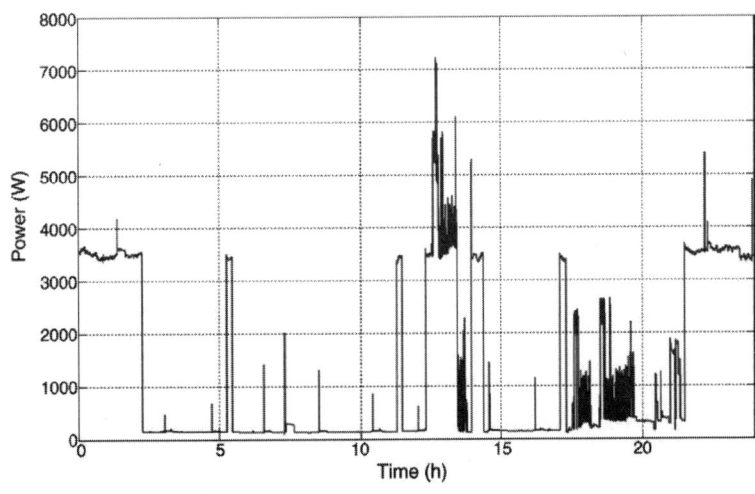

그림 7.1 24시간 기준 주거용 전력부하 프로파일, 부하의 간헐성

에너지 전환 전력산업의 미래

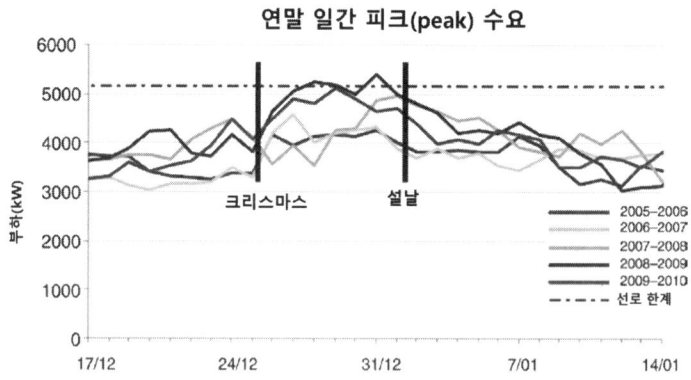

그림 7.2 휴일이 포함된 기간 부하 간헐성을 보여주는 호주 전력 부하 프로파일
(출처 : Townsville Queensland Solar City, 2012)

그림 7.3은 호주에서 24시간 동안 주거용 건물에 설치한 지붕형 태양광의 간헐성을 보여준다. 태양광 전력생산의 급격한 변화를 명확하게 확인할 수 있다. 이러한 현상은 1~5kW급 지붕형 태양광에서 흔하게 발생하는 현상이다. 호주에서는 약 140만 개의 태양광 시스템이 있으며, 이 용량을 모두 합치면 대략 4GW 정도이다(역자 주: 2017년 4월 기준 지붕형 태양광 5.6GW, 대규모 태양광 496MW에 도달하였다). 한편, 그림 7.4는 10초마다 샘플링돼서 196kW 태양광 발전 시스템의 출력 프로파일profile을 보여준다. 이 시스템은 호주 앨리스 스프링스Alice Springs의 사막 지식 호주 태양광 센터Desert Knowledge Australia Solar Centre(DKASC)에 위치한다. 구름의 범위, 움직임에 따라 태양광의 출력변화가 발생하기도 하지만 DKASC에서처럼 대규모 시스템에서는 주거용 태양광과 비교할 때 전체 용량 대비 전력 출력의 변화율은 더 낮다. 대규모/ 소규모 태양광이 더욱 퍼질수록, 전력회사는 전력망의 변동성을 관리해야 하며 간헐성 문제를 대처하려는 방안을 마련해야 한다. 그러나 대규모 태양광 발전단지와 탈집중형 태양광의 집

PART1 무엇이 변화하는가? 변화는 무엇을 의미하는가?

단체계 등 태양광 관리 단위가 더욱 커질수록 공간적 다양성이 간헐성을 상쇄시켜 이러한 문제를 줄일 수 있다.

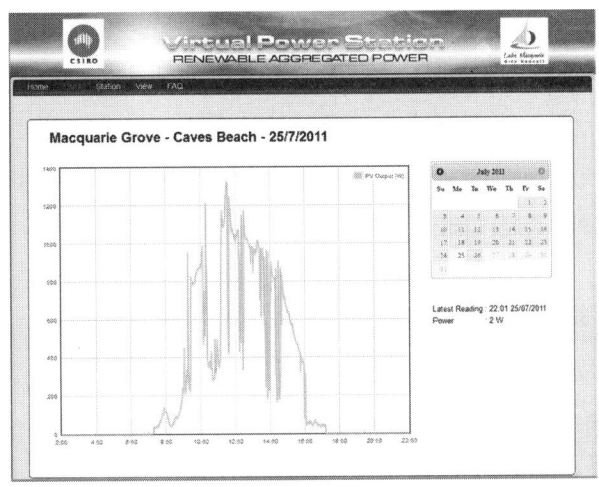

그림 7.3 주거용 지붕형 태양광 출력 프로파일과 태양광 출력 간헐성

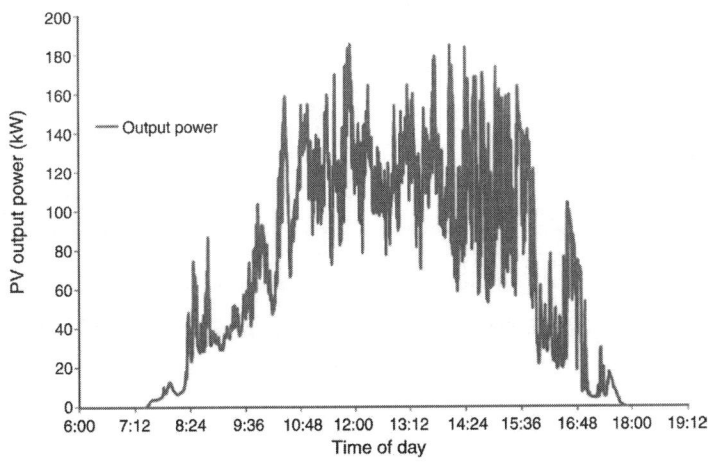

그림 7.4. 호주 앨리스 스프링스 DKASC 지역 흐린 날 태양광 출력 프로파일

에너지 전환 전력산업의 미래

그림 7.5는 태양광을 좀 더 큰 규모로 모집하였을 때 어떻게 간헐성이 감소되었는가를 나타낸다. (a)단일 모선, (b)20개 모선, (c)200개 모선 등 3가지 경우에 어떻게 변동성이 변화하는지를 10초 단위에서 보여준다. 20개 모선의 경우 일반적으로 10초 간격 동안 10%의 변동성이 있으나 200개의 모선에서는 약 2% 수준으로 변동성이 떨어지는 것을 볼 수 있다. 예를 들어, 태양광, 부하 변동성 양측 모두에서 발생 지역 인근에서의 간헐성과 전체 간헐성은 전력망 구성의 다양성과 발전, 보조서비스 메커니즘에 따라 관리된다. 그러나 분산형 발전, 에너지 저장, 부하 제어, 전기자동차 등 미래 전력산업에는 새로운 장치가 전력망에 영향을 미칠 것이며 이에 따라 변동성은 더욱 더 증폭될 것이다. 새롭고 파괴적 기술, 다양한 가격 결정 방안 등을 수용하고 이러한 변동성을 대처하기 위해서는 전력망의 유연성을 증가시켜야 한다(11장 참조).

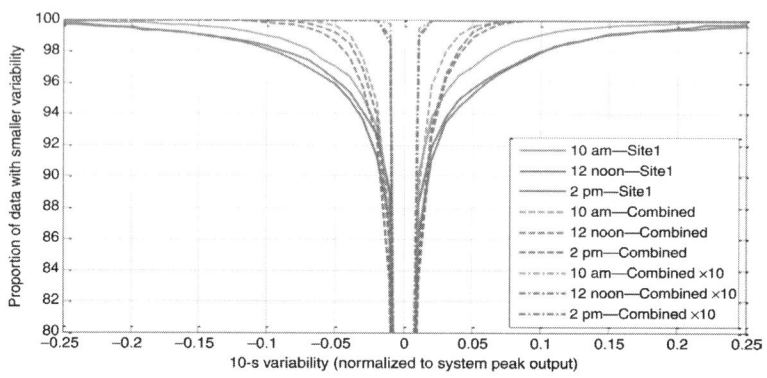

그림 7.5 서로 다른 모선에서 10초 기준 가상 발전소 출력 다양성 평가(Ward et al. (2012))

PART 1 무엇이 변화하는가? 변화는 무엇을 의미하는가?

3. 간헐성 분류와 전력시스템에 미치는 영향

전력망에 미치는 영향을 파악하기 위해서는 여러 간헐성 간 비교를 통해 간헐성 별로 특성화시킬 필요가 있다. 간헐성을 이해하고, 비교하고 적절하게 대응하기 위해서는 보안 대책과 전력망에 미치는 영향에 대한 논의가 선행되어야 한다. 서로 다른 전력망 영역에서 간헐성의 본질적 원인과 다양한 대응방안의 적합성과 성과를 이해하는 것은 간헐성이 전력회사의 수익, 비용에 끼치는 영향을 파악하는데 매우 중요하다.

간헐성 발전원의 높은 보급에 따라 국제에너지기구$^{International\ Energy\ Agency(IEA)}$는 태스크 14 그룹을 통해 "지금까지 '높은 수준의 간헐성 높은 발전원 보급$^{HPIG'}$ 시나리오에 대한 일반적 정의가 없었으며, 태스크에 참여하는 참여자들 사이에 분산화된 발전기를 최적의 방법으로 통합할 필요가 있는 상황일 때, 태양광 보급이 높은 수준이라고 할 수 있다는 공감대가 있다"라고 밝혔다(Australian PV Institute, 2013).

호주 연방과학산업연구기관^{CSIRO}가 2012년 발간한 '태양 간헐성$^{Solar\ Intermittency}$'은 위의 철학을 기반으로 간헐성 발전의 높은 보급 시나리오를 고려하였으며 변전소, 전력망, 제어 체계의 업그레이드가 필요성을 강조했다. 이 정의는 부하와 발전 모두에서 관측되는 가장 큰 순 변동성$^{net\ variability}$의 비교를 기반으로 수학적으로 표현할 수 있다(그림7.6). 또한, 태양광의 연결 규모와 다양한 시간 기준에 대한 간헐성이 전력시스템에 미치는 잠재적 영향이 정의되었다(그림 7.7, 7.8).

이러한 정의는 논의될 간헐성의 특성, 영향에 대한 공통된 기준을 제공하며, 영향, 대책이 적용되는 관련 호주 전력망 수준을 참조한다. 이러한 수준은 다른 지역에서도 쉽게 해석되어 적용될 수 있다. 높은 간헐성, 규모, 연결 지점, 전력시스템에 미칠 영향 등이 정의된 경우, 전력

에너지 전환 전력산업의 미래

망 운영에 태양광 간헐성의 부정적 영향은 전력회사가 겪을 수 있는 파급 정도와 대응 방안을 찾기 위해 조사될 수 있다.

$$HPIG_\tau \text{ exists if } |Pg_i - Pg_{(i-1)}| \geq |Pl_i - Pl_{(i-1)}|$$
$$\text{for } i \text{ such that } |P_i - P_{(i-1)}| \text{ is maximized}$$

where

Pg_i is intermittent power generation (kW) at time i

Pl_i is load power (kW) at time i

$P_i = Pl_i - Pg_i$ is the net load (kW) at time i

τ is the time interval between time i and $i-1$

Note that the variability of loads and generation needs to be assessed over a timeframe appropriate for the network characteristics under consideration—as is the case when assessing other network performance characteristics such as voltage and frequency fluctuations. This is for the purpose of assessing the time interval τ.

그림 7.6 CSIRO의 높은 수준의 간헐성 발전(HPIG) 정의 (출처 : Sayeef et al.(2012))

구분	기준
소규모(Small-scale)	230V/400V(또는 240V/415V) 저전압 배전망
전력회사 규모(Utility-scale)	〉 230V/400V(240V/415V) 배전망
대규모(Large-scale)	≥ 66kV 송전망, 부^{sub} 송전망

그림 7.7 호주 전력망에 연계된 태양광 규모 분류(Sayeef et al. (2012))

간헐성 시간단위	전력시스템에 대한 잠재 파급력
초(Seconds)	전력 품질$^{Power\ quality}$, 예 : 전압 플리커^{flicker}
분(Minutes)	주파수 조정 예비력$^{Regulation\ Reserve}$
분(Minutes) ~ 시간(Hours)	부하 추종 예비력$^{load\ following}$
시간(Hours) ~ 일(Days)	발전기 기동정지$^{Unit\ commitment}$

그림 7.8 다양한 간헐성 시간 척도에 대한 간헐성의 전력시스템에 미치는 잠재적 영향(Sayeef et al.(2012))

PART1 무엇이 변화하는가? 변화는 무엇을 의미하는가?

4. 재생에너지 간헐성은 왜 중요한가?

전력 생산과 소비가 동시에 발생하는 특성과 배전망 인근에서의 전압 하락, 단방향의 전력 흐름 패러다임 등은 전력망의 오랜 특징이었다. 그러나 이 특성에 큰 변화가 일어나고 있다. 전력저장, 수요제어와 함께 분산전원이 증가함에 따라 동적이고 새로운 전력망 운영 형태가 등장하여, 기존의 전력망 계획, 관련 규제는 점차 까다로워지고 있다. 특히, 역사적으로 배전망은 송전망의 수동적인 종료 지점, 고객과의 연결 지점으로 간주하여 왔지만, 분산형 태양광의 확산, 전력망과 상호 연결된 전기차, 저장장치의 증가는 특히 배전망을 능동적이고 중요한 부분으로 부상시키고 있다(4장 참조). 재생에너지의 변동성, 수요자의 소비특성의 변화에 따른 수급 불일치의 발생은 전력산업 규제 요건을 증가시키고 있다.

호주 연방과학산업연구기관CSIRO는 간헐성이 중요한 문제를 일으키는 영역을 확인했다. 주로 전력망이 높은 임피던스와 높은 태양광 발전의 연결에도 중앙망과의 연계가 미흡한 시골 지역의 '전력망 주변 지역'과 전력망 분리 시스템에 중대한 영향을 미칠 수 있다. 호주 앨리스 스프링스Alice Springs에 위치한 196kW급 태양광 시스템에서 10초 간격으로 표본화한 태양광 출력 데이터는 그림 7.9에서 이러한 태양광 간헐성의 영향을 보여준다.

이 데이터를 통해, CISRO는 분석 모형을 구축하였다. 전체 부하의 10%, 40% 태양광 비율, 0.01PU(강한 전력망), 0.02PU의 임피던스(취약한 전력망)에 따른 4가지 시나리오에서 그 영향을 조사했다.

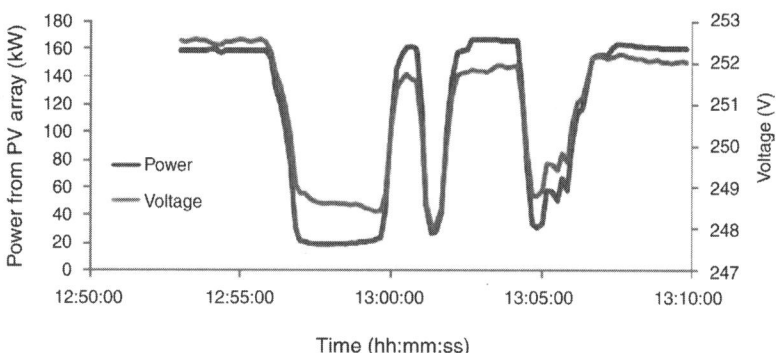

그림 7.9 전력, 전압 변동을 나타내는 원거리 지역의 196kW 태양광 시스템 실제 데이터 (출처 : Sayeef et al. (2012)).

- 강한 전력망, 낮은 태양광 비중
- 취약한 전력망, 낮은 태양광 비중
- 강한 전력망, 높은 태양광 비중
- 취약한 전력망, 높은 태양광 비중

결과적으로 시스템 전압에 미치는 영향은 그림 7.10에서 그림 7.13에 나타나 있다. 태양광이 적고, 강한 전력망에 연계되어있다면 전력 출력의 급격한 변화는 문제가 크지 않다. 그러나 전력망이 강하지 않은 시골지역 피더^{feeder}에 연계되면, 태양광 증가시 전압 변동 역시 증가한다. 이러한 유형의 피더에서 태양광이 증가하면 전압의 변동이 전력망 일부 운영, 작동에 악영향을 끼칠 수 있다. 이러한 고전압 변동으로 PV 인버터가 트립되어^{tripping} 더 큰 전력 변동이 발생하여 전압 변동이 더욱 악화할 수 있다. 태양광 높은 비중, 전력망 취약지점에서 태양광 간헐성으로 발생한 유의한 전압 변동의 발생은 전력회사가 지정 한계 이내의 전력망 전압 관리를 포함한 전력 품질 요건을 고려하면 매우 중요한 문제이다.

PART1 무엇이 변화하는가? 변화는 무엇을 의미하는가?

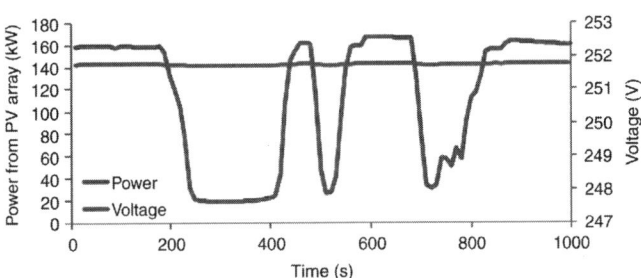

그림 7.10 낮은 태양광 비중, 강한 전력망에서의 태양광 어레이Array 전압
(출처 : Sayeef et al. (2012))

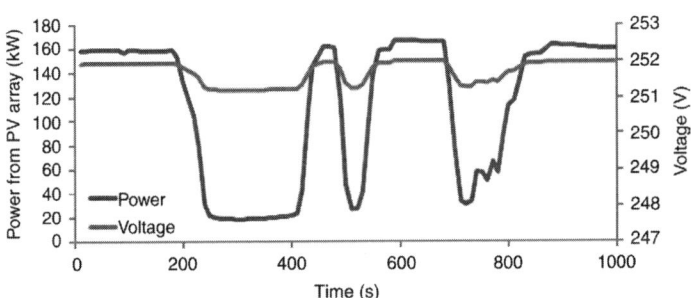

그림 7.11. 낮은 태양광 비중, 약한 전력망에서의 태양광 어레이 전압
(출처 : Sayeef et al.(2012))

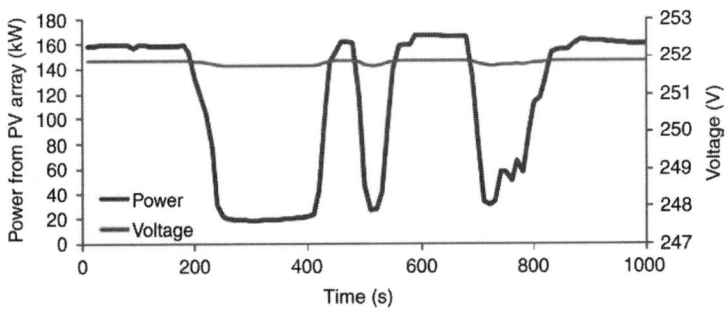

그림 7.12. 높은 태양광 비중, 강한 전력망에서의 태양광 어레이 전압
(출처 : Sayeef et al.(2012))

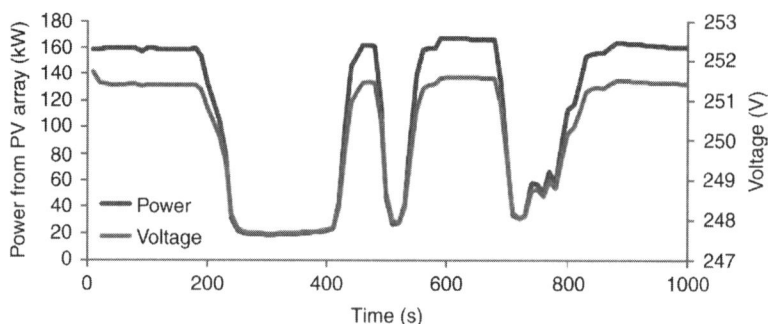

그림 7.13. 높은 태양광 비중, 약한 전력망에서의 태양광 어레이 전압
(출처 : Sayeef et al.(2012))

 호주 연방과학산업연구기관의 '태양광 간헐성 : 호주의 청정에너지 도전'은 호주 내 전력산업 이해관계자들 간 주요 이슈를 개략적으로 정리했다.

- 전압 효과
- 안정도 효과
- 출력 감발률$^{ramp\ rate}$ 효과
- 태양광 설비 이용률$^{capacity\ factor}$ 효과
- 높은 해상도의 태양 데이터 부족

 이러한 이슈는 전 세계의 전력산업계가 태양광 간헐성에 대해 우려를 보이는 부분이라고 볼 수 있다. 비록 일부 지역에서는 세계에서 가장 긴 상호연결된 전력시스템의 특이성으로 일부 효과가 왜곡될 수 있지만, 위의 이슈들은 보편적으로 문제의식을 공유하는 주제라고 볼 수 있다.
 전력망의 운영, 태양광 이익의 실현 등 공통의 관심사를 파헤치기 위

PART1 무엇이 변화하는가? 변화는 무엇을 의미하는가?

해서는 간헐성, 전력망의 영향, 대응 방안, 효과를 둘러싼 증거와 데이터 수집이 필요하다. 전력시스템 운영자 관점에서 태양에너지의 간헐성을 이해하고 특성화해야하는 이유는 전력회사 비즈니스 모델의 변화, 효율적 기술, 상업적 대응의 수립과 적용 측면에서 중요하기 때문이다. 간헐성을 둘러싼 이슈와 기회, 해결책을 탐구하고, 완화방안의 적용을 통해 미래 전력회사의 역할에 영향을 미치고 필요 정보를 제공할 수 있다.

전력회사 운영 환경과 기술, 비즈니스, 변화에 대한 이해 관계자 간의 논의가 미래 전력망 포럼Future Grid Forum에서 있었다. 여기서는 발전부터 소비에 이르기까지 전체 에너지 사슬을 포괄하는 광범위한 전체 시스템 평가가 이루어졌다. 2013년 12월 발간된 공개 보고서인 "변화와 선택Change and choice"은 미래 전력망 포럼에서 논의된 호주 전력산업의 2050년까지의 잠재적 경로 분석을 실었다. 이 보고서는 현재와 미래 전력 공급망에 광범위한 영향을 미치는 4가지 시나리오를 설명했다.

- 설정 그리고 망각 : 소비자가 전력회사에 의존하는 영역
- 프로슈머의 부상 : 고객이 활발하게 해결책을 설계하고, 특성화하는 영역
- 전력망 이탈 : 소비자가 전력망과 분리하는 영역
- 재생에너지의 번성 : 전체 전력시스템에서 전력저장장치가 큰 역할을 감당하는 영역

이 보고서에서 수행된 분석과 모형화는 특히 '재생에너지 번성' 시나리오에서의 간헐성을 중점적으로 다뤘으며 대규모의 '미터 뒤' 전력저장장치 배치를 통한 관리를 강조했다. 최근 연방과학산업연구기관과 에

너지망협회는 미래 전력망 포럼을 업데이트하는 취지로 2015-2025년 10년간에 초점을 맞추는 네트워크 전환 로드맵$^{\text{Network Transformation Roadmap(NTR)}}$을 발표했다. 이 로드맵은 "미래 주거, 상업, 산업 소비자가 필요한 서비스와 기술을 발굴"하는 것과 함께 "소비자가 원하는 서비스를 제공할 수 있도록 규제, 비즈니스 모델, 가격 책정 등 다양한 기회를 탐색"하는 것을 지향한다. 또한, 궁극적으로는 "효율적이며 경제적인 가치사슬을 확보하는 것"을 추구한다(Electricity Network Transformation Roadmap Overview, ENA, 2015). 네트워크 전환 로드맵은 호주 청정에너지 도전, 미래 전력망 포럼 보고서 등과 함께 전력회사의 미래 수익과 비즈니스 모델을 탐색하며 태양광 간헐성 문제의 기술 문제와 부문별 변화 등을 함께 연계하며 다룬다.

5. 전력망 운영에 부정적 영향을 미치는 태양광 간헐성의 증거

태양광 간헐성이 전력망에 미치는 영향에 대한 증거는 제한적이다. 태양광 확산을 제한할 요소를 조사한 샌디아국립연구소$^{\text{Sandia National Laboratories}}$의 2008년 조사(Whitaker et al., 2008)는 인상적이며 표 7.1에 요약되어 있다. 여러 유형의 전력망과 태양광 비중을 다룬 여러 논문들은 배전망에서의 태양광 확장을 다루거나 중앙망에서의 태양광 확장을 다루었다.

PART1 무엇이 변화하는가? 변화는 무엇을 의미하는가?

표 7.1 태양광 확산을 제한하는 요소

참고문헌	최대 태양광 비중	최대 비중 결정 사유
Chalmers, S., et al.	5%	주요 전력망에 연결된 발전기의 증감 발률, 중앙집중형 태양광
Jewell, W., et al.	15%	기상(예 : 구름 등) 변화 동안 역송 전력 변동. 분산형 태양광
Cyganski, D., et al.	한계를 찾을 수 없음	고조파^{harmonics}
EPRI report	〉37%	실험과 이론 연구 결과 37%까지는 기상 변화, 고조파에도 이상 없음
Baker, P., et al.	1.3~36%	연계 계통에서의 계획되지 않은 전력량 수용 불가능 정도 고려 태양광 비중 허용 폭은 지형적 요인에 따라 결정(중앙집중형 1.3%) 결과는 현재 연구 대상 전력회사의 화력발전기 특정 구성비를 고려하였음
Imece et al.	10%	손익분기 비용과 주파수 제어를 고려
Asano, H., et al.	피더의 최소 수요	전압상승. 중저전압 탭-변환 변압기
Povlsen, A., et al. and Kroposki, B., et al.	〈40%	전압 제어, 저전압 발생, 선로전압조정 장치 오작동
Union for the Coordination of Transmission of Electricity	5%	배전시스템 손실 발생 최소 수준 전압제어 능력을 갖춘 인버터 설비가 적절하게 있다면 비중 한계는 두 배로 증가 가능
Dispower	33% 또는 ≥50%	전압상승 매우 엄격한 표준 전압 한계를 적용 시, 태양광 비중 한계 33% 산출 그러나 50% 이상 시, 전압 한도를 초과하는 경우는 매우 희귀

에너지 전환 전력산업의 미래

최대 태양광 수용 수준은 상황에 따라 매우 다르다. 그 한도는 5%에서 50%까지 광범위하다. 태양광이 높은 수준으로 확산하는 것을 제약하는 요소가 다음을 사항을 포함하여 광범위하게 조사되고 있다.

- 전통적 발전자원들의 증감발률
- 예비력 발전의 변동
- 주파수 제어
- 전압 제한

표 7.2 기존 문헌에서의 상충되는 결과

연구 결과	기존 연구와 반대되는 연구결과
뉴욕 전력시스템운영자(NYISO)의 한 연구에 따르면, 풍력자원과에 의한 연료(주로 천연가스)의 변화와 이에 대한 정확한 예측을 통해, 간헐적 자원(여기서는 풍력자원)을 통합함으로써 상대한 비용 절감 효과를 얻을 수 있다고 한다.	유럽에 대한 POVRY 연구는 태양광, 풍력의 매우 높은 변동성이 비용에 직접 영향을 미칠 것이라 보고했다. 가격은 더욱 오를 것이며, 기상 예측 시스템의 특성상 예측하기가 더 어려워질 것이다.
미국 서부지역에서 수행된 연구의 분석 결과에 따르면 석탄, 가스발전의 변화와 탄소 가격을 통한 태양광 발전의 도입은 전체 비용을 절감한다. 그러나 예측 오류가 커지면 비싼 발전기가 가동되어 전체 비용이 증가한다.	텍사스 지역(ERCOT)의 시뮬레이션 결과에서는 시스템 유연성 향상을 위해 기존 발전 설비들의 업그레이드가 필요하며, 결국 간헐성 높은 자원의 확산은 전체 시스템 비용을 증가시킬 것이라 분석했다.
캘리포니아 전력시스템운영자(CAISO)는 1시간 기준에서 볼 때, 풍력이 태양광보다 가변적일 수 있다는 연구결과를 보여주었다.	스웨덴에서 수행한 연구에 따르면 풍력 자원을 모집하여 집단화했을 때 태양광보다 풍력의 변동성 억제 효과가 더 크며, 이 결과는 캘리포니아 연구 결과와 어긋난다.

PART1 무엇이 변화하는가? 변화는 무엇을 의미하는가?

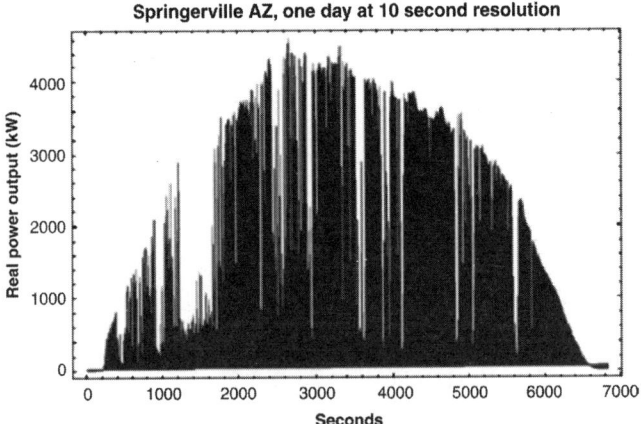

그림 7.14 미국 애리조나Arizona 부분적으로 흐린 날 4.6MW 태양광 시스템의 전력 출력 (출처 : Apt, J. et al.)

기존 전력 시스템은 이미 상당한 크기의 수요 변동성을 수용할 수 있다. 이러한 변동성과 순 부하의 변화는 발전기 급전, 보조서비스, 기타 변동 대응 체계를 통해 관리된다. 그러나 간헐적인 재생에너지의 확대로 보조서비스를 포함한 전력회사의 변동성 대처 방안 강화가 필요하다. 캘리포니아 지역에서의 순 변동성은 2009년 연구(Mills et al.)에서 확인할 수 있다. 태양광, 풍력 등 재생에너지 비중 33%를 가정하여 캘리포니아 전력망의 부하, 순부하의 시간당 변동을 분석하였다. 그림 7.15는 다양한 조건에서 시간당 변화를 보여준다. 데이터는 10분위수(어떤 집합체를 특정 변수에 따라 10개로 균등하게 나눈 집단의 하나)로 나누어졌다. 첫 번째 10분위수는 부하가 피크부하의 90~100%(상위 10%에 해당하는 피크부하 기간일 때 변동량(델타) 측정이다. 가로 기준선 위, 아래의 얇은 선은 각각 양/부의 표준편차를 나타낸다. 재생에너지는 대다수의 10분위수에 걸쳐 순부하 변동성을 증가시킨다. 예를 들

245

에너지 전환 전력산업의 미래

어, 재생에너지의 비중이 33%인 경우 10분의 1에서 순부하 변동성의 표준편차는 47% 증가한다.

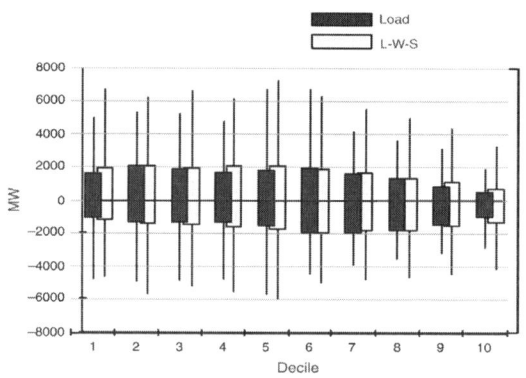

그림 7.15 33% 재생에너지 비중에서의 시간별 순부하 변동성 (L-W-S는 전체 수요에서 풍력 및 태양광을 빼준 값), (출처: California Energy Commission (2007))

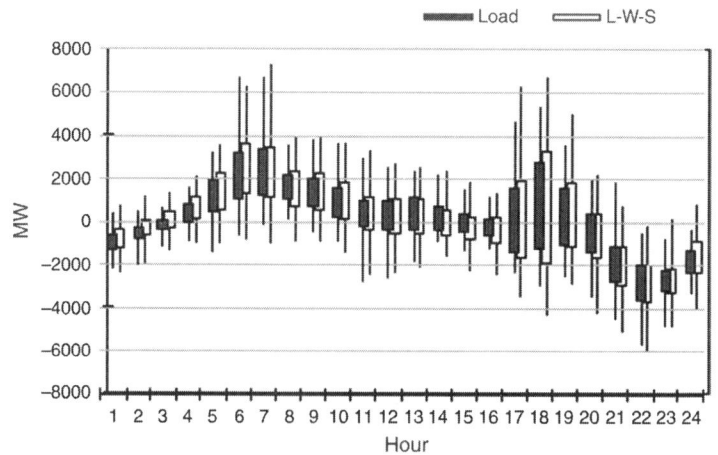

그림 7.16 시간별 순부하 변동성(출처: California Energy Commission (2007))

PART1 무엇이 변화하는가? 변화는 무엇을 의미하는가?

6. 간헐성과 다양한 이해관계자

간헐적인 재생에너지가 전력산업에 미치는 영향에 대한 불명확성을 해소하기 위해, CSIRO는 이해 관계자들이 간헐적인 고려 사항과 대책을 참조하고 이해할 수 있는 자료를 제공하고자 했다.

2012년 출간된 '태양광 간헐성 : 호주의 청정에너지 도전$^{Solar\ Intermittency:\ Australia's\ Clean\ Energy\ Challenge}$' 보고서는 다음을 주요 사항으로 고려했다.

- 고해상도 태양 데이터의 필요성
- 부하 간헐성과 마찬가지로 적절한 경우, 태양광 에너지의 완화요인으로서 공간적 다양성을 고려한 필요성
- 재생에너지를 더 큰 비중으로 수용할 수 있는 더 높은 유연성의 필요성

위의 사항들은 전 세계적으로 적용될 수 있는 고려사항이다. 특히 관련 데이터 샘플링 주기, 고해상도의 일사량, 전력망 데이터의 부족은 간헐성을 관찰하고 이해하는 데 있어 중요한 문제이다. 고해상도 데이터가 없으면 간헐성의 원인과 결과의 특성을 파악하고 이를 낮추기 어렵다. 간헐성과 전력망의 관계를 파악하는 데 한계가 있으므로 간헐성 완화 방안이 효율적이고 효과적으로 구현되는지 불분명하다. 반면, 간헐성의 영향에 대한 이해가 높아질수록, 전력회사가 선택할 수 있는 대응 방안의 범위가 넓어지며 효과를 높일 수 있다.

에너지 전환 전력산업의 미래

표 7.3 발전기 간 거리와 일사량 손실 정도에 대한 시간 척도
(Mills el al. (2009))

발전기 사이 거리(km)	손실 정도 연관성 시간 척도(분^{min})
20 < d < 50	> 15
50 < d < 150	> 30
> 150	> 60

로런스 버클리 국립연구소$^{Lawrence\ Berkeley\ National\ Labs}$는 2009년 연구에서 공간 다양성에 따른 일사량 변화를 확인하였다. 30분 간격으로 약 50km 떨어진 지점에서는 연관성이 없었으며, 60분 간격에서는 약 150km 떨어진 지점에서 연관성이 나타나지 않았다. 15분 간격에서는 영향을 받지 않는 거리가 더 짧아져 최소 20km 이상은 되어야 한다는 사실을 확인했다(Mills et al., 2009). 이 결과를 표 7.3에 표기하였다. 상호 연관성을 제거하기 위해서는 발전소 간 20km~50km 간격이 필요하다는 것을 의미한다. 부하 간헐성과 마찬가지로 공간의 다양성과 관련 통계는 태양광 간헐성 완화를 위해 중요하며, 유연성 필요량을 경감시킬 수 있다.

그러나 시스템 유연성을 높이거나 시스템 유연성 필요량을 줄이는 것은 간헐적인 발전원의 비중을 높이기 위한 또 다른 중요한 결정 요소이다. 간헐성이 높은 재생에너지의 증가로 순부하의 변동성이 증가한다. 발전기의 가동/정지 횟수가 증가하고 지속적인 부하 변화(상승/하강) 정도가 가파르게 커진다. 부하추종$^{load\ following}$ 능력은 부하 변동 이상으로 증가할 필요가 있다(California Energy Commission, 2007). 전력회사 대상 탈집중형 신뢰도 옵션은 12장에서 다루며, 비즈니스 모델과 파라미터^{parameters}들은 19장에서 확인할 수 있다.

PART1 무엇이 변화하는가? 변화는 무엇을 의미하는가?

7. 운영에 미치는 영향

역사적으로, 기존 전통적인 발전원들은 제어/급전할 수 있으며, 대규모였다. 또한 이들은 역동적인 도매시장에서의 거래와 신뢰할 수 있는 전력 공급의 기반이 되었다. 각 발전 단위는 열소비율, 연료비용, 송전 손실, 출력 증감발률 등에 따라 가동 여부가 결정되었다. 신뢰할 수 있는, 저렴한 전력 공급이 전력시스템 운영의 목적이었다(Wan and Parson, 1993).

석탄 또는 가스화력 발전기와 같은 전통적 발전원으로부터 생산된 전력의 가용성, 총량은 발전기별 조속기^{governor}와 전력시스템 전체의 자동발전제어$^{Automatic\ Generator\ Control(AGC)}$ 등에 따라 시스템운영자가 제어할 수 있다. 태양광, 풍력 등 간헐성 높은 자원이 날씨 변화에 따라 변동이 발생하는 것과 대조적이다. 이제 기존 발전기는 수요의 변동성과 함께 재생에너지의 간헐성을 고려하여 운영되어야 한다. 재생에너지 확산으로 영향을 받을 수 있는 운영상 5가지 요소는 다음과 같다.

● **부하-주파수 제어**

시스템 주파수를 원하는 수준(호주 : 50Hz, 우리나라 : 60Hz)으로 유지하기 위해서는 항상 수요와 공급을 일치시켜야 한다. 예를 들어, 부하가 공급보다 크다면 시스템 주파수가 하락한다. 시스템 주파수의 변화가 감지되면, 부하와 일치시키기 위해 전력시스템 운영자와 자동발전제어/조속기 상호작용으로 기존 발전기의 출력을 증가/감소시킨다. 간헐적인 재생에너지는 일반적으로 시스템 주파수와 독립적이고 출력 제어가 감소에만 제한되기 때문에, 주파수 제어에 참여할 수 없다. 따라서 재생에너지 비중이 높아짐에 따라 시스템 주파수를 효율적으로 관리할

에너지 전환 전력산업의 미래

수 있는 용량이 감소한다고 볼 수 있다.

배전(판매) 전력회사에 미칠 영향 : 미래 전력회사는 발전, 주파수 제어, 부하, 전력저장 운영 부분에 있어 역할이 점차 증가할 것이다. 호주에서는 이미 직접 부하 제어에 참여하는 소비자의 전력 수요는 피크부하 기간에 수요 관리에 활용되고 있다.

● 주파수 추종

태양광 또는 풍력 발전의 증가가 전체 부하 증가와 일치하지 않으면, 모든 태양광, 풍력 발전량을 흡수하기 위해 다른 발전원의 출력을 감소시켜야 한다. 반대로 태양광, 풍력의 발전량에 감소가 있을 경우 이를 보충하기 위해 다른 발전원들의 출력이 증가해야 한다. 전력회사들은 보통 부하 변화에 대응하기 위해 중간부하 발전기를 활용한다. 재생에너지의 확대와 기존 전력망과의 통합은 시스템 안정을 위해 할당된 기존의 발전기들의 부하추종 의무를 증가시킬 수 있다.

배전(판매) 전력회사에 미칠 영향 : 미래 전력회사는 발전, 부하 관리(증감률 제어), 전력저장장치 운영 시 부하추종, 이동^{shifting}, 형성^{shaping}을 위해 추가적인 능력을 갖춰야한다.

● 증감발률

증감발률은 기준 시간 동안 발전기의 출력 변화 능력을 의미한다. 간헐성 높은 발전기 비중의 증가로 빠르게 변화하는 시스템 부하를 맞추기 위해, 작동 중인 발전기의 출력 상승 속도가 향상될 필요가 있다. 만약, 기존 발전기들이 필요한 만큼 빠르게 응답하지 못한다면 수급균형에 활용이 어렵다. 그러나 빠른 출력 증가가 가능하더라도 높은 증감발률 요구사항은 발전기의 수명을 단축시키고 효율을 낮춘다. 피크기간 동

PART1 무엇이 변화하는가? 변화는 무엇을 의미하는가?

안 증감발률 요구조건의 상승은 더 많은 발전기의 가동을 필요로 하며, 이는 도매 가격의 상승으로 이어질 수 있다.

배전(판매) 전력회사에 미칠 영향 : 미래 전력회사는 발전기 제어(증감발 제어), 수요, 전력저장장치 제어와 관련된 역할이 더욱 중요해질 것이다. 또한 이러한 제어 능력의 개선으로 순 증감발 능력이 향상될 것이다.

● 출력감소가능한 발전량

발전기의 출력 감소 속도는 증가 속도와 다를 수 있으며, 둘 다 시스템 부하추종 요구사항을 맞추기 위해 중요하다. 출력 감소(감발)할 수 있는 발전량을 감소 가능한 발전량이라고 부른다. 간헐적 발전원의 최대 출력을 수용하기 위해 간헐적 발전원의 출력이 증가하고 시스템 부하가 감소할 때, 시스템 운영자는 전력망에 연결된 발전기들의 출력을 빠르게 감소시킬 수 있는 확인해야 한다. 간헐적 발전원의 출력을 흡수하는 조치에서 발전기를 이탈시키는 조치는 고려하기 어렵다. 초과 공급 상황이 해소된 직후 해당 발전원의 공급이 필요해질 수 있기 때문이다.

배전(판매)회사에 미칠 영향 : 마이크로그리드^{microgrid} 체계의 출현은 배전(판매) 회사의 분산화된 설비 운영을 초래할 수 있다. 발전, 부하, 전력저장 장치가 출력 감소 능력을 확보하기 위해 활용될 수 있다.

● 운영예비력

태양광, 풍력의 간헐성은 전력시스템의 예비력 운영에 영향을 미친다. 전력회사는 갑작스러운 발전 손실 및 예기치 못한 부하 변동에 대처하기 위해 운영예비력을 준비한다. 운영예비력 용량을 결정할 때,

예측할 수 없는 부하 및 발전량 변동을 모두 고려해야 한다. 운영예비력을 준비하기 위해서는 많은 비용이 필요하다. 전력회사가 재생에너지의 단기 변동을 예측할 수 없다면 시스템을 적절하게 안정화시키기 위해 더 많은 운영예비력을 준비해야한다. 즉, 재생에너지의 간헐성을 대처하기 위해서는 더 많은 비용이 요구될 수 있다(Sayeef et al., 2012).

배전(판매) 회사에 미칠 영향 : 전력회사의 운영예비력을 통합한 서비스는 마이크로그리드의 출현(3장), 분산화된 신뢰도 옵션(12장), 전력시스템 유연성 관련 비즈니스 모델(19장)에 따라 결정될 것이다. 어떤 경우든, 운영예비력 필요량은 다양한 기술의 발전 및 서비스 출현에 따른 순부하 변동성의 감소와 유연성의 향상으로 완화될 수 있을 것이다.

현재 패러다임에서, 위에서 언급한 5가지 요소와 파급력을 고려해 배전(판매) 회사는 추가적인 발전기를 준비하거나 추가적인 비용이 발생할지도 모를 역할을 부담하게 될 수도 있다.

8. 간헐성 대비 대책

태양광 간헐성은 전력망 유연성 증가, 순부하 변동성 감소 등의 대비 대책으로 관리될 수 있다. 다음의 조치로 시스템 유연성을 증가시킬 수 있다(Bebic, 2008).

- 발전원 구성 균형 맞추기
- 보다 유연성 높은 전통적 발전원의 도입
- 분산형 태양광의 역조류 관리가 고려된 전력시스템 재설계

PART 1 무엇이 변화하는가? 변화는 무엇을 의미하는가?

순부하 변동성은 시스템 유연성의 확보로 감소될 수 있으며, 다음의 사항들을 고려할 수 있다(Bebic, 2008).

- 전력 저장
- 부하 제어
- 제어 및 통신 설비 확충
- 재생에너지 축소 기능 확보
- 재생에너지원 설비 간 공간 확보

재생에너지 비중 확대에 따른 간헐성을 다루는 방안은 전세계적으로 다양하게 논의되었으며, 다음과 같이 정리하였다.

- 예측 : 재생에너지 및 부하 예측 정확도 개선
- 시스템 유연성 : 시스템 유연성의 증가 또는 시스템 유연성 요구량 감소
- 출력 감소 : 순부하 변동성 증가를 감당하지 못하는 발전원 구성 시, 재생에너지의 출력을 감소
- 상호연결 - 서로 다른 지역, 국가 간 상호연계 증가로 수급 균형 지역의 확대
- 제어 및 통신 설비 확충 : 전력 품질 및 제어 능력 향상을 위한 중앙 제어와 분산형 재생에너지원 간 통신 설비 확보
- 계획 : 유연성에 대한 요구사항을 고려된 예상 수요를 충족시키기 위한 적절한 자원의 계획 및 평가
- 전압 제어 : 시스템 안정도를 유지하기 위해, 기상 변화가 야기한 대규모 전압 변동의 완화가 필요
- 연구 및 데이터 분석 : 더 높은 비중의 재생에너지를 수용하기 위

해서는 간헐성 이슈와 대응 방안의 효과에 대한 추가적인 연구와 관련 데이터 확보가 필요
- 전력저장과 수요 반응 : 에너지 관리 시스템 탐색 및 순동 예비력 최적화 및 관리에 기여할 수 있도록 분산에너지원을 평가

어떤 방식을 선택하는지에 따라 경제성과 대응 메커니즘(개별 및 협조 방식 모두)이 다르게 나타난다. 추가적인 탐색과 연구가 필요하지만, 시장 참여자의 증가에 따라 점점 더 빠르게 개발되고 시험 되며 배치되고 있다. 특히 가전산업은 점차 더 많이 스마트그리드와 관여하고 있으며, 해당 부문의 기술 역시 빠르게 발전하고 있다. 분산형 전력저장장치, 전기자동차, 스마트 인버터 및 에너지 관리 등을 활용하면, 간헐적 태양광의 확산을 더욱 더 지원할 수 있다. 그러나 이러한 기술 및 서비스는 효과적으로 협조하며 운영될 때만 기술적, 경제적으로 최적인 솔루션이 적용할 수 있다.

9. 결론

태양광 간헐성과 전력망에 미치는 영향은 관리할 수 있는 중요한 문제이다. 그러나 간헐성 문제를 해소하기 위한 여러 방안은 제대로 파악되지 않았다. 태양광 설치는 특정 전력시스템에 제한되어 있으며, 신뢰할 수 있는 전력 공급에 대한 의문도 여전히 남아있다. 태양광 간헐성 문제의 특성, 영향, 대응방안이 적절하게 이해될 수 있다면, 간헐성 문제를 해소할 수 있다. 이때, 전력회사의 사업 및 수익 창출 기회가 정량화된다.

그러나 태양광 비중이 크게 높아지고 전력시스템 운영환경이 빠르게

PART 1 무엇이 변화하는가? 변화는 무엇을 의미하는가?

변화하면서 태양광 간헐성은 전력망의 주요 기술적 난제 중 하나로 부상하였다. 간헐성에 가장 효과적이고 비용 효율적으로 대처하기 위해, 공급과 수요 양쪽 모두의 기술을 혼합한 대응 기술이 미래에 적용될 것이다. 예측, 연산 등 첨단 IT 기술은 실시간으로 전력 공급과 수요를 맞추고 배전망을 관리하는데 적용되며 미래의 전력회사와 전력망을 지원할 것이다.

태양광 간헐성을 식별하고 대응할 중요한 기회가 있다. 미래에는 보다 분산전원과 전력망 연계형 마이크로그리드가 확산할 것이며, 전력회사는 이를 활용해 증가한 간헐성을 관리하고 에너지를 거래하는 데 중요한 역할을 할 수 있을 것이다. 재생에너지, 에너지 저장, 전기자동차 확산과 소비자 행동의 변화와 함께, 간헐성을 대처하는 광범위한 대응방안이 존재한다. 다양한 대응방안을 특성화하여, 상황에 따라 적합하게 적용하는 게 매우 중요하다. 또한, 이러한 변화는 미래 전력회사의 새로운 역할에 따라 비용 증가 또는 추가 수익의 원천이 될 것이다. 특히, 유연성 높은 새로운 전력시스템과 배전망에서의 새로운 비즈니스 모델은 새로운 기회를 창출할 것이다.

PART 2

경쟁, 혁신, 규제, 가격
Competition, Innovation, Regulation, and Pricing

제8장

소매 경쟁, AMI 투자, 상품 차별화 : 텍사스 사례

...

Retail Competition, Advanced Metering Investments, and Product Differentiation: Evidence From Texas)

Varun Rai*, Jay Zarnikau**
* The University of Texas at Austin, TX, United States of America
** The University of Texas at Austin and Frontier Associates,

1. 소개

본 책의 저자들은 전력회사의 비즈니스 모델의 변화를 강조한다. 그 이유는 높아진 경쟁 압력, 분산형 발전의 증가, 전력수요의 둔화, 가구 단위 에너지 사용량 정보의 증가, 제어기능의 개선 등으로 매우 많다. 수익을 확보하고, 고객의 니즈needs를 충족하며, 미래 전력시장 환경에 대응하기 위해서는 새로운 혁신 전략과 운영 방식이 필요하다.

소매시장을 개방한 텍사스주(州)의 소매 전력 공급자Retail Electric Providers(REPs)가 선보인 마케팅과 진화한 가격 전략은 미래 전력회사의 비즈니스 모델에 시사점을 제공할 수 있다. 텍사스 지역은 북미 전역에서 가장 치열한 소매 경쟁을 보이고 있다. 또한 AMIadvanced metering infrastructure

PART2 경쟁, 혁신, 규제, 가격

(역자 주: 실시간 전력소비를 확인할 수 있는 스마트 미터, 관련 인프라)에 대한 대규모 투자는 에너지 사용량 모니터링과 전기기기 제어와 관련된 진보된 기술을 촉진하고 있다. 고객 유치와 유지를 위해서 소매전력 공급자는 다양한 전략을 구사하고 있다. 따라서 이는 고객의 서비스 기대, 환경 목표, 부하 패턴, 수요반응 가용성에 영향을 주고 있다.

본 장의 2절에서는 텍사스의 소매시장 경쟁의 역사를 간단히 살펴본다. 3절은 가격, 4절은 경쟁우위 전략의 일환으로서의 상품 차별화에 대해 살펴본다. 5절은 텍사스의 경쟁 시장 내 상품과 서비스와 전력회사의 독점적 지위가 유지되는 주의 상품을 비교한다. 6절에서는 시사점과 함께 결론을 제시한다.

2. 텍사스 주의 전력 소비자 선택권 제공 배경

텍사스 전력산업의 소매경쟁 도입의 핵심적인 이론은 경쟁이 더 나은 가격 체계와 다양한 서비스를 에너지 소비자에게 제공하며, 고객 편익을 높이는 신기술 도입을 장려한다는 믿음이다. 본 절에서는 경쟁 시장 구조, 판매자 간 시장 점유 구도, 시장에 영향을 미치는 규제요소 등에 대해 논한다.

2.1 시장 구조 설계

전력 소매시장에 경쟁을 도입하고자 하는 노력은 1999년 6월 텍사스 국회의 상원 법안 7$^{\text{Senate Bill 7(SB7)}}$로부터 시작되었다. 이 법안은 텍사스 신뢰도 관리기구$^{\text{Electric Reliability Council of Texas(ERCOT)}}$ (역자 주: 텍사스 주의 전력시스템과 전력거래를 관리하는 독립적인 비영리 형태의 전력시스템운영자) 내 민영 전력회사가 2002

년 1월 1일부터 서비스 지역 내에서 상업적인 경쟁을 시행하는 것을 허용했다(그림 8.1). 새로운 사업자가 소매 시장에 진입하는 것이 허용되었으며, 이들은 기존의 수직통합 독점 전력회사 5사(社)의 소매사업 부분과 경쟁을 하게 되었다. 텍사스의 소매 전력시장 경쟁 도입과 관련된 세부 사항은 Zarnikau(2005), Adib and Zarnikau(2006), 그리고 Wood and Gülen(2009)을 참조하기 바란다.

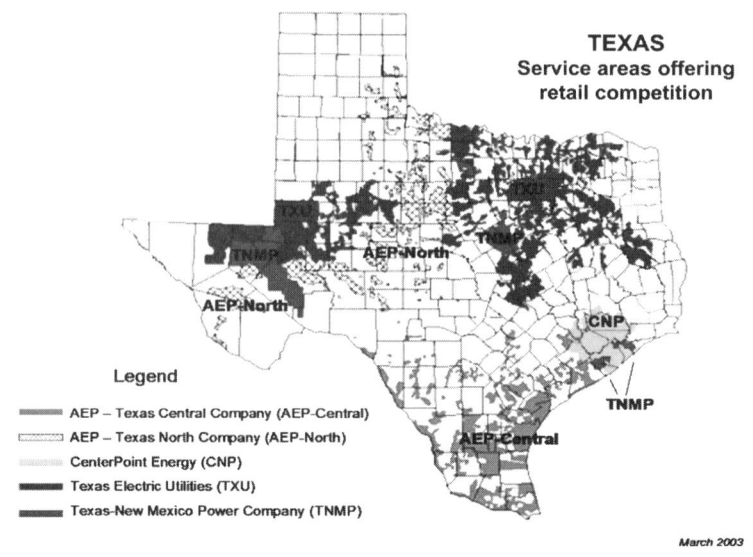

그림 8.1 소매경쟁이 도입된 초기 지역 (출처 : PUCT)

새로운 가격 체계와 다양한 서비스 도입은 매우 느리게 이루어졌다. 2000년대 초반 소비자에게 소매공급자(판매회사) 선택권이 부여되었지만, 대다수의 선택 기준은 가격과 소매공급자의 명성이었다. 단지, 일부 소부 공급자가 제공하는 재생에너지 중심의 전력공급·판매 상품이 이목을 끌었을 뿐이다.

PART2 경쟁, 혁신, 규제, 가격

이와 같은 혁신적 서비스가 느리게 도입된 이유는 ERCOT 시장의 여러 문제점 때문이었다. 텍사스 전력시장이 초기에 겪었던 문제점은 새로운 제도, 고객의 변화, 요금 청구, 서비스의 연결 해제/재연결 등과 관련한 계정 부여 추적 시스템 도입상의 난관과 관련이 있다. AMI의 부재 역시 그러한 서비스의 도입 장애물로 여겨졌다. 소매시장 규칙이 자리 잡고 시스템이 안정화되기까지는 얼마간의 시간이 소요되었으며, 이것 역시 혁신 속도를 늦추는 장애 요인이 되었다. 또한 2005년부터 2008년까지 경쟁시장에 요금이 급격하게 상승하였는데, 이러한 현상은 경쟁시장 구조의 효용성에 대한 근본적인 의구심을 가지게 했다. 이에 따라, 소매시장 초기 단계에서 소매업체와 시장은 고객에게 기본적인 서비스를 제공하는 데 초점을 맞추었다.

쉽지 않았던 전환기 이후, ERCOT은 중앙 시장통제기구$^{Central\ Registration\ Agent}$로서의 역할을 부여받고 소매시장의 신뢰도를 높였으며, 새로운 소매공급자의 시장 진입에 방해되는 잠재적 장애물을 완화하는 데에 성공했다. 2007년 1월 1일 기존 전력회사에게 부여되었던 '프라이스-투-비트$^{price\text{-}to\text{-}beat(PTB)}$' 가격 제약이 완전히 만료되었으며, 기존 전력회사 판매 자회사에게 부여되던 가격 통제가 완전히 사라짐으로써 평균 가격이 감소되었다(Kang and Zarnikau, 2009; Swadley and Yucel, 2011). 수압파쇄법$^{hydraulic\ fracturing}$을 적용으로 천연가스 생산이 증가했으며, 이는 ERCOT 시장의 한계 연료 가격을 낮추었다. 그리고 이는 도매시장 가격과 소매시장이 그 목적을 달성하는 수단이 된다는 인식을 일깨워 주었다. 최근에는 텍사스 전력시장 개혁이 북미 지역에서 가장 성공적으로 전력시장을 재구성한 사례로 평가받고 있다(DEFG, 2015).

에너지 전환 전력산업의 미래

2.2 소매공급(판매) 회사의 시장 점유율

2015년 100개 이상의 소매공급자들이 5,955,761호의 가정용 고객, 1,034,600호의 상업용 고객, 3,848호의 산업용 고객을 유치하기 위해 경쟁하고 있다(PUCT, 2015). 가정용과 상업용 고객 대상 소매공급자 시장 점유율은 그림 8.2에서 확인할 수 있다. 릴라이언트 에너지$^{Reliant\ Energy}$(前 Houston Lighting and Power Company, 현재 NRG 자회사)와 TXU(前 TU Electric) 두 회사가 전체 시장의 40%를 차지하고 있다. NRG의 시장 점유율은 자회사인 릴라이언트 에너지, 그린 마운틴$^{Green\ Mountain}$, 시로^{Cirro}의 매출을 합산할 경우 약 26%이다. 다이렉트 에너지$^{Direct\ Energy}$의 산업용 외 시장 7% 점유율은 AEP-텍사스의 소매 사업부 인수에 따른 결과이다.

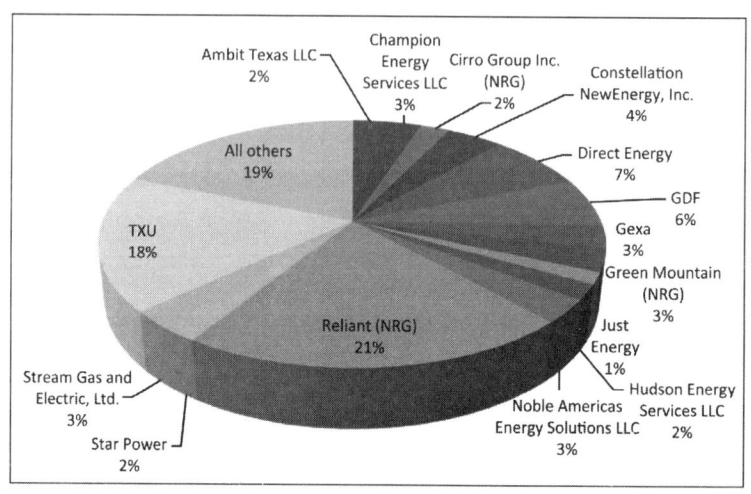

그림 8.2 소매 전력 공급자 주거, 상업용 고객시장 점유율 : 재생에너지 크레딧 요구량 기준
(출처 : ERCOT's Annual Report)

PART2 경쟁, 혁신, 규제, 가격

2.3 소매 시장에 영향을 미치는 규제, 시장 요인

소매시장을 형성하는 기타 조치에는 재생에너지 의무 구매제도Renewable Energy Portfolio Standard(RPS) 와 크레딧 거래제도Credit Trading Program, 효율 향상의무화 제도First Energy Efficiency Portfolio Standard, AMI 시스템 투자 등이 있다. 텍사스 지역의 재생에너지 정책은 최소 '녹색Greeness' 혹은 전력 판매량 중 재생에너지 비중을 설정하여 소매공급자에게 영향을 미친다. 구조조정 법안인 'SB 7'에는 최초 재생에너지 목표가 담겨있다. 2005년 'SB 20' 법안에서는 텍사스의 신재생에너지 목표를 2015년까지 5,880MW로 설정하였으며 '자발적인' 목표로서 2025년까지 풍력 용량을 10,000MW로 설정하였다(이미 달성). 이 프로그램 하에서 전력 공급업자load-serving entity는 해당 년도에 부여된 신재생에너지 할당 비율과 동등한 재생에너지 인증서Renewable Energy Credits(REC) (역자 주: 재생에너지 설비를 통해 전력을 생산했다는 인증서로 REC 거래 시장을 통해 재생에너지 의무공급자에게 판매하여 수익을 얻을 수 있음)를 보유해야 한다(Zarnikau, 2011). ERCOT은 각 전력공급자의 판매량에 기반해 주(州) 단위 목표 달성을 위해 부여할 할당량을 계산한다. 단, 산업용 고객은 해당 프로그램을 해지할 수 있으며 그들의 부하가 REC 의무량을 계산하는 데에 포함되지 않도록 할 수 있다. 이와 같은 의무제도 결과 텍사스주의 모든 전력은 최소 5% 이상의 신재생에너지를 포함하는 것으로 추측된다.

SB 7은 또한 각 민간전력회사(소매경쟁 지역 내 송전과 배전회사)에게 최종 소매 에너지 사용자의 전력수요를 감축하기 위해 설계된 프로그램을 도입하기를 요구했다. 그리고 최소 에너지절감 목표는 점진적으로 증가하였다(Zarnikau et al., 2015). 소매공급자들 혹은 에너지서비스 회사Energy Service Company(ESCO)는 에너지 효율 프로그램과 서비스를 소비자

에게 제공했고, 송배전회사가 자금을 회수하였다. 이 프로그램은 텍사스의 에너지효율향상 정책 목표를 달성 하는 데에 크게 기여하였다(텍사스의 효율향상 목표 수치는 유사한 제도를 도입한 다른 주에 비해 낮은 편에 속함).

마지막으로, AMI는 각각의 민간 송배전사업자에 의해 도입되었다. 이러한 시스템은 소매공급자와 소매 경쟁시장 내 소비자에게 상당한 편익을 제공하였다. ERCOT의 정산 시스템은 현재 통계적인 수치 대신 실제 시간당 소비 데이터를 사용한다. 그러므로 부하패턴 형성 또는 가격 신호와 피크 삭감 요청에 대한 소비자 반응과 전력회사나 시스템 비용에 미치는 영향이 ERCOT의 정산 시스템에서 인지된다. 시간당 소비 데이터는 고객, 소매공급자, 그리고 시장 상호 간의 이익 증진을 위한 새로운 프로그램과 서비스를 설계하는 데에 활용될 수 있다.

3. 가격 결정 Pricing

경쟁 소매시장과 규제 독점 시장의 가격 체계에는 가격 변동 빈도, 가격 영향요소, 그리고 고객에게 제공 가능한 요금 설계의 다양성에 있어 상당한 차이점이 있다.

전력회사의 가격 결정, 가격 변동 빈도수 등은 시의회의 감독과 규제를 받는다. 일반적으로 동일한 요금이 몇 달 또는 몇 년 간 유효한 경우는 그리 드물지 않다. 대조적으로 텍사스의 소매공급자(판매회사)는 대용량 고객에게 제공하는 요금을 일 단위로, 가정용 고객에게는 주, 월 단위로 변동 고지한다. 규제대상인 송전과 배전 비용, 수수료 등과 관련된 요금 구성요소는 빈번하게 변하지 않을지라도, 발전부문 비용 구성요소는 천연가스 가격 변동과 상응하여 빈번하게 변화한다.

PART 2 경쟁, 혁신, 규제, 가격

전통적인 규제 체제 하에서는 발전비용 혹은 연료비용이 전력회사의 에너지 구성에 따른 평균 비용 변동을 반영하여, 전력회사가 합리적이고 필연적으로 발생된 연료비용을 회수하기 위해 적절한 기회를 가지도록 보증한다. 반면, 재조정된 ERCOT 시장에서 소매가격은 한계 도매전력 가격과 매우 가깝다. 이는 순차적으로 천연가스 가격을 따른다(Woo and Zarnikau, 2009).

본 장에서 더 언급하겠지만, 경쟁 시장에서 고지된 가격은 몇몇 계약에 의해 고정되거나 시장 여건에 따라 변화될 수 있다. 동적 가격$^{Dynamic\ Prices}$은 단기간(예 : 시간단위) 영업비용과 가격을 동조화하여 경제적인 효율성을 높인다. 경쟁 시장에서의 지표^{index}화된 가격은(주로 월 단위로) 시장 여건의 변화에 따라 가격을 조정한다.

가정용 또는 소규모 상업용 고객을 대상으로 하는 1년~2년 고정가격 계약은 소매 공급자가 가격을 고지하는 시기의 시장 여건을 반영하여 설계한다. 소매공급자는 계약한 전력수요에 대해, 전기 또는 가스 선물시장을 통해 위험을 헤지^{hedge}할 수 있다. 이와 같은 가격 체계는 고객에게 단기 가격 신호가 부재할지라도 고정요금(규제기간의 요금 설계 프로세스를 거친)보다 경제적 효율성이 개선될 수 있다.

경쟁 시장에서의 가격 결정 체계는 가격과 단기 전력 생산 한계비용을 일치시켜서 효율성을 증진할 수 있다. 최종 가격 중 발전 비용 부분은 최소한 규제로 인한 요금 평준화 효과는 억제할 수 있다.

고객의 다양한 요금제 선택권 또한 효율성 향상을 이끌 수 있다. 어떠한 개별적인 소매공급자가 제한된 요금제를 제시할 지라도, 다양한 상품과 가격 플랜을 제시하는 소매공급자를 선택할 수 있는 권리 자체가 고객에게 더욱 다양한 선택권을 제시하는 것이기 때문이다.

에너지 전환 전력산업의 미래

4. 경쟁 전략으로서의 상품 차별화

경쟁 시장에서 가격 경쟁이 제한될 경우 상품 차별화 혹은 부가 서비스는 고객 유치와 유지를 위해 필요하다고 여겨진다. 예를 들어, 상품 차별화를 통한 전략적 상호작용이 어떻게 산업 구조에 영향을 미치는지에 대한 연구결과가 있다(Makadok and Ross, 2014). 게다가 동적 가격 또는 기술이 고객의 부하 곡선을 소매판매자에게 우호적으로 바꾸어 피크 발전 비용을 줄이고 비용 절감분을 공유할 수 있게 한다.

다양한 선행 연구에서 전력 시장에서 소매공급자의 경쟁적 전략에 대해 분석하였다. 한 연구에서는 캐나다 온타리오 주 설문조사에 의거하여 상업용 고객을 대상으로 비용, 서비스 품질, 고객 커뮤니케이션 강화, 개별 서비스$^{unbundled\ service}$가 도입되어야 한다고 결론을 내렸다(Walsh and Sanderson, 2008). 2001년 호주의 한 연구에서는 호주의 소매공급업자를 대상으로 인터뷰를 시행하여 그들의 마케팅 프로그램에 경쟁적 요금 책정, 가격 유연성, 경쟁자 요금 모니터링, 요금 매칭$^{price\ matching}$, 요금 리더십$^{price\ leadership}$, 고객 서비스, 고객 니즈 파악, 판매 전문성, 마케팅 전문성, 기술서비스 등의 요소가 포함됨을 발견하였다(Stanton et al., 2001). Giulietti et al.(2014)는 높은 탐색비용(경쟁 업자로부터 고객 정보를 수집하기 위한 비용)이 경쟁을 제한함을 밝혔다. 노르웨이의 시장에서는 소매공급자 간 치열한 경쟁과 낮은 이윤이 발견되었으며 반면 다른 부문에서 독점적 행위도 발견되었다(Fehr and Hansen, 2010).

Goett et al.(2000)은 소매 서비스는 대부분의 중점 대상을 상업용 고객에게 두고 있으며 이들이 해당지역 공급자와 무료 에너지 점검 서비스$^{energy\ audits}$, 가입 보너스$^{distrusted\ sign-up\ bonuses}$, 서비스 회사의 사회공헌활동 등을 선호함을 발견하였다. 그리고 이들은 실시간 요금제$^{real-time\ pricing}$ 보

PART 2 경쟁, 혁신, 규제, 가격

다 시간별 요금제$^{\text{time-of-use pricing}}$를 선호하였으며 음성안내보다 상담원의 고객서비스를 선호하였다. 전원구성$^{\text{generation mix}}$의 경우 고객 간 선호 형태가 다양하였다. Woo et al.(2014)은 공통의 요금과 서비스 수준에 대해 서술하였는데, 전력 공급 측면에서 상품 차별화의 의의에 대해 초점을 맞추었다. 그들은 전력 분야에서의 상품 차별화가 최종 소비자들을 더욱 효과적으로 확대할 수 있으며 그들의 수요를 효율적이고 환경 친화적으로 만족시킬 수 있다고 결론지었다.

경쟁 시장에서의 청정에너지의 마케팅에 대해 분석한 선행 연구는 많다. 재생에너지 관련 마케팅과 그 전략에 대한 광범위한 설문조사 결과를 확인할 수 있는 선행연구 결과가 있다(Rundle-Thiele et al, 2008). 호주의 경쟁시장에서 신재생에너지 마케팅의 장애 요인에 대해 분석한 연구(Paladino and Pandit, 2012)도 있었으며, 발전차액지원제도^{FiT}가 높은 독일 시장에서 소비자 선호도의 역할에 대해 조사한 선행 연구도 있었다(Menges, 2003). 재생에너지를 선호하지 않는 고객의 마음을 번복시키는 방법에 대해 조사한 문헌(Fuchs and Arentsen, 2002)과 소매 경쟁에 노출된 기존 전력회사는 '녹색화'의 관점에 있어 경쟁력이 떨어지는 것을 발견한 연구 결과도 있었다(Kim, 2013).

ERCOT 시장에서 많은 경우 다른 경쟁시장에서 도입되었던 상품 차별화, 다양한 요금 선택제, 부가가치 서비스 등의 경쟁 전략이 유사하게 실행되고 있다. 경쟁 소매시장에서의 낮은 판매 이윤은 소매공급자에게 차별적인 상품과 서비스를 통한 더 높은 이윤 창출 동기를 부여한다. 낮은 이윤과 높은 비용(송배전 이용요금, 도매시장 발전비용 등)은 소매공급자의 통제 범위 바깥에 존재하는 요인이다. 그들은 이와 같은 '동일한 외부 환경' 하에서 다음 절에서 설명할 차별화된 상품과 부가서비스를 창출하고 있다.

 에너지 전환 전력산업의 미래

5. ERCOT 경쟁 소매시장에서의 상품, 서비스 차별화

텍사스 시장의 소매공급자가 시장 내 위치와 마케팅 전략을 설정하는 데에는 긴 시간이 필요했다. 그러나 경쟁 지역 내에 AMI의 보급 이후, 상품 차별화는 빠르게 진행되고있다. 재생에너지 확산을 지향하는 녹색 요금제는 첫 번째 상품 차별화 물결이다. 이는 재생에너지 목표를 초과 달성하는 데 큰 기여를 하며 자리매김 하였다. 이제 소매 분야에서는 두 번째 상품 차별화 물결이 진행 중이다. AMI를 바탕으로 동적 가격, 야간/주말 무료 요금제, 소프트웨어 기반 실시간 에너지 사용량 정보 제공 서비스, 선불 요금제, 스마트 온도계, 타 업종 유틸리티(통신 등)와의 결합, 관련 사업(냉난방·공조^{HVAC}, 배관, 가정 보안 등), 자선 관련 상품 등이 등장하며 두 번째 물결을 주도하고 있다.

5.1 소매공급자가 제공하는 프로그램, 요금제, 기술

텍사스 공공사업위원회$^{Public\ Utility\ Commission\ of\ Texas(PUCT)}$의 'Power to Choose' 웹사이트는 경쟁 지역에서 제공되는 요금 플랜^{plan}과 규제 전력회사의 요금을 비교하는 정보를 제공한다. 'Power to Choose' 웹사이트 내에서 휴스턴 시(센터포인트^{CenterPoint}의 서비스지역)의 우편번호를 검색하면 다음의 서비스 옵션을 제시한다.

- 5.6~14.5¢/kWh, 1,000kWh/월 사용량 범위 내에서 322개의 요금제가 존재
- 52개의 소매공급자가 가정용 서비스를 제공(일부는 타 회사의 계열사)

PART 2 경쟁, 혁신, 규제, 가격

- 6개 공급자가 23개의 선불 요금제를 제공(다이렉트 에너지$^{Direct\ Energy}$, 프론티어 유틸리티스$^{Frontier\ Utilities}$, 펜타 파워$^{Penstar\ Power}$, 집 에너지$^{Zip\ energy}$, 히노 일렉트릭$^{Hino\ Electric}$, 브리즈 에너지$^{Breeze\ Energy}$)
- 시간대별 요금제 : 4개 회사가 7개 요금제 제시(다이렉트 에너지, 챔피언 에너지 서비스$^{Champion\ energy\ Services}$, 트루스마트 에너지$^{TruSmart\ Energy}$, 클리어뷰 에너지$^{Clearview\ energy}$), '심야 무료' 혹은 '주말 무료' 요금제 모두를 제공하지는 않음
- 고정요금 플랜 : 대부분의 공급자가 268개 요금제 제시
- 변동요금제 : 27개 공급자 47개 요금제
- 시장 기반(지표) 요금제 : 3개 공급자 7개 요금제
- 100% 신재생 : 28개 공급자, 81개 요금제

대규모 공급자들이 제시한 요금제는 얼마인가? TXU는 5개, 릴라이언트는 10개, 다이렉트 에너지$^{Direct\ Energy}$는 11개의 요금제를 제시하고 있다.

경쟁 시장에서 제시한 요금제 수와 범위는 소매 경쟁에 노출되지 않은 지역의 숫자를 명백히 초과한다. 표 8.1에서 텍사스 내 엑셀^{Xcel}과 남서부 전력회사$^{Southwestern\ Electric\ Power\ Company}$의 가정용 소비자에게 요금제 선택권이 없다는 사실을 확인할 수 있다. 텍사스의 다른 두 민간 전력 회사도 제한된 요금제를 제시할 뿐이다. 표 8.2를 살펴보면 텍사스의 2개 주립 사업자는 더 다양한 요금제를 제시하고 있지만, 선택권은 경쟁 시장에 비해 매우 제한적이다.

표 8.1 소매경쟁지역 외 수직통합 민간 전력회사가 제시한 가정용 요금제

전력회사(원문표기)	요금제	구조, 내용
Entergy, 텍사스	가정용 서비스	
	가정용 서비스 시간별 요금제	시간별 차등요금
	스케줄 1호 가정용 서비스	계절별 차등요금
El Paso Electric Company, 텍사스	대체 시간별 요금제	시간대별 차등
	저소득층 요금제	스케줄 1호 요금제에서 고객 부담 없음
	수자원 보전 냉방 전용 요금제	신규 가입 불가
	비(非)피크시간 온수난방 요금제	신규 가입 불가
Xcel, 텍사스 (Southwestern Public Service Company)	가정용 서비스	계절별 차등요금
Southwestern Electric Power Company(AEP)	가정용 서비스	계절별 차등요금

ERCOT이 전력공급자 대상으로 매년 실시하는 설문조사는 경쟁시장과 비경쟁시장 내의 다양한 프로그램과 기술의 선호도에 대한 시사점을 제공한다. 2013년 6월에서 2014년 9월, 피크 보상 프로그램(공급자가 고지하는 피크시간 동안 고객이 수요를 줄이는 경우 보상을 제공하는 프로그램)에 참여한 고객의 수가 급격히 증가했다. 그러나 2014년에는 피크 요금이 거의 발생하지 않았기 때문에, 얼마나 많은 고객이 도매가격 피크기간 동안 적극적으로 감축에 참여하였는지는 불분명하다.

시간대별 요금제 참여도 역시 매우 활발하다. 놀랍게도, 1,000호 이상의 가정용 고객이 기존 대용량 산업용 고객에게 적용되던 실시간 요금제를 선택하고 있다(표 8.3).

PART2 경쟁, 혁신, 규제, 가격

표 8.2 소매경쟁지역 외 수직통합 주립 전력회사가 제시한 가정용 요금제, 서비스

전력회사	요금제/서비스	구조, 내용
Austin Energy	도시 내 가정용	5단계 누진
	도시 외 가정용	3단계 누진
	시간별 요금제	계절별 2옵션, 시간별 3옵션
	녹색요금	
	가정용 태양광	태양광 발전 크레딧 제공
	요금납부 서비스	
	에너지효율 리베이트	관련 프로그램
	그린 빌딩	신규 건축시 자원 보전 촉진
	전기차 요금제	충전소 인센티브 제공
CPS Energy, San Antonio	가정용 서비스 요금제	2단계 누진
	에너지 효율 리베이트	관련 프로그램
	에너지 포털	
	단열 보조	
	요금 할인	
	납부 옵션	
	가정용 수요반응 프로그램	

5.2 소매공급자가 제공하는 부가서비스

대형 공급자가 제공하는 부가 서비스는 홈페이지 방문을 통해 조사되었다. 표 8.4에서 확인할 수 있는 것처럼, 가정 보안, 마일리지$^{\text{frequent flier miles}}$, 사용량 정보와 피드백, 탄소 크레딧, 자선기부 기회 등의 다양한 서비스가 제공되고 있다. 그러나 대형 공급자 중 일부는 전력 판매에만 집중하며, 부가서비스를 제공하지 않고 있다.

에너지 전환 전력산업의 미래

표 8.3 ERCOT 수요반응(DR) 참여고객 수

상품(코드)	ESI IDs 06/15/2013		ESI IDs 09/30/2014	
	가정용	상업·산업용	가정용	상업·산업용
피크 리베이트(PR)	2,410	58	410,675	30,236
시간대별(TOU)	135,320	328	290,308	3,007
기타 부하 컨트롤(OLC)	13,606	14	19,232	64
실시간(RTP)	288	4,358	1,001	9,700
블록 & 인덱스(BI)	-	23,928	-	6,796
기타 자발적 DR 상품(OTH)	169	1,554	57	155
4단계 우발적 피크(4CP)	-	35	-	247
합계	151,793	30,275	721,273	50,205

출처: ERCOT, http://www.ercot.com/calendar/2015/2/3/31977-DSWG

표 8.4 텍사스 대형 공급자가 제공하는 부가서비스

전력회사(원문표기)	요금제(원문 표기)	구조, 내용
TXU Energy	My Energy Dashboard	에너지 실시간 사용 그래프와 툴 제공, 요금절감, 부하변동 팁 제공
	iThermostat	가정용 에너지 사용 원격제어
	Personal Energy Advisor	에너지, 요금 절감을 위한 맞춤형 체크리스트 제공
	Energy Management Alerts	전기 사용량 제어를 위해 알림서비스 제공
	TXU Complete ConnectSM	케이블, 인터넷, 전화 공급자 검색 지원
	MyHome ProtectSM	가정집 유지 보수 보증서비스
	Surge ProtectSM	번개, 전압상승 등으로 인한 손실 발생시 수리 보증
Direct Energy	Benjamin Franklin Plumbers	배관 서비스
	Home Warranty of America	가정 수리 보증
	One Hour Air Conditioning and Heating	

PART2 경쟁, 혁신, 규제, 가격

전력회사(원문표기)	요금제(원문표기)	구조, 내용
Direct Energy	Mister Sparky	전기 설비업자
	Nest Thermostats	Comfort & Control Plan 일환으로 Nest Learning Thermostats 무상제공($249)
Gexa Energy	Frequent flier miles	아메리칸 항공 AAdvantage 멤버는 낮은 고정요금 적용, 가입 시 마일리지 15,000점 제공, 전기요금 1달러당 2마일리지 제공
	MD Anderson Children's Art Project	고객이 Gexa Energy 전기요금 선택 시 MD Anderson Children's Art Project에 $25 기부
Green Mountain Energy	SolarSPPARCTM(Smart People Accelerating Renewable Change)	Green Mountain이 신규 태양광 프로젝트 지원, 고객에게 누적형 태양광 크레딧 제공
	Nest Thermostats	
	Pollution FreeTM Electric Vehicle	전기차 충전용 요금제
	Renewable Rewards buy-back program	고객 소유 신재생 발전량을 전력회사에게 판매시 크레딧 제공
	Carbon Offsets	탄소발자국 계산, 탄소 크레딧 구매 촉진
Cirro Energy		스마트 요금절약, 온라인·모바일 계정관리, 편의납부 서비스, 지역고객 서비스, 최저 고정요금제 등
Champion Energy	Smart TrackTM	세부 사용량 정보 제공, 제어
	Get Connected	전기, 전화, 케이블, 인터넷, 보안 패키지상품 제공
	Home Security	Alliance Security와 파트너십 체결
	Discount on LED light bulbs	
Constellation NewEnergy, Inc (StarTexPower, a Constellation Company 산하 텍사스지역 사업자)	myAccount Dashboard	온라인, 스마트폰에서 최근 요금청구 기록 제공
	Community Grant Programs	고객 기부금을 지역커뮤니티에 재투자
	Rewarding loyalty program	

에너지 전환 전력산업의 미래

전력회사(원문표기)	요금제(원문표기)	구조, 내용
Ambit Texas LLC	Ambit Home Services	(1) Ambit AC/Heat Shield : 냉난방시스템 관리 (2) Ambit Surge Protection : 번개 등 발생시 전압상승방지
	New customer advantage	신규고객 여행 상품권 증정
	Power PaybackTM	Ambit이 피크수요 접근시 이메일이나 전화로 사전 통지, 이 시기에 고객이 사용량을 줄이면 kWh 당 $1.00 환급
	Free Energy	고객이 15명의 신규고객 추천시 무료 전력 사용기회 제공
	Travel Rewards	1kWh 당 1 여행포인트 혹은 열 1ccf 사용당 10 포인트 증정. 고객 소개시 4만5천점 증정 포인트는 웹사이트 상 여행패키지에 활용가능
Just Energy	SmartStat	신기술 온도조절계는 Wi-Fi, 모바일앱, 웹포털, 실시간 날씨, 컬러 스크린 기능을 갖춤. SmartStat의 Home IQTM은 월간 추정 사용량, 냉난방 정보, 날씨, 목표온도, HVAC 가동량 등 사용량 영향요인정보 제공
Hudson Energy Services LLC		고정 / 변동 / 혼합요금제
Noble Americas Energy Solutions		다양한 고정요금과 인덱스 요금제, 녹색요금제 선택 가능
Reliant(NRG Company)	Home Solutions®	가정용 발전기 설치, AC/Heat Protect, AC Tune-up, Surge Protect, 배관서비스, 전압상승, 전선관리, 에어필터 배달 서비스
	BabyPower 12 plan	March of Dimes에 $100 기부시 $100 상당 크레딧, 12개월 할인, 기타 고객서비스 제공
	eVgo	NRG eVgo는 가정 내 충전기와 원격 충전기 제공
	Solar Sell Back Plan	초과 발전량에 대해 크레딧 제공
	Airline Plans	가입시 마일리지 1만5천점 증정, 매 24개월마다 500점 증정, 저렴한 요금, 사용량관리 혁신 툴 제공

PART2 경쟁, 혁신, 규제, 가격

전력회사(원문표기)	요금제(원문표기)	구조, 내용
Reliant(NRG Company)	Heart Power plan	American Heart Association에 $100 기부, $100 상당 크레딧, 12개월 계약, 고객서비스
	The Reliant Texans plan	Justin J. Watt Foundation과 Houston Texans Foundation 간 $25 기부금 공유, Houston Texans 사인회 초대
	Reliant Rocket Secure Advantage 12	Patrick Beverley 사인 셔츠 증정, Rockets 사인회 초대, 12개월 요금제, 기타 고객서비스
	The Reliant Cowboys Secure Advantage plan	기간 요금제, Jason Witten 사인 풋볼 증정, Cowboy 사인회 초대, 고객서비스
	Reliant Rangers Secure Advantage 12 plan	Texas Rangers 사인볼 증정
	Reliant Learn & Conserve 24 plan	Nest Learning ThermostatTM 무료 증정
	Reliant Sweet Deal plan	12개월 요금에 전력 13개월 제공
Stream Gas and Electric Ltd	Free Energy Program	15명 지인 등록시 무료 에너지 크레딧 제공
GDF (ThinkEnergy)	Energy Education	ThinkEnergy가 온라인에 에너지절감 팁 제공

비(非)경쟁 텍사스 지역의 민간 전력회사가 제공하는 부가서비스는 제한적이다. PUCT의 규제가 '창조적인' 서비스 개발을 제한한다고 볼 수 있다.

텍사스 주 최대 시립 전력회사인 CPS 에너지와 오스틴 에너지[Austin Energy]의 가정용 고객은 그들의 지속가능한 목표 달성을 위해 상당히 다양한 부가서비스를 즐기고 있다. CPS 에너지는 네스트[Nest]의 가정용 온도조절 장치와 에너지 포털을 제공한다. 오스틴 에너지는 미국 최초 그

린 빌딩 프로그램을 도입하였다. 두 전력회사 모두 다양한 에너지 효율 프로그램을 제공한다. 그러나 독점 전력회사가 제공하는 서비스의 선택 범위와 목표에 따른 유연성은 ERCOT의 경쟁시장에서 소매공급자가 제공하는 서비스에 비해 상당히 제한적이다.

ERCOT 시장에서 소매공급자가 제공하는 모든 가격 전략, 마케팅 프로그램, 기술의 영향력은 분명하지 않다. 9장, 그리고 1장의 도입부 설명과 같이, 소매공급자는 계약 시 최저 사용량에 요금 하한선을 부과하고, 이는 많은 에너지 효율 효과를 제한한다(Levin, 2015). 최소사용량 부과제로 고객은 효율 향상을 통한 요금 절감을 달성할 수 없으며, 고객은 최소 사용량 미만으로 에너지를 저감할 유인을 가지지 않게 된다. 향후, 이러한 가격 전략이 환경과 분산형 재생에너지 자원에 대한 투자에 어떠한 영향을 미치는지에 대한 연구도 흥미로울 것이다. 한편 경쟁시장에서 제공하는 요금 선불 프로그램은 상당한 절감^{conservation} 효과가 있을 수 있다(Zarnikau, 2014). 많은 소매공급자들이 고객의 에너지 절감을 돕는 기술을 제공한다. 경쟁시장에서 고객이 가격 신호에 따라 행동할 수 있도록 장려하는 프로그램은 피크 수요 감축에 상당히 기여한다(Frontier Associates LLC, 2014).

6. 소매분야 경쟁 압력과 영향

ERCOT에서 경쟁이 도입된 지 10년이 지났지만 ERCOT의 소매시장 변화는 아직 초기 단계이다. 시장은 매우 활발하고 많은 공급자 변경이 발생하고 있다. 그러나 시장 구조는 아직 균형 상태에 도달하지 못했다. 새로운 기업이 시장에 진입하고 있으며, 기존 사업자도 인수·합병을 반복하고 있다. 기존 상품이 완전히 자리 잡지 못했음에도 불구하고 새로

PART 2 경쟁, 혁신, 규제, 가격

운 상품이 빠르게 도입되고 있다. 시장 구조가 정착되기 전에 이러한 잦은 변화가 얼마나 오랫동안 지속될 지는 불분명하다.

두 가지 상반된 요인이 서로 다른 방향의 결과를 예측한다. 첫 번째는 "ERCOT 시장의 수요 증가율과 인구 구조 변화는 다수의 소매공급자가 시장 지위를 지속적으로 확보할 수 있는 기회를 제공한다"는 결과이다. 그러나 반대로 "상대적으로 높은 고객의 공급자 교체비용과 공급자 불확실성은 이들의 시장 확보에 제약이 된다"라는 예측도 상존한다. 기술적 변화, 특히 분산전원과 가정용 에너지 관리 시스템의 발달은 공급자의 시장 지위 확보에 더욱 어려움을 주고 있다.

이러한 혼란 와중에도 ERCOT 시장에서의 소매 경쟁에 따라 기대되었던 두가지 효과가 나타나고 있다. 첫 번째는 고객의 상품 선택 다양성 강화이며, 두 번째는 경쟁 심화(규제 시장 대비 경쟁 시장에서의 소매공급자 수 기준)이다.

경쟁적인 요금제가 어떤 구도로 자리를 잡을지는 확실하지 않다. 상품시장에서 경쟁이 과열되면, 시장이 구조화되고 차별화가 발달하여 상품과 서비스의 다양성이 발생하고 가격 역시 다양하게 될 것이다. 물론, 이와 관련된 실증 연구가 필요하다. 가격에 영향을 미치는 자원 요인(연료가격, 혼잡 등)과 상품 특성과 같은 전략적 요인에 대해서도 정교한 분석이 필요하다. 전력회사 서비스^{Offering}의 다양성은 상품^{commodity}으로써 특성을 낮추나 잠재적으로 더 높은 이윤 창출에 기여할 수 있는 장기적 전략 기회를 제공한다. 실증적인 증거는 부족하지만 가격 경쟁력 또한 ERCOT의 소매시장에서 향상된 것으로 볼 수 있다. 아마도, 이는 치열한 기업 간 경쟁의 속성이 고객을 가치 창출의 중심으로 두었기 때문일 것이다.

ERCOT 시장에서 소매공급자가 추진한 선제적, 대응적 혁신의 초기 사례가 나타나고 있다. 이는 고무적으로 볼 수 있는데, 혁신이 공급자와 소비자에게 있어 가치 창출의 핵심이기 때문이다. 선제적 혁신은 고객 위치의 이동(성장)과 기술 진보가 촉발하며 공급자가 수요에 대응하여 신상품과 서비스를 도입하도록 촉진한다.

대응적 혁신(좀 더 노골적인 표현으로 모방)은 상품과 기업 전략을 본뜨기 위해 경쟁자와 그들의 고객 대응 방식을 관찰하는 것을 의미한다. 혁신 관련 선행 연구에서는 모방이 혁신의 이점을 확산하는 필연적 메커니즘이라고 인식하고 있다.

시장 전반에 걸쳐 투명성은 선제적, 대응적 혁신을 촉진하는 데에 매우 중요한 요소이다. ERCOT의 소매시장에서 www.powertochoose.org 라는 사이트 운영을 통해 투명성 창출과 제고에 핵심 역할을 하고 있다.

관련성은 있지만 인정을 받지 못했던 고급 데이터 분석이 이제 전력회사의 상품 전략을 기획하는 데에 도움을 주고 있다. 데이터 분석 범위는 고객 전환 동향 추적, 경쟁사의 서비스·제품 분석, 날씨가 부하에 미치는 영향 예측, 도매시장 등에 이르기까지 다양하다.

도매공급자의 전략적 행동에 관한 관찰은 Steil et al.(2002)가 서술한 슘페터의 경쟁과 혁신 간의 연관성에 대한 통찰력인 "자본주의 하에서의 경쟁은 혁신을 통한 경쟁과 경험을 통한 시도"와 상응하는 결과를 보인다.

텍사스의 소매시장은 최근 일부 사건이 향후 전개 방향에 대해 실마리를 제시하긴 했지만 변화가 가져오는 근본적인 영향은 아직 완전히 나타나지 않았다. 특히 ERCOT 시장 내 파괴적 시장구도, 상품, 서비스의 도입여건이 형성되고 있다. 이러한 양상은 소매 경쟁의 편익 분석시 가격 경쟁력에 대해 더욱 보편적이지만 세밀한 초점을 맞추도록 한다.

두 가지 사례가 이러한 관점을 묘사한다. 첫 번째로 ERCOT에서는

PART2 경쟁, 혁신, 규제, 가격

DER자원 통합중개$^{Aggregating\ DERs}$을 위한 시장 인센티브 도입에 관한 논의가 이루어지고 있다. 현재까지 논의되었던 초기 개념 하에서 분산자원은 (지역적으로) 광범위한 평균 도매가격을 획득할 수 있도록 허용될 것이다(GTM,2015). 이는 특히 도매가격이 높은 지역에서 분산자원에 중대한 인센티브가 될 수 있다. 미국의 다른 시장과 달리 별다른 분산전원 지원정책이 없는 텍사스주에서 이러한 발달 양상은 흥미롭다. 이러한 배경에서 시장 자체가 발산하는 힘이 광범위한 구조적인 변화를 촉진하고 있다는 점이 인상적이다.

이는 향후 십 수 년간 피크 공급 여력이 충분하지 않은 상황에서도 최근 낮은 천연가스 가격으로 인해 텍사스의 추가 설비 증설이 억제된다는 점에서 주목할 만하다(ERCOT, 2014). 지난 10년간 미국 여러 주(캘리포니아, 뉴저지, 애리조나)와 전 세계 (독일, 일본, 중국, 기타)에서 태양광이 성장하는 동안 텍사스는 파괴적 변화에서 한 발짝 물러나있었다. 그러나 이제 태양광의 가격과 품질(텍사스와 같은 시장 기반 소매 분야에서 급격한 확산을위한 중요한 요소) 매우 경쟁적인 수준에 도달하였다.

두 번째 사례는 소매 분야에서 파괴적 상품의 등장이다. MP2 에너지$^{MP2\ Energy}$와 솔라시티^{SolarCity}의 협업으로 출시된 상품이 대표적 예시라 할 수 있다. 이 상품은 초기에 댈러스 포트워스$^{Dallas-Fort\ Worth}$ 지역의 태양광 소유주를 대상으로 출시되었고, 효과적으로 태양광 고객에게 넷미터링$^{net\ metering}$을 제공하고 있다(SolarCity 2015). 아직 이 상품이 고객에게 얼마나 좋은 지에 대해 논하기엔 이르지만, 본 상품은 주 단위 넷미터링 시스템이 부재한 텍사스주의 태양광 고객에게 완전히 시장에 기반한 넷미터링 제도를 제공하고 있다. 미국 내 대부분의 태양광 시장은 이러한 이슈를 해결하기 위해 다양한 형태의 제도적/법적 중재를 요구하고, 이와 관련하여 종종 전력회사, 태양광사업자, 고객 간 험악한 이전투구 양상을 보인다. 그러나 ERCOT 시장은 치열한 소매경쟁시장 내 인센티브 구조 덕분에 현재로서는 이러한 현상에서 벗어날 수 있었다.

이 두 사례는 경쟁적인 시장 설계가 기술과 가격 요건 충족할 때, 파괴적 상품과 서비스가 빠르게 발달하는 인센티브를 제공한다는 사실을 보여준다.

7. 결론

만약 전력회사가 더 큰 경쟁 압박에 직면한다면, 전력회사의 소매사업 부문은 경쟁을 도입한 텍사스 지역의 소매공급자와 유사하게 될 것이다. 에너지 요금은 한계 발전 연료 비용을 더욱 잘 반영하고, 시장 여건 변화에도 잘 대응할 것이다. 또한 피크 보조금 프로그램과 다른 형태의 동적 가격$^{dynamic\ pricing}$ 등이 더욱 확산할 것이다. 소매공급자는 다양한 고객 니즈를 잘 충족하기 위해, 요금과 서비스 선택폭을 확대할 것이다.

소매공급자는 경쟁 구도에서 고객 유치·유지를 위해 새로운 상품과 서비스를 도입하고 있지만, 텍사스의 시장 구조와 환경은 많은 부분에서 정부 규제에 의해 조성되었다. 중앙 등록$^{Central\ Registration}$ 기능은 시스템 운영자가 지정하며 시장 규정·규약은 PUCT와 ERCOT이 도입하였다. 주 정부가 재생에너지와 에너지효율 목표를 설정하였으며, 이들은 또한 AMI와 함께 경쟁력 있는 재생에너지 구역$^{Competitive\ Renewable\ energy\ zones}$ 인프라도 조성하였다.

전력 시장에서의 소매 경쟁은 특히 외부성(오염물질 배출 등)이 존재하는 경우 바람직하다고 볼 수 있다. 일부에서는 소매 경쟁시장에서 시

PART2 경쟁, 혁신, 규제, 가격

간이 지날수록 공급자와 소비자 모두 최저 가격 상품(kWh 당 달러환산)에만 초점을 맞추고, 이로써 환경 친화적인 발전과 소비의 보급 기회를 배제한다고 생각할 수도 있다. 물론 일부 전문가는 소매 경쟁의 결과가 '바닥으로의 경쟁race to the bottom'일 것이며 따라서 기존의 정부 주도 투자보수 규제regulated rate of return(ROR)와 전원구성에서의 재생에너지 의무보급 시스템이 더 나은 방안이라고 주장하고 있다. 그러나 이 주장은 다음의 이유에서 적절하지 않다

- 첫째, 전통적인 투자보수 ROR 모델은 만일 시장 변화가 전력회사의 비즈니스 모델에 해가 될 경우 규제 전력회사에게 사회적으로 바람직한 전력 생산과 소비를 위한 노력과 반대되는 잘못된 인센티브를 제공한다. 강한 규제 기관은 이러한 전력회사의 행동을 다룰 수 있겠지만 때때로 규제기관 스스로가 규제의 틀에 속박되는 경향이 있다. 오직 대중의 이익을 위해서만 존재하는 강력한 독립 규제 체제를 유지하기 위해서는 끊임없는 대중의 참여와, 감시, 실사가 필요하다.
- 둘째, 앞서 언급하였듯이 소매 경쟁시장이 필연적으로 최저 가격에만 초점을 맞추는 시장으로 귀결될 것이라는 보장은 없다. 어떻게 텍사스의 소매공급자가 그들의 위치를 정하고, 다른 기업들과 차별화했는지는 앞선 여러 사례에서 언급하였다. 시장의 근본적인 힘이 그러한 브랜드 전략 설정, 수정, 차별화의 동력으로 작용하고 있다. 시장을 확대하는 고객지향 기술(태양광, 전기차, 스마트 온도계, 가정용 에너지제어 시스템 등)이 차별화 과정을 촉진할 것이다. 가격 경쟁력은 여전히 중요한 요인이지만 중요한 점은 가격에의 집중뿐만 아니라 시장은 전기가 고객의 다양한 선호도(안정성, 고객서비스, 단순함, 혁신, 신뢰도 등)을 반영하여 어떻게

고객에게 판매될 것인가에 대해 다양성을 존중한다. 만일 환경 보호가 고객의 가장 현저한 선호 특성이라면, 의심의 여지없이 이러한 선호도를 충족하는 상품이 증가할 것이다(100% 신재생 발전요금이 이 사례에 해당한다). 그러나 소매 선택권이 존재한다고 해서(환경보호가 고객의 명백한 선호가치이거나 이것이 시장에서 발전과 소비 여건에 반영되지 않는다면) 이것이 저절로 환경보호 목적을 달성한다고 볼 수는 없다.

- 셋째, 이러한 입장은 저렴한 발전소가 더 오염물질을 많이 배출한다고 가정하지만, 이는 점점 사실이 아니게 되고 있다.
- 넷째, 공급사슬에서 외부성을 내재화하기 위해 소매분야 규제가 반드시 필요한 것은 아니다(혹은 예를 들어 복합성의 심화로 인해). 예를 들어 온실가스 배출은 발전 단계에서 규제될 수 있으며 시장 내 모든 소매공급자는 이러한 규제를 충족하기에 적합한 전원구성으로 전력을 공급하면 된다. 이러한 점에서 소매시장은 발전부문의 전원구성이 어떻든 단순이 이를 받아들이는 역할만을 한다고 볼 수 있다. 이에 대한 예시로 최근 최종논의가 완료된 미국 환경보호국^{EPA}의 청정 전력계획$^{Clean\ Power\ Plan(CPP)}$을 들 수 있다. CPP는 전력산업 전체를 대상으로 감축 목표를 제시하였지만 대부분은 발전 기술에 상당히 직접적인 영향을 미친다. 소매경쟁 시장에서 공급자들은 주어진 발전믹스를 토대로 전력 상품을 개발하고 판매할 뿐이다. 소매공급자들이 CPP의 영향을 받는 것은 명백하지만 이들을 대상으로 하는 직접적인 규제는 존재하지 않는다.

그럼에도 불구하고 다음 장과 1장의 도입부에서 논의된 것처럼 최저 사용요금 효과는 몇몇 고객 군에서 환경 목표를 달성하기 위한 과정의 제약요인이 될 수 있다.

PART 2 경쟁, 혁신, 규제, 가격

소매 경쟁은 고객 수요를 충족하기 위한 경쟁적 논리를 확장할 수 있는 효율적인 메커니즘을 제공한다. 이러한 점에서 소매 경쟁은 공급과 수요 간 중재 메커니즘$^{mediating\ mechanism}$으로서 최적 구조로 비춰진다. 주어진 전원구성과 고객 선호도에서 소매 경쟁 체계는 효율적인 결과를 이끌어낼 수 있다. 공급과 수요의 속성 자체는 규제, 기술, 사회적 가치의 변화로 인해 끊임없이 움직일 수 있지만, 소매 경쟁은 이러한 변화를 효율적인 방식으로 반영할 수 있도록 돕는다.

ERCOT의 독특한 소매시장 구조는 더 작은 규모의 시장이나 도매 부문, 시장 신뢰도가 낮은 시장에서는 적절하지 않을 수 있다. 그러나 4장에서 언급했듯이, 이와 같은 소매 경쟁이 도입되지 않은 지역에서도 분산전원과 새로운 미터링, 제어 기술의 도입을 위해서는 고객 중심의 접근법을 필요로 할 것이다.

에너지 전환 전력산업의 미래

제9장

전력 소매시장의 회복 : 위험과 기회

...

Rehabilitating Retail Electricity Markets: Pitfalls and Opportunities

Ralph Cavanagh*, Amanda Levin †
† *NRDC, San Francisco, CA, United States of America; RDC Washington, DC, United States of America

1. 소개

미래 에너지 전망에서 가장 중요한 질문에는 전력회사의 역할이 포함되어 있다. 전력회사가 분산전원, 전력저장을 통해 자급자족하는 새로운 생태계를 구성할 혁신적 기술을 추구하지 않고 쇠퇴하게 될 것인가? 전력회사는 미래에도 생존할 수 있을까? 소비자들을 독립된 서비스들과 연계해주는 수동적인 전력망회사로 쇠퇴하게 될 것인가? 상품시장은 규제 기관의 판단을 대신할 것인가 아니면 양쪽 모두에게 최상의 것을 허용하는 시나리오가 있는가?

현재 이러한 질문은 과거 고요했던 에너지 정책 분야를 크게 뒤흔들고 있지만 새롭게 제기된 것은 아니다. 일부 전문가는 지난 수십 년 동

PART 2 경쟁, 혁신, 규제, 가격

안 기술 혁신이 대규모 고객 이탈을 일으키며 기존 체계를 파괴하여 전력회사와 그 주주를 파산시키는 결과를 초래하리라 예측해왔다. 그러나 지금까지 대규모 이탈은 발생하지 않았으며, 정책입안자는 종종 고객이 기존 전력회사에서 벗어나 신규 전력공급자를 선택하도록 보조금을 제공하기도 했다. 물론 여기에 전력회사의 배전망으로부터의 이탈은 포함되지 않는다. 이것은 1990년대 초기의 전력산업 '소매경쟁' 도입을 뜻하며, 전력산업 규제 틀을 바꾼 첫 번째 노력이라 할 수 있다.

본 장에서는 지난 25년 동안 진행된 소매 경쟁을 살펴보고자 한다. 특히, 공격적으로 소매 경쟁을 도입한 일부 주(州)의 사례에 좀 더 주목하였다. 이를 통해, 새로운 에너지 정책, 고객의 참여가 새로운 경쟁 시장에 어떻게 영향을 미치는지를 파악할 수 있는 통찰력을 얻고자 한다. 사회적 신뢰와 환경 목표를 보다 일관성 있게 유지하기 위한 전략을 상세히 설명하고, 같은 목적을 달성하려는 대안적 방법들을 검토하며 소매경쟁을 '고치는' 것이 노력할만한 가치가 있는지를 알아보았다.

우리(역자 주: 본 장의 저자)는 중앙에서 관리하는 전력망의 역할이 여전히 유효하며, 진행 중인 청정에너지로의 전환에 필수적이라고 생각한다. 기존 전력회사 모형의 복원력은 전력망 관리, 신뢰도 보장, 자원 조달, 통합에 견고한 특성을 반영한다. 또한, 대부분 소비자는 기존 전력망에서 이탈하는 것을 원하지 않는다. 발전, 전력저장에서의 기술진보는 대체로 대다수 소비자와 관계가 없으며, 그들에게 전력망과 연결/분리하는 그리드 바이패스$^{\text{grid bypass}}$는 여전히 크게 매력적인 옵션은 아니다. 모든 가정, 사업체는 신뢰할 수 있는 전기 서비스를 필수적이라 생각하며, 오랫동안 신뢰했던 장기 파트너에게 그 책임을 전적으로 위임하지 않는다. 더구나 전력시스템의 기술적 진보는 교체보다는 보강에 관심을 기울여 왔다. 그리드 바이패스로의 매력적인 초대처럼 보이는 새로운 시

에너지 전환 전력산업의 미래

스템은 썬파워^{Sunpower}의 태양전지부터 테슬라^{Tesla} 배터리에 이르기까지 신기술을 저렴한 비용으로 더 나은 성능을 보여줄 수 있다.

청정에너지 미래를 지향하는 사람들에게, 전력회사는 여전히 가장 중요한 투자자이자 시스템 통합자이다. 발전자원 구성에서, 소매 경쟁을 어떻게 유지할지는 지속해서 고민해야 하는 질문이다. 규제 기관은 '미래 전력회사'를 재정의하는 방안을 모색하면서, 상품시장과 (전력회사가 아닌) 새로운 진입자가 전력회사가 맡아왔던 장기 시스템 계획자, 투자자, 자원 통합자 등의 역할을 대체할 수 있다는 주장에 주의해야 한다.

본 장은 4절로 구성되었다. 현재 소개하는 절 다음의 2절에서는 미국 주요 주에서의 전력산업 구조개편과 이에 따른 규제적 조정을 소개한다. 3절은 소매 경쟁이 청정에너지 미래를 위한 실용적인 미래 비즈니스 모델의 기반인지 여부를 다루고 있다. 4절은 전력회사를 포함하여 청정에너지 미래에 대한 핵심적인 역할을 수행하는 대안적인 비즈니스 모델을 제시하고 있다.

2. 전력시장 소매 경쟁의 진실

2.1 미국 소매경쟁 역사

소매 전력 서비스는 1990년대 초까지 확립된 독점 규제 체계 기반이었다. 1990년대 초, 미국 내 일부 주는 전력시장 경쟁 도입이 주거와 기업 고객 모두에게 경쟁력 높은 상품 시장을 창출할 수 있을지를 조사하기 시작했다. 소매 경쟁은 도입 초기부터 논란이 되어왔다. 경쟁 도입 찬성론자는 '폭발적 성장'을 주장하며 최근 결과로 2010년에서 2013년

PART 2 경쟁, 혁신, 규제, 가격

기간 동안 소매 시장이 2배가 되었다고 주장하지만, 소매 경쟁을 도입한 주는 미국 전역에서 여전히 제한적이다(Tweed, 2015). 2013년 전체 전력 판매량의 21%에 그치고 있으며, 특히 주거용 전력 판매량은 13%에 지나지 않는다(EIA, 2015a).

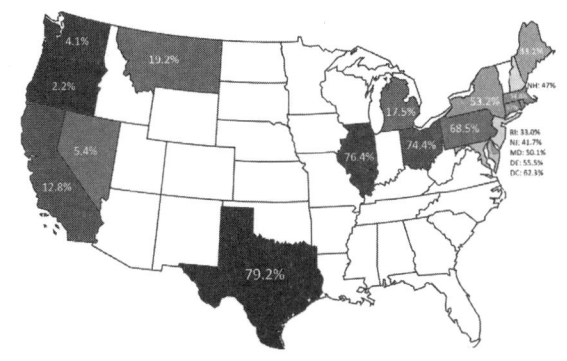

그림 9.1 대체 공급자(판매회사)가 공급하는 부하 비율(DEFG, 2015)

2015년 기준, 17개 주와 컬럼비아 특별구(워싱턴 D.C.)는 일정 수준 이상의 소매 경쟁 시장이 있다(EIA, 2012). 그 주 중 13개 주, 컬럼비아 특별구는 제한이 없는 소매 경쟁을 도입했으며, 캘리포니아, 미시간, 몬태나, 오리곤은 제한적 소매 경쟁을 적용했다. 이 모든 주는 1990년대 첫 번째 구조조정 물결 때 전력시장을 구조조정을 하기 시작했다. 2001년 발생한 캘리포니아 에너지 위기 이후 구조조정을 채택한 주는 없다 (Borenstein and Bushnell, 2014; Palmer and Burtraw, 2005). 또한, 구조조정이 이루어진 주 대다수는 소매가격 상한, 기본 서비스 요금 등 추가적인 규제 메커니즘, 소비자 보호 방안을 적용하였다(그림 9.1).

소매시장에서 고객의 참가 범위는 고객 집단과 주별로 크게 다르다. 앞서 설명한 것처럼, 고객 참여율은 2%에서 61%까지 그 범위가 넓다.

모든 주에서 대규모 상업, 산업 고객이 소매시장에 가장 활발히 참가한다. 몇몇 주에서는 대규모 고객 집단만이 유일하게 소매시장에 직접 접근이 가능하다. 심지어 모든 고객 유형이 시장에 참가가 가능한 경우에도, 일반적으로 대규모 고객만이 시장에서 적극적이다. 지난 2년 동안 주거용 소비자의 전기 서비스 제공 기업 전환비율이 많이 증가했지만, 한 가지 경우만 제외하고 대다수는 지방 자치제 또는 집단에서의 전력회사 선택에 따라 전환했다. 예를 들어, 일리노이 거주자 61%는 이제 새로운 공급자로부터 전기 서비스를 공급받는다. 그러나 해당 소비자 중 70%는 소속된 집단의 결정에 따라 수동적으로 소매 전력공급업체를 변경했다(ICC, 2015). 대다수 소비자가 자발적으로 소매업체를 변경한 사례는 텍사스가 유일하다. 모든 주거용 고객 90%가 자체적으로 소매업체를 선택하였다.

소매시장이 고객에게 이익이 되었는지 아닌지는 여전히 열띤 논쟁거리로 남아있다. 소매 선택을 위한 연합$^{Alliance\ for\ Retail\ Choice}$, 컴피트^{COMPETE} 연합 등 경쟁 옹호 단체는 소매경쟁에 따른 전력요금 절감을 보여주는 연례 보고서를 발표한다. 규제완화와 시장개혁을 추구하는 단체는 소매시장이 소비자에게 수십억 달러의 비용을 부담시켰다는 주장에 반대한다. 동시에 컴피트는 텍사스의 소매 거래 실적을 강조한다. 저렴한 전력을 위한 텍사스 연대$^{Texas\ Coalition\ for\ Affordable\ Power}$는 시장 참여자의 손실을 22억 달러 이상으로 추정했다(TCAP, 2014). 로렌스 버클리 국립 연구소$^{Lawrence\ Berkley\ National\ Laboratory}$는 지난 20년간의 구조조정 결과 연구에서 구조조정이 국가 전력가격에 긍정/부정적 영향을 미칠 수 있다는 결정적 증거가 없다고 주장했다(Borenstein and Bushnell, 2014). 모든 주에서 전력가격 변화의 압도적인 주요 원인은 천연 가스 가격의 변동이었다.

PART2 경쟁, 혁신, 규제, 가격

전력회사의 발전 소유권 독점 권한을 없애고, 연방 에너지 규제위원회$^{Federal\ Energy\ Regulatory\ Commission}$가 주도하는 도매 경쟁 촉진에 대해서는 더 이상 논쟁의 여지가 없다. 본 장에서는 필자가 전적으로 지지하는 도매시장과 이의 개발에 대해서는 논하지 않는다. 현재 발전 용량의 40% 이상을 독립적인 소유권을 가진 전력회사가 보유하고 있다. 장단기 전력 구매가 이루어지는 도매시장은 미국 전역에 걸쳐 보편적으로 참여하는 전력회사가 증가하고 활기를 띤다(EIA, 2015b). 민간발전사업자$^{Independent\ Power\ Producer(IPP)}$는 산업용, 산업용 시설 등에 전력을 공급하고 있으며 2013년 기준 재생에너지 발전용량의 88%를 차지하는 재생에너지 주요 공급자이기도 하다(EIA, 2015b, 2015c). 소매 경쟁에 회의적인 사람들 역시 도매시장의 개설을 수용해왔다.

2.2 캘리포니아 사례

1994년 4월, 캘리포니아 공공전력위원회$^{California\ Public\ Utilities\ Commission(CPUC)}$는 "경제적 규제를 시장 원리로"라는 기본 방향 아래 최선의 결과를 기대하며 전력산업 구조개편 이니셔티브를 시작했으나 최악의 결과를 초래했다(CPUC, 1994, p. 37).

모든 종류의 신규 전원 투자를 결정하는데 있어, 규제위원회의 기본 방침은 독립된 계획기관과 투자자가 주도하는 "시장이 결정한다"였다(CPUC, 1994). 규제위원회는 다음과 같이 목표를 설정했다.

"사업의 참여와 퇴장, 계약 조건은 시장의 천재성이 전적으로 결정한다"

1996년 8월, 캘리포니아 입법부는 매우 드문 만장일치 투표 결과에 따라 이 비전이 거의 그대로 반영된 법률을 제정했다. 전력회사는 전력

에너지 전환 전력산업의 미래

자원 개발 책임을 양도했지만 효과적인 대안이 출연하지 못했다. 기대했던 '시장의 천재성'은 부응하지 못하고 전력공급은 증가하지 않았으며, 2000년 역사에 남을 전력공급 신뢰도와 가격 재앙이 발생했다. 또한 이러한 빡빡한 수급 상황은 2001년까지 지속하였다.

이전에 kWh당 2~3센트 정도였던 전기 도매가격은 2000년 6월부터 8월까지 평균 15센트까지 치솟았다. 2000년 12월, 2001년 1월에는 이 가격이 두 배 정도 상승하였다. 결국, 3개의 주요 전력판매회사 중 2개는 파산 위기에 처하게 되었다. PG&E는 파산신청을 했으며 SCE^{Southern} $_{California\ Edison}$ 역시 몇 개월 동안 위기에 처했다. 동시에 운영예비력이 몇 주 동안 계속해서 5% 이하 수준으로 떨어지며 공급 위기 경보는 걸쳐 일상적으로 발생했다. 또한 주 전역에 걸친 에너지 절약 캠페인은 50~160시간의 순환정전 기간 캘리포니아 주를 보호하기 위해 필요했다(NRDC and Silicon Valley Manufacturing Group, 2003, p. 8).

시장은 신규 공급 발전자원 확대를 위한 투자 유치에 실패했고 공공 이익을 위한 에너지효율, 재생에너지, 기타 자원에도 관심을 가지지 않았다. 구조조정 초기, 전국 에너지효율 프로그램을 위한 에너지효율 기금은 급격히 감소했다. 명목화폐 기준으로 1993년 18억 달러에서 1998년 9억 달러로 감소하였다(ACEEE, 2005).

캘리포니아 공공전력위원회는 2000~2001년의 위기에 대응하여 포괄적이고 공격적인 에너지 정책을 수립하여, 전력회사의 공급자원 조달책임을 복구했다. 구조조정이 일으킨 전력공급 위기사태 이후, 민간, 공공 전력회사 모두는 에너지 효율 관련 투자를 큰 폭으로 늘렸다. 법으로 정한 목표와 전력회사의 장기구매계약 능력 복원으로 재생에너지 개발 역시 다시 번창하였다.

PART2 경쟁, 혁신, 규제, 가격

2.3 펜실베이니아 사례

펜실베이니아^{Pennsylvania}는 1999년부터 2001년 사이 '고객 선택$^{customer\ choice}$(역자 주: 고객이 전력판매회사를 선택하는 방식)'을 점진적으로 시작하며 구조조정을 시행한 첫 번째 주 중 하나이다(EIA, 2010). 구조개편 안정화의 목적으로 전기요금을 동결했으며, 기존 전력회사는 발전자산과 관련된 '좌초비용$^{stranded\ costs}$(역자 주: 구조개편 후 투자를 회수할 수 없는 기존 설비에 대한 투자비용을 의미)'을 단계적으로 회복할 수 있었다.

가격 상한제가 2005년에 종료되도록 설정되었지만 전력회사 중 2개만 실제로 그 상한을 해제했다. 그 결과 그중 하나인 PCLP(Pike County Power and Light)가 제공하는 전력요금은 하루 사이에 50% 가량 상승했다. 위원회는 다른 전력회사들이 2010년 말까지 요금 동결을 연장하도록 요구했으며, 2011년까지 경쟁 도입을 효과적으로 지연했다(Kleit et al., 2011). 최근에는 고객 참여가 증가했으며, 2014년 7월 기준 주거용 전력고객의 36.5%와 전체 고객의 37.6%는 대체판매회사$^{alternative\ supplier}$를 선택했다.

혁신적인 가격 책정 방안을 도입하겠다는 계획에 불구하고 진정한 계시별 요금제$^{time-of-use(ToU)}$, 실시간 가격요금제$^{real\ time\ pricing(RTP)}$는 허우적댔다. 대체판매회사는 9개의 경쟁을 도입한 지역 중 2곳에서만 주거용, 비주거용으로 계시별 요금제를 제공했다. 한편 4개의 규제 전력회사는 계시별 요금제를 제공했다. 7곳의 경쟁 지역에서 대체판매회사, 8곳의 경쟁 지역에서 규제 전력회사는 비(非)주거$^{non-residential}$ 고객 대상으로 실시간요금제, 계시별 요금제를 제공하며 더 많은 기회를 주었다. 그러나 고객 참여는 극도로 낮아지고 있다. 총 1%의 고객만이 계시별 요금제를 선택하였다(PAPUC, 2014).

기타 '혁신적인' 요금 책정 방안인 변동요금제는 여러 주, 고객들 사이에서 많은 논란거리가 되어왔다. 상당수의 주거용 고객, 소규모 비(非)주거용 고객은 낮은 프로모션 요금으로 변동요금제를 선택했다. 그러나 대다수 고객은 고정요금 제도가 만료된 후 자동으로 변동요금제를 적용받았다. 적절한 규제와 고객 교육의 부재는 2014년 극소용돌이^{polar} ^{vortex}(역자 주: 남북극 근처의 대류권 중상부에 위치하는 지속적인 대규모 폭풍)가 불어 닥쳤던 재난 기간 끔찍한 결과를 초래했다. 많은 고객의 전력요금 청구액은 3배 이상 증가했다. 판매회사는 일반적 가격인 kWh당 8센트가 아닌 20에서 40센트의 높은 요금을 청구했다. 저소득층을 포함한 다수 고객의 요금 통지서에는 1000달러가 넘는 금액이 청구되었고, 일부는 비용을 내지 못하는 채무불이행 신세로 전락했다. 전력판매회사의 대행사는 6만 건이 넘는 전화, 불만, 문의로 시달릴 수밖에 없었다(McCloskey, 2014).

이 사고는 변동 요금제와 시장의 문제를 보여줬다. 또한 규정 설명서에는 모호한 부분이 있었다. 청구기간 내에 빈도, 가격변동 범위 등과 같은 변동요금제의 규정에 제약이 없었다. 또한 고객은 청구서를 받기 전까지, 가격이 얼마인지 확인할 방법이 없었다. 고객의 전화가 쇄도하면서 적절한 응대가 불가능했으며, 고객 대응 서비스에 대한 불만은 커져갔다. 펜실베이니아 주 법은 고객이 공공전력위원회에 불만사항을 보내기 전 공급업체에 연락하도록 요구했기 때문에, 많은 고객들의 불만은 쌓여만 갔다.

정부는 규정을 명확하게 변경했으며, 신속한 전환을 요구하며 빠르게 대응했다. 5개의 공급업체는 주정부의 공식적인 불만 제기로 타격을 입었다. 위원회 수사국은 2개의 공급업체에 대해 추가적인 불만사항을 제기했다. 또한 입법기관에서는 공급업체, 변동요금제를 규제하는 5가지

PART 2 경쟁, 혁신, 규제, 가격

개별 조치를 도입했다(McCloskey, 2014).

2.4 일리노이 사례

일리노이는 구조조정을 단행하는 데 오랜 시간이 걸렸지만, 경쟁력이 있는 진정한 소매시장은 여전히 창출하지 못했다. 1999년 10월에 상업용/산업용 고객 대상으로 일부가 시장에 개방 되었으며, 2002년 5월에는 주거용 고객 역시 전력판매회사를 선택할 수 있었다(EIA, 2009). 상업용, 산업용 고객 대상으로 시장 개방 발표가 끝날 때까지, 해당 고객 중 12%만이 판매회사를 바꿨으며 대체판매회사는 거의 없었다(EIA, 2009). 경쟁시장은 예상처럼 빠르게 발전하지 못했다. 그 결과 주거용, 소규모 고객의 요금 상한은 2006년까지 연장 적용되어, 필요한 시장 기능이 형성되도록 하였다(ICC, 2002).

그러나 2007년 1월 요금 상한이 풀렸을 때 가격은 급등했고, 적절한 규제가 요구되었다. 컴에드^{ComEd}사(社)의 공급지역의 주거용 요금은 26%까지 증가했으며, 아메렌^{Ameren}사의 공급지역의 주거용 요금은 55%까지 증가했다. 그러나 고객은 전력판매회사를 바꾸지 못했다. 2007년 9월까지 컴에드 공급 지역에는 1명의 주거용 고객만이 대체판매회사를 찾았다(Maryland Public Service Commission, 2008). 소규모 상업, 산업용 고객 역시 아메렌 공급지역에서 10%보다 낮은 해당 고객만이 대체판매회사를 선택하였다. 대중의 항의에 따라 주정부는 일리노이 전력국$^{Illinois\ Power\ Agency(IPA)}$을 설립하며 다시 규제절차를 착수하였다.

일리노이 전력국은 이제 대체판매회사가 아닌 배전망 전력회사로부터 전력을 공급받는 고객을 대신하여 전력구매를 협상하며, 재생에너지 공급의무화제도$^{Renewable\ Portfolio\ Standard(RPS)}$을 충족시키기 위한 장기 에너지

에너지 전환 전력산업의 미래

계약의 유일한 투자자이다. 그러나 시영 모집$^{Municipal\ aggregation}$(역자 주: 고객이 소속된 전체 집단이 하나의 판매회사를 공급자로 선택하는 방식으로 주정부에서 고객 집단에 유리한 판매회사를 연구하여 개별 고객 대신 결정해주는 방식)과 기존 전력회사를 이탈하는 상업용, 산업용 고객 증가로 전력국의 재생에너지 개발, 관련 역할은 많이 감소했다. 실제로 2012년에 일리노이 전력국은 소매전력 판매회사로부터의 1억3천만 달러가 넘는 기금을 활용할 수 있었지만, 2018년까지 재생에너지 조달을 중단해야 한다고 주장했다(Roberts, 2012).

최근 몇 년간 소매시장에 대한 소비자의 참여가 크게 증가하였지만, 이것은 주로 시영 모집이 주도했다. 2015년 6월 기준, 주거용 고객 60%, 전체 고객 79%가 대체판매회사를 통해 전기를 구매하고 있다. 그러나 주거용 고객의 70%는 여전히 시영 모집 프로그램에 남아있다. 시영 모집 프로그램으로의 전환이 높을수록 시장 집중도가 심화된다. 그 결과 일리노이주에 극소수의 지배적인 전력판매회사만이 전력공급 입찰에 성공할 수 있다(ICC, 2015).

2014년 7월 이후로 시영 모집의 성장세는 극적으로 반전되었다. 740개 고객 집단 중 121개는 2014년 중반 시영 모집에서 벗어났다(ICC, 2015). 특히, 미국에서 가장 큰 시영 모집자인 시카고^{Chicago}시는 그 계약을 갱신하지 않았다. 시카고 시영 모집 프로그램 초기에는 비용절감 효과가 있었지만 많은 고객은 평균적으로 더 높은 비용을 지급해야 했다. 해당 고객은 연간 에너지 요금 기준으로 80달러가량 더 지급하였다(Daniels, 2015). 실제로 일리노이 소매시장 개발 사무소$^{Illinois\ Office\ of\ Retail\ Market\ Development}$에서는 2014년 7월부터 2015년 7월까지 컴에드 고객이 7억3천4백만 달러를 절약했다고 추정했다. 람 에마뉴엘$^{Rahm\ Emanuel}$ 시장은 "프로그램을 지속할 때 소비자가 얻는 비용 절감 효과가 크지 않으며, 컴에드에 고객을 돌려주어 재생에너지 기준 달성을 위한 투자 재원을

PART 2 경쟁, 혁신, 규제, 가격

마련하겠다"라고 말했다(Daniels, 2015).

2.5 오하이오 사례

오하이오 도소매 전력 경쟁시장은 2001년 1월 개장했다. 5년의 시장 개발기간 동안, 정부 모집government aggregation만이 유일하게 경쟁력이 있었다. 개발기간이 종료되며, 주 정부는 기존 전력회사와 함께 시장 기반 가격으로 점차 이동하기 위한 요금 안정화 계획을 수립하였다(PUCO, 2015).

2008년에는 경쟁시장에 참여하는 기업의 수가 매우 적다는 문제를 해소하기 위해 입법기관은 구조조정 명령restructuring mandate을 개정하였다. 2015년 현재, 경쟁 체제로의 전환은 여전히 큰 어려움을 겪고 있다. 배전망전력회사는 여전히 발전소를 소유·운영할 수 있으며, 주정부는 경쟁시장에서 노후된 석탄 발전기를 퇴출하기 위한 규제 방안을 찾으며 고분고투하고 있다(Gearino, 2015). 한편, 전력회사는 자신의 발전 설비 운영을 지탱하기 위해 활용하는 송배전 서비스의 '재무 건전', '안정성' 비용을 소비자에게 부과했다(Weston, 2013).

오하이오 배전망전력회사는 전력망 현대화, 스마트 미터에 투자를 진행하고 있으며, 계량 데이터에 대한 독점권을 보유하고 있다. 마케팅 회사는 이러한 데이터 없이 혁신적 요금제를 제시할 수 없기 때문에, 기존 회사는 이러한 서비스를 제공할 수 있는 유일한 능력을 갖추게 된다. 전력회사의 배전·발전 사업의 지속적 유지는 고객 참여를 저해했다. 고객은 판매회사를 바꿀 때, 전력회사의 자회사가 아닌 경우에는 그 서비스 안정성이 떨어질 수 있다고 우려한다(Weston, 2013).

2014년 오하이오 공공전력위원회 조사 결과, 공급영역 간 서비스의 불일치가 밝혀지면서 고객과 대체판매회사의 시장참여에 커다란 장벽이 형성되었다(PUCO, 2014). 또한 판매회사별 청구서 양식은 표준화되지 않았다. 가격 비교 또는 표준 요금 등은 각 전력회사별로 다르게 계산되었다. 데이터, 요금 구성요소 등 전력회사가 사용하는 용어 역시 업체에 따라 다양하다. 일관된 시장 규칙과 감독의 부재로 불공정하고 혼란스러운 시장 환경이 조성되었고, 전력시장 참여자의 접근과 이익 창출은 매우 어려운 상황이다.

2.6 텍사스 사례

텍사스는 미국에서 가장 활발한 전력소매시장을 가지고 있다. 2002년 이후, 텍사스의 670만 고객은 완전한 '소비자 선택'을 가지고 있다. 텍사스 공익사업규제위원회$^{Public\ Utilities\ Commission\ of\ Texas(PUCT)}$에 따르면, 텍사스에는 190개 이상의 공급업체가 있으며, 최소 50개 지역에 300개 이상의 주거용 요금제도가 존재한다. 그러나 실제로 이러한 공급업체 상당수는 소수의 대규모 지주회사가 소유하고 있다. 상위 6개 지주회사는 주거용 고객 수요 89%의 전력을 공급한다. 시장은 소수의 지배적 사업자에게 집중되었음에도 활발하게 운영되고 있다. 2014년 기준, 주거용 고객 90% 이상이 시장에 참가하며, 320만 개가 넘는 판매회사 교체 사례가 있었다(ERCOT, 2015a,b).

다른 지역의 경쟁시장과 다르게, 텍사스는 최소 예비력 기준 또는 용량 선도 시장 등 자원 적정성을 확보하는 규제 메커니즘이 없다. 발전 자원 투자 결정은 전적으로 현물 시장$^{spot\ market}$의 도매시장 가격에 따라 이루어진다. 최소 예비력 기준 또는 용량 시장의 부재는 텍사스 전력신뢰도 협의회$^{Electric\ Reliability\ Council\ of\ Texas(ERCOT)}$의 중요 쟁점 사안이 되었

PART2 경쟁, 혁신, 규제, 가격

다. 지난 10년간 다른 주의 전력 수요는 정체되거나 감소하였지만, 텍사스의 전력 수요는 여전히 빠르게 증가하고 있다. 텍사스 에너지 효율 프로그램은 소매 판매량의 0.19%보다 낮은 수준이며, 텍사스의 증가하는 전력 수요를 감당하는 데 큰 도움이 되지 못했다. 텍사스주는 신규 발전기 투자를 수요 증가에 맞추기 위해 노력하고 있다.

2015년 기존 예측치에서는 설비 예비율을 10% 미만으로 전망했다. 이후 새로운 발전 투자를 유치하기 위한, 현물 시장 가격 상한은 1MWh 당 3000달러에서 9000달러로 증가했다. 이러한 전망은 단기간에 중요한 결과를 가져왔다. 과거 계획했지만 보류되었던 발전용량 2000MW가 다시 계획에 포함되었으며, 신규 발전용량 2000MW 설치 계획이 발표되었다. 개정된 조사결과에 따르면 설비 예비율이 2015년 15.7%에 이를 것으로 전망했다. 그러나 증가한 설비 예비율 전망치가 장기적인 전원 적정성을 보장하지 않는다. 추가적인 발전설비 투자나 피크부하 감축이 없다면, 2019년에 이르러 설비 예비율은 목표치를 밑돌고, 2022년에는 10% 이하로 떨어질 것으로 예상된다(Newell et al., 2012).

최근 몇 년 동안, 비정상적인 날씨와 함께 증가하는 전력수요는 ERCOT을 극한의 상황으로 내몰았으며, 그 결과 비상 부하차단, 직접부하제어 작동이 필요했다. 그러나 많은 소매 전력 판매회사$^{Retail\ Electric\ Provider(REP)}$는 전력소비 낭비와 비효율적 이용을 조장했다.

전력판매회사는 신규 고객 유치와 기존 고객 유지를 위해, 새롭고 다양한 방안을 개발해왔다. 그 결과 기존 계약 고객은 경쟁에서 큰 이익을 얻을 수 있었다. 그러나 현재 전력회사의 과도한 제안은 고객, 시장 환경의 재무 건전성에 해가 된다. 일부 상품은 독특하긴 하지만 경쟁시장 지지자 입장에서도 혁신과는 거리가 먼 경우가 많다.

고객 유치를 위해, 많은 판매회사는 에너지 요금을 절약해주는 고객

에너지 전환 전력산업의 미래

요금제/서비스 대신 근시안적인 전략을 선택하며 저렴한 요금제를 출시했다. 그 결과, 많은 고객은 에너지를 순수 상품$^{pure\ commodity}$처럼 인식하게 되었다. 신기술과 홈서비스가 개발로 이런 생각은 전혀 사실이 아니다. 에너지는 순수 상품이 아닌 서비스이다. 청정에너지, 에너지 효율, 고객관리, 디지털, 모바일 도구, 편의 등은 고객이 에너지 공급을 선택할 때, 고려해야할 중요 요소이다.

에너지가 순수 상품이라는 인식은 공익사업위원회의 'PowerToChoose' 웹사이트에 의해서 전파되었다. 이 사이트에서, 고객은 모든 요금제를 비교하고 선택한 특성에 따라 판매회사의 상품을 한정할 수 있다. 그러나 기본 설정은 1000kWh를 소비기준의 kWh당 평균 비용으로 그 결과를 정렬한다. kWh당 평균 비용에는 고정 요금과 가변 비용 모두가 포함된다. 확인할 수 있는 비용은 1000kWh 사용 시 예상 청구금액을 1000으로 나눈 단위 값이다. 공급자와 고객은 고정 비용을 가변 비용으로 효과적으로 취급한다.

전력판매회사는 검색 상단에 나타나도록 평균 비용을 낮게 설정할 필요가 있다. 그 결과, 전력판매회사는 제공하는 서비스의 편의성, 만족도 등 전반적인 고객 경험 보다는 비용 절감에 더 집중하였다. 일부 판매회사는 웹사이트에서 제시하는 평균 비용을 인위적으로 낮추기 위해, 평균 비용에 포함되지 않는 잡비, 추가 요금을 사용하는 해결 방법을 개발했다. 여기에는 최소 소비 비용, 서비스 수수료, 결제 수수료, 소비자 공제 등이 포함된다. 이러한 유형의 수수료와 고정, 가변 비용은 소비자에게 혼돈을 주며, 같은 요금제에서 kWh 당 평균 비용이 500kWh에서 1,500kWh 사이 사용량에 대해 40%까지 차이가 발생할 수 있다. 결과적으로 이러한 방식은 소비자에게 혼란과 불신을 일으키며, 청구서 비용과 광고에서 홍보하는 비용이 일치하지 않게 만든다(Schurnman,

PART 2 경쟁, 혁신, 규제, 가격

2014).

 게다가 많은 판매회사는 고객을 유치하기 위해 에너지 무상 제공 또는 다소비 고객 보상 등의 인센티브를 제공한다. 릴라이언트^{Reliant}사(社)의 '달콤한 거래'와 같은 고객 환심을 얻으려고, 연중 내내 판촉 활동을 벌인다. '빵집의 한 다스$^{Baker's\ Dozen}$'처럼 해당 요금제를 12개월 동안 선택하면, 13개월 째 사용분은 무상으로 받는다. 릴라이언트, 다이렉트 에너지$^{Direct\ Energy}$, CFL, WTU, TXU, 트루스마트^{TruSmart}, 클리어뷰^{Clearview} 등 많은 전력판매회사는 '전력 무료 제공' 요금제를 출시했다. 이러한 요금제는 특정 요일에 에너지를 무상으로 제공하거나 송배전 요금을 부과하지 않는다. 현재 출시된 무료 요금제에는 '저녁시간 무료', '일요일 무료', '주말 무료' 등 다양한 유형이 있다. TXU의 무료 저녁 요금제와 릴라이언트의 무료 주말 요금제는 모두 주중 요금을 높게 설정하는 텍사스에 존재하는 다양한 계시별 요금제^{ToU} 중 2개 유형이다. 2014년 계시별 요금제^{ToU}를 선택한 117,570가구 중 10만가구 이상이 TXU 의 야간 무료 요금제에 가입하였다(Frontier Associates, 2014). 전통적인 계시별 요금제는 피크 가격이 높은 특성이 있으나 텍사스에서는 고객들이 해당 요금제에 관심이 낮아 이러한 요금제는 매우 드물다(Delurey, 2013).

 릴라이언트는 또한 '예측가능한 12$^{Predictable\ 12}$'로 알려진 요금제를 제공한다. 이 요금제를 선택한 고객은 해당 월의 실제 소비량과 관계없이, 과거 소비량을 기준으로 미리 결정된 고정 요금을 지급한다. 릴라이언트는 고객에게 '확실한 요금 안정성'을 제공하려고 이 요금제를 만들었지만, 이 요금제는 빠르게 '다 먹을 수 있는 요금제$^{All\ you\ can\ eat\ plan}$' 요금제로 별명이 붙여지게 되었다(Texas Electricity Ratings, 2014). 이 요금제를 선택한 고객은 여름 내내 에너지 효율에 관심을 가지거나 에어컨을 적정 온도로 유지할 필요가 전혀 없다. 심지어 해당 고객이 집에 없

는 경우에도 전기 사용을 절약할 필요가 없다. 즉, 여름 성수기 동안 이 요금제는 거의 완벽한 왜곡된 가격 신호를 제공한다.

일부 전력판매회사는 전력 소비량에 따라 실질적인 보상을 제공한다. 쉘^{Shell}의 주유소 보상 포인트 제도가 갤런^{gallon} 당 0.05달러를 적립해주는 것처럼, 전력 사용 비용 50달러 당 일정 금액을 보상해준다. 가령, kWh 당 적립된 포인트로 리조트 숙박 및 크루즈 여행을 제공하는 보상 포인트 제도를 제공한다. 일부 판매회사는 매우 독특한 보상 제도를 운용한다. SPL$^{Southwest\ Power\ \&\ Light}$과 YEP 에너지는 자선 요금제를 운용한다. 1000kWh 소비마다 나무 한 그루를 식목일에 심거나 미국 위문협회$^{United\ Service\ Organization(USO)}$에 전사자와 가족 보호 프로그램에 3달러를 기부한다. 또한, 앰비트^{Ambit}, 스트림^{Stream}은 '친구 추천' 프로그램을 운영하는데, 고객이 추천한 친구의 일일 평균 에너지 요금에 기준일수를 곱해 '무료 에너지' 크레딧을 고객에게 제공한다. 고객은 추천한 친구가 더 많이 소비할수록 더 많은 크레딧을 얻을 수 있다.

더 많이 사용한 고객에게는 보상을 해주며, 적게 사용한 고객에게는 패널티를 부과하는 요금제도 있다. 휴스턴^{Houston}과 댈러스^{Dallas} 지역의 75% 이상의 대다수 판매회사는 최소 소비 비용 또는 최소 요금을 주거용 소비자에게 부과한다. 소비자가 보통 한 달에 999kWh 이하를 사용하였을 때, 최소 요금이 추가로 부과되며 4.95달러에서 19.95달러의 범위를 가진다. 이것은 에너지 효율에 대해 페널티를 부과하는 것으로도 볼 수 있다. 같은 효과로 고객이 1000kWh 이상을 사용하면 '기본' 또는 '서비스' 비용을 면제하거나 '높은 사용량'에 대해 크레딧을 제공한다. 예를 들어, 게사 에너지$^{Gexa\ Energy}$의 '선택 요금제$^{Choice\ Plan}$'와 스파크 에너지$^{Spark\ Energy}$의 '스마트 절약 요금제$^{Smart\ Saver\ Plan}$'는 소비량이 999kWh를 넘어설 경우 60달러의 크레딧을 제공한다. 이러한 기본요금, 초과 크레

PART 2 경쟁, 혁신, 규제, 가격

덧은 소비자가 불필요한 경우에도 더 많은 에너지를 소비하도록 장려한다. 이러한 전력회사는 에너지를 더 똑똑하게 사용하는 소비자들에게 오히려 페널티를 부과한다.

이러한 다양한 요금제는 소비자가 에너지 효율에 관심을 가지거나 소비를 줄여 실제 요금을 낮추도록 유인하기보다는 kWh당 평균 비용을 낮추기 위해 고안되었다. 그러나 모든 요금제가 더 깨끗하고 더 똑똑한 에너지 사용에 역행하는 것은 아니다.

일부 대형 전력판매회사는 새로운 플랫폼, 에너지 효율 장치, 고객 편의 도구 등에 투자를 해오고 있다. 그들은 '신뢰할 수 있는 에너지 조언자'가 되기를 원하며 최고의 서비스를 제공하고 고객의 자립을 도와 충성 고객을 창출하고자 한다. 추가적인 서비스를 제공하여 에너지 요금 이상의 가치를 고객에게 제공하는 것을 지향한다. 이러한 고객 중심의 서비스는 시장이 분산에너지원을 수용하고 이익 창출 가능성을 강조한다.

소매시장에서 가장 보편적인 에너지 절약 제품은 무료 스마트 온도조절기를 포함하는 요금제이다. 이러한 스마트 온도조절기 제공 요금제 중 일부는 수요반응 요소 또는 자동 에너지 효율 제어 등이 포함되어 있기도 하지만 모두가 그렇지는 않다. 이러한 전력판매회사는 새롭게 창출되는 데이터를 활용하기 위한 새로운 도구들을 개발하기 시작했다. 예를 들어, 다이렉트 에너지$^{\text{Direct Energy}}$는 스마트미터 데이터를 활용하여 가전제품 별 전력사용에 따라 요금을 부과하는 새로운 요금제 구조를 발표했다. 고객은 냉난방, 세탁기, 조명, 냉장고 등 기기별 발생비용을 확인할 수 있다. 또한, 대형 전력판매회사는 월별 청구 금액, 과거 소비량과의 비교, 고객별 에너지 절약방법 등이 담긴 일일, 주간 사용량 사용정보를 제공하는 '예산감시$^{\text{budget watch}}$' 서비스를 이메일로 제공한다

(Reliant Energy, 2010). 또한 이러한 전력판매회사는 고객이 가정 내에서 전력사용을 제어할 수 있도록 도와주는 온라인 에너지 도구를 제공한다. 과거 데이터와 가전 정보를 분석하여 중요한 에너지 소비원을 파악하는 '가상 감사$^{virtual\ audit}$'를 수행한다. 즉, 이 온라인 에너지 도구는 맞춤형 피드백과 에너지 절감 방법을 조언해준다.

몇 가지 긍정적인 가격책정 방식의 변화가 최근 몇 년 동안 나타났다. 릴라이언트, 그린 마운틴 에너지$^{Green\ Mountain\ Energy}$, TXU, 트루스마트 등 주요 전력판매회사는 반전 요금제$^{inverted\ tier\ pricing}$를 제공한다. 이 유형의 요금제 중 일부는 여전히 최소 비용을 포함하지만, 소비자 에너지 효율 향상을 지향한다. 게다가 TXU는 여름과 가을 매주 평일 오후 1시부터 6시까지 높은 피크 가격을 부과하는 계시별 요금제를 발표했다.

경쟁시장은 긍정적이고 참신한 요금제와 고객 서비스를 제공하기 시작했지만, 요금제의 혁신은 주로 에너지 효율 개선을 저해하였다. 고객의 호응이 낮으므로 동적 요금제 방식은 크게 실패하였으며, 전력사용 비용이 저렴해 보이도록 고안된 요금제가 퍼졌다. 실제로 이러한 요금제는 에너지 과잉 소비를 조장하고 에너지 효율과 분산에너지원 확산을 저해시켰다.

3. 소매 경쟁이 해답인가?

소매경쟁에 대한 논쟁은 끝이 없고 반복적이다. 2001년 캘리포니아 에너지 위기 이후 구조조정에 대한 논의가 소멸했지만, 최근에 그 관심이 다시 고조되고 있다. 고객 중심의 신기술이 등장하고, 재생에너지 등 청정에너지의 경제성이 개선됨에 따라 소매경쟁의 가치는 다시 주목받게 되었다. 이를 지지하는 사람들은 독점 전력회사가 더 깨끗하고 더

PART2 경쟁, 혁신, 규제, 가격

분산되는 '에너지 미래'로의 진보에 방해하고 있다고 주장한다. 이들은 소매시장이 더 싸고, 더 깨끗한 에너지를 생산하며 혁신의 속도를 올릴 것이라 믿는다. 이러한 주장은 과거 구조조정의 마지막 단계에서 제기된 주장과 거의 같다.

소매경쟁 옹호론자, 반대론자 양측 모두 사실과 이야기를 끌어와서 구조조정이 완전히 실패했거나 새로운 성공이 될 수 있다는 상반된 주장을 각각 뒷받침할 수 있다. 본 장에서 설명한 미국 소매시장에 대한 논의 역시 양측의 주장을 옹호하는데 활용할 수 있다. 그러나 소매 제품의 확산은 그 자체로 중요하지 않다. 더 중요한 것은 이러한 옵션의 내용과 실제 고객 참여에 있다. 텍사스 사례에서 가장 잘 드러나 있듯이, 대다수의 새로운 요금제는 에너지를 더 똑똑하게, 더 효율적으로 사용하도록 유인하기보다는 'kWh 당 가장 낮은 전력비용'을 찾는 고객의 강박관념에 호소한다. 많은 고객은 판촉, 속임수, 모호한 방법에 의존해 요금제를 선택한다. 물론, '소매시장에서 고객의 선택'은 고정된 요금으로 원하는 만큼 전력을 사용할 수 있도록 새로운 옵션을 제공해주었다. 그러나 이러한 요금제는 좁게는 에너지 시스템과 넓게는 우리 사회에 도움이 전혀 되지 않는다.

많은 전문가는 구조조정이 재생에너지 증가와 에너지효율 개선에 도움이 되지 않는다고 주장한다(Nooij and Baarsma, 2009; Palmer and Burtraw, 2005; Joskow, 2006). 또한 소매시장은 동적 요금제와 시장반응 요금제 등을 폭넓게 수용하지 못했다. 실제로 소매경쟁시장은 두 가지 모두에서 걸림돌이 되는 것처럼 보인다. 고객들은 일반적으로 단순하고, 변동이 적은 요금제를 원한다. 시장 측면에서 바라보면, 동적 요금제는 경제적으로 바람직하며 필수적이지만 소비자들은 대체로 원하지 않는다. 둔화한 가격신호로 에너지 수요 반응성이 저해되어, 최적의

소비 형태를 유도되지 못한다. 정책입안자가 재생에너지 증가와 에너지 효율 개선을 원한다면 재생에너지 의무화, 에너지효율 표준 설정, 기준 상향 등의 정책을 시행하고 적용 대상을 확대해야 한다.

청정에너지 개발과 확대와 관련된 시장 역학, 장벽을 이해하기 위한 상당한 연구가 이루어졌다(Zuckerman et al., 2014; Brown, 2001). 투자자들은 도매가격의 높은 변동성과 투자비용 회수의 불확실성 등을 두려워한다. 도매시장 위험성을 낮추는 장기 계약 체결은 소매경쟁시장을 둔화시키며 신규 자본투자를 더욱 저해한다. 고객 역시 과도한 정보와 거래비용 문제에 직면한다.

경쟁이 소매시장의 혁신을 가져올 수 있다. 그러나 그 혁신은 고객의 시간 제약과 정보수용 한계를 오용한다. 왜곡된 혁신은 장기적 경제성의 저해, 신뢰도의 악화, 친환경 전원의 보급 둔화 등 매우 부정적인 결과를 초래한다. 고객 참여와 관련된 기술에 많은 혁신이 있었지만, 규제 체계의 전력회사와 규제 기관은 경쟁이 없는 시장에 이를 통합하여 적용해야만 했다. 소매전력시장에서의 '소비자 선택'은 관련 시장정보 취득에 적극적이며 사전예방을 중시하는 준비된 개별 소비자에게는 유익할 수 있다. 그러나 앞선 사례에서 확인했던 것처럼, 사회 전체적으로 바람직하지 않은 결과를 양산할 수 있다. 모든 주의 규제 기관은 전력 공급 신뢰도를 확보하고 청정에너지를 확대하기 위해 전력시장에 직접 개입했다. 또한, 에너지 절약, 혁신적인 요금제 도입 등 의미 있는 진전은 규제적 결정에서부터 시작되었다. 이러한 경험을 고려해 볼 때, 소매 경쟁이 청정에너지 미래로의 유망한 경로라고 단정할 수 없다.

PART 2 경쟁, 혁신, 규제, 가격

4. 더 좋은 대안 : 청정에너지 파트너로써 전력회사

　정부와 정치인들은 청정에너지 전환에서 전력회사가 좀 더 적극적으로 참여하는 방안의 우선순위를 앞에 둬야 한다. 전력회사와 지난 세기 동안 구축한 전력망은 새로운 청정에너지 미래를 창출하는데 있어 필수적인 자원이다. 실제로 중앙집중형 전력시스템과 이를 운영·유지하는 전력회사의 역할은 21세기에도 점차 중요해지고 있다. 청정에너지의 환경 이익, 경제성, 복원능력 등 잠재적 이익을 최대화하기 위해서는, 견고하고 복원력 높은 전력망이 구축되어야 한다. 더욱이 전력회사는 지식, 경험이 풍부하고 고객과 새로운 기회를 연결해주는 강력한 전문가 네트워크를 가지고 있다.

　분산에너지를 포함한 다른 여러 에너지 신기술들은 전력회사가 오랫동안 유지해왔던 비즈니스 모델을 파괴할 것이다. 이에 따라 전력회사는 기존 사고방식과 전력망 운영, 관리방식을 전면적으로 변화시켜야 한다. 점차 더 많은 고객들이 스스로 그 에너지 사용을 조절할 수 있다면, 전력회사의 상품 중개자로서 역할은 계속해서 축소된다. 그러나 전력회사가 지역 전력망을 관리·감독하고 에너지 서비스를 제공하는 역할을 더욱 중요해질 것이다. 분산에너지원은 전력망의 복원력을 배가시키며, 특히 자체적으로 에너지 신기술을 도입한 고객들에게 더 큰 이익을 가져다준다. 즉, 분산에너지원의 가치를 모두 누리기위해서는 중앙집중형 전력망을 운영·유지하는 전력회사와의 파트너십이 필요하다.

　많은 전력회사는 이미 청정에너지 파트너로서 잠재성을 개척하고 있다. 캘리포니아 전력회사들은 솔라시티^{SolarCity}, 테슬라^{Tesla} 등 태양광, 배터리, 전기자동차 업체와 파트너십 관계를 맺기 시작했다. 애리조나 전력회사들은 고객별 맞춤 정보를 활용해 고객이 지붕형 태양광을 설치할

지, 어떤 요금제가 적합한지 등을 조언해주는 새로운 도구를 개발하고 있다. 또한, 중개자 역할을 자처하는 전력회사들도 나타나기 시작했다. 태양광 설치에 관심이 있는 고객을 계약업체와 연계하고 대량 주문을 통해 태양광 패널panel 비용을 낮추고, 고객의 청정에너지 비용 부담을 줄이기 위해 요금납부식 융자 프로그램과 같은 금융상품을 제공한다. 전력회사는 청정에너지 확산과 혁신을 이끌어왔으며, 앞으로도 그 역할은 지속할 것이다. 그러나 전력회사의 현재 일부 비즈니스 모델은 청정에너지 확산과 배치되며, 오히려 방해되기도 한다. 미래 전력회사 비즈니스 모델은 이러한 부분을 바로 잡아야하며, 전력회사가 청정에너지 공급 파트너가 될 수 있도록 유인해야 한다.

전력회사를 청정에너지 파트너로 효과적으로 만드는 가장 좋은 방법은 성과 기반으로 보상해주는 규제 방식을 도입하는 것이다. 전통적인 규제는 전력회사는 상품 공급자처럼 취급하여 청정에너지 전환을 저해한다. 성과기반규제는 전력회사를 서비스 공급자로 취급한다. 더 많은 에너지-kWh 판매가 더는 전력회사의 목표가 아니다. 고객에게 최상의 경험을 제공하는 것이 전력회사의 새로운 목표이다. 규제 기관의 사회적 목적과 목표는 전력회사 규제의 핵심이 될 수 있다. 다시 말해 우리는 이제 이미 사용한 에너지에 대해 얼마의 비용을 지급해야 할지보다는 에너지서비스를 어떻게 만들고 사회가 원하는 에너지시스템을 구축할지에 더 신경을 써야 한다. 성과 기반 규제는 전력회사, 투자자 모두가 혁신을 주도할 수 있는 동기를 제공한다. 이를 통해 재생에너지 확대를 위한 대규모 투자자본과 재정적 지원이 효과적으로 이루어질 수 있다.

전력회사는 청정에너지 시스템으로의 국가적 전환을 더 빠르게 가속할 수 있다. 또한, 전력회사의 지식과 경험을 활용한다면 고객은 더욱

PART 2 경쟁, 혁신, 규제, 가격

효율적으로 자가발전을 운영할 수 있으며, 새로운 청정에너지 공급자로 자리매김할 수 있다. 그러나 전력회사 청정에너지 파트너가 전환하기 위해서는 기존 전력회사의 비즈니스 모델을 변화시켜야 한다. 전력회사의 역할을 축소하지 않고 오히려 더 혁신적이고 미래지향적으로 변화하도록 적절한 인센티브가 제공되어야 한다. 성과기반규제는 이를 달성할 방안이다. 이 규제 하에서, 전력회사의 주요 목표는 미터 뒤$^{behind-the-meter}$에서 고객의 접속과 기회(에너지 효율, 수요 반응, 태양광, 에너지 저장 등)를 제공함으로써 고객의 욕구와 니즈를 충족시켜주는 것이다.

5. 결론

20여 년 전 미국 전역에 소매경쟁 광풍이 휘몰아쳤다. 그러나 그 추진력은 곧 사그라졌으며 부활하지 못했다. 청정에너지 전환이 전개됨에 따라 과거 크게 실패했던 경험을 다시 추진할 열의가 보이지 않았다. 실제로 소매경쟁업체는 정확하게 잘못된 방향으로 경쟁을 심화시켰다. '비용 효율적인 에너지 효율' 또는 '환경적이고 신뢰성의 개선' 보다는 '양껏 소비할 수 있는 전기'를 지향하는 요금제가 쏟아져 나왔다.

소매경쟁은 전력을 다른 재화처럼 판매하자는 철학에 기반을 두기 때문에 전력회사가 다른 사회적 이익보다는 단위비용 최소화와 에너지판매량(kWh) 최대화에 역량을 집중하는 것은 별로 놀랄 일이 아니었다. 그러나 '독점' 전력회사를 대체하는 새로운 공급자에게 더 많은 기회를 제공하자는 주장 역시 큰 관심을 불러일으키고 있다.

이러한 주장은 이전에도 제기되었다. 본 장에서는 시장의 '개방'과 '소비자 선택'을 가장 중점적으로 다루었으며, 그 결과는 명백히 드러난다. 에너지 효율성, 재생에너지 확대, 이 둘을 뒷받침하기 위한 전력망의

업그레이드 등에 대해 전력시장의 개방과 선택이 더 나은 결과를 보여주지 못했다. 그렇다고, 소비자의 선택이 전력시장의 상품들을 개선할 수 없다는 것을 의미하지는 않는다. 여기에서 경쟁은 이미 자리 잡은 경쟁력 높은 도매경쟁을 의미하지 않는다. 그러나 신뢰도 높고 저렴한 전력 서비스를 원하는 소비자들에게는 여전히 기존 전력회사가 필수적인 파트너로 자리를 잡고 있다. 따라서 기존 전력회사를 전력산업의 혁신적 목표에 부합되는 방향으로 유도하는 규제, 비즈니스 모델의 개혁이 매우 중요하다.

PART 2 경쟁, 혁신, 규제, 가격

제10장

소매 전력요금제 설계와 전력회사 죽음의 나선 : 형평성과 효율성

...

Residential Rate Design and Death Spiral for Electric Utilities: Efficiency and Equity Considerations

Darryl Biggar*, Andrew Reeves †

*Australian Competition and Consumer Commission, Melbourne, VIC, Australia;
†Former Chairman, Australian Energy Regulator, Hobart, Tasmania, Australia

1. 소개

미국 전력산업에서 배전·판매 부문은 지난 경기침체 이후 두 가지 뚜렷한 추세가 나타났다. 첫 번째는 수요의 정체 또는 감소이며 두 번째는 새로운 분산에너지원$^{distributed\ energy\ resource(DER)}$의 확산이다. 분산에너지원은 공급 측면에서는 지붕형 태양광, 열병합 발전 등으로 전력을 공급하고, 수요 측면에서는 에너지효율, 수요반응 프로그램 등을 통해 전력수요를 줄여주며, 공급과 수요 양측에서 중요한 역할을 할 수 있다.

분산에너지원의 확산 배경에는 정부의 지원이 있었다. 분산에너지원을 설치하기 위해서는 높은 자본 지출이 필요하다. 연방, 주정부, 지자체는 재정 지원을 통해 분산에너지원 설치비용을 기존 에너지원 보다 초기 투자 규모가 작은 수준까지 낮췄다(Beck and Martinot, 2004; Doris, 2012). 지원 정책은 다음 3가지를 중요 사항을 포함하고 있다 (Doris, 2012).

(1) 넷미터링$^{net-metering}$(역자 주: 소비자가 자신의 분산전원으로 생산한 전기 중 여부을 전력회사에 팔 수 있는 요금상계제도), 상호연계 표준 등 시장 준비 정책
(2) 재생에너지 공급 의무화$^{Renewable\ Portfolio\ Standards(RPS)}$ 등 시장 창출 정책
(3) 세제 완화, 보조금 등 시장 인센티브 제공 등 시장 확장 정책

이러한 분산화에 대한 투자는 기존 전력공급 방식의 대안을 만들었다. 뉴저지$^{New\ Jersey}$에서 넷미터링 자격을 갖춘 고객의 소규모 발전설비는 전력회사에 2014년 1월부터 12월까지 723,611MWh의 전력량을 공급했다.

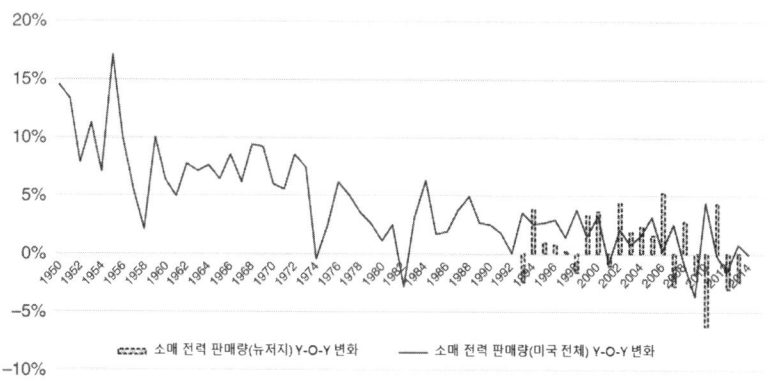

그림 10.1 미국, 뉴저지에서 소매 전력판매의 전년 대비 변화
(EIA, 2015; Monthly Energy Review, Mar. 2015; EIA, State Energy Profile)

PART 2 경쟁, 혁신, 규제, 가격

이는 2014년 뉴저지 소매 전력 판매량의 약 1%에 이른다. 2014년 미국 전체 기준으로 고객 설치 태양광은 총 전력 소비량의 0.2%를 생산했다(Satchwell et al., 2015).

'진짜 경쟁'을 마주한 상황에서, 전력회사들은 당연히 필요한 조치를 취했다(전력회사의 대응은 본 책의 15장에 구체적으로 기술했다).

그들의 주장에 따르면, 분산에너지원의 유익은 분명하지만(비록 그 정량화 방법에 이견이 있을지라도), 그 비용 역시 반드시 고려해야한다는 것이다. 지붕형 태양광을 설치한 가구는 총 사용량의 감소는 있을지라도 피크^{peak}부하 변화가 거의 없으므로, 전력망 서비스의 실제 비용 경감에 대해 기여도는 낮다(그림 10.2는 뉴저지 소비자의 여름철 주중 평균 부하량과 1kW 태양광 시스템의 매시간 발전량을 보여준다). 이 때 전력회사가 직면한 중요한 문제는 1장에서 확인할 수 있다.

현재 전력회사들은 사용량 기준의 요금제를 선호하는데, 넷미터링과 같은 정책과 결합될 때, 수익이 계속하여 감소하는 '죽음의 소용돌이$^{death\ spiral}$' 상황에 처하게 될 수 있다(Felder and Athawale, 2014). 규제 기관은 공급 요구조건을 충족하는 전원을 효율적으로 구성하며, 수익 불균형을 초래할 수 있다. 가령, 분산전원 설치를 장려하는 정책은 분산전원 설치에 참여하지 않는 소비자에게 추가적인 부담을 안겨준다. 고정비용(예 : 고객, 수요 요금)으로 전력망 비용을 회수하는 것이 하나의 해법이 될 수 있지만, 효율성과 형평성의 균형을 고려해 적용해야 한다.

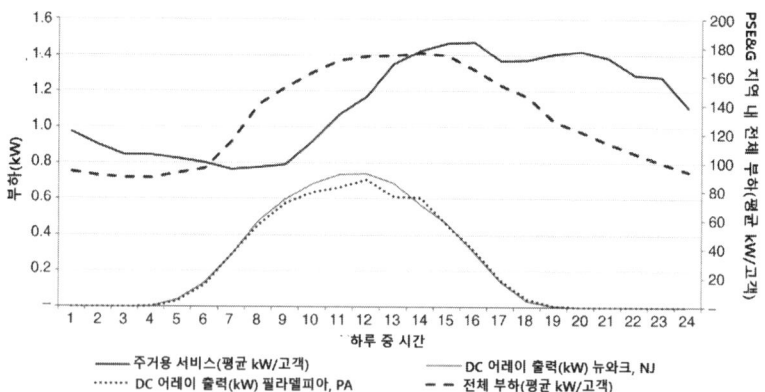

그림 10.2 PSE&G 서비스를 받는 고객의 부하특성, 뉴워크, 필라델피아에 설치된
태양광 시스템의 직류 출력
(출처 : 주거용, 상업용 부하 샘플을 추출하여 고객당 평균 kW로 표기)

이 장을 다음과 같이 구성했다. 2절에서는 과거와 현재의 전기요금제 설계 관련 주제를 다룬다. 고정요금, 가변비용의 조합을 통해 전력회사가 비용을 회수하는 방법 등을 중점적으로 설명한다. 3절에서는 저소득층 주거용 소비자를 포함한 다양한 소비자에 대한 현재의 넷미터링 정책과 전력판매회사의 실제 가격구조를 다룬다. 그 다음에는 공격적인 태양광 의무화 정책과 같은 여러 정책들의 영향을 고려한 2028년의 예측 결과를 제시한다. 본 장의 결론에서는 다양한 요금제 하에서의 시나리오 분석과 예측을 통해 승리자와 패배자의 득실 정도를 측정한다.

PART 2 경쟁, 혁신, 규제, 가격

2. 고정, 가변 요금제를 통한 비용 회수

2.1 전력 요금제의 역사

전기, 가스, 통신 등 자본 집약 산업에서는 1900년대 초반부터 비선형^{nonlinear} 가격책정 방식을 사용해왔다(Joskow, 2007). 전력회사와 같이, 수익률 규제를 적용받는 회사들은 경제적 효율과 형평을 위해서가 아니라 수익을 증가시키기 위해 다중$^{multi-part}$ 요금제를 채택했다(Sherman and Visscher, 1982). 가장 일반적으로 적용되는 전력 요금제 구조는 이부요금제$^{two-part\ tariff}$이다. 이 요금제는 기본적으로 전력회사의 송배전 시설 투자비용 등을 회수하기 위한 '고정' 요금 부분과 전력 생산의 발전 한계 비용 회수에 상응하는 '가변' 요금 부분으로 구성된다. 그러나 이부요금제 도입 초기, 전력회사들 사이 소비자에 고정요금을 부과하는 방법론에 이견이 있었다. '라이트^{Wright} 시스템'은 수익 최대화와 독점 체계 구축이라는 결과를 초래했으며, 대규모 발전소와 관련 거래 협회를 독점하며 맹렬한 지지를 받았다. 이와 반대로 '바스토우^{Barstow} 시스템'은 생산 효율성과 이익 극대화에 적합하다고 여겼다(Yakubovich et al., 2005). 라이트 시스템은 사용 시점에 따라 과금 방식을 차별하지 않았으며, 성장을 가장 중요하게 고려했다. 바스토우 시스템은 부하 곡선을 평평하게 하는 수단으로 가격결정 방식을 설계했으며 결과적으로 생산 효율성을 향상시켰다. 라이트 시스템은 나중에 표준 가격결정 모델로 널리 채택되었다. 이 방식은 수직통합 형태의 대규모 전력회사가 '고립된 발전기'로부터 피크부하를 야기하는 소비자와 경쟁하는데 도움을 주었다.

'전환'은 1970년대 미국에서 목격되었는데, 당시 다음의 두 가지 요

에너지 전환 전력산업의 미래

인이 분명했다.

(1) 규모의 경제와 (당시 기대 수준의) 기술적 진보가 거의 완성되었다.
(2) 에어컨 사용의 급증으로 주거용 전력수요의 변화하여, 피크, 기본 부하 요구조건에 변화가 발생했다.

다소비 할인/우하향 구간 요금제는 전력을 많이 사용하도록 장려하는 대표적인 요금제이다. 이러한 유형의 요금제는 소비, 계절, 시간별 전력 사용을 차별화하는 요금제의 도입에 따라 점차 사라졌다. 에너지 효율 향상은 전반적인 요금제 설계 틀을 변화시키는 주요한 동인이었다.

1970년대 또 다른 중요한 규제 변화는 전력회사가 소규모 분산전원 등으로 구성된 적격인정설비$^{qualifying\ facilities}$에서 전력을 구매하도록 하는 공익사업 규제정책법$^{Public\ Utilities\ Regulatory\ Policies\ Act(PURP)}$이 1978년에 제정된 것이다. 전력회사는 적격인정설비를 보유한 사업자에게 회피비용$^{avoided\ cost}$를 보상해줘야 한다. 여기서 회피비용은 해당 적격 발전설비 대신 다른 발전설비로 대체할 때 투입해야 하는 비용을 의미한다.

2.2 요금 설계 : 고정 vs 가변

그림 10.3에서처럼, 시스템 지속가능성, 경제적 효율성, 소비자 보호 등 기본 원칙은 전력 판매를 포함한 배전망 서비스의 요금을 결정한다. 이 요소들은 수익률, 비용, 건전성 등을 고려하면서 자본 유치, 효율적 소비, 소비자 형평성 등을 결정한다(Bonbright et al., 1988).

PART 2 경쟁, 혁신, 규제, 가격

```
┌─────────────────────────────────────────────────────────┐
│           Fundamental principles of rate design          │
└─────────────────────────────────────────────────────────┘
```

System sustainability principles	Economic efficiency principles	Consumer protection principles
P1: *Universal access* to electricity, to be guaranteed to all network users	P4: *Productive efficiency* network services being provided at the lowest cost possible	P8: *Transparency* adopted methodology and results of tariff allocation available to all users
P2: Complete *cost recovery*, of the accredited costs for distribution companies	P5: *Allocative efficiency*, customers being charged according to how much they value the service they receive	P9: *Simplicity*, adopted methodology and results of tariff allocation as easy as possible to understand
P3: *Additivity of components*, the sum of which has to add up to the total revenue requirement	P6: *Cost-causality*, tariffs accurately reflecting user's contribution to network costs	P10: *Stability*, tariffs being stable in the short-term and gradually changing in the long-term, so to reduce regulatory uncertainty
	P7: *Equity*, charging each customer the same amount for using the same good or service	

그림 10.3 요금 설계의 기본 원리
(출처 : Picciariello, A., Reneses, J.,Frias, P., Soder, L., 2015)

이론적으로 완벽하게 잘 들어맞는 원리 중 일부는 실제로 적용하여 결과를 산출하기가 매우 어려울 수 있다. 예를 들어 원가의 인과관계 원칙$^{cost\text{-}causality\ principle}$은 전력망 사용자가 유발한 비용에 해당하는 분담금을 부담하도록 제안한다. 그렇다면, 신규 소비자와 부하는 자신이 유발한 전체 시스템 업그레이드 비용을 지급해야 할까? 복지 정책과 정치적 개입은 종종 경제적으로 어려운 소비자에게 더 낮은 비용 배분을 요구하며, 형평성과 같은 다른 원칙과 타협시킨다.

단순성을 유지하고 가급적 실제 원가를 반영하기 위해서, 일부 전력회사는 요금제를 설계할 때, 시스템 전체 피크부하에 대한 소비자 기여분, 총소비량, 소비 시간 등 3가지를 고려한다. 그림 10.4에서 볼 수 있듯이, 요금 설계의 3가지 구성 요소는 전력공급, 품질, 신뢰도를 충족하면서 전체 비용을 최소로 유지하는 것을 지향한다. 시간에 따라 요금의 차등이 없을 때, 소비자는 피크 수요에 대해 전혀 신경을 쓸 필요가 없

에너지 전환 전력산업의 미래

다. 이때 소비자는 오로지 한 달에 얼마나 사용했는가에만 관심을 가지며, 특정 시간대에 얼마의 전기를 사용했는지는 알려고 하지 않는다. 이러한 요금제는 피크에 기여하지 않는 소비자에게 피크를 일으키는 소비자의 비용을 전가하는 교차 보조의 성격을 띤다(Borenstein, 2005). 스마트그리드 투자의 기본 전제는 바로 실시간, 시간별 차등 가격 신호를 허용하여 운영 효율성을 높이고 에너지 효율성을 향상하는 것이다.

앞서 언급한 요금 설계의 3가지 구성요소 외에도, 전력회사의 고정 및 변동비용에 관련된 소비자의 특성이 네 번째 요소로 또 다른 차원의 축이 될 수 있다. 예를 들어 농촌 지역 소비자에게 전기를 공급하기 위해, 필요한 전력망 설비 투자는 인구밀도가 높은 도시지역 유사한 소비자를 위한 투자비용과 다를 수 있다(주거용 전력망 요금제와 에너지 소비 패턴에 미치는 영향에 관한 연구는 11장에서 확인할 수 있다).

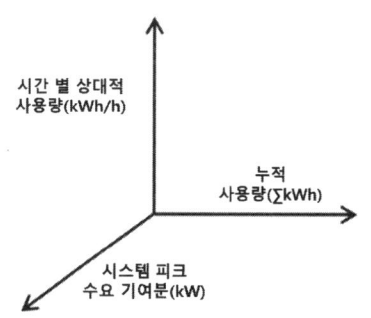

그림 10.4 전력 요금제 구성 축

그러나 실제 전통적인 요금제 구조는 전력회사의 고정비용이 주로 사용량에 비례하며 보상받는 방식으로 설계되었다. 의심의 여지 없이, 기

PART 2 경쟁, 혁신, 규제, 가격

존 전력회사 발전원에서 분산에너지원으로의 공급 대체는 전력회사의 전체 수익 회수에 영향을 준다. 이러한 구조의 요금제는 전력회사의 재무 건전성을 전력판매량과 직접 연결하게 했다. 이러한 특성은 분산에너지원의 성장과 효율적인 전력망 구성 계획을 어렵게 하는 큰 장벽 중 하나로 인식되어왔다(Carter, 2001; Anthony, 2002).

예를 들어, 뉴저지의 전체 4개 배전망 전력회사는 주거용 고객에게 거의 모든 비용을 단위 사용량 기준으로 할당하였다. 그림 10.5에서 볼 수 있듯이, 모든 4개 전력회사는 월 단위의 고정요금 부분($/월)과 에너지 단위($/kWh)로 요금을 부과한다.

주거용 고객이 지급하는 전체 요금 중 60%는 공급비용 회수로 활용되며, 35% 정도는 송배전 비용 회수에 쓰인다. 전력회사 PSE&G의 월 고정요금은 총 소비량에 상관없이 월 당 2.43달러이다. 마찬가지로 다른 전력회사 JCP&L의 경우에는 고정요금이 월 2.20달러이다. 전력회사 록랜드 일렉트릭Rockland Electric은 4개 회사 중 가장 비싼 고정요금인 월 4.44달러를 부과한다.

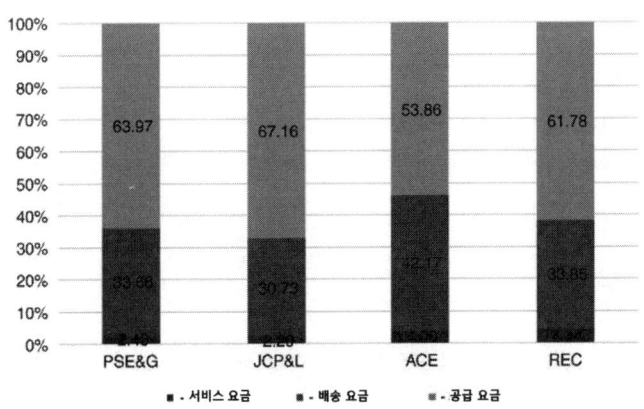

그림 10.5 뉴저지 전력회사 전력망, 공급 비용 비교

에너지 전환 전력산업의 미래

    그러나 모든 전력회사가 낮은 고정요금을 부과하지는 않는다(그림 10.6). 전력회사 CL&P는 하트포드^{Hartford}의 주거용 고객에게 매월 19.25달러의 높은 고정요금을 부과한다. 전력회사 콘에디슨^{ConEdison}도 뉴욕 시 주거용 고객에게 매월 15.76달러의 높은 고정요금을 부과한다. 최근 몇 몇 주의 규제 기관은 전기, 수도, 가스 등 공공서비스의 고정요금을 대폭 인상을 허가했다. 2014년 말, 위스콘신^{Wisconsin}주 공공서비스 위원회는 전력회사 MGE의 주거용 소비자 대상 월 단위 고정 요금을 10.50달러에서 19달러로 81% 인상을 승인했다. 또한 위원회는 전기요금에 전력회사가 제공하는 망 접속, 전력품질, 신뢰도를 위해 발생한 비용(고정, 가변)이 반영되어 소비자에게 올바른 신호를 제공해야 하는 내용이 포함된 행정 규칙^{Order}을 2014년 12월 23일에 발효시켰다. 전력회사 APS$^{Arizona\ Public\ Service}$와 같은 다른 전력회사들은 분산형 발전 고객에게 고정요금을 320% 증가시켜 월 단위 기준 5달러에서 21달러로 인상해줄 것을 관련 위원회에 요구했다.

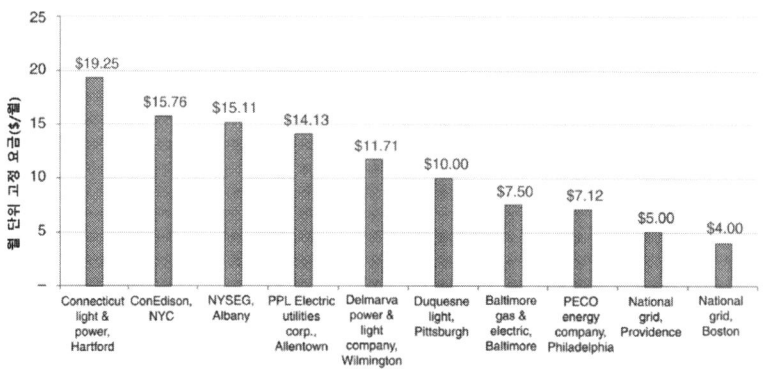

그림10.6 북동부 지역의 전력회사 고정요금 비교

PART2 경쟁, 혁신, 규제, 가격

캐나다 온타리오^{Ontario} 에너지 위원회는 고정요금을 조정하여 소량 고객군 대상 판매량 감소에 대한 수익 디커플링^{Decoupling}을 제안했다. 위원회는 이러한 요금설계가 분산발전의 확산을 수용하고 배전시스템의 비용증가 요소를 반영한 요금제를 보장하기 위해 가장 효과적이라 믿는다(Ontario Energy Board, 2014). 위원회의 초안 보고서에 따르면, 보다 예측 가능하고 안정적인 고정 요금이 소규모 소비자에게 유익하다. 이 보고서는 다음 3가지의 수익 회복 방안을 제안한다.

- 동일 요금제 적용군 내 모든 소비자에게 단일 월 요금
- 전력 연결 용량 규모 기반 차등 고정 월 요금
- 피크 기간 동안 사용량 기반 차등 고정 월 요금

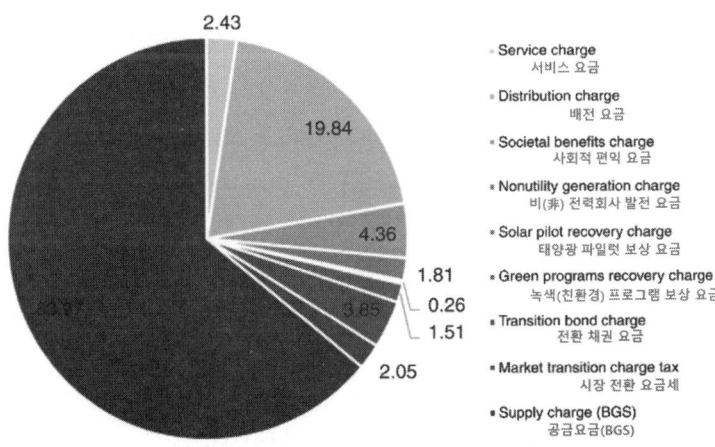

그림 10.7 전기요금 구성요소(전력회사 PSE&G, 2015년 1월 기준)

몇몇 공공 정책 프로그램 지출과 전부터 지출된 실제 누적 비용이 전송 비용$^{delivery\ charge}$에 포함되어 있지만, 전기요금은 소비자가 사용한 만

큼 요금을 낸다는 체적 기준으로 비용이 회수된다. PSE&G 주거용 전기요금에는 사회적 편익기금$^{Societal\ Benefits\ Charge}$, 비(非)전통발전 기금, 태양광 시험설비 기금, 녹색 프로그램 복구 기금, 전환 채권 기금, 시장 전환 기금 등 다양한 사회적 지출 내용이 포함되어 있다. 이러한 '전력공급 외 고정요금'은 전체 요금 100달러에서 33.68달러를 차지한다(그림 10.7).

다른 비용을 회수하는 이러한 방식은 경제적으로 효율적일 수도 있고 아닐 수도 있다. 그러나 특히 주거용 요금에 있어 개별 요금제를 이해하기 위해, 많은 수고를 들이기 어려운 여건을 고려한다면 전력 공급과 무관한 비용까지 하나로 묶어 전력 사용량 요금에 포함하는 방식이 쉬울 수 있다. 이러한 요금 중 일부(예 : 사회적 편익기금)는 전력회사가 모집된 후 재생에너지, 에너지효율 프로그램에 자금을 지원하는 주(州)정부 청정에너지국$^{Office\ of\ Clean\ Energy(OCE)}$에 전달된다. 청정에너지국에 따르면, 2001년부터 2007년까지 사회적 편익기금 중 7억8,700만 달러는 주(州) 내, 전기, 가스 소비자에게서 나왔다. 사회적 기금 중 약 30%가량은 저소득층 소비자에게 도움을 주는 보편적 서비스 펀드$^{Universal\ Service\ Fund}$를 위해 사용된다.

3. 승자와 패자 : 뉴저지 사례

3.1 분산에너지원 지원 정책과 인센티브

분산에너지원의 비용과 이익은 실제 가치를 반영하여, 이론적인 기반에서 산출되어야한다. 즉, 특정 분산에너지원 프로젝트에서 검증된 값에서부터 비용, 이익을 평가해야한다. 그림 10.8에서 확인할 수 있듯이

PART 2 경쟁, 혁신, 규제, 가격

연방정부, 주정부의 지원정책은 여러 요인에 따라 달라지며, 분산에너지원의 특성에 따라 다르게 설정된다.

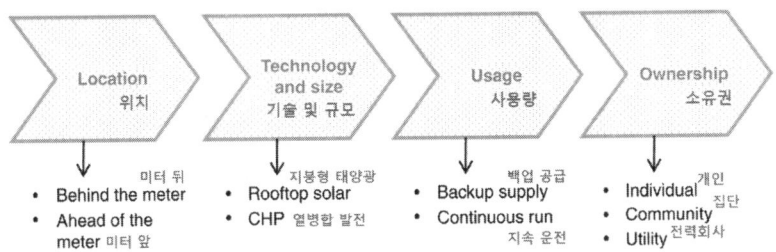

그림 10.8 분산에너지원의 특징

뉴저지는 청정, 재생에너지 용량 확대의 선두주자였다. 태양에너지 산업 협회의 2013년 보고서에서 뉴저지는 미국 전체에서 비(非)전력회사 분산형 태양광 설치 1위, 누적 설치용량 3위를 차지했다. 주 정부는 재생에너지 의무 할당제도$^{\text{renewable portfolio standard(RPS)}}$를 채택하여, 2021년까지 재생에너지원에서 22.5%의 전력을 생산하는 것을 목표로 설정했다(State of New Jersey, 2011). 에너지 회복은행$^{\text{Energy Resilience Bank}}$은 신뢰도와 복원력을 향상할 수 있는 마이크로그리드와 분산발전 프로젝트에 대한 투자를 지원하기 위해 시작했다. 뉴저지는 청정에너지 프로그램$^{\text{Clean Energy Program}}$에 따라 지원되는 태양 에너지 보조금$^{\text{solar rebate}}$에서 태양 재생에너지 인증서$^{\text{Solar Renewable Energy Certificate(SRED)}}$를 보유한 태양광 발전 소유자를 시장 기반 인센티브를 주는 체계로 성공적으로 전환했다.

2011년에서 2012년까지 이행 기간 인증서 공급 과잉에 대한 대응으로 재생에너지 의무 할당제도 준수 계획을 가속하고, 목표를 고정된 총량에서 수요에 따른 비율로 변경했다. 또한, 2012년 태양에너지 법$^{\text{Solar Act}}$는 전력공급 업체가 지급해야 하는 태양 에너지 대체 이행금(역자 주: 태

321

에너지 전환 전력산업의 미래

양열·광 발전 의무할당량을 준수하지 않는 전력기업에 부과하는 일종의 과징금)을 낮췄다. 전력 회사는 태양광 시스템 소유자에게 장기$^{long-term}$ 태양 재생에너지 인증서 SREC 가격 지원을 해주는 태양에너지 금융지원 프로그램을 제공했다.

주거용, 소규모 상업용 대상 넷미터링은 1999년 전력 할인, 에너지 경쟁 법$^{Electric\ Discount\ and\ Energy\ Competition\ Act(EDECA)}$ 도입 이후, 뉴저지 지역에 널리 확대 적용되었다. 뉴저지주 공공서비스위원회$^{The\ New\ Jersey\ Board\ of\ Public\ Utilities}$는 (1) 고객 발전기 최대 용량을 100kW에서 2MW로 높이고, (2) 기존 태양광, 풍력과 더불어 태양열, 연료전지, 지열, 조력, 바이오매스, 메탄가스 매립을 적격 기술 스펙트럼에 통합하였다. 현재 뉴저지 법안 A-2420에 따라 용량 추가 한도를 최대 수요의 7.5%까지 상향할 수 있으며, 현재 2.5%로 설정되어있다. 2011년 말, 뉴저지에는 순-에너지 미터가 설치된 태양광 시스템을 갖춘 고객은 12,907명이며, 그 용량은 507.36MW이다.

3.2 주거용 소비자 대상 요금 변화

뉴저지의 주거용 전력 소비자는 매달 평균 750kWh의 전기를 소비한다. 여기서 저소득층은 평균 600kWh정도를 소비하고, 일반적으로 단독주택 주거 형태인 전력 다소비 가구는 대략 1,875kWh를 소비한다. 뉴저지 총 소매 전력판매량은 2012년 75,052,914MhW이며 주거용 소비가 38%를 차지했다. 뉴저지에 거주하는 총가구의 약 1/3이 저소득 가정 에너지 보조 프로그램$^{Low-Income\ Home\ Energy\ Assistance\ Program(LIHEAP)}$ 대상이다(연방 보건복지부 빈곤 지침에서의 150% 또는 주 소득 중간값의 60%에 해당할 때 적용 대상이다). 뉴저지에는 에너지보조프로그램 대상 저소득층이 미국 전체 기준 3%가 거주하고 있다. 저소득층 소비자에게는

PART2 경쟁, 혁신, 규제, 가격

몇 가지 형태의 인센티브가 제공된다(표 10.1 참조). 뉴저지의 가구 당 평균 소득이 71,637달러인데, 이는 가구당 월평균 소득이 3,581달러 미만일 대 에너지 보조 프로그램의 수혜 대상이 될 수 있음을 의미한다.

다양한 주거용 소비자 대상 월평균 전력요금은 총량 요금 기준 비용 회수의 순 영향을 정량화하기 위한 첫 번째 단계로 계산된다. 그다음 전력회사 서비스 영역에서의 분산에너지원 확대가 고려된다. 이때, 주거용 소비자를 사용량이 아닌 사용 패턴에 따라 분류한다. 단순히 (1) 다소비 소비자를 지붕형 태양광과 같은 분산에너지원을 설치할 잠재적 후보자로 두고 (2) 넷미터링을 적용받아 전력회사에 지급해야 할 금액이 요금 청구서의 절반이라고 가정하자. 그림 10.9는 현재 모든 유형의 주거용 소비자 대상 월 청구서를 나타낸다. 이들은 비슷한 서비스 요금을 지불하지만 소비에 따라 전송, 공급 비용이 다르다. 이러한 계산방식은 뉴저지에서 가장 큰 전력회사 PSE&G의 요금제에 해당한다. 저소득층 소비자는 월 113달러, 평균적인 소비자는 월 141달러, 다소비 소비자는 월 348달러를 지불한다. 서비스 요금은 모든 유형의 주거용 소비자들이 사용하는 전력량과 관계없이 같게 유지된다. 결과적으로 저소득층 소비자는 월평균 소득의 3.15%를 전기요금으로 지불하고, 평균 소득 소비자는 소득의 2.36%를 월평균 전기요금으로 지출한다.

표 10.1 뉴저지 : 다양한 저소득층 지원 프로그램과 지원 대상 세대수

뉴저지	HHs 수
보편적 서비스 펀드 HHs (2013)	212,898
프레시 스타트Fresh Start HHs (2013)	14,564
라이프라인Lifeline HHs (2013)	304,534
컴포트 파트너Comfort Partners HHs (2013)	11,760
LIHEAP HHs 전체 수 (2011) 연방 수입 기준	1,044,279
뉴저지 전체 HHs 수 (2013)	3,578,141

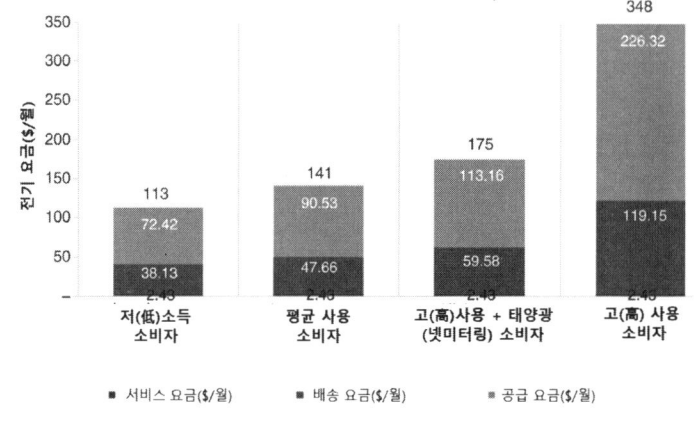

그림 10.9 주거용 고객 유형별 요금 구성 현황(2014)

앞선 예에서 분산에너지원, 넷미터링 혜택을 받는 전력 다소비 소비자는 전력공급 비용delivery charge의 50%만 지급한다. 즉, 전력회사의 전체 수익 복구 시나리오에서 나머지 소비자에 대한 공급비용은 이에 상응하여 증가해야 전력회사는 공급비용의 100%를 회수할 수 있다. 즉, 다른 소비자들의 공급비용 증가는 분산에너지원 소유 소비자들이 촉발한 전

PART2 경쟁, 혁신, 규제, 가격

체 회수비용 감소를 계산해 추정할 수 있다.

뉴저지 내 생성된 태양 재생에너지 인증서^{SREC}의 보고, 추적은 전력시스템운영자 PJM의 환경정보서비스가 관리하는 발전량 기여도 추적 시스템$^{Generation\ Attribute\ Tracking\ System(GATS)}$을 통해 관리된다. 뉴저지에 있는 31,337개, 1418MW의 태양광 중 미터 뒤$^{behind\ the\ meter}$ 소비자 지점에 설치한 태양광은 31,233개, 누적용량 1163MW에 이르렀다. 설치된 태양광 발전은 넷미터링을 적용받으며, 한 달에 대략 125,604MWh를 생산할 수 있다. 넷미터링으로 총 월 815만 달러가 지급되며, 전력회사의 비용회수 부족분을 회수하기 위해서는 모든 소비자에게 2%를 전력공급비용 증가가 필요하다. 즉, 모두 주거용 소비자의 전력 공급비용이 이전 0.0635달러/kWh에서 0.0648달러/kWh로 증가해야 한다. 그림 10.10에서는 4가지 유형의 주거용 소비자에 대한 청구서를 나타내며, 공급비용의 증가를 확인할 수 있다. 모든 주거용 소비자의 전기요금은 대략 월 0.7% 정도 인상될 것으로 보인다.

2012년 태양 에너지법$^{Solar\ act}$에 따라, 2028년에는 태양 에너지가 월별로 생산한 262,994MWh에 해당하는 비용을 회수하기 위해 4.3%의 공급비용이 증가할 것으로 보인다. 1991년과 2012년 사이 평균 전력사용량 증가율을 기준으로 2028년 전체 전력 판매량은 76,973,773MWh가 될 것으로 예상한다. 2028년 모든 주거용 소비자들은 2014년과 비교할 때 월 전기요금이 약 1.45% 증가하는 것으로 해석할 수 있다. 예를 들어, 매우 공격적인 태양광 확장 시나리오를 따랐을 때, 2028년 소매판매량의 10%가 태양에너지에서 생산되며 모든 소비자의 월평균 요금은 3.80% 상승하고 공급비용 역시 0.0635달러/kWh에서 0.0706/kWh로 상승한다.

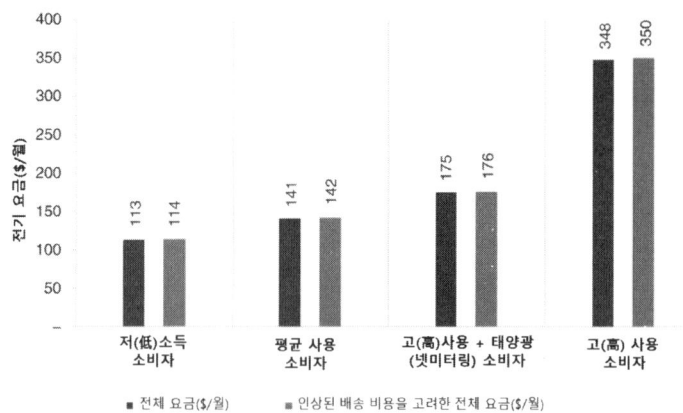

그림 10.10 모든 소비자 대상 시나리오 별 청구요금(2014)의 변화

3.3 뉴저지 주 정부의 세금 효과

세금 징수 형태의 정부 수입은 분산에너지, 특히 분산형 태양광 발전의 영향을 받는다. 이는 카운티^{county} 행정구역 수준에서 재산세의 감소시킨다. 주택 소유자가 태양광 시스템의 가치 100%를 면제받을 수 있기 때문이다. 주 정부의 경우 전기 판매를 통해 수집되는 세금 총량이 감소할 수 있다. 주 정부가 에너지 사용량에 따라 결정되는 전기요금 총액 기준에서 세금을 징수하기 때문에, 요금의 감소는 세금의 감소를 의미한다. 더욱이 주 정부는 저소득층 소비자 대상 보조금을 증가시킬 필요가 있다. 여기에는 다음의 2가지 상황을 가정해볼 수 있기 때문이다. (1) 저소득층 소비자는 대체로 분산에너지원에 참여하지 않는다. 즉, 분산에너지원 설치에 투자하지 않는다. (2) 저소득층 소비자의 전기요금은 전체 소득 대비 6%를 초과하지 않도록 보조금이 조정된다. 끝으로 연방 정부의 총 소득세 징수도 태양광 확장에 영향을 받는다. 주거용

PART2 경쟁, 혁신, 규제, 가격

규모의 태양광 설치 프로젝트는 거주지 재생에너지 전력 투자세액공제 25조$^{\text{Section 25D}}$에 따라 투자금의 30%까지 연간 소득에서 세액공제를 받을 수 있으므로, 결과적으로 연방 정부의 세금 징수액에도 영향을 미친다.

3.2절에서는 소비자에게 판매량 감소에 따른 비용부담을 전가하여, 전력회사 공급비용 회수 부족분을 회수한다고 가정했다. 이 경우, 주 정부의 세수 감소는 발생하지 않는다. 그러나 기본 발전 서비스$^{\text{Basic Generation Service(BGS)}}$ 요금에 대해서는 세금 감소가 발생한다. 모든 단일 발전 단위의 출력 감소로 발생하는 손실은 복구되지 않기 때문이다. 결과적으로 연방 정부의 세금 징수 총액은 감소한다. 2014년 뉴저지 주의 경우, 고객 구역 내 분산발전이 연간 1,507,248MWh를 생산하였고, 연간 1237만 달러(월 평균 106만 달러)의 세금 손실을 초래했다. 2028년에 대한 결과는 공급비용에 변화가 없다고 가정했을 때, 뉴저지 주 정부는 연간 2667만 달러의 세금 감소가 발생할 것이라 추정한다.

저소득층 소비자 대상 송배전 비용이 증가함에 따라, 저소득층 지원 부담 역시 증가할 것이다. 예를 들어, 월 요금 청구액이 100달러인 저소득층 소비자는 60달러 보조금을 지원받으므로 40달러만 지급하면 된다. 이때, 40달러는 해당 소비자 월 소득의 6%를 초과하지 않는다. 이러한 소비자의 전기요금이 1.5% 상승할 때(3.2절의 예), 소비자의 소득의 6%가 전기요금과 같다면 실제 정부 부담은 2% 증가하게 된다. 표 10.2에서 설명했듯이 분산에너지원 용량 추가는 다양한 지원 정책, 인센티브에 따라 소비자를 승자와 패자로 나누고, 각 이득과 손실은 전력회사의 수익 회수 또는 요금 조정 메커니즘으로 결정된다. 여기서 단순하게 모든 또는 특정 소비자군은 요금 인상에도 불구하고 판매량은 일정하다고 가정하였다. 이 계산에서 태양재생에너지인증서^{SREC} 가격 변화를 고려하지 않았다는 사실을 유의해야 한다. 인증서 가격은 참여 소비자(인증서를 판매하여 수익을 높이고자 하는) 요금 인상과 함께 증가(인증서 가격은 모든 전기 판매에 할당되기 때문에)할 수 있으며, 결과적으로 다른 모든 소비자 대상 전기요금을 인상해야 할 수 있다.

4. 결론

전기는 단일 가격 형태를 가진 여러 다른 제화^{goods}와는 다르게, 비선형적인 가격 책정 방식을 가진다. 전력공급 서비스의 가격 결정에 적용하는 비선형적 방법론에는 다양한 대안 또는 여러 요금설계 형태가 존재한다. 본 장의 주요 관심사는 바람직한 요금 설계에 관한 의견을 밝히는 데 있지 않다. 대신, 이 장에서는 분산에너지원에 참여하는 소비자와 참여하지 않는 소비자 사이 발생할 수 있는 요금 감소/증가에 대해서 정량적으로 비교하였다. 이때, 전력회사는 현재와 같이 추가로 발생한 비용을 할당해서 수익을 회수할 수 있다고 가정했다. 또한, 저소득층 소비자와 정부의 세금 징수가 전기요금의 변화로 어떻게 변화하는가를 분석하고, 이를 미래에 적용한 결과 역시 예측하였다.

분산에너지원의 영향은 점차 커지고 있다. 이를 수용하고 최적화하기 위해, 급진적 요금설계 변화가 필요할 수도 있다. 정부의 세금징수, 다양한 소비자 계층에 대한 여러 요금제 적용과 정량적 영향 분석 등에 관한 추가적인 연구가 의미를 가질지도 모른다. 분산에너지원의 목표치에 도달했을 때, 얻게 될 결과를 전망하는 것은 매우 중요하다. 왜냐하면, 분산에너지원의 규모와 크기가 전력회사의 수익, 요금제에 큰 영향을 줄 수 있기 때문이다. 총액 보존을 고려했을 때, 보편적 서비스 기금과 대비책을 결정하기 위해 채택된 방법론 간에는 실제 계산에 미묘한

PART 2 경쟁, 혁신, 규제, 가격

차이가 발생할 수 있다. 전력회사 보조금 프로그램, 요금 납부자가 후원하는 에너지효율 프로그램 등으로 발생한 매출 감소와 이러한 프로그램에 따른 비용 지출로 인한 송배전 비용 증가의 추정, 소비자 행동의 변화와 수요의 복원력, 가격 상승, 특정 가격 구성 요소의 증가 등이 여기에 포함된다. 넷미터링 정책(발전 상한, 회피비용 계산, 신용 기간 등)의 변화에 따라 이해관계자 간에 어떤 변화가 발생하는지 역시 추가로 연구할 필요가 있다.

TABLE 10.2 요금제 변화 시나리오별 승자와 패자

이해관계자에 미치는 영향	요금 변화 시나리오					
	전력회사의 완전한 매출 회복 불가		변동 요금 증가로 매출 회복 (모든 고객 지불)		고정 요금 증가로 매출 회복 (참여자만 지불)	
	2014	2028	2014	2028	2014	2028
소비자						
고(高) 사용, 태양광(넷-미터링) 소비자 대상 청구서	변화 없음	변화 없음	+0.70%	+1.45%	+60.80$ /1개월	+62.12$ /1개월
고(高) 사용 소비자 대상 청구서	변화 없음	변화 없음	+0.70%	+1.46%	변화 없음	변화 없음
평균 사용 소비자 대상 청구서	변화 없음	변화 없음	+0.69%	+1.45%	변화 없음	변화 없음
저소득 소비자 대상 청구서	변화 없음	변화 없음	+0.69%	+1.44%	변화 없음	변화 없음
정부						
시스템 편익 부담금(SBC)	+12.39백만$	+25.94백만$	0	0	0	0

에너지 전환 전력산업의 미래

손실 판매, 사용세(SUT) 손실	+19.44백만$ /1년	+40.70 백만$ /1년	+12.74 백만$ /1년	+26.67 백만$ /1년	+12.74 백만$ /1년	+26.67 백만$ /1년
전력회사						
매출 손실(전력망 관련; 발전 관련 사항 없음)	+95.78백만$ /1년	+200.55 백만$ /1년	0	0	0	0

주 : 2014년에 소비자 0.6% 참여를 가정(PSE&G는 서비스 지역에 220만 고객과 12,504개의 태양광 시스템을 가지고 있다). 뉴저지의 소비자 수는 4백만명으로 추산되며, 이 중 220만명은 PSE&G에서, 110만명은 JCP&L에서, 54만5천명은 아틀랜틱에서, 20만명은 록랜드의 고객임. 2028년 참가자는 1.2%로 가정하였음

PART2 경쟁, 혁신, 규제, 가격

제11장

파괴적 기술과 요금 체계가 전력소비에 미치는 영향 모형화

. . .

Modeling the Impacts of Disruptive Technologies and Pricing on Electricity Consumption

George Grozev, Stephen Garner, Zhengen Ren, Michelle Taylor, Andrew Higgins, Glenn Walden
CSIRO, Clayton, VIC, Australia; Ergon Energy, Fortitude Valley; QLD, Australia; Dutton Park, QLD, Australia

1. 도입

호주에서는 2009년까지 전력 소비량이 백 년 이상 지속적으로 증가하였다(Ren et al., 2015). 그러나 2008-09 회계연도 이후 5년간, 동부와 남동부 주에 전력을 공급하는 국립 전력 시장$^{National\ Electricity\ Market}$의 송전망으로부터 사용된 순^{net}전력소비량은 총 8%(2008-09년 201.5TWh에서 2013-14년 193.6TWh) 감소하였다(AER, 2015a). 이러한 감소는 여러 요인에 기인하는데, 정부의 정책적 지원으로 수혜를 받은 태양광 발전의 빠른 증가, 에너지 효율 프로그램, 그리고 기타 기후변화와 재생에너지 발전과 관련된 정부 정책, 에너지 집약 산업으로부터의 경제 구조적 변화, 높은 전기 요금에 대응하는 가정용 소비자의 행동 패턴 변화 등이

에너지 전환 전력산업의 미래

지목되고 있다. 1장에서 지적하였듯이, 전력소비량 감소는 다른 선진국에서도 나타나고 있다(미국의 전력 판매 증가율은 정체되고 있고, 일부 주(州)에서는 감소세로 돌아서기까지 한다). 1장에서는 중국과 OECD 국가의 수요 전망을 제시하고 있다. 대부분의 경우, 수요 감소는 종종 소매 전기요금 상승과 혼합되어 나타나고 있다.

이러한 맥락에서 호주의 배전 전력(판매)회사에게 전력망 이용률 감소는 대다수가 고정 자산 비용을 기초로 한다는 사실을 감안하면, 송전요금 인상 압력을 받을 수밖에 없고 이는 곧 소매가격 인상을 의미한다. 에너지 사용 패턴 변화, 분산자원 도입과 관련된 여러 이슈 중 소매 전기 요금은 (에너지)사용량 기반의 체계로 구성된 반면, 전력 공급 비용은 피크 수요 충족에 중점을 두고 고정 자산 비용으로 구성되어 있기 때문에 왜곡 효과가 발생할 수 있다. 대다수 고정된 소매 전기요금 구조는 전력망 전반에 오후와 저녁 시간 대 피크 수요를 야기한다. 전력 소비량 감소로 인한 전기요금 인상, 그리고 잘못된 요금 체계로 인한 왜곡 효과의 악순환은 전력 산업에 위협적이다(1장). 최근 호주에서 논의되고 있는 대체 가격 모형과 요금 체계에 관해서는 본서 6장을 작성장을, 요금 설계와 미 요금 역사에 관해서는 10장을 참고할 수 있다.

2015년 4월 테슬라^{Tesla}는 미국에서 신형, 저가의 가정용 그리고 산업용 리튬이온 배터리 7-10kWh의 대량 생산을 발표했다(Tesla, 2015). 배터리 예상 가격은 인버터 제외 시 $3,000에서 $3,500 수준이며 가정용 배터리 가격의 급격한 하락을 가져왔다는 점에서 많은 관심을 불러 일으켰다.

배터리는 양수 펌프 저장, 열저장과 더불어 태양광, 풍력이 연결된 전력망의 안정성을 확보해주는 장치 중 하나이다. 또한 피크 수요를 줄이고 전력망 활용도를 높이기 위해 일상적인 수요 패턴을 변화시키는 수

PART2 경쟁, 혁신, 규제, 가격

요반응 자원과 경쟁한다(Gils, 2014).

가정용 배터리는 가정용 고객이 전력을 사고 파는 방식을 상당 부분 변화시킬 것으로 기대된다. 호주 에너지 시장 운영기구$^{\text{Australian Energy Market Operator}}$는 2015년 6월 NEM 지역 배터리 설치용량이 기존에서 태양광과 같이 설치된 배터리를 제외하고서도 10년 내 3.4GWh로 증가할 것이라고 예상했다.

7장은 호주의 전력회사가 새로운 기술의 등장으로 어떻게 다양한 도전에 직면하게 되는지에 대해 잘 서술하였다. 해당 장에서 저자는 호주의 최대 전력회사가 새로운 지역별 차등 비용 반영 요금제를 포함한 신상품과 서비스를 제공하며, 새롭고 빠르게 변화하는 상황에 적응하려고 노력하는지에 대해서도 서술하였다.

호주의 전력회사는 가정용 전력저장장치 분야에만 관심을 기울이는 것이 아니다. 이들은 가정용 전력저장장치를 활용하는 다양한 서비스를 고려하고 있으며, 거대해질 수 있는 시장에 진출하고자 한다. 퀸즐랜드 타운즈빌^{Townsville}의 10개 가구에 배터리 저장, 가정용 에너지 관리 시스템, 차등 요금제 등을 12개월간 실증하는 프로젝트를 시작한 연구가 있다(Ergon Energy(2014a, c). 에르곤 에너지$^{\text{Ergon Energy}}$, 호주 수도권$^{\text{Australian Capital Territory}}$의 액튜AGL^{ActewAGL}, 태즈매니아^{Tasmania}주 레드 에너지$^{\text{Red Energy}}$는 2015년 10월부터 8kWh의 리튬-이온 가정용 배터리 판매를 개시하였다(Macdonald-Smith, 2015). 에르곤 에너지는 수개월 내로 전력망 전력회사 지원 시스템$^{\text{Grid Utility Support System(GUSS)}}$라 불리는 전력망 배터리 저장장치를 퀸즐랜드 시골 지역에 설치할 것이다. 리튬-이온 기술에 기반을 둔 GUSS는 지역 단선 대지귀로$^{\text{Single Wire Earth Return}}$ (역자 주: 원격지역에 낮은 비용으로 단상전력을 공급하기 위한 단선 송전방식)이라 불리는 제약된 단선, 고압 배전선로에서 활용될 것이다. 배터리는 야간에 중앙집중형 전력망에서 생산한 전

에너지 전환 전력산업의 미래

력으로 충전되며, 피크 수요 기간 동안 방전되어 전력 공급의 품질과 신뢰도를 개선할 것이다.

본 장은 다섯 개의 절로 구성된다. 2절은 본장에서 실시하는 모형화 접근법을 간략히 소개한다. 3절은 본 연구에서 모형화한 여러 전력가격 요금에 대해 간단히 서술하고 태양광 발전차액지원제도$^{Feed\ in\ Tariff(FiT)}$ (역자 주: 재생에너지 발전원가에 보조금을 더해, 일정한 가격으로 매입하는 제도)와 결합한 잠재적 고객 반응에 대해서도 분석한다. 4절은 다양한 소비자 환경에 적용될 수 있는 배터리 충전, 방전 규칙에 대해 제안한다. 5절은 모형화 결과를 제시하고 다양한 태양광+배터리 옵션을 지닌 두 가지 전력 소비 패턴의 가정에서의 연간 전력 요금 사례를 제시한다.

2. 모형화 접근법

본 장은 호주 연방과학기술연구원^{CSIRO}과 에르곤 에너지의 모형화^{modelling} 접근법을 제시한다. 본 연구는 2014년 수행되었으며 가정용 '전력망 요금'(비용반영 요금)이 가정용 에너지 소비 패턴에 있어 사용량 기반 요금제의 왜곡 효과를 줄이거나 제거할 것이라는 가설을 검증하였다. 본 연구는 2025년까지 타운즈빌 지역에서 미래 태양광과 배터리 서비스의 활용도 증가에 따른 기존 세 가지, 그리고 다섯 가지의 새로운 요금 체계의 효과와 피크 수요와 평균 전력 소비량 변화를 검증하였다. 새로운 요금제는 에너지 가격 연동제와 일간 공급 요금, 시간별 요금제$^{Time\ of\ Use(ToU)}$, 피크시간대 전력소비를 억제하기 위한 피크 요금제 등을 포함한다.

PART 2 경쟁, 혁신, 규제, 가격

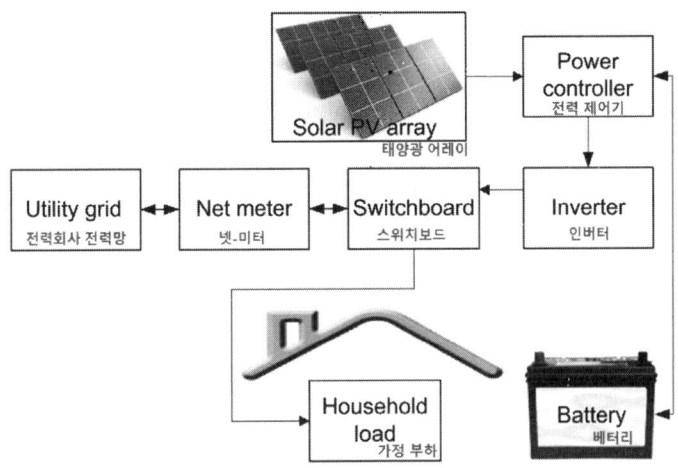

그림 11.1 분산에너지원(태양광, 가정용 배터리)과 다양한 가격, 가정용 전력 수요

고려된 시나리오에 대한 정보는 표 11.1에 정리되어 있다. 시나리오는 다양한 옵션의 결합으로 정의된다(각 항목별 참조). 해당 가정에 대한 총 시나리오의 수는 9개 요금제 × 2개 FiT × 8개 PV+배터리 옵션 × 2개 주거타입 × 2개 주거시간 = 576개이다.

표 11.1 시나리오 모형 가정

요금제	태양광 FiT	태양광 + 배터리	주거 형태	거주 시간
T11				
T11 + T31	FiT1	PV, 배터리 없음		
T11 + T33	(¢8/kWh)	2kWh 배터리	단독주택	종일거주
T12		1.5kW PV		
1A		1.5kW PV + 2kWh 배터리		
2A		3.5kW PV		
2B	FiT2	3.5kW PV + 8 kWh 배터리		
2C	(44¢/kWh)	5.5kW PV	아파트	저녁시간대
3A		5.5kW PV + 16kWh 배터리		

퀸즐랜드 타운빌의 미래 태양광과 배터리 활용도는 CSIRO와 에르곤 에너지에 의해 수행된 연구와 동일하게 Higgins et al.(2014a)에 나타나 있다. 저자는 미래 추세를 측정하기 위해, 선택-확산$^{choice-diffusion}$ 모형을 적용하였다. 태양광에 연결된 배터리는 2025년 요금 수준에 따라 다르겠지만, 대체적으로 약 3에서 5.4%의 가정에 설치될 것이며 대용량일수록 더욱 인기가 높을 것이다. 본 연구의 민감도 테스트는 배터리 가격이 확산에 주요한 요인이며, 반면 구매 보조금은 낮은 효과를 지녔다.

본 연구에 적용된 모형 접근법은 그림 11.2에 나타난 것과 같이, 다섯 가지의 주 보조 시스템을 가지고 있다(Ren et al., 2013; Higgins et al., 2014b; Platt et al., 2014).

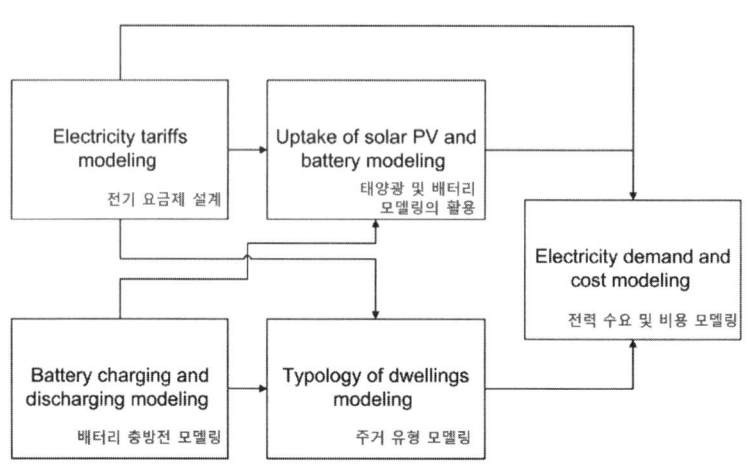

그림 11.2 주요 모형화 서브시스템

전력 요금에 대한 정보는 3절에서 제공된다. 이미 제공되었거나 여러 제안된 가정용 전력 요금이 모형에 포함되었다. 제안된 요금제는 더욱 비용을 잘 반영하고$^{cost-reflective}$, 특히 전력망을 소유하고 운영하는 데에 있

PART 2 경쟁, 혁신, 규제, 가격

어 상당한 총 고정비용을 적절하게 보상할 수 있도록 설계되었다. 그리고 판매^{retail} 부문에서 에너지 생산과 공급 변동비를 충분히 보상받을 수 있도록 구성하였다. 그러나 여러 제안된 요금제가 즉시 고객에게 제공되리라는 예상을 하지는 않았다. 시나리오 기반 접근법을 통해 비용, 전력 소비량, 주어진 가정 하에서의 영향, 분산자원 활용도를 더 잘 이해할 수 있도록 활용하였다.

태양광과 서로 다른 배터리의 조합에 따른 활용도는 선택-확산 모형에 기초하여 태양광과 다양한 배터리의 재고를 연구기간 동안 3개월 단위로 예측된다(Higgins et al., 2014a). 이러한 확산 모형은 본 연구의 범위에서 벗어난다. 배터리 충전과 방전 규칙은 4절에서 논의된다. 여기서 중요한 점은 배터리 충전과 방전 규칙은 가정이 태양광을 보유할 때, 태양광 발전차액지원제도^{FiT} 값의 영향을 받는다는 점이다.

주거형태 모형화은 Ren et al.(2012, 2013)의 접근법을 따랐으며, 주거 타입, 경과년수^{vintage}, 규모, 가족 형태, 주거 시간 등을 고려한다. 본 연구에서 주거 형태는 다양한 전력 요금, 태양광 FiT(¢8/kWh, ¢44/kWh)를 추가적으로 고려한다. 가정의 전력 부하패턴 전망치와 FiT 종류에 따라, 주거 형태에 따른 연간 전력 사용 비용이 추정된다.

3. 요금제 정보, 예상 소비자 반응

배전망의 최적 요금제도는 현재 호주에서 주요한 정책 이슈이며, 논점의 중심은 배전망의 '비용 반영' 요금제에 있다(13장 참고). 최근 호주의 제도 변화에 따라 배전망은 장기 한계 비용에 따라서 비용-반영적인$^{cost-reflective}$ 요금을 부과해야 한다. 그러나 13장에서는 소매 부문에서 고객에게 전기를 생산하고 전송하는 단기 한계 비용을 반영해야 한다고 주장한다. 이들은 정책 입안자가 소매 공급자가 동적 도매 요금을 소비자가 선호하는 다양한 종류의 소매 요금으로 변환할 수 있도록 헤지^{hedge} 수단에 접근할 수 있도록 보장해야 한다고 주장한다.

본 장에서 가정용 전기 요금의 기본 개념 모형은 전력망 요소(N)와 소매/에너지(R) 요소의 결합의 구성, 즉 $(Total) = $(N) + $(R) 이다. 전력망 구성 요소는 네트워크 소유, 운영에 필요한 높은 고정 비용을 보상할 수 있도록 구성되며, 소매 요소는 매우 변동적인 에너지 생산, 공급 비용을 보상한다. 또한 '신호 정보'(전력(kW)과/혹은 에너지(kWh) 수요가 전력이 소비되는 시간과 장소를 포함한 다양한 요소에 따라 상이한 값/비용을 가진다는 개념)가 요금제에 반영될 수 있다.

본 연구에서 여러 기존 그리고 잠재적 미래 요금제가 다양한 종류의 소비자를 위한 전력비용을 추산하기 위해 모형에 반영된다. 퀸즐랜드의 기존 가정용 요금제는 표 11.2에 서술되어 있다(DEWS, 2015b). 소매 전기요금은 퀸즐랜드 경쟁당국$^{Queensland\ Competition\ Authority}$가 규제한다. 그러나 고객은 만일 소매공급자와 시장 계약을 맺을 경우, 다른 종류의 요금을 지불할 수 있다. 최근 주요 요금제는 T11(ToU와 전력 소비량과 관계없는 고정요금. 이는 가장 기본적이고 인기 있는 요금제)이다. T12는 ToU 요금제이며 비(非)피크$^{off-peak}$, 중간피크^{shoulder}, 피크^{peak} 시간대별 요금의 정의된다. 또한 두 가지 부하 제어 요금제가 있다—T31, T33은 온수가열, 수영장 펌프, 혹은 다른 주요 부하에 사용된다.

가정용 PV 패널에서 전력망으로 전송되는 넷미터링에 활용되는 두 가지 FiT가 있다. 송전망 전송량 측정을 위한 넷미터링은 미국과 같이 호주에서도 매우 보편화되었다(1장). 호주의 FiT는 주 혹은 지역 단위로 처음 도입되었다. 퀸즐랜드에서 FiT는 2007년 주정부의 스마트 기후 2050 정책$^{Climate\ Smart\ 2050\ Policy}$에 의해 처음으로 제안되었다.(Queensland

PART 2 경쟁, 혁신, 규제, 가격

Government 2007) 처음에 태양광 FiT는 매우 지원 폭이 커서 전력망에 전송되는 전기 kWh 당 44센트를 지원했다.(DEWS, 2015a) 2012년 7월 이후 신규 설치 태양광 PV에 대한 FiT 지원금은 kWh 당 8센트로 감소하였다. ¢44/kWh 지원금은 2028년 7월 1일 만료되며 여러 조건을 충족해야 한다. 이러한 두 가지 FiT는 부하 이동의 측면에서 매우 다양한 고객 행동을 유발한다.

높은 FiT 지원에 힘입은 예상치 못한 높은 태양광 보급으로 인해 네트워크 유틸리티는 수익 감소를 겪었으며, 태양광 PV를 소유하지 않은 고객의 부^{wealth}가 초기 도입자들에게 이전되는 현상이 발생하였다. 신재생 보급 목표$^{Renewable\ Energy\ Target(RET)}$는 2013-14년도 가정용 전기요금의 약 4%를 차지한 것으로 추산된다(CER, 2015). 이는 평균 전기요금 가정했을 때, 연간 $60달러 정도로 볼 수 있다. 그러나 RET는 소규모와 대규모 태양광을 모두 포함했고 태양광은 그럼에도 불구하고 소규모 가정용 시스템의 주 구성요소이다.

표 11.2 퀸즐랜드 현재 제공되는 가정용 전기요금

요금제	종류	세부내용
T11	가정용, 사용량비례 (flat)	가정용 기본요금, 규모와 관계없음
T12	가정용, ToU	시간대별로 다른 요금 부과, ToU 측정 가능한 계량기가 있어야 함
T31	비피크, 슈퍼 이코노미	특별히 연결된 제어기기가 원격 네트워크에 의해 됨, 배전 전력회사 재량으로 최소 8시간동안 이용 가능 (주로 밤 10시부터 오전 7시)
T33	비피크, 이코노미	특별히 연결된 가전기기가 원격 네트워크에 의해 제어됨, 배전 전력회사 재량으로 최소 8시간동안 이용 가능 (주로 밤 10시부터 오전 7시)

| FiT1 | 태양광 (FiT 상계) | 퀸즈랜드 태양광 보너스 정책의 일부 : 배전 전력회사가 FiT 요금 ₵44/kWh 지급 |
| FiT2 | 태양광 (FiT 상계) | 퀸즈랜드 태양광 보너스 정책의 일부 : 배전 전력회사가 FiT 요금 ₵8/kWh 지급 |

퀸즐랜드는 6장에서 지적한 바와 같이 호주에서 태양광 설치 수와 용량에 있어 선두를 달리고 있다. 퀸즐랜드에서는 50만 명 이상의 가정용 고객이 태양광을 설치했다(Ergon Energy, 2015c). 청정에너지 규제국 Clean Energy Regulator에 의하면 소규모 태양광 설치 수는 약 44만 개이며, 인증서 등록이 최대 일 년 정도 지연될 가능성이 높다. 2015년 4월 타운즈빌 지역의 설치율은 전체 가정용 고객의 27% 혹은 17,000건 정도이며 이는 2013년 13.5%에서 증가한 수치이다. 타운즈빌 일부 교외 지역에서는 그 비중이 36%까지 증가하였다(APVI, 2015). 최근 에르곤 에너지 고객에게 부과되는 배전요금은 연간 전체 전기요금의 약 42%를 차지한다(AER, 2015b).

본 연구에서 모형에 포함된 현실성 있는 미래 요금은 소매와 네트워크 요소의 결합과 같다(표 11.3). 세 가지 소매 구성요소는 킬로와트 시간(kWh)으로 측정되는 전기 소비량과 관련하여 매우 '표준적' 개념이다(그림 11.3).

PART 2 경쟁, 혁신, 규제, 가격

표 11.3 가정용 전기요금 모형화

요금제	에너지부과 고정 (Flat)	ToU	일일 공급부과금	용량 부과금	피크 부과금
T11	✓		✓		
T12		✓	✓		
1A	✓		✓		
2A	✓			✓	
2B		✓		✓	
2C	✓		✓		✓
3A			✓	✓	

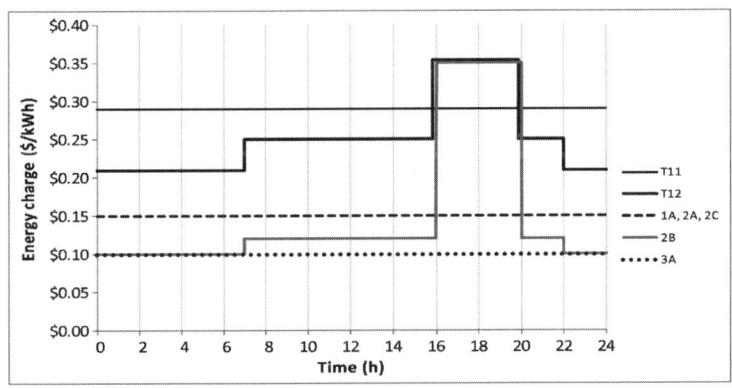

그림 11.3 전기 요금을 고려한 에너지 청구 비용

- 고정형(Flat), kWh 당 비용은 시간과 관계없이 동일
- 시간별 요금제(ToU), kWh 당 비용은 하루 동안 다양한 시간대 (비(非)피크, 중간피크, 피크)의 서로 다른 경제적 비용을 반영하도록 구성
- 피크 가격(CPP)는 kWh 당 비용이 시간과 관계없이 동일하나, 사전에 고지된 기간 동안 더 높은 kWh 당 비용이 적용된다.

일반적으로 이러한 기간은 하루 전에 고지되며 하루에 한, 두 시간 정도, 일 년에 12일 정도 발생한다. 그리고 '중간 수준의' 가격차별이 있다.

세 가지 네트워크 구성요소 개념은 킬로와트(kW) 당 측정된 전력수요와 관계가 있다.

- 고정, 접속 비용은 일정(이는 최근 요금제에 포함되어 있으나 실제 비용에 비하면 상대적으로 낮은 비율이다.)
- 용량, kW 피크 수요당 가격은 시간과 관계없이 동일
- 피크 수요, kW 수요당 가격은 시간과 관계없이 동일하다. 단, 사전에 지명된 높은 피크 수요 기간에는 더 높은 요금이 적용되며, 해당 요금은 전체 기간에 있어 가장 높은 수준이다. 개념적으로 피크 수요 기간은 연중 규제기간(6월)에 시작되며, 가정용 피크 시간대(4-5시), 주 5-7일, '매우 높은' 수준의 가격 차별화가 존재한다.

모형에 포함된 개념적 요금에는 추가적 고정 일일 요금이 포함된다 (표 11.4).

타운즈빌에서 태양광을 설치한 많은 가정용 고객은 ¢44/kWh FiT 요금제에 가입했다. 이 FiT는 가정용 고객이 태양광 패널에서 창출하는 수익을 극대화하기 위해, 낮 시간 전력수요를 되도록 회피하도록 유도했다(그림 11.4). 이로 인해 오후 4-8시 시간대의 네트워크 피크수요가 증가했다. 2012년 7월 신규 고객의 FiT는 ¢44/kWh에서 ¢8/kWh 로 감소했다. 이 새로운 요금제는 고객의 전력수요를 다시 낮 시간대로 이

PART2 경쟁, 혁신, 규제, 가격

동시켰는데, 이는 보통 ¢8/kWh 보다 훨씬 비싼 전력망 전송 전력 사용을 최소화하기 위해서이다.

표 11.4 현존 2개요금제와 제안된 5개 요금제의 네트워크 구성요소

요금제	고정 일일 요금 $*/일	일일 용량 요금 ($/kW/일)	오후 4-9시 최대 피크시기 요금(12월-3월) ($/kW/월)	오후 4-9시 외 최대 피크시기 요금 (12-3월) ($/kW/월)
T11	0.55			
T12	1.25			
1A	4.00			
2A		0.5		
2B		0.5		
2C		0.5		
3A	1.25		30.00	3.0

* 모든 달러는 특별히 명시되지 않는 한 호주달러(AUD)를 의미함

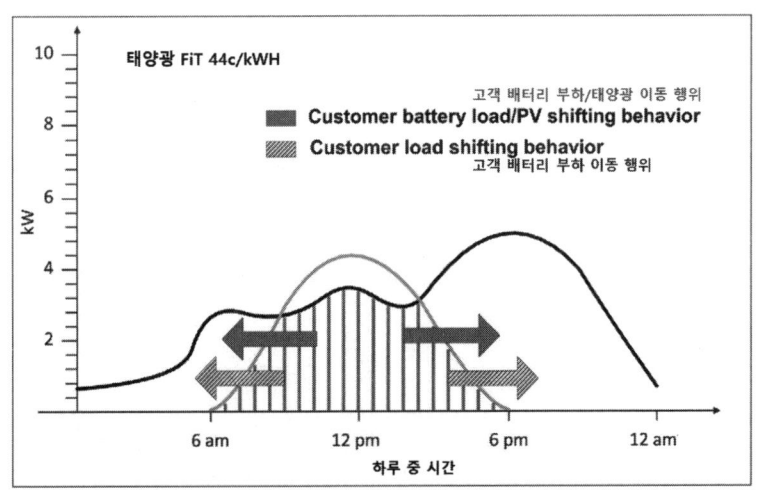

그림 11.4 태양광 '높은 수준'의 FiT를 적용했을 때, 현상 유지(Business Usual(BAU)) 상황의 고객 예상 반응

에너지 전환 전력산업의 미래

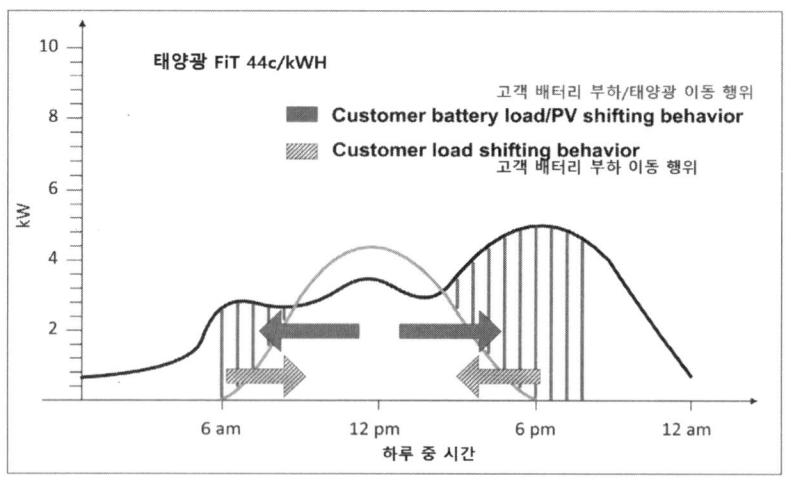

그림 11.5 태양광 '낮은 수준'의 FiT를 적용했을 때, 현상 유지(Business Usual(BAU)) 상황의 고객 예상 반응

용량요금과 ToU 요금제가 도입된 목표는 가정의 전력사용을 피크시기에서 이동시키기 위해서이다(그림 11.6, 그림 11.7). 요금제 T11로 EV용 전력을 구매하는 가정은 일터에서 집으로 돌아온 이후 늦은 오후나 저녁에 차량을 충전할 가능성이 높다. 용량요금과 ToU 요금제는 이들이 전기차를 늦은 저녁시간에 충전하도록 유도할 수 있다(그림 11.8).

PART2 경쟁, 혁신, 규제, 가격

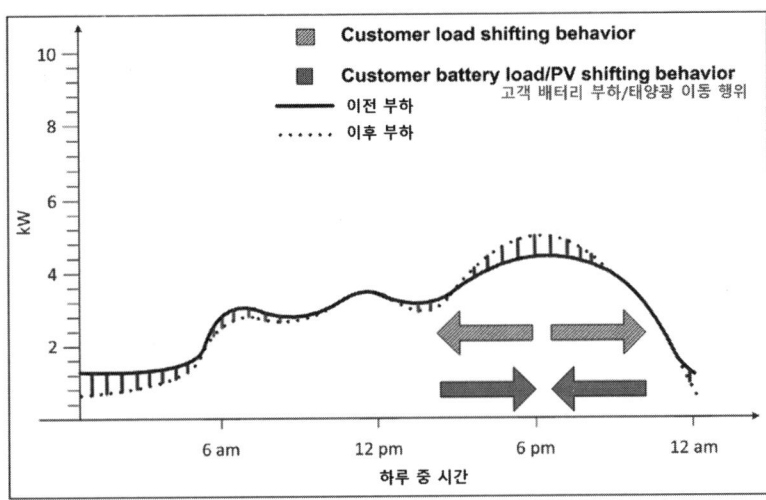

그림 11.6 용량요금 적용 시, 고객의 예상되는 부하 평준화^{load smoothing} 반응

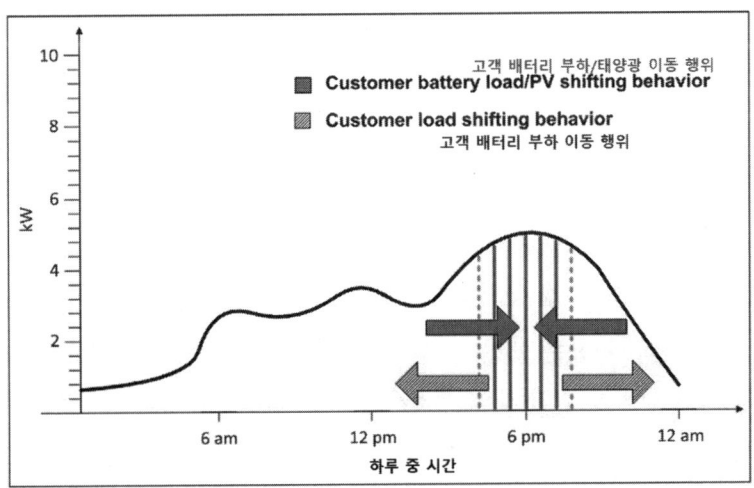

그림 11.7 CPP, ToU, 피요 수요 요금 적용 시, 고객의 예상되는 부하 이동^{load shifting} 응답

에너지 전환 전력산업의 미래

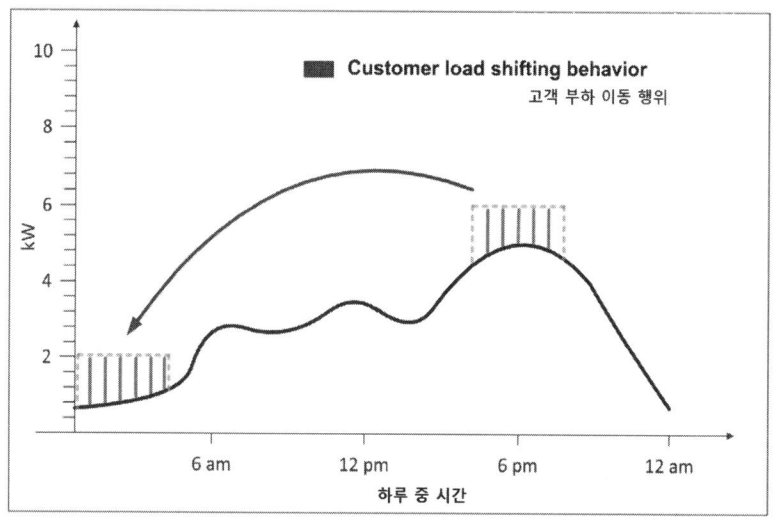

그림 11.8 EV를 고려했을 때, 고객의 예상되는 충전 시점 이동$^{charge\ shifting}$

4. 배터리 충전 규정

배터리 충·방전은 가정 고객에게 부하 이동과 전력비용/수익을 결정하는 핵심요소 중 하나이다. 가정은 전력을 전력망에 판매함으로써 창출하는 수익을 극대화하고 피크시기 자가소비와 부하 이동을 통해 그리드 전력 소비량을 최소화하기 위해 배터리를 사용하는 것으로 추정된다. 배터리의 사용은 또한 어떠한 태양광 FiT 요금제를 선택하느냐에 따라서도 달라질 수 있다. 일반적으로 ¢44/kWh에 가입한 가정은 자가 보유 태양광으로부터의 전력 판매를 극대화하고자 할 것인 반면, ¢8/kWh 요금제 가입고객은 반대의 인센티브를 가진다(그리드로부터의 전력량 사용을 최소화하고 자가발전 잉여분을 최대한 보존).

배터리 충전과 방전 규정에 있어, 잠재적 고객 반응을 고려하는 것이

PART2 경쟁, 혁신, 규제, 가격

필요하다(3절 참조). 고정형 T11 요금제에 가입한 고객 행동의 예는 태양광, 배터리, FiT 등의 조건에 따라 표 11.5에 정리되어 있다. 제시된 예는 참고용이며, 몇몇 전형적인 특성이 예상된다. 두 가지 다른 FiT를 이용하는 고객의 부하 이동 행동은 서로 매우 다르다.

표 11.5 BAU 케이스에서 고정 요금제(T11) 가입 고객의 예상 행동패턴

PV와 배터리 옵션	고객 행동
PV only (¢44/kWh FiT)	특정행동 없음(정전에 대비하여 배터리를 미리 충전)
PV only (¢8/kWh FiT)	자발적으로 부하(세탁, 드라이, 수영장 펌프, (잠재적) 에어컨 가동 등)를 낮 시간대로 이동(태양광 발전량을 초과하지 않는 범위로 에어컨 가동 등의 부하 제한), 이를 통해 태양광 전력 판매량(고객 수익) 최소화
PV (¢44/kWh FiT) + 배터리	PV only(¢44/kWh FiT) 고객과 유사, 또한 배터리의 kW 용량에 따른 부하와 kWh 용량을 일치시키도록 배터리를 사용함으로써 배터리를 방전, 이를 통해 낮 시간대 네트워크 부하를 최소화
PV (¢8/kWh FiT) + 배터리	PV only(¢8/kWh FiT) 고객과 유사, 또한 태양광 잉여 생산량을 활용해 배터리가 완전히(kWh 용량까지) 충전될 때까지 배터리의 kW 용량을 충전—그리드 송전 전력을 통한 충전이 아님, 이를 통해 태양광 생산 전력의 그리드 송전을 최소화. 배터리는 저녁시간대에 배터리에 저장된 용량만큼 kW 요율에 따라(즉, 낮 시간 저장된 잉여 태양광 kWh 전력) 부하에 사용된다. 배터리는 낮 시간 잉여 태양광 전력을 최대한 저장하기 위해 저녁시간대에는 최소한의 '안전 마진' 상태로 유지된다. 따라서 배터리는 잉여 태양광 전력으로 충전되고, 이것이 부하에 사용되며, 잉여 태양광 전력이 배터리 용량을 과도하게 초과하지 않는 한 저녁 시간대에 최소 '안전' 상태로 유지된다.

이러한 반응이 가정용 배터리의 사용으로 촉진될 때 T11 요금제와 두 가지 FiT 요금제 가입 고객을 위한 배터리 충전 규정 예시는 표 11.6과 같다. 여기서 하루를 24시간으로 두었으며, 배터리는 특정 시간대에서만 충·방전이 가능하다고 가정한다. 그림 11.1의 스마트 전력 제어기 $^{power\ controller}$는 본 연구의 범위에서 제외되며 배터리 충전과 방전 규정은 매우 유연하다고 가정했다. 예를 들어 배터리는 여러 시간단위 간격으로 송전망으로부터 동일한 출력$^{power\ level}$으로 충전된다(이는 최대 충전 출력치보다 훨씬 낮은 수준이다). 다른 주요 가정은 배터리는 가정용 전기 사용을 위해 방전되며 가정 부하 패턴을 따른다. 혹은 배터리는 태양광 발전 잉여분으로 충전된다.

T11 요금제는 고정형이기 때문에, 배터리 충전, 방전 규정에 두 가지 시기만 존재한다(태양광 패널이 발전을 하는 태양광 복사시간대와 나머지 시간대). 타운즈빌 지역의 경우 태양광 발전 시간은 일반적으로 오전 6시부터 오후 6시까지이다. 표 11.6에 제시된 태양광 발전 시간대의 충전, 방전 규정은 이전(자정부터 이른 오전) 시간대와 이후(저녁부터 자정) 시간대가 서로 다르다. 배터리는 두 가지 FiT와 관련하여 서로 다르게 활용될 것으로 제시되었다. 낮은 FiT(¢8/kWh FiT)의 경우에는 배터리는 잉여 태양광 생산량으로부터 충전되고, 이후 가정에 방전되어 송전망으로부터의 전력 수입을 최소화한다(그림 11.5). 높은 FiT(¢44/kWh FiT)의 경우 배터리는 태양광 발전 시간 동안에는 가정 부하에 따라 방전되어, 전력으로부터의 전력공급을 최소화하고 태양광발전의 전력망 송전을 극대화할 것이다(그림 11.4).

PART 2 경쟁, 혁신, 규제, 가격

표 11.6 고정 요금제(T11)의 배터리 충전, 방전 규정

시작 시간	PV (¢8/kWh FiT) + 배터리	PV (¢44/kWh FiT) + 배터리
12am	가정용 수요 공급을 위해 배터리 방전	한 시간 혹은 근접한 시간 단위로 전력망으로부터 배터리 충전
1am	12am과 동일한 패턴	12am과 동일한 패턴
...	...	...
6am	(가정용 수요 충족 이후) 순 PV 발전으로부터 배터리 충전	가정용 수요 충족 이후 전력망으로 전력 판매
7am	6am과 동일 패턴	6am과 동일 패턴
...	...	...
6pm	가정용 수요 충족 이후 가정으로 배터리 방전	한 시간 혹은 근접한 시간 단위로 전력망 전력으로 배터리 충전
7pm	6pm과 동일 패턴	6pm과 동일 패턴
...	...	...
11pm	6pm과 동일 패턴	6pm과 동일 패턴

1A 요금제의 배터리 충전 규칙은 1A도 고정형이라는 점에서 T11과 매우 유사하다. 2A 요금제 또한 고정형이나, 이는 용량 기반 요금제이며 네트워크 비용 요소는 kW로 측정되는 최대 일일 수요에 비례한다. 2A 요금제의 경우 배터리 방전은 최대 수요 기간 동안 발생한다. 이는 고려중인 지역 상 오후 4시에서 9시 사이에 발생한다.

3A 요금제는 12월에서 3월 사이 여름 동안의 오후 4시에서 9시 사이에 발생하는 30분 최대 수요에 비례하는 높은 $/kW/월을 부과하는 수요기반 요금제이다. 자연스럽게 배터리는 해당 시기 이전에 충전되고 여름 피크시기인 오후 4시-9시에 방전될 것이다. 본 장의 가독성을 위해, 그리고 분량 제한으로 인해 다른 세부적인 배터리 충·방전 규칙은 포함되지 않는다.

에너지 전환 전력산업의 미래

5. 결과

전력 수요와 비용 모형은 타운즈빌의 시간, 연 단위 전력수요, 전력 소비량, 비용을 계산한다. 결과는 약 100-200가구의 1년 365일 동안의 시간단위 전력 소비량을 통계 지구 1$^{Statistical\ Area\ 1(SA\ 1)}$에 표시된다.

각 모형의 요금제, 독립 주택과 아파트, 낮 시간과 저녁 거주시간, 서로 다른 FiT와 태양광과 배터리 구성 등에 따른 연간 전력비용은 그림 11.9에서 11.13에 제시되어 있다.

모든 거주 지역은 타운즈빌이며 난방, 환기, 냉방 에너지는 열대기후 지역의 조건에 준한다. 태양광 PV 패널과 배터리 구입비용은 본 모형에서 고려되지 않는다. 그림 11.9-11.13의 각 차트에서 태양광 패널 크기와 배터리 용량이 클수록 전기요금이 더 크게 감소했다. 이는 더 큰 패널이 더 많은 전기를 생산하고, 용량이 더욱 큰 배터리가 다른 시간대로 부하를 이동시킬 여력이 더 크다는 점을 고려할 때 이해하기 쉽다.

만일 동일한 종류의 주거와 거주 형태에서 두 가지 FiT(¢ 8/kWh, ¢ 44/kWh)가 비교된다면(그림 11.9, 11.11), 높은 FiT가 낮은 FiT보다 연간 전력비용을 줄일 것이 명백하다. 대규모 태양광 패널과 높은 FiT의 경우 연간 전력비용은 마이너스인데, 이는 고객이 전기요금을 납부하는 대신 전력회사가 전력 판매 대가로 고객에게 돈을 지급하는 것을 의미한다.(그림 11.11, 11.12 하단 라인) 일반적으로 만일 다른 조건이 동일하다면 거주자가 집안에 하루 종일 있는 집의 전력 소비량과 관련 비용이 저녁, 밤, 아침에만 거주자가 집안에 있는 집안에 비해 더 높을 것이다.

주거 형태가 아파트인 경우 소규모 태양광 패널과 배터리(1.5kW 태양광, 2kWh 배터리)만 모형에 고려되었다(그림 11.13). 이는 장소의 제약(지붕과 배터리 설치 공간)에 따라 결정된 선택이다.

PART 2 경쟁, 혁신, 규제, 가격

가장 중요한 관측결과는 제안된 새 요금제가 연간 전력비용을 반드시 증가시키는 것은 아니며, 요금 인상이 있는 경우에도 그 정도가 크지 않고 10% 내외라는 것이다. 이는 그림 11.9-11.13에서 기존 요금제인 T11, T11 + T31, T11 + T33, T12와 새롭게 제안되거나 가정된 요금제인 1A, 2A, 2B, 2C, 3A와 비교하면 확인할 수 있다. 이 모형화는 제안된 요금제의 경우 매우 제한된 부하 이동의 경우만을 설명한다. ToU, 용량요금 혹은 피크요금의 일부 요소를 가지고 있는 비용 반영 요금제 하에서 고객들은 그들의 덜 중요한 전력사용 부하 구간을 비(非)피크 시기로 이전하고자 할 것으로 예상된다. 그리고 이는 피크 시기동안의 수요 혹은 사용량과 관련한 요금을 추가적으로 줄이게 될 것이다. 시나리오 결과는 비용반영적 요금제는 분산자원과의 결합을 통해 네트워크 활용도를 개선할 수 있고 잠재적으로 소매가격을 낮출 수 있다. 분석결과 또한 전력 소비량이 향후 10년간 10% 이상 감소할 것으로 나타났다.

2050년 호주 전력산업 로드맵을 개발하고 있는 CSIRO와 미래 전력망 포럼$^{Future\ Grid\ Forum}$의 여러 산업 참가자들은 2026년까지 10년 내 분산발전$^{onsite\ generation}$이 20%~70% 가량 증가할 것으로 추산하고 있다 (CSIRO 2013). 반면 향후 십 년간 중앙 발전에 의해 공급되는 전력 소비량은 정체되거나 소폭 상승할 것으로 전망된다.

본 장의 분석과 결과는 1장에서 언급된 타 국가의 평균 전력 소비량과 일치한다. 예를 들어 뉴욕의 2014-24년 기간의 전력판매 증가율은 연간 0.16%에 불과하며 미국의 전력수요는 2040년까지 0.9% 감소할 것으로 전망된다. 이러한 변화는 시오산시^{Sioshansi}가 지적했듯 미국, 유럽 등 선진국 전력회사의 수십억에 달하는 손실을 의미한다. 따라서 전력회사는 생존을 위해 이러한 새로운 환경에 적응하고 새로운 상품과 서비스를 제공할 필요가 있다.

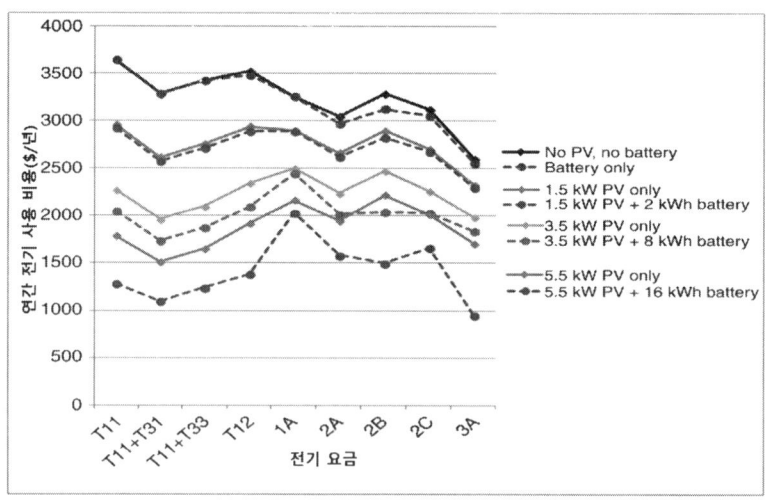

그림 11.9 단독 주택 연간 전력 비용 : 일간 태양광 FiT 8￠/kWh 적용

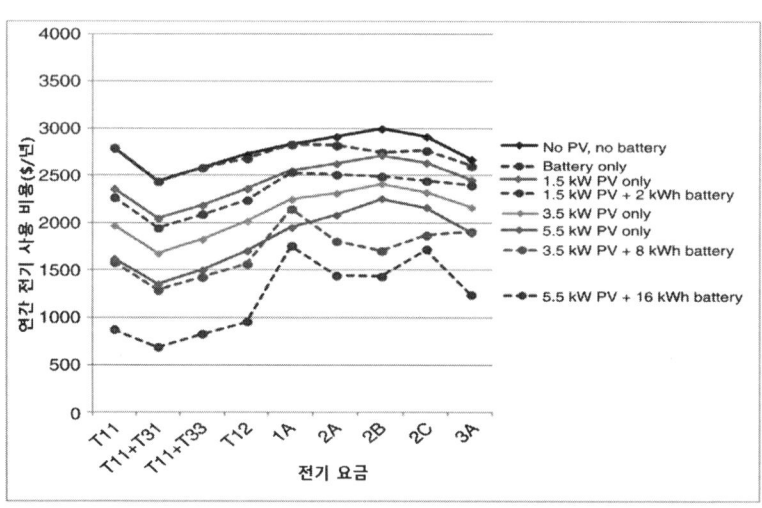

그림 11.10 단독 주택 연간 전력 비용 저녁 태양광 FiT 8￠/kWh 적용

PART 2 경쟁, 혁신, 규제, 가격

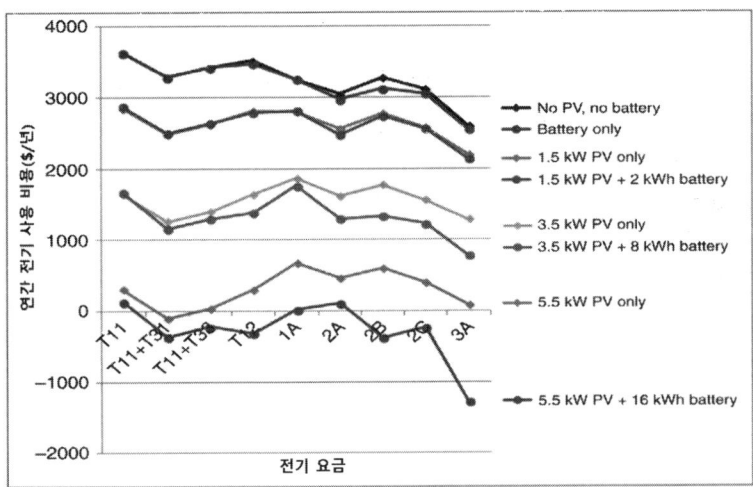

그림 11.11 단독 주택 연간 전력 비용 : 일간 태양광 FiT 44¢/kWh 적용

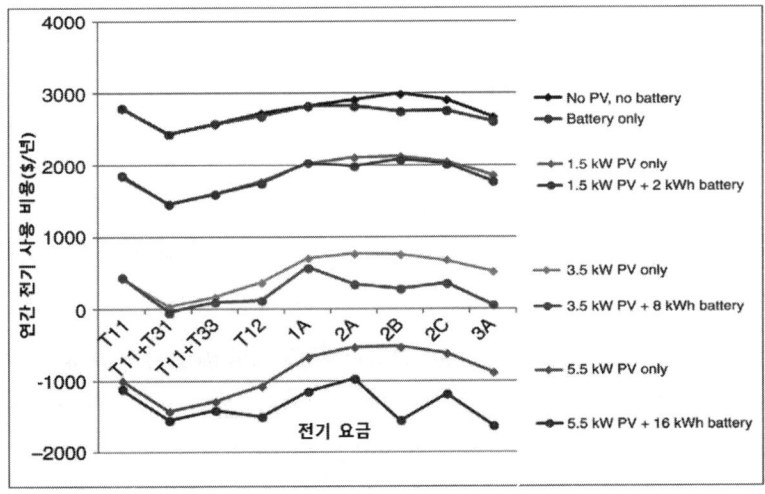

그림 11.12 단독 주택 연간 전력 비용 : 저녁 시간 태양광 FiT 44¢/kWh

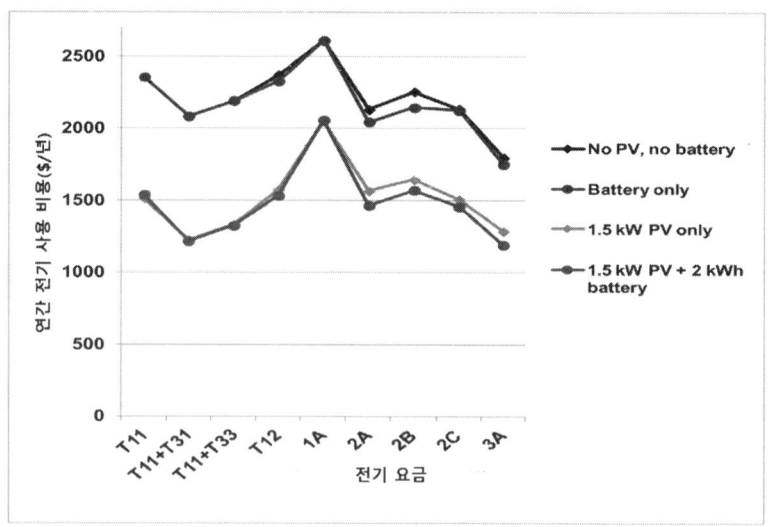

그림 11.13 단독 주택 연간 전력 비용 : 일간 태양광 FiT 44 ¢/kWh 적용

6. 결론

본 장은 가정용 전력 수요, 태양광 PV, 가정용 배터리, 태양광 FiT를 비롯한 많은 잠재적 전기요금 제도를 통합적으로 분석하는 모형화를 제시했다. 보통 가정에 대한 분석 결과 제안된 세 가지 요금제는 반드시 연간 전기요금의 상승을 초래하지는 않으며, 요금 인상이 있다 하더라도 몇 퍼센트 이내에 불과한 것으로 나타났다. 모형 결과는 비용 반영적 요금제와 분산자원의 결합은 전력망 이용률을 높이는 동시에 잠재적으로 소매요금을 낮출 수 있을 것이라고 제시하였다.

해당 분석 접근법은 시공간을 고려한 통합 모형이 태양광과 배터리의 증가에 따른 영향을 이해하는 데에 기여한다. 대체 요금제 평가, 전력 소비량, 피크 수요, 전력망 이용률 변화 이해 등 다양한 목적을 위해, 더

PART2 경쟁, 혁신, 규제, 가격

욱 현실성 높은 미래 전력망 시나리오를 구성하기 위해 해석 결과, 모형, 데이터의 추가적인 개선이 필요하다.

전력회사는 전력 소비량 감소, 전력망 이용률 감소, 태양광, 배터리, 스마트 미터, 전원 제어 장치 등과 같은 '파괴적 기술'이 등장하는 환경에 직면하고 있다. 이때, 전력망 이용과 관련한 적절한 요금 설계는 생존을 위해 점차 중요해지고 있다. 또한, 이러한 새로운 분산자원은 위협적일 수 있으나 반대로 전력회사가 새로운 상품과 서비스를 제공하는 기회로도 작용하고 있다. 이러한 맥락에서 전력회사가 새로운 시장에 진출하기 전에 새로운 시나리오, 상품, 요금제를 모형화하고 이를 모의 실험 하는 것이 더욱 중요하다. 특히, 새로운 요금제가 서로 다른 고객군에 미치는 영향을 이해하는 것이 매우 중요하다. 이는 이러한 고객군 중 일부는 그들의 전력 수요 패턴, 저소득, 새로운 조건에 적응하는 능력 등의 요인으로 인해 제안된 요금제에 의해 강한 영향을 받게 되기 때문이다. 결론적으로 이러한 모형 접근법의 두 가지 목적은 새로운 상품과 요금제가 운영에 미치는 영향과 전력회사 수익에 대한 평가라고 볼 수 있다.

제12장

탈집중형 신뢰도 옵션 : 시장 기반의 용량 확보

...

Decentralized Reliability Options: Market Based Capacity Arrangements

Stephen Woodhouse
Poyry Management Consulting, Oxford, UK

1. 소개

현대사회에서 전력공급의 신뢰도는 매우 중요하지만, 에너지 시장은 새로운 불확실성으로 인해 도전받고 있다. 유럽의 대다수 전력시장은 예비력이 여유 있게 확보되었지만, 전력시장 자유화 이후 그 과정을 수월하게 하려고 시장 인센티브에 의존해왔다.

분산발전이 기존 전통적 발전원의 출력, 매출, 수익성을 위협하자 현재 많은 국가에서 에너지 유일 도매 시장은 큰 난관에 빠졌다. 각 국가가 개별 용량확보 메커니즘을 구축하는 추세는 국가 간 전력거래 흐름을 결정하는 전력에너지 현물 가격 중심의 통합 유럽 에너지 시장을 구축하는데 어려움을 준다.

이러한 난관을 극복하기 위해 고객에게 고정요금을 부과하는 방식에

PART 2 경쟁, 혁신, 규제, 가격

대한 논의는 이 책의 여러 장(6장, 10장, 11장)에서 다루고 있는 주제와 명백한 유사점이 있다. 이 이슈는 주로 자유화된 도매시장에서 프로슈머^{prosumer}, 분산전원의 전력공급 비중이 커지는 변화 속에서 전력회사가 어떻게 생존할 것인가 문제와 직결된다. 본 장에서 주된 논의는 단순히 공급 용량이 아닌 유연성 가치를 어떻게 제공할 것인가에 있다. 유연성은 미래 스마트 전력시장의 필수 요소이며, 고객과 수요를 참여시킨다.

대다수 분산발전은 에너지를 공급하지만 확실한 공급용량을 보장해주지는 않는다. 이에 따라 기존 발전기의 고정비가 변동비보다 점차 더 중요해지고 있다. 기존 전력회사들은 판매량이 점차 감소하여 고정비용을 회수하기 어렵게 되자, 이를 충당할 수 있는 새로운 방안을 모색하고 있다. 프랑스, 스페인, 이탈리아, 영국 등의 많은 국가에서는 용량보상메커니즘$^{capacity\ remuneration\ mechanisms(CRMs)}$을 개발하고 있다. 한편 유럽 위원회$^{European\ Commission}$는 각 국가 기준의 용량보상메커니즘이 현물^{spot} 가격 기반의 국가 간 거래에 장애가 되지 않도록 노력하고 있다.

이 장에서는 기존의 용량보상메커니즘 고려하여 새로운 모형으로 탈집중형 신뢰도 옵션$^{decentralized\ reliability\ options(DROs)}$을 제안한다. 이 모델은 유럽 용량보상 메커니즘의 청사진을 만드는데 기반으로 활용될 수 있을 것이라 기대한다. 탈집중형 신뢰도 옵션은 여러 시장에서 각 국가의 요구를 충족시키는 폭넓은 범위의 자유도를 그 설계에 포함한다. 뿐만 아니라 고객이 원하는 신뢰도 수준을 절차상 어려움 없이 직접 선택하고 '더욱 스마트한' 미래로 전환을 가능하게 한다. 이것은 상품의 헤지^{hedge} 기반을 형성하며, 13장에서 고객이 어떻게 제안하는지 확인할 수 있다.

본 장에서는 탈집중형 신뢰도 옵션이라는 새로운 개념에 대해 상세히 설명한다. 2절에서는 유럽 도매시장 설계에서의 변화를 설명한다. 특히 이러한 변화는 분산전력의 확산으로 촉발되었다. 3절에서는 탈집중형

에너지 전환 전력산업의 미래

신뢰도 옵션이 어떻게 작동하는지를 설명한다. 4절은 여러 대안들을 평가하며, 5절은 결론과 향후 방향을 제안한다.

2. 배경

전력수요가 지속해서 증가하는 경우, 새로운 기저 부하를 위해 발전 용량 확장에 투자하고 노후화된 급전 후순위 발전기들을 피크용, 예비력 자원으로 활용하는 방식이 지속될 수 있다. 비록 뚜렷한 근거는 없지만 가격은 장기 한계 비용과 투자 수익을 합한 금액으로 수렴될 것이라 여겨진다. 전기, 연료 등의 시장가격은 상업적 위험성이 된다. 이에 대처하기 위해, 수 년 단위 장기 선도계약이나 소매 포트폴리오의 수직통합을 통해 위험성을 낮추기도 하며, 보다 위험성 회피 성향이 강한 투자자는 장기 전력구매계약을 활용하기도 한다. 이에 따라 판매량 관련 위험성은 주요한 관심사가 되지 않는다.

이러한 조건으로 전 세계적으로 수백 개의 신규 발전기가 건설됐다. 이제 무엇이 변화했을까?

에너지 단일 시장$^{energy\text{-}only\ market}$ 이론은 간단하다. 한계 비용이 한계 가치와 같을 때까지(역자 주: 즉, 용량 부족 발생 직전까지) 용량이 필요하다. 공급이 부족한 희소^{scarcity} 시간, 기간에서 가격 수준을 제한하는 시장 개입은 투자의 적정 기대 수익이 달성되지 못하는 전력시장의 '누락비용$^{missing\ money}$' 문제를 야기할 수 있다.

유럽은 금융위기로 경제적 어려움과 에너지 효율 강화라는 정부 정책이 결합하여 전력 수요가 지속해서 감소하는 가운데 재생에너지(특히 풍력과 태양광)가 빠르게 퍼지고 있다. 이러한 신기술들은 피크 수요(MW)보다는 공급 에너지(MWh)에 더 큰 영향을 끼친다. 새롭게 건설

PART 2 경쟁, 혁신, 규제, 가격

되는 발전기들은 기저$^{base\text{-}load}$용보다는 피크가격을 낮추는 용도에 더욱 적합하다. 재생에너지가 피크부하 저감에 기여함에 따라 피크 기간은 감소될 것으로 예상된다. 새로운 발전기들이 감소된 피크 기간 동안 그 투자금액을 회수하기 위해서는 해당 기간 동안 전력가격이 이전보다 훨씬 더 높아야 할 것이다.

판매량 감소 위험성은 가격 위험성을 증가시킨다. 대다수 발전기의 출력은 풍력, 태양광의 패턴에 따라 달라질 수 있다. 그러나 고정된 에너지 패턴에 근거하는 표준시장계약은 선도계약을 통해서도 이러한 위험성을 적절하게 회피할 수 있는 방안을 제시하지 못한다. 가격과 판매량의 위험성 결합은 다른 재화의 경우 옵션거래 등을 통해 처리되지만 유럽 에너지 시장에서 옵션은 널리 적용되는 방안이 아니다. '누락비용' 문제가 있는지와 별개로 전력시장은 '누락계약$^{missing\ contract}$' 문제가 있는 것으로 보인다.

대다수 유럽 전력시장에서 전일$^{day\text{-}ahead}$ 시장은 현물가격, 급전 형태의 주된 원천이었다. 일간^{intraday} 거래, 급전 조정은 보조적이며 그 비중이 낮아 왔다. 한편, 변동성 높은 재생에너지 확대는 예측 오차를 급격하게 증가시킨다. 화력발전기의 경우 출력 수준도 낮아지고 출력 시점 역시 불확실해진다. 일기예보가 급변한다면 계획된 급전 시점에서도 발전 출력의 불확실성이 존재할 수 있다. 예측, 시장가격 역시 하루 안에 변하기 때문에, 이러한 변동에 즉각적으로 대처할 수 있는 유연한 용량이 충족되어야 한다.

국가별 용량시장의 해법은 무엇일까? 유럽 전역의 시장 참여자와 금융업계에서는 전력산업 발전용량 투자의 적절성에 대한 의문이 제기되고 있다. 그 이유는 공급여력이 충분하지 않을 경우의 가격책정인 희소가격$^{scarcity\ pricing}$의 발생 빈도가 낮기 때문이다. 브라운아웃^{brownout} (역자 주: 일

 에너지 전환 전력산업의 미래

부 지역에 전압 부족 현상이 일어나 정전되어, 일부는 전력이 들어오고 일부는 블랙아웃인 상황)에 대한 우려와 공급 안전성 대한 위협이 증가함에 따라 정책입안자들은 용량을 보상할 수 있는 별도 메커니즘의 필요성을 인식하고 있다. 영국, 프랑스, 독일, 스페인, 이탈리아, 아일랜드 등 유럽의 대형 전력시장에서는 용량보상메커니즘^{CRM}에 대한 심도 있는 논쟁이 진행 중이다.

'누락비용'이 피할 수 없는지 또는 시장 왜곡을 피할 수 있는지에 대한 광범위한 논의가 있었다. 예를 들어 희소가격$^{scarcity\ prices}$, 가격 상한 등의 가격 구조와 용량 부족을 방지하는 시장 개입이 이 논의에 해당한다. 이러한 조치들은 많은 시장에서 존재했으며, 목적은 일반적으로 소비자들을 보호하기 위함이다. 소비자 보호는 신뢰도 옵션에 있어 필수적인 부분이다.

유럽 전력시장에서 고려하고 있는 많은 용량보상 메커니즘은 국가별로 형태가 다르며, 이에 따라 국가 간 공동 참여를 위한 준비가 되어있지 않다. 그러나 유럽 내 관련 이해관계자들이 가상의 유럽 전력시장 구축을 위해 의견을 모을지라도 국가별 특수성이 고려된 용량보상방식은 빠르게 퍼지고 있다.

용량보상메커니즘은 모든 용량 또는 적합한 용량에 대해서 보상해야 할까? 현재 구상 중인 대다수 용량보상메커니즘은 모든 공급 가능한 발전 용량을 유사하게 취급하며, 유연성을 향상하는 자원에 대해 추가적인 가치를 부과하는 데 실패했다. 전통적으로 용량보상메커니즘은 피크부하를 감당할 수 있는 충분한 여유 용량을 확보하는 '발전용량 적정성' 확보에 그 주안점이 있었다.

변동성이 높은 재생에너지 등의 발전원 확대에 적절하게 대처하기 위해서는 용량보상메커니즘에 '긴급상황 발생 시 대처능력'이 필요하다. 요컨대 '유연성'이 용량보상메커니즘 설계에 고려되어야 한다.

PART 2 경쟁, 혁신, 규제, 가격

유럽 공동체에서는 다국적 전력거래를 지향하는 목표^{target} 모형을 설계했다. 여기에는 가격 영역을 결정하고 상호접속을 위한 용량선도계약(권한)의 할당하는 방식이 포함되어 있다. 미사용된 물리적 용량은 '사용하거나 팔거나$^{use-it-or-sell-it}$'의 원칙에 따라 전일시장에서 거래된다. 모든 영역의 거래는 유럽 전역의 단일 전일$^{day-ahead}$ 시장에서 결합하여야 한다. 이러한 거래들은 일간^{intraday} 시장에서 실시간에 이르기까지 활발하게 조정되며 사용되지 않은 상호연계 송전용량이 남아있다면 국경 간 거래가 이루어진다. 모든 참가자는 수급균형^{balancing}에 관여하며, 에너지 수급균형 시장에서 수급불균형 가격을 결정한다. 여기서 핵심은 시장 가격만으로 에너지 흐름을 결정하는 국경 간 거래에 있다.

목표 모형을 향한 과정은 진행 중이며, 핵심구성 요소들은 이미 준비가 되어있다. 전일 시장 커플링^{coupling}은 EU의 대다수 지역에서 이제 활발하게 진행 중이나 일중 시장, 실시간 수급시장은 천천히 진행되고 있다.

그러나 이와 별개로 각 국가의 용량보상메커니즘은 전력시장의 효율성을 높이기 위해 작동될 것이다. 목표 모형은 전일 전력시장 가격을 국가 간 전력거래 흐름에 따라 결정하지만, 대다수 용량보상메커니즘은 특정 시간대에 이러한 가격들을 왜곡시킬 수 있다. 희소가격 대신, 대다수 용량보상메커니즘은 용량 보상에 추가적인 매출 흐름을 제공한다. 지금까지 국경 간 거래를 고려한 용량보상메커니즘은 설계된 바 없고, 지역적인 용량보상메커니즘을 만들려고 하는 시도조차 없었다.

유럽의 관련 조직에서는 내부의 전력시장에 용량보상메커니즘이 조정되지 않은 상황이 가져올 수 있는 위협에 대해 인식하고 있다. 에너지규제협력기구$^{Agency\ of\ the\ Cooperation\ of\ Energy\ Regulators(ACER)}$와 유럽송전운영기관연합$^{European\ Network\ of\ Transmission\ System\ Operators\ for\ Electricity(ENTSO-E)}$은 각 국

가별 상이한 용량보상메커니즘이 야기할 수 있는 시장 왜곡의 위험을 지적한 분석 보고서를 발간하기도 하였다. 유럽 공동체^{EC}는 2013년 관련 사항이 담겨있는 조직 실무 문서$^{Staff\ Working\ Document}$를 발간했으며, 용량 적정성 메커니즘을 다루는 국가 원조 지침$^{State\ Aid\ Guidelines}$을 개정하여 적용했다.

이 문서들은 국가별 내부 용량보상메커니즘이 전력시장에 미칠 수 있는 부정적 영향을 제한할 수 있는 많은 기준을 제시한다. 조정된 용량보상메커니즘은 매우 유용할 수 있다. 공급 안전성이 위협받을 때 기존 투자가 훼손될 수 있으며, 정부의 직접적인 개입이 불가피할 수 있다. 그러나 전력시장은 정책, 규제 의존도를 낮추고 지속할 수 있는 투자 모형으로 전환해야 한다. 모든 유럽시장에서 특정 용량보상메커니즘을 요구하는 것은 아니지만 개별 용량보상 메커니즘 개발은 계속 지속하고 있다. 유럽연합은 용량보상메커니즘의 청사진을 찾아내어 각국 정부가 내부 전력시장을 거스르지 않고 국경 간 거래에서 왜곡을 일으키지 않도록 해야 한다.

3. 신뢰도 옵션의 탈집중화 : 어떻게 작동되는가?

용량 확보 방식은 다양한 형태로 이루어지며, 크게 '목표'(특정 유형의 발전 용량) 또는 '광범위한'(시장 전체에서 지급하는) 방식으로 구분할 수 있다. 이때, 용량은 가격 기반(가격은 중앙 집중적으로 결정되고 모두에게 지급 기준이 된다) 또는 수량 기반(공급자 간 경쟁을 통해 도달된 가격)에 따라 결정된다. 탈집중형 신뢰도 옵션 체계는 시장 전체, 수량 기반 체계이다.

단순하게 볼 때, 탈집중형 신뢰도 옵션 체계에서는 간접적으로 용량

PART2 경쟁, 혁신, 규제, 가격

공급자와 소비자 사이의 일련의 계약을 도입한다. 소매업체는 중요 시간대에 소비자의 요구사항을 충족하는 신뢰도 옵션을 구매해야 한다. 신뢰도 옵션 판매자는 중요한 시간대에 가용성을 유지하며 안정적인 매출 흐름을 얻는 대신 가격 상승으로 얻을 수 있는 추가 수익을 포기한다. 계약 형태는 상업적인 콜옵션$^{call\ option}$과 특정 시간대에 시스템의 가용 용량을 확보/실행하는 물리적 이행이 결합한 혼합 방식^{hybrid}이다. 콜옵션은 금융 약정(물리적, 패널티를 제외)의 형태이며, 옵션 판매자는 기준^{reference} 시장 가격과 시행^{strike} 가격 간의 차이를 구매자에게 반환 한다 (European Commission, 2013). 고객은 합의된 기준에 따라 공급 안전성이라는 이익을 취하며 선금 요금에 대해 대가로 희소 요금의 노출을 줄일 수 있다.

용량확보 체계^{scheme}는 해당 지역의 상황에 따라 세부사항이 변경될 수 있지만, 탈집중형 용량확보 옵션의 개략적인 설계가 그림 12.1에 제시되어 있다.

에너지 전환 전력산업의 미래

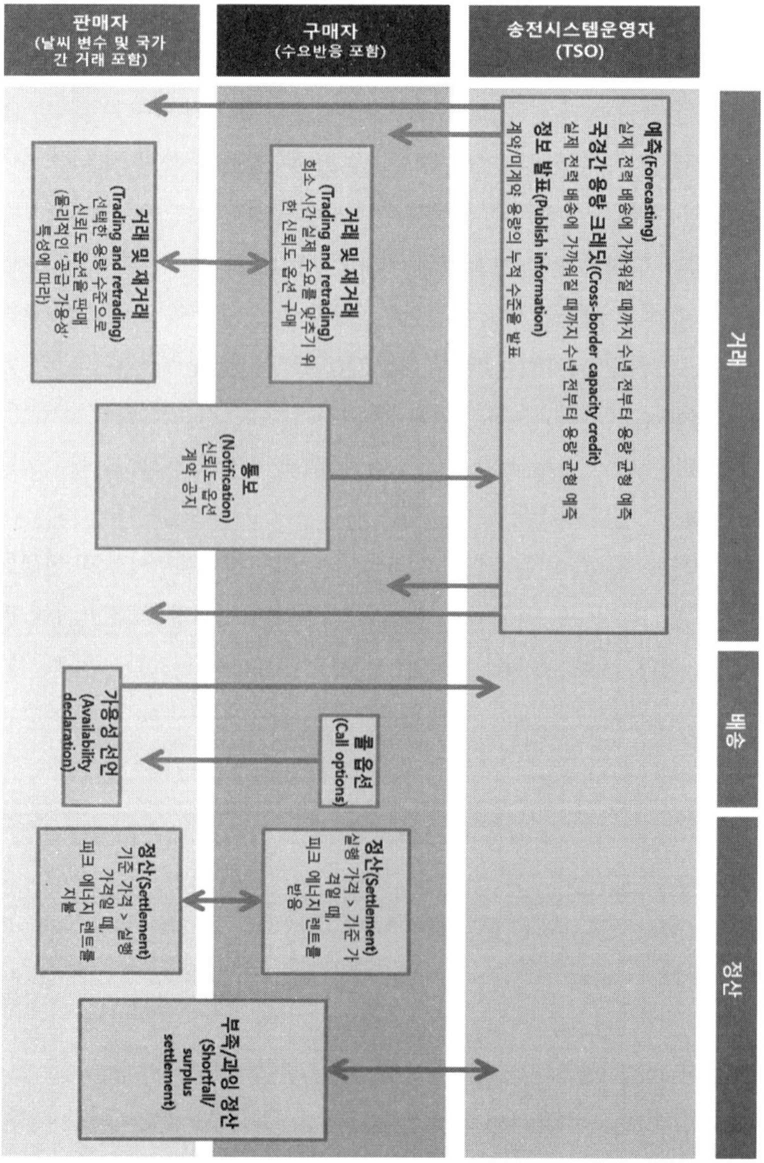

그림12.1 탈집중형 신뢰도 옵션 개략적 설계
(출처 : Pöyry Management, 2015)

PART 2 경쟁, 혁신, 규제, 가격

작동 방식은 다음과 같이 요약될 수 있다.

송전시스템운영자^{TSO}는 투명성, 가격 탐색을 지원하기 위해 몇 년 전부터 공급 시점까지 공급용량에 대한 예측과 관련 정보를 제공한다.

- 이때 제공되는 정보는 예측 값이며, 신뢰도 옵션 구매자 또는 판매자에게 어떠한 의무사항도 정의하지 않는다.
- 그러나 송전시스템운영자는 상호 연결된 지역 간 용량의 최대 기여도를 결정한다.

에너지 소매업체는 용량이 부족한 희소 시점에 실제 수요를 맞추는 적정한 신뢰도 옵션을 구매해야 한다.

- 소매업체는 자체의 위험 부담을 경감시킬 용량 수준을 선택할 수 있다.
- 이러한 구조는 희소 시간대 실제 수요를 어느 정도 범위까지 조절하는 수요측면의 대응이 내재적으로 계획에 포함되도록 보장한다.

용량 제공자는 희소 시간대에 시스템 용량에 대한 실제 기여도에 따라 신뢰도 옵션을 판매할 수 있다.

- 공급자는 자신의 위험 부담 수준에 따라 판매할 수 있는 신뢰할 수 있는 용량 수준을 선택할 수 있다.
- 기여도를 측정하기 위해, 용량 제공자는 계약된 용량의 물리적 '가용성', 사전 합의된 내용을 충족시키기 위해 노력해야 한다.

에너지 소매업체 또는 용량 공급업체가 특정 시점에 각각 계약보다 에너지, 용량을 조달하지 못했을 때, 페널티가 적용될 수 있다.

- 이를 쉽게 하기 위해, 신뢰도 옵션 계약은 이를 관리하는 중앙기관에 통보되어야 한다.
- 시장 참여자가 용량 부족 또는 과잉 문제를 해소할 수 있도록, 이벤트 종료 후 계약 통지가 가능하다.

신뢰도 옵션은 물리적 계약 이행과 관련된 페널티와는 별도로 구매자가 보유하고 있는 콜옵션을 포함한다. 콜 옵션에는 기준 현물 시장, 만기 시점, 시행 가격, 계약 기간 등 기타 사항 등이 명시되어 있다. 선금(옵션 수수료)의 대가는 다음과 같다.

- 옵션 보유자는 기준 시장에서 가격 급등(시행 가격보다 높은)을 헤지^{hedge}할 수 있다.
- 옵션 판매자는 가격 급등에 따른 시장 수익을 포기한다.

탈집중형 신뢰도 옵션 시장은 구매자와 판매자 모두가 자신의 계약 세부사항에 동의하도록 한다. 특히 만기 시점, 기준 시장, 계약 기간, 시행 가격, 거래 수행 시점 등이 여기에 포함된다.

- 옵션 시행 가격의 상한선은 중앙에서 설정된다.
- 전일시장$^{day-ahead}$의 중요성 때문에, 신뢰도 옵션은 전일시장을 기준 시장으로 설정하여 결정되는 금융 옵션의 형태가 될 수 있다. 그러나 옵션은 일간시장$^{intra-day}$의 물리적 이행과 수급 균형 또는 불

PART2 경쟁, 혁신, 규제, 가격

균형 가격에 따라 영향을 받을 수 있다.
- 합의 사항에 따라, 시행 가격은 고정되거나 다른 가격(일부 연료, 가격 지표, 전일 시장 가격 등)과 연동될 수 있다.

용량 제공자의 국경, 다른 지역 간 참여는 다음의 조건에 따라 가능하다.

- 송전권 선도계약 또는 다른 형태의 계약 등을 통해 확보 용량 사용을 위한 상호연계 운영자 동의 확보
- 용량 희소 시간대 송전시스템운영자가 추정한 용량 기여도, 그 한계치에 적합한 용량

4. 탈집중형 신뢰도 옵션 : 이점이 무엇인가?

용량보상메커니즘은 정책 상업적 목표를 모두 충족시켜야 한다. 탈집중형 신뢰도 옵션의 장점을 평가하기 위해서는 일련의 기준을 살펴봐야 한다. 시장 설계 평가는 정의에 따라 주관적일 수 있지만, 계획 간의 차이점을 검증하기 위해 몇몇 이슈들을 선별하였다. 궁극적으로 이러한 목표는 '안전하고, 저렴하며, 지속할 수 있는 에너지 시'을 달성하는 것을 지향한다.

EU는 28개 회원국과 노르웨이, 스위스에 걸쳐 시스템 가격과 시장을 연동하는 통합 에너지 시장을 구축하고 있다. 참여국이 시장을 폐쇄하거나 자국의 생산자를 선호하는 것을 방지하기 위한 강력한 조항이 있으며, 각 국가의 용량보상메커니즘 역시 외부의 공급자에게 개방되어야 한다.

　통합 에너지 시장의 기본 발상은 혼잡을 고려한 지역 현물 가격을 통해 다자 지역 간 전력을 자유롭게 거래하는 데 있다. 미국 텍사스, 펜실베이니아-저지-메릴랜드$^{Pennsylvania\text{-}Jersey\text{-}Maryland(PJM)}$, 싱가포르 등은 지역 시장과 유사하지만 모선^{node} 대신 가격 구역^{zone}을 활용하는 시장 커플링$^{market\ coupling}$에 중점을 둔다.

　통합 시장 설계에 있어 재생에너지 통합은 중요한 문제이다. 전일시장, 지속적인 일간시장, 수급균형 등 다양한 시간 기준에서 전력 거래를 허용하는 도매시장에서 재생에너지를 통합해야 한다. 목표 모형$^{Target\ Model}$은 유럽 전력시장의 통합을 강화하기 위해 고안된 일련의 규정^{Code}의 핵심이다. 유럽 집행위원회는 필요한 전력망 규정을 개발하기 위해, 전반적인 의도와 함께 책임을 각 참여국에 할당하였다. 유럽 규제 조정 기관인 ACER$^{Agency\ for\ the\ Cooperation\ of\ Energy\ Regulators}$는 이러한 규정에 대한 '구조^{framework} 지침'을 작성했으며, 유럽 송전망운영자네트워크$^{ENTSO\text{-}E}$는 세부 사항을 만들고 있다(ENTSO-E, 2013). 궁극적으로 이러한 규정은 EU 법이 될 것이다(European Commission, 2014a). 설계의 핵심은 전일시장 커플링, 지속적인 일간시장 거래, 한계가격 기반의 수급균형, 불균형 처리 등이다. 전일시장 커플링은 현재 순조롭게 진행 중이다. 그러나 다른 요소들은 다소 뒤처져있다. 이러한 사항들에 대한 참조 문서들을 참고문헌에 정리하였다. 유럽연합 집행위원회는 2014년부터 2020년까지 법적 강제성을 가지는 용량 적정성 메커니즘을 다루는 EC 국가 보조금 지침$^{State\ Aid\ Guideline}$을 마련했다.

　이 요구사항은 전력시장의 내부 구성에서 모든 적정성^{affordability}과 관련된 체계를 다룬다고 볼 수 있다. 여기서 체계의 효율성뿐만 아니라 안전성도 고려해야할 중요한 문제이다. EU의 요구사항은 28개 회원국으로부터 공통의 시장을 창출하려는 갈망에서 영감을 받았지만 독특하지

PART2 경쟁, 혁신, 규제, 가격

는 않다. 단일시장을 창출하려는 의도는 경제성을 높이는 데 있다. 가격 결정 영역(구역, 모선) 간 거래와 실시간으로 서로 다른 시간 기준의 전력을 거래하는 데서 경제성이 창출될 수 있기 때문이다.

이러한 높은 수준의 원칙에서부터, 용량보상메커니즘 설계를 비교하고 평가하는 평가 기준을 표 12.2에 정리하였다.

서로 다른 설계는 각각 다른 환경에 적합하지만 탈집중형 신뢰도 옵션은 시장 전반, 수량 기반 체계로 설계되었으며 본 장에서는 유사한 설계를 기준으로 개념을 평가한다. 여기서는 용량 티켓(예 : 용량 경매 또는 용량 의무)과 신뢰도 옵션, 중앙집중형 체계와 탈집중형 체계 등 2가지 비교를 해보았다.

신뢰도 옵션은 공급 안전성을 제공하여 소비자를 보호하고 가격 왜곡을 방지할 수 있다. 대부분 용량보상메커니즘은 희소가격을 제한하거나 금지하는 근본적인 대책에 접근하는 것 대신 '누락비용'을 보완하기 위한 것이다. 이러한 제약은 일반적으로 가격 충격이나 신뢰도 저하로부터 소비자를 보호하는 조치이다.

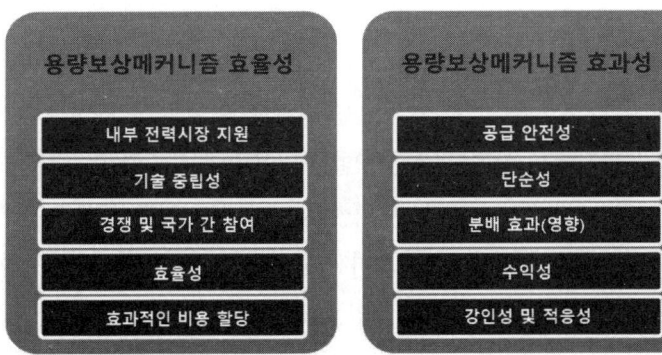

그림12.2 서로 다른 용량보상메커니즘의 설계 평가 기준
(출처 : Pöyry Management, 2015)

신뢰도 옵션은 물리적 이행과 상업적 옵션 간의 혼합 방식이다. 물리적 이행은 공급 안전성을 제공한다. 다른 시장 전반의 용량보상메커니즘과 마찬가지로 누락비용은 추가적인 수익원을 창출하지만 상업적 옵션을 포함하는 것은 중요한 영향을 미친다.

- 고객은 현물시장에서 희소가격의 영향에서 보호받는다.
- 현물 가격 변동성은 판매자가 '고정-변동금리$^{fixed-for-floating}$' 스왑^{swap}을 판매하여 용량 투자에 따른 위험과 자본비용을 낮추는 방식으로 제한할 수 있다.

이 두 가지 효과는 신뢰도 옵션 방식이 직간접적으로 에너지 시장에서 누락비용을 절감시킬 수 있다는 사실을 의미한다. 신뢰도 옵션은 소비자 보호장치를 갖추며, 규제 기관이 에너지 가격 형성에 대한 근본적인 왜곡을 제거할 수 있게 한다. 만약 이러한 조치들이 실행된다면, 가격 변동성은 수요관리, 상호연결, 일간시장에서의 유연성의 가치를 드러낼 것이다.

결과적으로 물리적 이행 약속에 의존하는 방식은 통화 옵션의 선도계약과 고정 에너지 계약의 혼합 방식으로 전환될 수 있다. 이러한 방식은 에너지 단일 시장의 투자 위험을 관리할 수 있도록 개선한다.

소비자 관점에서 신뢰도 옵션은 발전기 용량이 부족한 희소기간 동안 시장지배력을 행사할 수 있는 여지를 제거한다. 신뢰도 옵션은 또한 가격 급등 시, 직접 보상을 통해 소비자의 위험을 완화한다. 반면 용량 티켓$^{Capacity\ ticket}$은 가격 제한 규제가 없는 경우, 발전기 용량에 대한 과도한 보상의 위험이 있다. 발전기들은 희소기간 동안 용량 투자 비용 회수를 위해 시장지배력을 행사하려 하기 때문이다.

PART 2 경쟁, 혁신, 규제, 가격

반면 신뢰도 옵션은 용량 티켓보다 복잡한 솔루션을 제시하며 성과에 따라 페널티와 인센티브가 모두 있기 때문에, 투자자가 '더 위험'하다고 인식할 수 있다.

그러나 궁극적으로 경쟁과 거래의 왜곡을 피하고 소비자를 보호하며 혁신적인 기술을 촉진하는 장점은 단점보다 더 클 수 있다. 표 12.1은 참여하는 국가의 정부가 채택할 수 있는 시장 설계의 제약으로 작용할 수 있는 유럽 집행위원회의 요구사항과 신뢰도 옵션과 용량 티켓의 평가를 보여준다.

탈집중형 신뢰도 옵션은 시장 참여자들의 '적극적' 역할을 촉진하고 유연성을 바탕으로 용량 가치를 다양하게 보여줄 수 있다.

탈집중형 용량확보메커니즘의 기본 목적은 그 대상이 용량 티켓이든 신뢰도 옵션이든 중앙집중식 의사결정과 설계 매개 변수의 중요도를 최소화하여 규제 위험성을 줄이는 데 있다. 필요 용량, 취득 요건을 분산화된 방법으로 설정하는 방식으로 이익이 창출될 수 있다.

반면, 중앙집중식 접근 방식은 새로운 발전 설비에 대한 장기 계약 도입을 수용할 수 있어, 투자 확실성을 높이고 자본 비용을 낮추게 한다. 그러나 중앙 기관은 시장 참여자가 원하는 용량보다 더 많은 용량을 구매할 가능성이 높다. 이것은 결과적으로 비효율성을 일으켜 고객의 부담을 가중한다.

경쟁의 측면에서, 용량 판매를 위한 중앙집중형 플랫폼은 모든 용량 제공자에 대한 공통적인 경로가 있음을 의미하며 단순한 설계로 유동성을 촉진한다. 반면, 탈집중형 플랫폼은 거래되는 용량 제품의 수가 증가하고 복잡하여 유동성에 문제가 올 수 있다.

분산형 모형은 시장 참여자에게 더 큰 책임을 부여한다. 또한, 참여자 스스로가 자신의 용량구성을 더 효과적으로 최적화 할 수 있도록 한다.

수요 측 참여 역시, 그 체계에 참여하였는지와 별개로 암묵적으로 포함된다.

표 12.1 용량 티켓, 신뢰도 옵션 간의 비교

(출처 : Pöyry Management (2015))

EC 주요 용량 보상메커니즘 요구사항	범 주	용량 티켓	신뢰도 옵션	내 용
	공급 안전성	✔	✔	신뢰도 옵션은 페널티와 인센티브가 모두 포함되어 있기 때문에, 용량 공급자에게 더 강력한 인센티브를 제공 한다
경쟁, 거래/국가 간 참여	전력 내부 시장	✔	✔	용량 티켓은 희소 시기에 에너지 가격 신호를 훼손하여 수요 및 상호연결의 효율성을 제한할 위험이 있다. 신뢰도 옵션은 소비자를 보호하는 규제의 개입을 막으며, 이는 에너지 시장 가격 왜곡을 야기한다. 두 옵션 모두 국가 간 거래에 적용될 수 있다
기술 중립성, 탈탄소화	기술 중립성	✔	✔	신뢰도 옵션은 기본 에너지 가격을 보호하여 가격 왜곡을 피하며, 수요반응을 보다 향상시킨다. 또한 신뢰도 옵션은 유연한 용량을 적절하게 보상하며 보다 쉽게 적응한다
경쟁, 거래	경쟁	✔	✔	두 가지 체계는 각 체계에서의 경쟁을 허용한다. 그러나 신뢰도 옵션은 희소 기간 동안 에너지 가격 왜곡을 제한하며, 이는 에너지 시장 경쟁을 촉진한다
경쟁, 거래/시간 제한적 개입	효율성	✔	✔	신뢰도 옵션은 다양한 매개변수 (시행 가격, 기간, 만료 시간)를 포함한 옵션 계약을 허용하여, 시스템 용량을 보다 효율적으로

PART2 경쟁, 혁신, 규제, 가격

비용의 배분				제공할 수 있는 잠재력을 가지고 있다.
	효율적인 비용 배분	✔	✔	두 가지 방식 모두 희소 시간 동안 용량 계약 조달 및 관련 비용 및 피크 기간 소비자의 기여도를 고려하여 비용을 배분한다
	단순성	✔	✘	신뢰도 옵션은 정산을 고려해야 하기 때문에 용량 티켓보다 더 복잡하다
	분배 효과	✘	✔ ✔	용량 티켓의 경우, 발전기에 대한 초과 보상(소비자가 지급하는)에 대한 위험이 있으며, 단기 가격 급등에 대한 직접적인 보상이 있기 때문에 신뢰도 옵션 체계에서 제한한다
	수익성	✔ ✔	✔	두 체계 모두에서, 페널티는 성과를 유인할 수 있도록 충분히 강해야 하지만 감당할 수 있는 수준을 고려해야한다. 신뢰도 옵션에 페널티와 상업적 인센티브 모두가 있을 경우, 투자자에게는 위험 요소가 추가될 수도 있다.
	강인성, 적응성	✔	✔ ✔	두 체계 모두 규제 개입과 중앙에서 결정된 매개변수가 필요하다. 신뢰도 옵션은 해당 용량에 대해 적절하게 보상하며 유연성을 제공한다. 또한 이는 국가적 필요를 충족시키는데 쉽게 적용될 수 있다.

탈집중형 신뢰도 옵션은 중앙집중형 신뢰도 옵션 체계보다 이점이 있다. 신뢰도 옵션의 사용은 에너지 가치를 나타내는 '현물' 가격이 산출되는 중앙집중형 에너지 시장에 적합하다.

그러나 유럽의 목표 모형에서는 전일시장, 지속적인 일간 거래, 수급균형 에너지 시장 등 하위 시장을 관통하는 단일 '현물' 가격이 없다. 중앙집중형 신뢰도 옵션의 참조 시장은 일반적으로 가장 유동성이 좋은 전일시장일 것이다. 그러나 전일시장은 실질적인 희소성 여부를 파악하기에는 너무 이른 시점에 개설된다. 전일시장 가격을 유일한 참조 가격으로 선택할 경우, 신뢰도 옵션이 유연성 높은 용량을 구분하여 제공하기 어렵게 한다. 이것은 옵션의 형태로 용량을 거래하는 방식의 이점 중 하나를 상실하는 것으로 볼 수 있다.

탈집중형 신뢰도 옵션의 가장 큰 이점은 옵션이 일간시장, 수급균형시장을 포함한 다양한 시장에 대응할 수 있다는 점이다. 따라서 유연성에 대한 투자는 용량 투자와 더불어 고정 수익 흐름을 창출한다. 참여자들은 계약 기간, 실행 가격 수준을 선택하여 신뢰도 옵션을 거래할 수 있는 포트폴리오에 포함할 수 있다. 이러한 자유도는 다양한 유형의 용량의 가치를 밝히고 변화하는 시스템 요구사항에 대응할 수 있게 한다.

전반적으로 중앙집중형 신뢰도 옵션은 중앙집중형 에너지 거래 방식에 자연스럽게 부합되는 반면, 탈집중형 신뢰도 옵션은 시장 참여자들에게 더 높은 책임이 두고 양자 간 거래 방식을 중시하는 대부분의 유럽 전력시장에 더 적합하다고 볼 수 있다.

표 12.2에서는 중앙집중형, 탈집중형 신뢰도 옵션을 평가하였다. 앞서 설명한 바와 같이 모든 시간 기준, 가격 결정 지역 간 거래를 원하는 모든 시장에 적용할 수 있는 유럽 집행위원회의 요구사항을 다시 한번 나타냈다.

PART 2 경쟁, 혁신, 규제, 가격

표 12.2 중앙집중형, 탈집중형 신뢰도 옵션 간의 비교
(출처 : Pöyry Management (2015))

EC 주요 용량 보상메커니즘 요구사항	범주	용량 티켓	신뢰도 옵션	내용
	공급 안전성	✔ ✔	✔	중앙 기관은 용량을 과도하게 조달하는 성향이 있기 때문에, 공급의 안전성이 강화된다. 그러나 이것은 분산형 접근방식과 달리 용량 과다, 효율성 악화를 의미한다
경쟁, 거래/국가 간 참여	전력 내부 시장	✔	✔ ✔	탈집중협 접근방식은 시장 참여자의 역할이 강조되며, EU의 목표 모형에 부합된다. 옵션 거래를 통해 자신의 상황의 위험을 회피할 수 있다.
기술 중립성, 탈탄소화	기술 중립성	✔	✔ ✔	신뢰도 옵션은 기본 에너지 가격을 보호하여 가격 왜곡을 피하며, 수요반응을 보다 향상시킨다. 또한 신뢰도 옵션은 유연한 용량을 적절하게 보상하며 보다 쉽게 적응한다
경쟁, 거래	경쟁	✔ ✔	✔ ✔	두 가지 체계는 각 체계에서의 경쟁을 허용한다. 그러나 신뢰도 옵션은 희소 기간 동안 에너지 가격 왜곡을 제한하며, 이는 에너지 시장 경쟁을 촉진한다
경쟁, 거래/시간 제한적 개입	효율성	✔	✔ ✔	탈집중형 방식은 시행 가격, 계약 기간, 옵션 만료 등을 허용하며 자원을 보다 효율적으로 배분한다. 또한 용량의 가치를 보다 적절하게 반영해 보상한다.
비용의 배분	효율적인 비용 배분	✔	✔	두 가지 옵션 모두 희소 시간 동안 용량 계약 조달 및 관련 비용 및 피크 기간 소비자의 기여도를 고려하여 비용을 배분한다

에너지 전환 전력산업의 미래

			신뢰도 옵션은 정산을 고려해야 하기 때문에 용량 티켓보다 더 복잡하다
단순성	✔	✘	
분배 효과	✔	✔ ✔	용량 티켓의 경우, 발전기에 대한 초과 보상(소비자가 지급하는)에 대한 위험이 있으며, 단기 가격 급등에 대한 직접적인 보상이 있기 때문에 신뢰도 옵션 체계에서 제한한다
수익성	✔ ✔	✔	두 체계 모두에서, 페널티는 성과를 유인할 수 있도록 충분히 강해야 하지만 감당할 수 있는 수준이어야 한다
강인성, 적응성	✘	✔	두 체계 모두 규제 개입과 중앙에서 결정된 매개변수가 필요하다. 신뢰도 옵션은 해당 용량에 대해 적절하게 보상하며 유연성을 제공한다. 또한 이는 국가적 필요를 충족시키는데 쉽게 적용될 수 있다.

　용량은 에너지를 전달할 수 있는 옵션을 제공한다. 옵션 가격을 책정한 체계를 활용하여, 다양한 유형의 용량의 기본 경제성을 결정한다. 시장 변화에 따라 서투른 규제 개입 없이 유연성의 가치가 옵션에 포함되어 변화할 것이다.

　신뢰도 옵션은 물리적 이행과 상업적 계약이 혼합된 형태이다. 이러한 혼합은 강점이 된다. 다양하고 정교한 수준의 체계를 형성하며, 물리적 이행과 페널티에 대한 의존에서 벗어나 상업적 인센티브에 따르는 시장 기반 계약으로 전환할 수 있게 한다. 이러한 방식은 더욱더 에너지 시장의 운영과 부합한다.

　탈집중화의 기본 원칙은 시장 참여자가 필요한 신뢰도 수준을 제공하기 위해 혁신적인 수단을 사용하는 데 있다. 반면, 중앙집중형 시스템은

PART 2 경쟁, 혁신, 규제, 가격

보수적으로 작동하며 고객의 비용을 증가시키는 용량 과다 문제를 일으킨다. 수요 반응은 암묵적으로나 명시적으로 완전히 활성화되어 있다. 지금은 완전한 수요 반응을 가진 성숙한 에너지 시장을 향한 결정적 단계이다.

초기 설계에서는 시장 참여자가 의무를 이행하도록 적절한 페널티가 필요할 수 있다. 그러나 필요할 때, 물리적 계약 이행을 강화할 수 있는 설계 변경 여지가 충분히 있다. 시간이 지나면, 페널티는 해제될 수 있으며 옵션 계약의 일부로 상업적 인센티브는 신뢰할 수 있는 용량을 제공하는 데 충분할 수 있다.

이러한 제안을 뒷받침하기 위해서는 전력시장을 왜곡하는 특성들이 제거되어야 한다. 또한, 모든 참여자의 수급균형 책임, 수급균형, 불균형의 한계 가격, 효과적인 일간 시장 등 역시 고려되어야 하는 중요 요소이다. 용량 희소성을 확인할 수 있는 송전시스템운영자의 정책과 모든 왜곡을 완화하는 능력도 매우 중요하다. 추가적으로는 더 짧은 정산 주기, 주요 시장의 실시간 시장으로의 근접, 일간 시장의 성과 향상 등을 시장 설계에 반영해야 할 것이다.

5. 결론

본 장에서는 다른 곳에서 구현된 중앙집중형 체계를 바탕으로 탈집중형 신뢰도 옵션에 대한 설계안을 개략적으로 설명하였다. 궁극적으로 이러한 청사진은 모든 유럽 국가 또는 일부 국가에 적용될 수 있다. 또한, 다른 국가들은 이 청사진을 수용하거나 기본 에너지 시장에서 경쟁과 거래를 왜곡하지 않고 지속할 수 있는 구조를 생성할 수 있을 것이다.

프로슈머 대상 전력망 요금결정 : 수요기반 요금제 또는 지역 한계 가격 책정

...

Network Pricing for the Prosumer Future: Demand Based Tariffs or Locational Marginal Pricing?

Darryl Biggar*, Andrew Reeves†

*Australian Competition and Consumer Commission, Melbourne, VIC, Australia;
†Former Chairman, Australian Energy Regulator, Hobart, Tasmania, Australia

1. 소개

미래 전력회사는 배전망 사용 요금을 어떻게 책정해야 할까?

배전 요금 가격 책정 문제는 최적의 도매가격 책정 문제의 일부분이다. 말하자면, 도매시장에서 에너지와 전력망 사용에 대해, 요금을 어떻게 결정할 것인지를 의미한다. 궁극적으로 도매가격을 어떻게 최적으로 결정할 지는 소매 전력시장의 결과에 대한 도매 전력시장의 영향에 달려 있다. 호주를 포함한 다른 경쟁 소매시장에서 정책입안자는 직접적으로 소매시장 결과를 결정할 수 없다. 오히려 소매 전력 판매회사 간의 경쟁에 따라 그 결과가 산출된다. 그러나 도매시장에서 도매시장 가

PART 2 경쟁, 혁신, 규제, 가격

격 결정 구조 등에 대한 정책 결정은 소매시장의 가격 입찰에 영향을 준다.

도매 전력 가격을 최적으로 결정하기 위해서는 무엇보다도 다음 질문에 대답할 수 있어야한다. "정책 입안자가 소매시장에서 얻고자하는 바가 무엇인가?" 본 장에서는 이 질문의 대답을 다음처럼 제안하고자 한다. 최종 소비자가 전력 사용, 지역 발전과 관련 기기에 대한 투자, 잠재적 위험을 대비한 보험 등을 효율적으로 결정하도록 하는 것이다.

아래 자세히 설명하는 바와 같이, 효율적인 사용과 투자 결정은 (1) 최종 소비자에게 효율적인 가격 신호를 노출하거나 (2) 최종 소비자의 장치와 기기를 소매업체가 직접 제어하여 달성할 수 있다. 그러나 이것이 이야기의 끝이 아니다. 만약 최종소비자가 위험 회피 성향이라면, 가격 및 청구서에 대한 위험을 낮추는 보험에 가입하는 것을 원한다. 한편 소비자 선호가 다양할 때, 각 소비자는 가격 신호, 보험, 전력기기들 직접 제어 등 고려할 수 있는 선택가능 사항에 대해, 각기 다른 원하는 조합을 선택할 것이다. 일부 소비자는 도매가격 변동에서 완전히 벗어난 안정적인 소매 요금을 선호하며, 서비스를 제공하는 소매업체가 고객 소유 전력설비와 전기기기를 직접 제어하는 방식과 결합할 수 있다. 다른 소비자는 약간의 위험을 감수하고 소비자의 전력설비와 기기가 자동으로 가격에 따라 작동하도록 설정할 수도 있다. 소매 시장에서 선호하는 최적 결과는 '두루 적용되도록 만든$^{\text{one-size-fits-all}}$' 계약 방식이 아니다. 오히려, 소비자가 다양한 수준으로 설정한 여러 제안 중에서 원하는 것을 선택하며, 이상적으로는 모든 가격이 고객 선택에 따라 효율적으로 결정되는 것이다.

소매시장의 목표를 결정할 때, 정책입안자는 도매시장에서 무엇에 집중해야 할까? 여기서는 다음 두 가지 목표를 제안한다. (1) 배전망 요금을 포함한 전력망 요금이 효율적으로 책정되도록 보장해야 한다. (2) 소매시장의 판매회사가 필요한 위험 회피 수단들을 활용할 수 있게 허용해야 한다. 도매시장 가격이 고객 근접에서 효율적인 전력 가격을 반영한다면, 소매시장 판매회사는 최종 소비자에게 직간접적으로 효율적인 사용을 유도하고 적절한 투자를 유도할 인센티브를 가지게 된다.

호주의 전력요금 정책 이슈에서 주요 관심사는 배전망에 대한 '비용 기반' 요금제를 설계하는 데 있다. 호주의 전력망 요금제가 비용을 더욱 잘 반영하는 방식으로 변화함으로써, 소매업체는 도매시장 가격 변동의 위험을 완화할 수 있는 헤징^{hedging} 수단을 정책적으로 보장해야 할 필요가 있다. 즉, 시간에 따라 변동하는 도매요금을 소비자가 원하는 범위에서 소매요금으로 변환할 수 있어야 한다.

6장에서 상세히 논의한 것처럼, 호주를 포함한 전 세계 여러 전문가는 '수요 기반'의 배전망 요금제에 대해 오랫동안 논의해왔다. 여기서 수요 기반은 청구서 납부 기준 등 특정 기간 각 소비자의 최대 전력소비량을 망 요금에 포함하는 것을 의미한다. 본 장에서는 단순화된 수요 기반 (전력망) 요금제가 가격 신호를 무력화하는 위험 요소를 내재한다는 사실을 지적하고자 한다. 가격 신호는 소매업체가 최종 소비자의 효율적인 사용과 적절한 투자결정을 유도하는 데 있어 매우 중요하다. 또한 소매업체가 도매가격 변동에 대한 헤지^{hedge} 수단이 없으면, 도매시장 가격 변동 위험이 소비자의 선호와 무관하게 직접 전가될 수 있다. 또는 지나치게 높은 수요기반의 요금이 소비자에게 부과될 수 있다.

본 장은 6개 절로 구성되었다. 2절은 소매시장에서 전체 효율성 비전을 제시한다. 여기서 비전은 고객이 가격 변동성, 직접부하제어$^{direct\ load\ control}$, 보험 등을 원하는 대로 조합하여 다양한 계약에서 선택하는 것이다. 3절은 여러 소매업체 간 경쟁이 어떻게 소비자에게 다양한 계약을

PART2 경쟁, 혁신, 규제, 가격

제공할 수 있는지를 논의한다. 여러 차례 지적한 바와 같이, 가격 결정이 효율적으로 이루어지기 위해서는 소매업체의 다양한 헤지 수단이 전제되어야 한다. 4절은 소매업체가 전력망 가격 위험을 회피하는 수단을 정리한다. 5절은 소매업체가 헤지 수단을 확보했다는 가정에서, 배전망의 효율적인 가격 책정을 포함한 효율적인 도매가격 결정 방안에 대해 논의한다. 6절은 현재 호주의 전력망 가격 책정과 관련된 여러 가지 아이디어와 그 의미에 대해 살펴본다.

2. 소매 계약 내 효율

전력산업은 근본적인 변화의 끝에 놓여 있다. 이 변화는 고객이 전기요금을 지불하고 전력시장에서 상호작용하는 방식과 관련이 있다.

역사적으로 소규모 소비자는 수동적이었으며, 그 사용량 기준이라는 간단한 방식으로 전기요금이 부과되었다. 그러나 미래 전력산업에서는 소규모 소비자의 역할이 크게 변화할 것이다. 소규모 소비자는 이제 다양한 제어할 수 있는 전력 설비를 소유하고 원하는 시점에 그 소비를 조정할 수 있다. 특히 분산에너지지원$^{Distributed\ Energy\ Resources(DER)}$은 소비자 전력 소비에 있어 큰 영향을 미친다. 정책적으로 순에너지 빌딩$^{zero\ net\text{-}energy\ buildings}$ 구축을 장려하는 규제는 이러한 변화를 더욱 가속할 것이다. 미래 프로슈머 시대에서 전력 소비자는 더 이상 수동적이지 않으며, 상황에 따라 생산 또는 소비할 전력량과 투자할 전력 설비와 기기를 결정하는 상황에 직면할 것이다.

새로운 세상에서, 소규모 전기 소비자에게 경제적으로 효율적인 결과는 어떤 모습일까? 종합적인 경제적 효율은 (1)효율적 사용과 투자 결정 (2)효율적인 위험 관리의 조합을 포함한다. 두 가지 측면 모두 종합

에너지 전환 전력산업의 미래

적인 경제적 효율에 중요하다.

여기선 효율적인 의사결정에는 두 가지 측면이 있다.

- 효율적인 사용 결정 : 해당 지점에서 마지막 단위의 한계치까지 전력 생산 또는 사용을 결정하는 것. 이때 한계 비용은 해당 지역과 연결된 전력망에서 추가적인 전력생산 단위를 생산 또는 공급하는 비용과 같다.
- 효율적인 투자 결정 : 생산/소비와 관련된 전력설비, 관련 기기에 투자하는 결정은 해당 장치가 생산 또는 소비되는 시점에 추가적으로 발생하는 경제적 잉여가 장치의 고정비용보다 높을 때만 이루어진다.

그러나 효율적인 의사 결정은 전체 효율을 위한 유일한 고려대상은 아니다. 실제로, 대다수 소규모 고객은 위험 회피 성향을 지닌다. 그들은 전기요금 변동성으로부터 특정 기간 또는 금액 내 등으로 보호받고 싶어 한다. 또한, 소비자별로 위험허용 정도 역시 다양하다. 일부 소비자는 도매시장 상황에 따라 동적으로 변동하는 소매 요금을 받아드릴 준비가 되어 있지만 다른 소비자는 소매가격 변동성에 대한 보험의 의미로 프리미엄을 지급하는 것을 선호할 수 있다. 소비자가 효율적인 가격 신호를 받아들이는 것만으로는 전체 효율성을 달성하는 데 충분하지 않다.

물론 여러 목표 사이에는 트레이드오프$^{trade\text{-}off}$가 있을 수 있다. 여기서 효율적인 의사 결정을 달성하기 위한 한 가지 방법은 전기를 생산하고 고객이 있는 위치로 전송하는데 소모되는 비용을 반영해 소매가격을 결정하여, 이를 최종 소비자에게 노출하는 것이다. 그러나 배전망에서 혼

PART 2 경쟁, 혁신, 규제, 가격

잡이 지속적으로 발생한다면 소매가격은 매우 심하게 변동할 수 있으며, 이는 최종 소비자들을 상당한 위험에 빠지게 할 수 있다(Lineweber, 2013). 반면에 가격 신호를 교란하는 소매 요금제는 불가피하게 사용과 투자 관련 신호를 왜곡시킨다. 효과적인 의사 결정과 효율적인 위험 분담의 목표는 다소 상충하는 부분이 있다.

최종 소비자가 본인 소유의 장치를 소매업체에 일부 통제권한을 양도할 수 있다면, 이러한 갈등은 상당 부분 완화될 수 있다. 이때, 최종 소비자는 자신의 순^{net}소비에 따라 소매요금을 내며, 소매업체는 고객 설비가 효과적인 경우만 직접 제어하는 것을 보장한다. 간단히 말해, 변동이 없는 소매 요금을 선택한 소비자는 환경 변화에 따라 전기자동차 또는 에어컨의 사용을 효율적으로 활용할 동기가 없다. 소매시장에서 효율성을 달성하고자 하는 고객은 다음과 같은 두 가지 차원으로 다양한 계약을 선택할 수 있다. 그러나 변동성 높은 도매가격에 직면한 소매업체는 고객 대신 전력설비와 장치를 운영하며, 고객 소유 장치를 운영하는 대가로 고객과 경제적 이익을 공유할 수 있다.

에너지 전환 전력산업의 미래

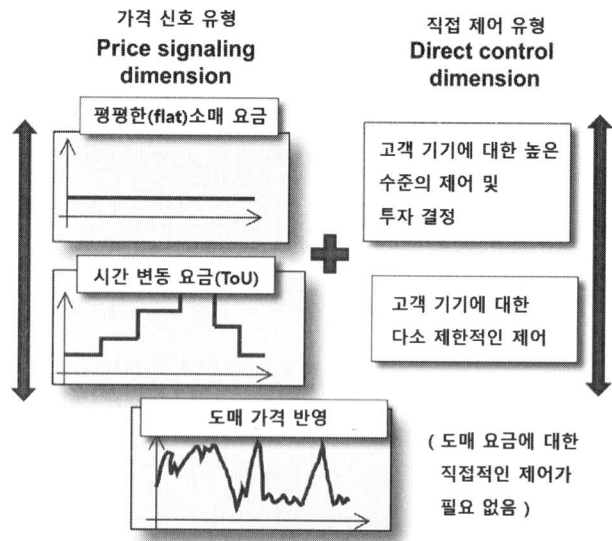

그림 13.1 소매시장에서 효율성을 달성하려면, 다음 두 가지 차원에 걸쳐 다양한 소매계약 중에서 선택할 수 있어야 한다.

요약하자면, 소규모 고객은 전체 효율성을 위해 다음 두 가지 차원의 계약을 선택할 수 있다.

1. 고객이 원하는 수준의 가격 변동성 완화, 보험료와 효율적인 사용과 투자 결정을 유인하는 가격 신호의 균형
2. 고객 기기 및 장치를 세부적으로 조작하는 것부터 직접적인 제어를 하지 않는 방식까지 다양한 범위의 효율적 운영으로 고객이 필요한 기기와 설비를 투자하는 것을 지원한다.

이러한 2가지 차원의 소매계약을 그림 13.1에 정리하였다.

중요한 사실은 고객이 원하는 절충안이 서로 다르다는 점이다. 일부

PART2 경쟁, 혁신, 규제, 가격

고객은 보험을 선호하지 않을 수 있으며, 사업자에게 지역 분산에너지원 제어를 맡길 의향이 없을 수 있다. 그러나 도매시장의 상황 변화에 따라, 적극적으로 생산과 소비를 결정하는 방식을 선호할 수도 있다. 이러한 고객은 도매가격 변동에 연동되는 소매요금제를 선택할 것이다. 한편, 어떤 고객은 안정적인 소매요금제를 선호하며 사업자가 높은 수준의 고객 분산에너지원 제어를 제공하는 것을 기대할 수 있다. 소비자들의 전체 효율성은 안정과 위험이라는 선택지에서 다양한 계약 형태로 결정될 것이다. 물론 여기에 획일적인 방식은 없을 것이다.

3. 소매경쟁과 소매요금제

수년 동안 전력산업 관계자는 소매요금제 설계에 큰 관심을 보여 왔다. 수백 건의 연구가 진행되었으며, 수천 페이지의 연구 결과를 확인할 수 있다. 이러한 요금제에는 누진제$^{\text{inclining block tariffs(IBT)}}$, 시간별 차등요금제$^{\text{time-of-use(TOU)}}$ 등과 좀 더 변동성을 수용하는 동적^{dynamic} 요금제인 피크형 요금제$^{\text{critical-peak pricing(CPP)}}$, 가변 피크형 요금제$^{\text{variable-peak pricing(VPP)}}$, 실시간 요금제$^{\text{real-time pricing(RTP)}}$ 등이 있다(Faruqui and Lessem, 2012; Electricity Expert Panel, 2014).

그러나 이러한 가격구조에 관한 관심은 전체 경제적 효율성을 고려하는데 있어, 일부 측면에 불과하다. 또한 모든 소비자에 적합한 단일 소매 요금제는 존재하지 않는다. 고객이 바라는 최상의 소매계약은 고객의 위험선호도, 고객 소유 기기들의 통제 가능성, 그러한 자원에 대한 통제 선호도에 달려있다.

정책입안자에게 요구해야 하는 사안은 어떤 소매 요금제를 부과할지에 있지 않다. 오히려 정책입안자는 각 소비자가 원하는 요금제를 선택

할 수 있도록 하는 프레임워크를 어떻게 설계할지를 고민해야 한다. 여러 요소 간 트레이드오프와 이의 균형이 조화를 이룬 다양한 요금제를 소비자에게 제공해야 한다.

위 논의의 직접적인 해답은 다음과 같다. 전력산업에서 경쟁 관계인 소매사업자는 앞서 언급한 2가지 차원에서 최상의 균형과 요구조건에 적합한 계약조건을 소비자에게 제공할 수 있어야 한다.

이것은 중요한 고찰이다. 정책입안자는 소매시장에 직접 관여할 필요가 없다. 대신, 정책입안자는 도매시장의 상황을 제대로 살펴보아야 하며, 최종 소비자들은 소매업체들이 제공하는 다양한 계약범위들을 취사선택할 수 있다.

그러나 소매시장이 효율적으로 작동하기 위해, 도매시장에 필요한 요건은 무엇일까? 다음 2가지의 조건이 있다.

- 첫째, 소매업체는 도매시장과 고객 사이의 거래를 중재할 때, 발생할 수 있는 일시적이고 지역적인 도매가격 변동 위험을 차단하는 헤지 수단을 활용할 수 있어야 한다.
- 둘째, 소매업체가 지불해야할 도매가격은 고객의 위치까지 전력을 생산하고 전송하는 비용을 반영해야한다. 이러한 비용은 도매시장에서 일시적, 지역적 변동 등 도매시장의 상태 변화를 반드시 반영해야 한다.

다음 두 절에서는 각 문제를 차례대로 다룬다.

PART 2 경쟁, 혁신, 규제, 가격

4. 일시적, 지역적 가격 변동 위험을 낮추는 방법

본 장에서는 효율적 결과를 달성하려면, 소매업체가 최종 소비자에게 다양한 소매 계약을 제공할 수 있어야 한다고 강조하고 있다. 이러한 소매 계약의 일부는 불가피하게 변동이 완화된 요금제(정률, 정액 요금 형태 등) 또는 보험계약 등을 포함할 것이다. 도매가격이 불안정한 상태에서 변동하지 않는 형태의 소매가격은 불가피하게 위험에 노출될 수밖에 없다. 만약 소매업체들이 위험회피 성향이 강한 경우, 그들은 위험관리, 헤지 수단 등을 활용해 위험을 관리하고자 할 것이다.

그러나 소매업체가 필요한 위험 관리 수단, 회피 수단에 접근할 수 없다면 어떤 결과를 초래할까? 이 경우 최종 소비자에게 불리한 결과가 초래될 것이다. 특히 소매업체 역시 불리한 상황에 놓여있게 된다.

- 위험에 대한 보상으로 소매요금 계약에 위험 프리미엄이 포함되어야 한다.
- 위험 노출을 억제하는 소매계약 범위가 좁아진다. 도매가격 구조상 발생할 수 있는 위험이 소매가격에 그대로 노출될 수밖에 없다.

요컨대, 최종 소비자는 소매계약에 필요 이상의 높은 비용을 지급하거나 선택이 가능한 계약 범위가 제한적일 것이다. 어느 쪽이든 최종 소비자는 더 큰 손해를 입고, 전체 효율성 역시 악화한다.

이러한 결과를 좀 더 면밀히 살펴보겠다. 개략적으로 전력 도매가격은 전력 생산비용('에너지' 구성요소)과 소비자의 위치까지 전기를 전송하는 비용 요소('전송' 또는 '전력망' 구성요소)로 구성되어 있다. 원칙적으로 이러한 구성요소 각각이 변동할 수 있거나 변동해야 한다. 물론,

소매업체는 이러한 변동 특성을 회피하고 싶어 한다.

먼저 도매가격의 에너지 구성요소를 살펴보도록 하겠다. 호주 국립 전력시장$^{Australian\ National\ Electricity\ Market(NEM)}$에서 가격 결정 단위 지역의 도매 현물 가격은 각 지역의 지정된 가격 모선에서 전력 생산 한계비용을 정확하게 반영한다. 이 가격은 매 5분마다 매우 높은 변동성을 보일 수 있다. 대부분 소매업체는 최종 소비자에게 안정적인(평평한^{flat}) 요금제를 제공하려고 한다. 헤지 수단이 없다면, 소매업체는 상당한 위험에 빠지게 될 수 있다. 다행히도 소매업체는 다양한 헤지 수단을 가지고 있다.

전 세계 많은 다른 자유화된 도매시장에서도 마찬가지이다. 도매 현물가격(종종 지역에 따라 다를 수 있음)은 시장 프로세스를 통해 결정되며, 다양한 헤지 수단을 통해 소매업체가 위험을 줄일 수 있다.

도매가격의 에너지 구성요소의 경우, 발전회사와 소매업체는 서로 반대 입장에서 거의 동등한 수준의 가격 변동 위험에 노출되어 있으므로 헤지 수단의 거래에서 자연스럽게 서로 거래 대상이 된다. 호주에서는 다른 자유화 도매시장에서와 마찬가지로, 이러한 헤지 상품을 거래하는 활발한 시장이 있다. 거래 형태는 개별 맞춤식, 맞춤형 상품에서 표준 스왑과 가격 상한까지 다양하다. 전반적으로 소매업체는 최종 소비자가 선호하는 균등 요금제를 제공하려고 여러 헤지 수단으로 구성한 포트폴리오를 구축하는 데 어려움이 없어 보인다.

그러나 만약 이러한 헤지 상품을 구할 수 없다면 어떨까? 이 경우, 앞서 언급했듯이 변동이 낮거나 없는 소매요금제를 제공하려는 소매업체가 상당한 위험을 감수해야 한다. 이러한 소매업체는 이 위험을 스스로 감당하거나 금융 중개업체나 보험회사와 같은 다른 기관을 활용해 위험을 분산할 수 있다. 그러나 소매업체는 직간접적으로 소매가격에 위험 프리미엄을 포함할 수밖에 없다. 또는 이러한 위험을 관리할 수 없거나

PART 2 경쟁, 혁신, 규제, 가격

그러한 의사가 없는 경우, 소매업체는 소매 계약 범위를 한정할 수 있다.

소매업체는 최종 소비자에게 도매가격 구조에 부합하는 소매요금을 제공하여, 위험을 낮출 수 있다. 여기서 문제는 많은 최종 소비자들이 시간에 변동하는 전력요금을 꺼린다는 사실이다. 만약 소비자들이 이런 소매요금제를 선택할 것을 강요받는다면 부당하다고 느낄 수 있다. 이것은 전력산업 전환 과정에 있어 정치적인 반발을 불러올 수 있다. 즉 소매업체들이 고객이 원하는 요금제를 제공할 수 있도록 적절한 헤지 수단이 허용되어야 한다.

이러한 논리는 유사하게 도매가격의 전력망, 전송^{delivery} 구성 요소에도 적용된다. 최근 호주에서는 배전망에 비용을 반영하는 요금제로의 규정 변경이 있었다. 그러나 이것이 실제로 무엇을 의미할지는 아직 명확하지 않다. 다만 규정 변경의 의도는 전력망이 과거부터 적용된 단순한 단일 전력망 요금제에서 벗어나 제약 상황에 따라 변화하는 변동 요금제, 시간별 요금제 등을 도입하는데 있다(AEMC, 2014). 많은 나라에서 유사한 문제가 있다. 정책입안자는 전력산업 미래로 나아가려할 때 배전망에 좀 더 복잡한 요금 제도를 적용하고자 한다.

도매시장에서 배전망에 복잡한 요금제를 적용한다고 가정해보자. 여기에는 전력망의 시간별, 공간별 특성을 반영한다. 이전과 다르게, 소매 계약은 고객마다 다를 수 있지만, 일부 고객은 여전히 기존처럼 평평한 요금제를 선호할 가능성이 높다. 시간에 변동하는 도매가격으로 전력을 구매한 소매업체가 평평한 소매요금으로 소비자에게 전력을 판매할 경우에는 위험 부담이 클 수 있다. 지금까지, 소매업체가 이러한 배전망 요금 책정 위험을 회피할 수 있는 메커니즘을 개발하는 부분에 거의 관심이 없었다. 결과적으로, 앞서 언급한 문제가 실제로 발생할 수 있다. 즉, 소매업체는 균등한 전력요금제를 제공하기 위해 위험 프리미엄

을 소매가격에 포함하는 방법 외는 별다른 수단이 없을 수 있다. 또한, 소매업체는 자신의 위험을 줄이기 위해 소매 계약 제공 범위를 한정할 것이다. 예를 들어, 도매가격의 전력망 구성요소가 시간에 따라 변동할 때, 만약 고객이 변동이 없는 평평한 소매요금제를 원하는 경우에도, 소매업체는 시간에 따라 변화하는 소매계약 형태로 요금제를 제한할 것이다.

요컨대, 자체적인 소매경쟁만으로는 고객에게 효율적인 소매계약을 제공할 수 없다. 또한 소매업체는 위험 요소를 낮출 수 있는 방안이 있어야 한다. 대부분의 자유화된 도매시장에 이러한 헤지 수단은 이미 도매가의 에너지 가격 구성요소에 존재한다. 그러나 전력망의 위험을 회피할 어떠한 수단도 마련되어 있지 않다. 호주의 경우, 좀 더 복잡하고 세분화된 배전망 요금제를 적용하고자 한다면, 전력망 요금 변동 위험을 회피할 수 있는 새로운 수단을 개발해야 한다.

4.1 네트워크 가격 책정 위험 헤지 수단

새로운 전력망 위험 헤지 수단은 어떤 모습일까? 놀랍게도 전력망 요금 변동 위험 헤지 방법론 개발에 관한 학문적 관심은 상대적으로 낮다. 일부 연구에서 관심이 있는 방법론은 위험에 노출된 당사자가 많은 위험을 낮추기 어려운 재무적 송전권$^{Financial\ Transmission\ Rights(FTRs)}$의 특성에 초점을 맞추고 있다(Biggar and Hesamzadeh, 2013).

본 장은 전력망 사업자가 가격 책정과 헤지 수단을 하나로 묶은 상품을 제공하는 대안적 접근법을 제안한다. 이 접근방식에서는 소매업체별 소비 형태에 대해 요청한 도매 전력망 요금 구조를 최종 소비자에게 적용한다. 전력망 사업자는 특정 요금구조와 수요특성을 나타내는 지정된 소비자에

게 해당 수요특성에 따라 전력을 전송하는 가격을 결정해야 한다.

이러한 접근방식은 소매업체가 최종 소비자에게 제공하고자 하는 소매 요금 구조를 전력망 요금 구조와 일치하도록 한다. 소매업체가 평평한 소매 요금 구조로 제공하고자 한다면, 소매업체는 고객의 예측 전력 소비 특성과 여기에 활용될 배전망에 대한 평평한 전력망 요금제를 요구할 것이다. 만약, 소매업체가 시간별 변동 요금제를 제공하고자 한다면, 소매업체는 시간별 변동 전력망 요금제를 원할 것이다. 앞서 언급한 바와 같이, 소매업체가 정확하고 효율적인 전력망 요금을 지불할 때, 이 접근법은 효율적인 가격 신호와 결합하며 소매업체가 최종 사용자에게 다양한 계약을 제공할 수 있다.

이러한 접근방식의 기본 논리는 다음과 같다. 발전사업자와 소매업자는 에너지 가격 변동 위험을 회피하기 위한 자연스러운 거래 당사자이다. 이와 마찬가지로, 전력망공급자와 소매업체는 전력망 가격 변동 위험을 분산하기 위한 자연스러운 거래 당사자이다. 여기서 전력망은 2가지 서비스를 효과적으로 공급할 수 있다. (1) 잠재적 변동 전력망 요금제 기반의 전력 전송 서비스, (2) 전력망 가격 변동 위험을 헤지하는 서비스. 이러한 접근 방식은 위 2가지 서비스를 결합한 상품을 구성한다.

소매업체가 요구하는 헤지 수단은 최종 소비자에게 제공하려는 소매 계약에 따라 다르다. 예를 들어, 고객이 정률 요금제를 원할 때 소매업체는 전력망 요금의 변동 위험에 직접적으로 노출된다. 이 때, 소매업체는 변동 전력망 요금제를 통해 전력망 서비스를 구입할 때의 위험을 낮출 수단을 원한다. 위험회피 시 고려하는 에너지양은 해당 시점에서 최종 고객의 예상 순소비량과 같다.

소매업체가 최종 소비자에게 다른 형태의 소매계약을 제공하려는 경우, 같은 원칙이 적용된다. 예를 들어, 최종 소비자가 시간별 변동 요금제^{TOU}를 선호한다고 가정해보자. 이때, 소매업체는 상황에 따라 변화하는 동적 전력망 요금제로 전력망 서비스를 구매하고 변동 소매 요금제로 소매 고객에게 판매하여 가격 변동 위험을 낮춘다. 다시 말하지만, 필요 에너지양은 각 시점에서의 최종 소비자의 예상 순소비량과 같다.

사실상 소매업체가 제공하고자 하는 소매 요금 구조와 무관하게 같은 원칙이 적용된다. 가능한 모든 소매계약 수단에 대해, 소매업체가 요구하는 전력망 가격 위험회피 수단이 존재할 것이다. 수학적으로 시간에 따라 변동하는 소매가격을 P_t^R로 설정하자. 이 때 변동 전력망 가격을 P_t^W로 두고, 최종소비자의 예상 소비량은 Q_t^F라 하자. 각 기준 기간 소매업체가 위험회피 수단을 통해 지불해야하는 금액은 다음 산식과 같다.

$$(P_t^R - P_t^W)Q_t^F$$

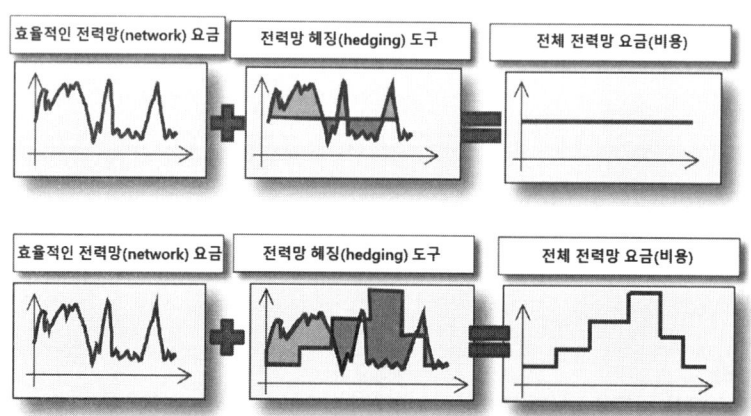

그림 13.2 전력망 가격과 헤지 수단과 결합된 형태는 수매 계약의 구조와 일치한다.

알림 : 이 차트는 각 고객의 소비 예측 값에 대한 요금을 나타낸다. 실제 소비와 예측 소비의 차이는 동적(변동) 전력망 요금으로 부과(또는 지급)된다.

PART 2 경쟁, 혁신, 규제, 가격

이제 헤지 서비스를 기존 전력 전송 서비스와 결합하자. 배전망은 전송과 헤지 수단을 결합하여, 고객별 맞춤 번들^{bundle} 서비스를 제공한다. 앞서 설명한 헤지 수단과 전력 전송 가격을 결합하면, 최종 소비자가 Q_t를 소비할 때, 소매업체가 전력망에 지불하는 총 금액은 예상 수요 Q_t^F에 평평한(일정한) 소매가격 P_t^R를 곱한 값과 실제 수요와 예측 수요의 차이에 동적 가격 P_t^W를 곱한 값을 더한 금액과 동일하다.

$$P_t^W Q_t + (P_t^R - P_t^W) Q_t^F = P_t^R Q_t^F + (Q_t - Q_t^F) P_t^W$$

이러한 접근법은 소매업체가 제공하려는 모든 계약에 적용할 수 있다. 각 경우에 배전망은 고객 수요 예상 값에 대한 소매 요금 구조와 부합되는 전력망 요금을 제공해야 한다. 소매업체가 해당 계약에서 지급하는 총 비용은 해당 소비량에 따라 달라진다. 또한 소매업체는 각 지점에서 실제 소비량과 예측 소비량 간의 편차를 기준으로 변동 전력망 요금을 지급한다.

그림 13.2는 배전망의 헤지 상품이 소매업체가 변동성 높은 전력망 도매가격을 최종 소비자가 원하는 소매요금에 어떻게 전환하는 데 허용하는지를 보여준다.

4.2 예제

이 예제는 본 장에서 제안한 접근법을 더욱 명확하게 해줄 것이다. 배전망회사가 지역별 한계 가격$^{locational\ marginal\ pricing}$ 등과 같은 효율적인 동적 요금제를 활용한다고 가정해보자. 또한 소매업체가 최종 소비자에

에너지 전환 전력산업의 미래

게 시간별 변동 요금제와 같은 동적 요금제를 적용하기를 원한다고 가정하자. 이때, 소매업체는 전체 전력수요가 높은 기간 고객의 냉방 수요를 조절할 수도 있다. 소매업체는 시간별 변동 요금제의 적용 시간, 변동 범위 등을 결정하여, 다양한 요금제를 제공하고 각 소비자의 수요 형태를 예측한다. 배전망 회사는 소매요금과 도매요금 변동으로 발생할 수 있는 위험을 헤지하는 수단을 소매업체에게 제공해야 한다. 앞선 설명에서처럼, 배전사업자가 최종 소비자의 예측 부하에 적정한 배전망 요금을 제공할 경우, 소매업체는 이를 헤지 수단으로 활용할 수 있다. 각 시간별 변동 요금제의 상하한 범위는 전력망 요금 가격 범위의 가중 평균값이 결정한다.

아래 해당 예시를 제시했다. 하루가 7개 기간으로 구분된다고 가정해 보자. 각 기간의 전력망 혼잡확률은 표에 나와 있다. 혼잡이 없는 전력망 가격은 2¢/kWh이며, 혼잡 발생 시 전력망 가격은 1000¢/kWh이다.

여기서, 소매업체는 원하는 요금 구조와 고객의 예측 부하 특성을 발표할 것이다. 소매업체는 3가지로 구성된 소매요금을 고객에게 제공한다. 구성요소는 1)비(非)피크부하, 2)중간부하, 3)피크부하 등으로 나눠진다. 각 구성요소의 기간과 수요특성은 표 13.1에 나타냈다.

이러한 정보를 주면, 배전망사업자는 이에 부합하는 전력망 요금제를 제공해야 한다. 이때, 배전업체는 요금 A가 14¢/kWh, B가 29¢/kWh, C가 62¢/kWh인 3가지 나눠진 요금제를 제안할 수 있다. 이러한 요금제는 고객이 예상 수요 특성대로 소비할 경우, 배전사업자에게 같은 수익을 가져다준다. 또한 소매업체는 예상 부하 특성보다 초과 소비한 부분에는 변동 가격을 적용받는다(예측 부하 특성 미만의 과소 소비에 대해서도 변동 가격으로 받는다). 이 접근법은 소매업체가 원하는 시간별 변동 요금제를 활용할 수 있게 한다. 동시에, 소매업체는 전력망 혼잡 시

PART2 경쟁, 혁신, 규제, 가격

냉난방 전력수요 제어 등을 위해 고객 소유 장치, 기기를 직접 운영할 인센티브를 가진다. 여러 소매업체 간 경쟁은 이러한 직접부하제어의 이익이 최종 소비자에게 전달되게 유도할 것이다.

요약하면, 향후 배전망 요금제가 좀 더 세밀하게 변화할 때, 배전망사업자가 전력망 가격 변동을 헤지하는 새로운 방법을 개발해야 한다. 본 절에서는 새로운 배전망 요금제로 전송비용과 헤지 비용을 결합한 방법을 제안했다.

표 13.1 소매업체가 특정 기간 고객에게 시간별 요금제를 제공하도록 지원하는 전력망 헤지 가격

기간	0	1	2	3	4	5	6
혼잡확률	0.10%	1%	2%	3%	6%	2%	1%
비(非)혼잡 전력망 가격Price($/kWh)	0.02	0.02	0.02	0.02	0.02	0.02	0.02
혼잡 전력망 가격Price($/kWh)	10	10	10	10	10	10	10
예상 전력망 요금Charge($/kWh)	$0.03	$0.03	$0.03	$0.03	$0.03	$0.03	$0.03
예측 소비량 프로파일(kW)	1	2	2	2	1	1	1
요금Tariff	A	A	A	B	C	B	A

주 : 뉴욕을 포함한 다른 곳에서 전력 사업이 성장하지 않는다는 사실에 익숙해져라
출처 : NY Public Service Commission, 2015

5. 효율적인 전력망 요금 책정

전체 효율성을 달성하기 위해서는 단순히 소매업체가 필요한 헤지 수단을 가지고 있는 것만으로는 충분하지 않다. 따라서 최종 소비자가 신규 설비, 기기를 투자하고 운영하는 것을 효율적으로 결정하고, 소비량을 조절하기 위해서는 적절한 도매 전력망 요금제 역시 중요하다. 그렇다면, 어떻게 전력망 요금제를 설계하는 것이 적합할까?

이 질문에 대한 답은 간단하다. 일단, 소매업체가 다양한 헤지 수단을 활용하면 최종 소비자가 원하는 보험 또는 안정성 등을 제공할 수 있는 인센티브와 여지를 모두 가지게 된다. 정책입안자는 더 이상 도매요금과 관련한 보험, 위험을 신경 쓸 필요가 없다. 오직 효율적인 의사결정을 달성하는 방안에만 집중하면 된다.

소매업체가 효율적인 요금제를 소비자에게 제공할 수 있을 때, 최종 소비자 역시 효율적인 소비와 적절한 투자 결정을 할 수 있는 인센티브가 생긴다. 전력산업의 맥락에서 살펴보면, 정확한 의미의 효율적 가격 신호는 '스마트 시장'이라는 도매 전력시장에서 '제약조건이 고려된 최적 급전'에서 나온다고 할 수 있다. 이때, 결과로써 가격은 모선 가격 nodal prices 또는 지역 한계 가격 locational marginal prices 으로 표현된다.

전 세계 많은 도매시장에서는 이미 송전망의 주요 연결 지점의 모선 가격을 계산하고 있다. 따라서 효율적으로 송전망의 가격을 책정하는 방식이 동일하게 배전망에도 적용될 수 있다. "우리는 어떻게 배전망 가격을 효율적으로 책정할 수 있을까?"라는 질문에 대한 답은 원칙적으로 간단하다. 현재 송전망의 가격 책정 메커니즘을 동일하게 배전망에 적용하면 된다. 배전망은 송전망과는 다소 다른 특성이 있다. 배전망은 보통 송전망보다 그 규모가 작지만, 접속된 기기들의 수와 규모는 더

PART2 경쟁, 혁신, 규제, 가격

크다. 송전망 가격 책정 메커니즘이 동일하게 배전망에 적용해서는 안되는 이유는 원칙적으로 없다. 그러나 현재 배전망의 모선별 가격 결정에 관한 관심이 거의 없었다. 배전망 가격 책정 시 변전소, 급전선^{feeder}, 거리 등 어느 수준으로 세분화할지에 대한 문제를 해소해야 한다. 이 문제는 해결이 필요하지만, 배전망 수준에서 가격을 결정하는 방식을 적용하는데 큰 걸림돌은 되지 않는다.

도매 경쟁과 결합한 지역 한계 가격과 에너지, 전력망 위험에 대한 헤징 계약의 결합은 최종 소비자가 보험과 다양한 가격으로 구성된 적절한 소매계약을 제공하며, 이는 투자결정과 관련 기기의 운영방식에 영향을 미친다. 이것이 우리가 생각하는 최선의 결과라고 생각한다.

6. 호주에서의 전력망 가격 책정 논의

호주에서는 경쟁이 도입된 다른 국가들의 전력시장에서처럼 도매 송전망 가격은 입찰 기반의 안전 제약의 최적 급전 메커니즘으로 결정된다. 그러나 배전망 가격 역시 규제가 있지만 시장을 통해 결정된다는 특성이 다른 국가들과 다르다. 호주 배전망 운영자는 다양한 요금 구조를 제공하고 있다. 다만, 실제적으로는 대형 시장의 소규모 고객들은 일간 고정요금제 또는 kWh 당 요금제 등 매우 단순한 가격 결정 방법으로 그 비용을 지급하고 있는 실정이다.

당연히, 이러한 계약 방식의 고수로 전력망 혼잡 발생 시 냉방의 사용, 태양광의 비효율적인 투자 결정 등에 여러 우려가 제기되었다 (Wood and Carter, 2014; Ergon Energy, 2015; Wood and Blowers, 2015).

본 책의 여러 장(1장, 6장 등)에서 지적한 바와 같이, 최근 몇 년 동안

여러 국가에서는 전력 수요가 거의 증가하지 않거나 전혀 증가하지 않았다. 호주 역시 같은 상황에 놓여있다. 단순한 에너지 총량 기준 요금제의 적용으로 에너지 수요의 감소는 바로 전력망 사업 악화로 이어졌다. 또한, 고객이 분산전원을 구축을 포함한 대안적 방법으로 기존 전력망에서 점차 벗어나는 추세는 전력망 사업의 수익을 더 악화시키고 있다. 호주의 전력망 사업에 향후 확대될 위험을 줄이기 위해, 전력망 사업자는 망 요금제에서 에너지양(kWh) 의존도를 낮추는 방향으로 변화하기를 갈망한다. 관련 전문가 역시 수요 기반의 요금제로의 전환을 촉구하고 있다.

'수요 기반' 요금제는 요금납부 기준 기간 역사적 최고 수요를 기초로 하는 요소를 포함하고 있다. 가령, 수요 기반 요금제는 지난 달 동안, 평일 오후 4시에서 8시 사이 해당 고객의 최고 수요를 기준으로 요금을 지급해야 한다고 명시할 수 있다. 또는 이전 분기 또는 1년 동안, 오후 6시에서 10시 사이 5개의 최고 수요의 평균값을 기준으로 지급할 것을 명시할 수 있다.

호주와 전 세계의 여러 전문가는 수요 기반 요금제의 광범위한 적용을 주장하고 있다(Wood and Carter, 2014, p. 13; Simshauser, 2014; Electricity Expert Panel, 2014; Ergon Energy, 2015; Geode, 2013). 호주 빅토리아 주(州)의 일부 배전사업자는 모든 주거용, 소규모 상업용 대상으로 수요 기반 요금제를 적용할 예정이다. 미국, 록키 마운틴 연구소 Rocky Mountain Institute의 조사 결과에서는 "미국 전역에서 12개 이상의 전력회사가 주거용 대상 수요 기반 요금제를 이미 출시했거나 출시를 고려하고 있다"고 밝혔다(RMI, 2015).

단순한 수요 기반의 요금제가 2가지 가격을 부과하는 시스템과 동등하다고 입증하는 것은 간단하다. 고객은 해당 기준 기간에 고객 수요가

PART 2 경쟁, 혁신, 규제, 가격

최고치가 아닐 때의 첫 번째 가격(사용요금 구성 요소와 동일 값)과 최고치에 도달했을 때 두 번째 가격(사용요금과 수요요금의 합계)을 요구할 수 있다.

수요 기반 요금제는 지역 한계 가격과 유사한 몇 가지 특징을 가지고 있다. 그것은 바로 '역동적'이라는 사실이다. 이것은 시장 상황에 따라 최고(피크) 가격이 발생할 수 있다는 것을 의미한다.

그러나 수요기반 요금제는 지역 한계 가격과 상당히 다른 특징 역시 가지고 있다. 특히, 수요기반 요금제의 가격이 고객별 고유의 피크 수요 시점에 따라 변동한다는 특성은 지역 한계 가격과 명백히 구별된다. 고객별 최고 수요가 지역 망에 혼잡이 발생하는 시점에 나타나는 것은 아니기 때문이다. 이러한 특징은 비효율적인 소비와 투자결정을 유도할 수 있다. 또한 가격은 고객별로 다르게 나타나므로 서로 다른 고객들이 협상을 통해 상호 이익을 도모할 수 있는 인센티브가 발생한다.

예를 들어, 해당 지역 망에 혼잡이 발생하지 않을 때, 야간에 피크 수요가 발생하는 고객(예 : 야간주점, 나이트클럽 등)을 생각해보자. 해당 산업의 전력수요 감축 파급효과가 낮은 것과 무관하게, 이러한 고객은 피크시간 대에 전력수요를 줄이는 데 강력한 인센티브를 가진다. 가령 이런 유형의 고객은 전력저장 장치를 설치하고 낮 시간동안 충전하고 최고 전력수요 시점에 충전한 전기를 방전해 사용하는 부분에 인센티브를 가진다. 그러나 이러한 행위는 낮 시간대 전력망 혼잡을 악화시킬 수 있다. 요컨대, 고객수요 피크 시점과 전력망 혼잡 발생 시점의 차이로 수요 요금제가 비효율적인 사용과 잘못된 투자결정을 유인할 수 있다.

원칙적으로 전력망 혼잡 시점과 일치하도록 사전에 설정할 수 있다면 타이밍 문제를 극복할 수 있다. 그러나 전력망 혼잡은 전력망의 범위,

공급, 수요 조건에 따라 결정된다. 혼잡이 발생하는 시점을 사전에 안정적으로 예측하기란 불가능하다. 또한 매월 고객의 최고 수요를 기반으로 한 요금제는 매월 수요 최고치에 따라 지급액이 결정된다. 따라서 매달 한차례의 혼잡이 발생하는 경우에만, 모선 가격 책정과 수요기반 요금제가 일치할 수 있다. 부동산 개발업자^{developer}는 주거/산업단지를 개발할 때, 개별 주거/지역 마다 계량기를 설치하기 보다는 전체 주거/산업단지의 수요를 모으기를 원할 수 있다.

한편 최종 소비자 각각 개별 피크 시점이 수요에 따라 다르므로 소비자의 수요에 따라 서로 다른 효과적인 전기요금을 책정할 수 있다는 견해도 있다. 이와 같은 방식에 따라 가격 차이가 발생하면, 소비자가 다른 소비자에게 전기를 공급(소비를 감소)하는 인센티브를 가질 수 있다. 특히, 부하 특성이 서로 다른 이웃 소비자는 단일 지점에서 같은 미터로 전기를 공급받고 자체 소비량에 따라 단일 전기요금을 공유할 강한 인센티브를 가지게 된다. 예를 들어, 다수의 거주자가 입주하고 있는 빌딩의 경우, 개별 미터를 설치하고 거주자 각각의 최고 수요에 따라 요금제를 지급하는 방식보다는 모든 거주자를 고려한 최대 수요를 바탕으로 요금을 지급하는 것이 경제적으로 유리할 수 있다.

또한 수요 특성이 분산발전에 적합할지 아닐지는 명확하지 않다. 원칙적으로 전력망에 혼잡이 발생했을 때, 전력망으로 지역에서 발전한 전력을 내보내는 고객은 전력망 혼잡을 해소한 기여 부분에 대해 보상받아야 한다. 그러나 수요 기반 전력망 요금제에 도입에 찬성하는 사람이 지역 발전이 전력망 혼잡 해소 기여분의 보상을 인정할지는 불명확하다.

또한, 적어도 이론적으로는 분산발전이 기존 중앙망과 결합했을 때, 전력망 제약으로 최종 고객에서 멀리 떨어진 방향으로 생산한 전력이

PART 2 경쟁, 혁신, 규제, 가격

흘 수 있다. 이 경우에, 소비자는 해당 시기에 전력 소비를 증가시킨 부분에 대해 보상받아야 한다. 수요 기반 요금제에 이러한 사항이 고려되었는지는 불명확하다.

앞서 언급한 바와 같이, 호주의 몇몇 전력망은 향후 모든 소기업, 일반 주거 고객들에 대해 수요기반의 요금제를 적용할 계획이라고 발표하였다. 호주 에너지 규제 기관은 이러한 요금제가 국가 전력 규정에 부합되는지를 고려할 것이다. 동적 요금 구조 기반의 수요 기반 요금제는 변동 없는 단일 전력망 요금제를 크게 개선할 것이다. 단순한 형태의 수요기반 요금제는 몇 가지 단점을 가지고 있지만 완전한 비용기반 요금제로 전환하는데 있어 현실성을 고려한 중간 단계가 될 수 있다.

아직은 소매업체가 동적의 수요기반 요금제가 가져올 수 있는 위험을 어떻게 낮출 수 있는지는 충분한 논의가 이루어지고 있지 않다. 그러나 앞서 강조한 바와 같이 헤지 수단이 없다면, 배전(판매)회사는 그 위험을 소비자에게 그대로 전가하거나 위험을 낮추지 않고 높은 비용을 가격에 반영시킬 수 있다. 어느 쪽이 되었든 최종 소비자가 제대로 된 서비스를 받지 못하거나 지속해야 할 전력산업 개혁이 난관에 빠질 위험이 있다.

7. 결론

이 책의 다른 장에서도 분명하게 밝힌 바와 같이, 전력산업은 근본적인 변화를 겪고 있다. 소비자는 이제는 소극적이지 않고, 보다 직간접적으로 전력 도매시장에 참여할 것이다. 또한, 모든 소비자에 적합한 단일 요금제는 없다. 대신, 소비자가 위치한 지역의 전력설비와 전자기기의 원격 제어 정도와 허용할 수 있는 가격 변동 범위 등에 따라 각 소비자

에너지 전환 전력산업의 미래

가 원하는 요금을 결정할 수 있다. 정책입안자의 목표는 최상의 전력망 요금제를 제안하는 데 있지 않다. 고객이 자신의 요구를 반영할 수 있는 소매 계약을 선택하고, 전체적인 경제 효율성을 향상할 수 있는 합리적인 규제 체계를 만드는 데 있다.

소매업체의 경쟁은 다양한 계약을 소비자에게 제공하도록 유인한다. 이때, 계약 범위는 다음 2가지 조건을 충족하며 제공되어야 한다. 첫 번째, 소매업체는 도매가격을 소매가격으로 전환할 수 있는 헤지 상품을 완전히 활용할 수 있어야 한다. 두 번째, 특정 고객에게 서비스를 제공하는 것과 관련된 도매가격은 전력 생산과 전송의 단기 한계 비용을 반영해야 한다. 이러한 조건이 충족될 때, 최종 소비자는 가격 신호, 보험, 가격 변동 완화, 전력설비와 전자기기의 원격 제어 등을 고려해 적정한 절충안을 선택할 수 있다.

호주 전력산업의 최근 개혁은 전력망 요금제가 비용을 제대로 반영하고, 배전망 서비스의 장기 한계비용에 근거를 두도록 하는 데 있다. 특히, 현재 상태를 유지하는 범위에서 가능한 개선으로써, 수요 기반 요금제로 이동하는 데 중점을 두었다. 우리는 동적 가격과 헤지 수단의 결합이 소비자의 선호에 따라 비용, 제어, 위험 등의 수준을 결정하고 효율적인 결과를 얻을 수 있다고 생각한다.

알림

본 장의 주장은 저자의 견해이며, 호주 경쟁, 소비자 위원회 또는 호주 에너지 규제 기관의 입장을 반영하지 않는다.

PART 2 경쟁, 혁신, 규제, 가격

제14장

스마트그리드의 진화, 도매(모선) 가격 결정의 세분화

...

The Evolution of Smart Grids Begs Disaggregated Nodal Pricing

Darryl Biggar*, Andrew Reeves †
*Australian Competition and Consumer Commission, Melbourne, VIC, Australia;
†Former Chairman, Australian Energy Regulator, Hobart, Tasmania, Australia

1. 소개

현재 전력시장 개혁 논의에 있어 '독립형standalone, 재생에너지와 스마트그리드smartgrid, 특히 마이크로그리드microgrid의 진화는 점차 상호관련성이 커진다(3장). 스마트그리드는 해당 지역에서 실시간으로 재생에너지 발전/소비를 통합하는 지역 플랫폼(마이크로그리드 등)을 지원한다. 소비자와 생산자의 역할은 더 이상 명확히 구별되지 않으며 '프로슈머'로 통합된다. 그럼에도 불구하고 일반적으로 마이크로그리드를 분리/고립된 형태로 고려할 수 없으며, 여전히 전통적인 전력망과 연결할 필요가 있다. 한편, 특정 지역에서 발전이 그 지역의 수요를 맞추지 못하면 배

전망을 통해 전력을 수입해야 하는데, 이때 시간 간격$^{\text{time intervals}}$이 있다. 반대의 상황인 전력을 수출해야 할 경우 역시 시간 간격이 있을 수 있다. 마이크로그리드의 진화는 기존 '하향식$^{\text{top down}}$' 전력망에 커다란 도전을 던진다. 또한, 이것은 미래 전력회사의 비즈니스 모델에도 큰 위협이 될 수 있다. 스마트 마이크로그리드와 배전망의 연계는 지역망에서 배전망으로의 전력 흐름 방향에 일시적인 변화가 발생할 수 있다. 또한 전일시장$^{\text{day ahead market}}$에서 여러 모선^{node} (역자 주: 다수의 회로가 만나는 동일 전압 지점)에 전력 유출/유입을 사전에 결정하는 방식에서 마이크로그리드의 실시간 상황에 따라 유출/유입을 결정하는 실시간시장의 역할이 점차 증가할 것으로 보인다. 이러한 변화는 전력망 운영에 있어 큰 도전이 될 것이다.

기존 전력망의 대안으로써 지능형 전력망$^{\text{intelligent grid}}$ 운영은 여러 유럽 국가에서 경시되어 왔다(Bieser, 2014). 결론적으로 스마트그리드는 지역망의 마이크로그리드를 넘어 기존의 전력망 전체 구조에도 큰 영향을 미칠 수 있을 것으로 기대된다(Fang et al., 2012). 분산형 재생에너지, 독립형 발전과 마이크로그리드를 결합해 운영하기 위해서는 모선에서 전력 유출입을 능동적으로 관리하는 능력이 갖춰져야 한다. 또한, 실시간으로 송배전망을 감지, 운영하는 '지능형' 시스템의 역할이 커짐에 따라 시간별 변동 사항을 반영하는 가격결정 방식 구현 가능성도 점차 커지고 있다. 지금까지 대다수 유럽 전력시장 설계에서는 전력망 제약 때문에 전력망 접속의 기회비용을 가격 책정^{pricing}에 반영해 오지 못하였다. 결과적으로 마이크로그리드 사업자에게는 네트워크 제약과 관련된 인센티브가 없으므로, 마이크로그리드 운영은 배전망 유출입에 있어 긍정적, 부정적 외부효과를 동시에 줄 수 있다. 따라서 네트워크 용량을 효율적으로 배분하는 것은 배전망과 마이크로그리드 사이의 전력이동에 대한 인센티브 문제를 해결하는 데 있어 매우 중요하다.

스마트그리드의 기술과 구조적 특성을 연구한 수많은 문헌이 있다. 특히, 다수의 선행 연구는 분산형 발전에 주목했으며, 기존 하향식 전력시스템의 가치사슬 변화에 관해 이야기하고 있다(Fang et al., 2012). 미래의 전력 거래, 시스템 구조에 대한 그리드와이즈 트랜스액티브 에너지 프레임워크$^{\text{GridWise Transactive Energy Framework}}$ (역자 주: 트랜스액티브 에너지는 상호교류가 능한 에너지를 의미하며, 미국을 중심으로 스마트그리드 구현하는 방식 중 하나)에서는 가장 끝단 모선$^{\text{end nodes}}$ (역자 주: 소비자와 가장 인접한 지역의 모선)을 이제는 멍청한(수동적인) 부하로 보지 않고 전력망과 점점 더 상호 교류하는 것으로 고려해야 한다고 강조한다(GridWise Architecture Council, 2015). 현재의 시스템 개혁에서 발전, 송전, 전력기기 활용 등을 아우르는 전력시스템의 능동적 운영을 위한 경제적인 인센티브 제공 방식에 대한 논쟁에는 여전히 큰 의견 격차가 있다.

본 장은 '마이크로그리드 진화'를 비판적으로 검토했다. 고려 대상은 '기존 망과의 통합, 호환성과 보완성, 경제성 등'에 대한 사안이다. 특히, 여기서는 경제적 인센티브의 적절성에 대한 논의를 중심으로 정리했다. 특히 분석 대상을 마이크로그리드 플랫폼과 그 참여자에 국한하지 않고 전일시장, 일간^{intraday}시장에서의 보완적 전력망으로의 전력 수출입 역시 고려되어야 한다. 따라서 배전망에서 발생할 수 있는 용량 부족 문제와 이때 마이크로그리드의 (순^{net}) 유입/(순) 유출 모선의 역할을 고려해볼 수 있다. 스마트그리드에서 ICT기술과 전력망 구성요소의 결합은 중요하다. 일간시장에서 마이크로그리드 운영자는 배전망에 전력을 수출/수입할지를 결정해야 하며, 이 부분의 중요성은 더욱 커지고 있다. 특히, 이러한 결정은 실시간 응답성에 중점을 두고 이루어진다.

비효율적인 네트워크 관리 장비는 주요 접속 모선 별 전력망 접속에

따른 기회비용을 고려하여 일관된 시장 체제^{framework}로 교체되어야 한다. 경쟁이 도입된 전력시장에서, 분산형 발전과 지역과 시간별 변화하는 전력망 공급 차별적인 제약사항을 각각 요소별 분리하는 차별적인 모선별 가격결정$^{nodal\ pricing}$ 구조가 필요하다. 따라서 전력망 운영자는 부족한 송배전망 용량의 최적 할당을 보장하기 위해, 차별적인 모선별 가격 신호를 제공해야 한다. 각 모선에서의 수출/수입 가격은 모선 접속에 따른 모선별 비용을 반영해야 하며, 이는 시장 참여자가 효율적인 수출/수입 결정을 하도록 유인한다. 즉, 세분된 모선 가격책정을 적용하면, 전력시장의 효율성에 큰 영향을 미칠 수 있다. 그뿐만 아니라 이와 같은 가격책정 방식은 기존 전력망과 마이크로그리드의 통합하는 문제에도 인센티브를 제공할 수 있다. 마이크로그리드와 프로슈머는 미래 전력산업의 전력회사에 큰 도전과제가 될 수 있다. 그러나 분산에너지원과 스마트그리드로의 전환은 의심의 여지가 없는 비가역적인 전력산업의 미래이다. 미래 전력회사는 그 생존을 위해서 규제에 얽매이지 않고 새로운 사업 기회를 찾아 나서야 한다(1장, 15장, 20장).

본 장의 구성은 다음과 같다. 2절은 전력산업의 전통적 가치사슬과 마이크로그리드와 분산형 발전의 진화 등을 중점적으로 스마트그리드 혁신과 잠재성을 논한다. 3절은 마이크로그리드와 프로슈머에 의한 전력망 용량 할당 문제를 분석한다. 이를 위해, 기존 균일한 송전망과 전일시장 배분에서 세분된 모선 가격 책정 모델로의 확장을 제안하였다. 여기에서 스마트그리드에서의 유연한 전력 패턴과 다양한 전력망 수준에서의 분산에너지원$^{distributed\ energy\ resources(DER)}$과의 상호작용을 고려했다. 마이크로그리드와 배전망 간 상호작용을 분석하기 위해서는 서로 다른 전력망 수준(고전압^{HV}, 중간전압^{MV}, 저전압^{LV})에서의 차별화가 필요하다. 또한, 스마트그리드가 실시간으로 자원을 활용할 수 있는 잠재력을

PART 2 경쟁, 혁신, 규제, 가격

고려하여, 전일시장의 예측은 일간시장의 할당 문제를 포함하도록 확장해야 한다. 4절은 마이크로그리드를 고려할 때, 배전망에 중간전압 수준의 전력 에너지를 효율적으로 분배하는 인센티브를 분석한다. 마이크로그리드 실시간 운영을 유도하기 위해서는, 모선별 실시간 배전망 운영이 필요하다. 결론에서 언급한 바와 같이 마이크로그리드에서 전력 수출/수입에 관한 모선에 대한 몰이해에 따른 재생에너지 보조금은 마이크로그리드, 프로슈머의 활동에 장애를 유발할 수 있다.

2. 트랜스액티브 에너지(TE) 프레임워크와 스마트그리드

스마트그리드와 트랜스액티브 에너지(TE) 프레임워크는 모두 정의가 명확하지 않은 열린 개념이다. 그러나 전통적인 전력시스템과 다르게 스마트그리드는 ICT 기반구조$^{infrastructure\ systems}$를 기반으로 전력과 정보의 양방향 흐름을 지원하고 보다 효율적인 방식으로 전력을 공급한다. 또한, 전력시스템 내 어디서나 발생할 수 있는 이벤트에 빠르게 응답한다(Fang et al., 2012, pp. 944ff.; Barrager and Cazalet, 2014).

좁은 관점에서, 스마트그리드는 고전압 송전망, 변전소, 중간전압 배전망, 저전압 지역망의 효율성을 개선하는 역할로 전통적인 가치사슬에 적용될 수 있다. 스마트 인프라 시스템 기반으로 스마트 관리 시스템은 실시간 트래픽과 전력망 제약조건을 고려하여 전력 전송의 효율성을 높인다. 보다 넓은 미래지향적 관점에서, 스마트그리드는 분산형 발전을 구현시키며 TE 프레임워크 목표를 지원한다. 그리드와이즈 아키텍쳐 위원회$^{GridWise\ Architecture\ Council}$는 TE를 "핵심 운영 매개 변수로 가치를 적용하여, 전체 전력 기반구조에서 수급의 동적 균형을 구현하는 경제·제어 메커니즘 시스템"으로 정의한다(GridWise Architecture Council,

2015, p. 11).

TE의 개념은 스마트그리드의 초점을 프로슈머의 적극적 역할로 옮겨 마이크로그리드 형태와 유사한 저전압 배전망 기반의 전력 소비와 생산을 강조한다. 기존 하향식 전력시스템 체계는 마이크로그리드와 가상발전소의 진화로 도전에 직면하게 되었다. 결과적으로 전력망의 제약 조건을 고려한 실시간 자원(발전, 전력망) 할당과 가격 신호가 전력 최적 할당 문제에 있어 점점 더 중요해지고 있다(CPUC, 2014, pp. 4 ff.). 입찰 시점에 따라 구분하는 전일시장, 일간시장에서의 입찰가격과 최종적으로 수급유지를 위한 추가적 공급 가격을 다르게 구성하는 것이 중요하다. 4초 기준의 추가적 전력공급원은 진정한 의미의 실시간 가격으로 거래된다(King, 2014, p. 201).

마이크로그리드를 활용한 분산형 발전은 배전망 혼잡 문제를 고려해야하므로, 모선 별 실시간 상황을 감지하는 시스템 구축이 필요하다(CPUC, 2014, p. 15). 실시간 운영은 재생에너지의 단기 출력과 수요반응의 빠른 응답 특성과 관련이 있다. 여기서 도매시장과 소매시장의 상호작용은 매우 중요하다. 프로슈머는 소매시장에서 왕성하게 활동하며, 마이크로그리드는 배전망에서 도매시장의 인터페이스 역할을 하기 때문이다. 모든 일반 가정이 배전망과 활발하게 전력 수입/수출 등 상호교류를 하지는 않는다. 그러나 에그리게이터^{aggregator}는 마이크로그리드에서 프로슈머와 다른 소비자를 중개해주는 역할을 맡는다. 이러한 사업은 기존 전력회사가 도맡았던 판매 사업이 확장된 형태이다. 한편, 배전(판매)회사가 점차 배전시스템 플랫폼 사업자로 변화하는 것에 대한 논의가 점차 증가하고 있다(CPUC, 2014, pp. 14, 16).

마이크로그리드에서의 프로슈머와 TE의 개념은 다양한 전압 수준에서 전력망 용량 등의 할당 문제와 전일, 일간, 실시간 등 다양한 시간 기준

PART 2 경쟁, 혁신, 규제, 가격

에서 가격 차별화를 전제한다. 전통적인 전력시스템과 비교할 때 스마트그리드의 전력망 계층 구조는 다음과 같이 요약할 수 있다.

- 마이크로그리드와 TE를 구축하는 지역 계획안[initiatives] : 저전압 배전망에서 공급자와 수요자 양면의 역할을 가능하게 하는 소프트웨어(Coll-Mayor et al., 2007, p. 2458). 마이크로그리드는 재생에너지, 에너지 저장장치와 부하(소비자) 사이에서 전력 이동이라는 특징이 있다. 여기서 정보 교환은 무선 네트워크를 통해 이루어질 수 있다(Fang et al., 2012, p. 951).
- 분리(독립)된[islanded] 마이크로그리드 : 배전망에서 전력을 공급받지 않고, 마이크로그리드 자체적으로 사용자에게 필요한 전력을 공급하는 섬[Island] 유형의 마이크로그리드. 그러나 이런 형태는 일반적인 상황을 대표하지 않는다. 일반적으로 기존의 중앙집중형 전력망과 연결하여, 전통적인 전력회사로부터 전력 공급을 받을 수 있다(Fang et al., 2012, pp. 951 ff.). 마이크로그리드와 배전망 사이의 상호작용은 긍정적/부정적 외부효과를 전력망에 가져올 수 있다. 마이크로그리드는 배전망에서 단일 모선처럼 동작하는 특성이 있다. 즉 송전망, 발전소로 구성된 전통적인 하향식 '대규모' 전력시스템이 아닌 전력망 연계 또는 분리 형태로 반자동으로 운영될 수 있다(Felder, 2014, p. 400).
- 분산에너지원 공급자와 도매시장 간에 인터페이스로써의 에그리게이터 역할이 뚜렷해진다. 수요 측면의 에그리게이터(대규모 산업 소비자)는 수요반응 서비스를 시스템에 판매할 수 있으며, 다수의 풍력과 태양광 발전기 역시 에그리게이터를 통해 생산한 전력을 시스템에 판매할 수 있다(Keay et al., 2014, pp. 184f.). 에그리게이터는 스마트그리드에서의 프로슈머 활동을 조직하고 유통망을 확보하며 재

생에너지를 배전망에 직접 공급할 수 있는 여건을 마련해 줄 수 있다. 또한, 스마트그리드는 유연한 전력 흐름을 수용하여, 재생에너지가 배전망에 직접 전력 공급할 수 있도록 지원한다.

- ICT, 분산형 발전, 프로슈머 역할 확대와 함께, 전력망의 지능화는 양방향 전력흐름과 정보의 신속한 교환, 빠른 수요응답, 실시간 전력 가격 신호 등을 가능하게 한다(Barrager and Cazalet, 2014; Cazalet, 2014; CPUC, 2014; King, 2014, pp. 189ff.).

3. 전력시스템 구조 변화와 세분된 모선 가격으로의 파급효과

분산화, TE로의 전환에 있어, 중간전압 수준의 배전망의 역할이 활성화되는 것은 매우 중요하다. 올바른 모선 위치에서 적절한 인센티브를 제공하여, 적시에 전력 수출/수입과 그 에너지양을 결정하는 것은 송전망, 배전망 모두에 중요하다.

3.1 모선 가격 세분화의 기본 원리

모선 가격 결정 책정의 기본원리는 중앙집중형 전력시스템과 이를 위한 제어를 고려하여 개발되었다. 현물^{spot}시장에서 지역별 책정된 전력 가격은 해당 시간, 위치에서의 전기에너지 가치를 의미한다. 즉, 각 모선에서의 가격은 해당 위치에서의 전력생산 비용, 송전망 비용 등을 반영해 결정된다(Bohn et al., 1984, p. 364). 분산된 전력 생산과 그 유입으로 기존의 모선별 가격결정 방식이 세분되어야할 필요가 있다. 모선별 다양한 발전 한계 비용과 전력망 운영자가 제공하는 전력망 제약 조

PART 2 경쟁, 혁신, 규제, 가격

건에 따른 가격 신호를 분리하여, 가격 책정에 반영해야 한다.

전통적인 전력시스템 계층 구조는 고전압(장거리) 송전망, 중간전압(지역^{regional}) 배전망, 저전압(근거리^{local}) 소비자망으로 구분한다. 하향식 전력시스템에서는 발전기가 생산한 전기를 고전압 송전망을 통해 전송한다. 배전망은 수동적인 역할로 전력을 저전압 고객 망으로 전달하는 데 중점을 둔다. 따라서 발전 기동과 출력 수준을 결정하는 관련 도매시장은 고전압 송전 수준에 위치한다. 한편, 본 장에서 인용하는 세분된 모선 가격 책정 체계는 단일 송전망을 가정하였으며 급전 순서에 따른 전일시장 공급자원 할당에 대해 분석했다(Knieps, 2013). 좀 더 자세한 내용을 박스 14.1에 정리했다.

세분된 모선 가격을 구현하기 위한 필요한 참여자 간의 상호작용은 그림 14.1에 나타냈다.

BOX 14.1 일반적인 급전순위 규칙

세분된 가격 결정 방법은 다음의 특징을 가진다.

- 전력망 할당 용량에 따른 전력 송전 가격$^{electricityy\ transmission\ prices}$은 시스템 외부성^{externalities}을 반영하며, 모선별 유출입 가격으로 구성된다. 시스템 외부성(전력손실, 전력망 희소성 등의 변화가 서로 연결된 모선 사이에서 발생하는 것)은 전력의 생산/소비가 발생하는 모선에서 전력 유출입에 대한 기회비용이다.

- 전력 유입 모선에서 급전 순위는 인센티브에 따른다. 왜냐하면, 발전비용과 유입 가격 모두 도매시장의 한계 지불의사$^{willingness\ to\ pay}$를 넘지 않기 때문이다. 시스템 균형 방정식에서 그림자 가치$^{shadow\ value}$에 따르

면, 시장 가치는 도매시장에서 최종적인 수요의 기회비용을 반영한다. 여기서 마지막 전력 수요 소비자는 다른 모선에서의 다른 발전기들을 인식하고 있다.
● 유출 모선의 모선 가격은 도매가격과 해당 모선의 유출가격의 합과 같다.

출처 : Knieps, 2013, pp. 156ff

3.2 TE, 변화하는 시장구조

전통적인 전력망에서 전력은 발전 단계 승압 변압기를 통해 고전압으로 상승되어 고전압 송전망에 실렸다. 변전소에서는 배전망 전압으로 그 수준을 낮추고 배전망으로 유입된다. 마지막으로 각 서비스 위치에서 전력은 배전 변전소에서 다시 서비스 전압으로 내려간다. 송전 변전소는 고전압을 중간전압으로 전기를 변환하지만, 배전 변전소는 중간전압에서 저전압으로 전기를 변환한다. 스마트 송전망, 스마트 배전망(스마트 제어 센터, 스마트 전력망, 스마트 배전소)은 보다 유연한 제어와 용량 상황에 대한 운영 정보를 제공한다. 결과적으로 모선별 전력망의 희소성과 전력망 사용의 기회비용을 반영하는 가격 신호 구현이 가능한 여건이 점차 갖춰지고 있다(Fang et al., 2012).

PART 2 경쟁, 혁신, 규제, 가격

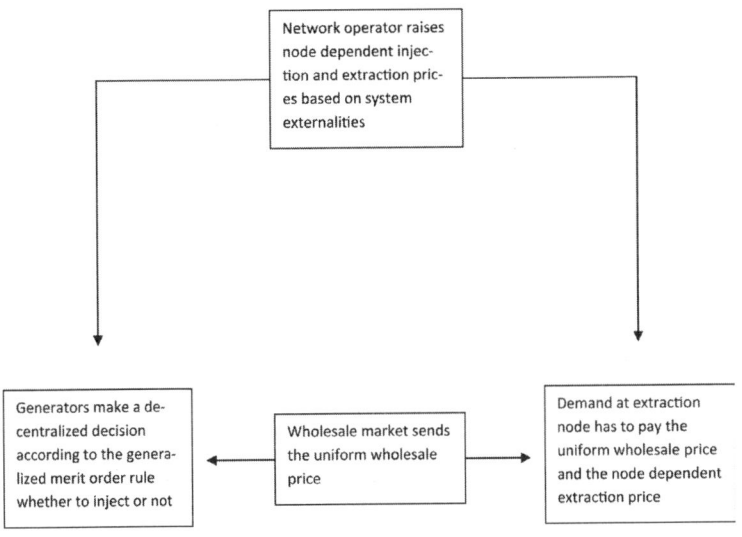

그림 14.1 세분화된 모선 가격결정 체계 (출처 : Knieps, 2013, pp. 156ff.)

전력망 제약과 이에 따른 각 모선별 차별적인 시스템 외부성은 고전압 송전망과 중간전압 배전망에서도 발생할 수 있다. 이와 대조적으로 지역 소매 수준에서는 저전압 전력망이 마이크로그리드에서의 위치와 무관하게, 발전과 소비를 위해 사용된다. 순^{net}발전량 또는 순소비량은 오직 마이크로그리드 모선에서 교환된다. 실제 소비와 발전이 일어나는 위치는 마이크로그리드에서 아무런 상관성을 가지지 않는다. 따라서 (수직적) 배전망에서 교차 모선 또는 다른 (수평적) 마이크로그리드를 고려할 때, 마이크로그리드 내에의 모선들은 각 위치에서의 개별 결정에 서로 영향을 주고받지 않는다. 한편, 프로슈머 활동은 각 위치별 발전기, 전력저장장치, 수요 특성에 영향을 받으며 마이크로그리드 모선에서 배전망과 상호적으로 연결된다.

그러나 배전 변전소에서 전력 흐름의 변화와 마이크로그리드 모선에서 배전망으로 전력을 유출하거나 배전망에서 송전망으로 전력을 보내고자 할 때 승압 변압기가 필요하다. 즉, 마이크로그리드 모선으로부터의 상향식 전력공급 방식은 중간전압 배전망에서 모든 전력을 유출하는 공급원의 능동적 운영이 필요하다. 여기에는 재생에너지, 기존 화석발전을 포함한 모든 전력공급원이 포함될 수 있다. 전통적 방식인 고전압 송전망에 실리는 전력과 관련된 기존 도매시장과 중간전압으로부터 고전압 송전망으로 전력이 유입되는 것과 관련된 도매시장은 차별화되어야 한다. 배전망운영자는 고압송전으로부터의 전력공급에 서비스를 제공하는 것이 중간전압 송전으로부터 전력공급보다 더 이익이 높다고 생각할 수 있다. 한편, 배전망으로부터 송전망으로 역방향의 전력공급이 배전망운영자에게 유익할 수도 있다. 송전망, 배전망에서 분산형 재생에너지를 수용하기 위해서는 모선별 의존성과 실시간 상태 감지가 필요하며, 이를 위해서는 전력망을 지능화해야 한다. 전일시장과 일간시장은 서로 연관되어 있으며 전력 수급균형 시장의 역할과 그 범위는 전일시장과 일간시장의 조직 체계에 달려있다(King, 2014, p. 201). 시간에 따라 구분하는 전일시장(하루 전), 일간시장(시간 또는 분 단위 기준), 실시간 시장은 매우 중요한 역할을 할 수 있다.

그림 14.1에서 다룬 세분된 모선 가격 체계는 송전망의 여러 전압수준과 실시간 자원 배치를 고려해 확장되어야 한다. 마이크로그리드와 분산형 발전에 대한 분석은 배전망과 지역망, 소비자와 프로슈머간의 관계에 그 초점을 맞춘다. 스마트 전력시스템 구조로 변화는 배전망의 중요성을 강조하며, 배전망에서의 전력 유출입과 계약, 배전망과 마이크로그리드의 상호작용 등이 중요하다.

송전망 모선, 배전망 모선, 지역망 모선은 서로 다른 수준의 전력망 사용과 다양한 기회비용을 반영하여 차별화되어야 한다. 이것은 재생에

PART 2 경쟁, 혁신, 규제, 가격

너지가 송전망에 전력을 유입하는가와 배전망에 전력을 직접 공급하는가를 다르게 처리할 수 있게 한다. 또한 마이크로그리드는 마이크로그리드 모선에서 전력을 배전망에 유입시킬 수 있다.

급전순서를 결정하는 데 있어 발전 비용뿐만 아니라 모선별 유입 비용, 송배전망 사용에 미치는 외부비용 등이 고려되어야 한다. 여기에는 송전망을 통해 전송되는 고전압 전력을 다루는 경쟁적인 도매시장과 배전망을 통한 중간전압을 위한 경쟁적 도매시장 모두가 존재한다는 사실이 가정된다. 시장 가치는 각 전력망에서 시스템 균형을 유지하는 것과 관련된 그림자 가치에 따라 결정되며, 이것은 추가적 단위 수요량에 대한 기회비용과 같다. 일반화된 급전순위 원칙은 특정 전력망 수준으로의 유입과, 다른 전력망 수준으로의 수입/수출을 고려하여 확장된다.

3.3 분산형 발전과 세분된 모선 가격 결정

3.3.1 전력 흐름과 시장 인센티브

기존 전력시스템의 계층적 구조와 다르게, 스마트그리드에서의 전력 흐름은 송전망 소유자와 배전망 소유자, 마이크로그리드와 배전망 사이의 시장 거래의 결과에 따른다. 표 14.1에 이러한 특징을 정리하였다. 송전망, 배전망, 마이크로그리드에서 전력은 양방향으로 흐를 수 있다. 과거 하향식 전력시스템 구조와 다르게, 다른 전압 수준의 전력망 사이의 상대적 중요성은 시장 인센티브에 따라 전력망 사용이 진화하는 것에 영향을 받는다. 프로슈머와 마이크로그리드의 다른 참여자는 기준 시간 간격마다 마이크그리드의 공급/수요 정도를 결정해야 한다. 순유입 또는 순유출은 배전망의 마이크로그리드 모선에서 이루어진다.

표 14.1 전력망 수준별 탈집중화된 상호작용의 원리

다른 수준에서의 유입/수입(Injection)		도매 시장	소매 시장
→	송전망	고전압 전기	
	↓↑		
→	배전망	중간전압 전기	
	↓↑		
→	마이크로그리드 /지역망		저전압 전기

3.3.2 다른 전력망 수준에서의 일반화된 급전 순위

1. 고전압 : 송전망의 고전압 모선들 사이의 시스템 외부성

송전망 운영자(공급자)는 전력이 유입되는 모선들에 위치한 서로 다른 발전기들의 전력을 해당 모선에 유입 시 발생하는 기회비용 신호를 전달한다. 전력 유입은 다른 송전망, 배전망 또는 동일 송전망 내의 발전 모선으로부터 이루어 진다. 발전비용(또는 유입 가격)과 유입 요금(해당 모선에 발생하는 시스템 외부성에 따른)의 합은 송전망에서 시스템 균형의 그림자 가치와 같은 값을 가지는 도매 시장 가격을 초과할 수 없다

2. 중간전압 : 배전망의 중간전압 모선 사이의 시스템 외부성

각 배전망은 서로 다른 모선에서 개별 전력망 제약과 시스템 외부성을 가진다. 전력이 유입되는 송전망, 다른 배전망, 다른 전압 수준의 배전망, 마이크로그리드, 가상발전소 등 여러 경로를 통해 특정 배전망

PART 2 경쟁, 혁신, 규제, 가격

으로 전력이 유입된다. 전력이 유입되는 각 배전망 모선에서, 배전망 사용의 기회비용은 시스템 외부성, 배전망 내 전력 손실 등에 따라 결정된다. 발전비용(또는 유입 가격)과 유입요금의 합은 배전망에서 시스템 균형의 그림자 가치와 같은 값을 가지는 도매시장 가격을 초과할 수 없다.

3.3.3 마이크로그리드의 다른 여러 운영 방안

마이크로그리드 모선에서 전력 유입, 수출의 기회비용은 별개로 고려될 수 없다. 오히려 전체 배전망에서 배전망의 희소성 변화에 따른 전력 유입, 유출의 시스템 외부성을 고려해야 한다. 이와 반해, 저전압 지역망의 소매시장에서는 시스템 외부효과와 관련이 없으며, 프로슈머의 개별 위치 역시 고려대상이 아니다. 그 대신 마이크로그리드 모선에 특정 시간 간격으로 전달되는 에그리게이터 등이 계산하는 순소비량 또는 순생산량만이 고려된다. 마이크로그리드에서 프로슈머와 소비자는 마이크로그리드 모선 등을 포함한 배전망에서 실시간으로 급전순위가 결정되는 것이 가장 기본적인 운영 방식이다. 다음 사항은 기본 운영 이외의 다른 운영 방안이다.

- 마이크로그리드에서 지불 의사가 배전망에서의 도매시장 가격보다 낮다면, 마이크로그리드 생산 전력을 해당 도매시장에 전력을 판매하는 것이 이익이 될 수 있다.
- 마이크로그리드 내 전력수요가 내부 발전보다 많을 때, 지불 의사가 배전망 도매시장 가격에 마이크로그리드로의 유입 요금을 합한 금액보다 크다면 배전망 도매시장에서 전력을 유입하는 것이 성립한다.

- 마이크로그리드로의 전력 유입은 마이크로그리드 내의 발전보다 수요가 더 많을 경우에만 이루어진다. 그렇지 않으면, 차익 거래 조건으로 인해, 배전망 도매가격과 동일한 기회비용을 마이크로그리드에서 생산한 전기를 활용해서 마이크로그리드 모선 유입 요금을 절약할 수 있다.

만약 배전망 운영자가 실시간 가격 신호를 전송할 수 있다면, 프로슈머가 활동할 수 있는 여건이 만들어진다. 왜냐하면 프로슈머의 모든 의사결정은 가격 신호에 따라서 이루어질 수 있기 때문이다. 마이크로그리드 모선에서 수입 가격이 높을 때(배전망 비용과 마이크로그리드 모선 유출 비용을 더한 일반화된 급전 순위), 마이크로그리드 사용자는 자체적으로 소비를 줄이거나 그들 소유의 추가적인 발전을 확장할 인센티브가 발생하게 된다.

4. 실시간 모선 가격 결정의 필요성 : 배전망 마이크로그리드

마이크로그리드는 기술과 구조 문제, 전력망 경제성 문제 등 해결해야할 많은 문제를 앉고 있다(3장). 특히 마이크로그리드 내의 지역 참여자의 의사 결정과 관련된 인센티브는 배전망운영자의 인센티브와 양립할 수 있어야 한다.

PART 2 경쟁, 혁신, 규제, 가격

4.1 마이크로그리드와 대안적 활용

1. **자급자족 공동체**

기존 전력망에서 분리하는 섬(아일랜드) 솔루션은 스마트 소규모 발전(태양광, 풍력 등)과 수요에 반응하는 스마트미터, 지역 수요와 공급 균형을 유지를 위한 지역 인센티브 기반 가격 결정 체계 등으로 구성된다. 집중기^{concentrator}는 마이크로그리드 배전 모선과 필요한 최소한의 상호작용을 조직화한다. 후생효과$^{welfare\ effects}$는 배전망 내 관련 모선에서, 전력 유입/유출의 기회비용이 결정한다. 열병합발전과 유사하게, 마이크로그리드는 배전망 용량사용 전체 수준을 변화시킨다. 전체 배전망 시스템 측면에서 바라볼 때, 자급자족 시 공동의 목표가 후생의 최대화일 필요는 없다. 추가적인 전력에 대한 소비자의 지불 의사가 유입 비용보다 높고, 프로슈머가 생산하는 전력이 불충분할 때 전력은 외부에서 공급된다.

2. **마이크로그리드와 사회후생 극대화 인센티브**

프로슈머와 다른 소비자에게 적절한 경제적 인센티브는 배전망 내 마이크로그리드 모선에서의 전력 유입/유출의 기회비용과 밀접한 관계가 있다. 기회비용은 하루전 시장과 실시간 시장에서 변동한다. 마이크로그리드 내에서 경제적 인센티브를 제공하기 위해서는, 추가적 가격 수단 없이 실시간 기준의 생산과 소비의 기회비용이 충분히 반영된 실시간 모선 가격의 적용이 필요하다. 독립형$^{stand-alone}$ 재생에너지와 유사하게 발전기에 대한 투자결정은 전력망 사용 결정에 장애가 될 수 있는 위험을 피할 수 있도록, 보조금이나 대안적 금융지원 등을 통해 자금을 조달받을 수 있어야 한다. 그러나 하루전 가격만이 정보로 주어진 경우

에는, 마이크로그리드 내 실시간 자원 배분을 위해서는 추가적인 가격 수단(예 : 최대 부하 가격 등)이 여전히 필요하다.

4.2 배전망 도매시장에 대한 일반화된 실시간 급전순위의 관련성

스마트 계량 기술의 혁신으로 스마트그리드에서 실시간 가격 책정이 구현 가능해지고 있다. 전통적인 전력시스템 체계에서 시간에 따라 변화하는 가격 결정 방식은 전력 유출 모선의 전력 소비를 감소시킬 수 있다. 그러나 소비자가 시간에 따라 변화하는 상황에 반응하기 위해서는 거래가능한 에너지(TE) 개념이 필요하다. 또한, 단순한 고객 반응을 넘어 프로슈머를 활성화하기 위해서는 실시간 모선별 가격 책정 방식이 필요하다.

전력시스템의 전통적인 하향식 제어 체계에서는 하루 전 공급자원 배치가 핵심적 역할을 한다. 이때, 실시간 운영예비력은 공급 여유분으로 준비되고 활용되었다. 그러나 TE 시스템은 이와 같은 접근 방식을 크게 뒤바꾼다. 마이크로그리드 내에 실시간 자원 할당 신호는 마이크로그리드 모선을 통해 배전망으로 전달되므로 프로슈머의 활성화를 위해서는 배전망운영자의 역할이 중요하다. 에그리게이터가 모집한 실시간 자원 할당은 배전망과 밀접하게 관련되어 있으며, 배전망에 실시간으로 긍정적이거나 부정적인 시스템 외부효과를 유발한다. 전일시장에서 배전망 용량의 시스템 외부효과는 실시간 시스템의 외부효과와 다르며, 단기간 또는 실시간 간격 내에서는 상호관련성이 더 이상 존재하지 않는다.

마이크로그리드 에너지의 실시간 할당은 마이크로그리드 모선뿐만

PART 2 경쟁, 혁신, 규제, 가격

아니라 전체 배전망 내에 실시간 모선을 필요로 한다. 프로슈머 활동의 기회비용은 배전망의 마이크로그리드 모선에서 외부 조건의 기회비용에 의해 결정된다. 실시간에서 세분된 마이크로그리드 모선 가격을 반영하는 마이크로그리드 내 발전/소비를 결정하는 실시간 가격결정 신호는 실시간으로 전기를 할당하는데 충분하다. 다시 말해, 추가적인 가격 책정 방식(예 : 피크부하 가격)들은 더 이상 고려할 필요가 없다.

한편, 재생에너지 발전의 증가로 도매가격 변동성이 크게 증가했으며, 전통적인 급전 방식과 가격 결정 방식의 변화가 필요하다(Woodhouse, Keyietal., 2014, 166). 배전 도매시장에서 실시간으로 제공되는 효율적인 가격 신호는 마이크로그리드 내 프로슈머 활동에 적절한 경제적 인센티브를 제공한다. 그럼에도 불구하고, 도매가격 변동성과 이에 따른 소매가격 변동성을 낮추고자 하는 정책적 목표는 프로슈머 활성화와 이를 위한 효율적인 의사 결정의 목표와 상충될 것이다.

본 책의 13장은 발전과 전력망 혼잡의 한계비용을 고려한 배전망의 모선별 가격 책정의 필요성을 지적했다. 13장의 저자는 '정책 입안자가 도매가격 변동 위험을 낮출 수 있는 위험 관리와 보험 등 세부적 규제에 관심을 가져서는 안 된다'라고 주장한다. 그 대신 소비자들에게 다양한 선택할 수 있는 계약을 제공하는 경쟁적 소매업체의 역할에 초점을 맞추어야 한다. 다양한 계약을 통해, 소비자는 해당 지역에서 일시적인 도매가격 변동 위험에 대응할 수 있다.

그러나 마이크로그리드 내에서 소매업체는 에그리게이터의 역할과 함께, 프로슈머의 공급을 대규모로 모집하고, 마이크로그리드와 배전망 사이에서 인터페이스를 제공한다. 따라서 마이크로그리드에서 가격신호를 간섭하거나 무시하는 것은 변동성 높은 도매시장 가격에 대응하기 위해 보험을 제공하는 값비싼 전략으로 보인다. 대신 위험관리는 비선

형 소매 요금의 고정 부분 내에서 이루어지는 게 좋으며, 이는 전력망 사용의 기회비용에 기초한 가변적 가격 신호를 변경하지 않은 채로 둔다.

5. 결론

유럽 국가의 현재 정책은 흔히 발전 모선에서 전력 유입에 대한 가격 결정을 금지한다. 또한, 재생에너지 생산 전력의 우선 접속, 전력공급 보장을 기본적 원칙으로 삼고 있다. 마이크로그리드가 배전망에 전력을 수출할 수 있는 범위까지는 독립형 재생에너지 발전과 유사한 인센티브가 발생한다. 마이크로그리드 소유자는 배전망에 전력을 주입하며 발전량과 매출을 극대화할 수 있다. 그들의 수요함수에서, 프로슈머는 마이크로그리드 모선에서 전기 유입의 기회비용을 반영하지 않고, 높은 재생에너지 가격으로 생산 전력 수출의 기회비용만을 고려한다. 수요 감소, 전력 수출에 따른 후생효과는 외부효과, 전력망의 과부하, 짧은 시간 간격으로 추가적 전력 공급용량 유입(운영예비력) 또는 급전 재배치에 따른 시스템 요구사항 변경 등으로 부정적일 수 있다.

관련 전력망 내에서 지역과 시간별 발생할 수 있는 특성 차이에 대한 무지의 결과로, 발전과 소비 결정에 대한 잘못된 인센티브가 생성될 수 있다. 마이크로그리드 내에서 해당 모선을 거쳐 배전망으로 전력을 보내는 독립형 재생에너지와 발전요금만 고려하여 마이크로그리드에 유입하는 경우, 배전망에서 실시간 유입/유출의 기회비용은 고려되지 않는다. 이러한 잘못된 인센티브 하에서, 마이크로그리드 소유자는 실시간 거래에 미치는 일반적 급전순위 영향을 인지하지 못한 채, 전력 수출 매출을 극대화하고자 한다. 만약, 마이크로 모선의 시스템 외부성이

PART2 경쟁, 혁신, 규제, 가격

극도로 나쁘다면, 마이크로그리드의 용량이 모두 소진되며 용량 한계가 발생한다. 더욱이, 소비 증가가 시스템 외부효과를 낮춰주는 경우에도, 전력 수출의 높은 기회비용으로 인해 인센티브는 소비 감소를 유인할 것이다. 마이크로그리드 모선에서 시스템 외부효과가 도움이 되어 전력 유입이 사회적으로 유익한 경우에도, 전력 유입 감소하는 방향의 인센티브가 역으로 발생할 것이다. 점점 더 많은 지역사회가 마이크로그리드의 환경적 추세에 편승하고 있으므로, 적절한 가격 신호 외에는 전력회사가 프로슈머를 활성화하는 대안이 없는 것으로 보인다. 본 장에서 살펴본 바와 같이, 지금이 스마트그리드에서의 유연한 전력흐름과 서로 다른 전력망 수준 사이에서의 분산된 상호작용을 고려하여 세분된 모선 가격 결정 방식을 도입할 적절한 시점이다.

PART 3

전력회사의 미래, 미래의 전력회사
Utilities of the Future: Future of Utilities

제15장

에너지 전환 과제를 해결하기 위한 전력회사의 새로운 비즈니스 모델

...

New Business Models for Utilities to Meet the Challenge of the Energy Transition

Paul Nillesen*, Michael Pollitt† †
*PwC, Amsterdam, The Netherlands; †Cambridge University, United Kingdom

1. 소개

에너지 변환$^{energy\ transformation}$은 전력산업에서 일어나는 일련의 변화와 상호작용하는 5가지 글로벌 메가트렌드^{megatrend}가 주도하고 있다. 기술 혁신, 기후 변화와 자원 부족, 인구 통계학적 변화, 세계 경제 축의 이동, 급격한 도시화 등 5가지 메가트렌드는 모든 사업 영역에 걸친 도전적인 과제이다. 기술 혁신은 전력산업에 일어나고 있는 변화의 핵심이다. 예를 들어 해상 풍력, 고전압 직류$^{high\text{-}voltage\ DC(HVDC)}$ 송전 등의 대규모 기술과 사물인터넷을 활용한 고객 에너지 시스템 등의 분산형, 소규모 기술, 수요 감소·이동과 관련된 수요 측면의 기술 등 여러 분야에서 기술적 진보가 이루어지고 있다.

PART 3 전력회사의 미래, 미래의 전력회사

에너지 부문은 기후 변화에 대한 우려와 가장 밀접한 관련이 있는 분야이다. 이 부문 전체로는 세계 온실 가스 배출량(OECD/IEA, 2013)의 2/3 이상을 차지하고 있으며, 이의 40%가 전력 생산에 기인한 것이다. 자원 부족 또는 가용성과 가스, 석유, 석탄 공급의 지정학적 특성, 경제성 등은 전력시장 정책을 형성하는 중요한 요인이다.

그리고 2025년까지 지구상에 인구 10억 명이 추가되어, 전체 인구가 약 80억에 도달할 것이다. 일부 지역에서 인구의 폭발적 증가가 다른 지역의 인구 감소와는 대조적으로 세계 각지에서 매우 다른 전력시장의 성장 가능성을 만들어 내고 있다. 아프리카의 인구는 2015년 대비 2050년까지 두 배가 될 것으로 예상되지만, 유럽의 인구는 지속적으로 감소할 것으로 예상된다. 향후 20년 동안 거의 모든 세계 순^{net}인구 증가가 도시 지역에서 발생할 것이며, 매주 스톡홀름^{Stockholm} 인구 규모에 해당하는 약 140만 명의 인구가 증가한다(Seto and Dhakal, 2014).

이 책의 다른 장에서 언급된 바와 같이, 전력 부문에서 이러한 트렌드는 고객의 행동, 경쟁, 생산 서비스 모델, 배전망, 정부 정책·규제를 포함한 다수의 영역에 파괴^{disruption}을 초래한다. 이러한 파괴의 정도와 성격은 시장에 따라 달라진다. 그러나 많은 시장에서는 파괴의 강도가 점진적 증가가 아닌 대변혁과 같은 큰 영향을 미친다. 여기에는 단 한 가지 질문으로 원하는 답을 찾을 수가 없다. 이것은 이미 일어나고 있지만 새로운 시장 모형이 어떻게 진전될 것인지, 또한 새로운 비즈니스 모델이 해당 분야에서 어떻게 추구될지, 신뢰성 높은 전력 공급에 대한 접근성을 높이기 위해 국가와 규제기관이 무엇을 할지, 그리고 기존 전력회사들이 이러한 변화를 따라가며 그들의 전략을 조정할 수 있을지 등 수많은 고민이 전력회사 앞에 놓여있다.

이 장에서는 기업들이 이러한 변화를 이용해 새로운 가치 풀$^{value\ pool}$

에너지 전환 전력산업의 미래

을 개척하고, 기존의 수익성 높은 사업 영역을 유지하기 위해, 적응해야 하는 초기^{nascent} 또는 생성되고 있는 일련의 비즈니스 모델을 조사한다. 2절은 이러한 메가트렌드 중 어느 것이 전통적 전력회사에 가장 큰 영향을 미치는지를 검토한다. 제 3절에서는 다양한 시장 환경에서 8개의 가능한 비즈니스 모델과 그 가능성을 탐색한다. 본 장의 결론은 기존 사업자가 자신들의 입지를 유지하고, 변화에 적응하거나 또는 신규 진입 기업들이 새롭게 떠오르는 가치 풀을 차지하며, 기존 사업자들이 "승자에게 지고, 패자를 이기는" 상황에 놓일 가능성에 대한 평가가 포함되어 있다.

2. 파괴 영역

현재 진행되고 있는 전력 부문의 파괴는 단지 에너지 변환의 시작일 뿐이다. 비즈니스 모델이 변화해야 한다는 사실은 문제가 아니며 새로운 형태의 변화에서 기업들이 얼마나 빠르게 변화해야 할지가 더 중요한 문제이다. 변화 속도는 각 시장과 개별 처해진 상황에 따라 달라진다.

기업은 그 생존을 위해 기존의 전략을 평가하거나, 적시에 남보다 앞서 해당 전략을 적절히 조정할 수 있어야 한다. 물론, 이미 많은 전력회사들은 방향을 다시 설정하고 우선순위와 주력 사업 영역을 재조정하였다. 그림 15.1은 5개의 영역에서 파괴가 미치는 영향을 정리하였다. 또한, 기업의 전략을 평가하는 데 중요한 사항은 무엇이 있는지와 함께 미래 시장과 비즈니스 모델을 구성하는 개념이 담겨 있다.

PART3 전력회사의 미래, 미래의 전력회사

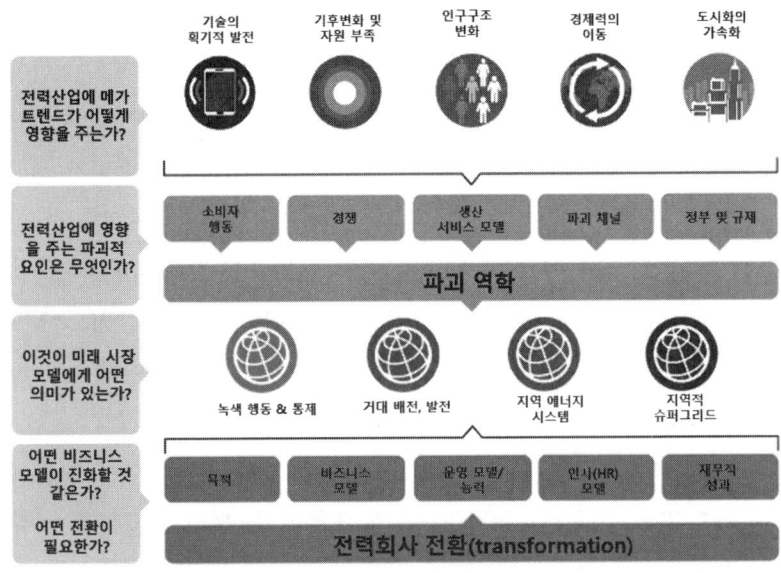

그림 15.1 전력산업 메가트렌드와 파괴적 파급력 (출처 : PwC, 2014, p. 3.)

2.1 고객 행동

분산에너지원이 점점 더 확산됨에 따라 전력회사의 수익이 점차 감소될 것이라는 징후가 이미 나타나고 있다. 일부에서는 고객이 미래에는 완전히 '전력망과 이별'을 고할 것이라고 까지 예측한다. 어떤 곳에서는 이미 이런 현상이 나타나고 있다. 예를 들어 독일에서는 설치된 재생에너지 용량의 절반가량을 기존의 전력회사가 아닌 민간 시민들과 농민들이 소유하고 있다(Agora Energiewende, 2015). 다만 '전력망과 이별' 시나리오가 현실화되기 위해서는 규모와 무관하게 자가 발전, 전력저장의 경제성과 실용성이 크게 개선될 필요가 있다. 그러나 고객이 말 그대로 전력망에 작별 인사를 하지 않더라도 전력회사는 안정적인 전력공급을

에너지 전환 전력산업의 미래

위해 보조하는 공급자 또는 백업 전원 공급업체로 전락할 위협에 직면할 수 있다.

한편으로는 전력회사 역시 변화에 동참할 수 있다. 자가^{self} 발전시장의 적극적인 참여자로, 전력 설비의 설치·자문을 수행하고, 실시간 계량 정보를 제공하고, 가정, 기업에 서비스를 제공할 수 있는 기회를 잘 활용할 수 있다. 뉴욕 주 등의 규제 기관은 수요·공급 모두에 분산에너지원을 촉진하기 위해 배전망 서비스 플랫폼 공급자$^{distribution\ service\ platform\ providers}$를 만들어 이러한 미래 비전을 적극적으로 추진하고 있다(State of NY Department of Public Service, 2014).

자가 발전의 성장은 산업 변화의 역동성을 강화시킬 수 있다. 탈중앙집중형^{decentralized} 자원의 수익 감소와 함께 중앙집중형 시스템 비용 하락을 압박하며 전력시스템이 탈중압집중형으로 변화시키는 동인이 될 수 있다. 전력산업계 일각에서는 전력망 운영, 유지비 등은 고정비로 유지되나 기존 수익 기반이 감소하고 있기 때문에 비용 회수를 보장해주는 새로운 규제 정책을 요구하고 있다.

그러나 한 연구는 "단기적 조치들은 전력회사들을 태양광과의 경쟁에서 보호할 수 있지만 동시에 고객 반발 증가, 새로운 체계로의 전환 지연, 경쟁심리 자극 등 중장기적인 위험을 발생시킬 수 있다"고 경고한다(Grapy and Kihm, 2014, p. 31.).

태양광의 넷미터링$^{net\ metering(NEM)}$ (역자 주: 순에너지 계량의 의미로 고객 생산 전력 중 전력망으로 돌려 보내는 잉여 전기에 대해 보상받는 방식) 역시 비슷한 문제에 봉착해 있다. 많은 태양광 보조금 제도 하에서 자가 발전 시스템을 구축한 소비자들은 전력망 사용 비용의 일부 또는 전체를 부담하지 않을 수 있음을 뜻한다. 즉, 태양광 보급률이 높아질수록 보조금 총액이 증가할 뿐 아니라 전력망 등 기초 인프라에 대한 비용을 회수할 수 있는 매출 기반이

PART 3 전력회사의 미래, 미래의 전력회사

줄어들게 된다. 최근 독일은 이러한 문제를 인식하였으며, 자체적인 태양광 소비에 대해서도 kWh당 4.4센트 유로의 요금을 부과하였다. 넷 제로 하우스^{net-zero house} (역자 주: 외부의 전력공급 없이도 자체적으로 에너지를 생산하여 자급자족할 수 있는 주거 형태)일지라도 시스템 비용 일부를 부담함으로써 문제를 해결하는데 어느 정도 기여할 수 있을 것이다.

규제기관, 고객과의 관계 모든 측면에서 전력회사는 새로운 에너지 미래에 대한 소비자의 요구를 충족시켜야 한다. 물론 가능한 많은 소비자에게 제공하는 서비스가 비용 효율적임을 스스로가 입증해야 한다.

2.2 경쟁

에너지 전환은 큰 이익을 창출할 수 있는 기회를 가치 사슬의 새로운 부분으로 옮기고 있다. 그러나 새로운 가치사슬에서 이러한 영역의 진입 장벽은 이전보다 훨씬 더 낮으며 새로운 역량이 요구된다. 이러한 사실은 보다 민첩하고 경쟁력 높은 경쟁자가 주요 매출부분을 차지할 수 있는 반면 기존 회사들은 위협에 사로잡히기 시작했다.

새로운 역할이 기업에게 주어지게 된다. 자체적인 마이크로그리드가 갖춰진 분산형 에너지 커뮤니티에서는 기존 전력회사 이외의 다른 회사가 에너지 관리 역할을 맡을 수 있다. 이러한 형태는 교통망, 지역 공동체 또는 산업 공동체 등의 지역 시스템과 같은 유형에 속할 수 있다. 예를 들어 분산형 에너지는 기존 전력회사와 신규 진입업체 모두에게 가장 큰 관심사이다. 잠재적으로 수십억 달러 가치가 있는 큰 시장성이 있기 때문이다. 분산형 에너지는 에너지 제어, 수요 관리, 에너지 효율, 지역 발전, 소규모부터 대규모를 아우르는 지역망^{local network} 등 폭넓은 스펙트럼에서 기회가 있다. 또한 이것은 분산형 전력저장장치를 활용해

에너지 전환 전력산업의 미래

부하 이동$^{load\ shift}$과 함께 궁극적으로는 중앙망 의존에서 벗어나는 것을 지향한다.

GE, 슈나이더 일렉트릭$^{Schneider\ Electric}$ 등과 같은 엔지니어링, 기술 회사는 오랫동안 분산형 에너지 시장에서 대규모 장치 공급 업체로 중요한 역할을 해왔다. 분산형 에너지의 성장과 확산은 개별 소비자 및 집단 공동체 고객 양쪽에서 전력회사와 이러한 기업 간 경계를 희미하게 만들 가능성이 있다.

수요관리서비스는 또 다른 중요 영역이며 이미 영국의 키위파워$^{Kiwi\ Power}$와 같은 회사는 산업, 산업 고객에게 서비스를 제공하여 대규모 사업장에서 100,000 파운드의 절감효과를 얻기도 하였다.

또한 기존 가정, 온라인 서비스뿐만 아니라 미래의 스마트그리드, 분산형 에너지 공급에서 오는 기회를 모색하려는 기업들은 이러한 산업 변화에 큰 관심을 가지고 있다. NRG 에너지$^{NRG\ Energy}$의 CEO인 데비드 크레인$^{David\ Crane}$은 블룸버그 비즈니스 위크$^{Bloomberg\ Businessweek}$와의 인터뷰에서 "향후 5년간 전력산업의 전쟁터는 바로 집일 것이다. 우리가 경쟁자 또는 파트너가 될 기업들은 고려한다면 이미 미터 안으로 진입한 구글^{Google}, 컴캐스트^{Comcast}, AT&T 등이 될 수밖에 없다. 집 내부에 위치한 미터기를 벗어난 사업은 있을 수 없기 때문에, 전력회사의 미래를 걱정하지 않는다."라고 밝혔다(Goossens et al., 2014).

경쟁은 스마트미터 기술의 발전에 따라 심화되고 있다. 뉴질랜드에서는 AMI$^{(Advanced\ Meter\ Infrastructure)}$의 전환에 소모되는 시간이 2004년 40일에서 5일로 크게 단축되었다. AMI 미터 보급이 크게 증가함에 따라 2008년 이후 AMI로 전환하는 속도가 2배 이상 증가했으며, 관련된 신규 소매 회사의 수 역시 증가했다(Beatty, 2014). 미국 시장은 2013년 기준 5200만개 이상의 AMI 미터가 있으며 그 중 90%는 주거용이다(역자 주: 미

PART3 전력회사의 미래, 미래의 전력회사

국 에너지정보국EIA의 2016년 12월 자료에 따르면 2015년 기준 6470만개의 AMI가 설치되었으며, 88%가 주거용으로 파악된다).

2.3 생산 서비스 모형 Production Service Model

중앙집중형 발전, 전력망은 분산형, 직접거래, 전송 형태와 결합되어 가고 있다. 해상풍력 offshore wind 등의 중앙집중형 인프라가 필요한 신규 발전원이 유입되고 있지만 전력회사는 인프라, 자산이 좌초되는 위험에 직면해있다. 오랫동안 전력산업계의 강점의 원천이었던 중앙집중형 인프라는 시장, 정책, 재난 리스크에 취약한 약점의 근원이 될 수 있다.

유럽에서는 재생에너지의 증가, 탄소시장의 붕괴, 국제 석탄가격의 하락 등이 야기한 발전부문 경제성의 변화가 있었다. 이로 인해 가스 발전이 시장에서 퇴출당했다. 심지어 2013년에 완공된 최신식의 발전소도 일시적으로 가동이 정지되었으며 다른 발전소 다수는 영구적으로 가동을 멈추었다. 전체적으로 2012년부터 2013년 사이 EU의 주요 10개 전력회사는 클린 스파크 스프레드 clean spark spread (역자 주: 전력판매 수익에서 발전용 연료비용과 배출권 구입비용을 차감한 순 발전이윤)의 악화로 22GW 이상의 복합화력 발전소를 가동정지하거나 폐쇄하겠다고 발표하였는데, 이 중 8.8GW는 10년 이내 건설되었거나 취득된 것이다(Caldecott and McDaniels, 2014).

2011년 후쿠시마 사태 이후 재해 위협으로 일본의 모든 원자로는 점진적으로 가동이 멈추었고 3년 이난 지나서도 여전히 전력생산을 하지 않는다. 후쿠시마 사태는 독일이 원자력을 단계적으로 완전히 중단하도록 하는데 계기가 되었다(역자 주: 2022년까지 독일 내 원자력 발전소 17기를 순차적으로 폐쇄할 예정). 일본의 공식적인 정책은 원자력 규제기관이 신규 원전에 적

에너지 전환 전력산업의 미래

용되는 기준보다 더 엄격한 안전기준을 준수하면서 원전을 가동시키는 것이다. 그러나 여론조사에서는 일본인 대대수가 원전 재가동을 반대하며 후쿠시마 이전처럼 원자력 발전이 일본 에너지 시스템에서 이전과 같은 역할을 회복하기는 어려울 것으로 보여진다(역자 주: 에너지경제신문 '18년 4월10일자 기사에 따르면 온실가스 감축, 높은 전기요금 부담, 산업경쟁력 악화 우려 등으로 원전 3기가 재가동 중이며 2018년 10기 이상의 원전이 재가동될 전망이나 여전히 반대여론이 큰 상황이다). 반대로 태양광, 풍력은 공간적 한계성에 불구하고 일본인들의 높은 지지를 받는 발전원이다. 풍력 터빈의 가동률$^{\text{availability factor}}$은 97%인데, 전 세계적으로 원자력 발전의 장기 평균가동률이 75% 정도라는 사실에 비추어 볼 때 매우 대조적이다. 따라서 풍력과 태양광이 간헐적인 에너지 공급자원일지라도 규모가 크지 않으며 유지보수가 요구되는 장치 고장률이 낮다.

미국에서는 환경정책으로 많은 석탄 발전소가 좌초될 위험에 직면해 있다. 석탄 화력 발전소는 수은, 산성 가스, 독성 물질의 현격한 감소를 요구하는 수은, 독성물질 기준$^{\text{Air Toxics Standards (MATS)}}$을 따라야 한다. 이러한 기준은 2015년, 2016년에 시행될 예정이며 발전회사가 석탄발전소를 계속 가동하기를 원한다면 비싼 공해제어 장치를 설치해야한다. 미국 에너지 정보국$^{\text{Energy Information Administration(EIA)}}$은 2012년에서 2018년 약 60GW의 석탄발전이 중단될 것으로 예상하며 이는 전체 용량에서 약 1/5 감축된다는 것을 뜻한다(EIA, 2014). 청정전력계획$^{\text{Clean Power Plan(CPP)}}$은 2030년까지 전력 부문의 탄소 배출량을 전국적으로 30%를 감소시켜 2005년 수준 이하로 낮추는 것을 목표하며 석탄 발전소의 어려움을 가중시킨다.

한편 대규모 전력 전송, 신규 발전소 확충과 송전설비를 설치하는데 역시 큰 문제가 있다. 이로 인해 심지어 짧은 송전선로를 새롭게 건설

PART3 전력회사의 미래, 미래의 전력회사

하는데 오랜 시간이 걸리며, 특히 미국 캘리포니아 등 일부 지역과 이탈리아 등 일부 국가에서는 대규모 발전설비를 확장하는데 어려움이 지속되고 있다. 대조적으로 태양, 풍력 등 재생에너지는 독일, 영국 등 여러 유럽국가에서 빠르게 설치되고 있다.

이러한 추세는 중앙집중형 발전설비에 과도하게 의존하는 리스크가 점차 커지고 있다는 사실을 반증한다. 중앙집중형 발전설비 중심의 잘못된 자산 구성은 새로운 시장, 정책으로의 추진 등으로 인해 발생하는 급속한 변화에 취약해질 수 있다. 이러한 기세는 주의를 환기시키며 대안적인 탈중앙집중형 전력시스템으로 이동을 가속화시킬 것이다.

2.4 유통 채널

디지털 기반의 스마트 에너지 시대에서는 주요 유통 채널이 온라인이 될 것으로 기대된다. 에너지 자동화, 고객 발전, 에너지 효율화 등을 아우르는 혁신적인 에너지 플랫폼 구축 여부가 에너지 소매 사업의 성패를 좌우할 것이다. 이미 다수 기업들은 에너지 효율과 에너지 절약 등의 에너지 관리 서비스를 제공하며, 독일의 대형 전력회사 에온$^{E.ON}$은 소셜 미디어$^{social\ media}$를 활용해 고객과 소통하는 새로운 채널을 개설하였다.

기존의 전력회사가 직면한 위기는 전력회사와 최종 소비자와 소통하는 유통 채널에서 중개자로의 역할이 소멸되는 탈중개화가 발생한다는 점이다. 이러한 변화는 아마존^{Amazon}의 등장으로 기존 출판사, 서점에 일어났던 방식과 다르지 않다. 기존 시장은 새로운 플랫폼에 의해 와해되고 플랫폼이 자가 출판$^{self\ publishing}$, 중고 판매를 위한 새로운 유통업체의 역할도 맡기 때문에 실제 수요는 침식된다. 물론 플랫폼은 단순히 책만 공급하는 것이 아니라 신뢰할 수 있는 브랜드와 진정한 존재감을 결합하여 광범위한 공급자와 소비자를 연결하는 시장을 제공한다. 뉴질랜드에서는 일반 가정이 소매업체인 플릭 일렉트릭$^{flick\ Electric}$ 등을 통해 도매시장에 직접 노출된 가능성이 보인다는 몇 가지 증거가 이미 있다. 또한 다음 단계로 개별 소비자는 호주의 리포짓 파워$^{Reposit\ Power}$ 등 전력회사들이 이미 실험하고 있는 AMI 기술을 활용하여 서로의 에너지를 거래할 수 있다. 온라인 커뮤니티를 통해 에너지를 거래하는 방식은 현재 활발하게 진행되고 있는 연구 주제이다(Bourazeri et al., 2012).

스마트그리드^{smartgrid}, 마이크로그리드^{microgrid}, 지역 발전$^{local\ generation}$, 전력저장 시스템은 새로운 방식으로 소비자가 참여할 수 있는 기회를 창출한다(3장 참조). 전력산업에서 점점 미디어, 엔터테인먼트, 가정 자동화, 에너지 절약, 데이터 수집 등의 기회를 찾고 있는 온라인 디지털 데이터 관리 업계에 대한 관심이 높아지고 있다. 전력망과 연계된 분산형 전력 시스템에서 수요 그 자체를 온전히 공급하기 보다는 수요와 공급을 맞추는 중개자 성격의 역할이 부각되고 있다.

기존의 전력회사들이 주요 고민은 자사의 브랜드가 미래가 아닌 과거에서 훼손된 부분으로 인식되는 상황이다. 에너지 절약, 수요 관리 사업 영역은 신규사업자가 기존 사업자보다 더 신뢰성이 높다고 인식되기 때문에 신규 영역에 브랜드 사용에서 매우 신중해야할 필요가 있다. 동시에 신규 브랜드의 불협화음이 발생해 오래된 브랜드 역시 가치가 제고될 수 있다.

기업에 있어 또 다른 중요한 과제는 스마트 홈, 스마트 시티, 스마트 기업 환경에서 데이터를 관리하는 전문가가 필요하다는 사실이다. 스마트 기기, 스마트그리드 데이터와 인구 통계, 행동, 고객 특성, 기타 요소에 대한 추가적인 정보 등이 데이터가 제공하는 기회를 최대한 활용하

PART3 전력회사의 미래, 미래의 전력회사

기 위해서는 필요하다. 이미 많은 전력회사는 고객 세분화를 위해 정교한 데이터 분석을 사용하고 있다. 이는 향상된 분석, 소셜 미디어 등을 통해 빅데이터, 다른 산업에서의 학습을 통해 구축되고 보완될 수 있다.

2.5 정부와 규제

에너지는 그 특성상 경제적, 정치적으로 중요한 문제이다. 다른 많은 산업에서보다 전력부문의 기업들은 운영허가^{license}가 정치적 맥락으로 결정되며 사업 활동에 대한 공공의 신뢰는 매우 중요한 요인이다. 전기(사용)비용은 가계지출과 상업, 산업 경쟁력 측면에서 매우 중요한 요소이다. 전력의 이용가능성은 모두에게 '성패를 좌우하는' 문제이다. 따라서 전력회사의 활동들이 공공과 정치 쪽에서의 관심 영역에서 결코 벗어날 수 없다. 이전 절에서 논의한 생산 서비스 모델과 관련되어 일어난 최근의 사건들은 대중, 정치인들의 의지가 사업의 본질을 바꿀 수도 있다는 잠재력을 보여준다.

정치적 상황은 전력회사의 비즈니스 모델을 형성한다. 이러한 맥락에서 변화는 전력회사에 매우 큰 영향을 미칠 수 있다. 이러한 특성은 항상 그래왔지만 특히 극적인 에너지 변환의 측면에서 정치·규제적 결정들이 더욱 더 중요해지고 있다. 여러 국가의 상이한 에너지 전환에 대한 정치적 접근 방식은 가장 두드러진 변화가 보이는 독일을 포함한 유럽에서 화석연료, 원자력 발전의 극적이고 빠른 변화를 설명하는 주요 사항이다.

정치, 규제에 대한 우려는 세 가지 중요한 점에서 에너지 전환에 영향을 미칠 가능성이 높은 것으로 보인다. 데이터 개인 정보, 보안, 취약한 고객에 미치는 영향, 에너지 서비스 판매 사업자에 대한 금융 규제에 대한 우려가 있다(Pollitt, 2016). 이러한 사항들은 에너지 분야의 모든 참여자들의 행동 범위를 필연적으로 제한한다. 또한, 규제 개입은 기술 발전에 부정적 영향을 끼쳐 개별 국가들의 경제발전 경로에 상당한 영향을 미칠 수 있다.

2.6 혁신의 필요성

혁신을 일으키지 않은 기존 기업들은 코닥^{Kodak}, 블록버스터^{Blockbuster} 비디오 대여점, 대형 서점들처럼 기존 사업자들이 겪었던 방식으로 변화의 압력에 굴복하며 소멸될 가능성이 있다. 물론, 전력산업의 변화는 일부 전력회사를 백업$^{back-up}$ 전력 공급회사로 그 역할을 축소시킬 수 있다. 혁신적인 기술, 제품, 프로세스와 비즈니스 모델을 활용하여 경쟁우위를 확보하고 변환에 앞장서고, 새로운 시장을 창출하는 데 성공한다면 에너지 혁신이 더욱 빨라지고 혁신을 성장을 더욱 촉진할 것이다. 특히, 증가하는 전력 수요를 전력회사가 감당하지 못하고 있는 아프리카를 포함한 다른 많은 지역에서는 혁신이 추진될 것이다. 전력회사들은 열병합 발전과는 다른 수단을 찾으며 여러 솔루션을 검토할 것이다.

비즈니스 모델의 혁신은 혁신의 구성요소 중 하나일 수 있지만 가장 중요한 핵심일 수 있다. 어떤 산업이든 그 역사를 살펴보면, 비즈니스 모델 혁신의 대부분은 새롭게 출현한 기업이 주도하였다. 반면, 기존 기업이 성공적으로 대응책을 찾는 것은 매우 어렵다는 사실을 보여준다. 이미 해당 산업에 안착한 기업들은 기존 비즈니스 모델을 너무 오랫동안 유지하려 하거나 기존 사업과 신사업을 동시에 추진하다가 이도 저도 아니게 될 수 있다(Nillesen et al., 2014).

PART3 전력회사의 미래, 미래의 전력회사

2.7 자본 위기의 해소

혁신뿐만 아니라 투자 감소가 성장 잠재성을 가로막지 않도록 해야 한다. 일부 전력회사들은 기업평가에 있어 큰 폭의 강등을 경험하였으며 그 가치 역시 현저하게 감소하고 있다. 2014년 규제^{regulated} 전력회사의 3%는 S&P 등급이 A 이상이었지만 2007년에는 13%가 A 이상에 속하였다(Edison Electric Institute, 2014). 한편 2013년 무디스$^{Moody's}$는 평가 방법론을 개정하여 분산 발전의 영향을 명시적으로 다루었다. 일부 회사들은 신용등급을 유지하기 위해서, 현금흐름에 비해 비대해진 부채를 줄여야하는 경우도 있다. 유럽과 아프리카 일부 국가들은 노후된 인프라를 대체하고 스마트그리드와 같은 에너지 전환을 위해 대규모 자본 투자 문제에 직면하였다. 이와 함께 많은 전력회사들은 성숙된, 저성장 또는 정체된 시장에서 급성장하는 지역으로 다변화하기 위해 자본을 배치해야한다. 또한 이러한 상황은 이윤 마진의 축소, 기존 자산가치의 하락과 신기술, 인프라, 재생에너지 투자확대 필요 증가로 이어진다.

미국 전력회사들이 극복해야하는 난관은 투자자들로 하여금 향후 주가가 높은 평가를 받을 수 있다는 사실을 확신시켜야한다는 점이다. 즉 유럽의 전력회사들이 겪고 있는 다양한 어려움 없이 에너지 전환이 가능하다는 것을 투자자들에게 증명하며 협상할 수 있어야한다. 이에 관련해서는 자금 조달에 있어 혁신적이고 대안적인 접근방식이 점차 보편화되고 있다. 이미 국부 펀드, 보험, 연금 기금 등과의 파트너십, 전략적 제휴가 점점 더 중요해지고 있다.

에너지 전환 전력산업의 미래

3. 전력회사의 미래 비즈니스 모델

　미래의 비즈니스 모델을 정의할 때는 기업은 우선 각자의 목적과 미래 시장에서 어디 부분에 집중할지를 이해하고 도전해야 한다. 이것을 "미래 청사진을 그리는 것(그림 15.2)"이라하는데 몇 가지 단계로 구성된다. 미래상을 제시하는 일은 사업 영역, 시장, 제품, 서비스들을 정의하는 "어디서 활동하지$^{where\ to\ play}$"를 정의하는 것부터 시작한다. 핵심영역, 인접영역, 성장시장에서의 참여영역 등은 사업적 매력, 경쟁역량, 수익 잠재성 등을 고려하여 평가된다. 다음은 선택한 사업 영역에서 "어떻게 활동하지$^{how\ to\ play}$"를 평가하는 단계이다. 이 단계에서는 시장 진출 전략을 정의하는데 새로운 상품 출시, 혁신적인 가격 책정 등을 통해 고객 유치와 시장 활성화를 추구한다. 이어서 청사진에 있어 가장 중요한 단계는 "어떻게 승리할 것인가$^{how\ to\ win}$"이다. 이 단계에서는 파트너십 체결, 채널 확장 등을 통해 높은 시장 경쟁력을 확보하는 구체적인 최적 접근법을 결정한다.

　앞서 언급한 선택 사항들을 제대로 평가하기 위해서는 각 기업은 효과적으로 경쟁하기 위해 필요한 유형과 수준과 관련된 부문들의 현재 역량을 확인할 필요가 있으며 탈집중화되어 분화된 시장에서 융성해야 한다. 특히 이미 시장에 진입한 기업과 신규 사업자 모두는 자산 관리, 규제 대응력 등을 차별화시키고 혁신 또는 상업성 등을 개발하고 혁신하기 위해서 다양한 역량을 재고할 필요가 있다. 이를 '역량 주도 전략'이라고 한다(Leinward and Mainardi, 2010).

　미래의 에너지 가치 사슬은 어느 때보다 서로 연결될 것이다. 이 가치 사슬은 매우 높은 관련성으로 특징된 통합된 생태계를 형성한다. 기존 기업들은 각 가치 사슬 구성 요소의 독립된 특징을 넘어 통합 관점

PART 3 전력회사의 미래, 미래의 전력회사

으로 미래에 상호 관계를 가질 수 있는지를 중점적으로 살펴보아야 한다. 예를 들어 시스템 성능에 대해 지식의 축적으로 고객 경험 향상으로 어떻게 이어지는지를 확인해야한다. 비(非)전통^{nontraditional} 신규 사업자는 자산을 보호하고 고객과의 관계를 축소하지 않은 방법으로 고객, 기존 회사들과 어떻게 상호관계를 가질지를 결정해야한다.

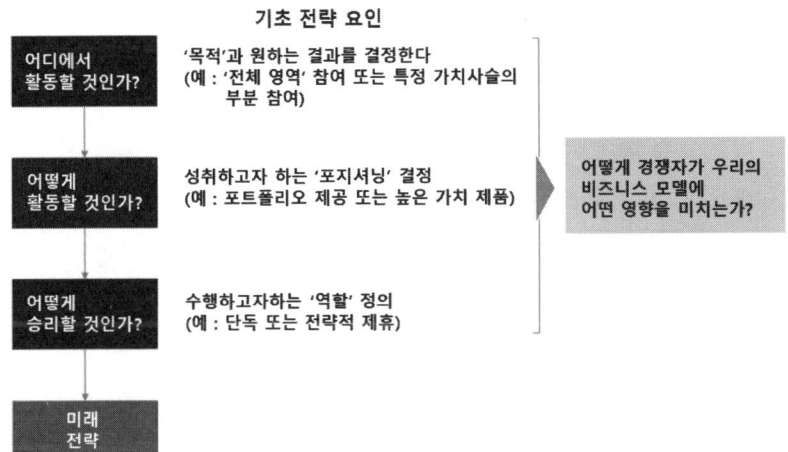

그림 15.2 미래에 대한 청사진 형성 과정 (출처 : PwC, 2014, p. 17.)

3.1 전통적인 핵심 사업

미래의 대안적인 비즈니스 모델은 수십 년 동안 전력, 가스 공급을 지배했던 전통적인 모델과 크게 다를 수 있다. 과거에는 전력회사가 전체 가치 사슬을 통제했기 때문에 발전부터 소매 판매까지 수직통합된 전력회사를 운영하는 것이 용인되었다. 그러나 이러한 모델은 많은 국가에서 시장 구조조정을 통해 대체되었으며 분산형 발전 등의 신기술과

고객 참여의 결합을 통해 더 이상 쓸모가 없는 것이 되어 버렸을 지도 모른다.

전통적 모델에서 유형 자산$^{tangible\ assets}$과 독점적 사업권은 물리적 통합, 규모의 경제, 접근의 단순성 등의 이점을 유지하는데 중요하다고 간주되었다. 규제 가격과 독점 서비스 사업권은 수익을 보장해주었다. 경쟁 장려 정책의 등장으로 시장 옵션이나 규제 및 의무 등을 활용하기 위해 가치 사슬 일부는 전문화되고 신규 회사가 진입할 수 있게 되었다. 봉인되었던 기회가 열리며 신규 사업자들은 가치 사슬 깊숙이 침투할 수 있게 되었다. 또한 보다 더 전문화된 영역들 역시 출현하기 시작했다.

새롭게 출현한 비즈니스 모델들에서는 더 높은 수익과 이익 성장을 우해 비용 절감이 아닌 가격/수익에서 더 높은 마진을 얻는 데 중점을 두고 있다. 전통적인 전력회사가 해당 국가/지역에서 전력산업이 어떻게 진화하고 어떤 시장 모델이 출현할지에 따라 가치 사슬의 어디에서 사업을 할지를 평가할 필요가 있다. 전통적인 전력회사는 여러 가지 비즈니스 모델을 활용해야할 것인가? 그렇다면 회사가 성공하기 위해서는 그들의 사업은 어떻게 변화시켜야 할까?

다음 절에서는 8개의 대안적인 비즈니스 모델(그림 15.3)을 구별하여 범위, 근거, 경쟁 기반, 수입원 등에 대해 설명한다. 이는 사업자가 어떤 비즈니스 모델을 선택하는 것이 적절한지, 충분한 시간 내에 새로운 시장을 개발할 수 있는 중요 결정을 내리는데 도움이 될 것이다.

PART3 전력회사의 미래, 미래의 전력회사

	특징	요구 조건		특징	요구 조건
발전-판매자	발전원을 보유하고 경쟁시장에서 소매 전력을 고객에게 판매	-시장 통찰력 -프로젝트 개발 -에너지 거래/헤징 -창작, 제품개발, 가격책정 -고객 관리	제품 혁신가	전력 공급 및 태양광, 연료 전지, EV 충전, 스마트기기 등 BTM 서비스 제공	-고객 확보, 보유, 교차 판매 -가격 책정, 번들링(Bundling) -에너지 소싱(Sourcing) -고객 서비스
순수 머천트	발전원을 보유하고 도매경쟁시장 또는 쌍무계약 형태로 전력을 판매	-시장 통찰력 -프로젝트 개발, 자금조달 -창작 -에너지 거래/헤징 -리스크 관리	파트너의 파트너	표준 전력,가스에 고품질 에너지 서비스 추가해 공급, 브랜드화	
전력망 개발업자	발전원을 보유하고 경쟁시장에서 소매 전력을 고객에게 판매	-시장 통찰력 -프로젝트 개발 -에너지 거래/헤징 -창작, 제품개발, 가격책정 -고객 관리	부가가치 조력자	에너지 사용을 적극적으로 관리하고 싶지 않은 고객 대상으로 빅데이터를 활용	
네트워크 관리자	발전원을 보유하고 도매경쟁시장 또는 쌍무계약 형태로 전력을 판매	-시장 통찰력 -프로젝트 개발, 자금조달 -에너지 거래/헤징 -리스크 관리	가상 전력회사	분산형 시스템에서 발전원을 모집하고 발전, 송배전 자산 보유 없이 중개자 역할	

그림 15.3 전력산업 가치 사슬과 신규 비즈니스 모델 특성 개요
(출처 : PwC (2014).)

3.2 발전-판매^{gentailer} 모델

발전-판매 모델은 일반적으로 발전, 소매 부문에 경쟁이 도입되었고 송전, 배전 회사가 규제된 독점 형태로 운영되는 경우에 전형적으로 적용할 수 있다.

호주, 영국, 뉴질랜드 등은 이 모델을 성공적으로 구축한 국가이다. 뉴질랜드에서는 5개의 주요 발전회사가 상위 5개의 소매 업체이기도 하다. 이러한 형태의 시장 개발은 향후 비즈니스 모델의 개발에 영향을 줄 수 있는 규제를 함축하고 있다. 이 모델은 에너지 시장의 규제가 풀리면서 전통적인 독립발전 사업자$^{Independent\ Power\ Producer(IPP)}$가 소매 에너지 판매 영역으로 이동한 지역에서도 발전해왔다. NRG 에너지$^{NRG\ Energy}$, 넥스테라 에너지$^{NextEra\ Energy}$는 미국에서의 발전-판매 형태의 두 가지 예이며 그들의 발전사업에서의 위치를 보완하기 위해 소매사업 영역을 개

에너지 전환 전력산업의 미래

발하거나 인수하였다.

성공적인 발전-판매 회사가 되기 위해서는 다음의 여러 가지 사항을 실행해야 한다.

- 다양한 고객층이 스마트 기술을 사용하는 방식을 모니터·이해하고 그들의 선호에 따라 모바일, 요금 솔루션으로 활용하는 방법을 평가해라.
- 송전, 배전 운영자가 분산형 에너지원을 개발, 소유, 운영할 수 있게 해주는 규제 변화를 모니터링해라.
- 모바일 도구 또는 소셜 미디어를 활용해 고객 참여를 증가하고 에너지를 관리하는 제품/서비스를 제공하는 신규 사업자들을 모니터링해라.
- 미터 뒤$^{\text{behind-the-meter}}$ 분산형 에너지원 사업 계획을 개발하는 데 협력할 수 있는 잠재적 파트너를 파악해라.
- 대안적인 여러 시장 시나리오들에 따라 미래에 어떤 발전^{generation} 상품들을 제공할지를 결정하는 자산 배치, 투자 요건 등을 지원하는 제조/구매 결정을 검토해라.
- 고객 세분화, 고객 전환비율, 수익성 높은 고객 유지가 이해되는 부문에 투자해라.
- 유기적으로 또는 파트너십을 통해 또는 기업 인수를 통해 미터 뒤 분산형 에너지원 사업을 개발해라.
- 새로운 에너지 관리 솔루션과 스마트 도구 등을 통해 고객 참여를 증가시켜라.
- 고객에게 더 많은 옵션 또는 위험/보상 요금을 제공하는 대안적인 요금 패키지와 접근 방식을 개발해라.

PART 3 전력회사의 미래, 미래의 전력회사

3.3 순수 머천트^{pure play Merchant} 모델

순수 머천트(역자 주: 장기 구매 계약 없이 거래소 또는 사업자와 거래하는 상업 발전) 모델에서는 사업자들은 상승하거나 높은 도매 에너지 피크^{peak} 가격과 높은 가격 변동성이 있는 유동 시장^{liquid markets}을 선호한다. 미국의 텍사스^{Texas}, 캘리포니아^{California}, 뉴잉글랜드^{New England}와 칠레 등의 신흥 시장 국가가 여기에 해당된다.

천연가스, 석탄 가격이 낮은 지역은 머천트 사업자에게 적합하지 않다. 왜냐하면 낮은 원가는 도매 에너지 가격을 하락시키고 머천트 사업자가 활용할 수 있는 '스프레드^{spread}'를 제공하지 않기 때문이다.

순수 머천트 사업에서 성공하고자 한다면 다음의 사항들을 실행해야 한다.

- 운영비용을 최소화하고 가격, 매출 변동 리스크를 관리하는 세계적 수준의 운영 관리 체계를 구축해라.
- 기술, 시장에 걸쳐 균형 있는 발전^{generation} 포트폴리오를 형성하는 투자 계획을 수립해라.
- 시장, 급전순위^{merit order}(역자 주: 입찰가격 등으로 결정되는 발전기 가동 순서)변동 리스크를 완충시킬 수 있도록 발전 포트폴리오에서 제공할 수 있는 대체 상품을 찾아라.
- 동일한 전력망과 상호 연결되어 활용도를 높이기 위해 전통적인 화석연료 발전기 용량을 태양광, 전력저장장치 등으로 확장할 수 있는 가능성을 검토해라.
- 배전단 또는 미터 뒤(소비자 영역) 프로젝트(예 : 태양광, 충전 인프라)를 개발하는 방안을 모색해라.

- 발전기 용량에서 유연성의 가치를 제고하여 운영 가용성을 향상시킬 수 있는 투자를 평가해라
- 머천트 발전기와 경쟁하는 에너지저장장치 등과 같은 파괴적 솔루션을 개발해라.
- 성능이 매우 우수한 발전기 개발과 운영 효율성을 개선해라.
- 미래 머천트 발전 잠재력이 높은 지역을 선별하여 토지 등에 빠르게 투자해라.
- 적절한 발전구성generation mix을 위해 계획, 개발, 파이낸스, 건설, 운영 등 전 과정에 걸쳐 비용 효율성을 극대화해라.
- 사업 리스크를 헤지hedge할 수 있는 분석능력과 에너지 거래 능력을 강화해라.

3.4 전력망 개발업자Grid Developer 모델

전력망 개발업자는 일반적으로 기존 인프라와 관계된 영역에서 규제에 따라 결정된다. 이러한 모델의 예로는 유럽의 송전망 시스템 운영자Transmission System Operator(TSO)와 미국의 독립 시스템 운영자Independent System Operator(ISO) 등이 있다. 또한 발전소와 전력 수요 지역 간 충분한 송전 인프라가 없는 지역에 새로운 전력망 개발업자가 구성될 수도 있다.

예를 들어 수력 발전소, 풍력발전 단지wind farm와 같은 도시에서 떨어진 지역에 송전망을 새롭게 구축하거나 송전제약을 완화하기 위해 신규 송전 인프라를 보강하기 위해서 전력망 개발업자가 필요할 수 있다.

이러한 전력망 개발업자의 예로는 일렉트릭 트랜스미션 텍사스Electric Transmission Texas(ETT), 클린 라인 에너지 파트너Clean Line Energy Partners(CLEP) 등을 들 수 있다.

PART3 전력회사의 미래, 미래의 전력회사

이 분야에서 성공적인 사업자는 훌륭한 운영 실적과 송전선로 설계, 운영, 유지 보수 등 인프라를 뒷받침하는 데에 매우 탁월한 능력을 갖추고 있다.

전력망 개발사업자로서 성공하기 위해서는 다음의 항목들을 따라야한다.

- 대규모 재생에너지 발전, 유연한 열병합 발전 등과 관련된 송전망 건설을 위한 신규 지역(기존 시장 또는 새로운 시장에서) 위치를 확인해라.
- 송전사업이 수익성이 나오기 위해서 시간이 필요한 경우, 시장 입찰 프로세스를 형성하기 위해 자본 투자자 등 기존과는 다른 대안적 소유자 집단과 협력해라.
- 기존 계약, 조달 절차를 검토해 자본, 리스크 배치 등이 가치를 극대화시키고 있는지와 함께 규제·규정 등을 준수하고 있는지를 검토해라.
- 전력망 연결 프로세스를 간소화시켜 자원 생산성을 향상시키고 운영비용을 낮춰라.
- 배전시스템운영자$^{\text{Distribution System Operator(DSO)}}$과의 제휴가 규모의 경제를 제공하고 새로운 투자를 위한 범위를 확장하고 있는지를 고려해라.
- 배전시스템운영자와 규제 기관과 긴밀한 관계를 형성하여 대규모 발전 계획이 뒷받침될 수 있도록 해라.
- 투자 파트너가 대규모, 저탄소 재생에너지 프로젝트 개발을 위한 도시 지역으로의 신규 송전선로 건설에 투자하도록 유도해라.
- 비용효율성을 제고하는 세계적 수준의 운영 절차를 구현해라. 그리고 발전사업자, 수요 관리자와 새로운 형태의 계약 체결하여 성과와 비용절감에 인센티브를 제공하는 공급망$^{\text{supply chain}}$을 구축해라.

3.5 네트워크 관리자 network manager 모델

네트워크 관리자 모델은 일반적으로 발전, 판매 부문이 경쟁 시장의 형태로 운영되고 송전, 배전 회사들은 규제 하의 독점체계로 유지되는 지역에서 나타난다. 호주, 영국, 뉴질랜드 등이 이 모델을 성공적으로 구현한 국가이다. 그러나 분산발전과 마이크로그리드의 확산에 따라 전 세계에 많은 지역에서 이러한 비즈니스 모델이 관련되어질 것이다.

성공적인 네트워크 관리자 사업자가 되기 위해서는 다음의 사항들을 따라야한다.

- 시스템 성능 향상에 중점을 둔 투자(예 : 스마트그리드)를 승인 받을 수 있도록 규제 기관과 협력해라.
- 전략적으로 투자 대상을 결정하여 인프라를 보강해라.
- 신뢰도 표준, 인지도를 높여라.
- 네트워크 연결, 운영, 설치 등을 위해 분산발전 개발자와 협력관계를 구축해라.

3.6 제품 혁신가 Product Innovator 모델

제품 혁신가 모델은 규제체계 하에서 고객이 새로운 기술·제품을 적극적으로 수용하는 시장에서 특징지어져 두드러지게 나타난다. 분산에너지 보급률이 매우 높은 시장은 이를 보완해주는 서비스 등의 관련 제품군을 제공하는 제품 혁신가에게 매우 매력적이다. 순수한 에너지 공급 이상의 제품을 시장에 제공하는 제품 혁신가의 예로는 미국의 다이렉트 에너지 Direct Energy, TXU 에너지 TXU Energy와 뉴질랜드의 파워숍

PART3 전력회사의 미래, 미래의 전력회사

Powershop 등을 들 수 있다.

또한 이러한 기업들은 일반적인 경쟁에 뛰어들기보다는 고객 제품 개발, 공급에 있어 다른 시장의 기업과의 제휴(예 : 구글^{Google}의 네스트^{Nest})를 고려할 것으로 보인다.

제품 혁신가로서 시장에서 성공하기 위해 필요한 사항들은 다음과 같다.

- 가정용 전자기기 등을 포함한 모든 제품들을 포함하여 매력적인 제품군을 개발해라
- 주택·건물 보안, 자동화 등과 같이 다른 영역의 수요를 통합할 수 있는 비교우위의 상품에 대한 기회를 찾아라.
- 데이터 분석 도구에 투자해서 고객 유치와 유지에 힘써라.
- 제품 확장성을 뒷받침하여 브랜드 평판을 제고해라.
- 고객 유치비용을 낮게 유지하고 전체 운영비용을 전반적으로 낮춰라(예: 에너지 공급 계약 또는 자체 에너지 공급 등을 매력적으로 제공).
- 수익 마진을 확보하기 위해서 일반적 제화 포트폴리오 이외의 상품 포트폴리오를 다양화시켜라.
- 제품 범위를 넓힐 수 있는 파트너쉽을 구축해라.
- 수익성이 좋고, 구매력이 높은 고객들을 유지시키고 고객이탈을 최소화하는데 역량을 집중해라.

3.7 파트너의 파트너$^{Partner\ of\ Partners}$ 모델

'파트너의 파트너' 모델은 에너지 기술이 빠르게 확산되고 수용되는

시장과 많은 관련이 있으며, 여기서 고객은 선행 비용을 낮추면서 라이프 스타일을 단순화하고자 한다. "파트너의 파트너"는 분산에너지 보급이 빠르게 이루어지고 있는 시장에서 단순하지만 혁신적인 서비스, 솔루션을 제공하는 사업 유형이다. 미국의 NRG 에너지$^{NRG\ Energy}$의 eVgo (전기차 충전소 사업), Sunora(태양광 솔루션 사업)이 여기서의 대표적인 예라고 할 수 있다.

과거와 다른 대상·방식의 파트너십 체결이 필요하기 때문에, 이 사업 모델을 채택하는 전력회사는 매우 드물다. 파트너의 파트너 모델에서 성공하고자하는 회사들은 다음의 사항들을 고려해야한다.

- 경쟁력 높은 일련의 서비스를 개발하고 적절한 솔루션을 제공하는 파트너를 구해라.
- 솔루션 파트너들과 폭넓은 관계를 구축해라.
- 활용할 수 있는 시장의 범위를 확장해라.
- 연결된 고객들에게 제공할 수 있는 제품 번들^{bundle}을 제공해라.
- 브랜드 가치를 제고해라.
- 단일 고객에게 여러 제품을 교차 판매하는 방식 등으로 서비스 단가를 낮게 유지해라.
- 명확한 고객 서비스 기준을 정립하고 신속하게 고객의 어려움을 파악하고 대응해라. 혁신적이고 편리한 서비스를 폭넓게 제공하여 고객 만족도를 높게 유지해라.

3.8 부가가치 제공$^{Value-Added\ Enabler}$ 모델

대다수 전력회사는 과거에는 지식 기반의 부가가치를 제공했었다. 특

PART3 전력회사의 미래, 미래의 전력회사

히 에너지 효율 프로그램, 산업공정에서의 에너지 관리 등이 전력회사의 대표적인 부가가치 상품이었다. 그러나 여기서 소개하고자 하는 모델의 지식 기반 에너지 관리는 더 깊은 수준으로 심화되고 폭넓은 시장으로 확장된다.

하니웰^{Honeywell}, 미쓰비시^{Mitsubishi} 등의 제조업체는 전력 모니터, 스마트 온도 제어기 등 특정 제어기기에 집중하고 있다. 구글 네스트$^{Google\ Nest}$와 같은 기업들은 대규모 데이터 센터가 공급하는 실시간, 예측 에너지 소비 데이터를 활용하여 '설정하고 잊어버리는' 경험을 고객들에게 제공한다. 이러한 영역에서 전력회사의 진입기회는 상대적으로 열려있다. 특히 전력회사가 시스템과 고객 데이터를 활용하여 예측, 행동 기반의 솔루션을 제공할 수 있다면 이 부문으로의 진출은 가능하다. 또한 전력회사는 데이터 개인 정보 보호법에 따른 제 3자의 데이터 사용 제약의 혜택을 받아 솔루션을 직접 제공하거나 솔루션 업체에 데이터를 제공하는 파트너가 될 수 있다.

부가가치 제공 유형의 업체는 다음의 사항을 고려할 필요가 있다.

- 데이터 합성$^{data\ synthesis}$ 방법, 도구를 배포해라.
- 데이터 보안 프로토콜을 개발해라.
- 경쟁 우위를 유지하기 위해 데이터 관리자와 파트너 관계를 맺어라.
- 강력한 데이터 분석 시스템을 구축해라.
- 성능 기반의 가격 결정 메커니즘을 생성해라.
- 고객 채택을 위한 의사결정 도구를 구축해라.
- 고품질의 데이터 보안 관리 시스템과 프로토콜을 구축해라.

에너지 전환 전력산업의 미래

3.9 가상^{virtual} 전력회사(VPP) 모델

배전망에 연결된 발전원이 비중이 높은 시장(예 : 독일, 미국의 하와이, 캘리포니아) 또는 소비자 참여를 높게 허용하는 지역(미국의 뉴욕, 텍사스, 영국, 호주)은 가상 전력회사 모델에 이상적인 곳이다. 섬 시스템$^{island\ system}$과 원격 시스템 역시 해당 비즈니스 모델에 매우 적합하다. 전력회사는 분산발전과 기존 발전기들을 결합하여 독립 발전사업 시장을 개척하고 자산 포트폴리오를 확장할 수 있다.

성공적인 VPP가 되기 위해 고려해야하는 사항들은 다음과 같다.

- 분산형 발전, 전력저장장치 프로젝트에 참여해라.
- 기술 기반의 공급자와 협력 관계를 구축해라.
- 인텔리전트 기기를 활용해 고객 참여를 강화해라.
- 규제 기관과 협력하여 기존 기업들의 미래 역할을 정의해라.
- 광범위한 에너지 상품(재생에너지, 지역 발전 등)의 구조·가격을 결정하여 소비자에게 제공해라.
- 에너지 거래 능력(자원 확보, 소비 등)을 갖춰라.
- 에너지 가치 사슬 전반에서 주요 사업자들과 협력 관계를 구축해라.

다양한 비즈니스 모델들은 서로 다른 비즈니스 관점, 구성, 수익 기반을 가진다. 이 모델들을 그림 15.4에 요약하였다.

PART3 전력회사의 미래, 미래의 전력회사

비즈니스 모델	주요 사업 대상	사업 영역	수익 기반
전통적인 핵심 사업	자산 - 고객	발전 - 송배전 - 소매	ROIC
발전-판매자(Gentailer)	자산 - 고객	발전 - 소매	경쟁적인 마진(margin)
순수 머천트(merchant)	자산	발전	경쟁적인 마진(margin)
전력망 개발업자	자산	송전	규제 하의 ROIC
네트워크 관리	자산	송전 - 배전	규제 하의 ROIC
제품 혁신가	고객	소매	경쟁적인 마진(margin)
'파트너의 파트너'	고객	소매	경쟁적인 마진(margin)
부가가치 조력자	고객	소매	경쟁적인 마진(margin)
가상 전력회사	고객	배전 - 소매	경쟁적인 마진(margin)

그림 15.4 비즈니스 모델과 그 수익 기반 요약 (출처 : PwC, 2014, p. 19.)

4. 결론

본 장의 시작 부분에서 소개한 다섯 가지 메가트렌드는 현재 에너지 부문을 통해 나아가고 있다. 파괴적 변화의 중심에는 새로운 기술과 기존 기술의 새로운 활용이 놓여있다. 이러한 변화는 현재 전력회사에게는 생존의 위협을 신규 기업과 잠재적 참여자에게는 새로운 기회를 제공하고 있다. 전력회사는 다양한 경로 중에서 적합한 길을 선택하여, 현재 위치에서 앞으로 나아갈 수 있을 것이다. 그러나 미래 비즈니스 모델이 어떻게 될 지는 불명확하다. 미래의 시장이 어떻게 발전하고 성숙할 수 있는지에 대한 많은 불확실성이 존재하기 때문이다. 따라서 다양한 비즈니스 모델이 서로 다른 국가, 지역에서 규제 체제와 시장 요구를 고려하며 탐색될 필요가 있다.

항상 명확할 수는 없지만, 전력회사는 고객과 전력망 소유권, 정책·규제의 영향, 장기적 관점의 참여자간 관계, 수익과 재무구조의 변화 등을 전력산업의 중요 영역을 탐색하며, 미래를 위한 채비에 나서야 한다.

이러한 준비는 머지않은 미래 비즈니스 모델을 성공적으로 개발하는

데 활용할 수 있다. 이와 동시에 전력회사는 기존과 다르게 많은 참여자들이 협업 네트워크를 형성하며, 이러한 시도가 미래 시장 진출 모델의 표준이 될 수 있음을 인식해야 한다. 새로운 기회에 참여하는 기업들은 새로운 기술과 변화된 상황을 활용하여 미래 역할을 정의하고, 이후의 시장 참여를 위한 출발점을 강화할 수 있다. 예를 들어, 전력회사는 이미 과거에 효과적으로 활용하지 않았던 다량의 데이터를 보유하고 있다. 이러한 데이터를 보다 가치 있게 활용하고, 통신 기술을 적용하여 새로운 가치를 추가할 수 있다.

마찬가지로 전력회사는 고객이 더 큰 통제력과 선택권을 얻을 수 있도록 지원하며, 더 큰 공익 목표를 달성하기 위한 대응 정책을 수립하는 데 있어 규제기관과 자연스럽게 협력할 수 있다. 또한, 전력회사는 새로운 상품, 부가가치를 원하는 소비자가 기존의 방식으로 제공받기를 원하지 않을 때, 이를 제공하고자하는 신규 진입 회사에게 매력적인 파트너가 될 수 있다. 요컨대, 전력회사는 미래 에너지 시장에서 '어디'를 전략적으로 선택하여 참여하는 것이 타당할지와 함께, 성공을 위해 '어떻게' 자신을 잘 배치할 수 있을지를 결정해야 한다.

모든 전력회사에게 만병통치약이 될 수 있는 하나의 비즈니스 모델을 존재하지 않는다. 오히려, 전력회사는 새로운 시장 환경과 고객의 진화에 적응해야 한다. 전력회사가 미래 전력시장의 방향을 아직 모르는 것처럼, 소비자 역시 새로운 기회 앞에서 정말로 중요한 것이 무엇인지를 잘 모르고 있다. 미래에 대한 예측과 기대 사이의 차이는 전력회사와 소비자의 관계를 새롭게 형성해 나갈 것이다. 즉, 새로운 비즈니스 모델을 구축하고 더 광범위한 많은 가치를 창출하는 미래에서, 기존 전력회사를 어떻게 배치할 것인지는 아직 결정되지 않은 '열린 바다'와 같다.

PART3 전력회사의 미래, 미래의 전력회사

제16장

유럽의 전력회사 : 미래를 위한 전략적 선택과 문화적 선결 조건

...

European Utilities: Strategic Choices and Cultural
Prerequisites for the Future

Christoph Burger, Jens Weinmann
European School of Management and Technology (ESMT), Berlin, Germany

---

1. 소개

 유럽의 기존 에너지(전력, 가스) 회사들이 지난 몇 년 동안 겪었던 변화에 대처하기 위해 어떻게, 언제 대응하였을까? 여기서는 이 질문에 대한 답을 찾고자 한다.

 유럽 에너지 회사들은 이러한 변화를 처음 경험하고 극복한 것이 아니다. 2000년대 초반 유럽 에너지 회사들은 국가가 통제하는 규제 체계에서 자유화로의 전환을 성공적으로 이루어냈다. 도매, 소매 시장의 창출로 전기와 천연가스 공급 산업의 경쟁 동기가 활성화되었다.

 새로운 구조는 대다수 사업자들의 매출에 큰 영향을 끼치지 않았다. 다만, 경쟁 구도가 바뀌었다. 국제에너지기구$^{\text{International Energy Agency(IEA)}}$는 여러 국가에서 2020년에 이르러 태양광 생산 전력이 전력 소매가격과

에너지 전환 전력산업의 미래

동일한 수준이 되는 그리드 패리티$^{grid\ parity}$에 도달하게 될 것으로 전망했다. 재생에너지는 2011년과 2018년 사이에 전 세계 총 전력생산의 20%에서 25%까지로 증가될 가능성이 있다(IEA, 2015).

독일에서는 150만이 넘는 일반인들이 우선 급전순위 대상인 재생에너지를 소유하고 있으며, 관련 시장에 참여하고 있다(17장 내용 참조). 풍력, 태양광 등의 한계비용이 0인 재생에너지는 도매시장 가격에 상당한 하방 압력을 가한다. 독일 전력회사 RWE의 CEO인 피터 터리움$^{Peter\ Terium}$은 전통적인 발전기가 수익을 창출하지 못하는 '퍼펙트 스톰$^{perfect\ storm}$'에 전력회사가 직면했다고 말했다. 일부 전력회사는 새롭게 건설한 고효율의 가스발전 조차도 운영을 보류하기 시작했다.

유럽 전력회사들은 현재 상태를 유지하거나 성장할 수 있는 기회가 급속히 사라지고 있다는 것을 깨닫고 있다. 전력회사는 기존 비즈니스 모델을 지역적으로 확장하여 성장 시장(예 : 아프리카, 인도 등)에 진출할지 또는 솔루션 제공 중심의 전력회사 2.0으로 전환할지를 재정적 여건을 고려하며 결정해야하는 기로에 서 있다.

유럽 주요 전력회사 대부분은 두 가지 전략을 동시에 추구하려고 시도 중이다. 그러나 재무 측면과 커뮤니케이션 측면에서 각기 강조하고 있는 경로가 서로 다르다.

본 장의 2절, 3절에서는 현재 유럽의 전력회사들의 확장 전략을 검토하였다. 사례에 기초한 국제화 전략과 전력회사 2.0$_{(IoT\ 기반의\ 신사업\ 추진)}$으로의 이행을 분석하였다. 4절에서는 유럽 전력회사들의 주요 전략에 근거하여 하위 항목을 분류하였다. 전력회사 2.0$^{Utility\ 2.0}$의 새로운 시장에 진출한 다른 산업의 사업자의 전략과 틈새시장의 참여자에 대한 사례와 전력회사의 미래를 위한 조직구조상 전제 조건을 5절에 다루었다. 본 장은 에너지 시장의 미래를 장기적 관점으로 바라보며 결론을 맺는다.

PART3 전력회사의 미래, 미래의 전력회사

2 국제화 전략

2.1 국제화 전략 간의 차이점

유럽에서는 2차 세계대전 이후 수십 년 동안 독립적인 국가 체계가 전력공급 산업에 그대로 반영되었다. 제한된 인접된 지역 간 전력 융통이 있는 경우가 있었지만 전략적 목적에 따른 결과는 아니었다. 1990년대 등장한 자유화는 이러한 상황을 근본적으로 뒤흔들어 놓았다. 전력회사들은 정부 지원을 받으면서 해외 자산을 취득할 수 있는 선택권을 가졌다.

두 가지 물결이 유럽 전력회사들의 국제화를 이끌었다. 그 첫 번째는 1990년대 말에서 2000년대 초기에 시작했다. 해당 기간 유럽 주요 전력회사들은 대규모 사업·기업 인수를 위해 주식시장 등을 통해 자본을 조달했다. 민영화^{privatization}는 유럽 전력회사들이 활동 영역을 확장하는 중요한 기회가 되었다. 그들은 라틴 아메리카$^{Latin\ America}$와 카리브해^{Caribbean}에 집중하였다. 특히, 스페인 전력회사와 프랑스의 EDF 등은 전통적인 발전, 배전 자산을 취득하였다. 2000년대 중반까지 민영화는 동유럽과 중앙아시아 지역에서 활발하게 진행되었다. 에온$^{E.ON}$은 가장 큰 투자규모인 62억 달러를 투자하였으며 에넬^{Enel} 역시 32억 규모의 대규모 투자를 집행했다. 거래량 측면에서 가장 활발한 전력회사는 EDF와 RWE이며 각각 7, 6개의 기업을 인수하였다. 한편, 몇몇의 합병이 유럽시장에서 이루어졌는데, 대표적 사례는 2008년 이탈리아의 에넬^{Enel}이 스페인의 엔데사^{Endesa}의 주요 주주가 된 것이다.

그림 16.1은 동유럽과 중앙아시아에서의 민영화 과정에서 유럽 전력회사가 실행한 인수합병 거래량과 금액을 보여준다.

에너지 전환 전력산업의 미래

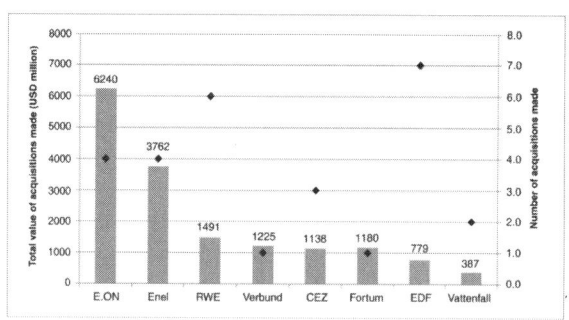

그림 16.1 동유럽과 중앙아시아 전력산업 민영화 기간 중 유럽 전력회사의 인수 현황
(출처 : 저자, 각 전력회사의 사업 보고서)

　국제화의 두 번째 물결은 2000년 후반에서 2010년 초반에 시작되었으며 기존과 약간 다른 기업들이 주도하였다. 이베르드롤라^{Iberdrola}, EDP, 에온$^{E.ON}$과 같은 회사들은 국외 재생에너지 회사들을 인수 대상으로 삼았다. 2004년 이베르드롤라는 그리스의 로카스 그룹$^{Rokas\ Group}$을 인수하였고, 2008년 EDP의 미국 히드라 에너지$^{Hydra\ Energy}$, 프랑스 에올르 76 그룹$^{EOLE\ 76\ Group}$이 소유한 풍력 설비 인수하였다. 또한 2007년 에온$^{E.ON}$의 미국에 위치한 에너지 E2 리노배블스 이베리카스$^{Energi\ E2\ Renovables\ Ibéricas}$, 캐나다에 자리 잡은 에어트릭시티^{Airtricity} 인수 등이 여기에 해당된다. 유럽의 풍력, 태양광 등 재생에너지 산업의 M&A 가치는 2009년 1분기 20억 달러에서 2014년 4분기 80억 달러로 증가하였으며 거래 건수 역시 20건 미만에서 80건 가량으로 크게 증가했다. 독일, 프랑스, 영국이 두 번째 물결을 주도하고 있으며 전력회사가 아닌 기업들의 시장 진출이 눈에 띈다. 자산은 개발자와 수요관리사업자^{aggregator}로부터 연금 펀드와 같은 '목적지 소유자$^{destination\ owners}$'로 이동하게 되었다(Impax Asset Management, 2015). 또한 유럽 이외 지역에서도 유럽 전력회사를

PART3 전력회사의 미래, 미래의 전력회사

인수 대상으로 삼기도 하였다. 여기서 주목할만한 사례는 2011년 중국 삼협三峽, Three Gorge이 에온과 브라질의 일렉트로브라스Electrobras의 입찰 금액을 초과해 포르투갈 전력회사 EDP의 지분 21%를 35억 달러에 취득한 것이다(Bugge, 2011).

지난 20년 동안 많은 유럽의 전력회사들은 높은 수준의 국제화에 도달하였다. 스위스 전력회사 악스포Axpo와 같은 소규모 업체들도 20개 이상의 시장에 진출했다. 16개의 주요 전력회사들의 수익 원천을 분석해 보면 50% 이상의 매출이 국외에서 발생한다는 사실을 확인할 수 있다. 동Dong, 바덴폴Vattenfall, GDF-수에즈(엔지)GDF-Suez(Engie), 에온, 에넬 등은 해외 매출이 60% 이상 차지하며 국제화를 선도하고 있다. 조사대상 중 포텀Fortum, CEZ, EnBW, SSE 등을 포함한 1/4 가량만이 국내 매출이 해외 매출보다 높았다. 그림 16.2는 유럽 전력회사들의 해외 매출 비중을 내림차순으로 정리하였다.

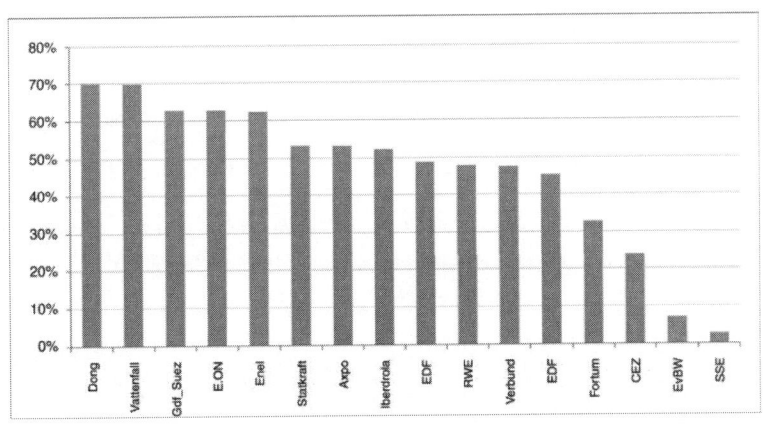

그림 16.2 2014년 해외 매출 비중 : 전체 대비, 고객 위치 기준
(출처 : Burger and Pandit (2014))

에너지 전환 전력산업의 미래

그러나 해외 매출의 지리적 분포를 면밀히 살펴보면, 대부분의 전력회사들은 자국 시장의 인접한 국가의 시장에서 강력한 지위를 가지고 있음을 알 수 있다. 예를 들어, 스웨덴 전력회사 바텐폴은 북유럽, 독일, 네덜란드 시장을 중요 지역으로 삼는다. 바텐폴의 관계자는 "중요 지역 시장에서 바텐폴은 상위 3위 기업 안에 포함되며 전체 현금흐름의 95%가 여기서 발생한다. 3개의 주요시장을 제외하면, 영국이 풍력 발전에 있어 중요하다"라고 밝혔다(Vattenfall,2014). 바텐폴과 유사하게 독일 전력회사 RWE의 관계자는 "유럽은 여전히 전력, 가스 사업의 중요 지역이다. 가장 중요한 시장은 독일, 네덜란드, 영국과 동유럽의 중앙 지역이다. 우리는 재생에너지 발전 부문에서 스페인, 이탈리아 등 우리의 핵심 지역 이외 시장에서도 활동하고 있다."라고 말했다(RWE, 2015).

Kork et al.(2014)의 연구에는 유럽 전력회사들의 지역 수준의 전략이 잘 설명되어 있다. 여기서 다수의 유럽 전력회사들의 핵심 시장 전략의 동인은 '지역 수준의 정책 조화와 시장 통합'을 추구함과 동시에 '불완전한 국내시장의 국제화'를 탐색하는 것이다. 그러나 일부 소수의 유럽 전력회사들은 두 개의 지역 또는 그 이상의 지역에서 국제화 전략을 추구한다. 즉, 이러한 회사들은 적어도 1개 이상의 외부 지역에서 주요한 사업을 가지고 있다. 다음의 두 가지 사례는 서로 다른 전략을 설명해 주는데, 하나는 화석연료를 기반으로 하며 또 다른 하나는 재생에너지를 중심으로 사업을 전개한다.

● **엔지(GDF-수에즈)**$^{\text{Engie(GDF-Suez)}}$: **석탄화력 발전자산 중심의 국제화**

2008년 가즈 데 프랑스$^{\text{Gaz de France}}$와 수에즈^{Suez}의 합병으로 GDF-수에즈로 출범된 후, 2015년 초 엔지^{Engie}로 사명을 변경하였다. 2010년

PART3 전력회사의 미래, 미래의 전력회사

영국 기반의 인터내셔널 파워^{International Power}를 인수하고 터키에 자회사를 새롭게 만들었다.

인터내셔널 파워는 그 전임 기업인 내셔널 파워^{National Power}가 해외 지역에 투자를 시작한 1993년 초기에 출범하였다고 볼 수 있다. 2000년 내셔널 파워의 해외/국내 사업부문이 각각 이노기/엔파워^{Innogy/npower} 브랜드로 분리되었으며, 이후 해외 사업부문은 다시 인터내셔널 파워로 이름이 붙여졌다. 여기서 인터내셔널 파워는 내셔널 파워의 법적인 계승기업으로 볼 수 있다. 이후 10년 동안 인터내셔널 파워는 남미, 중동, 동남아시아, 호주 등 급성장하는 시장에 투자하여 발전 포트폴리오를 확장했다. 2011년 GDF-수에즈는 인터내셔널 파워를 지배하였을 때 82GW 용량에 새롭게 35GW 용량을 추가하였다(Jacobs and Nair, 2012). 이 인수를 통해 세계 최대의 민간 발전회사^{independent power producer}가 탄생하였다. 2012년 인터내셔널 파워는 GDF-수에즈 에너지 인터내셔널^{GDF-Suez Energy International}로 명성을 얻었다.

● 이베르드롤라^{Iberdrola} : 녹색(재생에너지) 중심의 국제화

스페인 전력회사 이베르드롤라는 재생에너지 분야의 국제적 기업으로 자리매김 하였다. 1990년대 말 유럽지역에 자유화 광풍이 불어닥치기 전 이미 민영회사였던 이베르드롤라는 2000년 초 새로운 CEO 이그나시오 갤런^{Ignacio Galan}의 부임과 함께 녹색 세계화 전략을 시작했다. 몇 개의 스페인 풍력 회사의 지분을 인수한 후, 이베르드롤라는 그리스의 가장 큰 발전소를 매수하고 모로코에 풍력 단지를 구축하기 시작했다. 또한, 2006년 미국의 풍력 발전기 생산 업체인 커뮤니티 에너지^{Community Energy}를 인수하여 미국 시장에 진출하였다. 이러한 인수 활동은

일시적으로 부채 비중을 키웠지만, 일부 자산을 매각한 후, 신용평가 기관과 주주는 이베르드롤라의 기업 전략을 지지하였다.

2015년 초 재생에너지 설치 용량은 14.5GW를 넘어섰으며, 그 중 육상 풍력은 96%를 차지했다. 이베르드롤라는 자국인 스페인에 가장 많은 용량인 5.8GW의 풍력 발전기를 가지고 있으며, 거의 근접한 5.6GW의 풍력 발전기를 미국에 소유하고 있다. 이베르드롤라는 미국의 넥스트에라 에너지 리소스$^{NextEra\ Energy\ Resource}$의 뒤를 이어 두 번째로 큰 풍력 발전 운영 회사이다. 한편 앞서 언급한 시장 외 중요 시장인 영국, 아일랜드에 1.4GW, 남미에 0.4GW의 풍력발전을 보유하고 있다 (Iberdrola, 2015).

2.2 국제화 전략에 대한 고찰

유럽 전력회사들의 국제화 전략이 각기 다른 양상을 보일지라도 전략들 간의 몇 가지 유사점을 확인할 수 있다.

- 인수^{acquisitions}부터 제휴^{alliances}까지

앞서 설명한 사례들은 국제화 전력 대부분이 현지 파트너와의 협력을 통한 것이기 보다는 인수를 지향하고 있다는 사실을 보여준다. 특히, 재생에너지 분야에서 전력회사들은 시장이 파편화되어 있는 부분에서 이득을 얻는다. 다른 소규모 사업자에 비해 훨씬 큰 대규모 전력회사들은 일반적으로 지배적인 영향력을 가지고 있기 때문이다. 인수 대상인 소규모 업체들은 규제 상의 특이점, 해당 국가 또는 지역의 경쟁환경 등을 파악할 수 있는 정보 채널 역할을 담당할 수도 있다.

PART3 전력회사의 미래, 미래의 전력회사

그러나 최근 2년 동안 전력회사들은 새로운 지역 또는 신기술로 그 영역을 확장했을 때, 협력할 수 있는 지역 회사를 찾기 시작했다. 예를 들어, EDF 에너지 누벨스$^{EDF\ Energies\ Nouvelles}$는 프랑스 연안 지역에서 육상 풍력 에너지 프로젝트를 위해 wdp와 협력했으며, 이베르드롤라는 애리조나^{Arizona}에 태양광 발전소를 건설하면서 썬파워^{SunPower}와 제휴하였다. 기업 간 협력이 증가하고 있는 요즘 추세는 제휴 상품, 서비스 보다는 내부 솔루션을 개발하는데 노력해왔던 전력회사 사고방식에 변화가 생겼다는 사실을 반영한다. 기업 인수 방식은 새로운 시장 진입이 빠르고 (상대적으로) 효율적이라는 장점이 있지만, 제휴 방식은 복잡한 기술 분야에서 시너지를 낼 수 있는 플랫폼으로써 활용될 수 있다(Musiolik and Markard, 2011; Powell and Grodal, 2005). 이러한 방식들은 전력회사 2.0이 되기 위한 전략과 밀접한 관련이 있으며 3절에서 논의할 것이다.

● **규제 리스크의 다변화**

재생에너지 투자에 있어 가장 큰 불확실성 중 하나는 규제 리스크이다. 정부가 보조금 제도를 바꾸거나 아예 없애는 경우가 발생할 수 있기 때문이다. 예를 들어, 스페인 정부는 발전차액지원제도$^{feed-in\ tariff}$(역자 주: 재생에너지 발전가격이 기준가격보다 낮을 때 정부가 그 차액을 지원하는 보조금 제도)를 2007년에 도입했지만 개인 투자자들에게 지나친 이득을 준다는 사유로 2008년에 대폭 축소하였고, 결국 2012년에는 완전히 중단하였다. 이베르드롤라처럼 해외 투자 시 선호되는 전략은 전반적인 규제 리스크를 줄이기 위해 지역 포트폴리오를 다양하게 가져가는 것이다. 예를 들어, 주(州) 별로 상이한 미국의 규제 체계는 주정부의 예상하기 힘든 개입으

에너지 전환 전력산업의 미래

로 발생하는 위기를 성공적으로 낮출 수 있다. 이베르드롤라는 북미 지역의 뉴잉글랜드$^{New\ England}$부터 서부해안$^{West\ Coast}$까지 아우르는 24개 주에 지사를 운영하여 위험을 분산시키고 있다.

다른 많은 전력회사들과 마찬가지로 이베르드롤라 역시 전력망을 운영하는 사업부문을 수익 마진이 낮지만 안전하고 신뢰할 수 있는 수익원으로 상정하고 위험 감소를 위해 노력하고 있다. 2013년 기준으로 이베르드롤라는 수익의 76%를 망사업과 풍력에서 거두었다. CEO 이그나시오 갤런은 "우리는 발전사업보다 더 많은 송전·배전사업에 치중하고 있다. 우리는 에온$^{E.on}$보다는 내셔널 그리드$^{National\ Grid}$에 가깝다."라고 뉴스 기관인 로이터^{Reuter}에 밝혔다(Clercq, 2013).

● **정부(주정부) 소유 Vs 국제화**

정부는 위험이 높은 해외 투자가 적절한지 여부를 판단할 수도 있다. 한편, 전력회사의 대주주로서 국내 사업에 집중하는 것을 선호할지도 모른다. RWE와 독일의 3번째 대형 전력회사 EnBW는 각각 지방 자치제 당국과 남부 독일의 주정부 바덴뷔르템베르크$^{Baden\text{-}Württemberg}$가 과반수가 넘는 주식을 보유하고 있다. 다른 유럽 전력회사와 비교했을 때, 두 회사 모두 해외 시장의 경우 터키^{Turkey}에만 진출하였으며 유럽 이외의 시장 진출에 신중한 모습을 보인다.

스웨덴 국영 전력회사인 바덴폴^{Vattenfall}의 경우처럼 해외 진출에 적극적인 전략을 펼치는 경우도 있다. 1996년 바덴폴은 핀란드를 시작으로 독일, 폴란드, 네덜란드 등 다른 유럽국가로 그 활동영역을 확장하였다. 다만 지난 몇 년 동안 해외시장 자산을 매각하겠다는 계획을 발표했는데 이것은 좀 더 안전한 국내 시장에 집중하는 것으로 전략적으로 변화했음

PART 3 전력회사의 미래, 미래의 전력회사

을 시사한다.

위의 상반된 두 사례는 정부가 국제화 전략을 결정하는데 큰 영향을 미친다는 것을 보여준다.

● **인수 이후 통합 – 노동력 측면의 기동력 부족**

어떤 산업분야든 성공적인 국제화 전략은 피인수 대상과 인수기업 간의 일하는 습관, 계층 구조, 명령 구조, 법체계 등 문화적 차이에 영향을 받는다. 동유럽과 중앙아시아에서 민영화가 진행된 후, 유럽 전력회사가 상업적으로 성공하기까지는 몇 년의 시간이 필요했다.

또한, 유럽 전력회사의 임직원들에 따르면, 전력회사가 자국을 떠나 수년간 해외에서 근무할 직원을 채용하는 데 어려움을 겪을 수 있다. 이러한 문제들은 과거 규제 기간 동안 이어져왔던 문화적 습성의 차이에서 비롯된 것일 수 있다. 이러한 갈등은 2.1절에서 소개한 인접 지역으로의 확장 또는 지역화를 추진할 때 관심을 가져야할 문제로 고려해야할 수 있다.

지금까지의 논의를 통해 확인할 수 있듯이, 주요 유럽 전력회사들의 국제화 전략은 분산형, 재생에너지의 출현이 촉발한 위기가 불어 닥치기 오래 전에 진행되었다. 유럽의 에너지 수요가 정체되거나 감소됨에 따라 전력회사들은 새로운 수익원을 찾아야 한다. 그림 16.2의 해외 매출 데이터에 따르면, 유럽 전력회사들이 동일하고 입증된 비즈니스 모델을 해외 사업에 적용하는 것은 매력적인 방안이다.

에너지 전환 전력산업의 미래

3. 전력회사 2.0을 향한 전략

다수의 주요 유럽 전력회사들은 기존 매출 부문에 대한 대체 또는 보완을 위한 목적으로 유럽 내 자국시장에서 새로운 매출 흐름을 개발하고자 한다. 비즈니스 모델의 근본적인 변화는 기업 전략에 있어 되풀이되는 전환이다. 예를 들어, IBM은 컴퓨터 제조업체에서 복합 서비스 솔루션, IT 컨설팅 업체로 스스로를 재창조하였다. 한편, 노키아^{Nokia}는 심지어 스노우 부츠 제조사로 시작하여, 휴대전화 제조사로 전환하였다. 이러한 변화는 전원 변화 사이클이 매우 긴 전력산업에서 기대하기 힘들다. 계획에 고려된 기간이 보통 25년을 넘으며, 전력 수요가 상대적으로 비탄력적인 특성을 가지기 때문이다.

그러나 디지털화^{digitalization}는 모든 산업을 송두리째 변화시키고, 특히 사람들이 상호작용하는 방식을 변화시킨다. 또한, 전력산업의 최종 소비자와 생산자, 사람과 기계 간 경계를 허문다. 탈집중화^{decentralization}로의 에너지 혁명은 디지털화 없이 이루어질 수 없다. 또한 이것은 전력회사의 비즈니스 모델에 직접적으로 영향을 준다. 자동적으로 중앙집중형 전력망 연결과 단절된 별도의 전력망 또는 가구 단위의 자가 생산 시스템에서 언제 전기를 생산할 것인가? 새로운 에너지 세계에서 전력회사의 역할은 무엇인가?

전력공급 산업이 현재 탐구하며 나가고 있는 한 가지 해법은 전력회사 2.0$^{utility\ 2.0}$이다. 전력회사 2.0은 전력회사가 분산형 청정 발전, 에너지 저장장치, 향상된 에너지 관리 등을 활용하고, 번성하는 2세대 전력회사라고 정의내릴 수 있다(Farrell, 2014). 다른 정의로는 에너지 자원에서 활용과 경제적 번성을 분리하는 것, 즉 에너지 단위인 킬로와트시^{kWh}를 기준으로 수익을 얻기보다는 에너지 효율 향상, 고객 참여 등 새

PART 3 전력회사의 미래, 미래의 전력회사

로운 영역의 인큐베이터로 활동하는 것이다. 모든 정의에는 전력회사 2.0이 현재 전력회사 사업의 근간을 점진적으로 또는 급진적으로 변화시킨다는 공통점이 있다.

전력회사 2.0 전략은 크게 2가지 영역으로 구분되어 추진되고 있다. 하나는 자산 관리로 분산형 발전의 운영, 소유권과 밀접한 관계가 있다. 또 다른 하나는 정보 관리로 스마트 미터$^{smart\ meter}$, 스마트그리드^{smartgrid} 등과 연관이 있다. 대부분 유럽 전력회사들은 두 가지 영역 모두를 적극적으로 추진하고 있다고 말하지만, 실제로는 전력회사 마다 중점을 두는 부분에 차이가 있다.

3.1 분산형 자산의 관리

이 두 가지 전략 중에서 분산형 자산 관리는 정보 관리보다는 기존 비즈니스 모델과 좀 더 가까운 특성을 가지고 있다. 왜냐하면 전력회사는 자금 조달, 건설(또는 건설 감독), 발전소 운영, 송배전 운영, 기타 자본 집약적 자산 등을 관리해왔다. 분산형 에너지원은 과거와 비교할 때, 그 규모에 차이가 있고 결과적으로 작업 환경과 수익 구조에 큰 변화가 있다. 소규모 에너지 생산 자원을 구성하는 것은 대규모 발전설비 등을 건설·운영하는 것보다 노동집약적이며, 높은 수준의 개별화와 유연성이 필요하다. 독일의 에온$^{E.ON}$과 프랑스의 엔지^{Engie}가 분산형 자원 관리 부분의 선두가 되기 위한 전략을 추구하고 있다.

● **에온 : 자산 관리 중심의 전력회사 2.0 추진**

독일 전력회사 에온은 분산형 에너지 자산을 관리하는데 25년

이상의 경험을 가지고 있다. 이 회사는 유럽의 약 4000개 지역에 분산형 발전 1GW와 분산형 열(난방)장치 3GW를 보유하고 있다(E.ON, 2015). 또한, 에온은 2012년 'E.ON Connecting Energies'라는 고객 시설, 건물에서 에너지 소비 생산을 관리하는 신사업 단위를 추진하였다. 이 신사업 부문은 테스코^{Tesco}, 마크&스팬서$^{Mark\&Spencer}$ 또는 메트로^{Metro} 등과 같은 기업들에게 서비스를 제공한다. 신사업 부문 본부장이자 에온 이사회 구성원인 리언하드 번네이텀$^{Leonhard\ Birnbaum}$은 2013년 분산형 자원에서 얻은 수익이 4억 유로에 달했고, 매출은 10억 유로에 이르렀다고 밝혔다(Flauger, 2013).

● **엔지(GDF-수에즈) : 자산 관리 중심의 전력회사 2.0 추진**

엔지를 포함한 여러 회사들은 자산 관리와 복합 서비스 솔루션을 결합하고 있다. 에너지 효율성 향상, 에너지 사용 절감, 분산형 재생에너지 설치, 지역 에너지자원 최적화 등 지역 에너지 관계 업체·기관을 지원하는 '긍정적인 에너지 영역$^{positive\ energy\ territory}$, 전략을 지향한다. 2015년 1월 GDF-수에즈는 중국회사 SCEI DES(쓰촨 에너지 투자 분산 에너지 시스템$^{Sichuan\ Energy\ Investment\ Distributed\ Energy\ Systems}$)와 합작 투자회사 $^{joint\ venture}$를 설립한다고 발표했다. SCEI DES는 쓰촨성의 산업단지에 최초의 분산형 천연가스 에너지 시스템을 구축할 예정이다(GDF-Suez, 2015).

에온과 엔지의 사례는 기존의 전력회사들이 기술적 역량과 브랜드 인지도를 활용할 수 있는 시장의 기회로 분산형 발전자산 관리 부문을 인식하고 있다는 사실을 보여준다. 분산형 자산을 관리하는 사업은 대규모 발전소를 운영하는 것보다 수익 창출 방식이 복잡하고 세분화되어

PART 3 전력회사의 미래, 미래의 전력회사

있다. 또한 2013년 에온이 분산형 에너지에서 창출한 수익은 여전히 전통적인 사업 부문의 수익보다는 매우 작은 수준이다.

3.2 정보의 관리

다량의 데이터를 이전보다 훨씬 쉽게 처리할 수 있는 시대가 도래했다. 사용자 에너지 소비를 추정할 수 있는 표준 부하 곡선$^{standard\ load\ curve}$과 함께 스마트 미터$^{smart\ meter}$의 대규모 도입으로 개별 (주거) 고객 수준까지 개인화된 데이터 분석, 해석이 가능하게 되었다. 한편, 배전망에서 전력 흐름의 국지적 최적화는 증가하는 태양광을 수용하기 위한 필수적인 전제 조건이다. IBM이 발간한 백서$^{white\ paper}$에서 한 전력회사 CEO는 "미터^{meter} 데이터 관리 데이터베이스에는 30 테라바이트 크기의 정보가 있는데, 그 안에는 미터 이벤트 데이터, 경보, 상태 업데이트, 1년 기준 750억 개 이상의 미터가 판독하는 정보가 저장되어있다"라 밝혔다 (IBM, 2013). 정보 관리의 부분 집합은 기계 간 통신$^{Machine-to-machine(M2M)}$ 통신을 포함한 사물인터넷$^{Internet\ of\ Things(IoT)}$이다(5장 참조). 스웨덴 통신 기술 회사 에릭슨^{Ericsson}은 전력회사가 관리하는 설비/기기 숫자가 2013년 4억8500만개에서 2020년 15억3000만개로 증가할 것으로 예측했다 (Ericsson, 2014).

자산 관리와 다르게 정보 관리는 대다수 전력회사가 활동하지 않았던 영역으로의 이동을 의미하며, 수많은 전문 회사와 경쟁자가 있는 분야이기도 한다. 이러한 신규 진입자로서 전력회사는 고객 행동 또는 새로운 마케팅 채널을 탐색하며, 새로운 사업 기회를 열어야 한다. 만약, 신규 진입 기업이 전력회사와 경쟁 관계가 아니라면, 파트너로서 전력회사들의 미흡한 데이터 관리, 분석 등의 전문 서비스를 제공할 수 있다.

에너지 전환 전력산업의 미래

특히, 중소규모 시영municipal 전력회사 또는 지역 배전망 운영자 등은 이러한 서비스가 필요할 것이다(20장의 내용을 참조). 한편, 이러한 신규 기업들이 추가적인 서비스를 제공하고 얻는 수익은 필연적으로 기존 에너지 회사들의 매출 감소로 이어진다.

유럽의 대다수 전력회사들이 이러한 혁신에 신중한 태도를 견지하고 있지만, 일부 적극적인 전력회사들은 솔루션 서비스 기업과 OEM을 맺거나 또는 자체적으로 솔루션을 개발하기도 한다.

● 에넬Enel : 정보 관리 기반의 전력회사 2.0

에넬의 전력회사 2.0 전환은 이미 2001년에 시작된 이탈리아 가정 전체에 스마트미터를 보급한 텔레제스토레Telegestore부터 시작되었다. 이러한 빠른 움직임의 이유를 다양하지만 계량 정보의 자동 판독, 기술외적nontechnical인 손실 감축, 요금 연체자에 대한 공급 중단, 현장 운영, 구매, 물류의 효율화 등으로 정리할 수 있다. 에넬은 2008년까지 21억 유로를 투자하여 약 3100만 개의 스마트 미터를 설치하였으며, 연간 5억 유로의 손실 감소 효과를 얻었다(Borghese, 2010).

이탈리아에서 경험을 바탕으로 에넬은 새로운 스마트 세상new energy world에서의 고유의 경험을 축척해오고 있다. 에넬의 관계자는 "우리는 스마트 배전망 분야의 세계 선두주자로서의 지위를 확고하게 하고, 글로벌 수준으로 이 분야에서 입지를 굳히고자 한다. 목표는 2018년까지 고객 수를 6% 증가시키고 약 5000만 개의 스마트미터를 보급시키는 것이다(Enel, 2014)"라고 밝혔다.

Enel은 해외에서 자사의 전문지식을 적극적으로 활용한다. 이 회사는 2010년 엔데사Endesa가 위치한 스페인의 배전망의 1300만 개의 미터

PART3 전력회사의 미래, 미래의 전력회사

를 교체하기 시작했다. 스페인에서의 이탈리아 국내 시장에서보다 향상된 기술을 적용한다. 또한 에넬은 유럽 밖에서 시범 프로젝트들을 추진하였다 : 2013년 ICT 유럽$^{ICT\ Europe}$(런던에 위치한 투자은행), 사우디아라비아의 AEC$^{advance\ Electronic\ company}$과 스마트그리드 분야 협력을 위한 양해각서를 체결했다. 2014년에는 멕시코의 전력연구소$^{Instituto\ de\ Investigaciones\ Eléctricas}$와 비슷한 양해각서를 체결했다. 특히, 기술적 문제 외의 손실이 큰 신흥 시장에서는 전력사용 절감 효과가 낮을지라도 대규모의 스마트 미터를 배치할 수 있다. 이러한 상황은 에넬이 신사업분야에서 경험을 축적할 수 있는 기회가 된다.

● RWE : **정보 관리 기반의 전력회사** 2.0

이 책의 서문을 작성한 RWE CEO는 유럽 전력회사 중에서 연구 리더로 명성이 높다. RWE는 전기자동차용 충전 기술을 개척했다. 이 회사는 충전 스테이션과 로밍^{roaming}을 위한 프로토콜^{protocol}의 구성을 결정하는 표준 위원회에 적극적으로 참여했다. 이러한 결정적인 움직임으로 RWE는 공공 충전 스테이션 설치에 있어 유럽시장 선두가 될 수 있었다. 현재 유럽 내 16개 국가, 미국 전역에서 2700개의 충전 스테이션을 운영하고 있다(RWE, 2014). 충전 인프라와 관련된 비즈니스 모델이 여전히 명확하지는 않지만, RWE는 충전 스테이션을 구축하는 데 전문성을 취득할 수 있었다. 이를 통해, 시영 전력회사 또는 전기자동차 대규모 보급에 관련된 여러 기업 등 제 3자에게 전문 기술·서비스를 판매할 수 있을 것으로 기대한다. 예를 들어 암스테르담 시(市)^{Amsterdam}와 RWE의 자회사 에센트^{Essent}는 네덜란드 수도에 260개 이상의 충전 지점 설치 계약을 체결했다.

　RWE는 스마트 홈smart home을 위한 통합 솔루션 역시 개발하였다. 이 시스템은 독립적인 프로토콜에서 실행된다. 이러한 특성으로 인증된 제품만 시스템에 통합될 수 있다는 단점이 있지만 해커의 침입 위험을 낮추어 사이버cyber 공격에 덜 취약하게 만든다. RWE는 아직 이러한 스마트 홈 시스템의 판매량이 어느 정도 되는지 공식적으로 발표를 하지 않고 있다.

　앞의 2 가지 사례는 전력회사가 정보 관리 분야에 혁신을 이끌고 관련 시스템을 보급할 수 있음을 보여준다. 전력회사들은 입증된 비스니스 모델에 의존할 수는 없지만, 이러한 실험 단계(때로는 실패할 수 있는)가 끝나지 않았음을 받아들여야 한다.

3.3 전력회사 2.0 추진 현황

　국제화 전략과 다르게 전력회사 2.0으로의 이동은 보다 근본적인 조직과 행동 변화를 수반한다. 다음 사례들을 통해 전력공급 업체가 겪을 수 있는 혼란을 살펴볼 수 있다.

● **전제 조건으로서 제휴**

　제휴와 파트너십은 전력회사 2.0이 되기 위한 필수 요소이다. 2014년 RWE는 전기자동차 충전 인프라 솔루션 분야에서 프랑스의 슈나이더 일렉트릭Schneider Electric과 협력하였다. 슈나이더 일렉트릭은 에너지 하드웨어hardware, 소프트웨어software 구성 부분의 노하우를 제공하였다. RWE는 이러한 노하우를 스마트 충전기기와 IT 시스템에 적용하는 데 활용하였다. 한편, 스마트 홈 시장에서는 독일 세탁기 제조회사 밀레

PART 3 전력회사의 미래, 미래의 전력회사

Miele, 네덜란드 전자회사인 필립스^{Philips} 등과 협력하였다. 기계 간 통신 M2M은 스마트 홈과 전기 자동차 충전 인프라에 적용될 수 있다. 예를 들어, 자동차 사용을 자동으로 인증하는 데 이 기술을 활용한다. 통신 회사인 보다폰^{Vodafone}은 자동화 기반의 상호작용에 대한 전문성을 RWE에게 제공한다(Vodafone, 2015).

그러나 기존 전력회사가 아닌 기업들 역시 전력회사 2.0으로의 준비를 하고 있다. 2013년 지멘스^{Siemens}와 엑센츄어^{Accenture}는 에너지 효율성 향상, 전력망 운영, 신뢰도 개선 등을 위한 데이터 관리, 시스템 통합 서비스를 제공하고 향상된 스마트그리드 솔루션을 제공하는 합작 투자회사인 옴네트릭^{Omnetric}을 설립했다. 지멘스와 IBM은 배전망 계획, 정전 보호, 소비자 통합과 수익성 강화를 위한 전력회사 솔루션을 제공하기 위해 이미터^{eMeter}에서 힘을 합쳤다.

● **캐즘**(역자 주: 신기술 등이 확산되기 전 장애, 균열)**을 넘어서거나 빠르게 실패하기**

에너지(전력) 회사가 전력회사 2.0을 지향하며 내부 사업 단위의 조직적 변화를 꾀하는 것은 중대한 리스크를 초래한다. 전력회사 2.0에서의 혁신적 제품, 서비스 등은 아직 상업적인 실행이 어려우며, 내부 손실이 발생하지 않는다 해도 내부의 최소 요구투자수익률$^{hurdle\ rates}$을 넘기가 매우 어렵다. 한편, 예를 들어, 이러한 최소 요구투자수익률은 국내 또는 해외에 새로운 발전소를 투자하는 것을 평가할 때 기업의 다른 부문에 적용되거나 부과된다. 이 두 가지 기준은 장기적인 전략적 고려로 정당화되며 추진될 수 있지만, 일상적으로는 기업 내 사업 단위 간의 마찰을 일으킬 수 있다. 이에 따라 다수의 전력회사들이 새로운 제품과 서비스들을 별도의 사업 단위로 묶는 전략을 취하게 되었다. 예를 들어, RWE는 RWE 에피지엔즈$^{RWE\ Effizienz}$라는 자회사를 설립하였다. 이 자회사는 스마트 홈, 전기 자동차, 계량과 에너지 효율 서비스 등을 취급한다.

신기술은 일시적으로 하이프 사이클$^{hype\ cycle}$(역자 주: 미국 IT 자문회사인 가트너가 개발한 기술 성숙도를 표현하는 기술 수용주기)의 최고 지점(역자 주: 2단계로 부풀려진 기대의 정점으로 정의)까지 상승할 수 있다. 즉 정치인, 싱크 탱크$^{think\ tank}$, 기업의 의사 결정권자 등의 지지와 함께 미디어와 여론에서도 유리한 인식을 얻을 수 있다. 그러나 일부 제품 또는 서비스는 사람들의 높은 기대에 부응하지 못할 수 있다. 예를 들어, 스마트미터의 전력 감축 잠재력은 일반적으로 3%에 지나지 않는다. 그 이유는 소비자가 설치 이전의 행동 패턴으로 다시 되돌아오기 때문이다(European Commission, 2015). 이와 유사하게, 대부분 유럽 국가에서 전기자동차의 보급은 정책입안자인 정치인들의 야심찬 포부보다는 훨씬 낮다. 노르웨이 정부는 전기자동차 보급에 있어, 가장 성공적인 국가 중 하나이다. 2015년 1월, 전기 구동 시스템을 적용한 자동차가 신규 등록된 자동차의 20% 점유율을 달성했다. 이러한 높은 전기자동차 보급률의 배경에는 전기 자동차 보급을 촉진하는 보조금에 있다. 독일 모터 개발자 프리츠 인드라$^{Fritz\ Indra}$에 따르면, 고급 차량인 테슬라^{Tesla}를 구매하는 데 있어, 폭스바겐^{Volkswagen}의 소형차 골프^{Golf}를 사는 것보다 많은 비용이 필요하지 않았다. 전기자동차를 구매한 노르웨이 사람들은 상당한 세금 감면 해택과 노르웨이 수도인 오슬로^{Oslo}에서 버스전용 차선을 자유롭게 이용할 수 있는 비금전적 혜택 역시 받았다. 다른 대부분의 국가에서는 공공 충전인프라 관련 사업 등은 여전히 손실을 감수하고 있으며, 이러한 사업들은 일반적으로 선도자$^{first-mover}$적 역할의 필요와 통합 서비스에 의해 정당화

PART 3 전력회사의 미래, 미래의 전력회사

된다.

전력을 포함한 에너지 기업의 조직 문화는 장기의 계획 기간, 연속성, 안전성, 안정성 등에 의해 형성되어 왔다. 향후 몇 년 동안 손실을 입거나 완전히 실패할 수도 있는 신규 사업을 진행하는 것은 이러한 회사들의 임직원들의 사고방식에 부합되지 않을 수도 있다(책 서문의 RWE의 CEO의 글과 15장 내용을 참조). 많은 전력회사들은 인큐베이터incubator 또는 액셀러레이터accelerator의 새로운 형태의 프로그램을 도입하여, 더 많은 기업가 정신entrepreneurial spirit을 더 많이 일깨우려 한다. 그러나 이러한 신생 벤처venture 사업들을 기존 전통적인 사업 단위와 분리하여 다른 기업문화를 갖추도록 더욱 노력해야할 필요가 있다(17장 참조).

● **인센티브 규제의 활용**

스마트미터와 관련된 경험이 가장 풍부한 유럽의 전력회사는 이탈리아의 에넬Enel과 스웨덴의 바텐폴Vattenfall이다. 이러한 스마트미터의 대규모 보급은 일반적으로 정부의 개입 또는 지원으로 이루어진다. 프랑스, 영국, 그리고 대다수 유럽 내 국가들은 스웨덴과 이탈리아의 사례와 유럽연합 집행위원회European Commission의 계획에 맞추어 2022년까지 전면적인 스마트미터 보급에 나설 계획이다. 에너지 절약, 도전energy theft 방지, 계량 비용 감소 등 스마트미터 보급의 여러 주된 목적과 관계없이 정부는 전력회사 2.0으로 전환을 가속시키기 위한 방아쇠와 같은 역할을 할 수 있다. 유럽연합 집행위원회는 유럽 소비자 70% 이상이 2020년까지 스마트미터를 보유할 것으로 기대하고 있다(European Commission, 2015).

전력회사 2.0 전환에 있어 가장 큰 걸림돌 중 하나는 바로 회사 구

성원들의 문화를 변화시키는 과정이다. 지금까지 전력회사들은 도매시장 또는 비탄력적인 수요 특성을 가진 구분할 수 없는 최종 소비자에게 대규모 물량으로 단일 상품(전기)을 팔아왔다. 그러나 이제는 고객별 개별화와 함께 개별 고객 또는 고객군 분류에 따라 복잡한 서비스를 제공할 수 있도록 변화에 적응해야 한다. 특히, 본 장의 5절에서 구체적으로 다룰 신규 진입 회사인 게텍^{Getec}은 에너지 효율, 전체적인 성능 개선을 제공하며, 각 솔루션들은 제공 지역마다 에너지 소비, 소비자 행동 패턴, 건물 구성 등을 고려하여 특성화되어 있다.

일반적으로 전력회사들은 이미 조직 내에 시장에서 성공하기 위해 필요한 전문가들을 모두 확보하고 있지만 이러한 전문가들은 서로 다른 사업부서로 흩어져 있다. 심지어 일부는 내부적으로 경쟁하는 사업 단위에서 근무하고 있는 경우도 있다. 그러나 여기서 가장 큰 도전 과제는 신규 사업 단위에서 내부 전문 인력들을 적제적소에 배치하는 적절한 조직 개편을 시행하는 것이다.

한편 전력회사 2.0의 가치를 창출하는 것은 바로 통합 서비스를 제공하는 데 있다. 예를 들어, 주거용 고객의 순^{net}에너지 절감 잠재력은 높지 않기 때문에, 스마트 기기에 대규모 자본을 투자하는 데 어려움이 있다. 그러나 스마트 기술이 노인 또는 장애인을 위한 보조 생활 시스템과 결합되거나 불법적인 침입과 절도에 대한 보호 시스템의 자동화 등 함께 제공될 수 있다면, 소수의 기술 친화적인 부유층을 넘어 폭넓은 고객층에게 어필할 수 있다.

4. 유럽 전력회사들의 전략 범주화

2절과 3절의 내용에서처럼 유럽 전력회사들은 자유화 이후 확립된

PART 3 전력회사의 미래, 미래의 전력회사

현상 유지가 회사의 존속을 보장하지 않는다는 사실을 깨달았다. 유럽 항공운송 산업에서의 국영 항공사가 처했던 상황과 마찬가지로, 일부 전력회사들은 사라지거나 인수당할 수 있으며 브랜드만 남아있고 실제 소유는 다른 회사로 넘어갈 수도 있다.

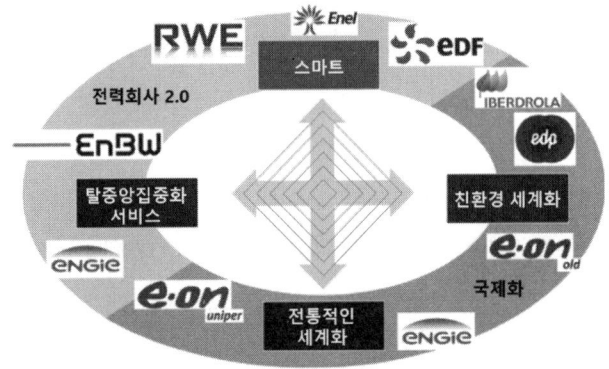

그림 16.3 유럽 전력회사의 전략 유형

그러나 유럽의 기존 전력회사는 이러한 어려움을 대처하기 위해 서로 다른 전략들을 선택하고 있다. 그림 16.3에 유럽 주요 전력회사의 전략들을 몇 가지 기준에 따라 분류하여 설명하였다. 우선 색상으로 구분하여, 타원을 둘로 나누는 전략 기준은 '전력회사 2.0$^{Utility\ 2.0}$'과 '국제화^{International}'이다. 여기서 하나의 전략만을 선택하여 추구하는 전력회사는 존재하지 않는다. 가령, 이베르드롤라^{Iberdrola}와 EDP는 '국제화'와 '친환경^{Green}'으로 엔지/GDF 수에즈$^{Engie/GDF\ Suez}$는 '전통적인 국제화$^{Conventional\ global}$'로 쉽게 구분될 수 있다. 반면, RWE는 신사업 영역인 '스마트^{smart}'를 지향하는 경향이 강한 것으로 볼 수 있다.

이 그림에서는 주요 유럽 전력회사에서 추구하는 압도적인 대세 전략

은 관측되지 않는 것으로 보인다. 그러나 국제화와 전력회사 2.0 모두 현재 진행 중인 전략들이다.

독일 에너지 회사 에온$^{E.ON}$의 요하네스 테센$^{Johannes\ Teyssen}$은 2014년 말 회사가 2개의 부문으로 분리될 것임을 선언했다. 한 부문은 에온 브랜드를 유지하고 소매시장 사업부문을 중심으로 운영하는 독일, EU 국가, 터키 등 국가에서 재생에너지, 배전, 고객 솔루션, 운영 등의 사업을 유지한다. 또 다른 사업 부문은 유나이퍼^{Uniper}로 불리며 수력발전이나 브라질, 러시아에서 기존의 화석연료 기반 발전소 운영과 함께 상류사업$^{upstream\ business}$ 영역과 원자재 개발, 거래 사업을 전개한다.

일부 전문가는 에온이 수익이 나오지 않는 기존 발전 사업 부문을 정리하려 한다고 주장하지만, 에온 CEO는 다음과 같이 사업부문 분리를 설명하였다. "분리한 사업 부문의 2가지 목적에는 근본적인 차이가 있다. 따라서, 2개의 별개 기업이 미래를 위한 최상의 전망을 보여줄 수 있다." 재생에너지 사업 중심의 에온은 낮은 변동성의 수익 기반을 가지고 있지만, 유나이퍼는 유럽과 러시아 지역의 천연가스 사업을 기반으로 한다. 이러한 사업구조는 에너지 공급의 안정성 확보에 중점을 둔 것이다(Drozdiak, 2014). 이러한 전략적 움직임은 새롭게 시작한 에온이 낮은 리스크의 안전한 규제 사업을 활용하는 이베르드롤라와 EDP과 다른 입지를 제공하여 준다. 에온 경영진에 따르면, 분리된 각 회사들은 거의 같은 매출을 보일 것으로 예상된다.

본 장에서 제안한 범주화에 따르면, 다른 유형은 추상화되었을 지도 모른다. 예를 들어, 한 기업이 재생에너지를 포함해 대규모 설비 운영을 유지할 수도 있다. 에온은 텍사스에서 세계에서 2번째로 큰 782MW 급의 육상 풍력단지를 운영하고 있다. 이러한 투자 유형은 분산전원 자산 또는 스마트그리드의 소규모, 복잡한 서비스 솔루션 보다는 전통적인

PART3 전력회사의 미래, 미래의 전력회사

발전 프로젝트와 유사하다.

에온의 사례는 전력회사가 전통적인 에너지 사업 가치 사슬의 특정 부문에 집중하는 전략을 선택할 수 있음을 보여준다. 동시에 여러 국가와 다양한 기술에 걸쳐 시너지 효과를 창출하는 것을 지향한다는 사실 역시 보여준다. 물론, 그림 16.3에서 각 전력회사의 사업 방향이 사전에 결정되었거나 고정되어 있다고 의미하지는 않는다. 대부분 기존 유럽 전력회사들은 재정적 재조정을 통해 사업 전략 방향을 전환한다.

5. 기업 문화 측면의 전제 조건 : 신규 사업자로부터의 교훈

오래전부터 존속한 전통적인 전력회사의 기업 문화는 전력회사가 현재와 미래의 도전을 준비하는데 있어 큰 장애가 될 수 있다. 신규 진입 회사가 성공적인 트랙 레코드를 쌓으며, 그 가능성을 입증시켜오고 있는 사업 부문에 일부 전력회사는 실패할지도 모른다. 이 장에서는 기존 에너지 기업과 새로운 신규 기업을 구별하는 주요한 4가지 특성으로 분산된 의사결정, 고객중심 지향, 유연성, 새로운 플랫폼 등을 살펴보고자 한다. 신규 기업의 실제 사례를 활용하여 각 특성을 설명하고 논의한다.

- **탈중앙집중화**^{Decentralization} : **지텍**^{Getec}

지텍 그룹은 에너지 성과 계약 시장^{energy performance contracting market}에 참여한 기업 집단에 포함되어 있다. 지텍은 1993년에 설립되었으며, 7억5천만 유로 매출 규모의 독일 에너지 성과 시장의 주요 업체이다. 이 회사는 열병합 발전 등과 같은 자산을 건설하고 운영하며, 도매시장에서 전기와 천연가스를 구매·판매하고 풍력, 태양광 발전 단지와 배전망을 운영한다.

에너지 성과 계약은 건물, 에너지 기술과 관련 시장, 상업적 측면과 법적 문제 등에 대한 전문 지식을 요구하는 복잡한 서비스 솔루션을 의미한다. 각 건물은 수명, 공간, 재료, 사용자 특성 등 다양한 측면에서 고유한 특성을 가지고 있기 때문에, 천편일률적인 솔루션은 에너지 성과 계약에서 적용이 어렵다. 이 분야는 매우 전문적이지만 약 2년 전 전력회사가 해당 사업으로 얻었던 수익과 비교할 때, 완만한 매출과 수익 마진을 가지는 소규모 사업이다.

당시 상황을 생각했을 때, 전력회사가 이 시장에 적극적으로 참여하지 않았던 것은 분명해 보인다. 우선 전력회사는 도매시장에서 더 쉽게, 더 큰 이익을 얻을 수 있다. 또한, 에너지 성과 계약은 에너지 감소를 목표로 삼기 때문에, 잠재적 고객 대상에게는 신뢰성 문제에 직면할 수도 있다. 왜냐하면 전통적인 전력회사는 판매량을 증대시켜 수익을 증가시키는 것을 지향해왔기 때문이다.

지텍의 비즈니스 모델에는 전력회사 2.0 전략의 특징을 구성하는 많은 요소가 포함되어 있다. 이러한 사례는 에너지 기업이 전력회사 2.0 전략을 재정의하는데 걸림돌이 될 수 있는 내외부적 요인을 나타낸다.

첫째, 전략적 이동은 기업가 정신이 대규모에서 소규모로, 상품에서 서비스로, 도매에서 고객 지향으로, 장기에서 유연하고 적응력 있게 변화하는 것을 의미한다. 새로운 유형의 비즈니스에 대한 전문 지식을 기업 내부에서 활용할 수도 있지만 필요한 전문가가 다른 사업 부서로 흩어져 있으며, 일반적으로 경쟁 압력이 없고 외부 회사에 비해 비용이 높다. 내부 전문가를 활용할 수 있는 특성화된 그룹을 만들기 위해서는 구조적인 재조정이 필요하다. 지텍은 탈집중형 조직구성 모델을 따른다.

PART 3 전력회사의 미래, 미래의 전력회사

각각의 신규 사업 활동은 새로운 법인 단위로 구현된다. 약 800명의 임직원이 있는 지텍 지주 회사는 재무제표 상에서 완전히 연결된 46개의 기업의 지분을 직간접적으로 보유하고 있다(GETEC, 2014). 높은 인건비 역시 걸림돌이 될 수 있다. 지텍과 같은 신규 기업은 적은 비용으로 유사한 서비스들을 제공할 수 있기 때문이다.

두 번째, 전력회사의 고객들이 전력회사가 매출 확대에서 고객 에너지 지출 최적화로 기업 전략을 변화시켰다는 사실을 진정으로 믿도록 만들어야 한다. 이러한 사업이 신규 브랜드나 로고로 변경되어 운영되어야 원하는 효과를 기대할 수 있을지도 모른다.

● **고객 중심 : 구글^{Google}과 네스트^{Nest}**

구글은 스타트업 기업 네스트를 32억 달러에 인수하였다. 네스트는 학습 알고리즘 기반 소프트웨어를 탑재한 지능형 자동 온도 조절 장치를 생산한다. 이 기기는 학습 과정을 반복해 주택 난방, 냉방을 지속적으로 개선하여 에너지를 절약하고 쾌적한 실내 환경이 유지되게 한다. 구글의 네스트 인수 동기는 여러 구글 제품을 활용하는 구글 사용자가 지능형 데이터 스트림을 제공하는 정보에 접근할 수 있는 하드웨어를 판매하겠다는 야심에서 비롯되었다고 볼 수 있다. 최종 소비자의 냉난방 습관을 보다 투명하게 관찰할 수 있는 기회를 가질 수 있는 단계로의 이동은 흥미로운 측면이다.

그러나 네스트의 학습 알고리즘과 유사한 이미 많은 경쟁 기업들이 존재한다. 그럼에도 불구하고, 왜 구글이 네스트를 높은 가격을 지불하면서 인수했을까?

네스트가 지닌 디자인 특성은 애플^{Apple}과 매우 닮아있다. 네스트

에너지 전환 전력산업의 미래

의 창업자 중 한 명이 애플에서 아이팟^{iPod}을 디자인하는 데 참여하였기 때문에, 이와 같은 사실은 놀랍지 않다(Wohlsen, 2014). 구글은 이러한 미적 특성이 기능성과 함께 소비자의 구매 결정에 크게 영향을 준다는 사실을 이미 깨달았다.

세계 각국의 자유화된 시장에서의 전력회사들은 좀 더 고객을 지향하는 접근 방식이 고객을 모집하고 유지하기 위해 필요하다는 사실을 깨닫기 시작했다. 전기과 가스는 필수적이지만 고객 요구와 취향을 이해하는 것이 판매의 중요한 전제 조건이 되었다.

● **유연성 : 리히트블릭**^{LichtBlick}

함부르크에 위치한 친환경 에너지 소매 전력 판매회사 리히트블릭은 1998년 설립되었는데, 새롭게 창출된 거대 자유화 시장 최초의 친환경 전력 공급자들 중 하나이다. 2009년에는 독일 소매 시장에서 탄소 중립적인 전력과 가스 판매 부문에서 새로운 시장으로 그 영역을 넓혔다. 독일 최대 자동차 제조사인 폭스바겐^{Volkswagen}과 제휴를 맺고, 소위 가정용 발전설비로써 주거용 마이크로 열병합 발전기를 판매하기 시작했다(Burger and Weinmann, 2013). 합작 투자 종료 시점인 2014년 5월까지 리히트 블릭은 약 1400대의 가정용 발전기를 판매하였다(Stahl, 2014).

도매시장 가격의 지속적인 하락은 가정용 발전기 비즈니스 모델에 부정적인 영향을 주었다. 독일의 가장 큰 바이오가스 소매업체 중 하나인 리히트블릭은 바이오 가스에 혜택을 주는 보조금 제도를 적용받는 마이크로 발전기를 사업 영역에 포함하기로 결정하였다. 즉, 가정용 발전기가 가동될 때마다 바이오가스가 천연가스망으로 공급된다. 리히

PART3 전력회사의 미래, 미래의 전력회사

트블릭은 이러한 방법을 활용하여, 가정용 발전기 운영의 경제성을 확보하였다.

2015년, 이 회사는 폭스바겐과 함께 폭스바겐과 포르쉐 자동차의 e-모빌리티$^{e\text{-}mobility}$(역자 주: 수송수단의 전력화를 통해 이동성을 확보하는 것을 의미하며 ICT, 화학, 금융 산업 등을 수송체계와 통합적으로 연계하는 것을 목적으로 함)를 위한 에너지 요금을 제공하기 시작했다. 그러나 폭스바겐과 가정용 발전기에 대한 협력은 더 이상 진행하지 않기로 결정했다. 2015년 5월, 리히트블릭은 전기자동차와 배터리 제조업체인 테슬라 모터스$^{Tesla\ Motors}$와 제휴 관계를 맺기로 발표하였다. 테슬라의 새로운 리튬-이온$^{lithium\text{-}ion}$ 배터리는 재생에너지의 과잉 공급기간 동안 전력을 저장하고, 부족할 때 전력을 공급할 수 있다. 리히트블릭은 모든 베터리를 가정용 발전소를 위해 설계한 것과 유사한 소프트웨어를 활용하여 하나의 가상 발전소 형태로 운영할 수 있다(Schultz, 2015).

리히트블릭은 창업가 정신과 높은 경영 유연성의 예시라고 할 수 있다. 이 회사는 성공과 실패 기록을 모두 다 가지고 있다. 회사 설립 이후, 매우 높은 시장 변동 상황에서 리히트블릭은 그 전략의 실행과 최적화를 끊임 없이 지속해왔다.

● **새로운 플랫폼 : 뱅키문**^{Bankymoon}

디지털화^{Digitalization}, 사물인터넷$^{Internet\ of\ Things}$는 기존 고객을 넘어 새로운 고객에 문을 열어준다. 아프리카, 아시아, 남미 등의 여러 국가들에서는 전화^{Electrification}(역자 주: 다른 형태의 에너지 사용을 전기 사용으로 전환시키는 것)와 전력망 기반의 전력 공급이 증가할 것이다. 신규 고객 계층은 기본 인프라 서비스에 접속할 수 있다. 그러나 뱅키문의 창업자는 아프리카

인구의 80%가 은행 계좌를 가지고 있지 않다고 말한다(Lorien Gamaroff, 2015). 로리엔 가마로프$^{Lorien\ Gamaroff}$는 가상화폐^{cryptocurrency} 비트코인^{Bitcoin}을 사용하여 기존 지불 방법을 활용할 수 없는 사람들에게 전력 사용 비용을 지불할 수 있게 한다. 전력회사는 뱅키문의 시스템을 이용해서 전력요금을 사전에 수금하거나 공공기관 또는 자선 단체를 위한 기부금의 거래 비용도 낮출 수 있다.

뱅키문은 디지털화와 사물인터넷이 제공하는 새로운 사업 기회를 잡았다. 이러한 스타트 업은 전력회사 2.0의 요소를 국제화와 결합시킨다. 여기서 가장 중요한 사실은 이 회사가 전력 거래를 위해, 새로운 플랫폼인 전자 화폐 비트코인을 활용함으로써 잠재력이 높은 신규 고객층을 모집하는 혁신적인 선구자라는 것이다.

6. 결론

지금까지 분석을 활용하여, 유럽의 전력회사들은 전력산업의 새로운 구성에 적합하도록 그 역할을 재정의해야 한다. 대다수 기존 전력회사들은 복잡하고 다양한 서비스 솔루션을 제공하거나 분산전원을 운영하고, 정보를 관리하고 데이터를 분석하는 기업으로 전환하기 시작했다. 그러나 공공 전기자동차 충전사업에서처럼, 초기 단계에서 실행이 가능한 비즈니스 모델은 여전히 부족하다. 또한, 관련 시장이 성숙될 때까지는 많은 인내와 고통이 요구된다. 뿐만 아니라, 다수의 전력회사들은 재정적 제약으로 신사업을 유지하는 데 많은 어려움이 있을 수 있다.

일부 유럽 기업들(전력회사, 신규 진입회사 모두)은 재생에너지에 집중하면서, 새로운 시장에 성공적으로 진입할 수 있는 전력회사 2.0의 현실성 있는 대안으로 국제화를 생각하는 것으로 보인다. 그러나 대부분

PART3 전력회사의 미래, 미래의 전력회사

의 주요 기업들은 보다 지역화regionalization 전략을 지향하고 있다. 남미, 동유럽, 중앙아시아에 위치한 여러 국가의 전력회사 민영화는 유럽 전력회사들이 해당 기업들을 인수하는 첫 번째 물결이었다. 그러나 재생에너지와 관련 기업들을 인수하는 두 번째 변화 물결 속에서, 유럽 전력회사들은 반대로 유럽 이외의 지역 투자자의 인수 대상이 되고 있다. 중국의 싼샤는 포르투갈 기반 전력회사 EDP 지분의 상당 부분을 취득하기도 하였다. 소규모 유럽 전력회사들 역시 매력적인 인수 대상이 될 수 있다.

지향하는 전략에 상관없이 모든 유럽 전력회사가 직면한 가장 큰 도전은 분산 에너지 혁명이다. 2050년에는 화석연료, 풍력, 수력, 원자력보다 태양 에너지가 세계에서 가장 큰 비중을 차지하는 전력 공급원이 될 수 있다고 전망된다(IEA, 2014a). 재생에너지, 특히 태양광은 미래 전력회사의 역할을 재정의할 것이다. 농촌과 교외 지역에서 인터넷을 위한 근거리 통신망Local Area Networks과 유사한 지역 에너지 네트워크Local Energy Networks와 에너지 자급자족 가구가 에너지 공급의 지배적인 형태가 될 것이다(3장 내용 참조). 전력회사 2.0 전략에 초점을 맞춤 기업은 썬에디슨SunEdison과 같은 원-스톱 솔루션one-stop-solution 제공 업체와 경쟁해야 할 것이다.

이러한 기업의 대상 고객에게 부가가치는 주거용, 상업용, 산업용 모두에서 자산 관리와 정보 관리의 결합에서 창출될 것이다. 도시 지역에서는 인구밀도가 매우 높기 때문에, 전체적인 에너지 자급자족은 어렵다. 따라서 전력회사는 발전 자산 관리부터 최종 고객에게 전기를 공급하는 전체 에너지 가치사슬에 따라 누적된 전문성을 구축할 수 있다. 에너지를 생산하는데 소모되는 비용이 매우 낮은 경우에도 전력회사는 시스템의 안정성을 보호하는 역할로 스스로를 변모시킬 수 있다.

에너지 전환 전력산업의 미래

국제화 전략을 추구하는 전력회사는 전 세계 중산층 증가, 여러 국가들의 경제적 성장 등의 수혜를 입을 것이다. 국제에너지기구$^{International\ Energy\ Agency(IEA)}$에 따르면 2040년까지 전 세계 전력 수요를 충족하기 위해서는 추가적으로 7200GW의 발전 용량 건설이 필요하다. 기존 발전 기술 역시 향후 20~30년 동안 여전히 중요한 전력공급원으로 남아있을 것이다. 그러나 태양광 설비의 비용 구조 합리화, 해상, 육상 풍력 단지의 면적 효율화 등의 여러 개선 요인은 기존 전통적인 발전 기술들을 밀어낼 것이다. 국제 재생에너지 분야에 일찍부터 진출하여 경험과 전문성을 축적한 일부 전력회사들은 중국, 인도 등 신흥 시장에서 기존 화석발전에 집중한 에너지 거대 기업과의 대결 구도 속에서 유리한 입지를 차지할 수 있을 것이다.

PART3 전력회사의 미래, 미래의 전력회사

제17장

파괴적 기술과 생존 : 독일 사례

...

**Thriving Despite Disruptive Technologies :
A German Utilities' Case Study**

Sabin Löbbe, Gerhard Jochum
Reutlingen University, Reutlingen, Germany; Büro Jochum, Berlin, Germany

1. 소개

독일 전력시장은 5,900억 유로의 판매규모를 보유한 유럽 내 최대 시장이다. 전력생산 분야에서, 이전 '빅 4$^{Big\ 4}$'인 에온$^{E.ON}$, RWE, 바덴폴^{Vattenfall}, EnBW의 2013년 시장점유율은 2010년의 84%에서 다소 하락한 74%를 기록하였다. 이제, 발전 부분은 150만의 개인과 기업이 함께 참여한다. 판매 분야에서는 약 900개의 기존 기업과 100여개의 신규 기업이 최종 소비자를 대상으로 영업하고 있으며, 시장에서 자리 잡은 기업들은 70-80%의 지역 시장 점유율을 보유하고 있으나, 이는 점차적으로 감소하고 있다.

사실, 독일 전력회사의 수익성은 정체되었다. 에너지(역자 주: 해당 장의 저자는 전력 산업을 광의의 의미로 에너지 산업으로 지칭하며, 그 범위를 전체 에너지 산업·기업과 전력산

업을 혼용해서 사용하고 있다), 판매, 송배전, 발전 부분의 일부 틈새 공급자들은 영업이익 흑자를 기록하고 있는 반면, 거의 모든 전통적인 발전, 특정 열병합발전 자산과 해상 풍력과 같은 일부 재생에너지 프로젝트는 거의 수익을 창출하고 있지 못하고 있다는 점에서, 이 문제는 구분할 필요가 있다. 최근 연구에 따르면, 세 개 기업 중 두 개 비율로 그들의 자산을 통해 투자를 이끌어낼 수 없었다(PwC, 2015a). 과잉 규제가 주요한 위협 요인이 될 것이라고 고려되는 반면, 판매량과 시장 점유율의 감소에 대한 인식의 부족은 종종 어려운 상황을 가중한다. 기업들은 다른 산업 분야에서 유입되는 경쟁자를 과소평가하는 경향이 있고 충분히 고객 지향적이지도 않다. 혁신을 위한 지출 비용은 적고 정체되어 있으며, 오히려 기존 상품 대비 새로운 상품의 비율은 감소 추세에 있다(ZEW, 2014).

그렇다면, 왜 기존 기업은 위협받고 있는가? 2절은 이 질문에 대한 답을 제공한다. 시장 발전을 다각도로 분석하며, 독일 전력산업 변화의 안정적인 측면, 파괴적인 측면 그리고 예측 가능한 부분과 예측 불가능한 부분을 구분하였다.

전력회사는 예측이 어려운 불안정한 규제 환경에 치중하는 상향적 접근으로 사업 전략을 개발하고 실행하는 경향이 강하다. 혁신적 사고와 행동을 찾기 어려운 반면, 정부가 규정을 개정하는 부분에 대해서는 반사적이며, 기회주의적으로 반응한다. 이러한 행동방식은 유용한 자원 유입을 차단하고 새로운 가치 창출을 방해한다. 따라서 3절은 전력회사에 대한 새로운 전략적 접근 방식을 제시한다. 명확한 위치 선정의 중요성과 차별적인 미래 전략을 서술하였다. 이는 분산형 또는 중앙집중형 전력생산, 전력망, 판매, 에너지 관련 서비스 등 사업 단위별 전략뿐만 아니라 기업 전반의 전략을 포함한다. 4절은 전략 개발과 실행에 관

PART3 전력회사의 미래, 미래의 전력회사

련된 성공 요소를 다룬 후, 최종적으로 이 장의 결론을 내린다.

2. 환경

1990년대 이래 경쟁 도입은 시장을 개방한 반면, 기후 보호는 '명령경제'에 의해 지배되는 시장 기반의 다양한 정치적 도구의 등장으로 이어졌다. 2011년에 이 정치적이고 규제력을 지닌 변화는 '에너지 전환Energiewende'으로 불리게 되었다. 다음 절에서는 전력회사가 직면하게 될 체제를 보다 심층적으로 분석하였다. 이러한 문맥에서 볼 때, 앞으로의 발전양상은

- 과거 경험을 따르며, 잘 알려진 매개변수와 상관관계가 있는 현상유지 시나리오가 실현된다면 안정적인 양상을 보일 것이다. 그러나 다수의 '게임 체인저game changer'가 과거 경험이나 지표와 연관 없이 새로운 형태로 등장할 가능성이 높다면 파괴적 모습을 띨 것이다.
- '현실화' 확률이 높다면 예측 가능성 역시 높으며, 미래에 어떤 일이 발생할지 예측하지 못한다면 불확실한 양상을 나타낼 것이다.

2.1 사회적 발전

현재 우리는 복잡성이 증가하고 혼란스러운 세상에 살고 있다. 한편, 여러 상품의 소비자로서 사람들은 이전보다 훨씬 더 많은 선택권을 가지고 있다. 동시에, 우리 사회의 전통적 관계는 현실이 아닌 가상의 연결로 대체되고 있다. 이때, 상호 신뢰와 투명성을 확보하는 하나의 해결책은 복잡성과 혼란을 감소시키는 것이다(Luhmann, 2000). 신뢰재credence

에너지 전환 전력산업의 미래

goods에 대한 수요 증가를 통해, 우리는 투명성과 신뢰의 필요성과 파급력을 확인할 수 있다. 신뢰재는 품질이 객관적이고 확실하게 평가될 수 없는 재화를 지칭한다. 정부와 시장은 산업 생태계에 관심을 가지고 있는 전력 생산자 사이의 신뢰 형성과 투명성 제고를 위해 '시험', '품질 기준', '입증 의무제', '평가 도구' 등을 개발한다.

2.2 에너지 정책

2014년, 독일 연방 경제에너지부는 "독일은 에너지 전환의 좋은 사례를 만들었다"라고 자평했다(BMWi, 2014, p.144). 이와 같은 사실은 나머지 여러 국가가 독일의 성공적인 에너지 정책을 따르게 될 것임을 시사한다.

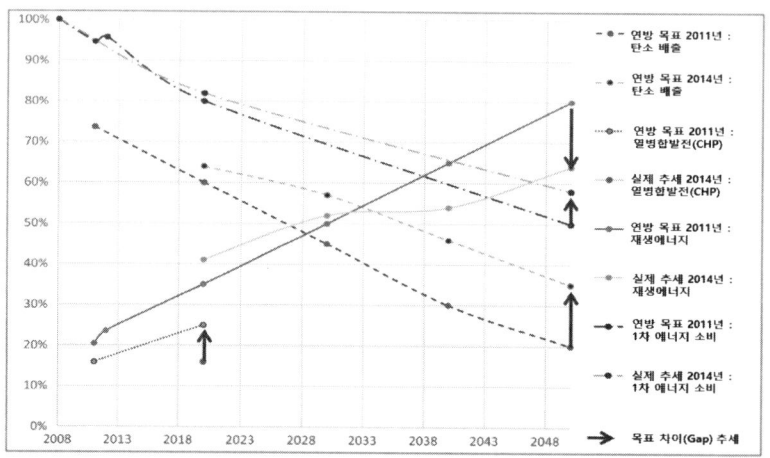

그림 17.1 2011년부터 2014년까지 연방 목표와 실제 결과
(Source: Dyllong and Maaβ en (2014).)

PART 3 전력회사의 미래, 미래의 전력회사

EU는 2030년까지 유럽 내 온실가스 배출량을 40%까지 감축하기 위해 노력하고 있다. 여기서 독일은 1990년 수준 대비 54% 감축을 목표로 하고 있다. 한편, EU의 재생에너지 목표는 2030년까지 총에너지의 사용비중 27%를 달성하며, 독일은 2030년까지 재생에너지 비중을 50% 이상으로 확보하는 것을 목표로 삼고 있다. EU는 전체 에너지 효율을 27% 향상(에너지 27% 소비 감소)를 목표하며, 독일은 2008년 대비 50% 이상의 에너지 사용을 감축하고자 한다. 그러나 그림 17.1에서 확인할 수 있듯, 독일의 야심찬 목표는 달성하기가 어려워 보인다.

결과적으로, 에너지 전환에 있어 독일의 위상과 정치 환경의 안정성은 위험에 처해 있다. 불확실성이 커지며, 혼란이 발생할 가능성이 높은 상황이다.

2.3 규제 수단

전력, 가스, 열에 대한 미래 규제 활동에 대한 예측은 그림 17.2에서 개념적으로 제시된 바와 같이, 중기적으로 다음의 결과로 연결된다.

새롭게 건설되는 재생에너지는 시장 통합을 통해 지원할 것이다. 그러나 재생에너지의 통합은 더 많은 규제의 도입으로 자연스럽게 연결될 것이다. 2011년 통과된 최초의 재생에너지법$^{\text{renewable energy law}}$은 고작 11페이지 분량이었지만, 2014년 개정된 재생에너지법은 300페이지에 육박한다. 진화하였거나 새롭게 등장한 기술은 새로운 규제 도입을 유발하고 또 다른 지원 정책을 부활하게 한다.

유럽의 배출권 규제는 불확실하고 더딘 발전에 취약하다. 여기서 중요한 질문은 "누가 규제를 바꿀 조치를 취할 것인가?"이다. 본 장의 저자들은 효율성^{efficiency}과 효과성^{effectiveness}을 높이기 위해 지속적인 소규모

에너지 전환 전력산업의 미래

의 단기 개입을 기대하고 있다. 이와 관련한 예는 2019년 1월부터 법적 의무 요건이 '유럽 배출권 거래 시스템 재규제'와 '백로딩backloading'으로 불리는 배출 면제권 거래 감축이다. 그러나 얼핏 보기에는 이러한 발전이 안정적으로 보일지 몰라도, 장기적으로 필요한 인센티브 제공에는 기여하지 않는다. 가치사슬 전반, 시간적, 지역적 최적화를 달성하기 위해서는 보다 체계적인 관점이 필요하다.

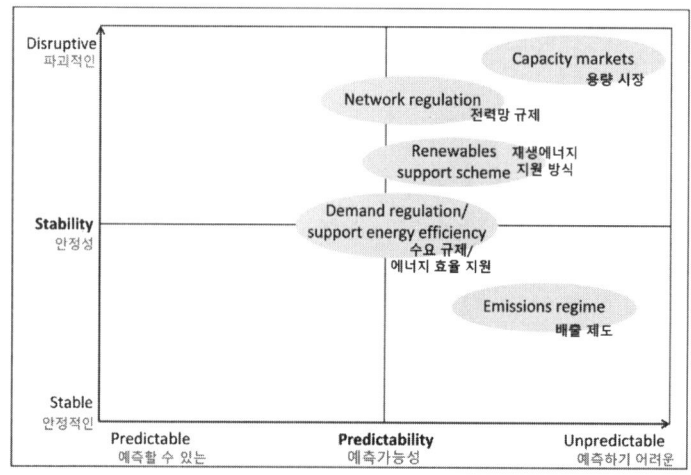

그림 17.2 독일 규제 체계

국가 단위의 예비력시장, 용량시장과 관련된 전체 EU 관점에서의 발전은 일관성이 부족하고 비효율적이다. 독일의 경우, 시장 설계의 미래 방향성과 그 구성을 매우 예측하기 어려우며, 파괴적 변화로 화석연료 발전원의 지속성과 에너지 안보를 위협하고 있다.

EU 지침EU Directives의 이행을 위해 도입한 수요 부문의 규제와 에너지 효율 향상 지원 정책은 보다 강화될 필요가 있다. 본 책이 작성되고 있

PART 3 전력회사의 미래, 미래의 전력회사

는 현재 독일 정부는 관련 사항에 대한 입법 절차를 진행하고 있다. 그렇지 않다면, 정치적으로 설정한 모든 목표는 근본적으로 하향 조정되어야 한다. 높은 수준의 재정적 보조금과 유사한 조치는 쉽게 예측할 수 있다. 동시에 재원 부족과 재정적 지원 방안 부족으로 파괴적 개발이 요원하게 될 수 있다.

전력망 규제 체계^{framework}는 분할^{unbundling}과 인센티브 규제로 구성된다. 그러나 요금 구조^{structure}는 분산형 전원의 대규모 확산과 전력망의 '지능화'의 필요에 따라 조정될 것이다.

이러한 문맥에서, 여러 보조금 제도의 역학 관계^{dynamics}의 상호 의존관계가 고려될 필요가 있다. 재생에너지 대상 보조가 더 커질수록, 이에 따른 에너지 가격 하락 때문에 에너지 효율에 관련한 보조 역시 더 많이 이루어져야 한다. 규제 제도, 효율 향상 필요성, 재생에너지 통합과 개선에 대한 요구, 고객 행동의 발전 사이의 복잡한 관계로 인한 요구 사항과 부적합성은 계속 증가할 것이다. 이러한 문제는 "과연, 에너지 시스템을 통합적으로 바라보는 집단이 실질적으로 존재할 것인가?"는 의문을 자아낸다.

요컨대, 이러한 상황은 다소 불안정한 환경을 보여준다(그림 17.2).

- 기존 에너지 생산 관련 인프라와 미래 에너지 수요에 따라 필요할 수 있는 추가적 인프라 모두 여러 문제 사이에서 압박을 받게 된다. 여기서 발생할 수 있는 문제는 계획될 수 있는 생산과 확률적으로 증가하는 생산 사이의 불화합성, 생산과 전력망 그리고 생산과 소비 사이의 불화합성과 차이의 증가 등이다. 규제 또한 참여자가 비용 요인을 이동시키고, 중재를 강제하면서 투자를 위축시킨다.

- 에너지 경제 대 '나머지' 경제, 에너지 정치학 대 기타 정치적 주제, 독일의 실행 계획과 이웃 국가 또는 국제 사회의 실행 계획 간의 이익 범위는 충돌한다.
- 이는 비용 상승과 에너지 안보 감소로 이어진다. 그리하여, 성공적이지 못한 정치적 목표 추구는 여러 목표 사이에서 불일치성과 분쟁 증가를 가속화하며 높은 비용을 유발한다. 마침내 이러한 상황은 사회가 전체 에너지 공급 시스템을 다시 배치하고 평가할 것을 요구한다.

이러한 난제는 기업에게 전략과 장기적 도전에 버금가는 본질적 질문을 던져준다.

"어느 방향으로 가야하는가?"

2.4 기술

에너지 경제 측면에서, 단기적으로는 수명이 다해가는 전통적 화력 발전소의 대체재를 찾아야 하며, 중기적으로 재생에너지 발전소가 서비스가 만료될 때의 대체재를 준비해야 한다. 또한, 중앙집중형과 분산형 에너지 생산의 결합을 대처하는 인터페이스도 구성해야 한다. 여기서 새로운 기술들은 이러한 문제를 해소하는 데 기여해야 한다.

존속성$^{sustaining\ innovation}$은 기존 수행 체계를 유지하며, 현재 기술과 시스템을 개선한다. 반면, 파괴적 혁신$^{disruptive\ innovation}$은 기존 절차를 뒤흔들고 변화시키며, 현존 시스템과 이미 존재하는 기술 체계 범위를 넘어 성과 개선을 찾고자 한다(Chesbrough, 2007; Richter, 2013). 본질적으로

PART 3 전력회사의 미래, 미래의 전력회사

파괴적 혁신은 예측될 수 없다. 그림 17.3에서 제시된 바와 같이, 현재의 기술들을 대체하는 신기술들은 기존 기술과 동일한 또는 새로운 가치를 창출하며 게임을 변화시킬 것이다.

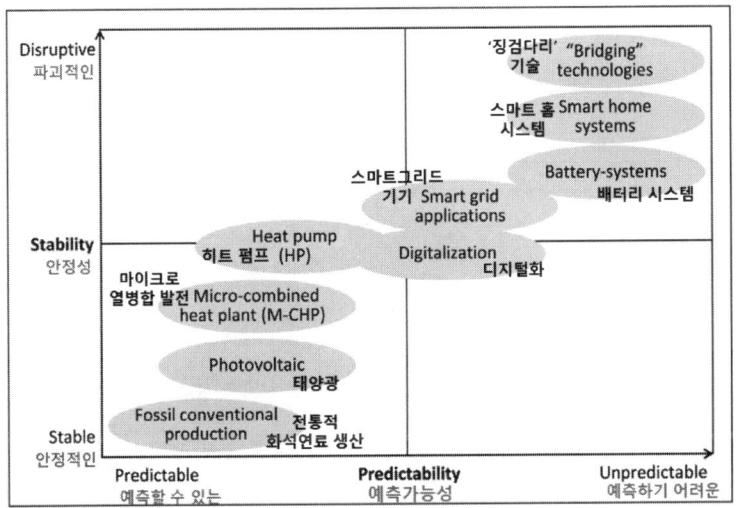

그림 17.3 기술 : 생존과 파괴적 혁신

가스와 석탄화력 발전 부문의 혁신은 현재의 절차와 성과를 더욱 더 개선해야 한다. 열펌프heat pump 분야에서는, 제올라이트zeolite 가스 열펌프의 발전이 증명해주듯이, 기술의 변화가 더나은 개선으로 이어질 것이다. 소규모 열병합 발전CHP의 발전은 높은 수준에 도달한 대규모 열병합 발전의 물리적 효율성의 영향을 받았다.

이 연구결과는 대부분 소규모 열병합발전에 적용할 수 있다. 현재, 연료전지를 장착한 최초의 소규모 열병합발전이 시장에 등장하기도 하였다(Dieckhöner and Hecking, 2014). 태양광 발전의 경우도 기능, 효율성, 모듈 수명 등 전반적으로 더욱 개선될 것이다. 건축물·도로 부착, 기타

특수 용도를 가진 특정 태양광 소재 부품들도 파괴적 혁신으로 이어질 것이다(IEA, 2014b).

중압집중형 시스템과 지역 시스템을 '매개하는' 기술과 제품군들은 여러 시장(가상 발전소, 태양열/열펌프, 태양광 셀/열펌프, 태양광 셀/배터리 등)을 함께 창출해나가고 있다. 이때 디지털화는 모든 새로운 상품과 서비스의 기반이 된다(5장 참조).

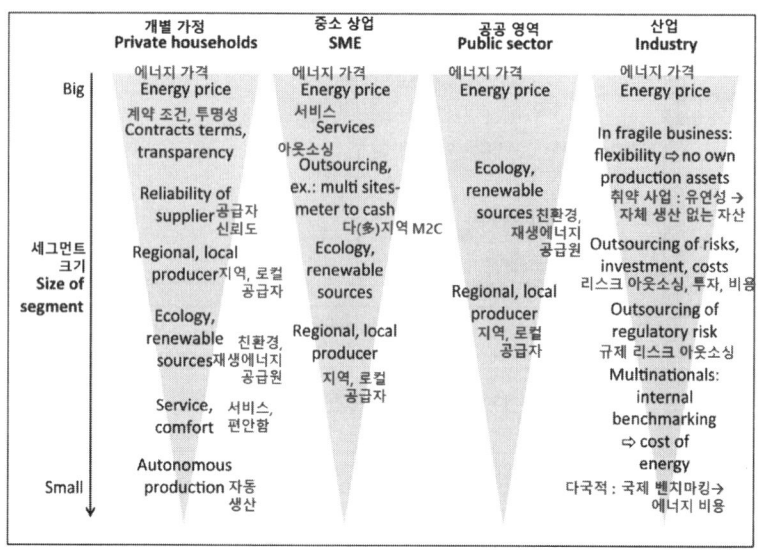

그림 17.4 고객 별 구매 결정에 영향을 주는 주요 요인

2.5 고객의 필요

에너지 수요는 다른 요소보다는 상대적으로 예측하기 쉽다. 여러 분석 결과를 살펴보면, 전력 소비는 연평균 −0.5%에서 −1% 수준으로 감소하며, 열/가스 소비는 연평균 −1%에서 −1.8% 감소할 것이라는 추측을 할 수

PART3 전력회사의 미래, 미래의 전력회사

있다. 이러한 예측은 상대적으로 합리적이고 안정적이다.

반면, 공급자 변경 비율은 정책 결정권자에게 불안정성과 함께 예측 불가능성을 유발한다. 독일 에너지 시장은 경쟁 체제이다. 평균적으로 일반적인 가정용 소비자는 80개의 전력판매회사 중 하나의 공급자를 선택할 수 있다. 지금까지 소비자의 65%가 자신의 공급업체(20%) 또는 전력사용 계약(45%)를 변경하였다.

전력을 포함한 에너지 소비자의 미래 요구사항을 정의하기 위해, 어떤 동기를 고려할 수 있는지를 예로 들었다(그림 17.4). 모든 시장조사에서 독일 소비자에게 행동방식을 바꿀 주요 동인은 바로 가격이다. 그 다음 요인으로는 환경 생태계이며, 8백만 세대 이상의 소비자가 에너지 요금의 약 50%를 차지하는 발전차액지원요금인 에너지세를 부담할 뿐만 아니라 친환경 에너지를 구입한다. 아직은 확연하게 나타나지는 않지만, 차별화가 가능한 요소로서 에너지 생산 지역도 중요한 고려 범주가 되고 있다. 소매 업체는 소비자의 기대에 부응하는 에너지 상품과 서비스를 제공한다.

오늘날, 약 2%의 독일 인구는 전력을 자신의 가정에서 자체적으로 생산한다. 이러한 행보와는 대조적으로, 열(난방) 시스템과 관련된 에너지 효율 상품은 건축물과 관련 가전제품에 대한 투자가 미진하다. 이러한 상황은 독일 정부의 야심찬 정치적 포부에 매우 뒤떨어져 있다고 볼 수 있다.

독립적 전력생산의 미래 발전을 가져올 주요 동인은 다음과 같다.

- 소비자의 태도와 행동 잠재성 : 최근의 시장조사(PwC, 2015b)가 증명하는 것처럼, 독일인의 65%는 스스로 전력을 생산하는 것을

상상할 수 있으며, 금융과 부동산 자본 접근성에 따라 지붕형 태양광(54%)을 가장 선호한다. 그 다음에는 열병합발전과 소규모 풍력터빈이 뒤를 이었다.
- 소규모 고객군(郡)만이 에너지 공급 자립을 위해 행동하고 있다. 고객은 점차 에너지 관련 지식에 익숙해지고 있으며, 전력망 연결의 가치를 평가하고 있다.
- 개별 가정의 자체 에너지 생산의 수익성은 규제 체계에 좌우된다 (Institut der deutschen Wirtschaft Köln, 2014). 즉, 자가발전을 하는 에너지 공급자는 망에 전력을 공급하며, 망 접속 요금을 면제받기도 한다.
- 미래의 규제 : 전체 에너지 시스템과 공급 안전성에 대한 불투명하고 한 쪽에 치우친 부담이 보다 비용 유발 중심의, 보다 효과적인 비용 배분 방식으로 변화할 수 있다면, 특정 목적에 따른 분산형 발전 확산의 한계점이 나타날 것이다.

다음 18장(전력 고객의 미래, 미래의 전력 고객)에서는 전력 수요와 분산 에너지원의 고객 선호도를 보다 면밀하게 살펴본다. 결과적으로 판매자는 가격, 생태계, 지역(분산형) 발전 등을 동시에 고려하여 특화시킨 상품과 서비스를 개발할 필요가 있다(3.2절). 일반적으로, 고객군은 행동 방식과 태도에 따라 정의·분류되어야 하며, 점차 더 세분화되고 있다. 사실, 상품 개발은 고객의 변화하는 요구에 대응하며 유연하게 이루어져야 한다.

2.6 파트너와 경쟁자의 역학

앞선 16장에는 가치사슬 내에서의 산업 경쟁자와 협력적 파트너의 역할을 설명하였다. 다른 산업에서의 신사업(IT 기반 서비스, 에너지 서비스 통합 웹사이트, 판매 채널과 서비스 제공, 소셜 네트워크 활용 등) 추진과 마찬가지로 전력회사도 신사업을 개발한다. 이는 수평적, 수직적, 측면적 인터페이스를 통해 발생할 것이다. 과거와 다르게 고객들은 에너지 소비부터 상품의 공동 개발까지 전체 프로세스에 걸친 실행 계획을 가지며, 혁신적 상품과 서비스에 반응한다.

에너지 사업은 기본적으로 자본 집약적이며, 자본 비용의 영향은 실로 막대하다. 재생에너지 비중이 증가함에 따라, 자본 집약도 역시 점점 더 상승할 것이다. 에너지 산업에서 프로젝트에 자금을 투자하는 투자와 채권/자본 금융업 회사는 매우 중요한 이해당사자이다. 산업 환경이 더욱 파괴적이고 예측이 어려워지면서 위험과 자본 비용 모두 증가하고 있다. 이에 따라, 자본 투자의 최적화 역시 더 중요해지고 있다. 관련 기업들은 위험 관리와 투자 프로젝트 평가·선정 등의 영역을 보다 전문화시킬 필요가 있다.

2.7 주요 도전 과제

그림 17.5에서 개념적으로 제시된 바와 같이, 파괴적이고 예측 불가능한 발전 요소들도 고려되어야 한다. 가치사슬 전반, 다른 고객집단, 여러 에너지원 등에 걸쳐 안정성과 예측 가능성은 정도와 시점에 따라 차이가 발생한다. 이러한 특성은 복잡성, 변동성, 위험을 증가시킨다. 다음 절에서는 이러한 문제에 대한 전략적 대응 방안에 중점을 둔다.

에너지 전환 전력산업의 미래

가치 사슬 전반과 다른 고객군, 지역, 에너지원에 걸쳐 안정성과 예측 가능성은 다양한 강도와 일정표를 가진다. 이는 그 결과로 복잡성, 변동성, 위험을 증가시킨다. 이어지는 절은 이러한 도전들에 대한 전략적 답안에 초점을 맞춘다.

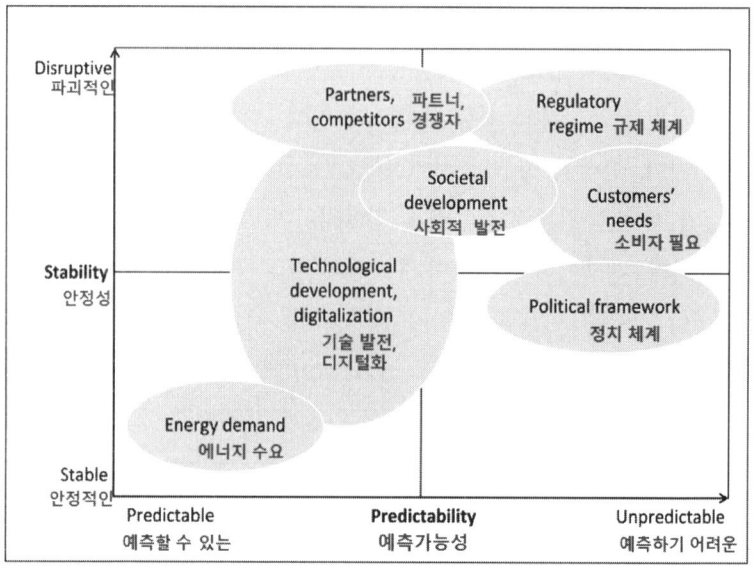

그림 17.5 친환경 개발의 안정성, 예측가능성

3. 전략적 선택의 구성 요소

안전성과 불안정성, 예측가능성과 예측불가능성 사이에서, 전력회사의 계획 수립은 더욱 더 중요하다. 이때 던질 수 있는 질문은 다음과 같다. "현 상황에서 전략적 결과는 무엇인가?" 물론, 모든 기업들은 이 질문에 대한 고유의 해법을 대답할 수 있어야할 것이다. 여기서 특정 환

PART3 전력회사의 미래, 미래의 전력회사

경, 이해관계자의 기대, 목적, 기준 시간, 위험 관련 정책, 자본, 인적 자원 등에 따라 그 해법은 달라진다. 본 절에서는 몇 개의 일반적 질문들과 역학 관계를 고려하여, 전략적 선택 방안을 제시하고자 한다.

3.1 위치 설정 Positioning

전체 목표를 고려하고 일관성 있게 위치를 설정하는 것은 기업 전략에 매우 중요하지만 때때로 에너지 산업에서의 전략 수립 시, 이러한 중요성을 간과한 채 가치 사슬 일부에만 초점을 맞추는 경우가 있다. 그러나 지속가능한 발전과 책임 있는 기업가 정신을 유지하기 위해서는 전체적 맥락에 대한 명확한 이해가 필요하다. 여기서 두 개의 구체적 이슈가 고려될 필요가 있다. 첫째, 오늘날 독일의 에너지 전환에 있어 재생에너지 수용을 위한 궁극적인 기반시설 건설은 공급 안정성, 수익성, 서로 다른 사회적 계층 사이의 공정한 비용 배분 필요 등이 서로 조화를 이루어야 한다. 둘째, 탈집중화는 전력망 접근, 전력망 활용, 전체 수익성 등의 필요 요건에 부합되어야 한다.

전력회사의 전략적 위치 설정은 신뢰성, 장기적 관점, 좋은 지배구조와 시민정신을 융합한다. 결과적으로 이러한 기업들은 에너지 전환에서 발생할 수 있는 위험과 문제에 대한 책임을 부담한다. 가령, 아래의 여러 운영 상황은 긍정적인 사업 사례를 만들기도 하지만, 전력 시스템에 부정적인 외부 효과 또한 발생시킨다.

- 열병합 발전 대신 최대 부하 보일러를 통한 열 생산 : 전력거래 시장이 전력생산 중단 신호를 보내는 상황에서, 열 수요가 높을 때 발생한다(예 : 바람이 많이 불고 태양광 생산이 높을 때, 전

에너지 전환 전력산업의 미래

력 수요가 낮으나 열 수요가 높은 동절기 일요일 오전 11시경과 같은 시간대).
- 지역(분산형) 전력저장장치의 전력공급 : 가정에 설치된 태양광 모듈이 전력을 생산하지 않을 때, 풍력발전이 지역 전력망에 높은 부하를 유발하는 시점에 지역 전력저장장치로부터의 전력 공급

이러한 해결책을 확대 적용하는 것은 수익 측면에서는 긍정적일 수 있으나, 부정적인 외부 효과를 유발할 수 있다. 따라서 책임 있는 역할자로서 참여 기업의 위치를 이런 방식으로 설정하는 것은 적합하지 않다. 전력회사는 이러한 상품과 서비스를 제공하는 것을 억제하는 경향이 있으며, 제공한다고 하더라도 시장에 대한 확신이 없다. 그 결과, 전력회사의 전략과 위치 설정과 시장은 아무런 연관이 없으며, 성의 없이 개발된 상품에 대한 적합한 보상 역시 존재하지 않는다.

그러나 전력회사가 상품이나 해결 방안을 제공하지 않는다는 것은 해당 시장을 경쟁자에게 넘겨주는 것을 의미한다. 이러한 접근 방식은 현재 진행 중인 에너지 전환에 대한 명확한 기여 없이, 단지 미래의 '실질적인' 에너지 시스템의 일부가 되기 위해, 위치 설정에 필요한 솔루션과 상품을 제공한다는 것을 의미한다. 그러나 이 전략 역시 차별성을 가지기 위한 높은 수준의 전문적 지식과 윤리적으로 탄탄한 위상, 그리고 불안정성과 예측 불가능성을 극복할 수 있는 안정적인 기업 구조를 요구한다.

PART 3 전력회사의 미래, 미래의 전력회사

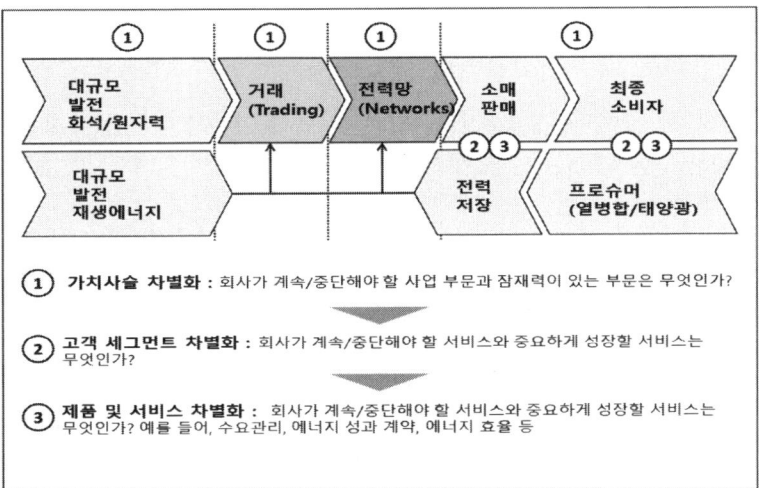

그림 17.6 차별화 전략 개발을 위한 주요 질문
(출처 : Burger and Weinmann (2014))

3.2 차별화 전략 개발

산업 발전이 불확실할수록, 경영진과 직원들은 혼란스럽고 방향 감각을 잃게 된다. 기업이 어느 방향으로 나아가야 하는지에 대한 의견들은 중구난방이 되고, 중요한 의사결정은 지연되거나 회피된다. 그러나 성공한 기업이 되기 위해서는 긍정적이며 명확한 목표와 전략이 필요하며, 미래에 대한 명확한 시각이 필요하다. 이는 회사 내부의 확실성이 높아져야함을 의미한다. 이를 달성하기 위해서는 점차 커지는 불확실성에 대응하는 차별화된 전략이 필요하다.

판매, 전력망 공급, 배전, 에너지 서비스를 통해 가치를 창출하는 전통적인 비즈니스 모델은 그림 17.6에서처럼 서로 다른 가치사슬 수준, 다양한 고객군, 다양한 에너지원과 불안정성, 예측불가능성, 지역적 특

에너지 전환 전력산업의 미래

성 등을 고려하여 재창조되어야 할 필요가 있다.

차별화된 전략을 개발하기 위해서는 다음 분야에서 특정한 매개변수에 대한 검증을 필요로 한다.

- 생산 : 기업 내에서 전통적 에너지 생산과 재생에너지 기반 생산의 관계를 결정하는 요소는 무엇인가? 에너지 시스템에 필요한 중앙집중화 수준은 어느 정도이며, 그것이 현재와 미래의 기업에 의미하는 바는 무엇인가? 시스템은 어느 정도까지의 분산화를 감당할 수 있는가? 기업은 어떻게 에너지 유일 시장 2.0$^{\text{Energy Only Market 2.0}}$ 대 서로 다른 규모와 구조를 가진 용량 또는 유연성 시장 사이에서 결정할 수 있는가? 서로 다른 시장에서의 기업의 생산에서 어떤 위기와 기회가 발생하는가?

- 거래 : 개별 상품들의 유동성은 어떻게 진화할 것인가? 개별 거래 장소는 어떻게 상호 연관되는가? 거래에 관련된 규제 체계와 물리적 조건은 미래에 어떻게 진화할 것인가? 기업의 에너지 거래에 있어 바람직한 위치와 역할은 무엇인가? 로이틀링겐 연구소$^{\text{Reutlingen Research Institute}}$의 최근 연구가 보여주는 바와 같이, 매우 논쟁적인 틈새시장 중 하나는 유연성 시장이다. 이 시장의 참여자 중 하나로서 약 100명의 직원(2015)이 근무하고 있는 스타트업 기업인 넥스트 크라프트베르크$^{\text{Next Kraftwerke}}$는 독일 내 최대 규모의 가상 발전소 중 하나를 운영한다. 이 기업은 주로 전력 생산과 부하 차단 설비를 활용한 주파수 제어 예비력 시장에 진출해 있다. 2015년 2월 넥스트 크라프트베르크는 총 1539MW 용량의 2786개 발전소를 운영하고 있다.

- 에너지 망 : 에너지 망 관련 규제체계는 어떻게 발전할 것인가?

PART3 전력회사의 미래, 미래의 전력회사

각자의 정치적 개입은 시스템 매개변수 – 즉, 신재생에너지의 망 접속 우선순위 등 –를 어떻게 구성하게 될 것이며, 새로운 규제는 망 인프라 투자, 망 가용성 관련 투자에 어떤 영향을 끼칠 것인가? 배전망과 지역망 사이의 연계에 관련하여 (지역의) 정치적 기대는 어떤 행동을 유발할 것인가? 기업은 전력, 가스, 열 공급망과 관련하여 어떤 사업모델을 채택해야 하는가?

- 망운영자의 역할 : 유럽 전기사업자연합회^{Euroelectric}(2014)의 연구 결과에서처럼, 전력망 운영자들은 그들의 역할을 바꾸지 않을 것이다. 그러나 이를 위해서는 새로운 도구가 필요하다. 시스템 운영자로서 역할을 지속하기 위해서는 서비스 신뢰도와 전력 품질을 관리하는 게 필요하다. 한편, 중립적 시장 협력자로서 역할 이행을 위해서는 증가하는 데이터를 잘 관리할 필요가 있다. 전기·화력 시스템은 이러한 역할을 수행하기 위해 반드시 잘 연계되어 있어야 한다. 시스템 운영, 스마트 미터 통합, 수요 관리 기기, 가상 발전소 등 관련된 요소에 대한 다양한 연구 결과가 현재 적용 중에 있다.

- 에너지 판매 : 현재의 고객과 잠재적인 고객의 요구는 어떻게 다를 것인가? 공급자와 구매자의 관계는 어떤 방향으로 발전할 것인가? 경쟁의 강도는 어떻게 진화할 것이며, 어떤 종류의 이해관계자가 출현할 것인가? 이러한 요소들로부터 어떤 종류의 위협과 기회가 등장할 것인가? 예를 들어, 대다수 독일 에너지 기업은 구역 내 또는 구역 외 고객 대상의 상품과 특정 판매 경로를 가지고 고객별로 차별화하고 있다. 그러나 경쟁력을 갖기 위해서는 기술과 서비스에 있어 차별성이 분명해야 한다.

- 에너지/에너지효율 분야의 서비스 : 고객 요구사항에 있어 어떤 특이 사항이 등장할 것인가? 통합 서비스와 수요 측면의 솔루션

에너지 전환 전력산업의 미래

을 고객별 맞춤 설계를 할 때, 어떤 요구 사항을 고려해야 하는가? 지역 별 특징되어 나타날 수 있는 위협과 기회는 무엇인가? 16장에서 이와 관련된 사례를 확인할 수 있다.

- 신뢰재에 대한 수요 증가는 어떻게 충족될 수 있는가? 성장하고 있는 새로운 시장을 발전시키기 위해, 전력회사는 상품, 판매 조건, 금융 수단, (디지털화된) 절차 등을 개발할 수 있는가? 전문가 조사, 시험, 공급업체 보증, 브랜딩 등 이미 확보한 도구의 가치는 무엇인가? 에너지 자가 생산은 어떻게 단순하고, 투명하며, 지역적으로 특화된 방법으로 고객이 활용할 수 있을 것인가? 파트너십을 어떻게 형성하는가? 사실상, 모든 독일 전력회사는 친환경적인 상품을 판매한다. 한편, 어떤 특정(그리고 성장하는) 고객군에서는 이러한 친환경 상품의 기초가 되는 재생에너지 공급 인증서는 가짜의 위장된 환경주의로 인식되기도 한다. 이러한 인식을 가지고 있는 집단에게는 분산형 지역 에너지 생산이 더 매력적이다. 그러나 발전차액지원제도 등으로 규제하는 '시장'에서는 경쟁력 높은 상품을 공급하기는 매우 어렵다.

미래 전력회사의 '청사진$^{\text{blue-print}}$ 전략'은 존재하지 않는다. 따라서 위 질문들에 대한 답은 특수한 지역별 상황, 기업별 목표와 전략에 따라 찾아야 할 것이다. 본 책의 15장에서 묘사하는 바와 같이, 새로운 비즈니스 모델의 선택과 관련될 것이다. 구체적으로는 다음 사항에 대한 결정을 요구한다.

- 현재 고정화된 자산을 감축하고, 지금까지의 상품과 서비스를 중단하며, 기존의 고객군과 지역을 떠나는 것이다. 전반적인 기업 전략과 관련해 차별화 전략을 펼친 유명한 사례는 16장에서 제시

PART3 전력회사의 미래, 미래의 전력회사

한 바와 같이 에온$^{E.ON}$이 에온 뉴에너지$^{E.ON\ New\ Energies}$와 유니퍼^{Uniper}로 기업을 분할한 일이다.
- 가치 사슬에 전반에 걸쳐 새로운 상품과 서비스를 제공하고 관할 구역 내외에서 신규 고객군을 공략하는 일 등 새로운 사업 활동에 투자하는 것이다.

3.3 모범 사례$^{best\ practice}$ 전략

차별화 전략 개발을 진전시키는 데 있어 유용한 도구는 무엇일까?

3.3.1 효율성과 효과성

※ 역자 주: 효율성^{efficiency}은 생산성과 관련이 있다. 여기서 생산성은 투입에 대한 산출의 비율을 뜻한다. 효율성은 일을 올바르게 하는 것$^{doing\ things\ right}$을 의미한다. 반면, 효과성^{effectiveness}은 올바른 일을 하는 것$^{doing\ the\ right\ things}$을 의미하며 기업윤리, 사회적 책임, 고객 만족 등과 직간접적인 관련이 있다(결과적으로 효율성은 과정 중심적이며 최소의 입력으로 목표를 달성하는 것을 의미하며, 효과성은 결과 중심적이며 목표에 달성했는지 여부가 중요하다).

불안정성^{instability}과 예측불가능성^{unpredictability}은 효율성과 효과성에 대해 압력을 가한다. 따라서 기업 안과 밖에서, 다양한 이해관계자와 함께 규모의 경제와 범위의 경제를 만들어내는 것이 꼭 필요하다.

3.3.2 유연성과 선택권

불안정하고 예측 불가능한 환경에서 고객의 관심을 끌어당기고 시기

에너지 전환 전력산업의 미래

적절한 상품을 시장에 제공하기 위해서는, 유연성은 다음의 사항을 포함한 모든 단계에서 필요하다.

- 유연한 전략 : 예측한 바와 같은 안정적인 시장 상황을 따르는 동시에, 확실하지 않은 환경에서 발생하는 기회를 잡아야 한다. 이 책의 16장에서는 유연성을 회사 전략의 기초로 제시한 기업인 리히트블릭^{LichtBlick}의 사례를 든다: 이 회사는 변화하는 환경에 지속적으로 적응하는 것에 성공하고 있다.
- 기업 구조 : 각자 다른 사업 부문, 예를 들어 전력 생산, 전력망, 판매, 에너지서비스 부문별로 서로 다른 구조를 활발하게 개발해야 한다. 이는 고객의 요구에 부응하기 위한 능력을 강화하기 위해, (법적으로) 분할된 회사를 설립하는 것도 포함한다. 이러한 경우에 해당하는 재미있는 사례는 전력회사인 MVV 에너지^{Energie} AG, 신재생에너지 투자회사인 BayWaRe, 전기냉난방 공급회사인 글렌-딤플렉스$^{Glen-Dimplex}$, 에너지 데이터 관리 서비스를 제공하는 그린컴 네트워크$^{GreenCom\ Networks}$가 설립한 조인트벤처기업인 비기^{BEEGY}이다. 이 제휴 관계에서, MVV 에너지는 새롭고 유연한 조직 구조를 가지고, 미래 고객의 필요에 대처할 수 있는 좋은 위치를 선점해나고 있다.
- 기업의 절차 : 시장의 절차와 수요에 적응해야 한다. 모든 대규모 업무처리 절차는 자동화와 디지털화가 이루어져야 되나, 계약 형태의 맞춤형 B2B 상품은 유연해야 한다.
- 시간 관리 : 적절한 시점에 의사결정을 하고, 정해진 기한 내에 이를 실행해야 한다. 기업은 즉각적으로 대응할 수 있어야하며, 동시에 상황과 문맥에 따라 속도를 빠르게 또는 느리게 대응할 수 있어야 한다. 여기서 시간 관리는 발전 속도를 최적화하는 것을

PART3 전력회사의 미래, 미래의 전력회사

의미한다. 가령, 현재 사업 활동의 순현재가치가 대체할 사업 활동보다 높다면, 현 상태를 유지하는 것이 바람직하다. 그러나 반대의 상황이라면 즉시 현재 사업 활동을 중단해야 한다. 이러한 상황은 대다수 전통적 발전원 자산과 관계되며, 시간 관리 측면의 중요한 질문이 된다. "특정 발전원 자산이 여전히 수익성이 있는가? 순현재가치는 얼마인가?" 등의 질문을 통해 운영 지속 여부를 결정해야 한다. 이와 직접적으로 관련된 예는 두 곳의 아싱^{Irsching} 발전소(~1100MW)가 가동 중지한 일이다. 에온$^{E.ON}$, 마이노바^{Mainova}, HSE가 소유한 가스화력 발전소는 2010/11년에 가동을 시작하였으며 2016년 4월 가동이 중지되었다. 그 이유는 보조금을 받고 있는 재생에너지의 유입과 저렴한 이산화탄소 배출권 가격이 발전소의 한계비용수준 이하로 도매가격을 하락시켰기 때문이다.

- 재무제표 설계: 통합을 위한 적정 비율, 이익, 한계를 적극적으로 설정해야 한다.
- 재무 구조: 부외거래$^{off\text{-}balance}$ 또는 소구불능 금융$^{nonrecourse\ financing}$ 활용까지 포함한다.
- 인적 자원: 기업으로 하여금 능력과 자질을 다양화할 수 있도록 하여야 한다. 예를 들어, 독일 전역에 걸쳐 120개 지방, 지역 전력회사에 지분을 가지고 활발하게 경영에 참여하고 있는 튜야^{Thüga}라는 회사는 기업 내 인적 자원을 유지하기 위해, 참여 회사에게 인적 자원 개발 수단, 취업시장, 경력관리 제공을 통해 가치 창출에 기여하고 있다.
- 유연한 법률 구조: 새로운 협력을 허용할 수 있는 유여한 공급 계약 또는 구조가 적용되어야 한다.

유연한 조직만이 시장 요구에 부합하는 해결책을 제공하고, 지속적인

발전을 이끌 수 있다. 오늘날 전력회사의 획일한 전략, 구조, 문화를 감안한다면, 유연성과 다양한 선택권을 개발하고 실현하는 것을 전력회사가 대처해야 하는 주요한 난제 중 하나이다.

3.3.3 다양화

불안정성/안정성과 예측불가능성/예측가능성은 기업의 생존에 있어 잠재적 위협이 되고 있다. 이러한 위협을 최소화하는 전략은 다양화이다.

지금까지의 경험은 기업이 미래에 어떤 모습을 가져야 하는지에 대한 명확환 관점이 결여되어 있는 상황에서 기회에 의해 도전을 받을 때 다변화하는 경향이 있다는 것을 보여준다. 이는 종종 잘못 설계되거나 통합된 활동, 참여, 구조를 유발한다. 그러므로 다변화하기 이전에, 기업들은 핵심 에너지사업 내부에서 다음과 같은 질문을 명확하게 할 필요가 있다 : "신규 대규모 발전설비(예를 들어 신재생)와/또는 분산전원을 개발해야 하는가?" 이는 자본, 능력, 협력 파트너 방면의 특수한 환경과 자원에 근거한 집중화 또는 다변화 전략을 초래한다.

위험을 해소하고 성장을 가속화하기 위해 에너지기업은 통신, 케이블 TV, 용수 공급, 하수 처리, 폐기물 처리와 같은 연관 분야로 다변화할 전략을 세울 수도 있다.

사실상 오늘날과 미래의 도전은 어떻게 이 두 개의 선택사항을 동시에 실행할 것인가에 관한 것이다. 어떻게 하면 기존 시장(예를 들어 전통 화력발전에서 경쟁력을 유지하는 동시에 분산전원이나 시설 기반 서비스와 같은 새로운 비즈니스 모델을 개발할 수 있을까?)(Smith et al., 2010) 그렇다면 중요한 도전은 모든 전략 영역에서 모순적인 상황과 불

PART3 전력회사의 미래, 미래의 전력회사

확실성에 대응해야 한다는 것을 의미하는데, 이는 하나의 선택 사항이 다른 하나를 제거하는 경향이 있기 때문이다.

그리고 대부분의 사례에서 이 선택사항은 현재 가용한 조직 구조에 적합하지 않다. 그 결과 이는 조직 구조가 변화해야 함을 의미한다. 이는 또한 다른 전략으로 연결된다.

3.3.4 협력

효과성과 효율성을 결합하는 데 있어 협력은 강력한 대응 방안이 될 수 있다. 개별적인 특수한 상황에 따라 대응하는 비즈니스 모델을 개발함으로써, 협력의 범주를 최적화할 필요가 있다. 그 예를 다음과 같이 제시하였다.

- 어떤 사업 분야에서 기업의 강점과 발전은 '단독으로' 진행함으로써 최상으로 발현될 수 있다.
- 다른 기업들에게는 사업의 성공을 지원할 수 있는 파트너 기업들과 협력하면서, 그 사이에서 리더의 역할을 하는 것이 좋을 수도 있다.
- 그러나 다른 분야에서는, 더 많은 경험을 가진 회사의 보조적 파트너가 되어 해당 사업 분야를 수행하는 것이 보다 더 적합할 수도 있다.
- 그리고 일부 사업 분야에서는, 투자를 줄이거나 출구 전략을 수립하는 것이 좋을 수도 있다.

독일 에너지 산업은 에너지 생산, 공급, 자본 시장 내에서 풍부한 수

직적, 수평적, 측면적 협력이 이루어지고 있다(2.5절 참조). 4개의 거대 전력회사와 다수의 중소규모 전력회사, 서비스 공급회사와 협동조합 등은 경쟁력 있는 상품을 개발하고 있다. 예를 들어, 1999년 설립되어 약 50여개 이상의 지역 전력회사들이 공동으로 소유하고 있는 트리아넬^{Trianel}은 전력 거래, 고객 지원, 관련 서비스를 제공하며, 협력 회사를 위한 공동 생산설비와 함께 화이트 라벨$^{white\ label}$ 제품(역자 주: 다른 회사들이 자신의 브랜드를 이용하여 판매하거나 고객에 제공할 수 있는 다른 하나의 회사 상품을 의미)를 개발하고 운영한다.

어떤 유형 또는 형태의 협력이 가장 적합한지 결정하려면, 해당 기업의 강점에 대한 세부적인 평가가 필요하다. 이때, 강점은 자본과 같은 '하드 스킬$^{hard\ skill}$(역자 주: 유형의 역량, 기술)이 될 수도 있고, 조직 문화, 대응 능력, 상호보완적 구조, 혁신과 협력 잠재력 등과 같은 '소프트 스킬$^{soft\ skill}$(역자 주: 무형의 역량, 기술)이 될 수 있다.

3.3.5 지속 가능한 파괴적인 혁신

기존 기술의 개선으로 구성되는 지속적 혁신(2.4절)은 다음 사항을 포함할 수 있다.

- 디지털화된 소비자는 전력을 소비하고 관련된 문제에 대한 정보를 얻는 데 다른 접점(예 : 인터넷, 앱 등)을 요구한다. 전력 회사는 새로운 절차와 함께 판매 경로를 개발한다. 이때, 관련 회사는 효율성을 확보하기 위해 상호보완적인 기술과 자원을 가진 전문적이며, 신뢰할 수 있고, 비용 효과적인 파트너와 협력할 필요가 있다.

PART 3 전력회사의 미래, 미래의 전력회사

- 디지털 전력회사 : 모든 과정은 디지털화되어야 한다. 또한, 여기서 전력회사는 비용 효율성과 시장진입 시점이 중대한 도전을 초래하더라도 적합한 해결 방안을 찾고자하는 경향성을 지닌다.

파괴적 혁신과 관련하여, 현재 기업이 직면한 문제는 "기술 자체가 아니라, 이러한 여러 신기술들을 각각 상업화하고 연관된 기회를 확보할 능력이 부족한 부분"에 있다(Richter, 2013). 이것은 전력회사가 지금까지 탁월하게 대처하지 못했던 부분이다. 가령, 소규모 주거용 고객 대상 계약에서 수익성이 확보된 비즈니스 모델을 이끌어내는 것을 지금까지 거의 실현하지 못했다. 그러나 미래에는 서로 다른 영역과 경쟁자로부터 특성을 참고하여 새로운 상품을 개발할 필요가 있다. 앞서 살펴본 트리아넬은 태양광/전력 저장 분야의 화이트라벨 상품을 도입한 일부 기업들 중 하나이다. 전력회사가 이러한 유형의 협력에 매력을 느끼고, 추진하고 있음에 불구하고 여전히 판매 성공률은 답보 상태이다. 다수의 사례를 분석했을 때, 본 장의 저자는 여전히 판매 절차의 전문성이 강화되어야 한다고 생각한다. 한편으로는 해당 시장의 크기가 제한되어 있기 때문에, 앞으로 계속 확대될 필요가 있다고 본다.

4. 전략 개발과 실행의 성공 요소

특정한 사업 전략의 개발은 다음의 사항들을 요구한다.

- 강점, 약점, 기회와 위험에 대한 분석: 기업의 위치는 어디이며, 미래에는 어느 지점에 도달해 있기를 희망하며, 기업의 운영 상

황과 선택한 전략은 무엇인가?
- 명쾌하게 정의된 목표를 가진 구체적 개발 절차: 기업이 필요한 것은 무엇인가? 언제, 어떻게 이것들을 얻을 수 있는가?
- 목표 도달 경로로써 사업 단위와 기능별 구체적 전략: 기업은 어떻게 목표에 도달할 수 있는가?
- 절차별 이행 전략: 어떻게 이를 추진할 수 있으며, 이 절차는 행동으로 어떻게 옮겨질 수 있는가?
- 절차의 구조화: 누구의 책임이고 권한이며, 역량은 어디에 있으며, 누가 연관된 자격을 가지고 있는가?
- 조직 문화 내에서 구조의 '활성화': 절차는 어떻게(개방적 또는 계층적, 위험 회피적 또는 위험 의식적, 신속함, 미온적, 세심함 등) 진행될 것인가?

위의 사항들은 당연한 상식으로 여겨질 수 있지만 실제로는 많은 전력회사에 전략 개발과 전략 실행의 시스템적인 접근은 매우 도전적인 과업이다. 개별 난관은 횡적이고, 다층적이다. 또한, 이를 넘기 위해서는 때로는 반대되는 전략들을 관리할 필요가 있다. 이와 관련된 사례를 에너지의 분산형 생산과 관련된 비즈니스 모델에서 찾아볼 수 있다.

- 에너지 자가 생산 분야에서의 새로운 결합 상품과 같은, 파괴적 혁신과 탐색적 전략을 보유한 시장은 신뢰할 수 있는 하나의 사업 계획으로는 나타낼 수 없다. 오히려, 시행착오에 기반한 접근 방식이나 스타트업 정신이 더 적합할 수 있다.
- 전통적 발전 사업에서 요구되는 개발 전략에서는, 자산관리와 운영 분야의 최적화와 높은 수준의 성과 집중이 필요하다. 미래에서는 오늘날 적용되고 있는 것보다 더 구조화되고 결정론적

PART3 전력회사의 미래, 미래의 전력회사

인 의사 결정 절차가 필요하다.

몇몇 사례에서처럼, 이러한 분화되고 잠식되는 사업 절차의 자원 배분에 관련된 충돌은 공개적으로 평가하고 해결해야 한다. 또한 이로 인해 발생하는 긴장 관계도 관리해야 한다. 이를 위해서는 탁월한 리더십과 변화하는 역할을 인지하며 대응하는 능력이 필요하다(Smith et al., 2010).

5. 결론

미래에 어떤 전력회사는 현재 모습과 다르겠지만, 또 다른 전력회사는 그렇지 않을 것이다. 특수한 환경, 이해관계자, 시장 내 위치, 강점, 약점에 따라, 이들은 다음의 경로들 중 하나 또는 다수가 결합된 형태로 진화할 것이다:

- 서로 다른 깊이를 가진 내부적 가치가 결합된 통합 에너지 공급자로 지속
- 장·단기적으로 협력자 또는 외부 자원으로부터 창출된 가치를 결합하는 복잡한 에너지 시스템을 관리하는 역할
- 집중적이고 분산된 요소들을 관리하고, 주로 전력망 운영에 기초한 내부적 가치 창출보다는 통합 에너지 웹사이트 기업과 다른 파트너 기업과 다수의 서비스 제공자를 위한 플랫폼을 제공하는 조정자로서의 역할
- 에너지 분야에서 인프라 관련 서비스로, 지역 단위로부터 국가/국제적인 에너지 생산과 판매로의 다변화

사실, 정치적 개입·지원을 기다리거나 그 세부적인 내용에 지속하여 적응하는 것보다는 전력회사는 보다 전체적인 관점에서 처해진 환경에 집중할 필요가 있다. 각 기업의 고유한 위치(지역단위, 광역단위, 특정 분야 특화, 글로벌 대상 등)는 목표와 전략의 기초가 되어야 한다. 그러나 이러한 목표와 전략을 기업·사업 내부 절차, 구조, 문화에 지속적으로 녹여내지 못하면, 전략은 순수한 이론으로 남아있게 된다. 따라서 기업은 끊임없는 학습의 과정을 소화해내야 한다. 이는 전략을 지속적으로 추진하고, 상황에 따라 적용 속도를 감소하거나 높이고, 다른 각도에서 바라보는 것을 의미한다. 또한 아래 정리한 사항에 대한 명확한 정의에 기초해야 한다.

- 무엇을 : 에너지 생산 또는 프로젝트의 지속/중단, 가치 사슬의 새로운 부분의 개발, 새로운 지역/영역으로의 진출, 새로운 고객군의 확보 등
- 어떻게 : 독자 수행, 파트너와의 협력, 보조적 파트너로서의 협력, 통합적 파트너로서의 협력, 타 서비스 제공자와의 협력, 통합적 파트너 형태의 고객과의 협력 등

다양한 전략 사이의 역학 관계를 활용하는 것은 불안정성과 예측 불가능성에 대한 대응책이 될 수 있다. 또한 복잡성을 낮추고, 변동성을 극복하거나 보상할 수 있으며, 위험을 낮추고 기회를 극대할 수 있다.

PART3 전력회사의 미래, 미래의 전력회사

제18장

전력 소비자 미래, 전력회사의 미래소비자

· · ·

The Future of Utility Customers and the Utility Customer of the Future

Robert Smith[*], Iain MacGill[†]
[*]East Economics, Sydney, Australia; [†]Centre for Energy and Environmental Markets (CEEM) and School of Electrical Engineering and Telecommunications, UNSW, Sydney, Australia

1. 소개

전력회사는 보수적이고 신중하며 내향적이라고 알려져 있다. 그러나 항상 그랬던 것은 아니다. 에디슨[Edison]과 같은 초기 사업 개척자들은 고객 맞춤형/부분별 에너지 서비스(주로 조명, 산업용 동력, 철도용 견인력 등)를 제공하는 데 있어, 매우 기업가적이었다(Smith and MacGill, 2014). 그러나 오랜 시간 성장 끝에 성숙기에 접어들었다. 또한, 전기가 복지의 중심 요소가 되면서 보다 안정적인 비즈니스 모델이 되었다. 즉, 전기는 자연독점 구조에서 공급되는 필수적인 공공재로 자리 잡았다. 전력망의 역할은 '불빛을 꺼트리지 않고 계속 유지하는 것'이었으며, 에너지 소비자의 역할은 단지 '대가를 지불하는 것'에 머물렀다. 미터기

 에너지 전환 전력산업의 미래

(계량기)의 전력회사 측면에서 발생한 마법은 전력회사의 사업이었다. 우리가 소비자로서 미터기에서 발생한 일은 우리의 일이었다(역자 주: 전력회사는 미터기까지 전력을 생산, 공급하는 일을 하고, 소비자는 전기를 사용하고 사용한만큼 댓가를 지불한다는 의미).

지난 세기동안 이 모델은 매우 탄력적이었다. 즉, 시기적절하게 발전설비, 최종사용 기기에 신기술을 수용하였고 수직, 수평통합에서 벗어나 경쟁시장을 형성하고 소비자 선택권을 강화하는 정책적 변화도 받아들였다. 그러나 배전망은 규제 독점으로 계속 유지되어 왔기 때문에, 많은 경쟁 시장 부문조차도 단순한 계량, 요금제 등을 포함한 시장형성 초기 조치(규정)의 제약 하에서 운영되고 있다. 초기 조치는 대체로 경제적 효율성만큼 공공자본의 목적을 고려해 설계되었다.

그러나 이제 피할 수 없는 진정한 변화가 출현하고 있다. 지금까지 전력회사들은 경쟁으로부터 보호받고 지속적으로 성장할 수 있었다. 그러나 전력 소비자가 에너지 효율을 향상시키고 분산형 발전을 효율적으로 활용하고 전력사용을 보다 적극적으로 관리함에 따라, 전력 사용량 감소와 부하 특성$^{load\ profile}$의 변화를 겪고 있다. 분산형 발전, 특히 태양광 시스템은 분산형 전력저장장치, 스마트 기기, 전기자동차와 함께 전력산업을 크게 뒤흔들고 있다(5장, 10장 참조). 전력망 독점은 위협을 받고 있으며, 규제기관은 새로운 세상을 위해 어떤 요금제, 시장, 규제 방식 등이 필요할지를 고민해야 한다.

에너지 소비자들, 특히 주거용 (전력) 소비자의 역할을 본 장의 주요 관심사이다. 2절은 기술, 비즈니스 모델, 시장 구조개편, 정책 관점에서 전력망의 미래를 간략하게 고려하며 이러한 문제 프레임에 있는 일부 한계점에 주목한다. 3절에서는 소비자 관점에 집중한다. 즉, 최종 사용자의 선호(소비자가 원하는 것)의 과소평가된 중요성에 초점을 맞추고

PART 3 전력회사의 미래, 미래의 전력회사

있다. 4절은 고객의 유효 수요$^{effectual\ demand}$(역자 주: 실제로 물건을 살 수 있는 구매력에 기반한 수요) 관점에서 주요 에너지 기술을 살펴본다. 5절은 그리드 패리티$^{grid\ parity}$(역자 주: 재생에너지 발전단가가 화석연료 발전단가보다 작거나 동등한 상황)에 대해서 다룬다. 6절은 새로운 기술과 비즈니스 모델에 대한 산업계의 주요 관심사와 경쟁, 요금제 개혁 등 정책 입안자의 주요 관련 사항을 다룬다. 요컨대, 기술뿐만 아니라 고객의 선호, 응답이 전력산업의 미래를 형성하는 데 핵심적이라고 결론을 내린다.

2. 전력망의 미래 : 운명과 변화 동인

지금 어디로 가는가? 우리는 앞에 놓인 길을 명확하게 만들 수 없다. 15장에서는 변화의 5가지 메가트렌드를 다루며, 6장에서는 호주에서의 구체적 전략을 논한다. 전력망은 다음 3가지 운명 중 하나에 직면해 있는 것으로 보인다.

- 현상유지$^{business-as-usual}$
- 전력망 분산화 진전
- 전력망 이탈$^{grid\ defection}$(점차 다수 에너지 사용자가 완전히 전력망에서 벗어나는 것)

어떤 운명으로 귀결될지는 기술 진보, 가격, 시장, 규제 그리고 환경 변화를 포함한 광범위한 사회적 목적 등 다양한 동인(動因)들의 상호작용에 달려있다. 그러나 전력망의 운명이 에너지 소비자에게도 달려있다는 사실이 종종 간과되고 있다. 고객 니즈^{needs}는 가치사슬을 움직이며, 산업구조에 따르는 비즈니스 사례를 뒷받침하는 요소이며, 잉여 가치가

 에너지 전환 전력산업의 미래

창출되고 공유되는 방식을 결정한다.

2.1 현상유지

전기화electrification의 전환적 힘transformative power이나 사람들이 거기에 두는 가치에는 의심의 여지가 없다.

"우리는 전력망의 산물이다"

1888년 에디슨이 전등을 소개했던 때보다 더 많은 사람들이 전기를 사용할 수 없지만(역자 주: 인도, 아프리카 등 전력 공급이 어려운 지역의 높은 인구 증가로 과거보다 더 많은 사람들이 전기를 사용하지 못한다) 전 세계 많은 사람들은 신뢰할 수 있는 전력망 기반 전기를 당연시 여기고 있다.

수직통합적인 독점회사에 의해 소유되고 운영되는 중앙집중식 전력망은 매우 성공적이었다. 전력망은 지구상에 존재하는 가장 큰 기계를 대표하며, 전기화는 자동차, 전화telecom, 컴퓨터를 앞서는 20세기의 가장 큰 기술적 진보로 평가된다(Constable and Somerville, 2003). 전기화의 성공은 전통적 에너지원(예: 수력 시스템, 석탄 분지basin 등)의 중앙집중식 배치와 전통적인 배전, 발전(예: 수력, 화력, 원자력 등) 부문의 규모의 경제와 함께 지속적인 전력 수요 성장, 전력 부하의 다양성과 결합한 이점을 반영한다. 전력 공급에 있어서 가장 직접적이고, 여전히 지배적인 비즈니스 모델은 사기업이든 공기업이든 규제를 받는 독점기업 형태의 전력회사를 만드는 것이었다. 실제로, 상대적으로 낮은 비율의 전력 소비자만이 구조조정이 이루어져 시장 지향적인 전력회사로부터 필요한 서비스를 제공받으며, 요구 청구서의 주요한 부분을 차지한 전

PART3 전력회사의 미래, 미래의 전력회사

력망 요금에 해당하는 기업들은 여전히 독점기업으로 남아있다.

최근까지 독점 형태의 중앙집중식 전력망 생산 전기는 다른 에너지 옵션들보다 더 싸고 안전한 전기를 공급하며 높은 경쟁력을 공고히 했다. 이러한 특성은 전기를 필수 공공재로 만들었고 저소득층 또는 특수 소비계층에게 보조금을 지원하게 하였다. 따라서 전력회사의 비용 회수는 비용-반영적인$^{cost-reflective}$ 요금제보다는 형평성을 중시하는 전체 고객 계층 전반에 걸친 '우편요금제$^{postage\ stamp\ pricing}$(역자 주: 평균비용을 단위요금으로 부과하는 방식)'으로 관리될 수 있었다.

새로운 기술, 비즈니스 모델, 시장 제도, 정책 동인 등은 어떻게 이것을 바꿀 수 있을까? 규모와 다양성의 이점을 통해 수직 통합형 전력시스템은 새로운 정책(역자 주: 주로, 발전, 도매 경쟁시장의 도입에 국한된다. 일부 지역에는 규제하의 소매 경쟁시장이 도입되기도 하였다), 새로운 에너지 기술(효율적인 가스발전, 간헐성 높은 풍력, 태양광 등), 새로운 부하(피크 역순환 냉각기)를 성공적으로 흡수하도록 했다. 그러나 다수의 발전사업자, 소매사업자가 처한 환경이 더욱 복잡해지고 위험이 더 커지고 있는 가운데, 최근에야 비로소 전통적인 전력망 비즈니스 모델은 고객의 전력 사용을 변화시키는 동인을 수용해야 하는 상황에 직면하게 되었다.

고객 에너지 사용량의 변화 동인은 대체로 성장 증가 요인(인구와 번영), 성장 둔화 요인(가격과 정책), 성장 억제 요인(생산성과 선호도)로 분류할 수 있다. 전통적인 장기 성장 동력인 인구와 경제적 번영은 계속해서 그 역할을 할 것 이다. 과거 경험에 비추어보면, 인구가 늘어나면 더 부자가 되고, 더 많이 소비한다. 그러나 에너지 사용량은 경제 성장과 관련이 있지만 그 정도가 이전보다 약하며, 주로 가격과 정책이라는 다른 요인과 더 관련성이 높다.

가격, 사용량 기반 전기 요금 인상은 관련 지역이 분명히 전력 사용

 에너지 전환 전력산업의 미래

을 둔화시키고 있다. 일부의 예측처럼, 전력망 가격/요금의 상승은 계속될 것인가? 상대적인 가격과 '그리드 패리티'는 4절에서 더 논의되지만, 가격 인상 요소는 다른 요소보다 눈에 띄며, 가격 인상이 그 가치보다 더 높을 수 있다. 환경적인 고려로 추진되는 정책들은 에너지 효율 제도, 교육, 가전 제품, 건물 표준, 발전차액지원제도$^{Feed-in-Tariffs(FiT)}$, 탄소 가격 등을 통해 전력 사용량을 감소시키는 데 기여했다. 그리고 유권자들이 '깨끗한 에너지 미래'를 지지한다면, 관련 정책은 지속해서 에너지 사용량을 절감시킬 것이다.

에너지 사용량을 결정하는 두 가지 결정적인 동인(動因)인 생산성과 선호도는 선명하지 않고 엇갈리며, 덜 확실한 영향력을 지니고 있다. 생산성은 기술이 제공하는 효율성의 편익이며, 제품과 산출물의 가격을 떨어뜨려 발전 기술에 가장 많이 반영된다. 생산성은 또한 LED 조명, 냉장고에서의 히트 펌프, 역순환 사이클 에어컨 등에서 가용성과 경쟁력이 향상하는 데에서 볼 수 있다.

전력회사 미래에 대한 대부분의 예측은 새로운 기술을 비용 효율적으로 만드는 생산성 향상에 달려 있다. 그러나 이러한 관점은 고객의 선택을 결정하는 선호도라는 중요 요소를 간과하고 있다. 또한, 유권자의 환경에 대한 시각에 따라 에너지 절약과 재생에너지 정책이 변화할 수 있다. 요컨대, 정책은 정치적인 과정을 통해 여과된 사람들의 선호로 구성되어 있다.

변화 동인에 대한 에너지 고객들의 반응은 수요 정체 또는 수요 감소를 주도하고, 분산형 발전을 증가시킨다. 또한, 이는 전력회사의 전통적인 비즈니스 모델, 요금제, 시장 규제 등을 시대착오적인 것으로 만들고 있다. 전력회사의 사업 영역이 소비자의 변화로 위협받고 있는 상황이며, '현상유지'는 향수를 불러일으키는 시나리오가

PART3 전력회사의 미래, 미래의 전력회사

될 것으로 보인다.

2.2 분산형 전력망

전력망 사용자는 숫자와 위치 측면에서 항상 분산되어있다. 에너지 다소비 산업의 기업들은 전력공급원 근처에 위치하거나 백업 공급 이상의 소내 발전기를 설치하였다. 그러나 이제는 에너지 공급 체계가 에너지 수요에 맞게 분산될 것이라는 예측은 전혀 이상하지 않다. 전통적인 발전원(화력, 수력, 원자력 등)을 대형화, 중앙집중적으로 조성할 수밖에 없었던 규모의 경제 논리는 이제 그다지 매력적이지 않다.

이것은 따를 수도, 따르지 않을 수도 있다. 태양광, 배터리 전력저장 장치는 규모의 경제를 요구하지 않을 수도 있으나 규모의 불경제도 발생하지 않을 수 있다. 가정용 태양광 시스템은 대규모 태양광 시스템과 비용이 비슷해질 수 있으므로 하나의 최적 규모는 존재하지 않을 수 있다. 이러한 기술의 경우, 크다고 더 좋지 않으며 반대로 작다고 더 좋지도 않다. 완전한 확장성이 있는 발전 기술은 여러 위치, 다양한 크기로 전력망 내부에서 또는 전력망을 뛰어넘어 효과적으로 배치될 수 있다. 가령, 3장은 다중 연결, 반자동 마이크로그리드로 구성된 통합 전력망을 설명한다.

많은 지역에서 빠르게 확산 중인 가정용 태양광 시스템은 완전히 분산된 "작은 것이 아름답다"는 미래를 가리키는 것으로 보인다. 본 책의 10장에서 논의한 것처럼, 호주에 설치된 140만 가구의 태양광 시스템은 관심 있게 봐야할 사례이며, 호주 전체 가구의 15%(일부 주에는 40%)의 지붕을 덮고 있다. 이들 중 다수는 최근 5년간 설치되었는데, 정부의 보조금과 발전차액지원제도[FiT] 등 지원 제도와 태양광 시스템 비용의 현

격한 감소에 따른 결과이다. 이제, 태양광 시스템에서 얻는 재정적 이익은 전기사용에 따른 주로 경제적 이득에서 나온다. 즉, 에너지양(kWh) 기준 소매요금제로 지불해야 하는 요금을 낮추는 데에서 나온다. 정책적 지원이 점차 감소하면서, 태양광시스템의 잉여 전력을 되파는 사람들은 대략 소매가 1/4정도의 더 낮은 요금으로 보상을 받는다.

일부 요금제 수준에서는 태양광 시스템이 재정적으로 이득일 수 있지만, 태양광 시스템의 '그리드 패리티'는 매우 중요하고 동시에 문제가 된다. 특히, 태양광은 낮 시간^{daytime} 전력 생성이 저녁 피크 수요로 발생하는 전력망 비용을 감소시키지 않기 때문에, 용량기준 전력망 요금제$^{volumetric\ network\ tariffs}$에서 비용 반영이 충분히 되지 않는다(11장 참조).

적절한 비용 반영이 없다면, 정액 요금제하에서 거의 모든 가정과 중소기업의 효율적인 행동과 선택은 인센티브를 받지 못한다. 이를 위해, '태양 요금제$^{solar\ tariffs}$'에서 고정, 수요 요금$^{demand\ charge}$까지 요금제 구조를 변경하는 여러 제안이 산업계에서 제시되고 있다. 정책 입안자와 규제 기관 역시 전력시스템의 새로운 개발/변화를 통합하기 위한 일관된 시장과 규제 체계를 개발하기 위해 고분고투하고 있다고 볼 수 있다.

전력시스템의 분산화는 가장 가능성 높은 운명으로 보인다. 전력회사는 오래된 기존 사업 영역과 대담한 새로운 세계 사이에서 놓여 있으며, 오래된 역할은 많이 감소하였다. 그러나 일부에게는 분산형 전력저장 분야의 진보가 전력망 이탈, 수요 감소의 징후로 받아들여진다.

2.3 전력망 이탈

점점 더 많은 산업 전문가들이 저비용 배터리 저장장치와 결합한 가정용 태양광이 태양광 + 전력저장장치의 '그리드 패리티'가 기술적으로

PART3 전력회사의 미래, 미래의 전력회사

가능하고 잠재적으로는 경제적으로 전력망 이탈을 가능하게 하고 있다고 본다.

록키 마운틴 인스티튜트Rocky Mountain Institute(RMI)는 태양 + 저장장치가 '부하 이탈load defection'을 통해 기존 전력산업의 경제를 훼손할 수 있는 강력한 사례를 제시했다. 만약, 적절한 구조조정이 없다면, 전력산업은 큰 압박을 받고 축소될 것이라는 산업계의 증가하는 여론도 소개했다. 이러한 시각들은 재무업무를 담당하는 사람들의 반응에서 확인할 수 있다.

100년이 넘는 전력산업 역사 속에서, 전력망을 통한 전력 공급grid power와 비견할만한 가격 경쟁력 있는 대체재는 단 한 번도 없었다. 그러나 우리는 태양광과 전력저장장치의 결합이 다가오는 10년에 걸쳐 전력사업의 조직, 규제를 바꿀 수 있다고 믿는다(Barclays, 2015).

점차 미국 전력 소비자들은 부분적으로 또는 완전히 전력망에 기초한 전력 사용에서 벗어나고 있다(Morgan Stanley, 2015).

선진화된 전력시장의 가치사슬에서 "지난 100년 동안 이렇게 해왔다"는 태양광, 배터리가 주도하는 변화로 향후 10~20년 이내에 뒤바뀔 것이라고 본다(UBS, 2015).

RMI 보고서는 "다수가 전력망 연계에서 이탈로 바로 도약할 가능성은 거의 없지만, 10~15년 이내 태양 + 전력저장 조합을 경제적으로 선택할 수 있는 발전 구성이 될 수 있다. 또한 2050년에 이르러서는 전력망은 백업back-up 역할만 수행할 것이다"라고 결론을 짓는다.

RMI의 결론은 당연히 제로 수요, 용량 비용, 태양광, 전력저장 비용 하락, 전력망 비용 상승 등 많은 가정 아래에서 내려졌다. 특히, 전력망을 통한 전력공급 비용이 연간 3% 상승한다고 가정하면, 2030년 해당 전력공급 비용은 60% 가량 높아지며, 2050년에는 현재 수준의 3배에 이를 것이다. 따라서 장기적으로 본다면 태양광 + 전력저장 시스템의

성공을 확신할 수 있다. 또한 독립형 가정용 태양광 + 저장장치의 비용 하락은 소규모/대규모의 전력망 연계 어플리케이션으로 분명히 활용될 것이다. 전력망 이탈로 야기될 미래가 지금 당장은 가능해 보이지 않더라도, 전력망 기반 공급 체계가 수요 감소로 위협받고 있다는 메시지만큼은 분명하다.

그러나 테슬라의 파워월^{Powerwall} 가정용 배터리 출시가 상상력을 불러일으켰고, 그리드 패리티가 가까워졌다. 분산형 전력저장장치에 대한 논의는 현재 고객의 대응 방식에 대한 업계의 이해와 적용 방안 모두를 능가한다. 표면적으로 과소평가된 것으로 보이는 소비자와 이들의 선호도가 전력망 이탈, 분산화의 진전 또는 현상 유지를 결정한다.

3. 선호도 – 매슬로의 원리, 상호이익을 위한 협력, 에너지 에코시스템

20세기 말, Y2K가 전 세계를 무력화시키려는 순간처럼, 닷컴 버블이 터지기 전, 구글^{Google}의 수석 이코노미스트 할 배리언$^{Hal\ Varian}$은 다음과 같이 경고 했다. "기술은 변화한다. 경제 법칙은 그렇지 않다." 그러나 경제법칙 역시 그 한계가 있다. 경제학의 강점은 복잡한 세계를 단순화, 모형화하여 현실을 추상화하는 데 있지만, 이는 동시에 약점이기도 하다. 경제학부 1학년 학생들은 '선호도가 주어진다고 가정하고', 아마도 추후 일생동안 연구에서 이를 무시한다(Dietrich and List, 2013). 그럼에도 불구하고, 강의실에서 마케팅을 공부하는 신입생들은 계량, 형태화 방법, 욕구를 충족시키는 법 등을 배우면서 소비자 선호는 알기 어렵고 유동적이라는 것을 깨닫게 된다.

미래를 이해하려면 기존 전력망 기반 전기가 여전히 중요하다고 평가

PART3 전력회사의 미래, 미래의 전력회사

받는 특징들(신뢰도, 규모의 경제에 따른 경제성, 숨겨진 가치, 대다수 수동적인 고객에게 제공하는 균일한 품질, 유비쿼터스, 필수 서비스, 건강과 위생 등)에 관해서 가정용 에너지 생태계에서 고객의 선호, 행동, 반응 등을 자세히 조사해야 한다. 그러나 전기 서비스는 필수 서비스로 남아있지만 어느 정도의 가치를 가지고 있는지는 상황에 따라 다를 수 있다.

극심한 저소득층의 경우, 전력망 기반 전기는 기본적인 '난방과 조명' 욕구를 충족하기 위해 추가적인 수입을 지출하는 우등재$^{superior\ goods}$로 간주된다. 소득이 증가하면, 전기는 소득증가에 따라 그 사용도 증가하는 정상재$^{normal\ goods}$가 되지만 빠르게 전환되지는 않는다. 마지막으로, 오늘날의 부유한 고객층과 미래의 더 많은 고객에게는 전력망 기반 전기는 열등재$^{Inferior\ goods}$가 될 수 있다. 소득의 증가와 값비싼 고효율 전자제품의 비용 하락에 따라 에너지 사용이 보다 효율적으로 변화하고, 태양광 + 전력저장이 선택할 수 있는 삶의 방식으로 자리 잡게 될 수 있기 때문이다.

2004년 한 연구에서는 기후 변화에 대한 여러 국가의 정책 접근법을 설명하기 위해, 매슬로^{Maslow}의 욕구 단계 이론에 기초한 "에너지 정책은 피라미드 구조를 필요로 한다"고 강조했다. 이 연구에서는 상업용 에너지에 대한 접근이 일단 정책 목표로 달성되면, "공급 안전성 문제가 비용 효율, 환경, 사회적 문제에 우선한다는 점을 관찰할 수 있다"고 주장한다(Frei, 2004). 매슬로 이론에서 첫 번째, 두 번째 기초 욕구에 해당하는 생리적 욕구, 안전 욕구는 가정의 에너지 사용에서도 그 근거를 뒷받침한다.

가정에서의 에너지 사용의 많은 형태와 형식은 너무 일상적이어서 간과되기가 쉽다. 스마트폰, 랩톱, TV, 고가의 주방제품들은 우선 사람들

에너지 전환 전력산업의 미래

의 흥미를 사로 잡지만 대부분의 가정용 에너지 소비는 대다수 열로 손실되는 냉난방 부하, 온수, 냉난방, 냉장, 냉동, 부엌/요리, 조명 등에 있다. 유튜브^{Youtube}, 트위터^{twitter}, 페이스북^{facebook} 등 급부상한 인터넷 서비스가 아닌 '전통적인', '저차원 기술', 큰 고민 없이 구매하는 '저관여' 전자제품 등이 대부분의 에너지를 소모한다(그림 18.1).

그림 18.1 모든 가전기기에 대한 에너지 사용량
(출처 : Ausgrid Energy Efficiency Centre)

인터넷을 활용하는 냉장고가 이미 시장에 출시되었음에 불구하고, 대다수 기본 에너지 요구(필요량)와 많은 전자기기는 근본적으로 변화하지 않았다. 변화한 것은 가격뿐이다. 2000W급 전기히터 '프레임 쉘$^{Frame\ Shell}$'은 1950년대 말 11.75달러(오늘날 약 140달러)였는데, 현재는 14달러에 팔리고 있다. 동일한 전기히터를 구입하기 위해서 1960년대 중반 호주 최저임금 주급의 1/3이 필요했다면, 이제는 한 시간만 일하면 된다(그림 18.2).

PART 3 전력회사의 미래, 미래의 전력회사

그림 18.2 1950년대 전열기 '프레임 쉘Flame Shell'

 이런 극적인 변화는 오랜 기간에 걸쳐 일어나지만, 짧은 기간 작은 단계씩 일어날 때는 이를 간과하기 쉽다. 그러나 사람들이 가정용 전자 제품의 구입 가격과 사용 비용 간 상관관계를 인식하지 못하는 가운데 이러한 극적인 변화가 발생한다. 지역 요금 기준으로 2000W급 히터를 하루 동안 켜 놓으면 히터 구매 비용보다 전력사용량(kWh) 요금이 더 많이 부과된다. 그리고 두 개의 히터는 여름에 전기자동차를 충전하거나 대형 에어컨을 가동시키는 것만큼 전력 사용을 야기한다. 전열기 프레임 쉘의 비용 상대성 사례는 그림 18.3에서와 같이 가전기기 가격 지수 측정에서 확인할 수 있다. 이 그래프는 기본적인 에너지 필요를 충족시키기 위한 에너지양(kWh) 운영 비용 부분은 증가하고 가전기기 구매 비용에 대한 부분은 줄어들어, 에너지 효율 등 추가 기능을 포함한 전체 비용을 점점 더 저렴해지는 것을 나타낸다.

에너지 전환 전력산업의 미래

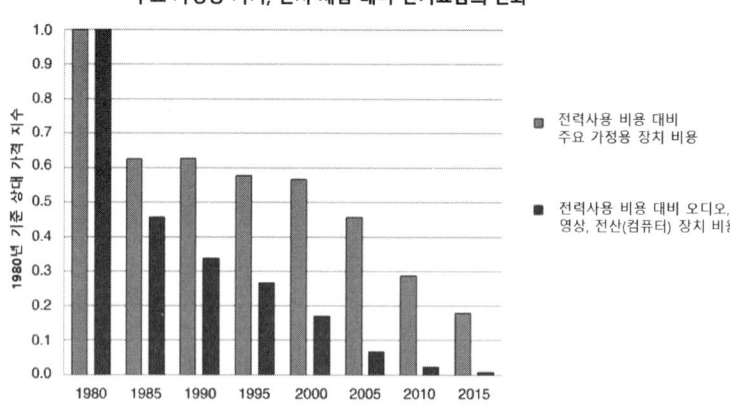

그림 18.3 전자제품 가격 하락과 전기요금 가격 상승
(출처 : Australian Bureau of Statistics)

프리미엄 고객이 낮은 수준 욕구를 넘는 높은 수준의 요구에 지불하고자 하는 금액은 상당할 수 있다. 전기히터처럼 주전자의 기능은 거의 100년 넘게 변화하지 않았다. 가령, K-마트$^{K-mart}$에서 구매할 수 있는 7.5달러짜리 주전자와 고급 브랜드 스메그^{SMEG}의 199달러 주전자는 거의 동일한 기능을 가지고 있다. 191.50달러 또는 2550%의 가격 차이는 기본 기능의 차이가 아닌 소비자의 고차원 욕구를 얼마나 충족시키는가에 달려있다. 모든 사람이 스메그 디자인의 주전자를 사용하여 물을 끓이는 것은 아니지만, 부유한 소비자가 선호하는 고차원 욕구/선호는 에너지 선호도를 고차원으로 이끌 원동력이며 미래 에너지 서비스, 기술의 수요를 형성한다(그림 18.4).

특히, 일부 가정에서의 에너지에 대한 욕구는 매슬로 욕구 계층 하단의 기본욕구인 '생리적, 안전 욕구'에 해당된다. 그러나 이러한 욕구가 충족되면, 상위에 위치한 '사회적 지위와 존경에 대한 욕구'로 옮겨간

PART 3 전력회사의 미래, 미래의 전력회사

다. 고객이 어떤 사람인지, 그들이 무엇을 원하는지, 어떻게 맞출 것인지 등의 요인이 에너지 선택에 이미 영향을 주고 있다.

전력망 기반 전기는 독점적 형태가 아닐지라도 대다수 가정용 전력 공급에 있어 지배적 형태이다. 전통적인 경쟁자와 비교할 때, 전력망 기반 전기의 주요 이점은 지역 청결, 낮은 유지보수 비용, 저렴한 공급 비용 등에 있다. 그러나 이러한 장점이 경쟁자를 압도하지는 못한다. 고객의 선호는 다양성을 지지한다. 전력망 기반 전기는 가스, 유류, 목재 등과 경쟁하며 가정에 에너지 서비스와 함께 특히 요리, 난방용 부하에 전기를 공급한다. 이때, 비용 효과성뿐만 아니라 제품 특성, 소비자의 선호도가 선택을 좌우한다.

Kmart $7.50　　　　　　**SMEG $199**

그림18.4 전자 주전자 선호 비교

또한 가정용 에너지 사용은 포괄적이고 다양한 자원을 포함한다. 예를 들어 형광봉 화학발광물질, 라이터 부싯돌의 발화물질, 열방석 또는 냉찜질팩에서의 화학반응, 자동시계의 압전기, 에어로졸 또는 부탄가스

에너지 전환 전력산업의 미래

의 공기압, 수도관의 수압 등 소수만 이해하는 에너지원이 가정 곳곳에 숨겨져 있다. 요컨대, 전력망 전기보다 더 다양한 에너지원이 가정에 연료를 공급하고 있다.

가정용 에너지 저장은 이미 소비자의 일상에서 더 많은, 향상된 배터리가 사용되는 부분에서 확인할 수 있다. 모바일 장치는 배터리를 빠르게 확산시키고 있다. 전화기, 타블렛^{tablet}, 노트북, 장난감, 충전식 전자기기 등에서 배터리가 널리 활용되고 있다. 거의 눈에 띄지 않게, 이러한 모바일 장치는 축열(온수시스템, 건물 설계, 냉장고 등) 또는 기타 에너지원, 에너지 효율(예 : LED 조명)과 함께 단기 정전이 야기할 혼란을 감소시켜 왔으며, 1시간에서 4시간 정도의 전력망으로부터 독립을 가능하게 하였다. 따라서 전기(교과서적으로 자연 독점이었던)는 이미 다양한 에너지 공급, 서비스, 저장 등의 확산으로 서로 협력하는 형태로 운영되고 있다(Kishtainy, 2014).

에너지 협력의 한가운데에서, 전력회사가 가장 잘하는 일은 "불을 계속 켜두는" 신뢰 유지이다. 현대 도시에서는 이러한 신뢰성이 근본적인 요구이며, 일상적인 경제 활동이 지속할 수 있도록 하는 건강과 보건과 같은 기본적인 요구 조건이다. 그러나 일단 낮은 단계의 욕구가 만족하면 더 높은 단계의 욕구로 대체되는 것처럼, 사람들도 자신의 욕구와 선호에 맞게 여러 특성을 추구할 가능성이 있다. 환경주의자는 태양광 + 전력저장에 높은 지지를 보이지만 생존주의자는 매우 다른 이유로 동일한 사안에 대해 반대 입장을 표명할 것이다.

소비자의 개별 상황에 맞게 '태양광 + 전력저장' 조합과 같은 새로운 에너지 기술은 고객의 기본 욕구와 고차원적 욕구 사이에서 가격과 제품 특성의 균형을 갖춰야 한다.

PART 3 전력회사의 미래, 미래의 전력회사

4. 그리드 패리티 : 가격, 제품

기존 전력망을 '멸종위기에 처한 종'의 상태로 밀어 넣는 것으로 보여지는 주요한 도화선은 분산형 소규모 태양광 + 전력저장과 중앙집중형 전력망 전기 가격이 비슷한 수준이 되는 '그리드 패리티'이다.

'태양광 + 전력저장'의 잠재적 이점은 상당하다. 특히, 태양에서부터 얻는 에너지는 제로 비용, 독립성, 전력망 전기 가격 상승으로부터의 보호, 전력망 무(無)정전, 환경 영향 저감 등의 장점이 있다. 그러나 '내부 조달' 운영과 패널, 인버터, 배터리 등의 유지보수 등 간접비용이 필요하다. 또한, 간접비용에는 전력망 이탈 시 발생할 수 있는 신뢰도 문제 또는 전력망 접속을 유지하기 위한 추가적인 비용 역시 포함된다.

현재 소매 전기 가격에서 '그리드 패리티'에 대한 가정은 제품 특성 또는 기본 비용 측면에서 유사한 그리드 패리티를 반드시 수반하지는 않는다. 진정한 그리드 패리티는 에너지양 기반 요금은 비용을 반영하지 못하며, 제품 특성 역시 같지 않다는 2가지 이슈에 직면해 있다.

태양광에 대한 에너지양(kWh) 요금에서의 교차 보조금은 잘 알려져 있다. 따라서 전력회사는 용량, 접속 요금을 인상하면서 kWh 요금을 낮추고 고객 청구서의 에너지양 요금 구성 요소를 줄이기 위해 움직일 가능성이 크다. 이러한 부분은 현재 전력회사에 대한 실질적인 재조정이지만 기술적으로도 고객 수용 측면에서도 모두 달성이 가능하다. 호주에는 대다수 OECD 국가와 마찬가지로 대규모 상업 고객 대상의 용량, 수요 요금제$^{capacity\ and\ demand\ tariffs}$가 존재한다. 그러나 가정용 고객들은 가스, 수도, 지방세 등에서 상당한 고정용 요금과 우하향하는 구간 요금(사용량이 적을수록 평균 요금은 더 높은)을 지불하고 있기 때문에, 이러한 형태의 요금제를 가정, 상업용 소비자가 수용하는 것이 가능해 보

에너지 전환 전력산업의 미래

인다.

　대규모 전력망 이탈, 수요 급감으로 이어지는 태양광 + 전력저장의 '그리드 패리티' 전망은 매우 전투적인 "전부냐 제로냐" 접근 방식을 반영한다(이러한 방식은 슈마허Schumacher의 "작은 것이 아름답다"와 '적절한 기술' 철학을 충족시키는 혁신에 대한 슘페터Schumpeter의 '창조적 파괴 관점'에 기초한다). 그러나 현실은 좀 더 미묘하다. 태양광 + 전력저장의 가격이 크게 하락하고 전력망 기반 부하가 상당 부분 이탈하더라도 전력망 이탈은 가정용 전력망, 태양광, 전력저장 등의 신뢰도 특성으로 실제 발생할 가능성이 낮다(그림 18.5).

	Redundancy	Faults and reliability	Basic need buffer	Network profile impact
The Grid	N-1	99.98% two faults needed for an outage	1-4 h from thermal storage and batteries in key devices	Peak demand hot summer evenings
Grid and PV	N-2 in sunshine	>99.98% three faults needed in daylight outage	Night time 1-4 h thermal storage, batteries in key devices	Daytime demand reduced, lesser impact on evening peak
Grid, PV, and battery	N-2, N-3 in sunshine	>99.98% four faults needed for a daytime outage	No outages for sufficient battery size and normal weather	Throughout day peak demand reduced
PV and battery	N, N-1 in sunshine	<99.98% two faults needed for a daytime outage	Based on battery size, outage length is repair time for PV or battery at night	Peak and usage reduced
PV, battery, and genset	N-2, N-3 in sunshine	>99.98% two faults needed for an outage	No outages if sufficient battery size and genset buffer for bad weather	Peak and usage reduced
Grid and battery	N-2	>99.98% three faults needed for an outage	No outages as a function of battery size	Peak reduced

그림 18.5 분산형 발전, 전력저장과 신뢰도 관계

　요금제, 용량, 태양광, 배터리 비용 등을 고려한 실제 태양광, 가정용 소비 데이터를 활용하여 편익 분석과 함께 에너지 공급 지장 비용을 모형화한 연구 결과가 이러한 결론을 뒷받침한다(Khalilpour and Vassallo, 2015).

PART 3 전력회사의 미래, 미래의 전력회사

소규모 태양광-배터리 시스템은 가장 높은 순현재가치를 지니지만 가장 큰 에너지 공급지장을 야기한다. 연구 결과는 전력망을 이탈하는 것이 낮은 태양광-배터리 설치비용을 고려하더라도 실현가능한 선택지가 아니라는 것을 의미한다.

따라서 전력망 이탈은 신뢰도를 포기하고 대규모 태양광-전력저장 조합 또는 소규모 발전시스템 등의 추가 설비를 추가적으로 구입하려는 비(非)경제적인 사람들이 있는 곳에서만 매력이 있다.

그림 18.5에서 나타나는 탈 전력망 신뢰도 결과는 '가정용 태양광 + 전력저장'이 전력망과 분리될 수 있다고 가정한다. 정전이 발생했을 때에는 주요 상업용 고객과 중요 서비스 이용 가정용 고객에 대해서만 추가 비용이 정당화될 수 있다. 단독운전 옵션이 없는 고객이 경험하는 신뢰도는 태양광과 배터리가 있든 없든 동일하다. 그러나 자가 발전, 전력 저장 설비가 없는 고객이 더 많은 비용을 부담한다.

기술 기반 예측은 현(現)상태 유지보다는 극도의 전력망 분산화 또는 전력망 이탈에 우호적인 것처럼 보인다. 그러나 고객의 선호에 대해서는 거의 알려지지 않았지만 고객은 주로 결과물에 관심이 있고, 고객에게 전기를 전력을 공급하는 발전기기 구조와 비즈니스 모델에는 대부분 무관심할 것이라고 가정하는 게 타당해 보인다. 실제로 세계 인구의 대다수는 이제 자급자족이 아니라 공유된 기반 시설, 노력과 교환으로 제공하는 기회로부터 가치를 창출하는 도시에서 살기를 희망한다.

일단 발전(發電) 영역이 기존의 비용 효과적인 화석, 원자력 연료 기반 발전에서의 규모의 경제에서 벗어날 수 있다면, 탈중앙화로의 변화로의 '규모 제약 장벽'은 문제가 되지 않는다. 이제, 발전과 저장은 다양한 규모, 장소에서 비용 효과적일 수도 있다. 확장 가능한 태양광 + 전

에너지 전환 전력산업의 미래

력저장은 각 개인 최종소비자에 적용되는 경우만큼이나 집계된 지역 수준 또는 분산 전력망 내부에서 활용되는 게 효율적일 수 있다. 이때 우리는 새로운 에너지 기술에서 무엇을 기대할 수 있을까?

5. S-CURVES, S-BENDS 그리고 전기자동차는 전력망을 구원해줄 수 있는가?

만약, 태양광 + 전력저장장치 비용이 크게 떨어진다면, 가정용 배터리를 포함한 배터리 비용이 낮아졌다는 것을 의미한다. 이는 모든 곳에서 전기자동차 수용에 가장 큰 장벽 중 하나가 사라진다는 것을 의미한다. 그렇다면, 태양광 + 전력저장장치가 기존 전력시스템/전력망을 위협하는 것처럼, 전기자동차는 기존 전력산업의 구세주가 될 수 있을까? 전기자동차의 내장 배터리와 충전 유연성이라는 전력 부하 증가 조합이 태양광 + 전력저장에서 야기되는 부하 감소를 상쇄할 수 있을까?

전기자동차는 파괴적 기술 변화의 전망을 보여주지만 동시에 지난 100년 넘게 '미래의 자동차'였다. 이는 아래와 명시한 바와 같이 과거의 기술 도전에 대한 교훈을 제공한다.

전기자동차가 오고 있다. 전기자동차는 인류의 미래와 생존을 위해 필수적이다. 오늘날 우리는 기술과 상상이 함께 창조하는 21세기에 걸맞은 진정으로 효율적인 자동차와 에너지 시스템이 우리에게 다가오고 있는 것을 목격하고 있다. 이것은 우리가 주시해야 한다.

전기자동차의 완벽한 안내서(Shacket, 1981)

PART3 전력회사의 미래, 미래의 전력회사

도요타Toyota의 프리우스Prius, 이제는 테슬라Tesla가 최소한 틈새시장에서 전기자동차의 기계적 신뢰성, 바람직함, 상업적 생존 가능성을 입증해왔다. 그리고 전기자동차가 교통과 에너지 산업을 개조할 준비가 되어있는 것처럼 보인다. 그러나 호주를 포함한 전 세계에서 전기자동차 판매량은 여전히 빠르게 퍼지고, 대량 판매되기 직전 단계에 있다. 2014년 호주 110만대 이상의 자동차 중 전기자동차는 1,181 대였으며 5개국에서만 전기자동차가 신규 판매량의 1% 이상을 차지하고 있다(역자 주: 호주 교통국에 따르면, 호주 전기자동차 판매량은 2014년 1,135대, 2015년 1,108대, 2016년 219 대이며 성장세가 정체되었다가 오히려 감소하는 양상을 보임). 이제 전기자동차 관련 주요 이슈는 주행 거리 불안, 비용, 충전 인프라, 에너지 밀도 등에 배터리 개발과 고객 선호도를 둘러싼 장벽에 있다.

새로운 제품의 전형적인 예측 경로는 '죽음의 계곡'을 거친 후에 S자 곡선에 따르는 것이다. 여기에는 판매량이 커져 매출이 비용을 상쇄하기에 충분하기 전까지 제품을 시장에 내놓기 위해 필요한 역행적 발전negative development, 초기 준비 기간, 부정적인 현금흐름 등에서의 생존이 포함된다.

S-커브S-CURVES 모형은 예견된 S-커브 성공 스토리를 데이터 상단에 효과적으로 표시하며 적합하게 만드는 작은 기초 자료 집합에서 혁신의 장기 미래를 수학적으로 예측할 수 있게 한다. S-커브를 그리기보다는 대부분의 기술은 '죽음의 계속'을 건너기 전에 비틀거리며 S-밴드Bends 아래로 사라진다. 소멸의 한 가지 이유는 최종 고객의 실제 관점과 다른 혁신가의 제품과 그 이익에 대한 과대평가이다(Gourville, 2006).

전기자동차의 성공은 근대 승용차가 걸어온 길고 구불구불한 길의 일부가 될 필요가 있다. 기술적 결정론은 가솔린 엔진 차량의 성공을 필연적이라고 볼 수 있지만 오늘날 전기자동차처럼 가솔린 엔진 자동차는

에너지 전환 전력산업의 미래

아담 스미스가 '유효 수요$^{\text{effectual demand}}$'라고 불렀던 것을 확인할 필요가 있다.

매우 가난한 사람이 말 여섯 필이 끄는 마차를 가지고 싶은 욕구가 있을 수도 있다. 그러나 욕구를 충족할 상품이 시장에 존재하지 않아 해당 수요가 '유효 수요'가 아닐 수도 있다.

유효 수요는 고객의 요구, 선호도, 예산에 적합한 다른 대안과 비교되는 가격과 제품의 조합으로 해석될 수 있다. 역사적으로 전기자동차는 세그웨이^{Segway}와 싱클레^{Sinclair} C5처럼 유효 수요를 충족하는 데 실패하였고, 상업적 성공으로 향하는 길에는 생산자의 채워지지 않은 야망과 고객의 충족되지 못한 선호의 잔해로 온통 뒤덮였다.

그림 18.6의 중앙 오른쪽의 세그웨이는 발명가 딘 카멘$^{\text{Dean Kamen}}$이 1억 달러 규모의 비밀 '프로젝트 진저^{Ginger}'를 통해 2001년 세간의 관심 속에서 출시하였다. 카멘은 자동차가 말과 말차를 대체했듯이 세그웨이가 차를 대체할 것이라고 예언했었다. 그림 18.6 오른쪽 하단 끝의 싱클레어 C5는 컴퓨터 업계 선구자 클라이브 싱클레어$^{\text{Clive Sinclair}}$가 만든 세바퀴 운송수단으로 1980년대 중반의 영국인의 개인용 이동 수단의 혁명이 될 것이라 여겨졌다. 그러나 이는 발명가를 파산시키며 역사상 최악의 장치로 선정되기도 하였다.

PART3 전력회사의 미래, 미래의 전력회사

그림 18.6 전기자동차 혁신 역사

전기자동차의 유효 수요는 가격이 낮아지고(배터리 비용이 급락할 필요가 있다), 주행거리의 향상과 함께 여러 특징이 소비자의 선호에 부합될 때 나타날 것이다.

과거의 경험을 확인하였을 때, 상상했던 기술의 미래가 기대했던 것보다는 재미없는 것으로 밝혀지는 경우가 많았다. 1920년대 프리츠 랑[Fritz Lang]의 영화 메트로폴리스[Metropolis]의 마리아[Maria]와 1960년대 TV프로그램 젯슨[Jetsons] 가족의 로지[Rosie]는 우리가 과거에 기대한 로봇의 모습이었다. 그러나 현재 쇼핑 채널에서의 스타 청소 로봇인 룸바[Roomba]는 과거의 기대와는 차이가 크다.

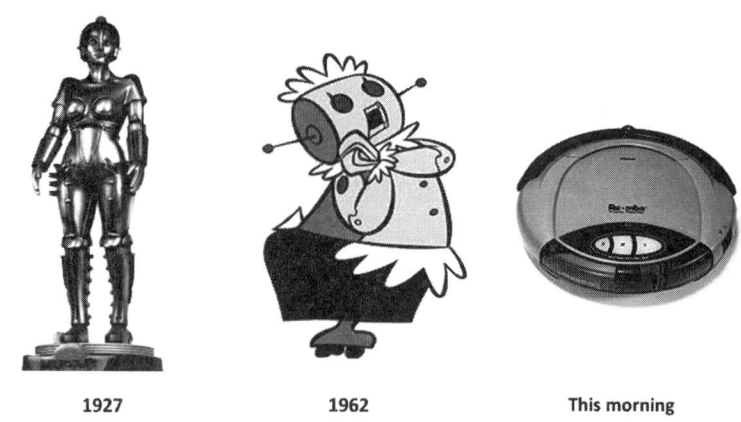

| 1927 | 1962 | This morning |

그림 18.7 상상 속에서의 로봇과 실제

심지어, 단순하고 검증된 비용 효율적인 제품을 선택하더라도 기대에 못미칠 수 있다. 형광등 옹호론자들은 1950년대 이후 형광등 비용 효율성의 이점을 주장했지만, 결국 성공은 크기, 모양, 광출력, 색온도, 연색성, 수은함유량, 조광기능, 유통채널 그리고 사회적 수용성과 같은 제품의 여러 특징에서 나온다. CFL(역자 주: 안정기 내장형 램프)의 형광등과의 '가격 패리티'는 확산의 필요조건이었지만 충분조건은 아니었다. 궁극적으로, 가격 인하, 제품 개선과 함께 정부 정책은 효율성 기준으로 대부분의 용도에서 형광등을 금지시키며 CFL을 가정에 확산시키는 데 필요하였다. 에너지 시장의 '가격 패리티'와 회수 기간은 '유효 수요'와 고객 수용을 보장하지 않는다.

현재, '스마트' 기술은 전례가 없는 유연성과 제어 능력을 갖춘 스마트미터, 스마트 기기, 사물인터넷과 협력 관계에 있다. 그러나 불행하게도 이러한 기술은 고객 선호도에 따라 결정되기 보다는 기술 발전에 따라 추진되는 가치 제안에 의존하는 것으로 보인다. 가령, 최근 에너지 사용 관련된 실험들은 고객을 사로잡는데 실패했고, 단지 바로 서랍으

PART3 전력회사의 미래, 미래의 전력회사

로 직행할 특수 소재/부품만을 남겼을 뿐이다.

구글이 소유한 수십억 달러 가치의 가정 자동화 회사 네스트 랩$^{Nest Lab}$은 자동온도조절장치와 연기감지기를 만들면서 에너지 관리 기법을 바꾸고 있다. 그러나 네스트가 제공하는 초기 제품은 스메그 주전자처럼 가격 프리미엄이 상당히 높으며 저렴한 가격, 유비쿼터스, 사물인터넷 기능의 조합 측면에서 부족하다. 설령, 이러한 자동화 기능이 실현된다면 전력회사의 중심적인 역할을 잃게 될 수도 있다. 전력회사 주도의 스마트미터가 관문, 포털 또는 가정용 허브가 될 것이라는 전력회사의 견해는 희망적인 자기성찰로 판명 될 수 있다. 저비용 유비쿼터스 컴퓨팅 성능과 인터넷 파급력은 스마트미터를 주전자보다 더 특별하게 만들 수 있다. 가정용 기기가 모두 똑똑해진다면 스마트미터의 가장 큰 이점은 전통적인 덕목인 주 전력공급원과 외부 통신원을 위한 물리적 연결 매개체가 될 가능성이 높다. 고객이 보유한 미지의 가전제품에 대한 매력적인 비용 효율적인 솔루션을 만드는 일은 결코 쉬운 일이 아니다.

지성^{Nous}	이슈와 무엇을 해야 하는지에 대한 지식
실눈^{Squint}	장기저축에 투자에 대한 금융상의 근시안적인 태도
소음^{Din}	경쟁적인 메시지와 우선사항들
영향력^{Clout}	저축을 위해 긴축하는 능력과 인센티브를 나누는
불평^{Grunt}	낮은 에너지 비용과 고객 우선사항들
님비^{Nimby}	인지되지 못하는 외부효과들과 지역 반대

그림 18.8 새로운 에너지 기술 수용의 장애 요인들

가정용 태양에너지 + 전력저장장치를 포함한 에너지 기술에 대한 예측은 고객의 요구 관점 보다는 가격 평가 측면에서 주로 이루어지고 있

에너지 전환 전력산업의 미래

다. 그러나 전력망 기반 전력 공급에 있어, 상당한 소비자 잉여(역자 주: 지불하고자 하는 비용과 실제 가격과의 차이로 소비자가 시장 참여로 얻는 혜택의 크기)가 오랫동안 있어왔으며 낮은 소비자 참여도, 높은 소비자 만족도와 함께 기본적 필요에 대한 제한된 합리성이라는 특징이 있다. 따라서 가격과 고객 선호 측면에서 모두 유익한 경우에도 신기술이 실제 고객의 수용으로 이어지기까지 실질적인 장벽에 직면할 수 있다(그림 18.8).

물론, 우리가 직면할 가까운 미래는 흥미진진한 기술 변화의 전망을 뒷받침한다. 테슬라의 파워월^{Powerwall}(역자 주: 가정용 전력저장장치)과 전기자동차 모델S, 구글의 네스트^{NEST}(역자 주: 스마트 온도 제어기), 오큘러스의 리프트^{Rift}(역자 주: 가상현실 헤드셋)가 이미 시장에 출시되어 유효 수요의 장벽에 맞서고 있다. 때로는 미래는 제 때에 도착하나 때로는 너무 일찍 혹은 너무 늦게 오기도 한다. 새로운 에너지 기술에 대한 유효 수요는 달성하기 어려울 수 있다. 그러나 고객의 요구 사항을 파악하는 것은 어렵지만 중요한 단계이며, 이에 대한 문제를 제기하는 것이 매우 중요하다. CISRO(2015)의 소비자 행동에 대한 연구가 이를 다음과 같이 뒷받침한다.

최근, 전력 공급 부문에 소비자의 참여가 증가했지만, 소비자가 미래에 어느 정도 수준의 참여를 원할지는 불확실하다...최근의 가격 이벤트와 태양광 수용까지 전기 사용의 변화가 소비자에게는 보이지 않는다.

소비자들이 에너지 요금을 줄이기 위해, 행동(이용 패턴)을 기꺼이 바꿀 의향이 있다고 말하면서도, 많은 주거용 소비자들은 자신의 의도와 모순되는 방식(예 : 에너지 다소비 가전제품 사용을 증가시킨다)

PART3 전력회사의 미래, 미래의 전력회사

으로 행동하고 있다. 연구에 따르면, 동기(예: 환경을 돕기 위한)가 반드시 행동(예: 조명 끄기, 태양광 설치)로 이어지지 않으며, 기타 요소(예: 사회적 규범, 뿌리 깊은 습관)에 지배받기도 한다.

(CSIRO, 2015)

기술에 대한 고객의 반응 역사에 비추어 볼 때, '현상유지'가 미래의 전력회사의 운명으로 머물지는 않을 것이다. 그러나 현재 시점에서 기술의 예상 가능한 이점은 가까운 미래에 죽음의 계곡과 S-밴드를 거쳐, S-커브를 지나 소비자의 유효 수요를 창출하고 전력망을 대체할 만큼 충분해 보이지 않는다.

6. 결론

기술 또는 고객만으로는 미래 전력회사(전력회사의 미래)를 결정짓지 않는다. 공급과 수요 역시 그럴 것이다. 기술과 정책은 고객의 선택권을 형성하지만 고객의 예산, 요구와 선호도에 따라 유효 수요가 발생한다. 미래의 고객은 여전히 합리적이고 비용효과적인 해결책에 가치를 두겠지만 각자의 조건에 따라 선택할 것이다. 여기서 의미 하는 조건은 우선 기본적인 욕구의 충족을 말한다. 그 다음에는 존경, 지위, 사회적 명성 등 상위의 욕구가 될 수 있으며, 이때 재생에너지, 분산형 발전, 전력저장장치 등이 여기에 해당될 수 있다.

미래의 고객은 지금과는 다를 것이다. 합리적 기대와 기존의 추세에 따라 고객은 더 많이 학습하고 연령이 높아지며, 도시화는 더 진전되고 확산될 것이다. 기술은 더 고도화되고 연결성이 높아질 것이다. 경제적으로는 더 부유하고 건강하며, 친환경을 추구하는 사람들이 더 많아질

 에너지 전환 전력산업의 미래

것이다. 이러한 발전은 전력회사와 분산형 발전의 미래에 어떤 영향을 끼칠 것인가? 일부는 앞으로도 바뀌지 않을 것이다. 사람들은 비용편익 분석, 재무제표 기반으로 내리는 선택에서 기계적으로 합리적이지는 않다. 매슬로의 욕구단계$^{\text{Maslow's hierarchy of needs}}$ (역자 주: 인간의 욕구가 중요도에 따라 일련의 단계를 형성한다는 동기 이론 중 하나)에서 가장 높은 단계인 자아실현 목표를 위한 욕구는 에너지 사용을 압도적으로 유도하지 않는다. 산업의 급변에 불구하고, 전기가 여전히 매슬로의 욕구단계의 하단에 해당하는 '저관여 제품'에 머물 가능성 역시 높다. 반면, 사람들의 주요한 관심은 다른 분야에서 고차원적인 관심사와 선호도가 충족되는 곳에 집중될 수 있다.

대규모 오프-그리드$^{\text{off-grid}}$와 수요 이탈에 따른 죽음의 나선$^{\text{death spiral}}$은 합리적 예측할 수 있는 미래에 포함되지 않는다. 궁극적으로 전력 고객은 전력망이 주는 신뢰도에 대한 '기본 욕구'와 분산형 전원 생산 전력 거래에 대한 선호도는 전력망 이탈을 막아줄 것이다.

태양광 + 전력저장의 그리드 패리티 가격에는 그리드 패리티 서비스가 수반되어야 한다. 차별성, 특히 신뢰도 수준의 차등은 전력망과 수요 이탈을 방지할 것이다. 전력망 이탈 수준이 높아진다면, 전력 요금은 조정되거나 일부 설비는 좌초자산$^{\text{stranded asset}}$이 되거나 매몰비용으로 처리될 수도 있다. 이때, 전력망의 가치는 진실한 가격$^{\text{true price}}$과 태양광 + 전력저장 조합의 그리드 패리티를 넘어 그 수명을 연장할 것이다.

기술적 결정론$^{\text{technological determinism}}$은 현재 전력시스템과 그 구성과 비교하여, 태양광과 배터리의 임박한 승리로 결론을 내릴지도 모른다. 그러나 칸트의 "인간이라는 뒤틀린 목재에 서 곧은 것이라고는 그 어떤 것도 만들 수 없다"는 말처럼, 가장 예측하기 어려운 것은 기술이 아닌 사람이다. 실제 시장에서는 제품과 가격이 모두 그 결과에 영향을 미친다.

PART 3 전력회사의 미래, 미래의 전력회사

또한, 기본적인 욕구가 충족되면, 단순한 가격 비교를 넘어 인지도, 선호도 등이 사람들의 의사 결정과 유효 수요를 결정한다. 전력회사의 미래는 기술과 비용뿐만 아니라 무엇을 고객에게 해줄 수 있는지, 고객이 전력회사를 어떻게 느끼는지에 달려있다.

에너지 전환 전력산업의 미래

제19장

전력시스템 유연성 관련 비즈니스 모델 : 새로운 참여자, 역할, 규칙

...

Business Models for Power System Flexibility : New Actors, New Roles, New Rules

Darryl Biggar[*], Andrew Reeves[†]
[*]Australian Competition and Consumer Commission, Melbourne, VIC, Australia;
[†]Former Chairman, Australian Energy Regulator, Hobart, Tasmania, Australia

1. 소개

많은 재생에너지가 발전원 구성에 포함됨에 따라, 전력시스템의 중장기 계획과 운영에 많은 변화가 요구된다. 특히, 그 어느 때보다 유연성에 대한 요구사항이 매우 중요해지고 있다. 동시에 혁신적인 솔루션의 등장은 유연성과 관련된 새로운 비즈니스 모델의 개발을 촉진하고 기존 공급망에 새로운 영역을 추가한다.

새로운 참여자는 소프트웨어, 하드웨어, 시장 설계에서의 혁신을 이끌며, 새로운 역할을 정의하고 있다. 가령, 에그리게이터[aggregators] (역자 주: 일반적으로 수요자원을 모집하여 부하관리를 대행하는 수요관리사업자/중개자를 지칭하나 최근 분산전원의

PART 3 전력회사의 미래, 미래의 전력회사

확산으로 중소규모 소비자의 수요, 공급자원을 모집, 통합 관리하는 사업자로 그 의미가 확장되었다) 소규모 공급자를 모집하여 유연성 서비스를 전력시장에 공급할 수 있다. 이와 유사하게, 소비자는 점차 수동적인 역할에서 벗어나 공급 측면에서도 적극적인 역할을 하는 프로슈머^{prosumers}로 진화해 나가고 있다.

전력시스템 유연성과 관련된 새로운 비즈니스 모델의 출현은 기술적 특성의 변화에 기인한다. 구조개편 이후, 발전, 판매 부분에 경쟁이 도입, 촉진되었으나 송전, 배전 운영은 일반적으로 규제 하의 독점기업이 담당했다. 전 세계 여러 국가는 전력산업 개혁을 겪어왔으며, 이 과정에서 시장 지배력은 점차 감소하고 전체 효율성은 개선되었다. 그러나 과거 전력산업의 강자였던 기업들이 여전히 그 지배적인 입지를 유지해오고 있다. 한편, 현재 시장 메커니즘은 확립되었으며 시장운영에 적용되어 오고 있다. 도매시장, 일간^{intraday}시장은 전력 공급원을 확보하고 가격을 책정하기 위해 운영된다. 보조서비스$^{ancillary\ service}$와 발전용량 역시 경쟁 시장 환경에서 결정된다.

1장에서는 전력시스템의 분산전원, 재생에너지, 마이크로그리드, 전력저장장치 등 현재 트렌드에 대해서 탐색했다. 분산에너지원과 재생에너지가 비용 효율성이 개선되며 경쟁력을 가지게 되었고, 전통적 전력발전원의 대안으로 부상하였다. 그러나 간헐성이 높은 재생에너지의 증가는 시스템 운영상의 어려움을 일으킨다. 전력시스템 운영자는 확률적 변동성^{variability}을 대처하기 위해, 시스템의 적응성을 높일 방안을 적극적으로 마련해야 한다. 예를 들어, 국제에너지기구$^{International\ Energy\ Agency(IEA)}$는 재생에너지 비중을 높이기 위해서는 시스템 유연성 향상이 필요하다고 강조했다. 또한, 신뢰할 수 있는 가격 신호를 생성하는 시장 기반의 단기 수급유지^{balancing} 메커니즘을 개발해야 한다고 주장했다.

또한, 정보 시스템과 소프트웨어의 급격한 발전, 컴퓨팅^{computing} 비용

의 감소로 스마트그리드^{smartgrid} 솔루션이 실현가능할 수 있는 여건이 조성되었다. 전력저장, 홈 오토메이션$^{home\ automation}$, 전기자동차 등 에너지, 난방, 교통 분야에서의 진보와 시너지 효과 역시 점차 가시화되고 있다.

본 장에서는 최근 이러한 발전을 고려하여, 전력시스템의 유연성 이슈와 함께 관련 비즈니스 모델의 진화를 논의한다. 특히, 새롭게 출현하는 참여 기업의 역할과 단기 유연성 서비스를 중점적으로 다루고자 한다. 유연성 관련 장기 이슈는 시장 기반의 용량 구성과 관련이 있으며, 그 내용은 12장에서 확인할 수 있다.

2절에서는 우선 유연성 개념을 설명하고, 전력시스템의 유연한 운영을 지원하는 공급자원을 다룬다. 3절에서는 상품의 형태로 거래되는 유연성 서비스를 다루며, 계약 등에서 발생할 수 있는 어려움을 분석한다. 4절은 새롭게 부상하는 유연성 서비스 관련 비즈니스 모델을 설명하며 신규 진입자의 역할을 검토한다. 그리고 최종적으로 결론과 함께, 본 장을 마무리한다.

2. 전력시스템의 유연성

최근 몇 년간 많은 문헌에서, 전력시스템이 간헐적인 자원을 통합하는 데 필요한 사항을 '유연성'이라는 용어를 사용해 정의했다. 그러나 이 용어의 정의는 여전히 애매한 상태로 남아 있으며, 문맥에 따라 서로 다른 의미가 있기도 한다. 이 장에서는 유연성을 전력시스템이 다양한 시간 범주에서 순^{net}수요 변동, 발전기 고장 등에 대처하기 위해, 필요 자원을 활용할 수 있는 능력으로 정의한다. 여기서, 순수요는 전체 수요에서 태양광, 풍력 등 간헐적인 자원의 공급량을 제외한 나머지 수요를 의미한다. 유연성 상품의 평가 기준은 다양하며, 용량, 기간, 증감

PART3 전력회사의 미래, 미래의 전력회사

발률$^{ramp\ rate}$ (역자 주: 단위시간당 발전출력의 최대 증가 가능량 또는 최대 감소 가능량), 리드타임$^{lead\ time}$ 등이 포함된다. 한 연구에서는 단기 유연성은 실시간 수급유지와 장기 유연성은 용량 적정성, 투자와 관련이 있다고 구분했다(Boscan and Poudineh, 2015).

또한, 수요반응$^{demand\ response}$과 같이, 특정 공급가능 자원의 유연성을 나타내는 공급자원 유연성과 송배전망 유연성, 시장 설계를 포괄하는 시스템 유연성을 구분해 생각해볼 필요가 있다. 송전망은 그 자체로 유연성을 공급하는 자원은 아니다. 그러나 송전망 구축 상황은 전체 전력시스템의 유연성에 영향을 미친다.

2.1 유연성 공급 자원

간헐적 공급자원의 가변성을 관리하는 방안은 여러 가지가 있다. 그림 19.1에서는 전력저장, 상호연결, 수요관리, 분산발전, 부하차단 등 다양한 방법을 보여준다.

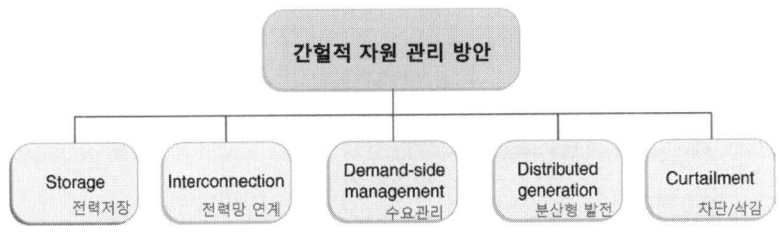

그림 19.1 재생에너지 변동성을 관리하는 여러 방안

전력저장 기술은 순수요 변동성을 낮추는 매우 효과적인 수단이지만, 상업적으로 활용하는 게 적절하지 않다. 그림 19.2는 기계, 전기화학, 화학, 전기, 열 등 총 5개 범주로 전력저장 기술을 설명한다. 이 중, 가장 널리 사용되는 유형은 기계적 에너지 저장(127GW)의 99%를 차지하는 양수발전이다. 탁월한 시동과 빠른 출력변동 능력 등의 특징을 고려할 때, 재생에너지의 변동성을 낮춰줄 수 있는 매우 매력적인 유연성 공급 자원이다. 두 번째 규모의 전력저장장치는 압축공기$^{compressed\ air}$이며, 양수 발전에 미치지 못하지만, 전체 설치 용량은 440MW에 이른다. 배터리, 콘덴서^{capacitors}, 열저장 등 다른 전력저장장치는 현재 설치 용량이 적지만, 최신 기술로 구성된 리튬이온$^{lithium-ion}$ 등의 전기화학 배터리는 유연성을 비롯한 다양한 이점을 제공할 수 있을 것으로 기대를 받고 있다. 그러나 전력저장 기술의 성공은 관련 업계가 전력저장장치를 실증 단계를 넘어서 대규모 설치로 확대하는 비즈니스 모델이 실현 가능한지 여부에 달려 있다(4장 참조).

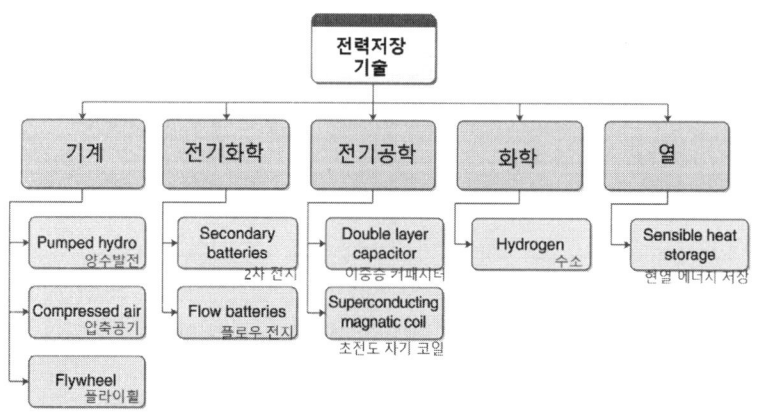

그림 19.2 저장 기술 분류 (출처 : IEC (2011))

전력시스템의 상호연결성^{interconnectivity}은 전체 시스템의 유연성 범위를 결정하는데 매우 중요한 요인이다. 실제로 상호연결은 다양한 발전원의

PART 3 전력회사의 미래, 미래의 전력회사

통합이 가능하도록 지원하며 에너지 안보, 탈탄소화와 경제성 확보에도 기여할 수 있다. 예를 들어, 유럽에서는 지속 가능하고 경쟁력이 높은 통합 에너지 시장을 만들려고 한다. 통합 시장의 목표는 구성 국가들의 전체 설치용량 10%를 서로 연결하겠다는 내용을 포함한다. 지난 10년 동안, 유럽 내 상호 연결된 발전 용량이 매우 증가했지만 10% 미만의 목표를 추구하는 회원국들은 여전히 내부 전력시장에서 고립되어 있다고 볼 수 있다(EC, 2015). 그림 19.3은 서로 연결된 국가를 보여주며, 해당 비율은 1.1%보다 높거나 낮다. 영국, 스페인, 이탈리아, 아일랜드는 상호연결성의 확대를 위해 투자해야 한다. 이와 대조적으로 높은 비중의 풍력 발전이 있는 덴마크는 북유럽 중심의 노드풀$^{Nord\ Pool}$ 시장과 이외 독일 등 국가와 연결되어 있다. EU의 공통 에너지 정책 목표인 3차 에너지 패키지$^{third\ energy\ package}$에서는 인접 국가 간 상호 연결의 필요성을 명시하고 있으나 관련 투자를 촉진할 수 있는 규제 체계를 설계해야 할 필요가 있다. 현행 법·규제 체계에서는 상호연결 확대를 위해 의무화 등 규제된 비즈니스 모델을 선호하는 처지지만, 상업적 목적의 민간 회사의 참여도 허용하고 있다.

열병합 발전과 같은 분산형 발전은 빠른 응답특성, 장기 발전 공급 가용성 등으로 전력망 혼잡 완화와 보조서비스를 위한 자원에 적합하다. 이러한 분산형 공급자원은 전력시스템의 유연성을 많이 증가시킬 수 있다(IEA, 2005). 빠른 응답성을 가진 기존 대형 발전기 일부는 효과적인 유연성 공급자원으로 활용되었다. 시동 시간, 출력변동 속도, 부분 부하 효율성 등 필요한 유연성 요구조건에 맞추어, 전통적인 발전기들을 해당 자원으로 활용할 수 있다. 다만, 재차 언급하지만, 전통적인 발전기 유형 중 일부만 여기에 해당한다. 가령, 대부분 석탄화력 발전기의 출력 변동성은 매우 한정되어 있으므로 유연성 자원에는 적합하지 않

에너지 전환 전력산업의 미래

다. 원자력 발전소 역시 유연성이 매우 낮다. 가장 유연성이 높은 전통적 발전기는 가스 발전기이다. 그러나 잦은 출력 변동은 발전소 주요 부품을 마모시키고 열소비율$^{heat\ rate}$을 악화시킨다.

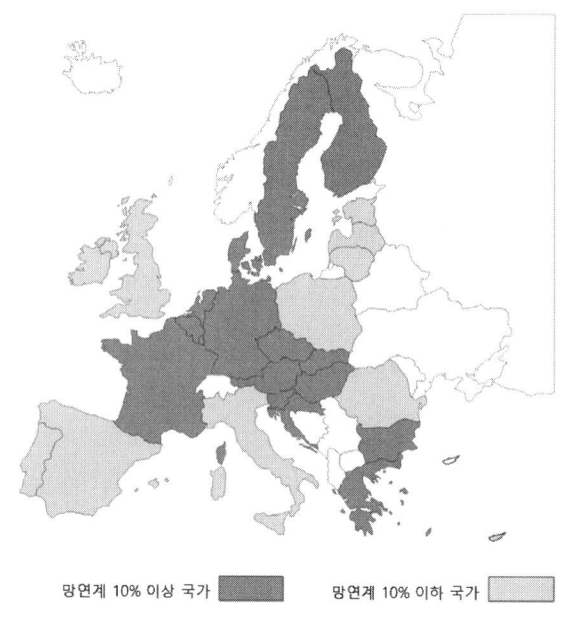

그림 19.3 2014년 발전 용량을 공유하는 상호 연결된 유럽 전력망
(출처 : EC(2015))

최근 몇 년 동안, 유연성 자원의 효율적 구성이 쟁점이 되었고 수요자원의 유연성이 주목을 받았다. 정보통신 기술의 발전으로 수요반응 활용하여, 발전자원과 같이 활용할 수 있게 되었다. 이미 영국에서는 수요반응을 수급균형(발랜싱)시장$^{balancing\ market}$에서 거래하며, 유연성 공급자원으로 활용하고 있다. 예를 들어, 내셔널그리드$^{National\ Grid}$는 계약 소비자의 수요자원을 저주파수 계전기^{relay}의 설정 값에 따라, 주파수가 하

PART 3 전력회사의 미래, 미래의 전력회사

락할 때(역자 주: 공급보다 수요가 많은 시점에), 소비자 수요가 자동으로 차단되는 방식으로 주파수 응답$^{frequency\ response}$(역자 주: 가장 빠른 응답이 필요한 보조서비스의 일종)에 활용하고 있다. 또한, 내셔널그리드는 부하추종$^{load\ following}$ 서비스를 위한 좀 더 느린 수요 응답 역시 제공하고 있다. 영국과 유사한 방식으로 수요자원을 수급균형시장에 활용하는 사례가 증가하고 있다.

시스템 운영자가 안정성^{stability}을 유지하려고 풍력과 태양광 발전의 출력을 감소시키는 방식인 네거티브 급전 형태의 출력 제한^{curtailment}은 유연성 자원이 충분하지 않을 때 더 빈번하게 발생한다. 재생에너지 출력을 억제하는 방식은 시스템 균형, 역학, 전력망 제약 등과 관련된 문제이며, 이에 따라 출력 삭감 정도를 시스템 유연성을 측정하는 지표로 활용할 수 있다(역자 주: 출력 억제 에너지가 클수록, 시스템 유연성이 부족하다고 판단할 수 있다). 점차 재생에너지 비중이 높아짐에 따라, 다수의 국가는 시스템 유연성을 개선하고 있다. 그러나 여전히 일부 국가는 재생에너지 출력을 크게 억제하는 출력제한 방식을 활용하고 있다. 가령, 중국은 2012년 평균 18%(Li, 2015)의 높은 차단 비율을 나타냈지만 같은 기간 미국은 4%(NREL, 2014)의 낮은 차단 비율을 기록했다. 재생에너지가 더 많이 설치될수록, 유연성이 충분히 확보되지 않는다면 이 수치는 더 많이 증가할 수 있다. 예를 들어, 캘리포니아는 전력수요가 낮은 오후 시간에 과잉발전^{overgeneration} 문제가 발생하고 있다. 재생에너지가 2020년 33%, 2030년 50% 목표치에 도달하게 된다면, 이와 같은 문제는 더욱 심각해질 것이다.

유연성 서비스는 순수요 변동 문제 해결에 한정돼 사용되지 않는다. 실제로, 전력시스템에서 유연성은 3가지 다른 기능을 제공하며 사용자에게 3가지 서비스를 제공한다. 유연성은 재생에너지처럼 변동성이 큰 자원의 통합을 용이하게 한다. 이때, 첫 번째 유연성 서비스는 전체 시

에너지 전환 전력산업의 미래

스템 수급유지를 책임지는 송전시스템운영자$^{\text{Transmission System Operator(TSO)}}$에게 관련 공급자원을 제공하는 것이다. 두 번째는 배전시스템운영자 $^{\text{Distribution System Operator(DSO)}}$에게 배전망 혼잡을 효율적으로 관리할 수 있는 유연성을 제공하는 데 있다. 유연성의 세 번째 용도는 발전 구성의 최적화이다. 시장 참여자(예 : 공급자, 중개자, 수급유지 서비스 제공자)는 발전, 수요자원을 적절하게 결합해 비용효과적 방법으로 에너지 공급 의무를 지원하는 유연성 서비스를 제공할 수 있다. 표 19.1은 전력시장에서 유연성 서비스 확보와 관련된 이해관계자를 정리하였다. 여기서, 송전시스템운영자와 배전시스템운영자는 유연성 서비스를 경쟁 시장에서 확보하지만, 서비스 제공자는 규제된 방식으로 해당 비용을 한다는 점을 언급할 필요가 있다.

3. 유연성 서비스 거래

유연성 서비스를 거래하는 능력은 전력시스템의 신뢰할 수 있는 운영에 있어 중요하다. 전력시장이 자유화된 국가에서는 유연성 서비스가 일간^{intraday} 또는 전일$^{\text{day-ahead}}$ 시장에서 에너지 상품, 보조서비스 시장에서 제어 예비력 상품으로 거래되고 있다(Boscan and Poudineh, 2015). 시장 설계는 효율적이고 신뢰할 수 있는 방식으로 유연성을 조달하는 데 중요한 영향을 미친다. 공급할 수 있는 충분한 자원이 준비되어있어도, 시장 설계가 잘못되었다면 유연성 자원의 효율적인 사용이 어렵다. 가령, 시간 단위의 하위 전력시장이 없는 일부 미국 지역에서는 주파수제어$^{\text{frequency control}}$ 서비스는 순부하 변동을 안정화하는 역할을 담당하며, 높은 출력 변동성을 요구되는 가장 비싼 유연성 서비스 중 하나이다. 사실, 해당 서비스는 사고 발생에 대응하는 상정고장예비력$^{\text{contingency reserves}}$보다

PART 3 전력회사의 미래, 미래의 전력회사

높은 출력 변동 능력을 갖출 필요가 없지만 잘못된 시장 설계는 높은 비용을 유발하고 있다(Boscan and Poudineh, 2015).

표 19.1 유연성 서비스 와 최종 사용자(출처 : EDSO, 2014)

영역	활동	비즈니스 모델	상품	사용	최종 목적
TSO	수급유지	규제 사업	시스템 유연성 서비스	시스템 측면	계획, 운영 효율성 극대화
DSO	배전망 운영	규제 사업	시스템 유연성 서비스	로컬, 지역 또는 국가	계획, 운영 효율성 극대화
시장 참여자	전력 거래	시장규칙에 의거한 시장가격	유연성 자원 (포트폴리오 최적화)	시스템 측면	수익 최대화

많은 국가에서 현재 전력시장은 풍력, 태양광 등 간헐적인 자원이 높은 비중을 차지할 것이라 고려하지 못하고 설계되었다. 이에 따라, 변동성 높은 자원의 추가적인 보급은 시장지배력의 증가, 경쟁 감소, 신뢰도 감소 등 부정적인 영향을 미칠 수 있다(Ela et al., 2014). 또한, 현재의 시장 설계가 전력시스템에 유연성 필요성이 커질 때, 충분한 유연성을 제공할 수 있을지가 명확하지 않다. 예를 들어, 미국 전력시장에서는 유연성 자원 확보를 촉진하기 위한 여러 메커니즘이 도입되었다. 여기에는 중앙집중형 스케줄링^{scheduling}, 가격 책정, 5분 기준 정산, 보조서비스 시장, 전체 지급, 전일 시장 수익 보장 등의 방안들이 있다(Ela et al., 2014). 그러나 장기든 단기든 원하는 시점에 적절한 유연성 자원을 확보하려면, 다른 형태의 시장 설계가 필요할 수 있다. 수요반응, 전력저장장치 등 새로운 자원과 간헐성이 높은 재생에너지 그 자체도 적절한 인센티브가 있을 때, 시스템 유연성에 기여할 수 있다. 영국 전력시장의

사례에서는 변동성 높은 자원이 증가했을 때, 실시간 가격의 변동성은 전일 가격에서보다 훨씬 빠르게 증가하며, 유연성 공급 자원은 이러한 변동성에서 이익을 얻을 수 있음을 보여준다(Poyry, 2014).

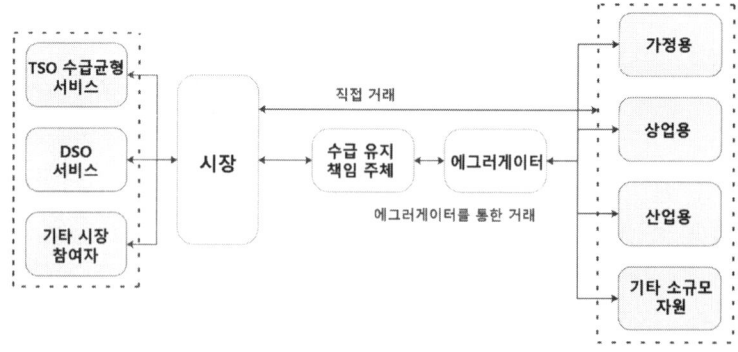

그림 19.4 수요측면의 유연성 서비스 거래

계약이 활성화된 유연성은 최종 사용자, 중개사업자와 관련 자원 공급자 사이에서 직접 거래될 수 있다. 공급 능력은 거래에서 매우 중요한 요소이다. 한편, 거래 비용은 소규모 용량 자원이 직접 해당 시장에 참여하는 데 장애가 될 수 있다. 따라서 일반 가구와 같은 소규모 공급자는 중개자를 통해 집계되어 시장에 공급될 수 있다. 그림 19.4는 수요측면의 유연성 계약이 시장에서 거래되는 방안을 제시한다.

3.1 유연성 서비스 계약 설계 방안

유연성은 다차원적 상품이며, 각 차원에서 한계 비용은 공급자의 개인 정보에 해당한다. 따라서 공급자는 정보 임차료를 최소화하고 재생에너지 통합비용을 효율적으로 낮출 수 있도록 계약을 설계해야 한다.

PART3 전력회사의 미래, 미래의 전력회사

다차원 정보의 비대칭성을 고려할 때, 유연성 서비스 계약을 최적으로 설계하는 일은 매우 어렵다. 또한, 재생에너지의 증가로 수급유지 비용이 점차 커짐에 따라 설계를 어떻게 하느냐는 더욱 더 중요하게 될 것이다.

공급자와 최종사용자(또는 에그리게이터) 간 쌍무계약$^{bilateral\ contracts}$에서, 판매자가 다른 차원의 계약에 좀 더 집중하며 차별화할 때, 공급자는 모든 정보 임대료를 추출하는 방식으로 계약을 설계할 수 있다(Li et al., 2015). 가령, 서로 다른 두 가정의 온도 조절기를 제어하는 시스템 운영자를 고려해보자. 시스템 운영자는 준비시간$^{lead\ time}$과 수요제어 기간 등 2가지 매개 변수를 기반으로 계약을 제공할 수 있다. 참여하는 가정이 매우 유사하다는 조건으로, 준비 기간과 지속시간 등 각 차원에서 경험하는 불편함 역시 같을 때, 시스템 운영자는 모든 정보를 활용한 사실 기반의 계약 형태를 제공하기가 어렵다. 그러나 참여하는 가구가 느끼는 불편 정도가 각 차원에서 크게 다를 경우에는, 시스템 운영자가 정보 임대료를 뽑아낼 수 있다. 가령, 유연성 서비스 공급자가 특정 한 가구는 '짧은 준비 기간'에 매우 높은 불편함을 느끼고, 또 다른 가구는 부하 제어에 장기간 참여하는 것을 꺼린다고 하자. 이때, 전자는 준비기간이 더 긴 계약을 선호하며 부하제어 자체에는 장기간 참여할 수 있지만 후자는 반대 상황이다. 이 경우, 최적의 계약을 각 소비자에게 제공할 수 있다.

이러한 결과는 유연성 서비스 공급자가 다수 존재할 때도 적용된다. 따라서 공급자가 유연성 서비스의 다양한 차원에서 차별화할 때, 구매자에게 이익이 되며 그 반대의 경우에도 마찬가지이다. 다만, 계약이 시스템 운영자가 아닌 공급자가 설계한다면 해당 결과는 앞서 설명한 예제에서와 다를 수 있다. 가령, 공급자가 계약 세부사항을 변경할 수는

있지만, 각 차원의 마진이 2번 더해지는 이중 마진$^{double\ marginalization}$ 문제가 발생할 수 있다. 게다가 유연성 자원 공급자와 에그리게이터가 상호 계약을 맺을 때, 유연성 수요의 불확실 문제를 고려해야 한다. 이때, 각 차원에서 사양^{specification}을 낮출 필요가 있다. 말하자면, 에그리게이터 입장에서 '최적화'는 확정된 수요에서보다 더 적은 유연성 자원을 구매하는 것이다.

예를 들어 중개사업자(에그리게이터)는 용량, 지속기간, 응답시간, 증감발률 측면에서 다양한 사양을 갖춘 여러 유연성 상품에 대한 소비자의 요구를 충족해야 할 수 있다. 간헐적인 자원이 전력시스템 미치는 영향에 대응하는 체계는 주파수 조정$^{frequency\ regulation}$, 부하추종$^{load\ following}$, 급전계획^{scheduling}, 기동정지계획$^{unit\ commitment}$ 등 4가지로 구분된다(Boscan and Poudineh, 2015). 주파수 조정은 매우 빠른 응답과 높은 증감발의 특징을 가지며, 값비싼 서비스이다. 부하추종, 발전계획, 기동정지계획으로 이동할수록 요구되는 응답속도는 감소한다. 시점마다 유연성 서비스가 필요하며, 이에 상응하는 계약이 필요하다. 여기서 중개사업자는 전체 서비스를 공급할지 또는 일부만 공급할지를 결정해야 한다. 이론적으로 중개업자가 선택하고자 하는 서비스 간에 근본적인 상충$^{trade-off}$ 관계가 있다. 이러한 상충 관계는 느린 응답의 유연성 서비스의 시장 점유율과 비싼 유연성 서비스의 수익률에서 명확히 드러난다.

3.2 시스템 유연성과 미래 전력회사

전통적인 전력회사 모형이 진화함에 따라, ICT의 급속한 발전과 함께 새로운 전력회사의 개념이 출현하고 있다. 그림 19.2에서 표현된 것처럼 수요반응, 전기자동차, 에너지효율, 지능형 전력망$^{intelligent\ grid}$ 관리 등

PART3 전력회사의 미래, 미래의 전력회사

전력산업 전반의 요소 기능이 진화해오고 있다(Hansen and Levine, 2008). 예를 들어, 부하차단 등 긴급 상황에서 주파수 이탈을 방지하기 위해 사용되었던 수요반응은 수급유지 자원으로 모든 시간대에 걸쳐 점진적으로 확대 이용되고 있다. 현재 전력시장에서 시스템 유연성에 대한 필요성은 아직 두드러지지 않았지만, 재생에너지가 확대되는 미래 전력시장에서는 크게 중요해질 것으로 전망한다. 따라서 적절한 시장설계와 함께 수요, 공급자원 양측 모두가 유연성 공급원으로 활용되어야 할 것이다. 이때, 참여자는 시스템 운영자와의 계약, 수급균형 시장 또는 현물시장 가격의 단기 변동 등으로 유연성 서비스 제공에 대한 이익을 얻을 수 있을 것이다.

표 19.2 차세대 전력회사 개념

구분	전통적 접근	현재 사회적 통념	차세대 발전 개념
수요반응(DR)	비상 차단	피크 감소(shaving)	용량, 수급균형 서비스를 위한 자원
전기자동차(PEV)	R&D	유연한(flexible) 부하	V2G 전력저장 자원
간헐성 자원	한계 연료 절약, 용량가치 0	가스연료 발전의 용량 가치	용량, 수급균형 서비스를 위한 자원
그리드 자동화, 인텔리전스	자원-부하 단방향	부하 자동화의 지능화	전(全)방향 공급원, 부하
에너지 효율(EE)	고객에 의존	구성요소 기반 전력회사 프로그램	획기적 수준의 시스템 효율

(출처: Hansen and Levine, 2008)

미래 전력회사는 이전보다 ICT 중심적이며, 이미 다수 전력회사는 사물인터넷, 스마트 운영, 프로그래밍, 자동화에 큰 관심을 가지고 적용하기 위해 노력하고 있다. 전력산업은 ICT를 시스템 운영과 보호 부분에서 중요하게 적용했지만, 실시간·유연한·안정적 운영 등 새로운 이슈에 대응할 필요가 커짐에 따라 ICT의 역할과 그 중요성은 더욱 커지고 있다. 스마트그리드, 스마트 미터, 스마트홈 등 전력산업과 직간접적으로 관련된 새로운 분야에서 첨단 기술의 활용은 전력회사가 유연성 서비스를 제공하고 수익을 창출할 수 있게 한다.

4. 새로운 비즈니스 모델

재생에너지의 확대와 통합, ICT 기술의 발전과 다양한 신규 사업자의 출현 등으로 전력산업 판도가 급속히 변하고 있다. 이러한 환경에서 신규 진입 회사 기존과는 완전히 다른 방식으로 전력시장에 접근할 것이다. 이제 분산형 발전은 전통적인 대규모 발전과 경쟁하며 퍼지고 있다. 거래의 매개자로서 에그리게이터(중개사업자)는 최종 소비자에게 에너지 소비를 조절할 권리를 취득하여, 이를 공급할 수 있는 용량의 형태로 시장에 판매한다. 소프트웨어·기술 개발자는 에너지관리 솔루션, 지능형 기기, 전력저장 등의 새로운 기능과 서비스를 제공한다. 새로운 서비스를 제공하는 사업자 지형은 끊임없이 변화하고 있으며, 창의적 혼돈을 나타내 보인다. 다만, 이러한 신규 사업자는 낮은 고정비용, 새로운 지식 기반 등 여러 공통된 특징을 보인다. 이러한 특징은 대규모 자산과 인력에 의존하는 전통적인 전력사업자와 뚜렷하게 대비된다.

종합하면, 대다수 신규 사업자는 기존 전력시스템에 혁신을 불어넣는 새로운 단계를 형성하고, 상대적으로 전력회사가 지배적이지 못하고 소비자가 수동적으로 머물러 있던 공급망의 끝단에서 기존 비즈니스 모델에 도전한다. 이들은 변화가 없었던 영역에 이의를 제기하며 기존 사업

PART3 전력회사의 미래, 미래의 전력회사

자의 역할을 재검토한다. 또한, 변화하는 환경에 따라 신기술, 서비스를 받아들이도록 변화 동기를 참여자에게 제공한다. 결과적으로, 규제 기관은 신규 진입자와 기존 회사 사이에 예기치 못한 개입과 잠재적 분쟁의 원인을 고려해야 한다.

4.1 새로운 참여자, 새로운 역할, 새로운 비즈니스 모델의 분류

빠르게 혁신이 진행하는 환경에서는 기능의 반복과 의미의 중첩으로 상호배타적으로 분류하고 완전히 열거하는 게 어려울 수 있다. 전력시스템 유연성의 이해를 높이기 위해, 단순하고 부분적일 수 있지만 다음과 같이 분류해보았다.

1. '새로운 참여자'는 새로운 소프트웨어, 기술, 시장 설계 제안 등을 통해 혁신을 촉발한 혁신 계층의 구성원이다. 기업, 연구원, 다양한 참여자, 규제기관 등이 여기에 포함될 수 있다.
2. '새로운 역할'은 새로운 참여자가 정의하며 기존 참여자와 새로운 참여자 모두가 같이 관여할 수 있다. 여기서 에그리게이터와 프로슈머가 좋은 예이다.
3. 비즈니스 모델은 새로운 행위자들이 주도한 혁신의 상업적 결과이다. 제대로 정의된 비즈니스 모델은 수익, 비용, 불확실성 등을 명확하게 정의한다. 또한, 비즈니스 모델은 진화의 대상이고 전반적인 경제 환경에 의존하며, 일부는 새롭게 등장하거나 새로운 영역으로 진화하나 또 다른 일부는 사라진다(더욱 자세한 내용은 15장에서 확인할 수 있다).

 에너지 전환 전력산업의 미래

4.1.1 수요관리와 모집 Aggregation

수요관리를 위한 모집은 전력시스템 유연성에 있어 가장 통합된 기존 비즈니스 모델 중 하나이다. 에너지관리 소프트웨어, 실시간 계량을 갖춘 에그리게이터는 산업, 일반, 가정용 전력 사용자가 제공하는 사용하지 않는 용량인 '네가와트^{negawatts}'를 모집하여 해당 서비스를 제공한다. 소비자는 용량, 에너지사용량 감축에 대해 보상받는 대신, 수요가 높거나 운영자로부터 요청을 받을 때 소비를 조절한다. 에그리게이터는 용량, 수급유지, 보조서비스 시장, 전력회사가 운영하는 수요반응 프로그램의 일부 등 다양한 사용처에 '네가와트'를 판매한다.

이러한 비즈니스 모델은 유럽, 아시아를 비롯한 여러 국가에서 성장하였고, 미국에서 특히 두드러졌다. 이미 2014년 미국의 가장 큰 도매시장인 PJM 용량 경매의 결과로 수요반응이 10.9GW 용량으로 조달되었으며, 이는 6% 이상을 차지한다. 그런데도 전력회사, 에그리게이터 간 법적 분쟁이 최근까지 있었으며, 수요반응은 규제에 있어 많은 어려움을 겪어오고 있다. 수요반응을 발전과 동등하게 취급하는 연방 규칙$^{federal\ order}$은 발전기들과 차별되며 비효율적인 가격을 일으키며 과도한 보상금이 지급된다는 사유로 2015년 무효가 되었다. 그러나 최종 결정은 아직 선언되지 않았다. 미국 연방 대법원은 이 사건을 재검토하기로 하였기 때문이다(역자 주: 2016년 1월 25일 관련 사항에 대한 미국 연방 대법원의 결정은 연방 규칙을 지지하는 것으로 나왔다.).

보다 일반적 관점에서, 수요관리를 위한 모집의 역할은 전통적인 수요반응을 뛰어넘는다. 일반적으로 에그리게이터는 에너지 효율 향상을 실현하기 위해 소프트웨어 솔루션과 관련 하드웨어에 집중하며, 점차 통합 에너지 솔루션 개발 영역으로 이동하고 있다. 결과적으로, 에그리

PART 3 전력회사의 미래, 미래의 전력회사

게이터 일부는 소프트웨어 개발자로 역할을 재조정하거나 또 다른 일부는 하드웨어 기반의 고객모집과 에너지 관리에 집중하는 중개자에 머물 것이다. 또한, 이들은 재생에너지의 확대에 필요한 유연성을 공급하는 역할을 전력회사, 시스템운영자와 함께 계약을 통해 담당할 것이다. 이러한 역할은 시간이 지남에 따라 점차 더 중요해질 것이다. 예를 들어, 미국의 대표 수요반응 관련 기업 에너녹^{EnerNOC}은 소프트웨어 개발로 사업 방향을 다시 설정하였으며, 전력회사 BPA$^{Bonneville\ Power\ Administration}$와 함께 시범 프로젝트를 통해 수요반응을 단기 수급균형에 적용하는 것을 테스트하고 있다. 캘리포니아 등 재생에너지가 다수 설치된 일부 지역에서는 과잉 생산에 대한 우려가 상존하므로, 이러한 신규 서비스 개발이 특히 중요하다. 또한, 분산에너지원의 역할이 점차 증가함에 따라 에그리게이터는 수요를 모집, 관리할 뿐만 아니라 가상 발전소 관리자로 전환할 것이다.

4.1.2 온도조절장치 : 수요관리 도구가 되다

온도조절장치^{thermostats}는 주거·상업용 건물의 에너지 소비량을 제어하는 핵심 기술이지만 소매 소비자의 특별한 관심을 이끌어 내지는 못했다. 대다수 판매가 서비스 계약을 제공하는 딜러를 통해 이루어지기 때문에, 오랫동안 관련 사업을 이어왔던 기업이 개발한 제품이 관련 시장을 점유하고 있다.

이러한 상황 속에서, 네스트 랩스$^{Nest\ Labs}$는 재미없고 따분한 온도조절장치를 사용자 적응형 기술$^{user\text{-}adaptive\ technology}$과 세련된 디자인, 마케팅으로 최신기술에 능통한 $^{tech\text{-}savvy}$ 고객의 이목을 끌며 시장에 활기를 불어넣고 있다.

네스트의 온도조절장치의 제품 차별화와 기술혁신에 대한 논의는 크게 다뤄지지 않았지만, 수요관리를 지원하는 주요 장치로써 스마트 온도조절장치를 활용했으며, 이는 유연성 관련 혁신적인 비즈니스 모델의 도입 사례로 볼 수 있다.

이러한 비즈니스 모델에 따르면, 스마트 온도조절장치 사용자는 피크 수요 시간대 또는 계절 기상 변화가 발생할 때, 전력수요를 조절할 수 있으며, 사용자는 설정한 안락 수준$^{comfort\ level}$에 따라 전력회사가 이를 제어하도록 허용할 수 있다. 이에 대한 보상으로 전력회사는 사용자에게 이용요금을 조절해주거나 리베이트를 지급할 수 있다. 다른 스마트 온도조절장치 개발자와 여러 전력회사는 네스트 랩스를 쫓아 수요관리 프로그램 기반의 온도조절장치를 개발하고 있다. 또한, 수요 감소에 대응하여 소비를 증가시키는 새로운 유형의 수요반응 서비스 역시 그 중요성이 커지고 있다. 이러한 형태의 수요관리는 캘리포니아, 텍사스, 덴마크, 독일 등에서 발생할 수 있는 과다 발전 이슈와 맞물려 있다.

이러한 스마트 온도조절장치의 보급률은 여전히 매우 낮기 때문에, 이러한 비즈니스 모델이 더욱 확대되고 발전할 여지는 충분하다. 그러나 높은 초기 구축비용은 보급 확대에 있어 큰 장애요인이다. 통신산업에서 통신사업자와 관련 하드웨어 업체가 실행했던 전략과 유사하게, 몇몇 전력회사는 스마트 온도조절장치 보급에 보조금을 지급하고 있다. 요컨대, 온도조절 기반의 수요관리는 신기술과 수요관리를 결합시켜 그 영역을 확장하며 새로운 표준을 설정해나가고 있다.

4.1.3 소프트웨어 개발자

전력시스템 유연성과 관련된 새로운 비즈니스 모델은 스마트그리드

PART 3 전력회사의 미래, 미래의 전력회사

개발과 밀접하게 관련되어있다. 하드웨어와 통합된 소프트웨어는 프로세스와 솔루션 전반에 걸쳐 널리 보급되고 있다. 원격 제어, 스마트 미터링, 전력소비 패턴 인식과 분석 등은 소프트웨어의 역할을 강조하는 많은 사례 중 일부에 불과하다(보다 상세한 내용은 5장에서 확인할 수 있다).

일부 모델에서는 소프트웨어가 전체 솔루션의 일부로 하드웨어와 묶음으로 제공된다. 예를 들어, 공급업체 스탬^{Stem}은 에너지저장장치를 소프트웨어, 배터리, 실시간미터 3가지 요소를 결합한 시스템으로 제공한다. 다른 기업들 역시 전력시스템을 구성하는 여러 하드웨어에 필요한 소프트웨어를 개발하는 데 역량을 쏟고 있다. 상업용 건물의 냉난방, 환기 등을 관리하는 수요관리 업체 빌딩IQ^{BuildingIQ}는 관련 소프트웨어를 공급하는 대표적 업체 중 하나이다.

보다 일반적으로, 그리고 새로운 트렌드의 일부로 현재 전력시스템 유연성 관련 새로운 비즈니스 모델을 만드는 참여자는 그 역할을 소프트웨어 서비스 공급자로 확장하고 있다. 최근 몇 년 동안 소프트웨어 개발자가 라이선스^{license} 제공 형태로 서비스를 제공하는 방식이 자리 잡고 있다. 그 이유는 이 방식이 최종 사용자의 하드웨어 비용, 초기비용, 유지보수 비용, 결제 비용을 낮추며 이용 확장성을 확보하는 데 강점을 가졌기 때문이다. 한편, 공급자는 구독 결제$^{subscription\ payments}$ 방식으로 지속적인 수익 흐름을 얻는다. 에너녹과 같은 회사는 기존 비즈니스 모델과의 조합과 새로운 모델의 창조를 통해, 이 산업을 이끄는 대표적인 에그리게이터이다. 요컨대, 소프트웨어는 이미 전력시스템 유연성 비즈니스 모델에서 중추적인 역할을 하고 있으며, 그 관련성은 계속 증가할 것이다.

에너지 전환 전력산업의 미래

4.1.4 전력저장장치 공급자

공급사슬$^{supply\ chain}$에서의 위치는 규모, 응답시간, 용량 등 전력시스템에서 다양한 전력저장 솔루션의 적합성을 정의한다. 최근 몇 년 전부터 '미터 앞$^{front-of-the-meter}$(시스템 규모)'이 아닌 '미터 뒤$^{behind-the-meter}$(소비자 위치)'에 대한 관심이 커지고 있으며, 완전히 통합된 형태는 아니지만, 소비자의 전력저장 설치·관리와 관련된 비즈니스 모델이 상당히 확장되고 있다. 미국 에너지저장협회$^{US\ Energy\ Storage\ Association}$가 후원한 GTM 리서치(2015)의 보고서에 따르면, 분산형 전력저장장치가 2013년과 2014년 사이에 3배 이상 증가했으며, 비(非)주거용 영역이 더 큰 비중을 차지했다. 이 보고서는 2019년 전체 시장 점유율이 45%에 도달할 때까지, 분산형 전력저장장치가 전력망 전력저장장치를 앞지르면서 지속적인 성장을 보일 것으로 기대한다.

분산형 전력저장장치는 대규모 주거, 사업자 고객을 주요 대상으로 하는 비즈니스 모델 중 하나이다. 대부분 시장에서 소비자는 자신이 소비한 에너지양과 피크 수요의 기여 비중을 고려해 비용을 낸다. 이때, 실시간 계량, 분석 소프트웨어는 피크 부하를 감소시킬 기회를 탐색하며, 공급자는 적정한 시점(수요가 높을 때)에 전력저장장치에 저장된 에너지를 방출한다. 전력저장장치 공급업체와 고객 간의 계약 형태는 일반적으로 수익 공유를 기반으로 하지만, 초기투자, 운영, 가격 리스크 등은 공급자가 추정한다.

주거용 전력저장장치의 경제성 달성을 판별하는 적정 규모는 주어진 상황마다 다르나 일반적으로 경제성 긍정적으로 평가하기는 어렵다. 대다수 주거용 고객은 고정 소매요금제로 전기요금을 지불하므로, 가격 차액거래^{arbitrage}와 피크부하 절감$^{peak\ shaving}$은 실현하기 어렵다. 다만, 주거

PART3 전력회사의 미래, 미래의 전력회사

용 태양광이 확산되고 있는 시장에서 소비자가 기존 중앙집중형 전력망과 완전히 독립되기를 바란다면, 전력저장장치를 확보하는 것이 이치에 맞다. 그러나 친환경 에너지를 선호하는 소비자는 부유한 소수이지만, 미국의 많은 주(州)에서는 넷미터링$^{net\ metering}$과 같은 보조금을 지급한다. 이러한 사실은 이치에 맞지 않은 측면도 있다. 따라서 완전한 그리드-오프$^{grid-off}$는 태양광 설치 관련 보조금이 없어도, 그 설치가 이득이 될 때 가능하다. 주거용 전력저장장치 역시 비용이 적당히 낮거나 설치에 대한 경제적 지원 없이는 아직 비즈니스 모델의 실현이 어렵다.

그러나 분산형 에너지저장장치는 수급 변동에 즉각 반응할 수 있는 매우 효과적인 유연성 자원 중 하나이다. 가상발전소$^{virtual\ power\ plant}$는 여러 전력저장장치의 적절한 설치와 관련 전력시장의 혁신적 설계로 형성되며, 공급자에게 수익 창출 기회를 마련해준다. 용량, 무효전력, 전압 등의 관리에 관심이 있는 전력망 운영자는 분산형 전력저장장치 확산을 위해, 주거용 상품과 보조금을 제공하며 적절한 수익 방안을 제공할 수 있다. 테슬라^{Tesla}는 상업용 건물과 주거용 상품인 배터리를 출시했고, 그 후 관계 회사인 솔라시티^{SolarCity}는 전력망 서비스 수익 공유를 고려해 10년 임대계약 형태로 대략 $500/kWh의 가격으로 배터리를 제공하고 있다.

4.1.5 혁신적인 시장 설계

기술 발전과 함께 새로운 비즈니스 모델은 이미 전력시스템의 운영방식을 바꾸고 있다. 그러나 인센티브의 중요한 역할을 고려할 때, 시장 설계와 규제 방식은 새로운 기술의 통합과 진화를 촉진할 수도 있고, 반대로 방해할 수도 있다.

예를 들어, 재생에너지가 더 중요한 역할을 수행하는 영역에서의 규제기관와 시스템운영자는 다양한 시장 설계 혁신 방안을 구상하고 있다. 그러나 이들 다수는 여전히 단편적이고 임시방편적인 접근법을 취하고 있는 것으로 보인다. 일부는 단기 수급균형에 우선순위를 두는 반면, 또 다른 일부는 수요관리와 장기 자원 적정성을 강조한다. 하나의 해법으로 모든 것을 해소할 수는 없지만, 유연성을 고려한 시장 재설계는 통합적인 접근방식이 필요하다. 한 연구(Hogan,2014)에서는 기존 시장에 재생에너지를 대규모로 설치하기 위해서는 다음 사항이 필요하다고 주장했다. 첫째, 수요관리를 포함한 에너지효율의 가치를 인식해야 한다. 둘째, 단기 유연성을 향상하기 위해 전력망 운영을 개선해야 한다. 셋째, 장기 유연성을 위해 유연성 자원 도입에 대한 인센티브를 제공해야 한다.

이와 관련된 흥미로운 사례는 캘리포니아 전력시스템 운영자인 CAISO$^{\text{California Independent System Operator}}$가 5분마다 수요변동 최소화를 위해 유연한 증감발 서비스$^{\text{flexible ramping product}}$를 개발하고 있는 것이다. 기존 보조서비스와 달리, 이 서비스는 기준 시간 간격에서 순수요 변동량이 아닌 해당 기간 수요변동을 해소하는 능력에 중점을 둔다. 또한, 이 서비스의 주요 특징은 지속해서 조달·급전된다는 데 있다.

또 다른 흥미로운 사례는 전력회사 SCE$^{\text{Southern California Edison}}$가 특정 구역에서의 전력망 혼잡을 완화하기 위해, 분산형 태양광 발전, 전력저장장치, 수요관리 등 2.2GW 규모 에너지원을 구축하는 것이다. 여러 기술 간의 비교, 자산 설치 위치, 공급자와의 계약 형태 차이 등에 따라 비즈니스 모델을 다양하게 출현하고 있으며, 기존 발전자원과 동등하게 다뤄질 것이다. 태양광 발전사 썬-파워$^{\text{Sun-Power}}$는 에그리게이터의 역할을 개선하는 데 집중하며, 그 영역을 확장하는 대표적 사례이다. 전력회사

PART3 전력회사의 미래, 미래의 전력회사

와 협약을 맺은 에그리게이터는 흩어져 있는 태양광 발전을 집합하는 가상 발전기 모델$^{Virtual\ Power\ Plant}$의 형태로 해당 지역의 전력 수요를 충당한다.

또한, 앞서 기술한 전력시스템을 전체적으로 검토해 보는 의미에서, 단일 전력시장 형태의 아일랜드는 2020년 전력 수요의 40% 재생에너지로 구축하겠다는 목표를 달성하기 위해, 여러 조처를 하고 있다. 시장 설계 측면에서 1년에서 15년 만기의 계약을 조달하는 혼합형 규제 요금/경매 메커니즘을 활용하여, 7개~14개의 보조서비스의 제공하는 데 합의를 했다. 여기에는 8시간 범위까지의 증감발 상품도 포함된다.

요컨대, 시장 설계 혁신은 이미 핵심적인 역할을 하고 있으며, 신규 비즈니스 모델의 통합에 상당한 영향을 미칠 것이다.

4.2 새로운 비즈니스 모델과 전력회사의 미래

경제성 높은 대규모 전력저장장치의 부재와 전반적으로 수동적인 전력 수요의 특성은 기존 전력산업의 비즈니스 모델 존립을 정당화했지만, 기술적 혁신은 새로운 형태의 비즈니스 모델을 형성하고 하고 있다. 그렇다면, 미래에 대한 핵심적인 질문은 다음과 같다. "말 그대로 새로운 비즈니스 모델이 현재 전력회사에 미치는 영향은 무엇인가?"

즉각적인 결과는 현재 전력회사가 일상적으로 운영하는 사업에 도전하는 것이다. 그러나 그 파급력이 미치는 범위는 기존 전력회사와 신규 사업자의 전략적 판단에 달려 있다. 전력회사는 새로운 비즈니스 모델과 대립할 수도 있고, 반대로 이를 수용할 수도 있다(16장 참조).

대립의 증거가 이미 여기저기서 쉽게 발견된다. 도매시장에서 수요반응을 기존 발전기와 동등하게 취급하는 연방규칙$^{Order\ 745}$을 두고 발전사업자와 에그리게이터가 법적 다툼을 벌이고 있다. 프랑스에서도 소매업체와 에그리게이터 볼타리스^{Voltalis}와 수급불균형 메커니즘에 유사한 갈등이 발생했다.

그런데도, 신규 사업에 대한 갈등과 수용 간의 경계가 명확히 나뉘지 않는다. 왜냐하면, 몇몇 기존 전력회사들은 새로운 비즈니스 모델로 그들의 사업영역을 확장·변경하고 있기 때문이다. 대규모 수직통합형 에너지 기업을 통합한 대형 전력회사는 중개 모집 사업 진출하였으며 에너지 관리와 관련 자원 개발에 투자하며, 그 영역을 보다 효과적으로 확대하고 있다. 예를 들어, 미국 50GW 규모의 화석발전공급원을 소유한 NRG는 2GW 규모의 수요자원, 분산발전 등을 보유하는 에그리게이터$^{Energy\ Curtailment\ Specialist(ECS)}$를 인수했다. 프랑스 슈나이더 일렉트릭$^{Schneider\ Electric}$은 수요반응 자산 1.5GW를 보유한 유럽의 대표적인 수요관리 회사 에너지 풀$^{Energy\ Pool}$를 2010년에 인수했다. 또한, 수력, 화석연료, 원자력 등으로 구성된 6GW 규모 발전자산을 보유한 스위스 발전회사 알픽^{Alpiq}은 영국의 에그리게이터 플렉시트릭시티^{Flexitricity}를 2014년에 인수했다.

한편, 일부 신규 진입 기업을 제휴를 통해 여러 서비스를 동시에 묶어 제공하며 선점우위$^{first-mover\ advantages}$를 누리는 것을 지향하기도 한다. 예를 들어 테슬라와 AMS$^{Advanced\ Microgrid\ Solutions}$는 대규모$^{grid-scale}$ 전력저장 프로젝트의 일환으로 500MWh 배터리를 설치·판매하는 계약을 발표했다.

수요관리회사인 에너녹과 테슬라는 수요관리 소프트웨어 솔루션과 배터리를 통합하는 제휴를 발표했다. 구글^{Google}이 2014년 네스트랩스$^{Nest\ Labs}$를 32억 달러에 인수한 것 역시 새로운 비즈니스 모델이 급속하게 변화하는 모습을 보여주는 또 다른 징조이다.

PART3 전력회사의 미래, 미래의 전력회사

미래는 참여자 간 전략적 상호작용에 전적으로 달려있다. 미래를 정확히 예측하는 것은 불가능하지만 "우리가 알고 있던 전력회사가 변화할 것"이라는 명제만큼은 분명하다. 표 19.3은 미래의 유연한 전력시스템과 관련된 새로운 비즈니스 모델과 새로운 참여자를 요약하였다.

표 19.3 전력시스템 유연성 관련 새로운 비즈니스 모델

비즈니스 모델	계약 특성
수요관리를 위한 모집 (Aggregation)	▪고객은 용량/에너지 사용 지불을 보유한다 ▪시장, 쌍무계약 등으로 네가와트가 판매된다.
수요관리도구로써의 온도조절장치	▪전력회사는 장치 보조금을 고객에게 제공한다 ▪고객은 직접부하제어 계약을 맺고 그 수준을 사전에 설정한다 ▪고객은 사용하지 않는 에너지에 대해 보상금, 할인 등을 받는다 ▪전력회사는 피크 부하를 높은 비용 효율성으로 관리한다 ▪하드웨어 판매가 증가한다
저장장치 (상업, 산업용)	▪고객은 시스템/소프트웨어 비용을 선불로 지불하지 않는다. 대신, 공급자는 첫 번째 매출 흐름이 창출될 때까지 개발/설치비용을 지연시킨다 ▪수요 요금 감소에 따른 매출은 고객과 공급자가 공유한다
저장장치 (주거용)	▪선불 설치비용을 고객(가정)이 부담한다 ▪오프-그리드, 차익 거래, 전력망 서비스 비용 등에서 이득을 취한다
시장 설계 혁신	▪전력회사는 공급자와 다양한 유연성 계약을 맺는다 ▪새로운 보조 서비스 ▪단기 수급균형 새로운 단기 서비스
소프트웨어	▪서비스로써의 소프트웨어 ▪벤더는 구독료를 모은다 ▪최종 사용자는 하드웨어, 선행적, 유지보수 비용을 절감한다

5. 결론

재생에너지를 효율적으로 통합하려면, 유연성이 필요하며 기술 진보는 이 과정을 촉진하고 있다. 지난 수십 년 동안 기술은 전력회사의 운영 경계를 전통적인 패러다임에서 밀어냈지만, 현재 일어나고 있는 변화는 차세대 전력회사를 위한 길을 열어주고 있다. 새로운 패러다임은 새로운 역할과 관계를 정의하고 있다. 그 결과, 분산형 발전, 전력저장, 수요반응 등을 제공하는 새로운 참여자가 기존 전력회사와 경쟁하며 그 영역을 확장해나가고 있다. 신규 사업에 참여하는 사업자의 비즈니스 모델의 특이점은 바로 유연성 서비스를 제공하는 데 있다. 한편, 규제, 기술 혁신, 비즈니스 모델의 진화 등은 여러 참여자 간 전략적 상호작용을 통해 미래를 형성한다. 새로운 환경의 요구사항에 더욱 더 부합되도록 시장, 계약, 규제 형태, 체계가 변화해야 한다.

전반적인 변화 흐름은 기존 전력회사를 완전히 변화시키며, 새로운 국면을 창조하고 있으며, 새로운 회사와 기존 회사는 유연성 서비스를 경쟁적으로 제공하며 공존하게 될 것이다. 기술과 투자 현황과 전망, 제도적 유산 등의 영향으로 전력시스템의 궁극적 형태는 독특하지는 않을 것이다. 확실한 것은 이러한 변화가 불가피하며, 오늘날 전력회사는 분명히 변할 것이라는 점이다. 새로운 환경에서는 유연성 공급 업체 간의 경쟁을 활용할 기회가 증가한다. 결과적으로 시스템 유연성이 부족해짐에 따라 새로운 참여자가 주도한 혁신적인 유연성 비즈니스 모델은 더 높은 가치를 가지고, 효율적인 유연성 서비스 제공에 매우 중요하다.

PART 3 전력회사의 미래, 미래의 전력회사

제20장
새로운 목적의 배전 전력회사 (RDU) : 목표 달성을 위한 로드맵

...

The Repurposed Distribution Utility: Roadmaps to Getting There)

Philip Q. Hanser, Kai E. Van Horn
The Brattle Group, Cambridge, MA, United States of America

1. 도입

전력산업에 분산에너지원$^{Distributed\ Energy\ Resource(DER)}$ 시대가 도래 하였다. 태양광 발전을 포함한 DER의 급격한 비용 하락, 에너지 저장 기술 발전, DER 확대를 위한 정책 지원 등으로 지난 십년 간 배전부분에서의 DER 투자가 크게 증가했다(Barbose et al., 2014). 실제로 미국에서는 2008년부터 2014년 사이 약 8GW 규모의 분산형 태양광이 설치되었는데, 이는 동일 기간 설치된 전체 태양광 용량의 45%에 해당하는 규모이다(역자 주: 분산형 태양광은 보통 1MW 규모의 태양광을 의미한다).

'DER 시대'의 도래로 배전(판매) 전력회사의 전통적인 역할(배전 서비스 영역 내에서 기존의 배전 신뢰도 기준에 부합하는 수준에서 고객에게 전력을 공급)은 유례없는 변화의 시기를 맞이하고 있다. 게다가 기

 에너지 전환 전력산업의 미래

존 전력회사 인프라, 운영 형태는 발전에서 송배전단을 거쳐 최종소비자로의 일방향의 흐름만을 반영하고 있다(역자 주: 송전과 배전을 구분하는 기준은 일반적으로 전압 단위이다. 본 장에서는 모든 35kV 이하 인프라는 배전 시스템으로 간주한다).

오늘날의 배전 전력회사 구조는 현(現) 산업이 직면한 DER 통합이라는 도전 과제에 적절히 대응하지 못할 것이다. 이러한 문제에 효과적으로 대응하고, DER 통합의 장점을 극대화하기 위해서 기존 배전 전력회사는 새로운 목적에 맞게 '개편된 배전 전력회사repurposed distribution utility(RDU)'로의 이행이 필요하다(RDU 용어는 뉴욕 주 REV(Reforming the Energy Vision)와 캘리포니아 주의 Distribution Resource Planning Initiative의 용어 사용과의 혼동을 피하기 위해 선택되었다).

본 장에서는 개편된 배전 전력회사(RDU)가 기존 배전 시스템에서 DER 확대를 수용하기 위해 시스템 업그레이드와 운영 절차 변경을 어떻게 설계하는지에 관하여 문제 인식부터 RDU 설계까지의 전체 과정을 살펴보고자 한다. 또한, 캘리포니아와 하와이 주(州)의 사례를 통해 본 장은 전력회사가 잠재적 부정적 영향 최소화 외에 이익 극대화를 위해 DER 통합을 활용하는 접근법에 대해서도 살펴본다.

비록 여기서의 초점은 배전 전력회사의 RDU 설계를 위해 필요한 의사 결정에 맞춰져 있지만, 이 평가는 배전 전력회사가 자연 재해와 사이버 위협에 대응하여 복원력resilience을 증대할 수 있는 기회를 제공해줄 수 있다. 또한, 본 장의 범위를 벗어나지만 전력회사 비즈니스 모델과 요금 설계는 DER 가치 극대화를 위한 중요한 요소임을 숙지해야 한다.

본 장의 구성은 다음과 같다. 2절에서는 전력회사의 현재 상황에 대해 간략히 서술한다. 3절에서는 RDU로의 변화 시, 마주하게 되는 이슈를 소개한다. 4절은 RDU 목표 충족과 DER 통합을 위해 필요한 시스템 설계 변화에 관해 서술한다. 5절에서는 RDU 운영 개혁에 관해 집중적으로 분석한다. 마지막 절은 본 장의 결론을 내린다.

PART3 전력회사의 미래, 미래의 전력회사

2. 최근 이슈

기존 전력회사 인프라와 운영 방식은 발전에서 송전, 그리고 배전시스템의 최종소비자까지 단방향의 전력 흐름을 가정하고 있다. 그런데, 캘리포니아와 하와이 주(州)의 전력회사 경험한 문제처럼, DER 확산은 이러한 가정을 뒤엎고 다음을 포함한 여러 신뢰도와 서비스 품질 문제를 야기하고 있다.

(1) 전압 변동$^{\text{voltage flicker}}$과 수명 단축을 야기하는 전압 제어 장비의 과도한 교체와 같은 사소한 문제
(2) 일정한 규격의 전압유지 보호 실패, 전류 역조$^{\text{reverse electricity flows}}$, 열 과부하$^{\text{thermal overloads}}$, 시스템 안정성 훼손 등의 중대한 문제

반면 DER은 지역 단위 제어 능력을 향상시키고, 피크 부하와 배전 손실 감소, 지역단위 공급능력 증가에 따른 복원력^{resiliency} 개선과 같은 이점을 제공하기도 한다. 그러나 그 이익의 폭은 전력회사가 DER을 시스템에 통합하는 방식에 의해 달라진다(전력회사가 새로운 시스템 설계와 운영에 있어 기존 구조와 접근법을 고수한다면 이익을 제대로 얻을 수 없을 것이다).

오늘날의 배전 전력회사 구조는 전력 산업이 직면한 DER 통합 문제를 해결하기에 적절하지 않다. 이러한 문제에 효과적으로 대응하고 DER 통합의 장점을 극대화하기 위해서, 기존 배전 전력회사는 새로운 목적에 맞게 개편된 RDU로의 변화가 필요하다.

RDU의 일차적인 목표는 신뢰도 규정을 준수하면서 소비자들을 위해 배전단의 자원 가치를 극대화하는 것이다. RDU는 최근 많이 논의되고 있

는 배전 플랫폼 공급자$^{Distribution\ Service\ Platform\ Provider(DSPP)}$와는 유사하면서도 구분되는 점이 있다. 배전 플랫폼 공급자(DSPP)는 배전 전력회사의 기존 역할과 완전히 구분되지만, RDU는 DSPP로 나아가는 중간 단계라고 볼 수 있다.

RDU는 기존의 배전 전력회사 인프라와 운영 형태를 바탕으로 하고 있다. 그러나 RDU는 기존 배전 전력회사보다 시스템 단위 데이터 수집, 데이터 기반 알고리즘, 양방향 통신, 자동 제어 등이 촉진하는 유연성^{flexibility}과 적응력^{adaptability}을 훨씬 더 큰 범위에서 활용할 수 있다. 또한 본 장의 논점에서 보았을 때, RDU 설계자와 운영자는 DER을 위협 요소보다는 이익 창출 자원으로 인식하며, 이를 위한 노력을 한다.

많은 배전 전력회사가 RDU로 변화하기 위한 노력을 기울이고 있다. 그러나 이러한 노력은 전력회사가 더 나아가기 위한 대안적 투자 관점에서 보았을 때, RDU로의 이행을 위한 포괄적인 행동이라고 볼 수는 없다. 전력회사가 RDU가 되기 위해서는 상당한 비용이 필요한 인프라 투자와 함께 운영 개혁도 실행해야 한다. 만약, 투자 경제성과 신뢰도의 영향이 단순히 눈앞의 문제를 해결하기 위한 소규모 개선이 아니라 광범위한 구조 변화의 관점에서 인식된다면, 이러한 투자가 더욱 더 효율적으로 진행될 수 있다.

그러므로 전력회사가 앞으로 고민해야하는 핵심 사항은 다음과 같다

"기존 전력회사를 RDU로 전환하기 위해, 전력회사 설계자는 인프라 투자와 운영 형태와 관련하여 시스템의 개별적인 니즈^{needs}를 어떻게 평가할 것인가?"

PART3 전력회사의 미래, 미래의 전력회사

3. RDU로의 전환

RDU로의 전환 필요성은 각각 전력회사마다 서로 다르며 배전망, 전력기기, 운영방식 등 물리적 특성이 이를 좌우한다. 따라서 각각의 전력회사가 RDU로의 이행을 위한 필요조건의 개념화는 현재 전력회사 인프라와 운영 형태를 평가(시스템 조망$^{system\ overview}$)하는 것에서부터 시작된다. 이러한 평가의 목적은 DER 통합 능력, 즉 '수용 능력$^{hosting\ capacity}$' (배전단 길이, 기존 장비의 연식 등)에 영향을 미치는 전력회사의 시스템과 운영 형태의 독특한 특성을 밝히는 것이다.

분산에너지원(DER) 수용 용량에 미치는 상대적 영향		Lower 낮음			Higher
전력회사 시스템 특징			분류		
물리적	주요 및 측면(lateral) 길이	(Long)	1 —— 2 ——	3	(Short)
	피크 부하에서의 열 용량 잔존	(Low)	1 —— 2 ——	3	(High)
	위상(Topology)	(Radial)	1 —— 2 ——	3	(Mesh)
	전압 수준	(Low)	1 —— 2 ——	3	(High)
	부하 밀도	(Low)	1 —— 2 ——	3	(High)
	피크 부하에서 전압 강하	(High)	1 —— 2 ——	3	(Low)
하부구조 및 장비	미터링 인프라 유형	(Legacy)	1 —— 2 ——	3	(AMI)
	보호 장비의 우세한 유형	(Analog)	1 —— 2 ——	3	(Digital)
	전압 제어 장치의 보급	(None)	1 —— 2 ——	3	(Many)
	양방향 통신의 보급	(None)	1 —— 2 ——	3	(All)
	데이터 수집 장치 보급	(None)	1 —— 2 ——	3	(Many)
운영	부하 제어 범위	(None)	1 —— 2 ——	3	(Full)
	DER 제어 범위	(None)	1 —— 2 ——	3	(Full)
	제어 자동화 범위	(None)	1 —— 2 ——	3	(Full)
	측정기반 에너지관리 시스템(EMS) 활용도	(None)	1 —— 2 ——	3	(Many)

그림 20.1 RDU 전환 시스템의 주요 특성 : '짧은' 피더$^{short\ feeder}$는 일반적으로 5마

일 미만이다. 부하 밀도$^{load\ density}$는 피더에 의해 포함된 지리적 영역으로 나눈 총 부하를 의미한다. 피크 부하 상태에서 전압 강하는 피더에 걸친 전압 강하를 측정하며, 이는 시스템이 전압 한계에 근접한 값을 추정하는 것이다. 열용량$^{thermal\ capacity}$는 피크 부하 조건을 고려한다. 등급이 '높음^{high}'이면, 최대 부하 조건(예: 전체 용량의 50%)에서 상당한 추가 열용량이 남아 있음을 나타낸다.

시스템 조망은 DER 통합과 설계 단계에서 제시되어야 하는 RDU의 가치 극대화 목표와 관련된 시스템 인프라와 운영 형태의 단점을 밝히는 데에 도움을 준다. 이러한 평가는 설문조사나 질의서 등의 형태를 통해 이루어질 수 있고, 답변은 일부 범위 내에서 설계자가 인프라 투자나 운영 개선을 시행하고자 할 때 세부 분석을 위해 참고자료로 사용될 수 있다. 시스템 조망을 위해 필요한 정보는 전력회사 설계 데이터와 운영 지침서를 통해 얻을 수 있다.

시스템 조망 설문조사 예시는 그림 20.1에서 볼 수 있다. RDU 이행과 관련된 핵심 시스템 특성은 왼쪽에 제시되어 있고, 그들의 존재 범위는 오른쪽 칸에서 1에서 3점으로 평가된다. 배경의 그림자는 다른 조건이 동일할 때에 각각의 특성이 시스템의 보유 능력에 미치는 상대적인 영향을 의미한다(Black & Veatch 2013; Navigant Consulting, 2013; Broderick et al., 2013). 해당 리스트가 완벽하진 않지만, RDU 이행과 관련된 핵심 고려사항을 잘 짚고 있다.

효과적인 시스템 조망은 DER 수용 능력에 가장 높은 영향을 줄 수 있는 배전 전력회사 특성을 밝힐 것이고, 그렇기 때문에 차후의 설계 행동 상 더 많은 주목을 받아야 한다. 시스템 조망은 또한 어디에서 현재 시스템 인프라와 운영 형태가 RDU의 요구사항에 부합하는 데에 실패하는 지에 대해서도 지적한다. 이러한 관점은 세 가지 주요하고 상호 연관된 분야로 나눌 수 있다.

PART3 전력회사의 미래, 미래의 전력회사

1. 부적절한 물리적 인프라 : 예를 들어 변전소에서 고객으로의 전류 흐름이 가능하지만 반대로는 불가한 보호기능 방사상 전력망^{radial} $^{feeders\ with\ protection\ schemes}$
2. 불충분한 통신, 측정, 제어 인프라 : 예를 들어 마이크로위상자^{microphasor} 측정 유닛, 양방향 통신, 제어 시스템 등의 높은 입도^{granularity} 측정 도구 부재
3. 불충분한 운영 프로세스 : 예를 들어 DER이나 부하의 적극적 제어 부재, 양방향 흐름 보호 정책 부재, 온라인 선로 모니터링 등의 데이터기반 자동화 운영 프로세스, 배전선로/변압기의 동적 레이팅$^{dynamic\ rating}$

일단 설계자가 RDU 목표 달성을 위한 시스템 인프라와 운영 형태를 광범위하게 분석한다면, 다음 단계는 목적 달성에 장애가 되는 요인을 극복하기 위해 필요로 하는 추가 인프라와 운영 형태를 세부적으로 분석하는 것이다. 이를 위해서는 기존 설계와 운영 상 확대된 접근이 필요할 것이다.

4. 설계와 RDU 이행

앞서 언급했듯이 RDU 설계자의 목표는 배전망으로의 안전하고 신뢰성 있는 접속을 보장하면서 요금 납부자를 위해 시스템 자원의 가치를 극대화하는 것이다. 그러므로 DER 빠른 확산 가운데, 시스템 확대에 직면했을 때, RDU 설계자의 일차적인 목표는 기존 배전 시스템 설계의 근본적인 목표(전력회사 서비스 영역 내에서 소비자의 신뢰도 있고, 안정적이며, 효율적인 전력 사용 보장)를 포함하고 있다. 그러나 이러한

목표의 범위는 확대되어야 한다. 그 이유는 이들이 이제 최종 소비자의 전력 소비 뿐만 아니라 DER이 제공하는 다른 생산, 기타 서비스를 포함해야 하기 때문이다.

게다가 DER의 변동성과 불확실성은 설계자에게 기존 설계에서의 고려해야 하는 영역을 확대하고, 더욱 진보된 설계 방식과 도구의 사용을 요구한다. DER 통합 설계는 명백히 기존의 설계보다 복잡한 고려사항을 요구하지만, DER이 야기한 필요성 평가를 가능케하는 기존 설계와 DER 통합 설계 상 공통점도 존재하며, 이는 설계자가 완전히 새로운 접근법을 발명해야 하는 부담을 덜어준다. 또한 추후 논의하겠지만 하와이나 캘리포니아 전력회사와 같은 '초기 도입자$^{first\ adopters}$'들의 경험이 다른 전력회사들에게 RDU 이행을 위한 로드맵을 제시해 주고 있다.

기존의 전력회사 배전 시스템 설계는 미래 예측된 피크부하 하에서의 배전 시스템 정상상태 분석$^{steady\text{-}state\ analysis}$에 근거한다. 전력회사 설계자는 전류 분석과 같은 전통적인 설계 도구를 활용하여 (1)미래 에너지 공급과 시스템 보안 필요성을 충족하기 위한 물리적 인프라 적합성 (2)기존의 인프라가 부적절하다고 판명될 때에 기존 인프라의 업그레이드 등에 관하여 주로 평가하였다.

여러 잠재적 투자가 미래 시스템의 신뢰도 충족 요건을 만족시키면서 소비자에게 가장 낮은 비용을 부과하는 것으로 평가된다.

RDU 이행 설계는 앞선 (1)과 (2)의 평가를 필요로 하지만 DER은 그들의 용량, 위치, 전력 생산량, 전력품질과 전압에의 영향 등과 관련된 불확실성으로 인해 이 과정을 복잡하게 한다. 이러한 복합화는 기존 접근법을 보완하고 확대하기 위해 다음 장에서 논의할 추가적인 설계 프로세스를 필요로 한다. 또한 이들은 DER 통합의 이점을 극대화하기 위해 인프라 투자를 대체하거나 보완할 수 있는 영업 형태의 변화를 결정

PART3 전력회사의 미래, 미래의 전력회사

하기 위해서 기존의 운영 형태에 대한 평가를 필요로 한다.

4.1 DER 확대^{expansion} 예측

DER의 광범위한 확산에 대비한 시스템 설계와 관련된 새로운 난제는 DER 확대 예측이다. DER 확대 예측은 미래 특정 시점의 예측, 종류와 양, DER이 시스템에 연계될 것으로 예측되는 단일 값 혹은 범위, DER 위치 등으로 구성된다. 열/전압 제약 배전단$^{thermally/voltage-constrained\ feeders}$과 같은 많은 시스템에서 DER 위치는 총 이행 비용을 계산하는 데에 특히 중요하다.

DER 확대 예측은 만일 이와 관련된 데이터를 구할 수 있다면 복잡한 미래 DER 설치 예측으로 구성될 수 있다. 만약 이러한 예측의 구성이 가능하지 않거나 바람직하지 않다면, DER 예측은 잠재적인 RDU 필요성의 범위 내 "책받이$^{book\ end}$"로서 평가될 수 있는 시스템의 성과에 대한 잠재적 DER 성장 시나리오로 구성될 수도 있다. 예를 들어 예측에는 두 가지 DER 성장 시나리오가 제시될 수 있다: 최악의 시나리오에서는 DER이 급전단 중심$^{feeder\ head}$에서 먼 거리에서 집약된 형태로 나타날 수 있고 반대로 최상의 시나리오에서는 DER이 배전단과 비례하여 혹은 상호 연계가 가장 강한 지점에서 분산되어 있을 수 있다.

다수의 미래 DER 성장 시나리오 예측을 위한 시나리오기반 분석은 DER 보급할 때, 마주하게 될 배전 장비의 시스템 여건 상 다양성을 평가하기 위한 일차적인 방법론으로 부상하고 있다. 예를 들어 켈리포니아의 민간 전력회사$^{investor\ owned\ utilities}$들은 최근 여러 DER 성장 시나리오 개발을 핵심으로 하는 배전 자원 플랜$^{Distribution\ Resource\ Plan}$ 개발을 공동 진행 중이다. 이러한 시나리오는 전력회사가 평가하는 비용과 DER 통합

581

편익, 그리고 시스템 설계에 근거한 잠재적 미래 DER 보급 실현 정도를 정의한다.

4.2 DER 가치 극대화를 위한 인프라 설계

RDU 가치 극대화 목적 달성을 위해서는 DER 통합과 관련된 시스템의 물리적 한계, DER 통합의 다양한 편익 결정, 이익을 극대화할 수 있는 시스템 업그레이드 등을 평가할 수 있는 설계 도구가 필요하다. 이러한 설계 요구사항은 평가 비용과 서비스 신뢰도에 중점을 두었던 기존 설계 프로세스 상 사용되었던 요구사항의 연장선상에 있다. 표 20.1은 기존 설계와 RDU 설계를 비교한다.

DER 통합에 있어서의 물리적인 인프라 한계는 다음과 같은 형태로 나타난다.

(1) 선로와 변압기의 부적절한 열용량
(2) 설계 상 시스템 운영 보호 실패
(3) 전류불안정^{flicker} 혹은 정적상태 전압 위배와 같은 전압 이슈 등장 등

특정 시스템에 각각의 이러한 한계점의 범위는 기존의 전류 흐름 기반 도구에 의해 결정될 수 있다. 그러나 설계자들은 피크부하 조건과 같은 시스템 운영 상 일부 시나리오나 특정 순간^{snapshot} 기반과 같은 전통적 설계 관행과 RDU 설계를 분리할 필요가 있다.

PART3 전력회사의 미래, 미래의 전력회사

표 20.1 기존 설계와 RDU 설계 비교

구 분	기존 설계	RDU 설계
기간 설정$^{time\ frame}$	단층 분석$^{few\ snapshots}$	시계열
기간 입도성$^{time\ granularity}$	해당 시기 단순 시간대별 분석	다양한 수준의 변동성을 평가하는 시뮬레이션 기간, 예시) 시간당 부하 변동$^{load\ ramping}$, 태양광이 야기하는 분단위 전압 변동
설계 시나리오 수	피크 부하와 우발 시나리오 영향 일부	DER과 순 부하 예측을 위한 다양한 시나리오 배치
시스템 보호 평가	일방향 흐름 평가	변동형, 양방향 평가
전압 장비 평가	일방향 흐름 평가	변동형, 양방향 평가
동적 안정성 분석	동적 시뮬레이션 제한 사용	DER 확산시 급전단 동적 시뮬레이션
DER 수용능력 분석	없음	RDU 설계 기반
지역단위 자원 비용/편익 분석	없음	가치 극대화 목적 평가 핵심
인프라 결점 보완을 위한 운영 솔루션 평가	거의 없음	확장적

대신 설계자들은 DER 확대 예측 시나리오를 설명하기 위해 고려하는 여러 시나리오를 확대할 필요가 있다. 또한, 피크 부하 시간과 같이 기존 설계가 집중하는 특정 시간대는 열용량, 보호 시스템, 시기별 DER 변동성의 전압 영향과 같은 영향을 포착할 수 있도록 시계열 분석으로 변경되어야 한다. 높은 수준의 DER 조건 하에서 가장 도전적인 과제는 해당 시기와 피크부하 시기가 서로 상응하지 않는다는 것이고, 이는 시계열 분석을 통해서 밝혀질 수 있다. 표 20.1은 기존 설계와 RDU 설계를 비교한다.

또한 전압 규제와 보호 장비는 배전 선로 흐름 폭과 방향의 높은 변동성과 관련지어 분석되어야 한다. 기존의 전압 제어 장비는 분 혹은 시간 단위 기반으로 교체되는데, 반면 태양광과 같은 DER은 훨씬 짧은 시간 단위(초, 분)에서의 전압 변동성을 야기한다. 그러므로 전압제어 투자가 DER이 야기하는 변동성을 유연화 하는 영향을 평가하기 위해서는, 선택된 시기의 전류 흐름을 더 짧은 시간 단위에서 평가할 필요가 있다. 이러한 변동성은 또한 시스템 보호 연구 상 추가적인 오류 시나리오 fault scenario 분석을 필요로 하며 이러한 오류 시나리오를 적절히 포착할 수 있는 새로운 모델을 필요로 한다.

배전 시스템 상 발전기, 전압 제어 기기와 같은 제어기기는 설계 단계에서 추가적인 동적 안정성 시뮬레이션을 필요로 한다. 그러나 많은 경우 새로운 동적 모델은 배전 단위 기기에서 필요하다. 이러한 모델은 기기 제조업자, 전력회사, 학계 간 협력을 통해서 설계될 수 있다.

DER 통합 상 시스템 한계와 편익의 범위는 시스템 상의 DER 위치에 따라 결정된다. 예를 들어 변전소 근처에 위치한 DER은 급전단에서 떨어지거나 부하에 가까운 곳에 위치한 DER에 비해 배전 손실을 낮추는 데 효과적이지 못하며, 개별 모선의 DER 수용능력은 급전단마다 서로 다르다. 그러므로 DER을 효율적으로 활용하기 위해서 설계자는 지역의 비용과 편익을 평가할 필요가 있다. 시계열 기반 배전단의 전류 시뮬레이션이 이러한 분석을 도울 수 있다.

가치 극대화 설계는 또한 시스템 설계를 위해 사용하는 도구의 확장과 설계 단계 상 밝혀진 인프라 투자 필요성에 따른 잠재적 투자처를 설정할 필요가 있다. 예를 들어 급전단의 DER 수용능력을 심각하게 제한하는 전압 한계를 완화하는 가장 신중한 접근법은 진보된 제어 기술을 가능케 하는 속성 전압 제어기 fast-acting voltage regulators를 측정, 제어 인프라와 함께 설치하는 것이다. 또한 이미 밝혀진 제약점을 효율적으로 해

PART3 전력회사의 미래, 미래의 전력회사

결하기 위해 설계자는 변전소 추가 설치, 그물망형 토폴로지^{meshed topologies}, 배전 시스템 상호연계, 가정용 에너지 저장기술과 같은 비전통적 접근방식도 고려할 필요가 있다.

4.3 최신 배전 설계 개발 동향

하와이와 캘리포니아의 급격한 DER 성장으로 인해 규제기관과 전력회사는 배전 설계 프로세스를 다시 평가해야 하는 상황에 직면했다. 이 주(州)의 전력회사는 경험적으로 RDU 이행 필요성과 특히 요금납부자를 위한 DER 통합 문제를 해결하기 위한 잠재적 접근법에 초점을 맞추었다.

앞서 언급했듯이 급전단의 수용 능력 평가는 배전 설계에 DER이 가져온 주요한 도전 과제 중 하나이다. 이러한 문제를 해결하기 위해 캘리포니아 민영 전력회사는 기존 설계 프로세스와 대비되는 통합 용량 분석^{Integrated Capacity Analysis(ICA)}이라는 평가 프로세스를 제안하였다 (SDG&E, 2015; SCE, 2015; PG&E, 2015). ICA 설계 프로세스의 목표는 4개의 한계 범주와 관련된 배전 회로의 수용용량을 측정하는 것이다.

(1) 열용량 등급평가
(2) 보호 시스템 한계
(3) 전력 품질 기준
(4) 안전 기준

급전단 회로는 구역 혹은 선로별로 나뉘어 분석되는데 보통 1개의 배

전 회로 당 4개이다. DER 용량은 어느 한 요소가 한계에 도달할 때까지 각 구역 혹은 선로에 개별적으로 부여된다.

또한, 캘리포니아 민영 전력회사는 DER 위치를 평가하고 어떤 위치에서 DER 배치가 기존 배전 투자를 대체하는지를 밝히는 최적 위치 순이익 방법론$^{\text{Optimal Location Net Benefits Methodology(LNBM)}}$을 제안하였다(SDG&E, 2015; SCE, 2015; PG&E, 2015).

하와이 전력회사들도 DER의 급격한 확산으로 많은 과제를 부여받고 있으며, 이에 따라 새로운 설계 접근법을 개발할 필요성을 느끼고 있다. 이를 위해 하와이 전력회사들은 DER을 그들의 배전 설계 프레임에 통합하는 접근법을 제안하였다. 이들이 제안한 일차적인 도구는 "선제적으로 안전하고 신뢰성 있게 분산전원을 상호연계하고 용량 증설시 회로 상호연계 수용능력을 증대하는 배전 시스템 업그레이드"를 골자로 하는 분산 전원 상호연계 용량 분석$^{\text{Distributed Generation Interconnection Capacity Analysis(DGICA)}}$이다(Hawaiian electric, 2014). 캘리포니아의 ICA와 유사한 방식으로 DGICA는 배전 회로의 수용능력을 평가하기 위한 접근법을 제시하고, 이를 통해 배전망 설계자가 DER 상호연계에 장애가 되는 설계를 방지한다. 또한, 하와이 전력회사들은 수용 능력 증대하기 위해 배전 회로 설계 기준을 변경하도록 제안한다(Hawaiian electric, 2014). 다음의 추가적인 기준이 제안되었다.

(1) 임피던스 완화$^{\text{lowering impedance}}$
(2) 전압 제어기기에 역조류$^{\text{reverse flow}}$ 최적화
(3) 회로단의 과도 과전압 완화$^{\text{mitigating circuit-level transient overvoltage}}$

캘리포니아와 하와이 케이스에서, 시계열 기반 전류 분석과 미래 시

PART 3 전력회사의 미래, 미래의 전력회사

스템 여건에 관한 다양한 시나리오의 필요성이 명시적으로 인지되었다. 또한 캘리포니아 PG&E와 같은 전력회사들은 이러한 분석을 그들의 기존 설계 프레임에 포함하려는 노력을 진행하였고 유사한 경로를 뒤따르는 다른 전력회사에게 모범 사례를 제시하였다(PG&E, 2015).

5. RDU 이행을 위한 운영방식 개혁

RDU 이행 결과로 전력회사의 기존 관습이 변화하는 가장 큰 분야는 아마 배전운영 방식일 것이다. 변전소에서 최종소비자로의 일방향 전류 흐름의 도관^{conduit}으로서 대변되는 전통적 배전 시스템 구조로 인해 시스템 운영은 성격 상 방어적인^{passive} 경우가 많았다. 시스템 내에 스위치 커패시터$^{switched\ capacitor}$ 혹은 탭 전환 변압기$^{tap\text{-}changing\ transformer}$와 같은 제어 기기가 많지 않기 때문에 기존 배전 시스템은 실시간 측정과 필요성에 따르기보다 스케줄과 시스템 예측에 따라 운영되었다. 이러한 접근법은 운영자의 목표가 상대적으로 예측할 수 있는 부하와 요구사항 내에 전압 관리가 용이할 때에는 합리적이고 효과적이다. 그러나 DER이 포함된다면 이러한 방어적 접근법은 더 이상 유지될 수 없다.

RDU는 시스템 운영 상 적극적인 접근법을 택함으로써 선도적인 측정, 통신, 제어 인프라를 충분히 활용한다. 또한 부하와 전압 통제를 위한 DER 제어기술을 활용함으로써 DER의 가치를 극대화한다. 방어적 운영에서 적극적인 운영으로의 전환을 위해서는 추가적인 측정 방식과 제어 장비, 운영 형태의 변화가 필요하며, 이는 에너지 관리 시스템$^{Energy\ Management\ System(EMS)}$ 기능성과 모두 연관된다. 표 20.2는 기존 그리고 RDU 운영방식을 비교한다.

표 20.2 기존 배전 시스템, RDU 운영방식 비교

구 분	기존 설계	RDU 설계
제어 목적	최종소비자 서비스제공, 성능 내 전압 유지	신뢰도 기준 충족과 동시에 요금납부자를 위한 DER 가치 극대화
측정 사용 (시스템 가시성$^{System\ visibility}$)	변전소에서의 제한된 SCADA 데이터 사용, AMI 인프라	시스템을 통한 측정 데이터 확장
자동화 정도	차단기breaker 운영 일부 자동화	전반적 배전 시스템 자동화, DER 제어 자동화 도입
데이터기반 알고리즘 사용	거의 없음	운영기반으로 알고리즘 채택
양방향 통신	AMI를 통한 부하와의 통신	자원과 운영자 간 다발성^{ubiquitous} 양방향 통신

높은 대역폭$^{high\ bandwidth}$ 데이터 수집과 사용, AMI나 마이크로페이저 측정 유닛$^{microphasor\ measurement\ unit(PMUs)}$과 같은 장비 사용을 통한 시간단위 측정(Micro-Synchrophasors Project, 2015), 혹은 선로에 설치된 센서$^{line-mounted\ sensors}$는 이러한 전환의 핵심 기반이 될 것이다. RDU는 (1) 매 시간, 분 혹은 더욱 빈번한 기간 동안 수집된 측정 데이터 입도성$^{measurement\ granularity}$, (2) 전압 측정 기기로 장착된 핵심 배전 모선과 같은 측정 범위$^{measurement\ coverage}$, (3) 고도의 제어를 할 수 있도록 수집된 전압 측정—과 같은 측정 타입$^{measurement\ type}$과 같은 측정 시스템을 필요로 한다. 또한 확장적인 측정 데이터를 통해 온라인 인프라 자산 건전성 모니터링과 DER 급전과 같은 RDU 운영의 핵심이 되는 데이터 기반 분석이 가능해질 것이다.

시스템 내 측정기기 보급은 시스템 운영자를 위한 추가적인 제어 기회를 제공할 것이다. 그러나 첨단 제어를 성공적으로 도입하기 위해서 RDU는 전력회사 운영자가 시스템 내 기기에서 데이터를 수집할 수 있

PART3 전력회사의 미래, 미래의 전력회사

게 하고, 운영 상 의도한 목적을 달성할 수 있는 제어 신호를 제공할 수 있도록 하는 시스템 내 DER과의 양방향 통신을 필요로 한다. AMI와 같은 몇몇 양방향 통신 장비가 배전 시스템에 설치되었으며, 이러한 통신 장비의 보급$^{roll-out}$은 AMI나 수요반응 프로그램에 참여하는 일부 자원에서 모든 기존/ 신규 DER으로 확대되어야 한다.

5.1 최신 배전 운영 기술 개발 동향

운영방식 개혁은 캘리포니아와 하와이에서 DER 통합에 관한 논의에서 많은 부분을 차지하였다. 두 주(州)의 전력회사는 DER 보급 확산을 촉진하기 위해 운영방식의 개혁과 그 효과성을 입증하기 위한 파일럿 테스트를 제안하였다.

SCE$^{Southern\ California\ Edison}$는 "제 3자와 전력회사 소유의 DER을 동시에 운영하는 데 필요한 수용, 운영 능력을 테스트"를 하기 위한 파일럿 프로젝트를 제안하였다. 또한 "해당 지역에 적용되는 기술 인프라(통신, 모니터링 기기, 제어 시스템 등)는 SCE 시스템 내에 더 높은 수준의 보급을 가능하게 하는 추가적인 능력(모니터링, 제어 등)을 제공하고자 한다." 이러한 파일럿 프로젝트들은 DER의 효과적인 통합을 위해 전력회사의 운영 방식이 어느 수준까지 변화해야 하는지를 제공한다.

하와이 전력회사들은 DER 통합 촉진을 위한 운영방식 개혁에 더욱 적극적이다. 분산발전 연계 계획$^{Distributed\ Generation\ Interconnection\ Plan}$에서 전력회사는 다음의 운영 형태를 제안하고 있다(Hawaiian Electric, 2014).

- 전압 규정밴드 내 운영
- 배전 회로 유연성 유지

에너지 전환 전력산업의 미래

- 고립화^{islanding} 방지를 위한 급전 차단기$^{feeder\ breaker}$와 재폐기^{recloser}의 재폐 시간$^{reclosing\ time}$ 연장
- 전압 제어 탭 운영 모니터링
- 배전 변전소에 SCADA 도입

하와이의 제안은 DER 보급 증가와 관련하여 배전 운영 방식을 근본적으로 재평가할 필요성이 있음을 입증하고 있다. 배전단의 SCADA 도입과 같은 기본적 개혁의 제안은 RDU 이행을 위해 전력회사가 나아가야 하는 먼 거리의 서막을 알리고 있다.

6. 결론

모든 전력회사는 서비스 영역에서 요구되는 DER 통합 수준에 따라 어느 정도 수준까지는 RDU로의 이행을 시행할 것이다. RDU 이행을 위해 하와이와 캘리포니아 전력회사는 어느 정도 노력을 진행하였지만, 진보된 설계와 운영 프로세스의 경험 부족으로 인해 '최고의 사례'에 대한 의견 합의는 아직 이루어지지 않았다.

본 장은 요금납부자(소비자)를 위해 DER 통합 가치를 극대화할 수 있는 방식으로 DER을 통합하기 위한 RDU 이행 개념과 설계의 접근법을 제시했다. 그러나 가까운 시일 내에 전력회사의 운영 환경은 급격히 변화할 것이다. 궁극적으로 배전 전력회사가 그들만의 독특한 여건에 어떻게 최선으로 적응하는지에 대해서는 그들만이 평가할 수 있다. 그러나 개별 전력회사의 독특한 환경 여건이 그들의 니즈를 결정하는 시스템화된 접근법의 활용을 제한하는 것은 아니다. 사실 그러한 접근법은 경제적이고 신뢰성 있게 소비자와 생산자의 전력 사용을 보장하는 배전 시스템 운영을 구축하는 데 필요하며 성공적일 수 있다.

PART 3 전력회사의 미래, 미래의 전력회사

> 제21장
>
> # 배전 전력회사 : 전력회사, 발전사, 신규 사업자 간의 갈등과 기회
>
> ...
>
> Distributed Utility: Conflicts and Opportunities Between Incumbent Utilities, Suppliers, and Emerging New Entrants
>
> Kevin B. Jones, Taylor L. Curtis, Marc de Konkoly Thege, Daniel Sauer, Matthew Roche
> *Institute for Energy and the Environment, Vermont Law School, South Royalton, VT, United States of America*

1. 도입

주요 통신회사의 전망에 따르면, 2020년까지 500억 개의 장치가 인터넷에 연결될 것으로 예상된다. 이 중 80%는 인간이 아닌 다른 기기와 의사소통을 할 것이다. 즉, 400억 개의 장치가 인간을 대신하여 보이지 않는 곳에서 작동할 것이다. 그러나 몇몇 전문가는 이러한 분산화된 통신 네트워크의 장점을 충분히 누리기 위한 산업 혁명을 위해서는 새로운 비즈니스 모델 도입을 포함한 시스템 통합에서의 패러다임 전환 paradigm shift이 필요하다고 주장한다(Heck and Rogers, 2014, p. 124). 최근까지 전력산업은 이러한 디지털 통신 혁명의 밖에 있었는데, 그 원인은 다른 산업이 했던 방식으로 IT 기술을 충분히 활용하지 않았기 때문이

591

다(Jones and Zoppo, 2014, p. 1). 첨단 IT기술의 장점을 인지하면서, 산업 관계자와 정부 규제기관은 스마트 전력망에 대해 우호적인 입장을 가지게 되었으며 다른 관계자들은 '미래의 전력회사Utility of the Future, 조직과 구조에 대해 고민하기 시작했다. 뉴욕 주의 에너지 개혁Reforming the Energy Vision(REV) 추진은 전체 전력회사 비즈니스 모델 개혁과 시스템 통합에 초점을 맞추었다는 점에서 국가적인 주목을 이끌었다. 따라서 이 장은 REV의 전체 비전에 대해 알아보고 주요 플레이어 간의 갈등에 대해 논하며, 선도적인 주(州) 간의 핵심 정책의 차이 이해를 돕기 위해 캘리포니아, 매사추세츠, 하와이 주의 개혁 정책과 뉴욕 주의 정책을 비교한다. 본 장의 연구와 분석은 새로운 비전이 전력회사와 DER 사업자에게 제시하는 기회와 도전 요인에 대한 여러 양상을 제공하고 궁극적으로 다른 주 혹은 국가에 대해 이러한 노력에 대한 정보를 제공할 것이다.

2. 뉴욕 REV 개요

뉴욕 공공서비스 위원회New York State Public Service Commission(NYPSC)의 유명한 프로젝트인 REV는 어떻게 뉴욕주가 FERC Order 888이 도매 송전과 발전 부문을 재구성한 것과 같은 방식으로 전력 배전망 개혁을 설계하는지를 소개한다. NYPSC는 "전력산업과 요금설계 패러다임을 기술과 시장을 잘 활용할 수 있는 고객 중심 접근법으로 바꾸기 위한 패러다임을 재구성"하기 위해 이 정책을 기획하였다. 정책 목표는 더욱 효율적이고, 회복력이 빠르며, 기후 친화적인 에너지 시스템 구축을 위해 분산전원을 시스템 설계, 운영과정 상 통합하는 것이다(NYPSC, 2015, p.3). 뉴욕은 DER 통합이라는 정책 상 이슈에 있어서 앞서 나가게 되었다. 그러나 뉴욕은 AMI가 대부분 보급된 캘리포니아와 달리 보급률이 낮은

PART3 전력회사의 미래, 미래의 전력회사

주 중하나이다.

REV는 점점 더 분산화, 복잡화되는 전력망에 있어 시스템 보안과 복원력을 강화하기 위해 전력회사 비즈니스 모델과 서비스를 개혁하고자 한다. REV는 에너지효율, 수요반응, 에너지 저장 확대, 신재생을 장려하는 규제를 펼친다. 이러한 변화는 고객이 전력을 사용하고 관리하는 방식에 있어서 더 많은 선택권을 제공하며, 최종 소비자의 재량권을 확대한다.

전력회사와 시장이 더욱 청정하고 효율적인 전력 시스템을 개발하도록 장려하기 위해서, REV는 또한 요금 설계 프로세스를 개혁해야 할 필요성을 인식하게 되었다. REV는 기존의 요금설계 구조에서 더욱 분산화되고, 소비자 지향적인 에너지 시스템으로의 근본적인 변화를 요구하고 있다. REV 정책의 도입은 몇 달이 아닌 몇 년에 걸쳐 진행될 것이다. 이러한 복잡한 개혁 절차를 설명하기 위해서 NYPSC는 두 단계 규제 개혁 절차를 설계하였다. 첫 번째 단계에서는 피크부하 감축과 같은 부하관리와 시스템 효율성 개선을 촉진하기 위한 배전 전력회사의 역할에 대해 평가한다. 두 번째 단계에서는 전력회사의 이익과 위원회의 정책 목표를 일치시키기 위한 규제, 요금, 시장 설계를 재구성한다(NYDPS, 2014).

다양한 이해관계자는 REV 제안에 대해서 약 600여개의 의견을 제시하였다. 발전사와 전력회사, DER사업자, 고객, 환경 단체는 REV 제안과 관련된 다양한 이슈를 제기하였다. 모든 이해관계자들이 뉴욕의 전력망 변화를 위한 REV의 비전을 지지했지만, 정책의 근본적 요소와 관련하여서는 상반된 제안과 아이디어가 제시되기도 하였다. 특히 이해관계자들은 DER 소유 주체, 전력회사 주체의 DER 설계 비용편익 분석 Benefit-Cost Analysis(BCA), 분산 시스템 플랫폼 구조와 제어 등에 관해 의견이

엇갈렸다. 본 장은 전력회사, 발전부문, DER 등이 공유하는 다양한 견해를 이해하기 위해 이러한 핵심 이슈를 자세하게 살펴보도록 한다.

2.1 분산 시스템 플랫폼과 공급자

REV는 통합 세 가지 주요한 기능(배전 설계, 계통망 운영, 시장 운영)을 갖춘 새로운 지능형 네트워크 플랫폼으로서 분산 시스템 플랫폼 DSP을 정의하였다. REV의 핵심은 DSP의 역할을 받아들이고 플랫폼을 관리하는 주체를 구별하는 데 있다. 시스템 안정성을 위한 다양한 범위의 DER 활용은 배전 설계와 운영에서의 복잡성과 중요성을 증대할 것이다. 오늘날, 전통적인 배전 시스템은 예측가능성이 높으며, 응답성이 없는 수요로 이루어진 단방향 시스템이다. 지능형 전력망과 DER의 도입은 더욱 역동적이고 다양한 흐름의 효율적인 시스템을 지원할 것이다. DSP는 대형 도매시장과 점점 더 다양화되는 DER 시장이 서로 상호작용하며, 고객 부하, 새로운 DER, 기타 서비스로 구성될 것이다. DSP는 판매와 상품과 서비스의 기능을 고객과 서비스 제공자 중심으로 구성할 것이다. 이는 거래 혹은 사용 수수료, 분석 서비스, 상호연계 서비스, 요금 청구, 계량 등을 포함할 수 있다. 초기 단계에서 DSP 시장은 시장기반 경매와 반대로 개방형 전력망 접속 요금으로 구성될 것이다. 이러한 시스템을 안전하게 운영하기 위해, DSP는 DER과 기타 DER을 플랫폼 서비스 안정성을 훼손하지 않는 범위 내에서 효율적으로 통합할 필요가 있다(NYPSC, 2015, pp. 31-33; NYDPS, 2014, p.4).

궁극적으로 NYPSC 규정은 기존 배전 전력회사를 그들의 서비스 지역 내 DSP로 임명하였다. NYPSC는 DSP의 핵심 기능이 "전력회사의 설계와 시스템 운영과 매우 밀접하게 통합되어 있고, 이를 독립 사업자

PART3 전력회사의 미래, 미래의 전력회사

에게 부여하는 것이 불필요하고 비효율적이며, 비용 낭비를 야기할 수 있다"는 이유로 이와 같은 결정을 내렸다. 시스템 설계와 운영에 있어 배전 전력회사의 복제성으로 인해 NYPSC는 전력회사가 소비자를 위한 효율적이고 경제적인 의사결정을 위해 가장 효율적으로 그들의 자산과 기능을 활용할 수 있다는 입장을 견지하였다. 전력회사는 고객 정보 보호를 유지하고 DER 서비스 성과를 측정하고 검증할 수 있는 시스템을 갖추었기 때문에, 이들이 DSP로서 가장 적합하다고 볼 수 있다(NYPSC, 2015).

다른 이해관계자들은 전력회사가 DSP로 적합한 지에 대해 반대되는 의견을 가지고 있다. 몇몇 환경 단체, 에너지 서비스회사(ESCOs), DER 사업자는 DSP가 배전 전력회사와 분리되어야 한다고 주장한다. 독립 DSP 옹호자들은 독립 법인이 가장 복잡한 업무(시스템 안정성 유지, 제3자 참여를 위한 망 개방, DER 급전)를 인수받고, 전력회사는 이미 의무화된 업무에 집중해야 한다고 주장한다. 전(前) FERC 의장 존 웰링호프$^{Jon\ Wellinghoff}$는 독립 DSP가 DER의 완전한 배치를 달성하는 동시에 기존 전력망 자원 활용도를 개선할 수 있도록 경쟁적인 분산 에너지 시장을 만들어야 한다고 주장한다(NYPSC, 2014a, pp. 3-5). 이 구조는 또한 미래 전력망에서 소비자의 선택권과 참여도를 높일 수 있다. 많은 기존 발전사업자 또한 전력회사가 DSP로서 적합한 지에 대해 의문을 제기한다. 그들은 전력회사가 자신들의 이익을 위해 시장 지배력을 행사하고 고객과 시장 참가자를 위한 혁신을 억제할 것이라 우려한다. 그러나 이러한 염려에도 불구하고 기존 전력회사는 DSP로 선택되었다. 관련된 참가자들은 투명한 성과 기준과 만약 'DSP로서의 전력회사'가 REV 목표 달성에 실패할 경우를 대비한 승계 계획을 설계하기를 요구한다. 또한 많은 참여자들이 DSP의 시장 기능과 설계, 운영 기능을 효

에너지 전환 전력산업의 미래

과적으로 분리하기를 요구한다. 그 결과 NYPSC는 DSP로서 전력회사 성과는 계량적으로 측정,평가될 것으로 결정하였다(NYPSC, 2015, pp. 46-51).

2.2 분산 시스템 플랫폼^{DSP}의 분산에너지원^{DER} 소유권

DER 소유권은 매우 논쟁적인 이슈이다. 많은 이해관계자가 DER 시장에서 전력회사의 DER 소유 금지를 원하고 있다. REV의 주(主)목적은 소비자 정보와 선택에 기반을 둔 DER 시장을 만드는 것이다. 이 반대자들은 전력회사의 DER 소유가 비경쟁적 효과가 있을 것이라 주장한다. NYPSC는 이와 같은 의견에 동의하여 전력회사의 DER 소유권은 (1)시스템 안정성을 위해 DER이 필요하고 경쟁적 대체제가 기존 전통 전력회사 인프라 대체재에 비해 적절하지 않거나 비쌀 경우, (2)배전 시스템에 에너지 저장장치를 포함한 프로젝트가 진입할 경우, (3)시장이 실패하는 지점에서 저소득층을 위한 프로젝트를 지원하는 경우, (4)실증 프로젝트가 진행되는 경우에 한하여 인정된다고 결정하였다. 위원회는 대신 전력회사의 자회사가 전력회사 영역 밖에서 DER을 소유하는 것을 인정하였다. 전력회사 자회사는 그들의 서비스 영역 내에서 DER을 소유할 수 있으나 전력회사 자회사 참여시 제3자의 제안서 평가와 같은 엄격한 규제를 받아야 한다(NYPSC, 2015, pp. 70-71).

다양한 공급자, DER 사업자와 환경단체는 전력회사의 DER 소유를 반대한다. 이해관계자들은 전력회사의 소유권은 시장에서 경쟁을 제한하고 이득을 취하려는 경향성으로 인해 그들에게 불공정한 우위를 제공할 것이라 주장한다. 발전사들은 NYPSC가 제시한 완화 정책이 전력회사의 수직통합 시장 지배력을 제한할 수 없을 것이고, 이로 인해 민영 투자를 제한할 것이라 주장한다. 에너지서비스회사를 포함한 많은 DER 사업자들은 비(非)전력회사 기업이 분산전원을 소유하고 배치해야 한다고 주장한다. 따라서 이들은 DER을 소유한 비(非)전력회사가 경쟁 시장에 참여하거나 전력회사/DSP를 대신하여 사업을 해야 한다고 주장한다.

NYPSC의 접근법을 옹호하는 참여자들은 제한된 전력회사의 DER 소유가 DER 확산을 이끌 수 있다고 주장한다(NYPSC, 2014b). 전력회사의 DER 소유는 소비자가 전력회사와 제3 사업자로부터 동시에 서비스를 받을 경우 추가 비용을 회피할 수 있도록 한다. 또한 전력회사는 경쟁 시장에서는 어려운 저소득층 시장의 DER 보급을 도울 수 있다 (NYPSC, 2015, pp. 63-64).

전력회사는 그들의 기존 자산이 특히 고객과의 관계를 고려했을 때 DER 시장의 촉진을 도울 수 있을 것이라 주장한다. 그들은 고객이 그들의 DER 사업자를 선택할 수 있어야 하며 그들의 DER 서비스 소유권이 서비스 안정도와 고객 편의성을 제고할 것이라 주장한다. 고객 미터 단에서의 전력회사 DER 참여를 확대함으로써 전력회사는 경쟁 시장으로의 이행을 위해 제3자와 협력할 수 있다. 또한 고객은 한 채널을 통해 그들의 에너지 서비스를 관리할 수 있게 될 것이다(NYPSC, 2014c).

2.3 REV 정책과 비용-편익 분석

REV의 미래 목표는 DER의 시장가격 설정이지만, 초기 단계에서는 어떠한 서비스가 어떤 가격으로 DSP에 의해 조달되어야 하는가를 결정할 필요가 있다. 비용편익분석(BCA)는 전력회사와 규제기관이 배전망 자원 설계에 있어 DER을 평가하기 위해 쓰는 방법이다. REV 상의 주요 논점은 위원회가 DER 기술과 서비스의 비용과 편익에 대한 평가를 시행 기관으로 전력회사를 지목했다는 점이다.

환경단체와 DER 사업자는 비용편익 분석이 개별적 시행범위 이상으로 확대되고 DER 프로그램과 포트폴리오와 연계되어야 한다고 주장한다. 그들은 협소한 '요금 영향' 테스트 대신 DER 보급을 전체적으로 바라보는 '사회적 비용$^{societal\ cost}$' 테스트를 시행해야 한다고 주장한다. 전력회사는 비용편익 분석이 개별적 투자보다 전체 포트폴리오를 기준으로 전체적으로 시행되어야 한다는 점에 동의한다. 특히 전력회사는 비용편익 분석 틀이 (1) 송배전 운영, 비용 영향, (2) 도매시장과 용량비용, (3) 직접적으로 연관되고 측정 가능한 외부효과 고려 등을 포함한 소비자 부담비용과 직접 연계되는 점을 중점적으로 고려해야 한다고 말한다(NYPSC, 2014c).

기존 발전사업자들은 개정된 비용편익 분석이 그들의 서비스보다 배전망의 DER 시스템을 더 우호적으로 평가할 가능성에 대해 우려한다. 발전사들은 DER에 대한 우호도가 도매시장의 안정성에 부정적으로 영향을 미치는 것을 두려워한다. 발전사들은 또한 DER 인프라와 보급을 위한 막대한 투자가 배전망의 전력설비 용량을 늘리고 도매가격을 낮추며, 소매시장의 발전사 전력 판매량을 감소시키는 것으로 예측한다. 배전 시스템에서의 저가격은 곧 도매시장으로의 전이로 이어지며 전력가격 동반 하락을 가져온다. 그리고 도매가격 하락은 발전사의 수익감소로 귀결되며 죽음의 나선$^{death\ spirals}$ 시나리오는 발전사의 시장 퇴출로 이어질 것이다. 기존 발전사의 쇠망은 도매시장의 신규 사업자와 새로운 투자를 제한할 것이며 이는 시스템 안정성을 훼손할 수 있다. 이들은 잘못 설계된 비용편익 분석이 안정성 측면뿐만 아니라 뉴욕 주의 원전과 같은 '청정한' 기저발전의 재무건전성을 훼손함으로써 전반적 환경

PART 3 전력회사의 미래, 미래의 전력회사

기준을 부정하는 모순을 초래할 수 있다고 주장한다(NYPSC, 2014d).

NYPSC 관계자는 비용편익 분석 기준이 DER 보급 수준에 따라서 달라질 것이며, 정보통신 기술의 발달이 비용편익 분석의 정확성과 입도성^{granularity}을 지속적으로 개선할 것이라 진술한다. DER 보급은 포트폴리오 단위로 평가될 것이며 측정 환경 영향은 개정된 비용편익 분석의 중요한 요소가 될 것이다. 이는 가능시 DER으로의 대체에 따른 사회적 비용을 측정할 것이며 이것이 어려울 시에는 이를 비계량적으로 고려할 것이다(NYDPS, 2015).

2.4 기타 정책 이슈 : AMI, 에너지효율 프로그램, 신재생에너지, 마이크로그리드, 실증 프로젝트

NYPSC(2015)는 REV의 실행을 위해 AMI 보급이 필요하다는 점을 인정하였지만, 위원회는 요금납부자가 부담하는 AMI 설치 외의 지원을 중단하였다. NYPSC는 "동적 가격은 최종 소비 기기의 송수신 신호 모두를 요구하며", "청산 데이터는 시간단위 사용량 데이터를 필요로 한다"는 점을 인식하였다. NYPSC는 각 DSP전력회사가 AMI 보급 계획을 준비할 필요가 있다는 점을 인지하였을 뿐 그 이상의 행동을 실천하지 않았으며 "제3자의 투자가 요금납부자 부담의 투자보다 선호될 수 있다"고 주장하였다.

NYPSC의 REV 정책은 또한 기존 전력회사의 에너지효율 프로그램과 뉴욕 주의 신재생의무할당제도$^{Renewable\ Portfolio\ Standard}$에 따른 대용량 신재생 공급에 대해서도 언급한다. 뉴욕주는 최근 전력회사가 자체 시행하는 에너지효율프로그램과 NYSERDA가 지원하는 효율 프로그램을 동시 시행하고 있다. 또한 뉴욕주는 전력회사가 개별적으로 신재생을

에너지 전환 전력산업의 미래

조달하지 않고, NYSERDA가 독점적으로 신재생 인증서를 부여하는 의무구매제도(RPS)를 이미 시행하고 있다. REV는 최근 NYPSC의 목표를 즉시 변경하기를 추구하지 않지만 DER 활용도를 더욱 확대하고자 한다. 개정된 비전의 핵심은 전력회사가 지급하는 효율 보상금 체계와 NYSERDA의 중앙 집중 대규모 신재생 인증서 발급 시스템을 시장 기반으로 변화시키는 것이라 할 수 있다. 어떻게 이러한 전환이 진행될 것인지는 명확하지 않지만 NYPSC는 보조금과 의무 규제를 시장 기반 메커니즘으로 대체하고자 하는 쿠오모^{Cuomo} 행정부의 목표를 촉진하는 방향을 지지하는 입장으로 보인다. REV 제안은 또한 마이크로그리드^{microgrid}, 그리고 어떤 상품과 서비스가 DSP를 통해 조달되어야 하는지에 대해 도움을 줄 수 있는 실증 프로그램을 지원한다.

2.5 에너지 비전 개혁^{REV} 실행

REV 실행은 몇 년의 시간이 소요된다. 정책이 진행되는 동안, 전통 배전 요금 구조$^{traditional\ distribution\ rate\ cases}$가 가까운 미래에 계속될 것이다. 그러나 각 전력회사는 배전 시스템 도입 계획$^{Distributed\ System\ Implementation\ Plan(DSIP)}$ 제출이 의무화됨에 따라 주요한 변화 단계가 시작되고 있다. 각 전력회사는 시스템 니즈^{needs}와 전력회사의 변화에 필요한 5년 단위 자본 투자 계획을 매년 위원회에 제출하기 시작했다. 최소한 DSIP에는 다음과 같은 사항을 포함해야 한다.

1. 시장 설계와 제3자의 참여를 충분히 고려한 수준에서의 시스템 부하와 자본적 지출 전망, 실적치
2. DER을 통해 처리 가능한 시스템 필요성 분석을 포함한 DER 확

PART3 전력회사의 미래, 미래의 전력회사

대 실적, 전망치
3. DER 시장 발달 촉진 계획; DER 보급이 부진한 시장 촉진 계획
4. DSP 시설 건설비용 산출을 포함한 특정 계획; DSP 내부 조직과 전통 전력회사 기능 기술서

DSIP의 가정과 방법론은 투명해야 하며 그 결과는 시스템 보안 목적에 필요한 보호 하에서 대중에 공개되어야 한다(NYPSC, 2015).

3. 캘리포니아의 분산 전력회사^{Distributed Utility} 개혁 계획

뉴욕과 유사하게 캘리포니아는 어떻게 민영 전력회사(IOUs)가 전력망에 다양한 가치를 제공하기 위해 DER 시장과 메커니즘 개발에 참여하는지에 대해 살펴보고 있다(De Martini, 2014). 전력회사는 그들이 고객, DER 사업자들과 교류하는 방식에 있어서, 그리고 DER의 집합체가 캘리포니아의 광역 전력망 운영 범위 내에서 통합되는 방식에 있어 중대한 변화를 마주하고 있다.

태양광 보급의 선두주자로서 캘리포니아는 뉴욕에서는 아직 구체화되지 않은 DER의 확산과 관련한 독특한 도전과제를 마주하고 있다(Crosby et al., 2015). 캘리포니아의 3대 민영 전력회사(San Diego Gas and Electric, Southern California Edison, Pacific Gas and Electric)는 배전망 투자에 연간 60억 달러를 투자하고 있다. 향후 십 년간 캘리포니아에서 15GW 규모의 DER이 보급될 것으로 전망되며 이중 12GW가 분산형 태양광, 1GW가 에너지 저장장치, 1GW가 수요반응^{Demand Response} 자원일 것이다.(De Martini, 2014). 전력회사는 현재 중대한 기로 점에 서 있으며 어떻게 이러한 자원을 비용 효율적으로 활용해야 하는지에

대해 고민해야 한다(Wesoff, 2014). 만일 이러한 DER이 전력망에 효과적으로 통합되지 않는다면, 전력회사는 이러한 DER을 최적화 할 수 없고, 또한 그들의 연간 60억 달러의 투자가 강건한 DER 통합 전력망을 지원함을 보장할 수 없을 것이다.

3.1 최근 캘리포니아의 DER 개혁 동향

주 의회 법안 327(California State Assembly, 2013)에 따라 캘리포니아는 민영 전력회사가 DER을 전력망에 더욱 효율적으로 통합하기 위한 배전 자원 보급 계획Distribution Resources Plans(DRP)을 수립하도록 요구하는 규정을 제정하였다. AB 327에서 제시한 바와 같이 DRP는 DER 통합과 관련된 기술적 이슈에 초점을 맞추었고, DER 통합을 더욱 최적화할 수 있는 전력회사 비즈니스 모델 변화에 대해서는 명시적으로 다루지 않았다. 캘리포니아의 정책은 뉴욕 주와 같은 새로운 DER 시장 개설을 제안하지는 않고 있다. 그러나 뉴욕과 같이 캘리포니아의 방향은 "민간 기업이 그들의 배전 시스템 설계, 운영, 투자에 있어 DER을 완전히 통합하는 방향으로 인도"하는 의도를 가지고 있다(Crosby et al., 2015). CPUC 의장 마이클 피커링Michael Pickering은 캘리포니아의 초점을 '통합'이라는 한 단어로 요약하였다(Pickering, 2015).

캘리포니아와 뉴욕이 추진하는 정책은 두 가지 측면에서 근본적인 차이점이 있다. 뉴욕의 REV는 DER의 정확한 가치평가를 위해 고객과 제3자의 DER 보급에 영향을 미칠 수 있는 시장의 힘을 촉진하고자 하는 반면, 캘리포니아의 정책은 기술적인 측면에 초점을 맞추고 많은 면에서 전력회사 주도형(민영 전력회사가 설계 단계에서 제3자의 DER을 통합하는 방식)을 택하고 있다(Crosby et al., 2015). 또한 비즈니스 모델 개

PART3 전력회사의 미래, 미래의 전력회사

혁에 주로 초점을 맞추는 뉴욕에서는 영향력 있는 규제가 많은 대중적 관심을 받는 반면, 캘리포니아의 선도적인 정책은 이미 전력회사 주도의 AMI 보급 완료, 미국 내 DER 선도 주 등의 위상을 가져다주었다.

4. 매사추세츠의 DER 개혁 동향

매사추세츠 또한 배전망을 개혁 중인 여러 주(州) 가운데 하나이다. 개혁을 시작하면서 매사추세츠는 2012년 심각한 태풍으로 인한 광역 정전을 겪은 이후 두 가지 중대한 법안을 통과시켰다. 경쟁 가격 전력 법안Competitive Priced Electricity Act(2012)과 공공 서비스 위원회의 긴급 서비스 대응 법안Emergency Service Response Act은 주 전력망 현대화의 초기 단계로서 작용하였다. 이 법안은 전국적인 전력 목표 달성을 위한 공공 전력회사 부Department of Public Utilities(DPU)의 역할을 강화했다. 이러한 법안에 대응하여 매사추세츠의 DER 개혁은 2012년 10월 전력망 현대화를 위한 사전조사, 그리고 향후 계획 설계를 위한 이해관계자 워킹그룹 형성을 필두로 시작되었다. 또한, 이 법안 지침에 따라 전력망 현대화의 필요사항일 윤곽을 갖춘 최종 명령이 2014년 6월 12일 매사추세츠 공공 전력회사부에 의해 발행되었다. 해당 명령은 "전력망 현대화는 에너지 효율, 신재생 자원, 수요 반응, 전력 저장, 마이크로그리드, 전기자동차의 보급 확대를 목표로 하는 정책 달성을 위한 중요한 수단"이라고 기술한다(MA DPU, 2014, 12-76-B). 또한 이 명령은 전력 시스템 현대화의 최종 목적은 태양광, 풍력, 기타 분산 신재생 자원과 같은 기술의 통합 극대화를 통한 청정에너지 확대임을 강조한다.

DPU는 전력망 현대화로 다음 네 가지 이점을 제시했다(MA DPU, 2014, 12-76-B).

(1) 고객이 전기요금을 효과적으로 관리하고 절감할 수 있는 방안 부여
(2) 전력 서비스 신뢰도, 회복력 강화
(3) 시장 경쟁 확대와 동시에 새로운 기술과 인프라 투자, 혁신 촉진
(4) 신재생에너지, 수요반응, 저장, 마이크로그리드, 효율의 통합을 통한 기후변화 대응, 청정에너지 목표 달성

DPU는 또한 전력망 현대화의 정전 파급효과 감축, 시스템, 고객 비용 절감을 동반하는 수요 최적화, DER 통합, 인적자원, 자산관리 효율화 등의 세부 목표를 제시하였다.

이 명령은 전력회사에게 10년간의 전력망 현대화 계획을 설계하고 실행하며, 이를 5년마다 갱신하기를 요구한다.

뉴욕주의 REV 정책과 대조적으로 매사추세츠의 명령은 AMI와 DPU가 제시한 정책 달성을 위해 필요한 관련 인프라의 중요성을 강조하고 있다. 매사추세츠의 개혁 프로세스 핵심은 배전 전력회사의 AMI 보급인데, 이는 AMI가 전력망 현대화 사업의 네 가지 목표 달성에 기여하기 때문이다. 전력망 현대화의 네 가지 목표를 달성하기 위해 DPU는 AMI가 배전 전력회사의 최우선 순위가 되어야 한다는 결론을 내렸다. 또한 AMI는 전력망 현대화가 완전히 실현되었을 경우의 기타 장점들을 얻기 위한 필수 요소로 여겨지게 되었다. 전력회사는 제안서에 전력망 현대화 투자를 위한 우선적인 규제 요소를 충족하는 5년 단위 실행 계획을 갖추어야 한다.

각 전력회사는 제안 기술과, 실행 계획, 비용편익 분석, 투자 사전 허가 신청서 등을 제출해야 한다. 고객은 전력망 현대화 작업에 있어서 큰 역할을 차지하기 때문에 전력회사는 전력망 변화에 대해 고객을 대상으로 마케팅, 신규 소개^{outreach}, 교육 계획 등을 제출해야 한다. 매사추

PART3 전력회사의 미래, 미래의 전력회사

세츠의 전력망 현대화의 마지막 특징은 배전 전력회사의 진행상황을 평가하기 위한 성과 지표 개발이다(MA DPU, 2014, 12-76-B).

4.1 매사추세츠주(州)의 기타 전력 정책

DPU는 전력망 현대화와 관련하여 시간대별 차등요금제와 전기자동차 통합이라는 두 가지 사안에 초점을 맞추었다. DPU는 시간대별 차등요금제의 이점을 극대화 할 수 있는 계량 정책을 펼치고, 이를 통해 고객의 요금을 절감하기를 희망하고 있다(MA DPU 13-182). 이들은 또한 배전 전력회사의 전기차 충전 인프라 소유, 운영 적합성, 기업들의 충전소 수용 형태, 전기차 충전 설치, 유지 기준 마련을 위한 DPU의 역할 등의 사안에 대한 해결책을 찾고 있다.

5. 하와이의 분산에너지원^{DER} 열풍

하와이의 지역적 고립 특성으로 인한 석유 의존성과 경제적 부담은 분산 발전의 급격한 확산의 원인으로 작용하였다. 값비싼 석유를 수입하는 고립 에너지 시스템으로서, "하와이는 미국 내에서 kWh 당 37센트의 가장 값비싼 전력을 사용하고 있다(Bade, 2015). 높은 전기요금과 하와이 섬 위도에서의 풍부한 태양광 자원이 하와이의 분산발전으로의 빠른 전환을 가져왔으며, 급기야 지붕형 태양광 보급의 한계점을 시험하기에 이르렀다. 하와이 위원회 위원인 로레인 아키보$^{Lorraine\ Akibo}$는 "미래의 통합 전력망은 중앙집중형 발전과 DER의 가치를 완전히 실현할 수 있는 전략을 요구할 것이다."라고 언급했다.

하와이 공공 전력회사 위원회Public Utility Commission(PUC)는 하와이가 "새로운 청정에너지를 통한 저렴한 전력비용으로의 전환"이라는 "새로운 패러다임"으로의 전환점에 있다고 강조하였다(HPUC, 2014b). 또한 위원회 의장 헤르미나 모리타Hermina Morita는 "하와이의 소매요금이 비싸기 때문에 지붕형 태양광이 최근 급속도로 증가하였다"고 주장했다(Savenije and Cameron, 2014). 하와이 PUC 위원 마이클 챔플리Michael Champley는 최근 "하와이 가정용 고객의 12%가 지붕형 태양광을 설치하고 있으며, 이는 미국 내에서 가장 높은 수치이다"고 언급했다(Pyper, 2015). 또한 하와이의 전력저장장치 연계 태양광 시스템은 상업 용도로서는 그리드 패리티에 도달했으며 가정용 고객 대상으로도 거의 도달하였다(Bronski, 2014). 이러한 사실은 하와이 최대 전력회사인 하와이 전력회사Hawaiian Electric Company(HECO)에게 독특한 과제를 안겨주고 있다. HECO는 배전 선로에 "100%의 주간 최소 부하"를 초과하는 지붕형 태양광의 증가를 목격하고 있다고 보고했다(Wesoff, 2015). 2014년 2월 HECO는 빅 아일랜드Big Island에서 배전 선로의 10%가 불안정 수준에 도달했다고 보고하기도 하였다(Trabish, 2014).

태양광에 대한 급격한 수요 증가는 HECO가 극복하기 위해 노력하고 있는 태양광 허가 지연backlog의 결과를 가져왔다. 많은 주(州)들이 더 많은 신재생을 통합하고 송배전망 운영의 여러 문제점을 이제 마주하기 시작하는 반면, 하와이에서는 미래가 현실이 되었다. 빠른 속도의 전환으로 하와이는 하나의 복합적인 규제 접근방식이 아닌 산발적이고 단편적인 방식piecemeal pace으로 전환을 진행하고 있다.

PART 3 전력회사의 미래, 미래의 전력회사

5.1 하와이의 분산에너지원^{DER} 개혁사 요약

1992년 하와이 전력회사 위원회는 HECO와 자회사에게 통합 자원 설계^{Integrated Resource Planning(IRP)}를 요구하는 명령을 수립하였다. HECO는 하와이 인구의 95%에게 전력을 공급하는 최대 전력회사이다. 2011년 위원회는 IRP의 역사와 배경을 다시 검토하였고 해당 안건의 중요성을 재조명하게 되었다(HPUC, 2011). 그러나 2014년 위원회는 HECO의 계획 제안서가 "위원회의 IRP 설계 구도를 따르지 않고 일관성이 부족하다"는 원인으로 승인을 거부하였다(HPUC, 2014c).

HECO의 '장기적인 고객 지향 사업 전략' 수립의 실패로 위원회는 하와이의 미래의 전력망 비전과 달성 목표를 제시하는 "하와이 전력 전력회사의 미래로의 지향^{Inclinations on the Future of Hawaii's Electric Utilities}"이라는 로드맵 보고서를 발간하였다. 해당 보고서는 HUC가 바라보는 'HECO의 사업 모델과 고객의 이해, 그리고 주정부의 목표를 일치시키기 위해 필요한 비전, 사업 전략, 규제 개혁에 관한 다양한 측면'에 대해 소개하였다. 위원회는 "HECO가 기업의 자본투자 계획, 주요 프로그램, 정부의 검토와 승인 대기 중인 프로젝트 등을 제어할 수 있는 지속가능한 비즈니스 모델을 개발하기 위해 이러한 안내서를 활용할 필요가 있다"고 주장했다(HPUC, 2014b).

가이드라인에 따라 HUC는 HECO의 세 자회사에게 가이드라인에 묘사된 결과를 신속하게 달성하기 위한 전략, 실행 계획, 일정 등을 기술한 '전력 공급 개선 계획^{Power Supply Improvement Plan(PSIPs)}'을 제출하도록 요구했다. PSIP 제출 이후 이해관계자들은 해당 계획을 점검하기 위한 참여를 요청하였다. 공청회 기간 동안 주 에너지부^{State Energy Office}를 비롯한 많은 이해관계자들이 해당 계획에 비판적인 의견을 제시하였다(HPUC

에너지 전환 전력산업의 미래

2014a).

하와이에서 고려해야 할 규제적 환경은 넥스트라 에너지$^{\text{NextEra Energy Inc}}$와 HECO의 합병 제안이다. 넥스트라 에너지는 플로리다 파워 앤 라이트 컴퍼니$^{\text{Florida Power and Light Company}}$, 세계 최대 태양광과 풍력발전 기업인 넥스트라 에너지 리소스 LLC$^{\text{NextEra Energy Resources LLC}}$의 모회사이다. 두 기업의 합병은 연방 에너지 규제 위원회$^{\text{Federal Energy Regulatory Commission(FERC)}}$에 의해 승인되었지만 HUC에서 계류 중이다.

위원회의 다양한 명령 외에, 국회는 최근 빠른 연구결과를 제공하고 위원회의 작업 지원과 병행을 의무화하는 여러 법안을 입안하였다. 가장 최근 하와이 의회는 2045년까지 신재생의무 이행도를 100%로 늘리는 법안을 통과시켰다.(Savenije, 2015) 현재까지 가장 급진적인 형태의 RPS로서, 해당 법안은 하와이 주의 폐쇄적인 고립 에너지 시스템 내에서 목표를 달성하기를 요구한다. 또한 2014년 보충 회의$^{\text{supplement effort}}$에서 Act 37과 Act 109가 위원회에 의해 통과되었다. Act 37은 전력회사 인센티브에 관한 명백한 연구결과를 적용하였다. 법안에 따르면, "하와이의 전력회사는 저비용의 청정에너지 자원을 얻고 기존 에너지와 기타 전력회사의 영업비용을 줄이기 위한 노력을 촉진할 필요가 있다"고 명시되어 있다. 의회는 위원회가 "전력 전력회사의 비용 감축 노력, 신재생에너지 확대, 화석연료 발전 폐쇄, 전력망 현대화 투자 확대 등을 유인하기 위한 인센티브, 비용 회수 메커니즘을 도입"하는 정책의 수립을 허용하였다. Act 109는 전력망 현대화, 특히 고객의 분산 발전과 관련된 연구 결과를 적용하였다. 하와이의 태양광 산업은 에너지 독립, 일자리 창출, 고객 선택, "하와이 주의 의도와 상응하는 장기적으로 지속가능한 태양광 산업" 등의 편익을 확대하였다. 법안은 판면 해당 산업이 "최근 상호연계 사업$^{\text{interconnection process}}$으로 인해 심각하게 훼손되고 있으며", "하

PART 3 전력회사의 미래, 미래의 전력회사

와이 주는 고객이 에너지 사용을 잘 제어할 수 있도록 더욱 투명하고 적시성 있는 사업 시행이 필요하다"고 지적하였다.

5.2 하와이의 재생에너지 통합

위원회는 신재생 자원을 공격적으로 통합하고 제약을 해소할 필요성을 인지하였다(HPUC, 2014b). 위원회의 정책집은 "하와이는 이미 공격적인 청정에너지 자원 보급을 통해 전기요금을 낮추는 패러다임의 기로에 진입했다."고 진술한다. 마우이 일렉트릭 컴퍼니Maui Electric Company(MECO) 사례는 DER 도입과 비용의 장애요인에 대해 언급한다. 해당 사안에서 위원회는 MECO에게 운영효율성을 개선하고 신재생 제약요인을 줄이는 System Improvement and Curtailment Reduction Plan을 제출하라고 요구했다. MECO가 제출한 계획을 검토할 때, 위원회는 MECO가 "추가적인 재생에너지 확장과 제약 문제를 해결하고, 모든 활용할 수 있는 시스템 운영을 최적화하기 위한 전략을 명확하게 정의하지 못했다"고 판단하였다. 위원회는 "MECO의 비전에 결여된 사항은 바로 미래의 전력회사이다"라고 서술하였다(HPUC, 2014b, pp. 4-5).

5.3 하와이의 수요반응Demand Response과 분산에너지원DER

위원회는 수요 반응에 대한 관심도 높이고 있다. "하와이가 전력 시스템 신뢰도 서비스에 있어 수요반응의 선진적 활용을 선도하는 주가 되기 위해" 통합된 계획의 개발이 중요하다고 언급하였다. 위원회는 전력회사가 통합 계획을 설정하기로 결정하였으며 HECO에게 여러 프로

그램을 '단일 통합 포트폴리오'에 통합하는 통합 수요반응 포트폴리오 계획Integrated Demand Response Portfolio Plan을 제출하도록 요구했다(HPUC, 2014b).

태양광과 같은 DER에 대한 고객 수요는 급격히 증가하였으나 전력회사에 의해 일부 제한되었다. HECO는 높은 태양광 보급 지역의 지붕형 태양광 전력망 연계 신청자에게 2014년 10월 22일 이후의 신규 접속 과정을 중단하겠다고 공지하였다. RSWG 안건에서 제출된 Order No. 32053에서 위원회는 HECO가 선제적으로 "상호연계 상 기술적 난제를 해결하는 데 실패하고 이러한 문제 해결책 제시에 늑장 대응했음"을 발견하였다(HPUC, 2014b, p. 33). 위원회는 "투명성 부재와 신뢰도 문제 해결을 위한 기술적 정보 제공에 뒤쳐진 반응이 전력회사의 DER 상호연계 문제 해결 능력에 의구심을 불러 일으켰다"고 언급하였다(HPUC, 2014b, p.34).

위원회는 HECO에게 "추가 분산전원 연계를 위한 즉각적인 제약문제 해결을 우선화"하고 "신속히 실행될 수 있는 기술적 전략과 행동 계획을 수립하는" 분산발전 상호연계 계획Distribution Generation Interconnection Plan(DGIP)을 제출하도록 요구했다(HPUC, 2014b, pp. 55-56). 제안된 DGIP의 위원회 심사 No. 2 2014-0192는 진행 중이다.

그러나 HECO와 주 정부는 접속 일시 중단 이후 전력회사가 고객의 지붕형 태양광과 전력망 연계를 계속하기로 상호 합의하였다. PUC 의장 Randy Iwase와 HECO CEO 알랜 오시마Alan Oshima가 서명한 계약서는 "HECO는 잠재적 고객을 연계할 의무가 있다"라고 서술되어 있다 (Walton, 2015).

상호 연계 프로세스를 개선하고 신청 지연을 제거하도록 하는 PUC 의 압력에 대응하여 HECO는 웹 기반 통합 상호연계 행렬Integrated

PART3 전력회사의 미래, 미래의 전력회사

Interconnection Queues(IIQs) 시스템을 개설하였다(Trabish, 2015). 시스템은 신청자에게 넷미터링^{NEM}, 발전차액지원제도^{FiT}를 포함한 모든 분산발전 프로그램을 제공한다. 캘리포니아의 민영 전력회사가 도매단위의 DER에 대한 정보를 과거부터 제공해 왔지만, 하와이의 IIQs는 모든 종류의 DER 설치정보를 제공하는 최초의 공공 상호 행렬 시스템이다(Trabish, 2015).

6. 결론

기후 변화에 대한 우려 증가, 전력망 디지털화 기술 발달, 분산에너지원^{DER} 비용 하락은 경제적으로 효율적인 DER과 수요반응 기술의 진화를 불러 일으켰다. 이러한 기술들이 더욱 대중적이게 되고 더욱 효율적이고 청정한 에너지 사용을 지원하는 정책이 발달함에 따라 현대화된 전력망의 등장은 필연적이게 되었다. 혁신의 다음 단계는 우리가 생각하는 전력망과 그 사용 방식에 대한 변화이다. 이러한 혁신 중 대다수는 정보의 흐름 이상이다. 이들은 태양광과 에너지 저장장치, 수요반응, 에너지효율과 같은 실제 에너지 자원이다.

새롭게 부상하는 기술, 고객 기대치 증가, 새로운 에너지 경제성은 기존 전력회사, 발전사업자, 새로운 DER 사업자에게 주요한 변화를 제시한다. 패러다임 전환에 대응하기 위해서, 산업 선도자, 정책입안자, 규제기관은 전통 규제 독점 모델에 대해 재고해야 한다. 이해관계자들은 미래 신 비즈니스와 규제 모델, 요금 현대화의 선제 조건으로서 중앙 전력망에서 분산화된 전력망으로의 전환이 필요할 것을 인지하고 있다.

정책 분석자들은 높은 신재생 목표, 청정 수송 정책, 스마트그리드^{smartgrid} 투자, 에너지 저장기술과 같은 캘리포니아의 대표적인 에너지 개혁 정책에 대해 이미 익숙하다. 최근에 우리는 태양광의 급속한 증가로 DER의 영향이 강력해진 하와이에서의 고객, 정책입안자, 전력회사 간의 현실적인 문제와 갈등에 대해 점차적으로 인지하고 있다. 또한 매사추세츠와 같은 주는 청정에너지 정책 실행을 선도하고 있다. 그러나 뉴욕 주의 에너지 비전 개혁^{REV} 정책은 분산형 배전 전력회사의 비즈니스 모델이 실제 어떠할 지에 대해 국가적 관심과 담론을 이끌어낸 대표 정책이라 할 수 있다. 뉴욕에서 규제 차원의 관심과 격렬한 논쟁을 불러 일으키는 주요 정책적인 선택은 만일 전력회사가 DER을 소유할 경우 어떠한 기관이 기본적인 배전 시스템 플랫폼을 제어해야 하는가이다. 이 논쟁은 전력회사와 발전사업자, DER 공급자 간에 중대한 의견 차이를 보였다. 전력회사가 분산 시스템 플랫폼^{DSP} 기능을 계속 공급하는 것에 동의한 NYPSC의 선택은 본 장에서 검토하였듯이 배전 전력회사가 DSP의 소유와 통제를 한다는 네 주(州)의 결정과 상응한다. 반면 각 주 간의 중대한 차이점은 뉴욕은 DER의 장기적인 선택은 전력회사의 DSP 소유 여부와 관계없이 시장의 힘에 의해 결정될 것이라는 정의를 내린 반면, 다른 주(州)들은 전력회사가 전력망 접속에 책임을 지도록 한 것이다. 뉴욕의 장기적인 시장 지향 의도는 분명하지만 단기의 경우 여전히 전통적 비용편익 분석, 전력회사 설계 요금이 미래 DER의 역할을 결정하기 위해 필수적일 것이다.

전력회사가 각 주(州)에서 DSP를 통제하는 기관으로 존속할 수 있으나 뉴욕의 경우 몇몇의 사전에 정의된 예외 사례를 제외하고는 전력회사의 DER 소유권 제한을 더욱 확실히 하고 있다. 뉴욕에서 DER 공급자와 기존 발전사업자는 전력회사의 소유권을 제한하는 NYPSC의 지원을 얻는 데 성공했다. 단, 전력회사 자회사는 사업 영역 이외의 지역에서 DER 시장에 자유롭게 참여할 수 있을 것이다.

PART3 전력회사의 미래, 미래의 전력회사

하와이주(州)에서의 기존 전력회사, 고객, 신생 DER 사업자, 주 정책 입안자들 사이의 갈등은 배전 시스템 공급자와 DER 성장을 이끄는 시장의 힘 간의 잠재적 도전 과제를 표면화하였다. HECO로 인해 발생한 장애 요인은 규제 개혁으로 이어졌고 넥스트에라 에너지$^{NextEra\ Energy}$의 합병 제안을 통한 기업 구조조정으로 귀결되었다. 논쟁의 어느 편에 서 있든 간에, 해당 합병 제안은 신재생 에너지 선두 주자, 혹은 플로리다 독점 전력회사에 의한 적대적 인수인 것처럼 보인다. 대조적으로 캘리포니아에서 우리는 DER 시장의 힘에 따른 지속적인 확대와 일관된 청정에너지 보급 목표, DER 확대 등을 목격하고 있다. 지속적이면서도 상대적으로 안정적인 신재생, 전기차, 에너지 저장기술의 캘리포니아 에너지 시장으로의 통합은 급진적인 비즈니스 모델 개혁을 제외하고는 가히 성공적이라 평가받을 만하다.

좀 더 조용한 방식으로 지난 3년간 매사추세츠의 커먼웰스^{Commonwealth}는 전력망 현대화를 향한 큰 행보를 보였다. 뉴욕과 달리 매사추세츠 주의 초점은 배전 전력회사와 AMI 보급에 있었다. 고객과 배전회사와의 상호 작용은 정책 개혁을 넘어선 전력망 현대화의 추진 동력이 된 듯하다. 이 접근법은 비즈니스 모델 개혁에 있어서는 그리 혁명적이지 않지만, 그럼에도 불구하고 전력회사의 DER 플랫폼으로의 개혁에 있어 상당한 진전이라 볼 수 있다.

동시다발적인 DER의 통합을 위한 배전 플랫폼 구상을 위해, AMI를 보급한 캘리포니아와 매사추세츠주(州)의 정책은 AMI 보급 목표 도입에 반대하는 뉴욕의 정책에 의구심을 불러일으키고 있다. 뉴욕주(州)가 디지털 기술 인프라에 대한 광범위한 투자에 대해 의지력을 갖지 않는 것이 배전 시스템의 비즈니스 모델 개혁을 정체 혹은 지연시키는 것일까? 몇몇 주의 경우 원활한 배전 시스템 플랫폼으로의 도약을 위해 AMI

 에너지 전환 전력산업의 미래

보급을 첫 번째 단계로 시행하고 있다. 뉴욕의 REV에 대한 집중이 의도한 바와 같이 DER 시장의 발달을 촉진할 것인지, 아니면 캘리포니아, 매사추세츠, 하와이와 같은 주가 AMI 기술, 정책, 성장하는 시장 동력을 바탕으로 한 더욱 정교한 비즈니스 모델 개혁을 통해 시장을 이끌어 갈 수 있을지는 곧 판명할 수 있게 될 것이다. 그러나 의심의 여지없이 전력 산업에 진정한 자원 혁명이 곧 닥쳐올 것이다. 현재로서는 미국 전역의 규제기관들은 배전 전력회사가 DER의 성공적 확산을 위해 필수적인 보편적인 인프라를 갖추는 중심 역할이라는 점에 대해 동의하고 있다.

PART 3 전력회사의 미래, 미래의 전력회사

제22장

통합 전력망 : 도소매, 송배전

...

The Fully Integrated Grid: Wholesale and Retail, Transmission and Distribution

Susan Covino, Andrew Levitt, Paul Sotkiewicz

PJM Interconnection, LLC, Audubon, PA, United States of America

1. 도입

분산에너지원$^{Distribute\ Energy\ Resources(DER)}$은 수요반응(에너지 시장의 수요 혹은 공급 측면에서 에너지 사용상의 부하 변동), 에너지 효율(에너지 사용상의 소극적 감축), 비상 발전용 디젤, 가스 마이크로 터빈, 지붕형 태양광, 열병합 발전 등의 소비자 지역 내 전력저장장치와 발전 자원을 포함한다.

DER의 설치는 다양한 동기 - 기후 변화로 발생하는 정전기간 중 공급 신뢰도 제공, 에너지 비용 통제, 환경 영향을 낮추고 새로운 기술을 지지하는 고객의 요구 수용 - 에 따라 이루어진다. 그림 22.1에서 분류한 PJM 또는 전력시스템운영자^{ISO}/지역송전운영자^{RTO}(역자 주: 미국 전력시스템을 운영하는 주체를 ISO/RTO로 정의하는데, 정의 시점, 일부 특성에 차이가 있지만 전력시스템 운영자

 에너지 전환 전력산업의 미래

로 봐도 크게 상관없다. 유럽에서는 광역망을 연계하여 운영한다는 의미에서 송전시스템운영자(TSO)로 부른다) 시장에서 발생한 초대형 태풍 샌디^{Sandy}와 같은 극단적인 기후 변화 현상은 DER 도입에 중요한 영향을 미쳤다. 2주간 지속된 가을 정전의 경험은 시설 내 위치한 발전기의 가치를 재평가하는 계기가 되었다. 펜실베이니아와 오하이오 주 마르체로^{Marcellus}와 유티카^{Utica} 지역 셰일가스 개발에 따른 천연가스의 가격 하락으로 더 많은 소비자들은 열병합발전에$^{combined\ heat\ and\ power,\ CHP}$에 대해 새로운 관심을 가지게 되었다.

대규모 전력 시스템을 운영하는 송전시스템운영자$^{TSO/RTO}$의 관점에서 살펴보면, 분산형 시스템에 연결된 이러한 중소규모 자원을 '미터 뒤$^{Behind\ the\ Meter(BTM)}$' 자원이라고 정의하고, RTO/TSO의 전력 시스템의 직접적인 제어를 받지 않는다. 또한, 이러한 자원들은 RTO가 운영하는 도매 전력시장에 직접 참여하지도 않는다. 즉, 이들은 도매가격, 보조서비스, 용량시장의 가격을 따르지 않고, 연동되지도 않으며, 소매 부분의 시장과 연동된 가격을 고려하지도 않을 수 있다. 그러나 고객이 설치한 대규모 또는 소규모의 DER 도입은 그 이유와 관계없이 고립적으로 일어나지는 않는다. 따라서 DER은 송전과 배전망 시스템에서의 전력 흐름과 인프라 필요성에 영향을 미치게 될 것이다.

PART3 전력회사의 미래, 미래의 전력회사

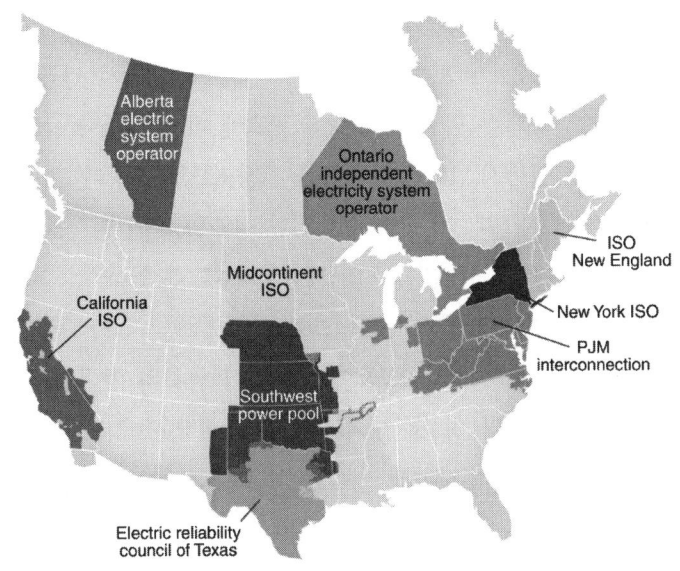

그림 22.1 북미 전력시스템 운영자(ISO/RTO) 분포 현황
(출처 : ISO/RTO Council, 2015)

PJM 지역에서 DER 설치는 더욱 확산되고 있다. BTM 태양광 용량은 이미 1800MW를 넘어서고 있다(역자 주: 2017년 12월 기준 5,900MW를 초과했다). 이러한 분산형 태양광 대부분은 재생에너지 공급의무화제도^{RPS}에 따른 특정 주(州) 태양광 프로그램에 의해 촉진되고 있다. 그림 22.2에서 볼 수 있듯이, 더 많은 태양광이 PJM 상호연계망에 접속되고 있다.

수요반응$^{demand\ response(DR)}$을 제공하는 수요 자원은 거의 10,000MW 가량의 용량을 차지하고 있으며, 제어가능한 수요 자원과 함께 백업 발전기 등으로 구성되어 있다. 수요 자원의 일차적인 목표는 용량시장 비용을 감축하는 데 있다. 별도로, 에너지 효율 자원은 2,000MW의 용량을 차지하고 있다. 이러한 자원을 합산하면 PJM의 최고 피크부하인

에너지 전환 전력산업의 미래

165,000MW의 8.5%에 수렴한다.

전력 공급 신뢰도를 확보하기 위해 설치된 DER은 앞서 언급한 에너지효율과 수요반응과는 다르다. 고객의 필요에 따라 얼마나 높은 비용까지 지불할 수 있는지, 그 정도에 따라 결정되므로 시장이 그 비용/가격 수준을 결정하지 않는다. 따라서 이러한 형태의 자원 설치·공급은 비용 절감 수준과 다른 고품질 상품의 제공이라 볼 수 있다. 본 책의 3장에서는 일본의 센다이^{Senda,仙台市} 마이크로그리드^{microgrid}의 사례를 활용하여, 마이크로그리드가 어떻게 고객에게 다양한 종류의 전력 품질을 제공하는지를 설명하였다. 또한, 신뢰도 목적의 DER은 도매시장과 보조서비스 시장에 참여하며 대규모 비용을 상당 부분 감축하는 기회를 제공한다.

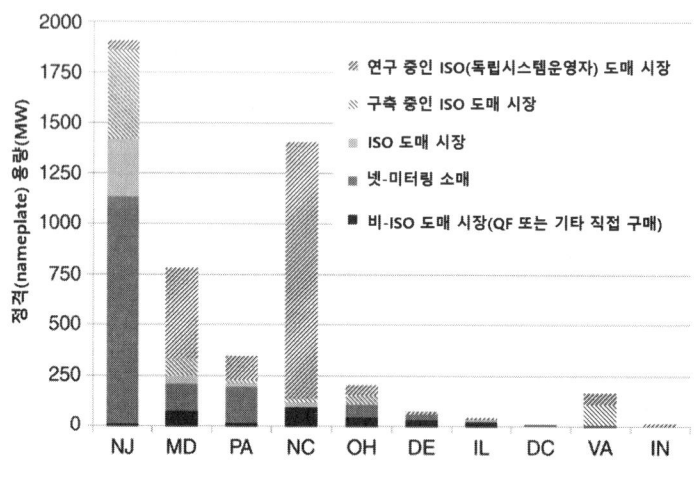

그림 22.2 2014년 연말, PJM 지역 태양광 설치 현황 (출처 : PJM)

그러나 PJM과 송전망 소유자들은 이제야 다양한 종류의 DER이 있다는 사실을 인식하기 시작했다. 또한, 이러한 자원들이 송전망과 송전

PART3 전력회사의 미래, 미래의 전력회사

시스템과 아무런 상호작용 또는 가시성이 없다는 사실을 이해하기 시작했다. DER 확산 트렌드는 PJM 지역에 국한되지 않는다. 2015년, 전력산업 인터넷 언론지 유틸리티 다이브$^{Utility\ Dive}$가 전력회사 400명의 경영진을 대상으로 실시한 설문조사에 따르면, 전력회사 경영진은 '전력시스템 분산화'로의 전환을 예상하고 있다. 복수의 응답자는 향후 5년간 가장 높은 성장기회로 DER을 선택했다. 또한, 대다수는 전원 구성에서 DER 비중의 증가를 예견했다. 그리고 응답자 중 48%는 분산발전과 관련된 새로운 비즈니스 모델을 개발하고 있다고 응답했다.

이제, 도매시장, 대규모 전력시스템운영자인 RTO는 가격 신호를 어떻게 DER에 적용하여, 효율적으로 기존 전력시스템과 도매시장에 통합할 수 있을까를 고려해야 한다. 과거, 신뢰도 유지가 송전망의 운영 목적이었던 상황과는 크게 다르다. 본 장은 DER 증가, 새로운 차원의 시스템 효율성 향상, 신뢰도 향상, 송배전망이 매끄럽게 작동되는 도매시장 등을 고려하는 '완전히 통합된 전력망'에 관한 비전을 제시하고자 한다.

본 장은 5개 절로 구성된다. 2절에서는 배전시스템운영자$^{Distribution\ System\ Operator(DSO)}$의 발달을 고려한 배전망 수준에서의 가격·요금 설계 전략이 이끄는 완전 통합 전력망에 대한 고차원적인 미래 비전을 제시한다. 물론, 배전단에서의 가격 결정은 송전단에서 RTO/TSO가 활용하는 가격 결정을 고려한다. 3절에서는 DSO의 역할을 탐색한다. DSO의 기능, 신뢰도 편익, 장단기 측면의 장점 등을 살펴본다. 4절은 배전단에서의 기존 가격 결정 방식의 문제점을 지적하고, 미래 가격 결정/설계 방안을 평가하고 이러한 가격 변화에 따른 혁신을 논의한다. 5절은 본 장의 결론을 내린다.

2. 통합 전력망 비전

여기서, 통합 전력망 비전은 스마트 미터 인프라$^{Advanced\ Metering\ Infrastructure(AMI)}$의 완전 보급을 가정한다. AMI는 고객의 전력 사용량을 시간 또는 그 미만 단위로 측정할 수 있으며, 양방향 통신을 지원한다. 완전 통합 전력망은 다음 두 가지 구성 요소를 갖추고 있다.

- DSO : 모든 시장 참여자들로부터 독립적인 배전시스템운영자의 존재(RTO/TSO와 유사한 기능을 배전단에서 수행)
- 가격의 변화 : 도매시장/송전단에서 배전단으로의 가격 변화(직접적 접근 또는 개별 고객에게 중요 정보를 제공하는 도매가격에서 소매가격으로의 동적 변동과 유사한 수준)

완전 통합 전력망은 DSO와 RTO/TSO 간의 긴밀한 협력 관계를 통해, 시스템 운영과 시장의 입장에서 오늘날의 송전과 배전 간의 구분 없이 시스템이 하나의 망으로 통합적으로 운영될 것으로 예측된다. 20장에서는 뉴욕 주의 에너지비전개혁$^{Reforming\ Energy\ Vision(REV)}$ 정책 맥락 하에서, 어떻게 배전사업이 재구성될 것인지에 관한 견해를 제시하고 있다. 송전망에서보다 더 낮은 전압 수준에서 DSO는 ISO/RTO의 기능, 구조, 특성을 상황에 맞게 진화시킬 것으로 보인다.

미국에서는 다른 국가에서 고려할 필요가 없는 지역적인 규제 이슈가 있다. 그러나 여기서는 이를 고려하지 않고, 보다 일반적으로 적용 가능한 완전 통합 전력망에 대해 다루고자 한다. 즉, 일반적인 이슈인 통합 전력망 운영 관련 이슈, 신뢰도, 시장과 가격 특성에 초점을 맞춘다.

PART3 전력회사의 미래, 미래의 전력회사

그림 22.3 현재 도매와 소매 시장은 대부분 분리되어 있다
(출처 : PJM Interconnection, LLC.)

2.1 전력산업 비전과 현재

 도매가격을 언제, 어떻게 고객에게 제공할 것인지는 오랫동안 중요한 논쟁 이슈였다. PJM과 관련 이해관계자들은 다른 여러 주 전기위원회의 협조를 통해 2010년 연방에너지규제위원회$^{\text{Federal Energy Regulatory Commission(FERC)}}$에 가격 반응 수요$^{\text{Price Responsive Demand(PRD)}}$ 옵션(선택안)^{option}을 제출하였다. PRD를 활용하기 위해서는 매시간(또는 수분마다) 통합적인 데이터를 제공할 수 있는 미터링 인프라가 필요하다. 즉, 모선한계가격^{LMP}에 따라 변동하는 동적^{dynamic} 소매 요금, 고객과 사전에 협의·결정한 가격 기준의 자동 전력사용 절감량 등을 필요한 시간 기준으로 포착할 수 있어야 한다(PJM, 2011). 많은 시장 참여자들은 자동화된 형태의 가격에 반응하는 방식이 가정용 전력 고객에게 중요한 방식이라고 생각하지만, 아직 어떠한 전력공급업체$^{\text{Load Serving Entities(LSEs)}}$도 PRD 방식을 채

에너지 전환 전력산업의 미래

택하지 않았다. 이러한 측면에서 전력산업은 그림 22.3에서 제시하고 있는 미래 비전과는 아직 거리가 있다고 할 수 있다.

주위원회가 승인한 AMI의 광역적 보급 확대와 경기부양 기금을 통해, 이제 전력망은 각 고객이 가격에 어떻게 반응했는가를 확인할 수 있다. FERC의 수요반응과 스마트미터에 관한 최신 보고서에 따르면, 전 국민의 32%가 AMI를 보유하고 있으며 업계에서는 미 전체 가구 중 50% 이상이 2015년까지 AMI를 보급 받을 것이라 예측하고 있다 (FERC, 2014, p.4).(역자 주: 2016년 12월말 집계기준, 47%의 가정용 소비자가 AMI를 보유하고 있다)

그림 22.4 송전, 배전 사이의 경계 (출처 : JM Interconnection, LLC.)

이러한 대규모 투자를 고려할 때, 기존 전력회사, 규제당국, 다수의 전력공급업체[LSE] 등은 고객이 가격에 반응할 수 있는 요금제를 제공하고, 요금을 절감하고 효율을 높이도록 유인할 필요가 있다. 그러나 아직은 대부분 AMI가 완전 통합 전력망의 필수적인 전제 조건인 완전 보급은 고사하고 예전부터 보유한 미터링 인프라 자산의 완전한 활용도 쉽지 않은 실정이다.

PART 3 전력회사의 미래, 미래의 전력회사

요금제도 측면에서 캘리포니아 요금제 시범사업 California Pricing Pilots(2003년~ 2004년)과 캐나다 온타리오 주의 AMI 정책(2005년)은 배전망 인접지역에서 AMI 보급을 위한 전력회사 사례를 뒷받침하는 필요 데이터와 분석 결과를 제공하였다(Charles River Associates, 2005; Reid, 2005). 최소 시간 단위로 사용량을 측정하고 전송하는 스마트미터를 통해 고객은 그림 22.4와 같이 실제 송전망 현황을 반영하고 배전망과 연계된 가격에 반응하면서 부가적인 이득을 얻을 수 있다. 단위 시간별 전력소비량을 계측하는 스마트미터는 도매가격과 연동하는 동적 요금제보다는 사전에 결정된 시간별 요금제 Time-Of-Use(TOU) 기준으로 요금을 청구하는 데 사용된다. 그러나 계절별 전력망 상태를 추측하여 설계된 TOU 요금제는 전력사용 효율성 향상과 이를 통한 이득 효과를 제한한다.

결론적으로, 현재 전력산업은 갈 길이 멀다. 완전 통합망의 비전과 현재의 간극은 매우 크기 때문이다. 그러나 미래에 대한 완전 통합 전력망 비전을 통해 관련 시장과 신뢰도를 향상해 나간다면, 미래로의 진전은 촉진될 수 있다.

3. 배전시스템운영자 DSO의 역할

DSO는 송전망 기준의 시스템운영자(TSO/RTO)와 유사한 개념이다. 그림 22.5에서는 실시간 운영체계에서 배전시스템의 자원 설계와 조정을 담당하는 독립 기관으로서 DSO를 묘사했다(Tong and Wellinghoff, 2014). DSO는 수천~수백만 개의 여러 자원들을 세부적으로 관리한다. 또한, 고전압 수준의 시스템운영자(TSO/RTO)가 BTM DER과 여러 관련 기기에 대한 운영 가시성을 확보할 수 있도록 요구되는 추출 수준으로 여러 자원들을 통합한다. 또한, DSO는 DER 관련 정보를 더 높은 수준으로 TSO/RTO에게 제공한다. DSO는 TSO/RTO와 함께 신뢰도와 시장 효율성을 높이기 위해 협력하게 될 것이다.

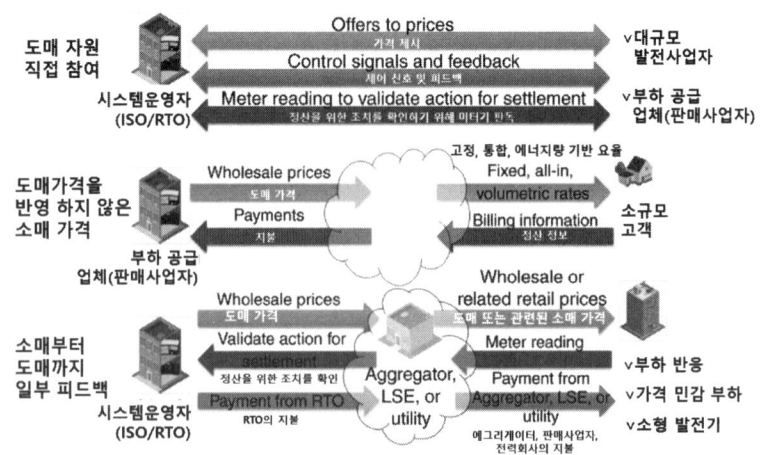

그림 22.5 DSO는 가격을 올바르게 제공하며, 운영 가시성을 제공한다

3.1 잠재적 DSO 기능 세부사항

DSO는 잠재적으로 다음과 같은 기능을 수행한다.

- 배전과 송전 시스템 상에서 여러 니즈를 충족할 수 있고, 배전과 송전 시스템에 연결되는 모선$^{bus/node}$에서 통합될 수 있는 DER(수요반응, 열병합, 소규모 배터리 등) 등록 관리. 이를 통해 DSO는 RTO/TSO에게 단일 DER 혹은 부하로 보이는 정보를 제공하고 RTO/TSO에게 필요한 정보 수를 줄일 수 있다.
- 시스템 상황을 반영하고 도매단에서 설정된 가격과 관련이 있는

PART 3 전력회사의 미래, 미래의 전력회사

DER과 부하에 가격 신호를 전송. 이러한 가격들은 LMP를 배전단으로 연장한 것과 같으며, 심지어 전 세계에서 송전 인프라의 가격을 산정하는 데에 사용되는 MW-mile 방법과 유사한 배전 인프라 가격 책정법과도 같다.
- RTO와 유사하게, 전력망 서비스 상 공정하고 효율적이며 비차별적인 보상을 보장하기 위하여 시장운영자 기능을 수행. 이러한 서비스들은 고객의 건물로 이전되거나 반대로 송전된 에너지, 배전과 송전 시스템의 고정비 사용, 대용량 전력망으로의 보조 서비스 판매, 배전 시스템에서의 무효전력 교환 등을 포함할 수 있다.
- FERC Order 1000에서 제시한 것과 유사한 방식으로 경쟁적인 제3자를 인프라 투자와 설계에 참여하도록 촉진. 예를 들어 배터리 개발자가 증가하는 부하로 인해 곧 피크용량 수준에 도달할 위험을 해결하는 솔루션을 제공하도록 허용
- 배전단에서 DER 상호 연계 관리, 송전단에서의 상호연계 협력
- 배전단에서 관리하는 부하와 전류 흐름을 송전단의 예측 단기, 장기 알고리즘 모델과 통합. 이는 분산전원 증가시 전기요금, 연료비 가격, 온도, 구름 양, 습도, 풍속과 같은 기후 변수에 대한 고객의 민감도 모델(이후 대량 송전 시스템 운영을 위해 RTO/TSO에게 전가되는)의 통합을 의미한다.
- 고객 등록, 입찰, 제어, 변전소 하위단 모니터링을 어느 정도 수준까지 통합. 이는 전력망의 현실성 있는 운영을 가능토록 하기 위한 세부내용의 추출과 중개인^{Aggregator}이 단독으로는 충족하기 힘든 전력망 요구사항을 충족하기 위해 보조 자원을 통합하는 기회를 제공한다.
- 모선^{nodal} 위치, 과거, 미래 미터링 데이터, 전력공급업자와 같은 소매 고객에 관한 중대한 전력망 데이터를 중개인과 송전 시스템 운

영자와 공유
- 발전기 출력율$^{ramp\ rate}$, 최소, 최대값, 등록 당시의 이용률과 같은 자원 성과 특성 포착
- 송전망 운영자에게 (송전망 운영자에게 금일 실적 값과 같이 얼마의 부하가 가격에 반응할 것인지를 요청하지 않고) 일일 탄력 수요곡선을 제공하며 가격반응 부하를 수용
- 배전 시스템 동적 특성을 송전 시스템 모델과 통합 증대. 최근의 전력망 모델은 일반적으로 배전 시스템으로의 정적인 전류 값으로부터 시작되고, 이후 이러한 전력량을 충족하기 위한 도매 발전기 최적화로 이어진다. 미래에는 배전 시스템 전력량이 더욱 상호 활성화될 것이며 따라서 동적 최적화 모델의 일부를 구성해야 한다.

DSO의 여러 기능 중 대다수가 공정하고, 비차별적이며, 경쟁적인 결과의 일부이기 때문에, DSO는 배전 시스템의 소유권과 경쟁 공급사로부터 독립적이어야 한다.

3.2 독립형 DSO의 이점

RTO/TSO와 긴밀히 협력하는 DSO의 존재는 송배전시스템 모두에게 이득을 가져다 준다. DSO는 배전시스템에서 인프라 업그레이드(혹은 지연)에 있어서 효율성 향상을 보장하며 손실 감소, 전압 제어 향상 등을 제공한다. 한편, DSO는 송전시스템에서 RTO/TSO가 전체 시스템 운영에 있어 가시성을 향상시킬 수 있는 정보를 통합·제공한다.

시장 운영 측면에서, DSO는 도매시장 가격과 직접적으로 연결되는 가격/요금을 통해 고객의 참여를 촉진한다. 이러한 가격은 전체 전력망

PART 3 전력회사의 미래, 미래의 전력회사

의 니즈를 밝히고, 규제와 효율적 주파수 반응, 용량시장 참여, 운영 예비력과 같은 도매시장 서비스를 제공할 수 있는 DER의 참여를 촉진한다.

DSO는 RTO/TSO에게 배전 시스템 상태와 시장 효율성과 신뢰도를 개선할 수 있는 DER 가용성 여부와 관련한 가시성을 증대하므로, RTO/TSO는 '미터 뒤'의 모든 개별 DER의 정확한 특성과 위치를 알 필요가 없다. 이러한 협력은 RTO/TSO 시스템의 수치 해석 부담을 낮추며 운영자가 더욱 거시적인 관점을 잘 파악할 수 있도록 돕는다.

3.3 DSO의 시장 운영과 신뢰도 개선 사례

2013년 9월 11일~13일 기간 미국의 중대서양주$^{Mid\text{-}Atlantic}$과 미드웨스트^{Midwest} 지역의 기온이 평균보다 20°F 이상 상승하며 사상 최대치에 도달했다. 그러나 9월 평균 기온 가정을 기초하여 송전, 발전 설비의 예방 정비로 인한 단전이 계획되어 있었다(PJM 2013).

결과적으로, 극단적인 기온 변화와 예고된 단전의 결합은 전력시스템 운영 여건을 악화시켰다. PJM은 9시간 이하의 기간 일부 지역의 전력 부하 차단을 강제했다. 부하 차단 지시는 PJM 관할 지역 6100만 명 중 일부 소수에게 내려졌고, PJM의 이와 같은 조치는 통제할 수 없는 대규모 정전을 회피하기 위한 신중한 선택이었다. 그러나 부하 차단 지시는 극단적으로 드문 사례였으며, 전기를 사용하지 못하는 고객들의 불편과 번거로움을 고려했을 때 최후의 수단을 사용한 것으로 해석되었다. PJM은 해당 사건을 면밀하게 살펴보았다. 해당 분석 결과는 신뢰도 목표 유지, 교육, 도구, 절차 등을 개선하는 데 활용할 예정이다.

여기서, 한 가지 중요한 교훈은 소규모 DER의 송전시스템의 위기사

에너지 전환 전력산업의 미래

항 대응자원으로서의 가치이다. 위 사례에서, 9월 11일 PJM은 미시건 스터지스^{Sturgis}의 시립 전력회사 소유의 6MW급 미터 뒤 발전기를 발견하였다. 시립 전력회사는 발전기 가동을 시작하고 고객에게 자발적 부하 감축을 요청했다. 이와 같은 자원의 개발을 통해 전력회사는 9월 10일에 발생했던 부하 차단의 필요량의 상당 부분을 제거할 수 있었다.

스터지스 발전기는 정전 시에만 가동되는 비상용 발전기였기 때문에, 사전에 PJM 발전기 운영 정보 시스템에 등록되지 않았다. PJM은 관할 주의 전력회사와 함께, BTM 발전기에 대한 정보를 수집하였으며 추후 해당 자원 배치를 통제하기 위한 작업을 추진하였다. 만일, DSO가 존재하였다면 이미 이러한 정보를 수집하고, 지역 단위 부하 차단을 피하면서 동시에 신뢰도를 개선할 수 있었을 것이다. 또한, AMI의 완전한 보급과 배전단에서의 도매가격을 적용할 수 있다면, 가격에 반응하는 수요가 송전단의 응급 상황을 완화할 수 있게 한다.

또한, 해당 사태를 통해 몇 가지 다른 중요한 교훈을 얻을 수 있었다. 9월 10일 PJM은 인디애나^{Indiana}주 포트 웨인$^{Fort\ Wayne}$ 지역에 부하 차단을 명령했는데, 당시 계획된 송배전망 정비와 예상치 못한 높은 부하로 운영 중인 송배전망에 지나친 부담이 가중된 상황이었다. 본 장과 관련된 '기술적 분석'에 따른 제안사항은 다음과 같다:

- 부송전^{subtransmission} 시스템에 중점을 두고 언제, 어떻게 모형화와 원격 계측^{telemeter}을 할 것인가에 대한 PJM의 전반적인 접근법 검토
- 단축된 소요시간$^{lead\ time}$ — 지역 내 요청$^{subzonal\ calls}$, 응급상황 외 요청, 단축된 최소 운영시간 — 을 포함하도록 하는 PJM 이해관계자 사이의 절차, 운영 복원력 개선을 위한 부하관리 시장 규제 검토
- 선제적으로 PJM 내 수요반응 부지역^{subzone}을 정의함으로써, 그리고/

PART 3 전력회사의 미래, 미래의 전력회사

혹은 최측근 지역의 변전소 내 수요반응 자원을 도식화함으로써, 지역 내^{subzonal} 수요반응 복원력 개선
- 급전 지시자에게 개선된 DR자원의 위치와 용량 가시성 제공(PJM, 2013, pp. 41, 42)

해당 사건과 기술적 분석을 통해 송전, 배전시스템 운영 통합 작업 개선이 부하 차단과 같은 차선의^{suboptimal} 결과를 피할 수 있다는 사실이 분명해졌다. 이번 부하 차단의 결과 PJM은 지역(모선^{nodal} 혹은 부지역^{subzonal}) 수요반응 자원을 식별하는 절차를 개선하였다.

3.4 신뢰도 서비스 제공 측면에서의 DER과 DSO 역할

전기는 다른 상품과 같이 저장이 불가능하다. 대신, 매시간 생산량이 거의 완벽히 소비량과 일치하게 된다. 이 균형을 측정하는 한 가지 방법은 60Hz(역자 주: 미국과 우리나라의 기준 주파수는 60Hz로 동일하다) 주파수를 측정하는 것이다.(역자 주: 주파수가 60Hz보다 높다면, '공급<수요' 상황을 의미하며, 반대로 60Hz보다 낮다면 '공급>수요' 상태를 의미한다). RTO/TSO는 주파수를 60Hz로 유지하기 위한 용량을 별도로 설정하고 있다. 이 용량은 발전, 저장, 수요반응의 형태일 수 있으며 자원의 위치는 관련이 없다. 이 예비력은 '조정^{regulation}'라 불리는 보조서비스$^{ancillary\ service(AS)}$를 제공한다(역자 주: 예비력 기준, 용어는 국가마다 상이하며, 정확히 일치하지는 않지만 우리나라는 해당 예비력을 주파수조정이라 칭한다). 오늘날 PJM에서는 700MW의 용량이 주파수조정용으로 분류되고 있다. 오늘날 수요반응과 에너지저장장치도 주파수조정서비스를 제공할 수 있지만, 보조서비스 대다수는 여전히 RTO/TSO가 지시한 발전기에 의해 충당되고 있다. 따라서 'BTM' DER 정보를 지닌 DSO가 충분한 자원을 발굴

해 나갈 수 있다. 이를 통해, 대용량 발전기가 주파수 조정을 위해 가동될 필요가 없어지며, 신뢰도 유지, 전력망 운영의 효율성을 높일 수 있다.

또한, RTO/TSO는 대용량 발전기 탈락, 송전시설 손상과 같은 시스템 우발상황에서도 에너지 균형을 유지하기 위하여 예비력을 운영할 필요가 있다. 오늘날 PJM에서는 BTM 수요반응이 예비력을 제공할 수 있다. 하지만 모든 종류의 DER 가시성과 배전단에서 DER으로의 시스템 정보 전달 능력을 갖춘 DSO가 있다면 RTO/TSO가 오늘날 전력망(전력시스템)에 예비력을 제공하는 것처럼 예비력 제공을 위한 DER의 통합 능력을 갖출 수 있을 것이다. 하지만 주파수 조정 서비스와 달리 예비력 공급자원의 위치가 중요 요소로 고려되는데, 이는 송전 제약으로 인해 필요한 곳에 예비력을 정확히 전송하기 위해 자원의 위치가 정확해야 하기 때문이다. DSO는 예비력을 제공하기 위해 지정된 DER이 지역적 요구사항을 충족함을 확인할 필요가 있다. BTM DER의 예비력 활용 시 RTO/TSO가 지시하는 발전기는 예비력 확보를 위해 최적 값 이하로 발전할 필요가 없으므로 효율성은 더 향상된다. 게다가 RTO/TSO 대신 DER를 활용한 자원은 극단적 시스템 피크 상황 동안 예비력 부족 상태로의 진입을 피하거나 연기하도록 도울 수 있다.

3.5 단기 예측 정확도 개선을 위한 DSO의 역할

DER의 증가로 인해 단기 부하를 정확히 예측하기 점점 더 어려워지고 있는데, 이는 이러한 자원이 RTO/TSO에 가시적이지 않기 때문이다. 그러나 단기 예측 정확도를 개선하여 전일 기동정지계획^{day-ahead unit commitment process}, 실시간 발전기 운영계획과 급전^{scheduling and dispatching generation}

PART3 전력회사의 미래, 미래의 전력회사

in real time의 효율성을 개선할 수 있다. 최근 PJM은 인공 신경망 네트워크를 활용하여 168시간 미만의 상황을 예측한다. 인공 신경망 네트워크는 적응이 가능하고^{adaptive}, 비선형^{nonlinear}, 분산형이며^{distributed}, 평행으로 운영되는^{run in parallel} 머신 러닝 컴퓨터 알고리즘 범주에 속한다. 신경망 네트워크는 다양한 기후 조건과 여러 변수 하에서의 전력 부하와 같은 복잡한 비선형 시스템에서의 패턴과 관계를 식별하는데 있어서 전통적인 선형 모델보다 우수하다.

DSO는 예측의 정확도와 입도성을 높이기 위해 태양광 등의 '미터 뒤' 발전기와 같은 더욱 입도적인 데이터 입력 값을 제공할 수 있다. 또한 DSO는 가격 반응적이고 가격이 높을 때 소비량을 줄일 수 있지만, RTO/TSO에서는 포착하지 않는 부하를 평가하고 특히 하계, 동계 피크 발생 시, 이러한 가격 반응적 수요를 활용하여 실시간 운영 능력을 개선한다.

4. RTO/TSO에서 DER으로의 가격 정보 교환

미국의 전일, 실시간 도매시장에서, RTO는 시스템 상 어떤 장소로 1MWh가 더 전송할 때 필요한 한계 비용인 지역한계가격^{Locational Marginal Price(LMP)}을 결정한다. 지역한계가격은 제약 조건, 송전 안정성을 유지하기 위한 더욱 비싼 자원 재배치, 한계 손실 등을 반영한다. PJM에서 이러한 가격은 실시간 급전에서는 5분 단위로, 그리고 전일 시장에서는 시간 단위로 결정된다.

많은 경우 RTO는 또한 신뢰도 기구에서 정의한 공급 자원 적정도^{resource adequacy} 목표를 충족하기 위해 용량시장 혹은 가격이 지역 단위로 결정되는 자원 적합도 구성^{resource adequacy construct}을 운영하고 있다.

송전 요금과 관련하여 전 세계에는 다양한 형태의 비용 분배와 가격 산정 메커니즘이 존재한다. 널리 사용되는 방식 중 하나는 시스템 피크 기간 중 부하 기여도와 송전자산으로의 전류 흐름에 기초한 MW-마일^{mile} 방법이다. 일반적으로 MW-마일 방법은 송전 인프라 비용을 발전기에서 멀리 떨어진 부하 그리고 부하 센터로부터 멀리 떨어진 발전기까지 배분한다. 그러나 다른 경우 부하에서 가까운 발전기는 그들이 송전 시스템에 용량을 제공하는 것과 같이 정산을 받을 수 있다.

본장의 미래 통합 전력망 비전에서 이러한 지역적 그리고 시간 기반 가격 접근법은 발전기와 부하의 위치와 관련하여 효율적인 신호와 적절한 발전 혹은 소비 타이밍을 제공한다. 궁극적으로 도매 송전 수준단의 가격과 배전단의 가격이 동조하게 될 수 있다.

한 연구에서는 지역한계가격을 배전 시스템에 적용하면, 일반적 시골 급전단^{feeder}의 끝에 위치한 배치가능한 분산발전이 손실을 37%, 급전단 전압 변동성을 25% 줄이고, 모선 가격 책정$^{nodal\ pricing}$보다 수익을 12% 더 창출할 수 있다는 점을 보였다(Sotkiewicz and Vignolo, 2005). 또 다른 연구에서는 또한 최적 장소에 위치한 DER이 신규 급전단의 필요성을 완화할 뿐만 아니라 배전시스템에서 용량의 자율성을 효율적으로 증대한다는 점을 토대로 보상을 받을 수 있다(Sotkiewicz and Vignolo,2007a,b).

앞서 여러 번 언급 하였듯이, 이와 같은 완전 통합 전력망의 비전은 DSO의 존재를 전제로 하고 있다는 점을 상기할 필요가 있다. 또한 현재의 가격 체계와 요금 설계 패러다임을 본 장에서 서술한 비전으로 전환하기 위해서는 정치 혹은 규제 당국의 의지가 필요하다.

PART 3 전력회사의 미래, 미래의 전력회사

4.1 배전 시스템 : 사용량 기반 요금 vs 시간/지역 기반 변동 요금

가격에 지역과 시간 요소가 내재되어 있는 에너지, 용량, 송전과 달리, 현재 배전단에서의 가격은 시간과 장소에 따라 결정되는 실제 시스템 상황을 반영할 여지없이 고정된 사용량 요금 기반의 에너지, 용량, 송전 요금의 합산과 같다. 이러한 가격 책정 방식은 구간 단위로 사용량을 측정하는 스마트미터가 없을 때, 혹은 도매가격을 접할 수 있는 DSO가 없을 때에는 유효하다. 그러나 기술의 진보로 이러한 단순한 가격 체계는 앞선 언급한 방식의 더욱 효율적인 가격 체계로 대체될 수 있다. 시간과 장소를 고려하지 않는 고정 사용량 기반 가격 체계를 사용하는 경우, DER을 활용할 것인지 전력망으로부터 에너지를 직접 구매할 것인지에 대한 의사 결정이 두 가지 측면에서 왜곡될 수 있다:

- 시간 단위로 변화하는 한계 비용 반영 실패
- 단기 가격에 장기 비용을 포함

예를 들어 고객에게 전력을 공급하기 위한 한계 비용이 kWh 당 $0.04에 불과할 때 고객에게 kWh당 $0.12의 소매요금을 부과한다면, kWh 당 비용이 $0.08인 BTM 발전기를 급전하기로 결정할 수 있다. 다른 경우 두 번째 고객에게 전력을 공급하기 위한 전력비용이 kWh 당 $0.2라고 가정하자. 두 번째 고객이 kWh 당 $0.15의 비용이 드는 덜 효율적인 BTM 발전기를 소유하고 있고 kWh 당 $0.12의 소매요금을 부과 받는다고 가정하면 고객은 발전기를 돌리는 대신 송전망으로부터 전력을 공급받기로 결정할 것이다. 두 사례 모두 소매가격이 DER을 지는

고객에게 비효율적인 단기 결정을 내리도록 유도한다.

본 책의 14장에서는 유럽 국가들의 최근 정책과 마이크로그리드의 그리드 통합에 미치는 영향에 대해 유사한 우려를 표명하고 있다. 저자는 "근접 전력망에서 장소와 시간적 차이에 대한 고려를 하지 않는다면 발전과 소비 의사결정 상 잘못된 인센티브가 발생될 것이다"라고 결론을 내렸다.

DER의 수가 많지 않을 때, 이러한 비효율성의 영향력은 제한적이다. 그러나 DER의 보급이 증가하면 고객이 전력 생산과 소비에 있어서 올바른 가격 시그널의 중요성은 점차 커진다. 이러한 가격신호는 앞서 언급한 것과 같이 지역별 시스템 여건을 반영한 가격을 전달함으로써 지역별 부하 감축 이벤트 발생 회피 등의 잠재적 성과를 제공할 수도 있다.

4.2 소비자의 DER에 관한 효율적 의사결정을 위한 모선 LMP의 중요성

배전 시스템에서의 지역별 한계가격 시스템의 주목표는 DER 소유주의 전력 생산/감축 vs 구매에 대한 효율적인 의사결정을 돕는 데에 있다.

단기 한계 비용 원리를 배전 시스템에 확장하는 것은 소매 고객을 전력을 공급받는 대용량 송전 전력망의 지역별 가격에 노출한다는 것을 의미한다. 실제로, 많은 전력회사가 이러한 방식을 대용량 고객에게 제공하며 일부 가정용 고객도 한계 가격 기반의 요금제에 접근할 수 있다.

그러나 이러한 요금제는 여러 측면에서 효율적이지 않다. 첫째 이들은 송전 지역 내 서로 다른 모선(변전소 등)에 존재하는 입도성^{granularity}

PART 3 전력회사의 미래, 미래의 전력회사

을 포함하지 못한다. 이러한 지역은 종종 주요한 전력 한계선을 지나며 매우 다른 혼잡 특성을 보일 수 있다. 또한 이들은 배전 시스템 자체의 특징을 포함하지 못한다.

배전 시스템의 특정 지선에서 에너지 교환의 한계 비용은 지역 별로 다를 것이다. 변전소와 매우 가까운 경우 고압 송전망에서 중저압 배전망으로 에너지가 변환되는 과정에서 저항으로 인해 중대한 손실이 발생한다. 변전소에서 멀어질수록 이러한 손실에 배전 선로에서의 저항 손실이 추가된다. 이러한 손실이 에너지의 한계 비용의 일부에 해당하며 최적 효율성을 위한 가격에 반영될 필요가 있다.

PJM 전력회사의 요금담당 부서의 배전 손실에 관한 간단한 설문조사 결과 배전 시스템의 평균 손실은 3-10% 정도로 상당한 수준이다. 피크 시기의 한계 손실은 이보다 더욱 높을 것으로 예측되는데, 이는 부하에 대해 저항적 손실이 제곱으로^{quadratic} 증가하기 때문이다. 배전 시스템 손실은 배전 시스템의 여건이 확정적이지 않은 상태에서 계산된 모선 가격에 눈에 띄는 영향을 미칠 것이다. 그 효과는 송전망 측 변전소의 가격보다 약간 더 높아진 가격일 것이며 변전소에서 멀어질수록 가격은 (방사상 전력망에서$^{radial\ feeder}$) 더욱 증가할 것이다. 이는 급전단의 가장 하위에 위치한 고객에게 손실을 일으키지만 해당 지역의 분산발전에게는 보상이 될 수 있다.

그림 22.6은 변전소에서의 방사상 배전 급전단의 예시를 보여준다. 피크시의 모선 가격은 표 22.1에 나타난다. 이는 송전 시스템에서 점차 멀어지는 급전단 A의 모선과 상응한다. 증가하는 가격은 증가하는 손실로 인한 것이다.

에너지 전환 전력산업의 미래

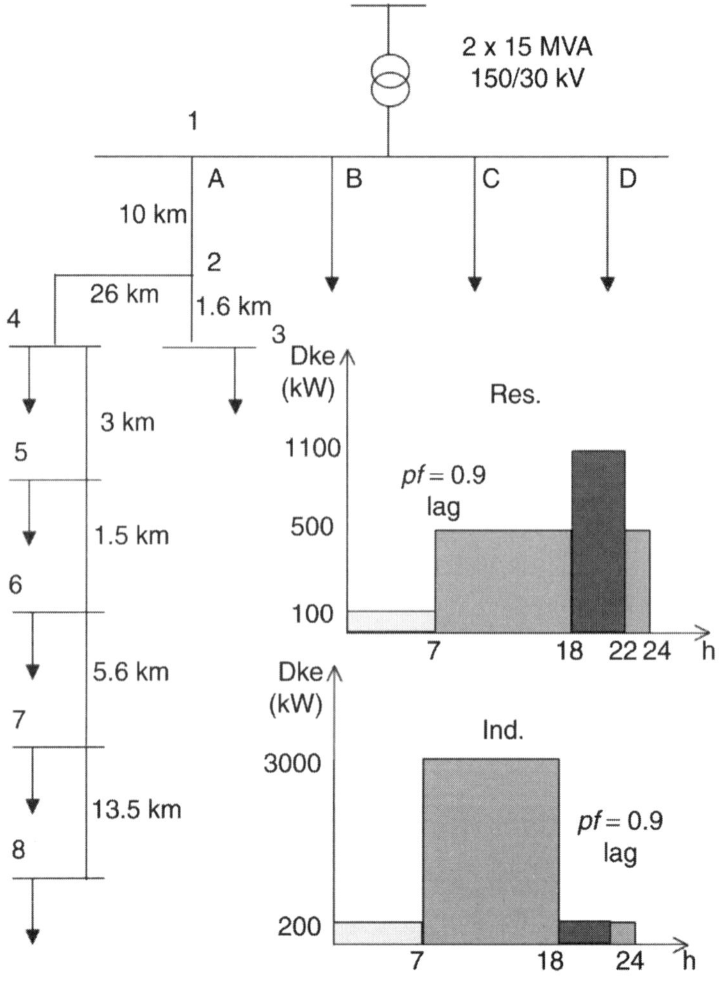

그림 22.6 농촌 지역 배전망 : 주거, 산업용 부하 특성
(출처 : Sotkiewicz and Vignolo, 2006)

PART3 전력회사의 미래, 미래의 전력회사

표 22.1 그림 22.6의 배전망에서 피크 시 모선 가격

버스^{Bus}	가격($/MWh)
1	30
3	31.503
3	35.118
4	35.571
5	35.742
6	36.183
7	36.732

출처 : Sotkiewicz and Vignolo, 2006

 오늘날 모든 배전시스템은 송전시스템으로부터 피크 부하가 충족될 수 있는 방식으로 용량이 결정된다. 그러므로 배전 시스템에 위치한 분산발전의 한계 비용은 배전 시스템 상의 지역 가격을 설정하지 않을 수 있다. 설계상으로 배전에서 부하의 한계 증가$^{next\ increment\ of\ load}$는 송전 시스템과 관련된 도매 전력시장으로부터 충족될 수 있고, 이는 배전 시스템 상 가격에서 발전부문의 비중을 결정할 것이다. 분산전원 발전기는 전체 송전 시스템에서 우연히 가격을 결정하지 않는 이상 대부분의 경우 가격을 받아들이는 입장이다. 그러므로 손실이 배전 시스템에서의 모선 에너지 가격과 송전 시스템에서의 모선 가격의 차이를 결정짓는 유일한 변수이다. 그러나 미래에는 DER이 배전 인프라에 완전 통합되어 해당 규칙이 더 이상 적용되지 않을 수 있다, 이 경우 제약이 있는 배전시스템은 때때로 송전시스템과 비교했을 때 가격 상으로 분리된 발전 요소를 경험할 수 있을 것이다.
 손실과 발전과 관련된 요소 외에 배전 장비의 한계용량을 일시 초과하는$^{exceeding\ the\ nameplate\ limits}$ 한계비용 등의 다른 한계비용을 포함시키는

것도 고려할 수 있다. 물론 이는 무효전력, 보조 서비스, 송배전망 자체 사용 전력과 같은 비에너지 서비스의 가격반영을 의미한다.

소매 요금 설계에 관한 새로운 접근법이 논의되고 일부 시범도입 중이지만, 이와 같은 노력은 아직 초기 단계이다. 퍼시픽 노스웨스트 국립연구소$^{Pacific\ Northwest\ National\ Laboratory}$는 오하이오^{Ohio}주 북동부 콜럼버스^{Columbus} 지역 AEP의 4개 배전단에서 파일럿 테스트를 시행했다. 파일럿 테스트의 목적은 도매전력 비용뿐만 아니라 급전단의 실시간 여건을 반영한 가격 신호에 대해 고객들이 어떻게 반응하는지에 대한 정보를 얻기 위함이었다. 실시간 소매가격 혹은 '기준 가격$^{base\ price}$'은 PJM의 에너지 가격에 기반을 둔다. 배전 급전단이 제약될 때 청산된 소매가격은 기준 가격에서 벗어날 수 있다(GridWise Architecture Council, 2013, p.55). 이와 같은 파일럿 테스트 이외에 고객의 DER 자산과 망으로부터 이용 가능한 전력을 최적화하기 위한 연구가 설계되고 있다.

4.3 전력 인프라 고정 비용을 가격에 반영하기 위한 고려사항

지역 한계 가격에 관한 한 가지 참고사항^{corollary}은 고정 송전 비용이 에너지 소비량에 기반을 두어 청구되지 않을 것이기 때문에, 분산전원과 에너지효율의 경제적인 인센티브의 감소로 귀결되게 된다. 규제기관이 이러한 기술의 매력도를 유지하고자 한다면 명시적 보조금이 지원되어야 할 것이다. 경제적 관점에서 이러한 결과는 바람직하지만, 정치적 관점에서 이는 바람직하지 않은 접근법일 수 있다.

DER의 운용 결과 고객에게 kWh 당 소비량 기준으로 요금이 부과될 때, 에너지효율이 확산될 때, 부하 유연성을 수요반응 자원으로 제공할

PART 3 전력회사의 미래, 미래의 전력회사

때, 그리고/혹은 신뢰도를 위해 자가 발전기를 설치할 때, 배전(판매)전력회사 수익의 감소가 발생한다. 이러한 수익의 손실은 유감스럽게도 많은 배전회사에 의한 배전망 현대화 프로젝트 투자 필요성과 맞물리게 된다. 만일 DER 증가가 지속된다면 현재상황은 배전회사에게 장기적으로는 전력망에서 제공되는 가치에 의지하는 비즈니스 모델로서는 지속하기가 어려울 수 있다.

4.4 가격 신호가 혁신과 DER 기술 도입을 촉진

이러한 가격 신호는 DER과 관련한 신상품, 서비스뿐만 아니라 대용량 고객에서 가정용 고객으로 보급되는 DER 제공비용 감축의 측면에서 가격이 혁신가에 의한 진보를 뛰어넘을 수 있도록 한다.

투명한 가격 기록 체계는 모든 진입자가 위험 분석을 수행하고 부하 곡선의 모양 위치 혹은 변화와 관련된 가격 패턴을 분석할 수 있도록 한다. 단순히 모든 자원을 공정하게 경쟁할 수 있도록 하는 것이 성공적인 혁신가를 초대하고 이들에게 보상을 제공한다.

"고객 에너지 선택권을 자동화하는 기술의 잠재적 영향력은 매우 크다. 스마트 기기가 일반적인 고객의 편리함과 저비용의 선호도를 실행하는 미래로 가는 장애물은 대다수 규제적 사안이지 기술이나 경제적인 원인이 아니다"(Centolella, 2015). 미래 전력망은 본 장에서 서술되었듯이, 고객의 스마트 기기가 연속적으로 동적 가격 신호에 자동으로 반응하는 세계와 같다(Centolella, 2015, p. 28). 그리고 이러한 비전은 고객에게 DER의 투자, 전력 구매 혹은 에너지 감축, 전력 생산 혹은 구매, 생산, 저장 혹은 구매와 같은 의사결정에 있어 최고의 선택권과 제어권을 제공할 것이다. 더 장기적으로 미래의 전력망에서 제시된 가격 신호는 DER 통합과 투자 결정을 촉진할 것이며, DER의 확산은 본 장에서 언급된 DSO의 필요성을 더욱 증대시킬 것이다. 이러한 측면에서 "올바른 가격"은 스스로 강화되는 DER 보급 메커니즘과 DSO의 필요성을 제공한다.

5. 결론

미래의 완전 통합 전력망 비전은 가격이 배전의 소비자에게까지 전달되며, 극단적인 경우 개별 기기에게까지 이를 수 있기를 요구한다. DER을 통한 유연성과 시장 반응은 신뢰도와 시장 효율성을 개선할 뿐만 아니라 RTO/TSO와 연계하여 DSO가 개발, 운영되기를 요구한다. 이러한 측면에서 시장과 신뢰도 결과는 배전과 송전망에서 마찰 없이 일치된 결과를 나타낼 것이다. 이러한 복잡하지만 효율적인 환경은 성취 가능하며, 기존 RTO가 운영하는 도매시장의 운영과 가격체계 근간의 연장성 상에 이어져 있다고 볼 수 있다.

그러나 비전의 달성을 위해서는 갈 길이 멀다. 전력산업은 완전 통합 전력망의 비전과는 아직 거리가 먼 상태이며, AMI 보급, 가격 체계, DSO 아이디어와 같은 과제들은 이제 전면에 드러났을 뿐이다. 본 장에서 나타난 비전을 통해 이 완전통합 전력망으로부터 얻을 수 있는 시장과 신뢰도의 이점들이 더욱 큰 성취를 촉진할 것으로 전망한다.

알림

본 장은 개인 저자의 견해이며 PJM Interconnection LLC, 경영진, 이사회, 혹은 구성원의 공식 견해가 아님을 밝힌다.

저자 소개 Author Biographies

라시카 애서웨이$^{Rasika\ Athawale}$는 럿거스 대학$^{Rutgers\ University}$ CEEE 연구 분석가$^{Research\ Analyst}$로 뉴저지 전력위원회$^{New\ Jersey\ Board\ of\ Public\ Utilities}$에서 평가, 연구 활동을 수행하고 있다. 연구 관심 분야는 전력 경제, 전력 회사 비즈니스 모델, 재무 모델링이다. 주요 경력으로 KPMG 인디아^{India}, 프라이스 워터하우스 쿠퍼스 인디아$^{Price\ water\ house\ Coopers\ India}$에서 시니어 컨설턴트$^{Senior\ Consultant}$로 고객에게 경영 전략을 제공하였고 그 이전에는 뭄배이^{Mumbai}에 있는 릴라이언스 에너지$^{Reliance\ Energy}$ 전력회사 요금 설계 팀에서 근무하였다. 뭄배이 대학 시드남$^{Mumbai\ University\ Sydenham}$에서 경영학 석사^{PGDBM}을 보유하였으며 나그푸르 화학 공학 대학$^{Nagpur\ University\ Chemical\ Engineering}$에서 기술 학사^{BTech} 학위를 받았다.

대릴 비가$^{Darryl\ Biggar}$는 호주 경쟁·소비자 위원회$^{Australian\ Competition\ and\ Consumer\ Commission(ACCC)}$와 호주 에너지 규제국$^{the\ Australian\ Energy\ Regulator}$에서 전문 경제 자문가$^{Special\ Economic\ Advisor}$로 근무하며 공공 전력회사 규제와 전력 시장 경제학 관련 연구를 수행하고 있다. 그는 2014년 M. 헤삼자이드$^{M.\ Hesamzadeh}$와 공동으로 집필한 'Economics of Electricity Markets' 외에 다수의 규제, 시장 구매력, 전력망 투자와 관련한 서적을 출판하였다. ACCC 이전에는 OECD와 뉴질랜드 재무부에서 근무하였다. 캠브리지 대학$^{University\ of\ Cambridge}$에서 수학 석사, 스탠포드 대학

 에너지 전환 전력산업의 미래

Stanford University에서 경제학 박사학위를 받았다.

루이스 보스칸 Luis Boscán은 코펜하겐 비즈니스 스쿨Copenhagen Business School(CBS) 경제학 박사과정에 재직 중이다. 주요 연구 분야는 계약 설계, 전력 시스템 유연성 강화를 위한 시장 개선 등이며 덴마크 친환경 기술투자 펀드인 ForskEL의 지원을 받고 있다. CBS 이전엔 베네수엘라 중앙은행에서 경제 애널리스트로 근무하며 글로벌 석유, 가스 시장과 거시경제 정책을 연구하였다. 술리아 대학(베네수엘라)Universidad del Zulia(Venezuela)에서 경제학 학사, 로스안데스 대학(베네수엘라)Universidad de Los Andes(Venezuela), 에서 시스템 모델링 및 시뮬레이션Systems Modeling and Simulation 석사, 서리 대학University of Surrey(United Kingdom)에서 에너지 경제정책학 석사 학위를 받았다.

크리스토프 버거 Christoph Burger는 베를린 EMST Berlin ESMT European School of Management and Technology(ESMT)에서 교수와 최고 교육 선임 부학장senior associate dean of executive education으로 재직 중이다. 주요 연구 분야는 에너지/혁신, 의사결정/협상이다. 'ESMT Innovation Index—Electricity Supply Industry'와 'The Decentralized Energy Revolution—Business Strategies for a New Paradigm'의 저자이다. 산업계와 컨설턴트로도 재직했다. 독일 자브뤼켄 대학University of Saarbrücken, 스위스 생갈렌 대학the Hochschule St. Gallen에서 경영학을, 미국 미시건 대학University of Michigan, Ann Arbor에서 경제학을 전공하였다.

랄프 카바나 Ralph Cavanagh는 NDRC 에너지 프로그램의 선임 변호사senior attorney, 공동 국장codirector, UC 버클리 로스쿨의UC Berkeley Law at Stanford의

저자 소개 Author Biographies

방문 교수$^{\text{Visiting Professor}}$, 하버드 로스쿨$^{\text{Harvard Law School}}$의 강사로 근무하며, 미 에너지부^{DOE}의 자문위의 위원이다. 주요 연구 분야는 전력 산업의 에너지 효율을 비롯한 청정에너지 솔루션 투자, 규제 정책 개선이다. 국립공공사업규제협회$^{\text{National Association of Regulatory Utility Commissioners}}$, 예일 로스쿨$^{\text{Yale Law School}}$, BPA$^{\text{Bonneville Power Administration}}$ 등을 비롯한 여러 기관으로부터 공로에 대해 수차례 수상하였다. 예일 대학$^{\text{Yale College}}$와 예일 로스쿨$^{\text{Yale Law School}}$을 졸업하였다.

존 쿠퍼$^{\text{John Cooper}}$는 지멘스 사업 전환$^{\text{Siemens Business Transformation}}$의 북미 컨설팅 서비스를 출범시켰다. 2013년 지멘스^{Siemens}에 입사 후 선도적인 전력회사의 지속가능 비즈니스 모델로의 이행 프로젝트 등을 수행하였다. 'The Advanced Smart Grid: Edge Power Driving Sustainability, 2nd edition'의 공동저자이며 스마트그리드 산업계에서 다양한 혁신적인 프로젝트를 이끌었다. 2004-05년에는 오스틴 에너지$^{\text{Austin Energy}}$의 스마트 그리드 추진 과정에서 다양한 백서, 기사 등을 작성하였다. 텍사스 대학 오스틴$^{\text{University of Texas at Austin}}$에서 MBA 학위를 받았다.

수잔 코비노$^{\text{Susan Covino}}$는 PJM 신흥 시장$^{\text{Emerging Markets}}$의 선임 컨설턴트$^{\text{Senior Consultant}}$이다. 과거에는 수요반응 부서$^{\text{Demand Side Response}}$의 관리자^{Manager}로 근무했다. PJM을 비롯한 전국 수요반응(DR) 개발에 적극적으로 참여했다. PJM의 중대서양주$^{\text{Mid-Atlantic Distributed Initiative(MADRI)}}$ 지역 담당이었으며, PJM 지역의 수요반응 로드맵$^{\text{Demand Response Road Map}}$ 개발을 수차례 이끌었다. 세 차례 수요반응, 스마트그리드 심포지엄을 조직했고, 수요반응과 스마트그리드 협회$^{\text{Association for Demand Response and Smart Grid}}$의 이사회 멤버로도 활동했다. 최근 MIT 미리의 전력산업$^{\text{Utility of the}}$

 에너지 전환 전력산업의 미래

Future 이니셔티브initiative의 기술 고문으로 PJM의 역할 부문을 담당하고 있다. 코네티컷 대학교University of Connecticut에서 경제학과 역사학을 전공하였으며 디킨슨 로스쿨Dickinson School of Law에서 법학 박사학위를 받았다.

테일러 커티스 Taylor Curtis는 버몬트 로스쿨Vermont Law School(VLS), 에너지·환경 협회Institute for Energy and the Environment의 부연구위원/집단 태양광 담당 실무자associate researcher/community solar clinician이다. 태양광 넷미터링과 관련하여 버몬트Vermont 지역에 자문을 수행하고 있다. 또한 정책입안, 규제 담당자들을 대상으로 스마트그리드와 분산자원 구축에 관하여 정보를 제공하고 있다. 2012년 환경 법·정책Environmental Law and Policy 석사과정을 졸업했고 와트 : 에너지 101 입문서The Watt : An Energy 101 Primer 작성에 기여하였다. 2015년 법학박사/에너지 법JD/Energy Law 과정이며 지속가능하고 윤리적인 에너지 추진단에서 활동하고 있다.

마크 데 콘콜리 테지 Marc de Konkoly Thege은 버몬트 로스쿨VLS, 에너지·환경 협회Institute for Energy and the Environment의 부연구위원이며, 브라질 분산전원 보급과 미국 스마트그리드 규제 변화를 연구한다. VLS 재학 이전 소매전력 공급사인 그린 마운틴 에너지 컴퍼니Green Mountain Energy Company 뉴욕 지사에서 근무했다. 2012년 조지 워싱턴 대학George Washington University에서 국제 협력International Relations를 전공했다. 현재 VLS의 에너지 규제법Energy Regulation and Law 석사 과정에 재학 중이다.

프랭크 펠더 Frank Felder는 럿거스 대학교Rutgers University, J. 에드워드 J. 블로우스틴 계획 및 공공 정책J. Edward J. Bloustein School of Planning and Public

저자 소개 Author Biographies

Policy의 경제 및 환경 정책Economic and Environmental Policy의 부연구교수Associate Research Professor이며 에너지 센터Center for Energy의 센터장이다. 에너지 효율, RPS, 에너지 정책 모델링, 전력시장 개혁 등의 에너지 환경 연구를 지도하고 있다. 시장 지배력과 중재, 도매시장 설계, 신뢰도, 송전, 요금 설계 등에 관해 많은 보고서를 발표하였다. 과거 미 해군에서 잠수 장교로 근무하였다. 컬럼비아 대학Columbia College에서 학사, MIT 공학 및 응용과학M.I.T. School of Engineering and Applied Sciences에서 석사, M.I.T. 기술·경영·정책Technology, Management, and Policy에서 박사학위를 받았다.

스테판 가너 Stephen Garner는 에르곤 에너지Ergon Energy에 2011년 입사하였다. 기업 대상 배전 네트워크 관련 데이터 프로세싱, 분석 툴 개발, 신기술 도입 등의 업무를 수행 중이다. 데이터 분석전문가, 퀀트 전략가, MATLAB 개발자, 선택설계자choice architect이다. 이전에는 금융권에서 펀드 매니저로 근무했다. 엔지니어링, 지구물리학, 소프트웨어 개발 등의 계량적인 업무를 주로 수행하였다. 호주 브리즈번 그리피스 대학교Griffith University 대학에서 일본어, 우등Hons 1 학사를, 마이크로 전자 공학(전자기 물리학)Microelectronic Engineering(Electrical Geophysics) 박사학위를 받았다.

클락 겔링스 Clark Gellings는 전력연구소Electric Power Research Institute(EPRI) 펠로우로, 에너지 효율, DR, 신재생 에너지, 기타 청정 기술을 연구하고 있다. EPRI에 1982년 입사했으며 여러 중역 자리를 거쳤다. EPRI 입사 전 뉴저지 PSE&GPublic Service Electric and Gas Company에서 근무하였다. 여러 수상을 하였으며 위원회, 고문 자리도 역임하였다. 뉴저지 뉴어크 공과 대학New Jersey Newark College of Engineering에서 전기 공학Electrical Engineering

에너지 전환 전력산업의 미래

학사, 기술 대학$^{Institute\ of\ Technology}$에서 기계공학$^{Mechanical\ Engineering}$, 스티븐 기술대학$^{Stevens\ Institute\ of\ Technology}$에서 경영과학$^{Management\ Science}$를 전공하였다.

에릭 기몬$^{Eric\ Gimon}$은 에너지 이노베이션$^{Energy\ Innovation}$의 기술 컨설턴트, 연구원, 정책 고문으로 일하고 있다. 미국 전력 계획$^{America's\ Power\ Plan}$의 주요 설계자이며 신재생에너지 통합에 대한 연구를 주로 수행하였다. 에너지 이노베이션 근무 이전 비영리법인인 보트 솔라$^{Vote\ Solar}$의 기술 컨설턴트로 근무하였다. 에너지부$^{Department\ of\ Energy}$의 미국과학발전협회^{AAAS} 펠로우^{fellow}였으며 15년간 고에너지 물리학$^{high\ energy\ physics}$를 연구하였다. 스탠포드 대학$^{Stanford\ University}$에서 수학, 물리학$^{Mathematics\ and\ Physics}$ 학사와 석사를, 캘리포니아 대학 샌타바버라$^{University\ of\ California\ in\ Santa\ Barbara}$에서 물리학 박사학위를 받았다.

조지 그로제프$^{George\ Grozev}$는 호주 CSIRO(연방과학사업연구기구) 토지 및 물$^{Land\ and\ Water}$의 선임 연구과학자이며 팀 리더이다. 에너지 시장 모델링과 네트워크 이론에 전문 지식을 가지고 있다. 최근 프로젝트로 배전 네트워크에서의 고객 부하 프로파일링 분석, 데이터 분석, 여러 요금제, 시나리오 하에서 태양광, 배터리, EV 등을 포함한 분산자원 확산 시뮬레이션 등을 수행하였다. 또한 호주 국가 전력, 가스 시장의 시뮬레이션 툴 개발을 이끌었다. 불가리아 소피아 대학$^{St.\ Kliment\ Ohridski\ University}$에서 엔지니어링 물리학 학사, 불가리아 과학원$^{Bulgarian\ Academy\ of\ Sciences}$, 사이버네틱스 및 로보틱스 공과대$^{Institute\ of\ Engineering\ Cybernetics\ and\ Robotics}$에서 박사학위를 받았다.

저자 소개 Author Biographies

필립 한센[Philip Hanser]는 브래틀 그룹[The Brattle Group]에서 30여 년간 에너지 산업 컨설팅을 담당하였다. 연방 에너지규제위원회[Federal Energy Regulatory Commission]과 여러 공공 유틸리티 위원회, 환경 단체, 공익사업자 이사회, 중재 위원회, 연방, 주 법원 등지에서 고문을 담당했다. 브래틀 근무 이전 EPRI(미국전력연구소) 수요관리 프로그램[Demand-Side Management Program] 매니저였다. 컬럼비아 대학[Columbia University]에서 강의를 하였으며 하버드 케네디 스쿨 모사바 라마니 센터[Harvard Kennedy School Mossavar-Rahmani Center]의 선임 부대표[Senior Associate] 이다. 플로리다 주립 대학[Florida State University]에서 경제학과 수학 학사를, 컬럼비아 대학[Columbia University]에서 경제학과 통계학 박사학위를 받았다.

앤드류 히긴스[Andrew Higgins]는 CSIRO 토지 및 물[Land and Water] 선임 연구 과학자이며, 정책 도입 시 건물에 기술이 미치는 영향에 관한 예측 툴 개발을 담당하고 있다. 또한 북 호주 농업 산업의 화물 운송에 관한 방대한 연구 포트폴리오를 이끌고 있다. 1996년 CSIRO 입사 전 퀸즐랜드 기술 대학[Queensland University of Technology]의 수학, 도시 엔지니어링 전공에서 박사학위를 받았고, 박사 후 과정을 수행하였다.

게르하르트 요훔[Gerhard Jochum]은 베를린 부호 요훔[BÜRO JOCHUM]의 선임 컨설턴트[senior consultant]이며 에너지산업 위원회 구성원이다. 최근 GASAG, GDF SUEZ Energie Deutschland AG, Repower, Poschiavo, Switzerland, STEAG GmbH(역자 주: 독일의 가스, 전력 등 에너지 회사)의 이사회 위원으로 활동 중이다. 과거 Karlsruhe Energie Baden-Württemberg AG 경영 위원회, Bremen swb AG CEO, Saarbrücken VSE AG, 관리자로서의 경력을 지니고 있다. 에너지 산업의 경영진으로 활동하기

 에너지 전환 전력산업의 미래

전 에너지산업 담당 컨설팅기업 파트너로 재직하였다. 경제학을 전공하였다.

케빈 존스^{Kevin Jones}는 버몬트 에너지 환경 로스쿨^{Vermont Law School Institute for Energy and the Environment}의 부국장/교수^{Deputy Director/Professor}이며, 스마트그리드 프로젝트와 에너지 클리닉을 담당하고 있다. 과거 롱 아일랜드 전력 회사 LIPA^{Long Island Power Authority}, 내비컨트 컨설팅^{Navigant Consulting}, 뉴욕 시^{City of New York}에서 근무하였다. 'A Smarter, Greener Grid: Forging Environmental Progress Through Smart Energy Technologies and Policies' 책의 공동 저자이기도 하다. 버몬트 대학^{University of Vermont}에서 학사를, 텍사스 오스틴 대학^{University of Texas at Austin} 린던 B. 존슨 행정대학^{LBJ School of Public Affairs}에서 행정학^{Public Affairs} 석사를, 렌셀러 공과대학^{Rensselaer Polytechnic Institute}에서 박사학위를 받았다.

군터 크닙스^{Günter Knieps}는 독일 프라이부르크 대학^{University of Freiburg}의 경제학 교수이다. 과거 네덜란드 흐로닝언 대학^{University of Groningen}의 미시경제학 학장이었다. 연방 에너지 경제 부^{Federal Ministry of Economics and Energy}, 교통·디지털 인프라 부^{Ministry of Transport and Digital Infrastructure}의 과학위원회^{Scientific Council} 구성원이기도 하다. 주요 연구 분야는 네트워크 경제학, 규제 완화, 경쟁 정책, 산업 경제학, 기타 에너지·통신·수송분야이다. 여러 저널에 학술논문을 발표하였다. 독일 본 대학^{University of Bonn Germany}대학에서 경제학과 수학 학·석사를, 수리경제학 박사학위를 취득하였다.

아만다 레빈^{Amanda Levin}는 자연자원 보전위원회^{Natural Resources Defense}

Council(NDRC)의 에너지·기후 대변인$^{Energy\ and\ Climate\ Advocate}$이며 대체 요금제 설계, 분산전력원 전력망 통합 등의 업무를 수행하고 있다. NRDC 입사 이전 미국 의회조사국$^{Congressional\ Research\ Service}$의 부연구원$^{research\ associate}$으로 일했으며 생태계 복원 프로젝트, 수자원 분쟁 해결, 수자원 인프라 구축 등과 관련된 국회의 질의, 요청 사항을 담당하였다. 스탠포드 대학$^{Stanford\ University}$에서 에너지, 환경자원 관련 공공 정책 학사, 석사를 취득하였다.

앤드류 레빗$^{Andrew\ Levitt}$는 PJM 신흥 신장$^{Emerging\ Markets}$의 선임 전략가 Senior Strategist이다. 태양광과 배터리를 비롯한 신기술 모니터링, 평가를 담당하고 있다. 또한 신기술의 PJM 시장 영향 분석, 운영, 설계 등의 업무도 담당하고 있다. 과거 NRG 에너지$^{NRG\ Energy}$에서 V2G 연구 및 프로젝트 개발 등의 업무를 수행하였다. 특히 NRG와 혼다^{Honda} 자동차가 공동 추진한 EV의 그리드 접속 장애요인(기술, 규제) 해결방안에 대해 집중하였다. 토론토 대학$^{University\ of\ Toronto}$에서 물리학 학사, 델라웨어 대학$^{University\ of\ Delaware}$, 무탄소 전력 통합 센터$^{Center\ for\ Carbon-Free\ Power\ Integration}$에서 해양 정책 석사학위를 받았다.

사비네 로베$^{Sabine\ Löbbe}$는 독일 로이틀링겐 대학$^{Reutlingen\ University\ School}$ 공과대/분산 에너지 시스템 및 에너지 효율$^{Engineering/Distributed\ Energy\ Systems\ and\ Energy\ Efficiency}$, 로이틀링겐 연구소$^{Reutlingen\ Research\ Institute}$의 교수, 연구원이며 스위스 스위스 혁신 및 창업 고등교육기관$^{University\ of\ Applied\ Sciences\ HTW\ Chur}$의 석사과정 강사이다. 그녀의 컨설팅 회사는 유틸리티 전략, 비즈니스 모델 개발, 조직 등과 관련된 이슈에 대해 조언하고 있다. 과거 swb AG 브렌멘^{Bremen}에서 전략 및 사업 개발 책임자$^{Strategy\ and}$

에너지 전환 전력산업의 미래

Business Development Director를, 아서 D. 리틀$^{Arthur\ D.\ Little\ Inc}$., 자르브뤼켄^{Saarbrücken} VSE AG에서 프로젝트 매니저로 활동하였다. 자르브뤼켄 트리어$^{Saarbrücken\ Trier}$, 에콜 드 관리 드 리옹$^{EMLyon/France}$에서 경영학 학·석사를, 자르브뤼켄 대학$^{university\ in\ Saarbrücken}$에서 경영학 박사학위를 받았다.

이아인 맥길$^{Iain\ MacGill}$은 호주 뉴 사우스 웨일스 대학$^{University\ of\ New\ South\ Wales}$ School of 전기 통신 공학$^{Electrical\ Engineering\ and\ Telecommunications}$의 부교수이며 에너지 및 환경 시장 센터$^{Centre\ for\ Energy\ and\ Environmental\ Markets(CEEM)}$의 공동 디렉터이다. 연구 분야는 호주 국립 전력시장$^{Australian\ National\ Electricity\ Market}$, 에너지 산업 구조조정, 지속가능한 에너지 기술, 기후 정책 등이다.
CEEM에서 에너지 기술 평가, 신재생 통합, 스마트그리드, 분산전원, 수요자원 등의 분산자원 시스템에 관해 연구하고 있으며 관련 분야 저서 발간, 고문 업무 등을 수행하고 있다. 멜버른 대학$^{University\ of\ Melbourne}$에서 공학 학사와 석사를, UNSW에서 전력시장 모델링 박사학위를 받았다.

크리스 마르니$^{Chris\ Marnay}$는 LBNL에서 29년간 전문 연구원$^{Staff\ Scientist}$으로 근무하고 퇴직했다. 최근 독립 컨설팅회사 마이크로그리드 디자인 멘도시노$^{Microgrid\ Design\ of\ Mendocino}$를 이끌고 있지만 여전히 LBNL의 중국에너지 그룹$^{China\ Energy\ Group}$ 구성원으로도 활동 중이다. 마이크로그리드 원리, 경제성, 실증 등에 관해 강연하였고 국제 마이크로그리드 심포지움$^{International\ Microgrid\ Symposiums}$ 최초 10년간 의장직을, CIGRÉ 워킹그룹$^{Working\ Group}$ 6.22 : 마이크로그리드 진화 로드맵$^{Microgrid\ Evolution\ Roadmap}$의

저자 소개 Author Biographies

의장으로도 활동하였다. 2006년에는 일본 과학기술 진흥회$^{Japan\ Society\ for\ the\ Promotion\ of\ Science}$ 펠로우로 활동하였고 CERTS 마이크로그리드 개념을 제안한 팀의 구성원이었다. 캘리포니아 대학 버클리$^{UC\ Berkeley}$에서 학사, 석사, 박사학위를 취득하였다. 연구 주제는 화력 발전 급전 순위 변경을 통한 대기 환경 수준 개선이다.

주디스 맥네일$^{Judith\ McNeill}$은 호주 뉴 잉글랜드 대학 알미데일$^{University\ of\ New\ England\ in\ Armidale}$, 지방 미래 연구소$^{Institute\ for\ Rural\ Futures}$의 경제학자/선임 연구원이다. 탄소 정책의 호주 교외지역 에너지 공급 영향, 기후변화 적응, 인프라 파이낸스, 생태 경제학 등을 연구하고 있다. 과거 호주 의회, 국립평가국$^{Office\ of\ National\ Assessments}$에서 연구원으로 일했고 호주 및 노턴 테리토리$^{Australian\ and\ Northern\ Territory\ Treasuries}$에서 경제 정책을 담당하였다. 뉴 잉글랜드 알미데일 대학$^{Armidale\ University\ of\ New\ England}$에서 경제학 석사와 박사학위를 취득하였다.

팀 닐슨$^{Tim\ Nelson}$은 호주 주요 전력회사 중 하나인 AGL 에너지$^{AGL\ Energy}$의 경제, 정책, 지속가능성$^{Economics,\ Policy,\ and\ Sustainability}$ 부서 대표이며, 지속가능성 전략, 온실가스 보고, 경제 연구, 기업 시티즌십 프로그램, 온실가스 정책 등의 업무를 담당하고 있다. 그리피스 대학$^{Griffith\ University}$에서 겸임 부교수$^{Adjunct\ Associate\ Professor}$로도 활동하고 있다. AGL 에너지 입사 전 NSW 총리 및 총리내각부$^{Department\ of\ Premier\ and\ Cabinet}$와 호주 중앙은행$^{Reserve\ Bank\ of\ Australia}$의 경제 고문으로 일했다. 정부와 전력회사에 에너지와 기후변화 정책에 관해 조언하고 있으며 호주를 비롯한 국내외 저널에 논문을 발표하였다. 경제학을 전공하였고 공인 간사$^{Chartered\ Secretary}$이며 최근 경제학 박사과정에 재학 중이다.

에너지 전환 전력산업의 미래

폴 닐슨 Paul Nillesen은 네덜란드 암스테르담 PwC 파트너이며 글로벌 에너지 유틸리티 & 자원 개발Global Energy Utilities & Mining Practice와 글로벌 재생에너지 수행Global Renewables Practice부서에서 공동 리더로 일하고 있다. 국제 에너지 협회International Energy Agency의 재생에너지 워킹 그룹Renewable Energy Working Group 멤버로도 활동하고 있다. 전문분야는 에너지와 유틸리티에 관한 규제 경제학, 전략 분석, 수요 분석, 비즈니스 시뮬레이션, 모델링 등이다. 기업, 정부, 규제기관, 국제기관 등에 컨설팅을 하고 에너지와 규제 경제학에 관한 여러 논문을 발표하였다. 에든버러Edinburgh와 옥스퍼드Oxford에서 경제학 최우등 석사를, 틸버그 대학Tilburg University에서 경제학 박사학위를 받았다.

마이클 피비 Michael Peevey는 2014년 은퇴 전까지 12년간 캘리포니아 공익사업자 위원회California Public Utilities Commission(CPUC) 의장이었다. CPUC에서 33% RPS, 석탄발전 전기 수입 금지, EV 보급 장려, 에너지 효율, California Solar Initiative, 스마트미터 확산 등의 여러 프로젝트를 진두지휘하였다. CPUC 근무 이전 현 최대 독립 전력공급사인 뉴 에너지New Energy Inc의 CEO, 전력회사 SCESouthern California Edison의 의장으로 근무하였다. 캘리포니아 대학 버클리University of California Berkeley에서 경제학 학사, 석사 학위를 받았다.

글렌 플랫 Glenn Platt는 CSIRO 에너지에서 그리드 및 에너지 효율 시스템 프로그램Grids and Energy Efficiency Systems Program을 이끌고 탄소배출 감축 기술 개발, 신재생 확산 등에 관해 연구하고 있다. 주요 관심사는 태양광 냉각, 전기차, 스마트그리드, 대규모 태양광 시스템 통합, 고객의 저탄소 에너지 옵션 선택 촉진 등이다. 과거 덴마크 노키아Nokia에서

저자 소개 Author Biographies

최신 통신기술 표준화, 적용 업무를 하였고, 호주 엔지니어링 컨설팅 회사에서도 일했다.

호주 뉴캐슬 대학University of Newcastle Australia에서 박사학위, MBA, 전기 엔지니어링 학위를 보유하고 있고, 시드니 기술 대학University of Technology의 겸임 교수이다.

마이클 폴리트 Michael Pollitt은 캠브리지 대학University of Cambridge, 캠브리지 저지 비즈니스 대학Cambridge Judge Business School의 경영 경제학Business Economics 교수이며, 캠브리지 대학 에너지 정책 연구 그룹Energy Policy Research Group(EPRG)의 부감독Assistant Director, 시드니 서색스 대학 경제·경영Sidney Sussex College Economics and Management의 펠로우 및 연구 디렉터Fellow and Director of Studies이다. 캠브리지-MIT 에너지 프로젝트Cambridge-MIT Electricity Project의 공동 리더로도 활동했다. 주요 관심사는 네트워크 유틸리티 규제이다. 에너지 정책과 경영 윤리에 관해 9권의 저서와 여러 보고서를 발간하였다. 'Economics of Energy and Environmental Policy' 학술지의 공동 편집자이다. 캠브리지 대학에서 경제학 학사를, 옥스퍼드 대학에서 경제학 석사, 박사를 받았다.

라마탈라 푸다인 Rahmatallah Poudineh는 옥스퍼드 에너지 연구 및 전력 연구 프로그램Oxford Institute for Energy Studies Electricity Research Program의 선임 연구 위원Lead Research fellow이며 산업 조직과 규제, 전력산업 경제학 등을 연구하고 있다. 'Energy Policy', 'Energy Economics', 'Energy Journal' 등의 저명한 학술지에 논문을 게재하였으며 에너지 경제학에 대한 기여로 박사학위 논문상을 수상하였다. 더럼 대학Durham University에서 에너지경제학 박사학위, 서리 대학University of Surrey에서 에너지 경제 정책학

 에너지 전환 전력산업의 미래

석사학위를 받았다. 퀸 메리 대학 런던Queen Mary University of London에서 경제학 학사, 아미르카비르 공과대학Tehran Polytechnic에서 항공 공학 학사를 전공했다.

바룬 라이 Varun Rai는 텍사스 대학 오스틴University of Texas at Austin, 린던 B. 존슨 행정대학LBJ School of Public Affairs의 조교수이다. 에너지 시스템의 사회적, 행동적, 경제적, 기술적, 제도적 요소의 상호작용에 대해 연구하고 있다.과거 스탠포드 대학 에너지 및 지속가능한 개발 프로그램Stanford University Program on Energy and Sustainable Development의 리서치 펠로우research fellow로 재직하였고, 오스틴 에너지Austin Energy의 커미셔너, 'The Electricity Journal and Energy Research & Social Science' 편집 위원회에서도 활동하였다. 인도 카라그푸르 공과대학Kharagpur Indian Institute of Technology에서 기계공학 학사, 스탠포드 대학Stanford University에서 기계공학 석사와 박사학위를 받았다.

앤드류 리브스 Andrew Reeves는 호주 에너지 규제기관Australian Energy Regulator의 전 의장이다. AER에 6년간 재직하면서 호주 국립 에너지 시장Australian National Energy Market에서 전력, 가스망의 경제적 규제 감독 업무를 담당하였다. 과거 태즈매니아 에너지Tasmanian Energy의 규제기관, 정부 가격 감시 위원회Government Prices Oversight Commission의 커미셔너Commissioner로서 광물과 에너지 정책에서 경력을 쌓았다. 호주 경쟁·소비자 위원회Australian Competition and Consumer Commission에서 부 커미셔너Associate Commissioner로도 활동하였다.

젠엔 렌 Zhengen Ren은 CSIRO 토양 & 물Land & Water의 선임 연구 과학자

저자 소개 Author Biographies

로 가정용 빌딩의 에너지 소비량을 시뮬레이션 하는 의사결정 도구 개발과, 가정 에너지 소비등급 벤치마크 도구인 액큐리트[Accurate] 개발에 참여하였다. 빌딩 에너지 소비량 시뮬레이션 전문가이며 이와 관련하여 'Energy Policy', 'Energy and Buildings', 'Buildings and Environment'에 다양한 논문을 게재하였다. 중국 시안 자오통 대학[Xi'an Jiaotong University School] 에너지·전력 공학[Energy and Power Engineering]에서 학사와 석사를, 퀸즈 대학 벨파스트[Queen's University of Belfast]에서 박사학위를 취득하고 연구위원[Research fellow]로 근무하였다.

매튜 로슈[Matthew Roche]는 버몬트 로스쿨[Vermont Law School] 전문 박사[J.D.] 과정에 재학 중이며, VLS 에너지 환경 기관[Institute for Energy and the Environment]의 부연구원[research associate], 뉴 더럼[New Durham] BCM 환경 및 토양 법[Environmental and Land Law in Concord] 인턴, 환경법 버몬트 저널[Vermont Journal of Environmental Law]의 편집위원이다. 로스쿨 입학 전 DOE Clean Transportation program at the Northeast Ohio Clean Cities Coalition and for the National Park Service에서 그린 팀 인턴으로 근무하였다. Notre Dame College에서 역사학과 정치학 학사를 전공하였다.

다니엘 로우[Daniel Rowe]는 CSIRO 전력망 및 에너지 효율 시스템 프로그램[Grids and Energy Efficiency Systems Program]의 엔지니어링 분석가[Engineering Analyst], 프로젝트 리더[Project Leader]이다. 건물 에너지 효율, 신재생에너지, 그리드 통합 등의 업무를 담당하였다. 최근 CSIRO의 태양광 전력망 플러그 앤 플레이[Plug and Play Solar off grid] 전력 시스템 최적화와 주거용 태양광 냉방[Residential Solar Cooling] 보급 프로젝트를 수행하고 있다. 주요 연구 분야는 에너지 관리 기술, 태양광 냉각 기술, 태양에너지 예측,

에너지 전환 전력산업의 미래

그리드 통합 기술 등이다. CSIRO의 명서 'Solar Intermittency: Australia's Clean Energy Challenge' 발간을 이끌었다. 뉴케슬 대학$^{The\ University\ of\ Newcastle}$에서 전자공학을 전공하였다. 호주 젊은 엔지니어$^{Young\ Engineers\ Australia}$ 위원회의 국제 대표자$^{International\ Representative}$로 활동하고 있다.

다니엘 사우르$^{Daniel\ Sauer}$는 버몬트 로스쿨$^{Vermont\ Law\ School}$, 에너지·환경 기관$^{Institute\ for\ Energy\ and\ the\ Environment}$의 부연구원$^{research\ associate}$이다. 미국 스마트 그리드 규제와 칠레의 분산전원 보급에 관해 연구하고 있다. 로스쿨 입학 전 RCW 애드보커시^{Advocacy}, 거버먼트 어페어$^{Governmental\ Affairs}$ 로펌에서 리서치 인턴으로 근무하였다. 이후 미시간 디트로이트$^{Michigan\ Detroit}$에서 군인으로 1년 간 복무하였다. 센트럴 미시간 대학$^{Central\ Michigan\ University\ Environmental}$ 정책·공공 대학$^{Policy\ and\ Public\ Administration}$에서 학사를 취득하였고 버몬트 로스쿨 환경·정책법$^{Vermont\ Law\ School\ Environmental\ Law\ and\ Policy}$ 법학 석사를 전공 중이다.

사드 새이프$^{Saad\ Sayeef}$는 CSIRO 에너지 그리드 및 에너지 효율 연구 프로그램$^{Energy\ Grids\ and\ Energy\ Efficiency\ Research\ Program}$의 연구 과학자$^{Research\ Scientist}$이다. 재생에너지 통합과 에너지 효율에 관해 연구하고 있으며 2012년 발간된 'Solar Intermittency: Australia's Clean Energy Challenge'의 책임 저자이다. 과거 울런공 대학$^{University\ of\ Wollongong}$의 연구위원$^{Research\ Fellow}$으로 풍력 터빈 제어, 원거리 전력 공급 시스템용 에너지 저장장치에 관해 연구하였다. 뉴질랜드 오클랜드 대학$^{University\ of\ Auckland}$에서 전기 전자 엔지니어링 학·석사를, 호주 뉴 사우스 웨일스 대학$^{University\ of\ New\ South\ Wales}$에서 전기공학 박사학위를 받았다.

저자 소개 Author Biographies

페레이둔 시오산시 Fereidoon Sioshansi는 에너지 전문 컨설팅 기관인 멘로 에너지 이코노믹스Menlo Energy Economics의 창립자이자 의장이다. 25년간 글로벌 에너지동향 뉴스레터인 E에너지 인포머EEnergy Informer의 발행인 및 편집자로 활동했다. 과거 SCESouthern California Edison Co., EPRI, NERA, ABB가 인수한 글로벌 에너지 디시즌Global Energy Decisions에서 일했다. 2006년부터는 글로벌 전력시장 변화, 에너지 효율, 스마트 그리드, 분산전원 등 8개의 주요 주제를 다루는 책을 편집하였다. 퍼듀 대학Purdue University에서 도시·구조 공학Civil and Structural Engineering 학·석사, 경제학 박사학위를 받았다.

로버트 스미스 Robert Smith는 이스트 이코노믹스East Economics의 경제 컨설턴트이며 25년간 경제, 전력시장 설계, 규제, 경제성 평가, 에너지효율, 수요 관리 등의 분야에서 일했다. 응용경제 분석, 경제, 기술, 인센티브, 규제, 고객 행동이 상호 교류하며 변화를 발생시키는 과정에 대해 연구한다. NSW 대학University of NSW에서 계량경제학 학사, 경제학 석사를 취득하였으며 호주 증권금융연수원Securities Institute of Australia에서 재무 대학원 학위postgraduate qualifications를 취득하였다.

폴 소트기에비치 Paul Sotkiewicz는 PJM 상호연계 시장 서비스 부문Interconnection Market Services Division의 선임 경제 정책 자문위원Senior Economic Policy Advisor이다. PJM의 시장 설계, 연방/주정부 정책에 대한 성과평가 등의 업무를 수행하고 있다. FERC Order 719에 의거 희소가격scarcity pricing 개혁을 주도했고 송전비용 배분, 기후변화 정책이 PJM의 에너지 시장에 미치는 잠재적 영향 분석, FERC Order 745에 의거한 수요반응 자원 보상에 관한 제안서를 작성했다. 과거 플로리다 대학 공공

에너지 전환 전력산업의 미래

사업자 연구 센터^{University of Florida Public Utility Research Center}에서 에너지 연구 책임자^{Director of Energy Studies}, 연방 규제 위원회^{Federal Energy Regulatory Commission} 이코노미스트의 경력을 지니고 있다. 플로리다 대학^{University of Florida}에서 역사학과 경제학 학사를, 미네소타 대학^{University of Minnesota}에서 경제학 석사, 박사를 취득하였다.

미셸 테일러^{Michelle Taylor}는 에르곤 에너지^{Ergon Energy}에서 기술 개발 그룹^{Technology Development group}을 담당하고 있다. 25년 간 에너지 저장, 태양광, 전자공학 등의 분야에서 일했다. 신기술이 네트워크 사업과 고객에게 어떠한 영향을 미치는지에 관한 팀을 이끌고 있으며, 에너지 저장, 인버터 에너지 시스템, 재생에너지 담당 호주·뉴질랜드 표준^{Australian and New Zealand Standards} 위원회에서도 활동했다. 과거에는 태양광, 배터리, 디젤 발전을 포함한 호주 교외지역 독립 시스템을 연구하는 에너지 솔루션 그룹^{Energy Solutions group}을 총괄하였고 기술 혁신^{Technology Innovation}에서 선임 엔지니어로 근무하였다. 호주 뉴 사우스 웨일스 대학^{University of New South Wales} 전자공학 학사 학위를 보유하고 있다.

피터 터리움^{Peter Terium}은 1963년 네덜란드 네데르위르트^{Nederweert}에서 태어났다. 네덜란드 암스텔담 회계 대학^{Nederlands Institut voor Registeraccountants in Amsterdam}에서 회계사 자격을 취득하였고 네덜란드 재정부^{Dutch Ministry of Finance}에서 독립 감사인으로 근무하였다. 1985년에는 KPMG 아인트호벤^{Eindhoven}에서 회계 감사^{audit supervisor}로 근무하였다. 1990년부터 2002년까지 독일 슈발바흐-루베카^{Schmalbach-Lubeca} AG, 라팅겐^{Ratingen}에서 다양한 국제 금융 포지션에서 활동했다. 2003년 1월 RWE 그룹에 입사했으며 그룹 관리 헤드^{Head of Group Controlling}로 업무를 시작하였다. 2004년에

는 경영진 구성원이 되었다. RWE 환경^{Umwelt} AG 구조조정, 매각 작업에 깊게 관여하였다. 2005년 7월 RWE 트레이딩^{Trading} CEO로 지명되었다. RWE 트레이딩^{Trading} GmbH과 RWE 가스 미드스트림$^{Gas\ Midstream}$ GmbH을 RWE 공급 및 트레이딩$^{Supply\ \&\ Trading}$ GmbH로 합병하는 작업을 담당하였다. 이 거래는 RWE의 성장 전략에 큰 공헌을 하였고 이 공로로 2009년 에센트^{Essent}의 통합 프로세스를 담당하게 되었다. 2011년 말까지 RWE의 네덜란드 자회사 CEO를 담당하였다. 2011년 9월 1일까지 RWE의 경영진 구성원, 부의장이었고, 2012년 7월 RWE의 CEO가 되었다.

카이 반 혼$^{Kai\ Van\ Horn}$은 매사추세츠 주 브래틀 그룹$^{Brattle\ Group}$에서 주임^{Associate}으로 근무 중이다. 재생에너지 통합의 경제적, 안정적 영향, 도매전력시장에서의 효율적 혼잡^{congestion} 헤징^{hedging} 등을 포함한 여러 에너지 이슈에 관해 Brattle 고객에게 조언하고 있다. 퍼듀 대학$^{Purdue\ University}$에서 다학제 공학$^{Multidisciplinary\ Engineering}$ 학사를, 일리노이 대학 어바나 샴페인$^{University\ of\ Illinois\ at\ Urbana-Champaign}$에서 전기공학$^{Electrical\ Engineering}$, 석사, 박사학위를 취득하였다. 연구 분야는 전력시장 설계, PMU 기반 운영 신뢰도 툴 개발, 신재생 통합에 관한 기술적 정책적 이슈 등이다.

글렌 왈든$^{Glenn\ Walden}$은 에르곤 에너지$^{Ergon\ Energy}$ 신흥 시장$^{Emerging\ Markets}$ 부분의 관리자^{Manager}이다. 32년 동안 배전, 발전, 신재생, 원격 전력공급, 프로젝트 관리, 경영 관리, 사업 개발 등의 분야에서 엔지니어로 일했다. 신흥시장 팀은 글로벌 산업, 환경 동향과 사업 기회를 모니터링하고, 사업개발에 관한 조언, 상품 평가, 사업 참여, 에르고 에너지

에너지 전환 전력산업의 미래

가 미래 전력공급을 위한 서비스, 지속가능성, 기술적 난관 등의 문제를 해결하도록 돕는 역할을 하고 있다. 호주 제임스 쿡 대학James Cook University에서 엔지니어링 학사 학위와 MBA 학위를 받았다.

젠스 웨인만 Jens Weinmann은 독일 베를린 유럽경영기술대European School of Management and Technology(ESMT)의 프로그램 이사Program Director이다. 과거 경제 컨설팅 회사 E. CA 이코노믹스Economics에서 매니저로 근무하였다. 주요 연구 분야는 규제, 경재 정책, 혁신에서의 의사결정과정 분석이며 에너지와 교통 분야에 관심을 두고 있다. 베를린 기술 대학Technical University of Berlin에서 에너지 공학을 전공하였고 런던 경영 대학London Business School에서 의사결정 과학Decision Sciences 박사 학위를 받았다. 하버드 케네디 정책 대학Harvard University Kennedy School of Government, 유럽대학 대학원 플로렌스 규제 대학European University Institute Florence School of Regulation에서 펠로우로 연구한 경력이 있다.

스테판 우드하우스 Stephen Woodhouse는 포이리 경영 컨설팅Pöyry Management Consulting의 이사Director이다. 포이리 시장 설계 그룹Pöyry Market Design group을 이끌며 다양한 에너지시장 정책 규제와 설계 분야에서 공공기관, 사 기업 고객에게 컨설팅을 수행하였다. 송전, 상호연계Interconnection 분야 경제성 분석, 유럽·영국·아일랜드 전력, 가스 시장의 규제정책 분야 전문가이다. 간헐성, 스마트그리드, 시장 설계의 상호 연관된 분야에서의 사업 개발도 담당하였다. 과거 오프젬Ofgem에서 경제 모형 담당자 Economic Modeler로 근무하였다. 캠브리지 대학University of Cambridge에서 경제학 학사, 석사를 전공하였다.

저자 소개 Author Biographies

제이 자르니 Jay Zarnikau는 컨설팅 회사 프론티어 어소시에이츠Frontier Associates의 의장이며 에너지효율, 가격 설계, 태양광, 스마트그리드 프로그램 설계, 평가업무를 수행하고 있다. 또한 텍사스 대학University of Texas, 공공 정책 및 통계Public Policy and Statistics의 부교수Adjunct Professor로 통계학과 연구방법론을 가르치고 있다. 과거 텍사스 대학교 오스틴University of Texas at Austin, 에너지 연구 센터Center for Energy Studies의 프로그램 관리자Program Manager, 텍사스 공공사업자 위원회Public Utility Commission of Texas, 전력회사 규제Electric Utility Regulation 부분의 이사Director로 근무한 경력이 있다. 에너지 가격 설계, 자원 계획, 재생에너지, 에너지효율 등에 관한 보고서를 발간하였다. 텍사스 대학교 오스틴에서 경제학 박사학위를 받았다.

1장 참고문헌

Averch, H., Johnson, L., 1962. Behavior of firm under regulatory constraint. Am. Eco. Rev. 52, 1052–1069.

Lucas E., 2015. Let There be Light. Special Report: Energy and Technology. The Economist, Jan 17, 2015.

EEnergy Informer, 2015a. The New Normal: Flat Electricity Demand. EEnergy Informer, Feb 2015.

EEnergy Informer, 2015b. When All Else Fails Gold Plate the Network. EEnergy Informer, Jun.2015.

Sioshansi, F. (Ed.), 2013. Energy Efficiency: Towards the End of Demand Growth. Academic Press, Waltham, MA.

참고문헌

2장 참고문헌

California Net Energy Metering (NEM) Draft Cost-Effectiveness Evaluation, September 26, 2013. California Public Utilities Commission Energy Division, Energy and Environmental Economics, Inc.

Cisco Visual Networking Index: Forecast and Methodology, 2013-2018. http://www.cisco.com/c/en/us/solutions/collateral/service-provider/ip-ngn-ip-next-generation-network/white_paper_c11-481360.html

Distributed Photovoltaic Feeder Analysis: Preliminary Findings from Hosting Capacity Analysis of 18 Distribution Feeders, 2013. EPRI, Palo Alto, CA. Report No. 3002001245.

Distributed Photovoltaics: Utility Integration Issues and Opportunities, August 2008. EPRI Report No. 1018096.

Electric Power Micro-grids: Opportunities and Challenges for an Emerging Distributed Energy Architecture, May 2006. D.E. King, Dissertation, Carnegie Mellon University.

Estimating the Costs and Benefts of the Smart Grid, March 2011. EPRI Report No. 1022519.

Reforming the Energy Vision, New York State Department of Public Service (DPS) Staff Report and Proposal, 2014. Case

14-M-0101: Proceeding on Motion of the Commission in Regard to Reforming the Energy Vision.

Siemens, 2015. Deep Dive on Microgrid Technologies. FierceMarkets Custom Publishing. Washington, DC.

Stochastic Analysis to Determine Feeder Hosting Capacity for Distributed Solar PV, December 2012. EPRI Report No. 1026640.

Technical Potential for Local Distributed Photovoltaics in California: Preliminary Assessment, March 2012. E3 report for CPUC, pp. 55.

The Integrated Grid: Realizing the full Value of Central and Distributed Resources, February 2014. EPRI Report No. 3002002733.

The Integrated Grid: A beneft—Cost Framework, February 2015. EPRI Report No. 3002004878.

The Integrated Grid Phase II: Development of a Beneft—Cost Framework, May 2014. EPRI Report No. 3002004028.

Ton, D.T., 2014. Microgrids, Smart Grid & Our Energy Future. U.S. Green Building Council, Maryland.

Tighe, W.C., Apr. 2015. Transitioning from Smart Buildings to Smart Cities. NEMA Electroindustry, Rosslyn, VA.

참고문헌

3장 참고문헌

Asmus, P., 2014. Utility Distribution Microgrids: Investor-Owned and Public Power Utility Grid- Tied and Remote Microgrids: Global Market Analysis and Forecasts.

Asmus, P., 2015. Microgrids: Friend or Foe for Utilities? Public Utilities Fortnightly, Feb. 2015. https://www.navigantresearch.com/research/utility-distribution-microgrids

Bronski, P., Creyts, J., Guccione, L., Madrazo, M., Mandel, J., Rader, B., Seif, D., Lilienthal, P., Glassmire, J., Abromowitz, J., Crowdis, M., Richardson, J., Schmitt, E., Tocco, H., 2014. The Economics of Grid Defection. Rocky Mountain Institute, Boulder, CO, http://www.rmi.org/ PDF_economics_of_grid_defection_full_report.

California Independent System Operator (CAISO), 2013. What the Duck Curve Tells Us About Managing a Green Grid. http://www.caiso.com/Documents/FlexibleResourcesHelpRenew-ables_FastFacts.pdf

CIGRÉ, 2015. Microgrids 1: Engineering, Economics, and Experience, Working Group C6.22 Mi-crogrids Evolution Roadmap, October.

Council of European Energy Regulators (CEER), 2014. Benchmar king Report 5.1 on the Conti-nuity of Electricity Supply: Data update. http://ceer.eu/portal/page/portal/EER_HOME/EER_ PUBLI CATIONS/CEER_PAPERS/Electricity/Tab3/C13-EQS-57-03_BR5. 1_19-Dec-2013_ updated-Feb-2014.pdf

Cuomo, A., 2015. Governor Cuomo Announces Launch of $40 M illion NY Prize Microgrid Com-petition. Available from: http:// www.governor.ny.gov/news/governor-cuomo-announces-launch-40-million-ny-prize-microgrid-competition

Emerge Alliance, 2015. http://emergealliance.org/Standards/OurStanda rds.aspx

Eto, J.H., Hamachi LaCommare, K., Larsen, P., Todd, A., Fisher, E., 2012. An Examination of Temporal Trends in Electricity R eliability Based on Reports from U.S. Electric Utilities. Lawren ce Berkeley National Laboratory, Berkeley, CA.

Federation of Electric Power Companies of Japan (FEPC), 2014. FEPC Infobase. http://www.fepc. or.jp/library/data/infobase/pdf/in fobase2014.pdf

Galvin, R., Yaeger, K., Stuller, J., 2009. Perfect Power: How the Microgrid Revolution Will Un-leash Cleaner, Greener, and Mor e Abundant Energy. McGraw Hill, New York.

Glick, D., Lehrman, M., Smith, O., 2014. Rate Design for the Di stribution Edge. Rocky Mountain Institute, Boulder, CO.

IEEE, 2012. Guide for Electric Power Distribution Reliability Indi ces. Institute of Electrical and Electronic Engineers Standard 13

66-2012.

Kelly, M., 2014. Two Years After Hurricane Sandy, Recognition of Princeton's Microgrid Still Surges. News at Princeton, posted October 23, 2014; 02:00 p.m. https://www.princeton.edu/main/news/archive/S41/40/10C78/

Kwasinski, A., Krishnamurthy, V., Song, J., Sharma, R., 2012. Availability evaluation of micro-grids for resilient power supply during natural disasters. IEEE Trans. Smart Grid 3 (4), 2007–2018.

Marnay, C., Lai, J., 2012. Serving electricity and heat requirements efficiently and with appropriate energy quality via microgrids. Electricity J. 25 (8), 7–15.

Marnay, C., Aki, H., Hirose, K., Kwasinski, A., Ogura, S., Shinji, T., 2015. How Two Microgrids Fared After the 2011 Earthquake. IEEE Power and Energy Magazine, May/June.

Morris, G.B.C.W.Y., 2012. On the Benefits and Costs of Microgrids. M.S. thesis, Department of Electrical Engineering, McGill University, Montreal, December 10, 2012.

Navigant Research, 2015. Identified Microgrid Capacity has Tripled in the Last Year, press release available at https://www.navigantresearch.com/newsroom/identified-microgrid-capacity-has-tripled-in-the-last-year

San Diego Gas and Electric, 2014. Borrego Springs Microgrid Demonstration Project. Final Tech-nical Report.

Smith, R., MacGill, I., 2014. Revolution, Evolution, or Back to t he Future? Lessons from the Electricity Supply Industry's Formative Days. In: Sioshansi, F.P. (Ed.), Distributed Generation and Its Implications for the Utility Industry. Academic Press, Oxford, UK.

The Royal Society Science Policy Center, 2014. Resilience to Extreme Weather. https://royalsoci-ety.org/policy/projects/resilience-extreme-weather/

The White House, 2013. Presidential Policy Directive—Critical Infrastructure Security and Resilience. https://www.whitehouse.gov/the-press-office/2013/02/12/presidential-policy-directive-critical-infrastructure-security-and-resil

Ton, D., Smith, M., 2012. The U.S. Department of Energy's microgrid initiative. Electricity J. 25 (8), 84–94.

Yoon, K.T., 2015. Powering the Nation: Smart Energy. http://www.i2r.a-star.edu.sg/horizons14/pdf/ Powering%20the%20Nation%20(Smart%20Energy).pdf

참고문헌

4장 참고문헌

Barrager, S., Cazalet, E., 2014. Transactive Energy. Baker Street Publishing, San Francisco, CA.

Bronski, P., Creyts, J., Guccione, L., Madrazo, M., Mandel, J., Rader, B., Tocco, H., 2014. The Economics of Grid Defection: When and Where Distributed Solar Generation Plus Storage Competes with Traditional Utility Service. Rocky Mountain Institute, Boulder, CO.

Herter, K., Okuneva, Y., 2014. SMUD's Residential Summer Solutions Study: 2011–2012.

Lovins, A.B., Lovins, H.L., 1982. Brittle Power. Brick House Publishing Company, Baltimore, MD.

Bronski, P., Creyts, J., Crowdis, M., Doig, S., Glassmire, J., Guccione, L., Lilienthal, P., Mandel, J., Rader, B., Seif, D., Tocco, H., Touati, H., 2015. The Economics of Load Defection: How Grid Connected Solar-Plus-Battery Will Compete with Traditional Electric Service, Why it Matters and Possible Paths Forward. Rocky Mountain Institute, Boulder, CO.

5장 참고문헌

Downes, L., Nunes, P., 2013. Big bang disruption. Harvard Bus. Rev. 3, 46.

Downes, L., Nunes, P., 2014. Big Bang Disruption: Strategy in the Age of Devastating Innovation. Port folio Penguin, New York, NY, p. 47, http://www.amazon.com/Big-Bang-Disruption-Devastating Innovation-ebook/dp/B00DMCUWW4/ref=sr_1_1?s=books&ie=UTF8&qid=1440455332& sr=1-1&keywords=big+bang+disruption+strategy+in+the+age+of+devastating+innovation.

Gunelius, S., 2010. The Shift from CONsumers to PROsumers, Forbes, Jul. 3. http://www.forbes.com/sites/work-in-progress/2010/07/03/the-shift-from-consumers-to-prosumers/

Hyatt, M., 2012. Platform: Get Noticed in a Noisy World. Thomas Nelson, Nashville, TN.

Johnson, S., 2002. Emergence: The Connected Lives of Ants, Brains, Cities and Soft ware. Penguin Books, London, http://www.amazon.com/Emergence-Connected-Brains Cities-Software/dp/0684868768/ref=sr_1_2?s=books&ie=UTF8&qid=1431811088&sr=1 2&keywords=Emergence.

Kotter, J., 2014. Accelerate: Building Strategic Agility for a Faste

참고문헌

r-Moving World. Harvard Business Review Press, Boston, MA, http://www.amazon.com/Accelerate-Building-Strategic Agility-Faster-Moving/dp/1625271743.

Rifkin, J., 2014. The Zero Marginal Cost Society: The Internet of Things, the Collaborative Com mons, and the Eclipse of Capita lism. Palgrave Macmillan, London, http://www.amazon.com/ Zero-Marginal-Cost-Society-Collaborative/dp/1137278463/ref=tmm_hrd_title_0?ie=UTF8& qid=1431812955&sr=1-1.

Rossman, J., 2014. The Amazon Way: 14 Leadership Principles Behind the World's Most Dis ruptive Company. CreateSpace, North Charleston, SC, http://www.amazon.com/The-Amazon Way-Leadership-Principles/dp/1499296770/ref=tmm_pap_title_0?ie=UTF8&qid=143187321 4&sr=1-1.

Simon, P., 2011. The Age of the Platform: How Amazon, Apple, Facebook, and Google Have Redefined Business. Motion Publishing, Henderson, NV, http://www.amazon.com/The-AgePlatform-Facebook-Redefined/dp/0982930259/ref=tmm_pap_title_0?ie=UTF8&qid=1431872 972&sr=1-1.

6장 참고문헌

Abbott, M., 2002. Completing the introduction of competition into the Australian electricity indus try. Econ. Pap. 21, 1–13.

Adelaide Advertiser, 2015. Solar Raises House Value. Adelaide Advertiser, May 11, 2015, p. 27.

AGL Energy, 2014. AGL Embraces Disruptive Technologies to Meet Changing Consumer Needs. Accessed online at: http://www.agl.com.au/about-agl/media-centre/article-list/2014/november/agl-embraces-disruptive-technologies-to-meet-changing-consumer-needs

AGL Energy, 2015a. AGL Greenhouse Gas Policy. Accessed online at: http://www.agl.com.au/~/media/AGL/About%20AGL/Documents/Media%20Center/Corporate%20Governance%20 Policies%20Charter/1704015_GHG_Policy_Final.pdf

AGL Energy, 2015b. AGL is First Major Retailer to Launch Battery Storage. Accessed online at: http://www.agl.com.au/about-agl/media-centre/article-list/2015/may/agl-is-first-major-retailer -to-launch-battery-storage

AMR, 2015. RepTrak Pulse Report. The World's Most Reputable Companies: An Online Study of Australian Consumers, March 2015.

참고문헌

Arup, T., 2015. Government Powers up Battery Focus in Energy Plans. The Age, May 11, 2015, p. 3.

Australian Bureau of Statistics (ABS), 2013. Australian Social Trends. Available at:http://www.abs.gov.au/AUSSTATS/abs@.nsf/Lookup/4102.0Main + Features30April + 2013#back7

Australian Energy Market Operator (AEMO), 2014. 2014 Statement of Opportunities. AEMO Pub lication, Sydney.

Bain and Company, 2014. The Future of Electricity: Attracting Investment to Build Tomorrow's Electricity Sector. Report to the World Economic Forum.

Bonbright, J., 1961. Principles of Public Utility Rates. Columbia University Press, New York.

Clean Energy Council, 2014. Clean Energy Australia: 2014. Clean Energy Council Publication, Melbourne.

CSIRO, 2013. Residential Electricity Use in Australia. CSIRO Publishing, Clayton.

Energex, 2010. 2010 Queensland Household Energy Survey. Brisbane.

Faruqui, A., 2015. The global movement toward cost-reflective tariffs. Presentation to Energy Transformed Conference, Sydney, May 7, 2015.

Francis, H., 2015. Why Tesla's New Battery is Kind of a Big Deal. The Sydney Morning Herald. Accessed online at: http://www.smh.com.au/digital-life/digital-life-news/why-teslas-new -battery-is-kind-of-a-big-deal-20150509-ggxagc.html

Giarious, C., 2015. Reorienting for the future: delivering energy or service. Panel Session at Energy Transformed Conference, Sydney, May 7, 2015.

Grattan Institute, 2014. Fair Pricing for Power. Grattan Institute Publication, Melbourne. Graham, P., Dunstall, S., Ward, J., Reedman, L., Elgindy, T., Gilmore, J., Cutler, N., James, G., 2013. Modelling the Future Grid Forum Scenarios. CSIRO, Clayton South, Victoria.

Keane, A., 2015. Solar Still Shines for Household Savings. Adelaide Advertiser, May 11, 2015, p. 48. King, G., 2015. Origin energy: delivering on priorities. Presentation to the Macquarie Australia Conference, May 6, 2015.

McIntosh, B., 2014. Distributed solar with storage ... and disconnection?. Presentation to the 2014 Asia-Pacific Solar Research Conference.

Stanley, M., 2015. Australia Utilities Asia Insight: Household Solar & Batteries. Morgan Stanley Research Note, May 2015.

Nelson, T., Reid, C., McNeill, J., 2015. Energy-only markets and renewable energy targets: complementary policy or policy collision? Econ. Anal. Pol. 46, 25–42.

Nelson, T., McNeill, J., Simshauser, P., 2014. From throughput to access fees: the future of network and retail tariffs. In: Sioshansi, F. (Ed.), Distributed Generation and its Implications for the Utility Industry. Elsevier, Amsterdam.

Nelson, T., Simshauser, P., Nelson, J., 2012. Queensland solar fe ed-in tariffs and the merit-order effect: economic benefit, or regressive taxation and wealth transfers? Econ. Anal. Pol. 42 (3), 277–301.

Newgate Research, 2015. Community attitudes to energy issues. Briefing for AGL, January 2015.

Riesz, J., Hindsberger, M., Gilmore, J., Riedy, C., 2014. Perfect storm or perfect opportunity? future scenarios for the electricity sector. Distributed Generation and its Implications for the Utility IndustryElsevier, Amsterdam.

Saddler, H., 2013. Power Down: Why is Electricity Consumption Decreasing. Australia Institute Paper, No. 14.

Simshauser, P., 2014. From first place to last: Australia's policy-induced energy market death spiral. Aust. Econ. Rev. 47 (4), 540–562.

Simshauser, P., 2010. Vertical integration, credit ratings and retail price settings in energy-only mar kets: navigating the resource adequacy problem. Energy Pol. 38 (11), 7427–7441.

Simshauser, P., Nelson, T., 2013. The Outlook for Residential Electricity Prices in Australia's National Electricity Market in 2020. Electricity J. 26 (4), 66–83.

Simshauser, P., Nelson, T., 2012. Carbon taxes, toxic debt and second-round effects of zero compen sation: the power generation meltdown scenario. J. Financ. Econ. Pol. 4 (2), 104–127.

Vergetis Lundin, B., 2015. Utilities "Clamoring" to Get Into Home Energy Market. SmartGridNews. Accessed online at: http://w

ww.smartgridnews.com/story/utilities-clamoring-get-home -energy-market/2015-03-24

Wood, T., Blowers, D., Chisholm, C., 2015. Sundown, Sunrise: How Australia can Finally get Solar Power Right. Grattan Institute, Melbourne.

7장 참고문헌

Apt, J., Curtright, A. The Spectrum of Power from Utility-Scale Wind Farms and Solar Photovoltaic Arrays. Carnegie Mellon Electricity Industry Center Working Paper CEIC-08-04.

Australian PV Institute, 2013. Task 14 - High-Penetration of PV Systems in Electricity Grids. Available online at: http://apvi.org.au/international-energy-agency-pv-power-systems-pro-gramme/task-14-high-penetration-of-pv-systems-in-electricity-grids

Bebic. J., 2008. Power System Planning: Emerging Practices Suitable for Evaluating the Impact of High-Penetration Photovoltaics, NREL Technical Report (NREL/SR-581-42297), February 2008.

California Energy Commission, 2007. Intermittency Analysis Project: Appendix B Impact of Intermittent Generation on Operation of California Power Grid, prepared by GE Energy Consulting (CEC-500-2007-081-APB), July 2007.

Electricity Network Transformation Roadmap Overview, ENA, 2015. Available online at: http://www.ena.asn.au/sites/default/files/electricity_network_transformation_roadmap_overview.pdf

Mills, A., Ahlstrom, M., Brower, M., Ellis, A., George, R., Hoff, T., Kroposki, B., Lenox, C., Miller, N., Stein, J., Wan, Y., 20

09. Understanding Variability and Uncertainty of Photovoltaics for Integration with the Electric Power System, (LBNL-2855E), December 2009.

Sayeef, S., Heslop, S., Cornforth, D., Moore, T., Percy, S., Ward, J., Berry, A., Rowe, D., 2012. Solar Intermittency: Australia's Clean Energy Challenge – Characterising the Effect of High Penetration Solar Intermittency on Australia Electricity Networks, CSIRO Report, June 2012.

Townsville Queensland Solar City, 2012. Townsville Queensland Solar City Annual Report. Available online at: http://www.townsvillesolarcity.com.au/PublicationsResources/ SolarCityAnnualReport2012/tabid/163/Default.aspx

Ward, J. K., Moore, T., Lindsay, S., 2012. The Virtual Power Station – achieving dispatchable genera-tion from small scale solar, Proceedings of the 50th Annual Conference, Australian Solar EnergySociety (Australian Solar Council) Melbourne, December 2012. ISBN: 978-0-646-90071-1.

Wan, Y., Parsons, B.K., 1993. Factors Relevant to Utility Integration of Intermittent Renewable Technologies,August 1993, NREL/TP-463-4953.

Whitaker, C., Newmiller, J., Ropp, M., Norris, B., 2008. Renewable Systems Interconnection Study: Distributed Photovoltaic Systems Design and Technology Requirements. Sandia Report (SAND2008-0946 P), February 2008.

참고문헌

8장 참고문헌

Adib, P., Zarnikau, J., 2006. Texas: the most robust competitive market in North America. In: Sioshansi, F., Pfaffenberger, W. (Eds.), Electricity Market Reform: An International Perspec-tive. Elsevier, Amsterdam.

Distributed Energy Financial Group (DEFG), 2015. The Annual B aseline Assessment of Choice in Canada and the United States (ABACCUS).

ERCOT, 2014. Report on the Capacity, Demand, and Reserves in the ERCOT Region, ERCOT. Available at:http://www.ercot.com/content/gridinfo/resource/2014/adequacy/cdr/CapacityDemandandReserveReport-February2014.pdf

Fehr, N.-H., Hansen, P.V., 2010. Electricity retailing in Norway. Energy J. 31 (1), 25–45.

Frontier Associates LLC, 2014. 2013–2014 Retail Demand Response and Dynamic Pricing Project: Final Report. Prepared for ERCOT.http://www.ercot.com/content/services/programs/load/2013-2014_DR_and_PriceResponse_Survey_AnalysisFinalReport.pdf

Fuchs, D., Arentsen, M., 2002. Green electricity in the market place: the policy challenge. Energy Policy 30, 525–538.

Giulietti, M., Waterson, M., Wildenbeest, M., 2014. J. Indus. Econ. LXII (4), 555–590.

Goett, A., Hudson, K., Train, K., 2000. Customers' choice among retail energy suppliers: the willingness-to-pay for service attributes. Energy J. 21 (4), 1–28.

GTM, 2015. Texas Mulls New Grid Markets for Aggregated Distributed Energy Resources. http://www.greentechmedia.com/articles/read/texas-looks-to-distributed-energy-resources-as-market-players?utm_source=Solar&utm_medium=Picture&utm_campaign=GTMDaily

Kang, L., Zarnikau, J., 2009. Did the expiration of retail price caps affect prices in the restructured Texas electricity market? Energy Policy 37 (5), 1713–1717.

Kim, E.-H., 2013. Deregulation and differentiation: incumbent investment in green technologies. Strategic Manag. J. 34, 1162–1185.

Levin, A., 2015. Customer incentives and potential energy savings in retail electric markets: a Texas case study. Electricity J. 28, 51–64.

Makadok, R., Ross, D.G., 2013. Taking industry structuring seriously: a strategic perspective on product differentiation. Strategic Manag. J. 34 (5), 509–532.

Menges, R., 2003. Supporting renewable energy on liberalised markets: green electricity between additionality and consumer sovereignty. Energy Policy 31, 583–596.

참고문헌

Paladino, A., Pandit, A., 2012. Competing on service and branding in the renewable electricity sector. Energy Policy 45, 378–388.

Public Utility Commission of Texas (PUCT), 2015. Scope of Competition in Electric Markets in Texas. Report to the 84th Texas Legislature. January.

Rundle-Thiele, S., Paladino, A., Apostol, S.A., 2008. Lessons learned from renewable electricity marketing attempts: a case study. Bus. Horizons 51, 181–190.

SolarCity, 2015. SolarCity, MP2 Energy Offer Solar to Texas Homeowners for Less than Utility Power Without Local Incentives. http://www.solarcity.com/newsroom/press/solarcity-mp2- energy-offer-solar-texas-homeowners-less-utility-power-without-local

Stanton, P.J., Summings, S., Molesworth, J., Sewell, T., 2001. Marketing strategies of Australian electricity distributors in an opening market. J. Bus. Indus. Mark. 16 (2), 81–93.

Steil, B., Victor, D.G., Nelson, R., 2002. Introduction and Overview. Technological Innovation and Economic Performance Princeton University Press, Princeton, NJ (Chapter 1).

Swadley, A., Yucel, M., 2011. Did residential electricity rates fall after retail competition? A dynamic panel analysis. Energy Policy 39, 7702–7711.

Walsh, P., Sanderson, S., 2008. Hybrid strategic thinking in deregulated retail energy markets. Int. J. Energy Sector Manag. 2 (2), 218–230.

Woo, C.K., Zarnikau, Jay, 2009. Will electricity market reform likely reduce retail rates? Electricity J. 22 (2), 40–45.

Woo, C.K., Sreedharan, P., Hargreaves, J., Kahrl, F., Wang, J., Horowitz, I., 2014. A review of electricity product differentiation. Appl. Energy 114, 262–272.

Wood, P., Gülen, G., 2009. Laying the groundwork for power competition in Texas. In: Kiesling, L., Kleit, A. (Eds.), Electricity Restructuring: The Texas Story. American Enterprise Institute, Washington, DC.

Zarnikau, J., 2005. A review of efforts to restructure Texas' electricity market. Energy Policy 33, 15–25.

Zarnikau, J., 2011. Successful renewable energy development in a competitive electricity market: a Texas case study. Energy Policy 39 (7), 3906–3913.

Zarnikau, J., 2014. How Do Prepay Electricity Programs Impact Consumer Behavior? Distributed Energy Financial Group Prepay Energy Working Group. http://defgllc.com/publication/how-do-prepay-electricity-programs-impact-consumer-behavior/

Zarnikau, J., Isser, S., Martin, A., 2015. Energy efficiency programs in a restructured market: the Texas framework. Electricity J. 28 (2), 1–15.

참고문헌

9장 참고문헌

ACEEE (American Council for an Energy-Efficient Economy), 2005. Third National Scorecard on Utility and Public Benefits Energy Efficiency Programs: A National Review and Update of State-Level Activity.

Bledrzyckl, C., 2013. Texas Electricity Consumer, Beware of REP Fees. Texas Ratepayers' Organization to Save Energy. August 12, 2013.

Borenstein, S., 2015. Is the Future of Electricity Generation Really Distributed? May 4, 2015. https://energyathaas.wordpress.com

Borenstein, S., Bushnell, J., 2014. The U.S. Electricity Industry after 20 Years of Restructuring. Energy Institute at HAAS.

Brown, M., 2001. "Market failures and barriers as a basis for clean energy policies". Energy Policy 29, 1197–1207.

Cavanagh, R., 1994. The Great "Retail Wheeling" Illusion—and More Productive Energy Futures. E Source Strategic Issues Paper.

CPUC (California Public Utility Commission), 1994. Order Instituting Rulemaking and Order Instituting Investigation, I. 94-04-032.

CPUC, 1995. Decision 95-12-063.

CPUC, 1996. Decision 96-01-009.

CPUC, 2006. Decision 06-10-019.

Daniels, S., 2014. Emanuel's Power Pact Could zap Chicago Homeowners. Crain's Chicago Business, May 16, 2014.

Daniels, S., 2015. Chicago Sending City Households Back to ComEd. Crain's Chicago Business, April 21, 2015.

DEFG (Distributed Energy Financial Group LLC), 2015. Annual Baseline Assessment of Choice in Canada and the United States (ABACCUS).

Delurey, D., 2013. Case Study Interview: Reliant Energy—Bill Harmon. Association for Demand Response and Smart Grid, Prepared for the National Forum on the National Action Plan on Demand Response: Program Design and Implementation Working Group.

EIA, 2009. Illinois Restructuring Active. http://www.eia.gov/electricity/policies/restructuring/ illinois.html

EIA, 2010. Pennsylvania Restructuring Activity. http://www.eia.gov/electricity/policies/ restructuring/pennsylvania.html

EIA, 2012. State Electric Retail Choice Programs are Popular With Commercial and Industrial Customers. http://www.eia.gov/todayinenergy/detail.cfm?id=6250

EIA (US Energy Information Administration), 2015a. Sales, by State, by End-Use, by Provider, Annual Back to 1990, (Form EIA-861).

참고문헌

EIA, 2015b. Existing Nameplate and Net Summer Capacity by Energy Source, Producer Type and State, (Form EIA-860).

EIA, 2015c. Net Generation by State by Type of Producer by Energy Source, (Forms EIA-906, EIA-920, and EIA-923).

ERCOT, 2015a. About ERCOT. http://www.ercot.com/about

ERCOT, 2015b. Historical Number of Premises Switched. Data available at: http://www.ercot.com/ mktinfo/retail/index

Frontier Associates, LLC, 2014. 2013–2014 Retail Demand Response And Dynamic Pricing Project Final Report prepared for Staff of ERCOT.

Gearino, D. AEP's Plan for Guaranteed Coal-Plant Income Rejected. Columbus Dispatch, February 26, 2015.

ICC (Illinois Commerce Commission), 2002. Report of Chairman's Summer 2002 Roundtable Discussion Re: Implementation of the Electric Service Customer Choice and Rate Relief Law of 1997.

ICC, 2015. Office or Retail Market Development 2015 Annual Report.

Joskow, P., 2006. Competitive Electricity Markets and Investment in New Generating Capacity. Working Paper 06-14. AEI-Brookings Joint Center for Regulatory Studies.

Kleit et al., 2011. Impacts of Electricity Restructuring in Rural Pennsylvania.

Maryland Public Service Commission, 2008. State Analysis And Survey On Restructuring And Reregulation: Final Report. PSC

#01-01-08.

McCloskey, T., 2014. Retail Choice in Pennsylvania And the Impacts of the Polar Vortex, Presentation, NARUC Subcommittee on Accounting and Finance.

Newell, S., et al., 2012. The Brattle Group prepared for the Electric Reliability Council of Texas. ERCOT Investment Incentives and Resource Adequacy.

Nooij, M., Baarsma, B., 2009. "Divorce comes at a price: An ex ante welfare analysis of ownership unbundling of the distribution and commercial companies in the Dutch energy sector". Energy Policy 37, 5449–5458.

NRDC and Silicon Valley Manufacturing Group, 2003. Energy Efficiency Leadership in California: Preventing the Next Crisis.

PA PUC (Pennsylvania Public Utility Commission), 2014. Retail Electricity Choice Activity Report 2013.

Palmer, K., Burtraw, D., 2005. The Environmental Impacts of Electricity Restructuring: Looking Back and Looking Forward. Resources for the Future.

PUCO (Public Utilities Commission of Ohio), 2014. Staff Report, Case No. 12-3151-EL-COI. In the Matter of the Commission's Investigation of Ohio's Retail Electric Service Market. PUCO, 2015. History of Electric Regulation in Ohio, Presentation.

Reliant Energy, 2010. Smart Electricity Grid Reaches Texas. Press Release, January 19, 2010.

Roberts, D., 2012. How to Make Illinois Into a Clean Energy Le ader. Grist, October 19, 2012.

Schurnman, M., 2014. Power to Confuse: Sneaky Fees Obscure Costs for Texas Electricity Shoppers. The Dallas Morning News, September 6, 2014.

Smith, R., 2000. Probe of California Power Prices Begins, But New Plants Aren't Seen as Solutions. Wall Street Journal, September 11, 2000.

Texas Coalition for Affordable Power (TCAP), 2014. Deregulated Electricity in Texas: the History of Retail Competition.

Texas Electricity Ratings: The Blog, 2014. Reliant's New Unlimited Electricity Plan: A Closer Look. June 17, 2014.

Tweed, K., 2015. Retail choice has doubled in the U.S.—Does it matter for Electric Industry Innovation? Greentech Media, July 15, 2015. https://www.greentechmedia.com/articles/read/does it-matter-that-electric-choice-has-doubled

Weston, B., 2013. Comments by the Office of the Ohio Consumers' Counsel, Case No. 12-3151-EL COI. In the Matter of the Commission's investigation of Ohio's Retail Electric Service Market.

Zuckerman et al., 2014. "Are Recent Forays into Electricity Market Restructuring a Threat to Energy Efficiency?". 2014 ACEEE Summer Study on Energy Efficiency in Buildings.

10장 참고문헌

Acton, J.P., Mitchell, B.M., Sohlberg, R., 1978. Estimating residential electricity demand under declining-block tariffs: an econometric study using micro-data. The Rand Corporation.

Anthony, A., 2002. The legal impediments to distributed generation. Energ. Law J. 23, 505–524.

Beck, F., Martinot, E., 2004. Renewable energy policies and barriers. In: Cleaveland, Cutler (Ed.), Encyclopedia of Energy. Academic Press/Elsevier Science, pp. 365–383.

Bonbright, J., Danielsen, A., Kamerschen, D., 1988. Principles of Public Utility Rates, second ed. Public Utilities Reports.

Borenstein, S., 2005. The long-run efficiency of real-time electricity pricing. Energ. J. 26 (3), 93–116.

Carter, S., 2001. Breaking the consumption habit: ratemaking for efficient resource decisions. Elec-tric. J. 14 (10), 66–74.

Doris, E., 2012. Policy Building Blocks: Helping Policymakers Determine Policy Staging for the Development of Distributed PV Markets. National Renewable Energy Laboratory, Golden, CO, Prepared for 2012 Renewable Energy Forum, May 13–17, 2012. http://www.nrel.gov/ docs/fy12osti/54801.pdf.

참고문헌

Edison Electric Institute, 2013. Since Net-Metered Customers Are Both Buying and Selling Elec-tricity, They Are Relying on the Grid More Than Customers Without Rooftop Solar or Other DG Systems. Edison Electric Institute.

Felder, F., Athawale, R., 2014. The life and death of the utility death spiral. Electr. J. 27 (6), 9–16.

Joskow, P.L., 2007. Regulation of natural monopolies. Handbook of Law and Economicsvol. 2, no. 2Elsevier BV, pp. 1227–1348.

Ontario Energy Board, 2014. Draft Report of the Board, Rate Design for Electricity Distributors, March 31, 2014. http://www.ontarioenergyboard.ca/oeb/_Documents/EB-2012-0410/EB-2012-0410%20Draft%20Report%20of%20the%20Board_Rate%20Design.pdf

Satchwell, A., Mills, A., Barbose, G., 2015. Quantifying the financial impacts of net-metered PV on utilities and ratepayers. Energy Policy 80, 133–144.

Sherman, R., Visscher, M., 1982. Rate-of-return regulation and two-part tariffs. Quarterly J. Econ. 97, 27–42.

State of New Jersey, 2011. NJ Energy Master Plan. http://nj.gov/emp.

Yakubovich, V., Granovetter, M., McGuire, P., 2005. Electric charges: the social construction of rate systems. Theory Soc. 34, 579–612.

에너지 전환 전력산업의 미래

11장 참고문헌

AEMO (Australian Energy Market Operator), 2015. Emerging technologies information paper: National electricity forecasting report. Available online at: http://www.aemo.com.au/News-and-Events/News/News/2015-Emerging-Technologies-Information-Paper

AER (Australian Energy Regulator), 2015a. Electricity supply to regions of the National Electricity Market. Available online at: http://www.aer.gov.au/node/9778

AER (Australian Energy Regulator), 2015b. Final Decision: Ergon Energy determination 2015-16 to 2019-20. Available online at: http://www.aer.gov.au/system/files/AER%20-%20Final%20decision%20Ergon%20Energy%20distribution%20determination%20-%20Overview%20-%20October%202015.pdf

APVI (Australian PV Institute), 2015. Mapping Australian photovoltaic installations. Available online at: http://pv-map.apvi.org.au/historical#9/-19.4433/146.8433

CER (Clean Energy Regulator), 2015. Available online at: http://www.cleanenergyregulator.gov.au/RET/About-the-Renewable-Energy-Target

CSIRO, 2013. Change and Choice: the Future Grid Forum's Analys

참고문헌

is of Australia's Potential Electricity Pathways to 2050. Available online at: https://publications.csiro.au/rpr/download?pid=csiro:EP131 2486&dsid=DS13

Department of Energy and Water Supply (DEWS), Queensland Government, 2015a. FiT in Queensland. Available online at: https://www.dews.qld.gov.au/energy-water-home/electricity/solar-bonus-scheme/feed-in-tariffs

Department of Energy and Water Supply (DEWS), Queensland Government, 2015b. Electricity prices. Available online at: https://www.dews.qld.gov.au/energy-water-home/electricity/prices

Ergon Energy, 2015a. Ten homes in a Townsville street are trialing battery storage, home energy management systems and alternative electricity tariffs which could help shape the future of our network. Available online at: https://www.ergon.com.au/about-us/news-hub/talking-energy/technology/battery-storage-the-future-for-electricity-networks

Ergon Energy, 2015b. Battery storage systems arrive soon. Available online at: https://www.ergon.com.au/about-us/news-hub/talking-energy/technology/battery-storage-systems-arrive-soon

Ergon Energy, 2015c. The Battery Conversation. Available online at: https://www.ergon.com.au/about-us/news-hub/talking-energy/technology/the-battery-conversation

Gils, H.C., 2014. Assessment of the theoretical demand response potential in Europe. Energy 67 (0), 1–18.

Higgins, A., Grozev, G., Ren, Z., Garner, S., Walden, G., Taylor,

M., 2014a. Modelling future uptake of distributed energy resources under alternative tariff structures. Energy 74, 455–463.

Higgins, A., et al., 2014b. Modeling future uptake and impacts of distributed energy resources and tariff offerings in Townsville, CSIRO Report.

Macdonald-Smith, A., 2015. Energy retailers climb on board with Panasonic for battery trials. Available from: http://www.smh.com.au/business/energy-retailers-climb-on-board-with-panasonic-for-battery-trials-20150602-ghellb.html

Platt, G., Paevere, P., Higgins, A., Grozev, G., 2014. Electric vehicles: new problem or distributed energy asset? In: Sioshansi, F.P. (Ed.), Distributed Generation and its Implications for the Utility Industry. Elsevier, Oxford, UK, 2014.

Queensland Government, 2007. Climate Smart 2050 Queensland climate change strategy 2007 a low carbon future. Available online at: http://www.enviro-friendly.com/ClimateSmart_2050.pdf

Ren, Z., Paevere, P., McNamara, C., 2012. A local-community-level, physically-based model of end-use energy consumption by Australian housing stock. Energy Policy 49, 586–596.

Ren, Z.G., Paevere, P., Grozev, G., Egan, S., Anticev, J., 2013. Assessment of end-use electricity consumption and peak demand by Townsville's housing stock. Energy Policy 61, 888–893.

Ren, Z., Grozev, G., Higgins, A., 2016. Modeling impact of PV battery systems on energy consumption and bill savings of Australian houses under alternative tariff structures. Renewable Energy, 8

9, 317–330.

Tesla, 2015. Powerwall – Tesla home battery. Available online at: http://www.teslamotors.com/powerwall

12장 참고문헌

ACER, 2011. Framework Guidelines on Capacity Allocation and Congestion Management for Electricity. ACER, Ljubljana, http://www.acer.europa.eu/Electricity/FG_and_network_codes/Electricity%20FG%20%20network%20codes/FG-2011-E-002.pdf.

ENTSO-E, 2013. An Introduction to Network Codes and the Links Between Codes. ENTSO-E, http://www.slideshare.net/ENTSO-E/130328-introduction-to-network-codes.

The European Commission, 2010. Energy 2020 – A Strategy for Competitive, Sustainable and Se-cure Energy. The European Commission, Brussels, ref COM (2010) 0021, Jan. 26.

The European Commission, 2011. A Resource-Efficient Europe – Flagship Initiative Under the Europe 2020 Strategy. The European Commission, Brussels, ref COM (2011) 639, Nov. 10.

The European Commission, 2013. Generation Adequacy in the Internal Electricity Market – Guid-ance on Public Interventions. The European Commission, Brussels, European Commission Staff Working Document.

The European Commission, 2014a. Commission Regulation Establishing a Guideline on Capac-ity Allocation and Congestion Man

참고문헌

agement. The European Commission, Brussels, http:// ec.europa.eu/energy/sites/ener/files/documents/cacm_final_provisional.pdf.

The European Commission, 2014b. Guidelines on State Aid for Environmental Protection and Energy 2014−2020. The European Commission, Brussels, June 28, ref. 2014/C 200/01. http://eur-lex.europa.eu/legal-content/EN/TXT/?qid=1448582033762&uri=CELEX:52014 XC0628(01).

Pöyry Management Consulting, 2015. Decentralised Reliability Options − Securing Energy Mar-kets. Pöyry Management Consulting, Londonwww.poyry.co.uk/news/dro.

13장 참고문헌

AEMC, 2014. "Distribution Network Pricing Arrangements". Rule Determination, November 27, 2014.

Allcott, Hunt, 2011. Rethinking real-time electricity pricing. Resour. Energ. Econ. 33, 820–842.

Biggar, D., Hesamzadeh, M., 2013. "Designing Transmission Rights to Facilitate Hedging". mimeo, May 2013.

Borenstein, S., Jaske, M., Rosenfeld, A., 2002. Dynamic Pricing, Advanced Metering, and Demand Response to Electricity Markets. Centre for the Study of Energy Markets, Berkeley, CA, CSEM WP 105, October 2002.

De Martini, Paul and Lorenzo Kristov, 2015. "Distribution Systems in a High Distributed Energy Resources Future: Planning, Market Design, Operation and Oversight", Lawrence Berkeley Laboratory, Future Electric Utility Regulation, Report No. 2, October 2015.

Electricity Expert Panel (QLD), 2014. Network Tariff Stabilisation Review: Project 1 Network Tariff Design for Residential Consumers. Electricity Expert Panel, Brisbane, December 5.

Ergon Energy, 2015. Consultation Paper: the Case for Demand B

참고문헌

ased Tariffs. Ergon Energy, Townsville, March.

Faruqui, A., Lessem, N., 2012. "Managing the Benefits and Costs of Dynamic Pricing in Australia". Report prepared for the AEMC. The Brattle Group, September 2012.

Geode, 2013. "Geode Position Paper on the Development of the DSO's Tariff Structure". GEODE Working Group Tariffs, September 2013.

Lineweber, D., 2013. "Few Residential Customers Want Dynamic Prices Yet", January 2013.

Reeves, A., 2014. "Perspectives on Regulation in a Changing Environment: What Does Success Look Like in Energy Regulation", Speech to Energy Network's Association 2014 Regulation Seminar, Brisbane, August 6, 2014.

Rocky Mountain Institute (RMI), 2014. Rate Design for the Distribution Edge: Electricity Pricing for a Distributed Resource Future, August 2014.

Rocky Mountain Institute, 2015. "Are Residential Demand Charges The Next Big Thing in Electricity Rate Design?", Blog Post, RMIOutlet, May 21, 2015.

Simshauser, P., 2014. "Network Tariffs: Resolving Rate Instability and Hidden Subsidies". AGL Working Paper, No. 45, October 2014.

Sotkiewicz, P.M., Vignolo, J.M., 2006. Nodal pricing for distribution networks: efficient pricing for efficiency enhancing DG. IEEE Trans. Power Syst. 21 (2), 1013–1014.

Wood, T., Blowers, D., 2015. Sundown, Sunrise: How Australia can Finally get Solar Power Right. Grattan Institute, Melbourne, May.

Wood, T., Lucy, C., 2014. Fair Pricing for Power. Grattan Institute, Melbourne, July.

14장 참고문헌

Barrager, S., Cazalet, E., 2014. Transactive Energy: A Sustainable Business and Regulatory Model for Electricity. Baker Street Publishing, San Francisco, CA, eBook.

Bieser, G., 2014. Smart grids in the European energy sector. Int. Econ. Econ Policy 11 (1–2), 251–259.

Bohn, R.E., Caramanis, M.C., Schweppe, F.C., 1984. Optimal pricing in electrical networks over space and time. Rand J. Econ. 15 (3), 360–376.

Cazalet, E.G., 2014. Transactive energy: interoperable transactive retail tariffs. In: Sioshansi, F.P. (Ed.), Distributed Generation and its Implications for the Utility Industry. Elsevier, Amsterdam, pp. 205–229.

Coll-Mayor, D., Paget, M., Lightner, E., 2007. Future intelligent power grids: analysis of the vision in the European Union and the United States. Energy Policy 35, 2453–2465.

California Public Utilities Commission (CPUC), 2014. Transactive Energy: A Surreal Vision or a Necessary and Feasible Solution to Grid Problems? Policy & Planning Division, October.

Fang, X., Misra, S., Xue, G., Yang, D., 2012. Smart grid – the new and improved power grid: a survey. IEEE Commun. Surv. Tut. 14 (4), 944–980.

Felder, F.A., 2014. What future for the grid operator? In: Sioshansi, F.P. (Ed.), Distributed Generation and its Implications for the Utility Industry. Elsevier, Amsterdam, pp. 399–415.

GridWise Architecture Council, 2015. GridWise Transactive Energy Framework, Version 1.0, January, www.gridwiseac.org

Keay, M., Rhys, J., Robinson, D., 2014. Electricity markets and pricing for the distributed generation era. In: Sioshansi, F.P. (Ed.), Distributed Generation and its Implications for the Utility Industry. Elsevier, Amsterdam, pp. 165–185.

King, C., 2014. Transactive energy: linking supply and demand through price signals. In: Sioshansi, F.P. (Ed.), Distributed Generation and its Implications for the Utility Industry. Elsevier, Amsterdam, pp. 189–204.

Knieps, G., 2013. Renewable energy, effcient electricity networks and sector-specifc market power regulation. In: Sioshansi, F.P. (Ed.), Evolution of Global Electricity Markets: New Paradigms, New Challenges, New Approaches. Elsevier, Amsterdam, pp. 147–168.

Nillesen, P., Pollitt, M., Witteler, E., 2014. New utility business model: a global view. In: Sioshansi, F.P. (Ed.), Distributed Generation and its Implications for the Utility Industry. Elsevier, Amsterdam, pp. 33–47.

참고문헌

15장 참고문헌

Agora Energiewende, 2015. Report on the German Power System. http://www.agora-energiewende. de/fileadmin/downloads/publikationen/CountryProfiles/Agora_CP_Germany_web.pdf

Beatty, R., 2014. NZEM—Retail Transformation, Presentation to Australian Utility Week, 19 No-vember.

Bourazeri, A., Pitt, J., Almajano, P., Rodriguez, I., Lopez-Sanchez, M., et al., 2012. Meet the meter: visualising smartgrids using self-organising electronic institutions and serious games. Sixth IEEE International Conference on Self-Adaptive and Self-Organizing Systems Workshops (SASO). IEEE, Lyon, pp. 145–150.

Caldecott, B., McDaniels, J., 2014. Stranded Generation Assets: Implications for European Capac-ity Mechanisms, Energy Markets and Climate Policy. Working Paper, January 2014. Smith School of Enterprise and the Environment, University of Oxford.

Edison Electric Institute, 2014. Edison Electric Institute Credit rating analysis Q2 2014. http://www.eei.org/resourcesandmedia/industrydataanalysis/industryfinancialanalysis/QtrlyFinancialUpdates/Documents/QFU_Credit/2014_Q2_Credit_Ratings.pdf

US Energy Information Administration (EIA), 2014. Annual Energ y Outlook 2014 (AEO2014) ref-erence case.

Goossens, E., Chediak, M., Polson, J., 2014. Why Google, Comcast, and AT&T are Making Power Utilities Nervous. Bloomberg Businessweek, May 29, 2014.

Grapy, E., Kihm, S., 2014. Does disruptive competition mean a death spiral for electric utilities? Energy Law J. 31 (1), 1–44.

Leinward, P., Mainardi, C.R., 2010. The Essential Advantage: How to Win With a Capabilities- Driven Strategy. Harvard Business Review Press, Harvard, NJ.

Li, F., Whalley, J., 2002. Deconstruction of the telecommunications industry: from value chains to value networks. Telecommunications Policy 26 (9–10), 451–472.

Nillesen, P., Pollitt, M., Witteler, E., 2014. New utility business model: a global view. In: Sioshan-si, F.P. (Ed.), Distributed Generation and its Implications for the Utility Industry. Elsevier, Amsterdam.

OECD/IEA, 2013. Redrawing the Energy-Climate Map: World Energy Outlook Special Report. OECD/IEA, Paris.

Pollitt, M., 2016. The future of electricity network regulation: the policy perspective. In: Finger, M., Jaag, C. (Eds.), The Routledge Companion to Network Industries. Oxford, Routledge, pp. 169–182.

PwC, 2014. The road ahead—Gaining momentum from energy transformation. http://www.pwc. com/gx/en/utilities/publications/road-ahead-gaining-momentum-energy-transformation.jhtml

참고문헌

Seto, K.C., Dhakal, S., 2014. Human settlements, infrastructure, and spatial planning. In: Climate Change 2014: Mitigation of Climate Change. Contribution of Working Group III to the Fifth Assessment Report of the Intergovernmental Panel on Climate Change (Chapter 12).

State of New York Department of Public Service, 2014. Developing the REV Market in New York: DPS Staff Straw Proposal on Track One Issues, CASE 14-M-0101, August 22, 2014.

16장 참고문헌

Borghese, F., 2010. Automated Meter Management Roll-Out—Enel's Experience. Enel, Rome.

Bugge, A., 2011. China Three Gorges Buys EDP Stake for 2.7 Billion Euros. Reuters, December 22.

Burger, C., Pandit, S., 2014. ESMT Consolidation Index 2012—Dataset. ESMT, Berlin.

Burger, C., Weinmann, J., 2012. ESMT Innovation Index 2010—Electricity Supply Industry. European School of Management and Technology, Berlin.

Burger, C., Weinmann, J., 2013. The Decentralized Energy Revolution—Business Strategies for a New Paradigm. Palgrave Macmillan, Basingstoke.

Burger, C., Weinmann, J., 2014. ESMT Innovation Index 2012—Electricity Supply Industry. European School of Management and Technology, Berlin.

Clercq, G.D., 2013. Iberdrola Bets on Foreign Grids as EU Utility Industry Struggles. Reuters, October 22.

Drozdiak, N., 2014. E.ON to Split Into Two Companies. Wall Street Journal, November 30.

참고문헌

E.ON, 2015. E.ON Connecting Energies. Available: http://www.eon.com/en/about-us/structure/company-fnder/eon-connecting-energies.html

Enel, 2014. Sustainability Report 2013. Enel, Rome, Italy.

Ericsson, 2014. Transforming Industries: Energy and Utilities. Ericsson, Stockholm.

European Commission, 2015. Smart Grids and Meters. Brussels. Available: https://ec.europa.eu/energy/en/topics/markets-and-consumers/smart-grids-and-meters

Farrell, J., 2014. Beyond Utility 2.0 to Energy Democracy. Institute for Local Self-Reliance, Minneapolis.

Flauger, J., 2013. Abschied vom Gigantismus. Handelsblatt, November 29.

Gamaroff, L., 2015. Blockchain-Aware Smart Metering: Bitcoin's Killer App. www.mindthegapexpo.com. Available: https://www.youtube.com/watch?v=7f7hE0K8-OA

GDF-Suez, 2015. Positive Energy & Territories. Available: http://www.gdfsuez.com/en/innovationenergy-transition/sustainable-cities-regions-mobility/positive-energy-local-initiatives GETEC, 2014. Annual Report 2013. Magdeburg.

Iberdrola, 2015. Renewable Energy Business. Available: http://www.iberdrola.es/about-us/linesbusiness/renewables-business/

IBM, 2013. Smart Grid Analytics: All That Remains to be Ready is You. White Paper. IBM.

IEA, 2014a. Technology Roadmap—Solar Photovoltaic Energy [O

nline]. OECD, Paris.

IEA, 2014b. World Energy Outlook 2014. OECD, Paris.

IEA, 2015. About Renewable Energy. Available: http://www.iea.org/topics/renewables/

Impax Asset Management, 2015. European Renewable Energy M&A Trends. Available: http://www.impaxam.com/sites/default/fles/Impax_PROOF_Final(amended).pdf

Jacobs, C., Nair, A., 2012. GDF Suez Takes Full Control of International Power. Reuters, April 16.

Kolk, A., Lindeque, J., Van Den Buuse, D., 2014. Regionalization strategies of European Union electric utilities. Br. J. Manag. 25, S77–S99.

Meiners, J., 2015. Tesla wird scheitern. Handelsblatt, May 27.

Musiolik, J., Markard, J., 2011. Creating and shaping innovation systems: formal networks in the innovation system for stationary fuel cells in Germany. Energy Policy 39, 1909–1922.

Powell, W.W., Grodal, S., 2005. Networks of innovators. The Oxford Handbook of Innovation, pp. 56–85.

RWE, 2014. RWE Offers Charging Solutions for Sustainable Mobility. Available: www.rwemobility.com

RWE, 2015. Focus on Our Core Regions. Available: http://www.rwe.com/web/cms/en/1857096/rwe/investor-relations/

Schultz, S., 2015. Tesla und Lichtblick schmieden Stromspeicher-Allianz. Spiegel, May 1.

smh/Reuters, 2015. Norwegen: Ärger im Elektroauto-Paradies. Spi egel, April 21.

Stahl, L.-F., 2014. LichtBlick ZuhauseKraftwerke wechseln vom KWKG zum EEG. BHKWInfothek. Available: http://www.bhkw-infothek.de/nachrichten/19380/2013-06-25-lichtblickzuhausekraftwerke-wechseln-vom-kwkg-zum-eeg/

Vanamali, A., 2015. The Urgent Need to Shift to "Utility 2.0". Available: http://blogs.worldwatch.org/the-urgent-need-to-shift-to-utility-2-0/

Vattenfall, 2014. Markets. Available: http://corporate.vattenfall.com/about-vattenfall/operations/markets/

Vodafone, 2015. RWE ist ein Ready Business. Available: http://www.vodafone.de/business/frmenkunden/loesungen/referenzkunden.html?deeplink=rwe

Wohlsen, M., 2014. What Google Really Gets Out of Buying Nest for $3.2 Billion. Wired, January 14.

17장 참고문헌

Balta-Ozkana, N., Botelerb, B., Amerighic, O., 2014. European smart home market development. Energy Research and Social Science 3, 65–77.

Bundesministerium füur Wirtschaft und Energie, 2014. Die Energie der Zukunft, Erster Fortschrittsbericht zur Energiewende. BMWi (Federal Ministry for Economic Affairs and Energy), Berlin.

Burger, C., Weinmann, J., 2014. Germany's Decentralized Energy Revolution. In: Sioshansi, F.P. (Ed.), Distributed Generation and its Implications for the Utility Industry. Elsevier, Amsterdam, p. 69.

Chesbrough, H., 2007. Business model innovation: it's not just about technology anymore. Strat. Leadersh. 35 (6), 12–17.

Dieckhööner, C., Hecking, H., 2014. Developments of the German Heat Market of private households until 2030. Zeitschrift füur Energiewirtschaft 38, 117–130, p. 126.

Dyllong, Y., Maaßen, U., 2014. Bewertung der Studie "Entwicklung der Energiemäkte—Energiereferenzprognose" aus Sicht der B raunkohle. Energiewirtschaftliche Tagesfragen 12.

Eurelectric, 2014. DSO Declaration: Power distribution: Contributing to the European Energy Transition. Eurelectric, Brussels.

International Energy Agency, 2014a. Technology Roadmap—Solar Photovoltaic Energy. OECD, Paris.

International Energy Agency, 2014b. Technology Roadmap—Energy Storage. OECD, Paris.

Institut der deutschen Wirtschaft Kön, 2014. Eigenerzeugung und Selbstverbrauch von Strom. Energiewirtschaftliches Institut an der Universitä zu Kön. Cologne. "im Auftrag des BDEW." In German.

Luhmann, N., 2000. Vertrauen—Ein Mechanismus der Reduktion sozialer Komplexitä, 4th Lucius and Lucius, Stuttgart.

PwC, 2015a. Finanzwirtschaftliche Herausforderungen der Energie —und Wasserversorgungsunternehmen. Frankfurt (German).

PwC, 2015b. Bevökerungsbefragung Stromanbieter. Frankfurt (German).

Richter, M., 2013. Business Model innovation for sustainable energy. Energy Policy 62, 1226–1237.

Smith, W.K., Binns, A., Tushman, M.L., 2010. Complex business models: managing strategic paradoxes simultaneously. Long Range Plann. 43, 448–461.

Zentrum fü Europäsche Wirtschaftsforschung GmbH, 2014. Innovationsverhalten der deutschen Wirtschaft. ZEW, Mannheim.

참고문헌

18장 참고문헌

Achenbach, J., 2010. The 21st century grid, can we fix the infrastructure that powers our lives? National Geographic Magazine, July, 2010 accessed at, http://ngm.nationalgeographic.com/ print/2010/07/power-grid/achenbach-text

AEMO, 2015. Emerging Technologies Information Paper, National Electricity Forecasting Report, AEMO, June 2015, accessed at, http://www.aemo.com.au/

Bayless, C.E., 2014. The Death of the Grid? Public Utilities Fortnightly.

Bureau of Resources and Energy Economics (BREE), 2014. Energy in Australia 2014, Canberra, November, Commonwealth of Australia.

Coates, D., 2002. Watches Tell More Than Time: Product Design, Information, and the Quest for Elegance, third ed. New York, McGraw-Hill.

Constable, G., Somerville, B., 2003. A Century of Innovation: Twenty Engineering Achievements That Transformed Our Lives. National Academies Press, Washington, DC, Chapter 1, see http:// www.greatachievements.org/.

CSIRO, 2015. Change and choice: The Future Grid Forum's analysis of Australia's potential elec-tricity pathways to 2050, CSIRO, Clayton.

Department of Industry and Science, 2015. Energy White Paper. http://ewp.industry.gov.au

Dietrich, F., List, C., 2013. Where do preferences come from? Int. J. Game Theor. 42 (3), 613–637.

Fouquet, R., Pearson, P.J.G., 2006. Seven centuries of energy services: the price and use of light in the United Kingdom (1300-2000). Energy J. 27 (1), 139–177.

Frei, C.W., 2004. The Kyoto protocol—a victim of supply security? Or: if Maslow were in energy politics. Energy Policy 32, 1253–1256.

Gillingham, K., Palmer, K., 2013. Bridging the energy efficiency gap: insight for policy from economic theory and empirical analysis. Resources For the Future Discussion Papers 13-02.

Gourville, J.T., 2006. Eager Sellers and Stony Buyers: Understanding the Psychology of New- Product Adoption. Harvard Business Review 84 (6), 98–106.

Hartley, P., Medlock, K., 2014. The Valley of Death for New Energy Technologies 2014. Univer-sity of Western Australia, Perth, RISE Working Paper 14-021, RISE initiative for the study of Economics.

Hasnie, S., 2015. Are you killing your Electricity Utility? LinkedIn Pulse, May 1, available on https://www.linkedin.com/pulse/yo

참고문헌

u-killing-your-electricity-utility-sohail-hasnie.

IEG, Independent Evaluation Group, 2013: Evaluation of the World Bank Group's Support for Electricity Access: Approach Paper.

Khalilpour, R., Vassallo, A., 2015. Leaving the grid: an ambition or a real choice? Energy Policy 82, 207–221.

Kishtainy, N., 2014. Economics in Minutes: 200 Key Concepts Explained in an Instant. Paperback, Quercus, London.

Mandel, J., Guccione, L., et al., 2015. The Economics of Load Defection: How Grid-Connected Solar-Plus Battery Systems Will Compete With Traditional Electric Service, Why it Matters, and Possible Paths Forward. The Rocky Mountain Institute, Boulder, CO, www.rmi.org.

Nordhaus, W., 1998. Do Real-Output and Real-Wage Measures Capture Reality? The History of Lighting Suggests Not. Yale University, New Haven, CT, Crowles Foundation paper No. 975.

Norman, D.A., 2004. Emotional design: why we love (or hate) everyday things. Basic Books, New York, NY.

Shacket, S.R., 1981. The Complete Book of Electric Vehicles, second ed. Domus Books, North-brook, IL.

Shapiro, C., Varian, H.R., 1999. Information Rules: a Strategic Guide to the Network Economy. Harvard Business School Press, Boston, MA.

Sioshansi, F.P., 2013. Energy Efficiency: Towards the End of Demand Growth. Elsevier Science/ AP, Amsterdam.

Smith, A., 1776. The Wealth of Nations.

Smith, R., MacGill, I., 2014. Revolution, revolution or back to the future. In: Sioshansi, F.P. (Ed.), Distribute Generation and Its Implication for the Utility Industry. Elsevier Academic Press, Amsterdam, Chapter 24.

Underhill, P., 1999. Why we Buy: The Science of Shopping. Simon & Schuster, New York, NY.

Webb, P., Suggitt, M., 2000. Gadgets and Necessities: An Encyclopaedia of Household Innovations. ABC-CLIO, CA.

Wise, P., 2014. Grow Your Own. The Potential Value and Impacts of Residential and Community Food. The Australia Institute, Canberra, Policy brief 59.

19장 참고문헌

Boscan, L., Poudineh, R., 2015. Flexibility-Enabling Contracts in Electricity Markets. Unpublished mimeo, Oxford Institute for Energy Studies.

EC, 2015. Achieving the 10% Electricity Interconnection Target: Making Europe's Electricity Grid fit for 2020. European Commission, Brussels, 25.2.2015, COM(2015) 82 final. Available on-line: http://ec.europa.eu/priorities/energy-union/docs/interconnectors_en.pdf

EDSO, 2014. Flexibility: The role of DSOs in tomorrow's electricity market. European Distribu-tion System Operators for Smart Grids. http://www.edsoforsmartgrids.eu/wp-content/uploads/public/EDSO-views-on-Flexibility-FINAL-May-5th-2014.pdf

Ela, E., Milligan, M., Bloom, A., Botterud, A., Townsend, A., Levin, T., 2014. Evolution of Whole-sale Electricity Market Design with Increasing Levels of Renewable Generation. Technical Report NREL/TP-5D00-61765, September 2014 National Renewable Energy Laboratory (NREL). www.nrel.gov/publications

Green, R., Vasilakos, N., 2012. Storing wind for a rainy day: what kind of electricity does Denmark export? Energy J. 33 (3),

1?22.

GTM Research, 2015. US Energy Storage Monitor (Q1 2015). http://www.greentechmedia.com/research/us-energy-storage-monitor

Hansen, L., Levine, J., 2008. Intermittent Renewables in the Next Generation Utility. Rocky Moun-tain Institute, Boulder, CO. http://www.rmi.org/Knowledge-Center/Library/2008-22_Intermit-tentRenewablesInNGU

Hogan, M., 2014. Power Markets: Aligning Power Markets to deliver value. The Regulatory Assis-tance Project. Available online at: http://americaspowerplan.com/wp-content/uploads/2014/01/APP-Markets-Paper.pdf

IEA, 2005. Variability of Wind Power and Other Renewables: Management Options and Strategies.International Energy Agency. http://www.uwig.org/iea_report_on_variability.pdf

IEA, 2014. The Power of Transformation. Wind, Sun and the Economics of Flexible Power Systems. IEC, 2011. Electrical Energy Storage. International, Electrotechnical Commission, White paper. Geneva, Switzerland. http://www.iec.ch/whitepaper/pdf/iecWP-energystorage-LR-en.pdf

Li, X., 2015. Decarbonizing China's Power System With Wind Power: the Past and the Future. Oxford Institute for Energy Studies. http://www.oxfordenergy.org/wpcms/wp-content/up-loads/2015/01/EL-11.pdf

Li, Z., Ryan, J.K., Sun, D., 2015. Multi-attribute procurement contracts. Int. J. Prod. Econ. 159, 137?146.

참고문헌

Maurer, L., Barroso, L., 2011. Electricity Auctions: An Overview of Efficient Practices. The World Bank, Washington, DC.

Morales, J., Conejo, A., Madsen, H., Pinson, P., Zugno, M., 2014. Integrating Renewables in Elec-tricity Markets. Operational Problems. Springer, New York, NY.

NREL, 2014. Wind and Solar Energy Curtailment: Experience and Practices in the United States. National Renewable Energy Laboratory, Technical Report NREL/TP-6A20-60983, http://www.nrel.gov/docs/fy14osti/60983.pdf

Ofgem, 2015. Non-Traditional Business Models: Supporting Transformative Change in the Energy Market. Discussion Paper. Available online at: https://www.ofgem.gov.uk/ofgem-publica-tions/93586/non-traditionalbusinessmodelsdiscussionpaper-pdf

Poyry, 2014. The Value of Within-Day Flexibility in the GB Electricity Market. Poyry Management Consulting. Available online at: http://www.poyry.co.uk/news/poyry-point-view-value-within-day-flexibility-gb-electricity-market

Rodgers, W., 2003. Measurement and reporting of knowledge-based assets. J. Intell. Capital 4 (2), 181?190.

The Economist, 2015. Special Report on Energy and Technology. Available online at: http://www.economist.com/printedition/specialreports?year[value][year]=2015&category=76986

20장 참고문헌

Barbose, G., Weaver, S., Darghouth, N., 2014. Tracking the Sun VII: An Historical Summary of the Installed Price of Photovoltaics in the United States from 1998–2013. Lawrence Berkeley National Laboratory.

Black & Veatch, 2013. Biennial Report on Impacts of Distributed Generation.

Broderick, R., Quiroz, J., Reno, M., Ellis, A., Smith, J., Dugan, R., 2013. Time Series Power Flow Analysis for Distribution Connected PV Generation. Sandia National Laboratory.

Costello, K., 2015. Utility Involvement in Distributed Generation: Regulatory Considerations. National Regulatory Research Institute.

CPUC, CEC, 2015. Recommendations for Utility Communications with Distributed Energy Resources (DER) Systems with Smart Inverters: Smart Inverter Working Group Phase 2 Recommendations. California Public Utilities Commission and California Energy Commission.

Domínguez-García, A., Heydt, G., Suryanarayanan, S., 2011. Implications of the Smart Grid Initia-tive on Distribution Engineerin

참고문헌

g: Part 1—Characteristics of a Smart Distribution System and Design of Islanded Distributed Resources. Power Systems Engineering Research Center.

Forsten, K., 2015. The Integrated Grid: A Benefit-Cost Framework. Electric Power Research Institute.

Fox-Penner, P., 2014. Smart Power: Climate Change, the Smart Grid, and the Future of Electric Utilities. Island Press, Washington, DC.

Glover, J., Sarma, M., Overbye, T., 2012. Power System Analysis and Design, fifth ed. Cengage Learning, London.

Hanser, P., Van Horn, K., 2014. The evolution of the electric distribution utility. In: Sioshansi, F. (Ed.), Distributed Generation and its Implications for the Utility Industry. Elsevier, Waltham, (Chapter 11).

Hawaiian Electric Companies, 2014. Distributed Generation Interconnection Plan. Hawaiian Elec-tric Companies.

Hesmondhalgh, S., Zarakas, W., Brown, T., 2012. Approaches to Setting Electric Distribution Reli-ability Standards and Outcomes. The Brattle Group.

Kind, P., 2013. Disruptive Challenges: Financial Implications and Strategic Responses to a Chang-ing Retail Electric Business. Edison Electric Institute. http://www.eei.org/ourissues/finance/ documents/disruptivechallenges.pdf

Lee, M., Aslam, O., Foster, B., Katham, D., Young, C., 2014. 2014 Assessment of Demand Response and Advanced Metering.

Federal Energy Regulatory Commission.

Micro-Synchrophasors for Distribution Systems, 2015. About the ARPA-E Micro-Synchrophasor Project. http://pqubepmu.com/about.php

Navigant Consulting, Inc., 2013. Distributed Generation Integration Cost Study. California Energy Commission.

NYSDPS, 2014. Reforming the Energy Vision. NYS Department of Public Service.

PG&E, 2015. Pacific Gas and Electric Company Electric Distribution Resources Plan. Pacific Gas and Electric Company.

SCE, 2015. Distribution Resources Plan. Southern California Edison.

Schmalensee, R., Bulovic, V., 2015. The Future of Solar: An Interdisciplinary Study. MIT Energy Initiative. https://mitei.mit.edu/futureofsolar

SDG&E, 2015. Distribution Resources Plan. San Diego Gas and Electric Company.

Short, T., 2014. Electric Power Distribution Handbook, vol. 2. CRC Press, New York.

Sioshansi, F., 2014. Distributed Generation and its Implications for the Utility Industry. Elsevier, Waltham.

Stewart, E., Kiliccote, S., McParland, C., Roberts, C., 2014. Using Micro-Synchrophasor Data for Advanced Distribution Grid Planning and Operations Analysis. Ernest Orlando Lawrence Berkely National Laboratory.

참고문헌

Tollgrade Communications, Inc., 2015. Predictive Grid Quarterly Report: Building a Predictive Grid for the Motor City, vol. 1. DTE Energy.

21장 참고문헌

Akibo, L., 2014. Charting a New Course. Keynote address delivered at the fourth Annual Hawaii Power Summit. Honolulu, December 3, 2014.

Bade, G., 2015. 5 Charts that explain U.S. Electricity Prices, Utility Drive. http://www.utilitydive. com/news/5-charts-that-explain-us-electricity-prices/378054/

Bronski, P., 2014. The Economics of Grid Defection. Rocky Mountain Institute.

California State Assembly, 2013. A.B. 327, Legislative Counsel's Digest, CA.

Competitive Priced Electricity Act, St. 2012, c. 209, and the Emergency Service Response of the Public Utilities Commissions Act, St. 2012, c. 216; Grid Modernization, Office of Energy and Environmental Affairs. http://www.mass.gov/eea/energy-utilities-clean-tech/electric-power/ grid-mod/grid-modernization.html

Crosby, M., Cross-Call, D., 2015. New York and California are Building the Grid of the Future. http://blog.rmi.org/blog_2015_02_18_new_york_california_building_the_grid_of_the_future

De Martini, P., 2014. More Than Smart: A Framework to Make

the Distribution Grid More Open, Efficient and Resilient. The Resnick Sustainability Institute at the California Institute of Technology.

Heck, S., Rogers, M., 2014. Resource Revolution: How to Capture the Biggest Business Opportu-nity in a Century. Houghton Mifflin Harcourt, Boston, MA.

HPUC, 2011. Framework for Integrated Res. Planning, Docket No. 2009-0108, Decision and Order, March 14, 2011.

HPUC, 2014a. Instituting A Proceeding To Review The Power Supply Improvement Plans For Hawaiian Electric Company, Inc., Hawaii Electric Light Company, Inc., And Maui Electric Company, Limited, July 8, 2014.

HPUC, 2014b. Policy Statement & Order Regarding Demand Response Program, Order No. 32054. April 28, 2014.

HPUC, 2014c. Integrated. Res. Planning, Docket No. 2012-0036, Order No. 32052, April 28, 2014.

Jones, K., Zoppo, D., 2014. A Smarter, Greener Grid: Forging Environmental Progress Through Smart Energy Policies and Technologies. Praeger, Santa Barbara, CA.

MA DPU, 2014. Investigation by the Department of Public Utilities on its own Motion Into Mod-ernization of the Electric Grid. Order, June 12, 2014.

NYDPS, 2014. Staff Report and Proposal. Developing the REV Market in New York: DPS Staff Straw Proposal on Track One Issues. Case 14-M-0101, August 22, 2014.

에너지 전환 전력산업의 미래

NYDPS, 2015. Staff White Paper on Benefit-Cost Analysis in the Reforming Energy Vision Proceeding. Case 14-M-0101, July 1, 2015.

NYPSC, 2013. Proceeding on Motion of the Commission Regarding an Energy Efficiency Portfolio Standard (EEPS). Case 07-M-0548, December 26, 2013.

NYPSC, 2014a. Comments of Jon Wellinghoff, Stoel Rives, LLC and Katherine Hamilton and Jeffrey Cramer, 38 North Solutions, LLC. Case No. 14-M-0101, July 18, 2014.

NYPSC, 2014b. Proceeding on Motion of the Commission in Regards to Reforming the Energy Vision, Case No. 14-M-0101, Comments of David Gahl, Alliance for Clean Energy New York et al., July 18, 2014.

NYPSC, 2014c. Comments of the Joint Utilities (JUC). Case No. 14-M-0101, July 18, 2014.

NYPSC, 2014d. Comments of the Independent Power Producers of New York (IPPNY). Case No. 14-M-0101, July 18, 2014.

NYPSC, 2015. Proceeding on Motion of the Commission in Regard to Reforming the Energy Vision, Order Adopting Regulatory Policy Framework and Implementation Plan. Case 14-M-0101, February 26, 2015.

Pickering, M., 2015. Statement of CPUC Commissioner Michael Pickering at National Town Meet-ing on Smart Grid and Demand Response. Washington, DC, May 26, 2015.

Pyper, J., 2015. Forget Utility 2.0—The Power Sector Needs "Re gulation of the Future". GreenTech Media. http://www.greentechmedia.com/articles/read/Forget-Utility-2.0-What-the-Power-Sector-Needs-is-Regulation-of-the-Future

Savenije, D., 2015. Hawaii Legislature Sets 100% Renewable Portfolio Standard by 2045. http://www.utilitydive.com/news/hawaii-legislature-sets-100-renewable-portfolio-standard-by-2045/394804/

Savenije, D., Cameron, C., 2014. Hawaii's Overhaul of the Utility Business Model. http://www.utilitydive.com/news/hawaiis-overhaul-of-the-utility-business-model/259923/

Trabish, H.K., 2014. Solar Installers Flee Hawaii as Interconnection Queue Backs Up. Utility Dive. http://www.utilitydive.com/news/solar-installers-flee-hawaii-as-interconnection-queue-backs-up/314160/

Trabish, H.K., 2015. HECO Clears PV Interconnection Queues in Maui, Hawaii Islands. http://www.utilitydive.com/news/heco-clears-pv-interconnection-queues-in-maui-hawaii-islands/380528/

Walton, R., 2015. Regulators: HECO Must Continue to Interconnect Rooftop Solar Systems. http://www.utilitydive.com/news/regulators-heco-must-continue-to-interconnect-rooftop-solar-systems/369795/

Wesoff, E., 2014. Grid Edge Live Keynote: "Rate Structures Are Making the System Less and Less Efficient". July 2, 2014.

Wesoff, E., 2015. How Much Solar can HECO and Oahu's Grid Really Handle? http://www.utilitydive.com/news/hawaiis-overhaul-of-the-utility-business-model/259923/

22장 참고문헌

Centolella, P., 2015. Next Generation Demand Response: Responsive Demand through Automation and Variable Pricing. March 17, 2015, p. 6. Prepared for the Sustainable FERC Project.

Charles River Associates, 2005. Impact Evaluation of the California Statewide Pricing Pilot – Final Report. Charles River Associates, March 16, 2005.

FERC, 2014. Assessment of Demand Response & Advanced Metering—Staff Report. Federal Energy Regulatory Commission, December, 2014, p. 4.

GridWise Architecture Council, 2013. AEP gridSMART Smart Grid Demo in Appendix A to the GridWise Transactive Energy Framework DRAFT Version, October 2013, p. 54.

ISO RTO Council website at www.isorto.org.

Maryland Energy Task Force, 2014. The Maryland Resiliency Through Microgrids Task Force Report, June 23, 2014.

PJM, 2001. Price Responsive Demand. PJM Staff Whitepaper, March 3, 2011. PJM Interconnection LLC, FERC Docket No. ER11-4628-000.

PJM, 2013. Technical Analysis of Operational Events and Market I mpacts During the September 2013 Heat Wave. https://www.pjm.com/~/media/documents/ reports/20131223-technical-analysis-of-operational-events-and-market-impacts-during-the-september-2013-heat-wave.ashx

Reid, L., 2005. Implementing Smart Meters in Ontario. Mid-Atlantic Distributed Resources Initiative's Metering Workshop. Ontario Energy Board, May 4, 2005. See the presentation on the MADRI website at http://sites.energetics.com/MADRI/

Schweppe, F.C., Tabors, R.D., Kirtley, J.L., 1981. Homeostatic Control: The Utility/Customer Marketplace for Electric Power, MIT Energy Laboratory Report MIT-EL 81-033, September 1981.

Sotkiewicz, P., Vignolo, J.M., 2005. Nodal Pricing for Distribution Networks: Efficient Pricing for Efficiency Enhancing Distributed Generation, August 2005, pp. 2 & 3.

Tong, J., Wellinghoff, J., 2014. Rooftop Parity. Public Utilities Fortnightly, August, 2014. http://www.fortnightly.com/fortnightly/2014/08/rooftop-parity